LINGO 软件及应用

司守奎　孙玺菁　主编
周　刚　高　永　王　宇　编著

国防工业出版社
·北京·

内容简介

本书在深入浅出地介绍 LINGO 基本用法和 LINGO 与外部文件接口的基础上，分两个层次介绍了 LINGO 软件及其应用：第一个层次以数学规划、图论与网络优化、多目标规划等 LINGO 软件常用领域为背景，介绍 LINGO 软件求解优化模型的常规手段和技巧；第二个层次以博弈论、存储论、排队论、决策分析、评价方法、最小二乘法等领域为背景，介绍 LINGO 软件在非优化领域的应用，充分展示 LINGO 软件的优势和应用扩展。在各个领域本书都配有丰富的案例和求解程序，帮助读者深入理解 LINGO 软件。同时，本书专门配有一章介绍数学建模中的应用实例，以 10 个数学建模经典案例为基础，其中 9 个案例的全部模型都用 LINGO 编程实现，并在 LINGO12 版本调试通过。这些案例凝聚了作者多年来积累的编程经验和巧妙构思。

本书可以作为本科生数学建模课程 LINGO 软件方面的主讲教材，也可以作为本科生"数学实验"课程的教材，以及"运筹学"课程的扩充阅读教材和教学参考书。

本书配有程序和数据资源包，可以到国防工业出版社"资源下载"栏目下载（www.ndip.cn）。

图书在版编目（CIP）数据

LINGO 软件及应用/司守奎，孙玺菁主编．—北京：国防工业出版社，2017.5
ISBN 978-7-118-11368-6

Ⅰ.①L… Ⅱ.①司… ②孙… Ⅲ.①数学模型－建立模型－应用软件 Ⅳ.①O141.4

中国版本图书馆 CIP 数据核字（2017）第 122551 号

※

国防工业出版社出版发行

（北京市海淀区紫竹院南路 23 号　邮政编码 100048）
天利华印刷装订有限公司印刷
新华书店经售

*

开本 787×1092　1/16　印张 29　字数 721 千字
2017 年 5 月第 1 版第 1 次印刷　印数 1—4000 册　定价 68.00 元

（本书如有印装错误，我社负责调换）

国防书店：（010）88540777　　发行邮购：（010）88540776
发行传真：（010）88540755　　发行业务：（010）88540717

前　言

　　LINGO 是美国 LINDO 系统公司开发的一套专门用于求解优化问题的软件包。LINGO 提供了强大的语言和快速的求解引擎来阐述和求解优化规划模型，以功能强、计算效果好、执行速度快著称，是求解线性、非线性和整数规划模型的首选工具，在国外运筹学类的教科书中也被广泛用作教学软件。随着 LINGO 软件的不断开发，尤其是 CALC 字段和子模型功能的出现，LINGO 的功能日益强大，求解问题的领域日益广泛。

　　本书的作者多年来从事运筹学教学和数学建模竞赛培训的相关工作，在多年工作经验的基础上编写了本书，希望可以帮助广大读者在了解 LINGO 软件基本用法的基础上加深对 LINGO 软件的理解，除了能够在 LINGO 常用的领域熟练运用 LINGO 软件编写程序外，也能在更多的领域实现 LINGO 编程求解。本书引入了很多涉及各个方面的小案例，全部编写了 LINGO 程序，并在 LINGO12 版本下运行通过。同时，本书最后一章还引入了很多数学建模竞赛中出现的经典案例，很多数学建模的相关书籍中也引用了这些案例，但是基本上都是利用 MATLAB 软件编程求解的，或者 LINGO 软件和 MATLAB 软件结合使用。本书除了一个案例外，其余全部使用 LINGO 编程实现，其中凝聚了作者多年来积累的编程经验和巧妙构思。

　　本书分为 12 章，前 2 章介绍了 LINGO 软件的基础和其与外部文件的接口；第 3～5 章介绍了 LINGO 软件在常规领域——数学规划、图论与网络优化、多目标规划上的应用；第 6～11 章介绍了 LINGO 软件在博弈论、存储论、排队论、决策分析、评价方法、最小二乘法方面的应用；第 12 章列举了 10 个数模竞赛的经典案例及其 LINGO 实现。各章节内容相对独立。

　　本书可以作为本科生数学建模课程 LINGO 软件方面的主讲教材，也可以作为本科生"数学实验"课程的教材，以及"运筹学"课程的扩充阅读教材。

　　一本好的教材需要经过多年的教学实践，反复锤炼。由于经验和时间所限，书中的错误和纰漏在所难免，敬请同行不吝指正。

　　本书配有程序和数据资源包，可以到国防工业出版社"资源下载"栏目下载（www.ndip.cn），在使用过程中如果有问题，可以通过电子邮件和我们联系，E－mail：sishoukui@163.com，xijingsun1981@163.com。

编者

2017 年 2 月

目　　录

第1章　LINGO 软件的基本用法 ································ 1
1.1　LINGO 软件简介 ···································· 1
1.1.1　LINGO 软件的特点 ······························ 1
1.1.2　LINGO 软件的界面介绍 ·························· 3
1.1.3　初识 LINGO 程序 ································ 5
1.1.4　线性规划问题的影子价格与灵敏度分析 ············ 6
1.2　LINGO 模型的基本组成 ······························ 9
1.2.1　集合定义部分 ································ 9
1.2.2　模型的数据部分和初始部分 ···················· 12
1.2.3　目标函数和约束条件 ·························· 16
1.2.4　完整的模型 ·································· 16
1.2.5　LINGO 语言的优点 ···························· 18
1.3　LINGO 的运算符和函数 ······························ 18
1.3.1　LINGO 的常用运算符 ·························· 18
1.3.2　基本的数学函数 ······························ 19
1.3.3　集合循环函数 ································ 20
1.3.4　集合操作函数 ································ 22
1.3.5　变量定界函数 ································ 25
1.3.6　财务会计函数 ································ 32
1.3.7　概率函数 ···································· 33
1.3.8　输入输出函数 ································ 37
1.3.9　结果报告函数 ································ 37
1.3.10　其他函数 ·································· 41
1.4　LINGO 子模型和程序设计 ···························· 42
1.4.1　子模型的定义和求解 ·························· 42
1.4.2　求背包问题的多个解 ·························· 45
1.4.3　LINGO 程序设计特点 ·························· 47
习题 1 ·· 55

第 2 章　LINGO 软件与外部文件的接口 ···················· 58
2.1　通过 Windows 剪贴板传递数据 ······················ 58
2.2　LINGO 与文本文件之间的数据传递 ·················· 60
2.2.1　通过文本文件输入数据 ························ 60
2.2.2　通过文本文件输出数据 ························ 61
2.3　LINGO 与 Excel 文件之间的数据传递 ················ 62

2.3.1　通过 Excel 文件输入数据 ………………………………………………… 62
　　　2.3.2　通过 Excel 文件输出数据 ………………………………………………… 64
　　　2.3.3　Excel 文件传递数据应用举例 ……………………………………………… 66
　2.4　LINGO 与数据库的接口 ……………………………………………………………… 68
　　　2.4.1　LINGO 与 Access 数据库之间的数据传递 ………………………………… 68
　　　2.4.2　@ODBC 函数 ……………………………………………………………… 72
　习题 2 ………………………………………………………………………………………… 74

第3章　数学规划模型 …………………………………………………………………… 76
　3.1　线性规划 ……………………………………………………………………………… 76
　　　3.1.1　线性规划的数学原理 ……………………………………………………… 76
　　　3.1.2　线性规划应用举例 ………………………………………………………… 79
　3.2　整数规划 ……………………………………………………………………………… 85
　　　3.2.1　整数规划的模型与求解方法 ……………………………………………… 85
　　　3.2.2　0-1 规划的模型与求解方法 ……………………………………………… 86
　　　3.2.3　整数规划应用举例 ………………………………………………………… 90
　　　3.2.4　数独问题 …………………………………………………………………… 97
　3.3　非线性规划 …………………………………………………………………………… 100
　　　3.3.1　非线性规划的数学原理 …………………………………………………… 100
　　　3.3.2　非线性规划应用举例 ……………………………………………………… 104
　3.4　动态规划 ……………………………………………………………………………… 115
　　　3.4.1　多阶段决策问题 …………………………………………………………… 115
　　　3.4.2　动态规划的基本概念和基本原理 ………………………………………… 116
　　　3.4.3　动态规划应用举例 ………………………………………………………… 120
　习题 3 ………………………………………………………………………………………… 122

第4章　图论与网络优化 ………………………………………………………………… 129
　4.1　图的基本概念与数据结构 …………………………………………………………… 129
　　　4.1.1　基本概念 …………………………………………………………………… 129
　　　4.1.2　数据结构 …………………………………………………………………… 130
　4.2　最短路问题 …………………………………………………………………………… 131
　　　4.2.1　Dijkstra 标号算法 ………………………………………………………… 131
　　　4.2.2　Floyd 算法 ………………………………………………………………… 132
　　　4.2.3　0-1 整数规划模型 ………………………………………………………… 134
　4.3　最小生成树问题 ……………………………………………………………………… 136
　　　4.3.1　基本概念、性质 …………………………………………………………… 136
　　　4.3.2　Prim 算法和 Kruskal 算法 ………………………………………………… 137
　　　4.3.3　最小生成树的数学规划模型 ……………………………………………… 137
　4.4　最大流问题 …………………………………………………………………………… 140
　　　4.4.1　有向图的最大流 …………………………………………………………… 140
　　　4.4.2　无向图的最大流 …………………………………………………………… 143
　　　4.4.3　最小费用最大流 …………………………………………………………… 147

4.5 邮递员问题 ··· 149
 4.5.1 基本概念 ·· 149
 4.5.2 传统中国邮递员问题 ·· 149
 4.5.3 广义中国邮递员问题 ·· 152
4.6 旅行商问题 ··· 154
 4.6.1 TSP 模型的数学描述 ·· 154
 4.6.2 TSP 模型的应用实例 ·· 155
4.7 项目计划节点图 ··· 157
 4.7.1 项目计划节点图模型 ·· 157
 4.7.2 项目计划节点图应用举例 ·· 159
 4.7.3 完成作业期望和实现事件的概率 ·· 162
习题 4 ·· 164

第 5 章 多目标规划模型 ·· 168
5.1 目标规划的数学原理 ··· 168
 5.1.1 目标规划的基本概念 ·· 169
 5.1.2 目标规划的一般模型 ·· 170
 5.1.3 目标规划的求解方法 ·· 171
5.2 目标规划的应用案例 ··· 172
5.3 多目标规划 ··· 178
 5.3.1 多目标规划实例 ·· 178
 5.3.2 多目标规划的一般模型 ··· 180
 5.3.3 多目标规划的有效解 ·· 181
习题 5 ·· 188

第 6 章 博弈论 ·· 191
6.1 基本概念 ·· 191
 6.1.1 博弈论的定义 ··· 191
 6.1.2 博弈论中的经典案例 ·· 192
 6.1.3 博弈的一般概念 ·· 193
6.2 零和博弈 ·· 194
6.3 零和博弈的混合策略和解法 ·· 196
 6.3.1 零和博弈的混合策略 ·· 196
 6.3.2 零和博弈的解法 ·· 197
6.4 双矩阵博弈模型 ··· 202
 6.4.1 非合作的双矩阵博弈的纯策略解 ·· 203
 6.4.2 非合作的双矩阵博弈的混合策略解 ··· 204
6.5 水利水电建设的几个博弈问题研究 ·· 206
 6.5.1 博弈论概述 ·· 206
 6.5.2 中央政府和地方政府的"智猪博弈" ··· 206
 6.5.3 上、下游地方政府之间的"囚徒困境"博弈 ································ 207
 6.5.4 水利水电建设项目的立项竞争"斗鸡博弈" ································ 208

		6.5.5 投资分摊的讨价还价博弈	209
		6.5.6 结论	210
	习题6		210

第7章 存储论 ... 213

- 7.1 存储模型中的基本概念 ... 213
  - 7.1.1 存储问题 ... 213
  - 7.1.2 存储模型中的基本要素 ... 213
- 7.2 确定型存储模型 ... 214
  - 7.2.1 模型一:不允许缺货,补充时间极短——基本的经济订购批量存储模型 ... 214
  - 7.2.2 模型二:允许缺货,补充时间较长——经济生产批量存储模型 ... 216
  - 7.2.3 模型三:不允许缺货,补充时间较长——基本的经济生产批量存储模型 ... 218
  - 7.2.4 模型四:允许缺货,补充时间极短 ... 220
  - 7.2.5 模型五:价格与订货批量有关的存储模型 ... 220
- 7.3 单周期的随机型存储模型 ... 222
  - 7.3.1 模型六:需求是离散随机变量的模型 ... 222
  - 7.3.2 模型七:需求是连续随机变量的模型 ... 225
- 7.4 有约束的确定型存储模型 ... 229
  - 7.4.1 带有约束的经济订购批量存储模型 ... 229
  - 7.4.2 带有约束允许缺货模型 ... 231
  - 7.4.3 带有约束的经济生产批量存储模型 ... 232
- 习题7 ... 233

第8章 排队论 ... 235

- 8.1 基本概念 ... 235
  - 8.1.1 排队过程的一般表示 ... 235
  - 8.1.2 排队系统的组成和特征 ... 236
  - 8.1.3 排队模型的符号表示 ... 236
  - 8.1.4 排队系统的运行指标 ... 237
- 8.2 输入过程与服务时间的分布 ... 237
  - 8.2.1 Poisson 流与指数分布 ... 237
  - 8.2.2 常用的几种概率分布及其产生 ... 239
- 8.3 生灭过程 ... 241
- 8.4 $M/M/s$ 等待制排队模型 ... 242
  - 8.4.1 单服务台模型 ... 242
  - 8.4.2 与排队论模型有关的 LINGO 函数 ... 244
  - 8.4.3 多服务台模型($M/M/s/\infty$) ... 246
- 8.5 $M/M/s/s$ 损失制排队模型 ... 248
  - 8.5.1 损失制排队模型的基本参数 ... 248
  - 8.5.2 损失制排队模型计算实例 ... 249
- 8.6 $M/M/s$ 混合制排队模型 ... 250
  - 8.6.1 单服务台混合制模型 ... 250

| 8.6.2 多服务台混合制模型 ………………………………………………… 253
| 8.7 其他排队模型简介 ……………………………………………………………… 255
| 8.7.1 有限源排队模型 …………………………………………………… 255
| 8.7.2 服务率或到达率依赖状态的排队模型 ……………………………… 258
| 8.7.3 非生灭过程排队模型 ……………………………………………… 260
| 8.8 排队系统的优化 ……………………………………………………………… 262
| 8.8.1 $M/M/1$ 模型中的最优服务率 μ …………………………………… 262
| 8.8.2 $M/M/s$ 模型中的最优服务台数 s^* ………………………………… 264
| 8.9 排队模型的计算机模拟 ……………………………………………………… 266
| 8.9.1 产生给定分布的随机数的方法 …………………………………… 266
| 8.9.2 计算机模拟 ………………………………………………………… 267
| 习题 8 …………………………………………………………………………………… 270

第 9 章 决策分析 …………………………………………………………………………… 272

9.1 决策分析的基本问题 ……………………………………………………………… 272
      9.1.1 决策分析概述 …………………………………………………………… 272
      9.1.2 决策分析研究的特征 …………………………………………………… 273
9.2 不确定条件下的决策准则 ………………………………………………………… 274
9.3 风险型决策方法 …………………………………………………………………… 279
      9.3.1 风险型决策的期望值法 ………………………………………………… 279
      9.3.2 贝叶斯决策 ……………………………………………………………… 281
      9.3.3 决策树 …………………………………………………………………… 283
9.4 效用理论 …………………………………………………………………………… 285
      9.4.1 效用与期望效用原理 …………………………………………………… 285
      9.4.2 效用函数与风险态度 …………………………………………………… 286
      9.4.3 最大期望效用决策准则 ………………………………………………… 289
9.5 层次分析法 ………………………………………………………………………… 290
习题 9 …………………………………………………………………………………… 296

第 10 章 评价方法 ………………………………………………………………………… 298

10.1 一个简单的评价问题 …………………………………………………………… 298
10.2 灰色关联度 ……………………………………………………………………… 299
10.3 TOPSIS 法 ……………………………………………………………………… 301
10.4 基于熵权法的评价方法 ………………………………………………………… 302
10.5 数据包络分析法 ………………………………………………………………… 304
10.6 PageRank 算法 ………………………………………………………………… 308
      10.6.1 PageRank 原理 ………………………………………………………… 308
      10.6.2 基础的 PageRank 算法 ………………………………………………… 308
      10.6.3 随机冲浪模型的 PageRank 值 ………………………………………… 310
习题 10 ………………………………………………………………………………… 312

第 11 章 最小二乘法 ……………………………………………………………………… 313

11.1 最小二乘法 ……………………………………………………………………… 313

11.1.1　参数的唯一可辨识性 ……………………………………………… 313
　　　11.1.2　曲线拟合的线性最小二乘法 ………………………………………… 314
　　　11.1.3　非线性最小二乘法 …………………………………………………… 316
　　　11.1.4　Gauss–Markov 定理 ………………………………………………… 323
　11.2　总体最小二乘法 ……………………………………………………………… 325
　　　11.2.1　总体最小二乘拟合 …………………………………………………… 325
　　　11.2.2　经济预测中的正交回归分析 ………………………………………… 329
　　　11.2.3　正交回归和一般最小二乘回归的几何误差分析 …………………… 332
　习题 11 ………………………………………………………………………………… 334

第12章　数学建模中的应用实例 …………………………………………………… 336
　12.1　飞行管理问题 ………………………………………………………………… 336
　　　12.1.1　问题描述 ……………………………………………………………… 336
　　　12.1.2　模型的建立与求解 …………………………………………………… 337
　12.2　投资的收益和风险 …………………………………………………………… 339
　　　12.2.1　问题描述 ……………………………………………………………… 339
　　　12.2.2　符号规定和基本假设 ………………………………………………… 340
　　　12.2.3　模型的建立与求解 …………………………………………………… 340
　12.3　露天矿生产的车辆安排 ……………………………………………………… 342
　　　12.3.1　问题描述 ……………………………………………………………… 342
　　　12.3.2　运输计划模型及求解 ………………………………………………… 343
　12.4　DVD 在线租赁的优化管理 ………………………………………………… 353
　　　12.4.1　问题描述 ……………………………………………………………… 353
　　　12.4.2　模型假设 ……………………………………………………………… 354
　　　12.4.3　问题(1)的分析与解答 ………………………………………………… 354
　　　12.4.4　问题(2)的分析与解答 ………………………………………………… 357
　　　12.4.5　问题(3)的分析与解答 ………………………………………………… 361
　　　12.4.6　问题(4)的模型的扩展 ………………………………………………… 366
　12.5　电力市场的输电阻塞管理 …………………………………………………… 366
　　　12.5.1　问题提出 ……………………………………………………………… 366
　　　12.5.2　问题分析 ……………………………………………………………… 371
　　　12.5.3　有功潮流的近似表达式 ……………………………………………… 372
　　　12.5.4　阻塞费用计算规则 …………………………………………………… 375
　　　12.5.5　问题(3)的模型 ………………………………………………………… 376
　　　12.5.6　问题(4)的模型 ………………………………………………………… 378
　　　12.5.7　问题(5)的模型 ………………………………………………………… 380
　12.6　抢渡长江 ……………………………………………………………………… 385
　　　12.6.1　问题描述 ……………………………………………………………… 385
　　　12.6.2　基本假设 ……………………………………………………………… 386
　　　12.6.3　模型的建立与求解 …………………………………………………… 386
　12.7　公务员招聘 …………………………………………………………………… 391

         12.7.1　问题描述 ………………………………………………………………… 391
         12.7.2　问题的背景与分析 ……………………………………………………… 393
         12.7.3　模型的假设与符号说明 …………………………………………………… 394
         12.7.4　模型的准备 ………………………………………………………………… 394
         12.7.5　模型的建立与求解 ………………………………………………………… 397
    12.8　空洞探测 …………………………………………………………………………… 404
         12.8.1　问题描述 ………………………………………………………………… 404
         12.8.2　问题分析 ………………………………………………………………… 405
         12.8.3　模型的建立与求解 ………………………………………………………… 405
    12.9　交巡警服务平台的设置与调度 ……………………………………………………… 410
         12.9.1　问题描述 ………………………………………………………………… 410
         12.9.2　模型假设与符号说明 ……………………………………………………… 411
         12.9.3　模型一:交巡警服务平台管辖范围确定问题 ……………………………… 411
         12.9.4　模型二:交巡警服务平台警力封锁调度问题 ……………………………… 414
         12.9.5　模型三:新增交巡警平台布置问题 ………………………………………… 416
         12.9.6　模型四:全市现有交巡警服务平台设置合理性及改进问题 ……………… 418
         12.9.7　全市范围的最佳围堵模型 ………………………………………………… 423
    12.10　众筹筑屋规划方案设计 …………………………………………………………… 427
         12.10.1　问题描述 ………………………………………………………………… 427
         12.10.2　问题(1)的解答 ………………………………………………………… 428
         12.10.3　问题(2)的解答 ………………………………………………………… 433
         12.10.4　问题(3)的解答 ………………………………………………………… 435
   习题12 …………………………………………………………………………………… 436
参考文献 ……………………………………………………………………………………… 451

第 1 章 LINGO 软件的基本用法

LINGO 软件是美国 LINDO 公司开发的一套专门用于求解最优化问题的软件。它为求解最优化问题提供了一个平台，主要用于求解线性规划、非线性规划、整数规划、二次规划、线性及非线性方程组等问题。它是最优化问题的一种建模语言，包含有许多常用的函数供使用者编写程序时调用，并提供了与其他数据文件的接口，易于方便地输入、求解和分析大规模最优化问题，且执行速度快。由于它的功能较强，所以在教学、科研、工业、商业、服务等许多领域得到了广泛的应用。

1.1 LINGO 软件简介

1.1.1 LINGO 软件的特点

LINGO 语言是一个综合性的工具，使建立和求解数学优化模型更容易、更有效。LINGO 提供了一个完全集成的软件包，包括强大的优化模型描述语言，一个全功能的建立和编辑模型的环境，以及一套快速内置的求解器，能够有效地解决大多数优化模型。LINGO 有如下的基本特点：

1. 代数模型语言

LINGO 支持强大的集模型语言，它使得用户能够高效、紧凑地表示数学规划模型。多数模型可以用 LINGO 的内置脚本进行迭代求解。

2. 方便的数据选项

LINGO 使用户从费时费力的数据管理中解脱出来。它允许用户直接从数据库和电子表格中获取信息建立模型，同样，LINGO 能把解输出到数据库或电子表格，更容易生成用户选择的应用报告。完整的模型与数据的分离，可以提高模型的维护性和扩展性。

3. 模型交互性或创建交钥匙工程的应用

利用 LINGO 可以建立或求解模型，也可以直接从所写的应用中直接调用 LINGO。为了提高模型的交互性，LINGO 提供了一个完整的建模、求解和分析模型的环境。为了建立交钥匙的解决方案，LINGO 可以调用用户所写的 DLL 和 OLE 应用接口。LINGO 可以直接调用 Excel 宏或数据库应用，目前包括 C/C++、Fortran、Java、C#.net、VB.NET、ASP.NET、Visual Basic、Delphi 和 Excel 编程实例。

4. 广泛的文档和帮助

LINGO 提供了所有需要快速启动和运行的工具。LINGO 用户手册描述了程序的命令和功能。更大规模 LINGO 优化建模的超级版本给出了所有类型的线性、整数和非线性优化问题的综合建模文档。LINGO 提供了许多现实世界的建模实例供用户修改和扩展。

5. 强大的求解器和工具

LINGO 提供了一套全面、快速的内置求解器，求解线性、非线性（凸与非凸）、二次、二次约束和整数优化。用户永远不必指定或加载一个单独的求解器，因为LINGO读取公式后会自动选择一个合适的求解器。LINGO中有如下求解器和工具：

1）一般非线性求解器

LINGO提供了一般非线性和非线性整数的功能。非线性许可证选择要使用非线性功能与LINDO API。

2）全局求解器

全局求解器结合了一系列的边界（如区间分析和凸分析）和范围减少技术（如线性规划和约束传播），在一个分支定界框架内找到非凸非线性规划的行之有效的全局解。传统的非线性求解器只能求得次优的局部解。

3）多初值求解器

多初值求解器能在非线性规划和混合整数非线性规划的解空间中智能地生成一系列候选初始点。一个传统的非线性求解器可以调用一个初始点，找到一个局部最优解。对于非凸非线性规划模型，由多初值求解器求得的最好解的质量往往要优于传统的非线性求解器从单一初值求得的解。用户可以调节参数控制多初值点的最大个数。

4）障碍求解器

障碍求解器是求解线性、二次和二次锥问题的一种可选方法。LINGO使用最先进技术的障碍方法，为大型稀疏模型提供了超高速的算法。

5）单纯形求解器

LINGO提供的原始和对偶单纯形两个先进算法作为求解线性规划模型的主要工具。其灵活的设计允许用户通过改变几个算法参数，微调每一种算法。

6）混合整数求解器

LINGO的混合整数求解器功能扩展到线性、二次和一般非线性整数模型。它包含了一些先进的求解技术，如切割生成、树排序减少树的动态生长以及先进的启发式和预求解策略。

7）随机求解器

随机规划求解器通过多阶段随机模型，提供了不确定条件下的决策机会。用户通过辨识内置的或用户定义的描述每一个随机变量的分布函数，来描述不确定性。随机求解器将以最大限度地减少优化模型初始阶段的成本和预期的成本。高级采样模式也可用于近似连续分布。

8）模型及求解分析工具

LINGO对于不可行线性、整数和非线性规划，包括一套全面的分析调试工具，采用先进的技术来分离源于不可行的原始约束的最小子集。LINGO中也有用于执行灵敏度分析以确定某些最优基的敏感性的工具。

9）二次识别工具

二次规划识别工具是一个有用的代数预处理器，自动确定任意非线性规划是否是一个凸二次规划模型。如果非线性规划问题是一个二次规划问题，很容易进行线性化，求得全局最优解。

10）线性化工具

线性化是一个综合性的重构工具，自动将许多非光滑函数和操作符（如最大值和绝对值）变换到线性系列的数学等价表达式。许多非光滑模型可以完全线性化，这让线性求解器很快找到一个全局最优解，否则将是一个棘手的非线性问题。

1.1.2 LINGO 软件的界面介绍

下面简要介绍 LINGO 软件的模型窗口、运行状态窗口和一些重要求解参数的设置。

1. 模型窗口

LINGO 的模型窗口如图 1.1 所示。模型窗口输入格式要求如下：

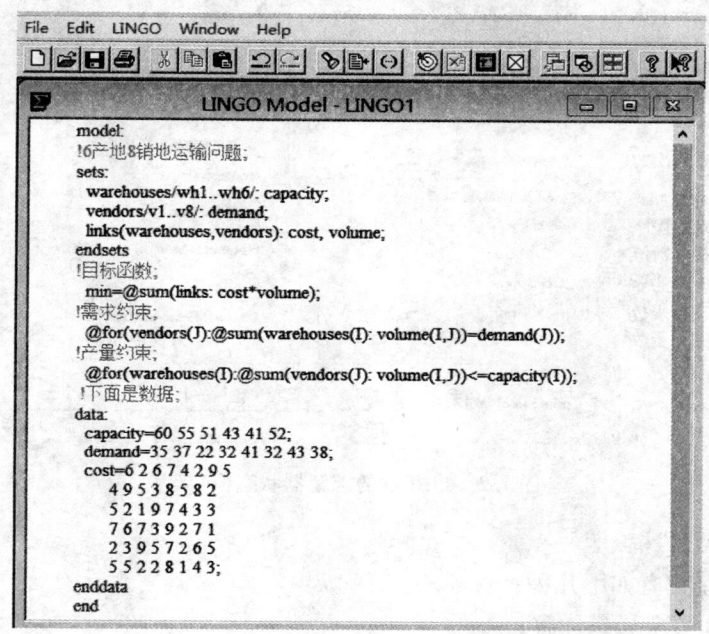

图 1.1　LINGO 的模型窗口

（1）LINGO 的数学规划模型包含目标函数、决策变量、约束条件三个要素。

（2）在 LINGO 程序中，每一个语句都必须用一个英文状态下的分号";"结束，一个语句可以分几行输入。

（3）LINGO 的注释以英文状态的感叹号"!"开始，必须以英文状态下的分号";"结束。

（4）LINGO 的变量不区分字母的大小写，必须以字母开头，可以包含数字和下划线，不超过 32 个字符。

（5）LINGO 程序中，只要定义好集合，其他语句的顺序是任意的。

（6）LINGO 中的函数以"@"开头。

（7）LINGO 默认所有的变量都是非负的。

（8）LINGO 中">或<"号与"≥或≤"号功能相同。

（9）LINGO 模型以语句"model:"开始，以"end"结束，对于比较简单的模型，这两个语句可以省略。

LINGO 建模时需要注意如下几个基本问题：

（1）尽量使用实数变量，减少整数约束和整数变量。

（2）模型中使用的参数数量级要适当，否则会给出警告信息，可以选择适当的单位改变相对尺度。

（3）尽量使用线性模型，减少非线性约束和非线性变量的个数，同时尽量少使用绝对值、符号函数、多变量求最大最小值、取整函数等非线性函数。

(4) 合理设定变量上下界,尽可能给出初始值。

2. LINGO 的求解器运行状态窗口

LINGO 求解器运行状态窗口如图1.2所示。其中的两个状态框介绍如下:

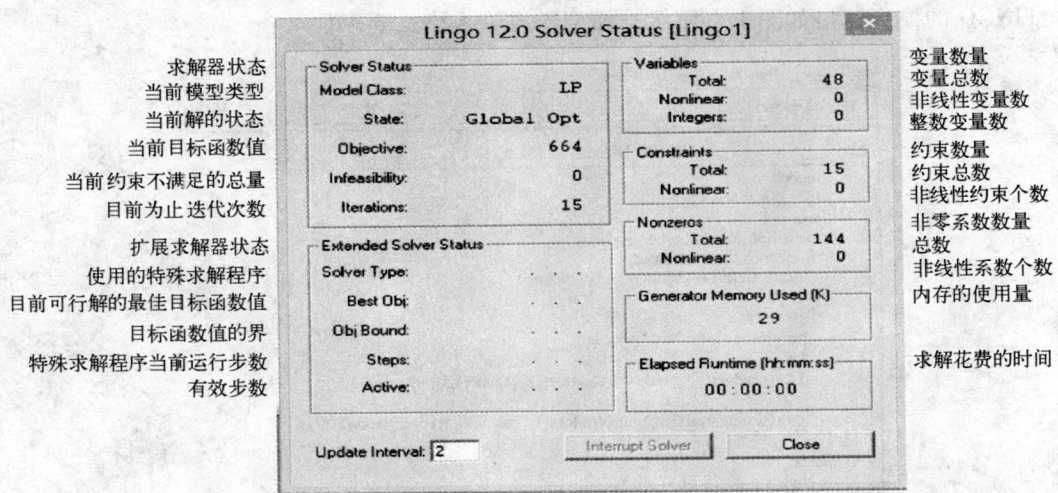

图 1.2 LINGO 的求解器状态窗口

1)"求解器状态"框

"当前解的状态"有如下几种:

Global Optimum:全局最优解;

Local Optimum:局部最优解;

Feasible:可行解;

Infeasible:不可行解;

Unbounded:无界解;

Interrupted:中断;

Undetermined:未确定。

2)"扩展求解器状态"框

"使用的特殊求解程序"有如下几种:

B-and-B:分支定界算法。

Global:全局最优求解程序。

Multistart:用多个初始点求解的程序。

3. LINGO 求解的参数设置

LINGO12 软件管理的内存最大为 2GB,如果计算机内存是 4GB,则将 LINGO 的内存设置为 2GB,如果计算机的内存是 8G,也要将 LNGO 的内存设置成 2GB。

LINGO 内存的设置方法是依次选择 LINGO(第3个主菜单)→Options…→Model Generator。如图1.3所示。

如果模型是非线性模型,且欲求全局最优解,要把求解器设置成"Global"。进入图1.3中的"Global Solver"后,在"Use Global Solver"前面打上"√"。

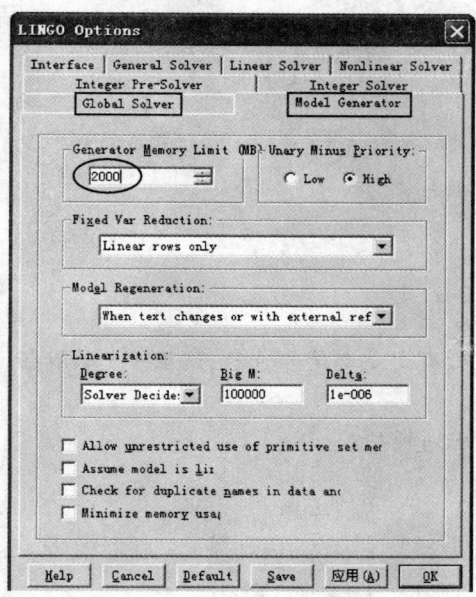

图 1.3　求解器 Options 的一些设置

1.1.3　初识 LINGO 程序

LINGO 程序书写实际上特别简捷,数学模型怎样描述,LINGO 语言就对应地怎样表达。首先介绍几个简单的 LINGO 程序。

例 1.1　求解如下线性规划问题:
$$\max z = 72x_1 + 64x_2,$$
$$\text{s. t.} \begin{cases} x_1 + x_2 \leqslant 50, \\ 12x_1 + 8x_2 \leqslant 480, \\ 3x_1 \leqslant 100, \\ x_1, x_2 \geqslant 0. \end{cases}$$

解　LINGO 求解程序如下:

max = 72 * x1 + 64 * x2;
x1 + x2 <= 50;
12 * x1 + 8 * x2 <= 480;
3 * x1 <= 100;

注 1.1　LINGO 中默认所有的变量都是非负的,在 LINGO 中不需写出对应的非负性约束。

例 1.2　抛物面 $z = x^2 + y^2$ 被平面 $x + y + z = 1$ 截成一椭圆,求原点到这椭圆的最短距离。

解　该问题可以用拉格朗日乘子法求解。下面把问题归结为数学规划模型,用 LINGO 求解。

设原点到椭圆上点 (x, y, z) 的距离最短,建立如下数学规划模型:
$$\min \sqrt{x^2 + y^2 + z^2},$$

$$\text{s. t.} \begin{cases} x+y+z=1, \\ z=x^2+y^2. \end{cases}$$

LINGO 求解程序如下:

```
min = (x^2 + y^2 + z^2)^(1/2);
x + y + z = 1;
z = x^2 + y^2;
@free(x);@free(y);
```

注 1.2 LINGO 中默认所有变量都是非负的,这里 x,y 的取值可正可负,所以使用 LINGO 函数 @free。

例 1.3 求解如下数学规划模型:

$$\min \sqrt{\sum_{i=1}^{100} x_i^2},$$

$$\text{s. t.} \begin{cases} \sum_{i=1}^{100} x_i = 1, \\ x_{100} = \sum_{i=1}^{99} x_i^2. \end{cases}$$

解 用 LINGO 求解上述数学规划问题,使用下面介绍的集合和函数比较方便,使用集合的目的是为了定义向量,集合使用前,必须先定义;LINGO 程序中的标量不需要定义,直接使用即可。

LINGO 求解程序如下:

```
sets:
var/1..100/:x;
endsets
min = @sqrt(@sum(var(i):x(i)^2));
@sum(var(i):x(i)) = 1;
x(100) = @sum(var(i)|i#le#99:x(i)^2);
@for(var(i)|i#le#99:@free(x(i)));
```

注 1.3 如果不使用集合和函数,全部使用标量 x1,x2,…,x100,最后一个约束就要写 99 遍,即 @free(x1);…;@free(x99)。

例 1.4 求解下列的线性方程组

$$\begin{cases} 2x+y=3, \\ x+y=4. \end{cases}$$

解 LINGO 求解程序如下:

```
2*x + y = 3;
x + y = 4;
@free(x);@free(y);
```

1.1.4 线性规划问题的影子价格与灵敏度分析

以例 1.1 的线性规划模型为例,其模型为

$$\max z = 72x_1 + 64x_2,$$

$$\text{s.t.}\begin{cases} x_1 + x_2 \leqslant 50, \\ 12x_1 + 8x_2 \leqslant 480, \\ 3x_1 \leqslant 100, \\ x_1, x_2 \geqslant 0。 \end{cases}$$

1. 影子价格

要进行灵敏度分析,必须选择如图 1.4 所示的画圈的选项,依次选择 LINGO→Options→General Solver,在 Dual Computations 下选择 Prices。

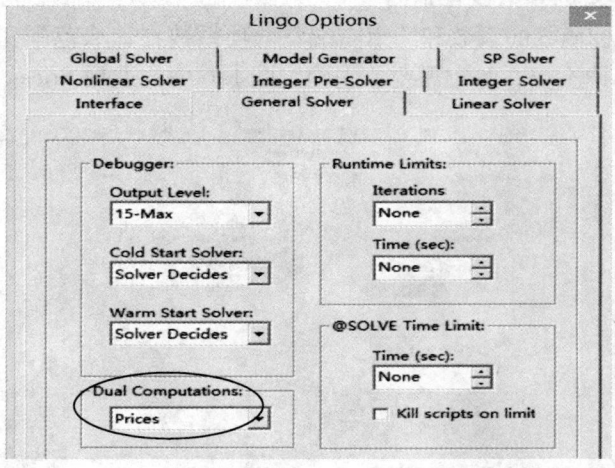

图 1.4 LINGO Options 设置

选择 Prices 选项后,运行 LINGO 程序,则输出结果窗口中包含灵敏度分析,如图 1.5 所示。

Solution Report - Lingo1

```
Global optimal solution found.
Objective value:               最优目标函数值   3360.000
Infeasibilities:                               0.000000
Total solver iterations:                              2

Model Class:                                         LP

Total variables:                  2
Nonlinear variables:              0
Integer variables:                0

Total constraints:                4
Nonlinear constraints:            0

Total nonzeros:                   7
Nonlinear nonzeros:               0

                  Variable           Value        Reduced Cost
                        X1        20.00000            0.000000
                        X2        30.00000            0.000000

                       Row    Slack or Surplus      Dual Price
                         1        3360.000            1.000000    目标函数
                         2        0.000000            48.00000    第一个约束条件
                         3        0.000000            2.000000
                         4        40.00000            0.000000    第三个约束条件
```

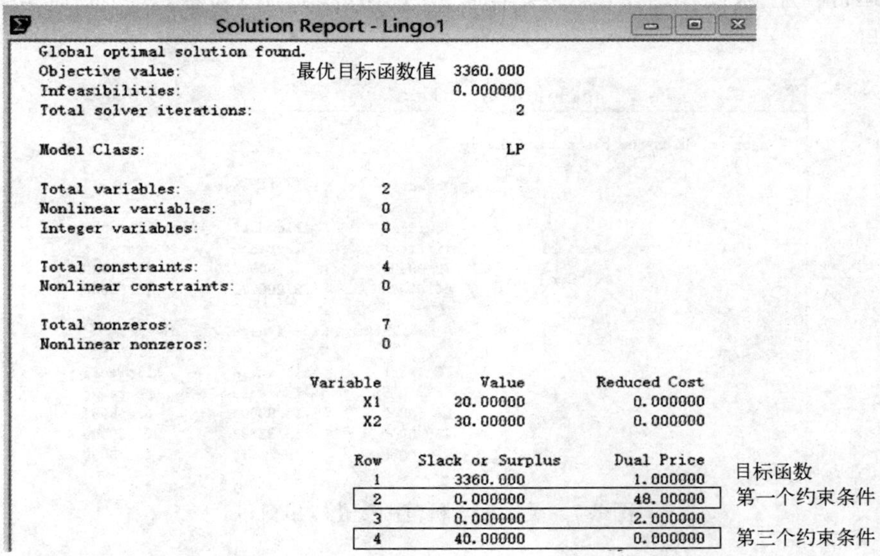

图 1.5 灵敏度分析

从结果可知,目标函数的最优值为3360,决策变量 $x_1=20, x_2=30$。

(1) Reduced Cost 值对应于单纯形法计算过程中各变量的检验数。

(2) 图1.5中底部上方标示的方框表示第一个约束条件,Slack or Surplus 值为0表示该约束松弛变量为0,约束等号成立,为紧约束或有效约束。底部下方标示的方框表示第三个约束松弛变量为40,不等号成立,资源有剩余。

(3) Dual Price 对应影子价格,上方方框表示当第一个约束条件右端常数项增加1个单位,即由50变为51时,目标函数值增加48,即约束条件1所代表的资源的影子价格。下方方框表示,第三个约束条件右端常数项增加1个单位时,目标函数值不变。

2. 确保最优基不变的系数变化范围

如果想要研究目标函数的系数和约束右端常数项系数在什么范围变化(假定其他系数保持不变)时,最优基保持不变。此时需要首先确定图1.6中的选项 Prices & Ranges。

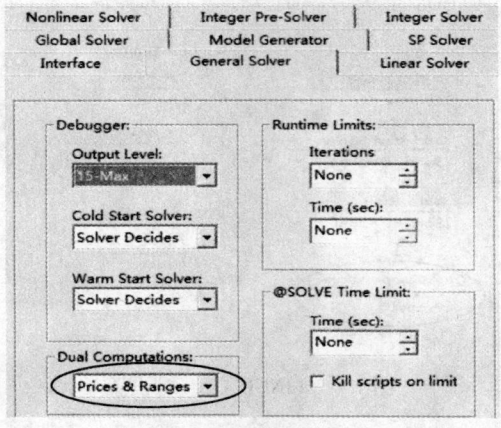

图1.6 LINGO Options 对话框

重新运行程序,关闭输出窗口,从菜单命令 LINGO 中选中 Range,即可得到如图1.7所示的输出窗口。

```
Range Report - Lingo1
Ranges in which the basis is unchanged:

                    Objective Coefficient Ranges:
                    Current        Allowable      Allowable
         Variable   Coefficient    Increase       Decrease
              X1    72.00000       24.00000       8.000000
              X2    64.00000       8.000000       16.00000

                    Righthand Side Ranges:
                    Current        Allowable      Allowable
              Row   RHS            Increase       Decrease
                2   50.00000       10.00000       6.666667
                3   480.0000       53.33333       80.00000
                4   100.0000       INFINITY       40.00000
```

图1.7 灵敏度分析范围变化输出窗口

(1) Objective Coefficient Ranges 一栏反映了目标函数中决策变量的价值系数,其中 x_1 的系数是72,x_2 的系数是64,说明 x_1 要想确保当前最优基不变,在其他系数不变的情况下,x_1 系

数的变化范围为 $(64,96)$ $(72-8=64, 72+24=96)$，当 x_1 的系数在这个范围内变化时，最优解不变，但是最优目标函数值发生变化，同样，x_2 系数的变化范围为 $(48,72)$。

（2）Righthand Side Ranges 一栏反映了约束条件右端代表资源系数的常数项，可见第一个约束右端常数项在 $(43.333333,60)$ 变化时，最优基不变，但是最优解发生变化，目标函数值也相应地发生变化。由于第三个约束松弛变量为 40，资源有剩余，可见无论再如何增加该资源，只会使剩得更多，对解没有影响，但是如果减少量超过 40，就会产生影响。

1.2 LINGO 模型的基本组成

用 LINGO 语言编写程序来表达一个实际优化问题，称为 LINGO 模型。下面以一个运输规划模型为例说明 LINGO 模型的基本组成。

例 1.5 已知某种商品 6 个仓库的存货量，8 个客户对该商品的需求量，单位商品运价如表 1.1 所示。试确定 6 个仓库到 8 个客户的商品调运数量，使总的运输费用最小。

表 1.1 单位商品运价表

单位运价客户 仓库	V1	V2	V3	V4	V5	V6	V7	V8	存货量
W1	6	2	6	7	4	2	5	9	60
W2	4	9	5	3	8	5	8	2	55
W3	5	2	1	9	7	4	3	3	51
W4	7	6	7	3	9	2	7	1	43
W5	2	3	9	5	7	2	6	5	41
W6	5	5	2	2	8	1	4	3	52
需求量	35	37	22	32	41	32	43	38	

解 设 $x_{ij}(i=1,2,\cdots,6;j=1,2,\cdots,8)$ 表示第 i 个仓库运到第 j 个客户的商品数量，c_{ij} 表示第 i 个仓库到第 j 个客户的单位运价，d_j 表示第 j 个客户的需求量，e_i 表示第 i 个仓库的存货量，建立如下线性规划模型：

$$\min \sum_{i=1}^{6} \sum_{j=1}^{8} c_{ij} x_{ij},$$

$$\text{s.t.} \begin{cases} \sum_{j=1}^{8} x_{ij} \leq e_i, & i=1,2,\cdots,6, \\ \sum_{i=1}^{6} x_{ij} = d_j, & j=1,2,\cdots,8, \\ x_{ij} \geq 0, & i=1,2,\cdots,6; j=1,2,\cdots,8. \end{cases}$$

LINGO 数学规划模型一般由 3 个部分构成：集合；数据和初始；目标函数与约束条件。

1.2.1 集合定义部分

集合是一群相联系的对象，这些对象也称为集合的成员。LINGO 将集合（Set）的概念引入建模语言，代表模型中的实际事物，并与数学变量及常量联系起来，是实际问题到数学的抽象。例 1.5 中的 6 个产地可以看成是一个集合，8 个销地可以看成另一个集合。

LINGO 有两种类型的集合：原始集合（Primitive Set）和派生集合（Derived Set）。

一个原始集合是由一些最基本的对象组成的,不能再被拆分成更小的组分。

一个派生集合是用一个或多个其他集合来定义的,也就是说,它的成员来自于其他已存在的集合。

集合部分是 LINGO 模型的一个可选部分。在 LINGO 模型中使用集合之前,必须在集合部分事先定义。集合部分以关键字"sets:"开始,以"endsets"结束。一个模型可以没有集合部分,或有一个简单的集合部分,或有多个集合部分。一个集合部分可以放置于模型的任何地方,但该集合及其属性在模型约束中被引用之前必须预先定义。

1. 定义原始集合

为了定义一个原始集合,必须详细声明:集合的名称、集合的成员(可选的)和集合成员的属性(可选的)。

定义一个原始集合,用下面的语法:

$$setname[/member\_list/][:attribute\_list];$$

注 1.4 用"[ ]"表示该部分内容可选。下面不再赘述。

setname 是用来标记集合的名字,最好具有较强的可读性。集合名称必须严格符合标准命名规则:以字母为首字符,其后由字母(A~Z)、下划线、阿拉伯数字(0,1,…,9)组成的总长度不超过 32 个字符的字符串,且不区分大小写。

注 1.5 该命名规则同样适用于集合成员名和属性名等的命名。

member_list 是集合成员列表。如果集合成员放在集合定义中,那么对它们可采取显式罗列和隐式罗列两种方式。如果集合成员不放在集合定义中,那么可以在随后的数据部分定义它们。

(1) 当显式罗列成员时,必须为每个成员输入一个不同的名字,中间用空格或逗号搁开,允许混合使用。

(2) 当隐式罗列成员时,不必罗列出每个集成员。可采用如下语法:

$$setname/member1..memberN/[:attribute\_list];$$

这里的 member1 是集合的第一个成员名,memberN 是集合的最末一个成员名。LINGO 将自动产生中间的所有成员名。LINGO 也接受一些特定的首成员名和末成员名,用于创建一些特殊的集合,如表 1.2 所示。

表 1.2 隐式罗列成员示例

隐式成员列表格式	示 例	所产生集成员
1..n	1..5	1,2,3,4,5
StringM..StringN	Car2..Car14	Car2,Car3,Car4,…,Car14
DayM..DayN	Mon..Fri	Mon,Tue,Wed,Thu,Fri
MonthM..MonthN	Oct..Jan	Oct,Nov,Dec,Jan
MonthYearM..MonthYearN	Oct2001..Jan2002	Oct2001,Nov2001,Dec2001,Jan2002

在例 1.5 中需要定义仓库集合:

$$warehouses/1..6/:e;$$

其中 warehouses 是集合的名称,1..6 是集合内的成员,".."是特定的省略号(如果不用省略号,也可以把成员一一罗列出来,成员之间用逗号或空格分开),表明该集合有 6 个成员,分别对应于 6 个仓库,e 是集合的属性,它可以看成是一个一维数组,有 6 个分量,分别表示各仓库的存货量。

仓库集合也可以定义为

warehouses/W1　W2　W3　W4　W5　W6/:e;

或者

warehouses/W1..W6/:e;

在例1.5中还需要定义客户集合：

vendors/V1..V8/:d;

该集合有8个成员，d是集合的属性(有8个分量)表示各客户的需求量。

原始集合的属性相当于一维数组。

2. 定义派生集合

为了定义一个派生集，必须详细声明：

集合的名称、父集合的名称、集合成员(可选)和集合成员的属性(可选)。

可用下面的语法定义一个派生集合：

setname(parent_set_list)[/member_list/][:attribute_list];

setname 是集合的名字。parent_set_list 是已定义集合的列表，多个时必须用逗号隔开。如果没有指定成员列表，那么LINGO会自动创建父集合成员的所有组合作为派生集合的成员。派生集合的父集合既可以是原始集合，也可以是其他的派生集合。

例1.6 集合定义示例。

sets:
product/A B/;
machine/M N/;
week/1..2/;
allowed(product,machine,week):x;
endsets

LINGO生成了3个父集合的所有组合共8组作为allowed集合的成员，如表1.3所示。

表1.3　集合 allowed 的成员

编　号	成　员
1	(A,M,1)
2	(A,M,2)
3	(A,N,1)
4	(A,N,2)
5	(B,M,1)
6	(B,M,2)
7	(B,N,1)
8	(B,N,2)

成员列表被忽略时，派生集合成员由父集合成员所有的组合构成，这样的派生集合称为稠密集。如果限制派生集合的成员，使它成为父集合成员所有组合构成的集合的一个子集，这样

的派生集合称为稀疏集。同原始集合一样,派生集合成员的声明也可以放在数据部分。一个派生集合的成员列表由两种方式生成:

(1) 显式枚举。
(2) 设置成员资格过滤器。

当采用方式(1)时,必须显式枚举出所有要包含在派生集合中的成员,并且枚举的每个成员必须属于稠密集。在例1.6中,显式枚举派生集合的成员:

allowed(product,machine,week)/A M 1,A N 2,B N 1/;

如果需要生成一个大的、稀疏的集,那么显式枚举就会太过复杂。幸运的是,许多稀疏集的成员都满足一些条件以和非成员相区分。可以把这些逻辑条件看作过滤器,在 LINGO 生成派生集合的成员时把使逻辑条件为假的成员从稠密集中过滤掉。

在例1.5中,为了表示数学模型中从仓库到客户的运输关系以及与此相关的运输单价 c_{ij} 和运量 x_{ij},要定义一个表示运输关系的派生集合:

links(warehouses,vendors):c,x;

其中 c 和 x 是该派生集合的两个属性,分别表示运输单价 c_{ij} 和运量 x_{ij}。

例1.5模型的完整集合定义如下:

sets:
　　warehouses/1..6/:e;
　　vendors/1..8/:d;
　　links(warehouses,vendors):c,x;
endsets

综上所述,LINGO 中的集合类型如图1.8所示。

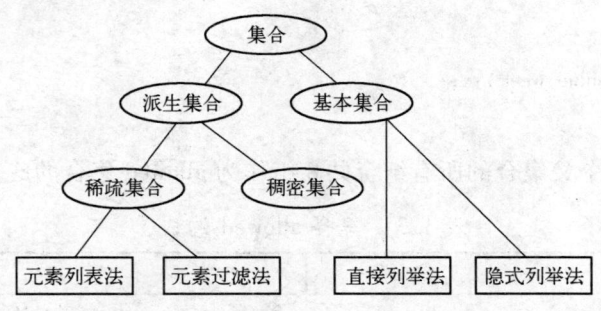

图1.8　集合类型示意图

1.2.2　模型的数据部分和初始部分

在处理模型的数据时,需要为集合指派一些成员并且在 LINGO 求解模型之前为集合的某些属性指定值。为此,LINGO 为用户提供了两个可选部分:输入集合成员和数据的数据部分(Data Section)和为决策变量设置初始值的初始部分(Init Section)。

1. 模型的数据部分

数据部分以关键字"data:"开始,以关键字"enddata"结束。在这里,可以指定集合成员、集合的属性。其语法如下:

object_list = value_list;

其中 object_list 中包含要设置集合成员的集名、要指定值的属性名,用逗号或空格隔开。如果 object_list 中有多个属性名,那么它们必须定义在同一个集合上。如果 object_list 中有一个集合名,那么它必须是 object_list 中任何属性的父集合。

value_list 包含要分配给 object_list 中的对象的值,用逗号或空格隔开。注意属性值的个数必须等于集合成员的个数。看下面的例子。

例 1.7

```
model:
sets:
SET1:X,Y;
endsets
data:
SET1 = A B C;
X = 1 2 3;
Y = 4 5 6;
enddata
end
```

在集 set1 中定义了两个属性 X 和 Y。X 的 3 个值是 1、2 和 3,Y 的 3 个值是 4、5 和 6。也可采用下面的复合数据声明实现同样的功能。

```
model:
sets:
SET1:X,Y;
endsets
data:
SET1 X Y = A 1 4
          B 2 5
          C 3 6;
enddata
end
```

要记住一个重要的事实,即当 LINGO 读取复合数据声明的值列表时,它将前 n 个值分别分配给对象列表中 n 个对象的第一个值,第二批 n 个值依次分配给 n 个对象的第二个值,依次类推。换句话说,LINGO 期望的是列格式,而不是行格式的输入数据,这反映了关系数据库中记录和字段之间的关系。

例 1.5 中的集合和数据部分可以如下定义:

```
sets:
   warehouses/1..6/:e;
   vendors/1..8/:d;
   links(warehouses,vendors):c,x;
endsets
data:   !数据部分;
```

```
e = 60 55 51 43 41 52;   !属性值;
d = 35 37 22 32 41 32 43 38;
c = 6 2 6 7 4 2 5 9
    4 9 5 3 8 5 8 2
    5 2 1 9 7 4 3 3
    7 6 7 3 9 2 7 1
    2 3 9 5 7 2 6 5
    5 5 2 2 8 1 4 3;
enddata
```

注 1.6 在例 1.5 数学模型中，$C = (c_{ij})_{6\times 8}$ 是一个矩阵，即二维向量，在上述 LINGO 程序中，属性 c 数据（LINGO 中通过 c(i,j) 引用属性的值）的排列方式为

$$c(1,1), c(1,2), \cdots, c(1,8), c(2,1), c(2,2), \cdots, c(2,8), \cdots, c(6,1), c(6,2), \cdots, c(6,8);$$

即把矩阵的元素逐行排成一个行向量的格式，上面 LINGO 语句中为了容易看清属性 c 的数据个数，把数据排成了 6 行 8 列，中间用空格分隔（数据元素之间也可以用逗号","分隔），实际上可以把这 48 个元素的数据分成多少行表示都可以的，但中间不要有分号";"，数据的末尾才能加分号";"。

例 1.5 中的集合和数据部分也可以如下定义：

```
sets:
warehouses:e;
vendors:d;
links(warehouses,vendors):c,x;
endsets
data:!数据部分;
warehouses = WH1 WH2 WH3 WH4 WH5 WH6;!集合成员;
vendors = V1 V2 V3 V4 V5 V6 V7 V8;
e = 60 55 51 43 41 52;!属性值;
d = 35 37 22 32 41 32 43 38;
c = 6 2 6 7 4 2 5 9 4 9 5 3 8 5 8 2 5 2 1 9 7 4 3 3 7 6 7 3 9 2 7 1 2 3 9 5 7 2 6 5 5 5 2 2 8 1 4 3;
enddata
```

2. 数据段的两点说明

1）实时数据处理

在某些情况，对于模型中的某些数据并不是定值。例如，模型中有一个通货膨胀率的参数，在 2%~6% 范围内，对不同的值求解模型可以观察模型的结果对通货膨胀的依赖有多么敏感。我们把这种情况称为实时数据处理。在本该输入数的地方输入一个问号"?"。

例 1.8

```
data:
    interest_rate, inflation_rate = 0.085   ?;
enddata
```

每一次求解模型时，LINGO 都会提示为参数 inflation_rate 输入一个值。在 Windows 操作系统下，将会接收到一个如图 1.9 所示的对话框。

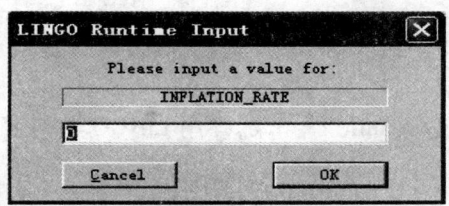

图 1.9　交互式输入对话框

直接输入一个值再单击 OK 按钮,LINGO 就会把输入的值指定给 inflation_rate,然后继续求解模型。

2) 部分赋值

有时只想为一个集的部分成员的某个属性指定值,而让其余成员的该属性保持未知,以便让 LINGO 去求出它们的最优值。在数据声明中输入一个逗号(最前面或最后面)或多个相连的逗号表示该位置对应的集成员的属性值未知。

例 1.9

```
sets:
   years/1..5/:capacity;
endsets
data:
   capacity = ,34,20,,;
enddata
```

属性 capacity 的第 2 个和第 3 个值分别为 34 和 20,其余的 3 个值未知。

3. 模型的初始部分

初始部分是 LINGO 提供的又一个可选部分。在初始部分中,可以输入初始声明(Initialization Statement),和数据部分中的数据声明相同。对实际问题的建模时,初始部分并不起到描述模型的作用,在初始部分输入的值仅被 LINGO 求解器当作初始点来用,并且仅仅对非线性模型有用。和数据部分指定变量的值不同,LINGO 求解器可以自由改变初始部分初始化变量的值。

一个初始部分以"init:"开始,以"endinit"结束。初始部分的初始声明规则和数据部分的数据声明规则相同。也就是说,可以在声明的左边同时初始化多个集属性,也可以把集属性初始化为一个值。

例 1.10

```
init:
X = 0.999;
Y = 0.002;
endinit
Y <= @LOG(X);
X^2 + Y^2 <= 1;
```

好的初始点会减少模型的求解时间。

1.2.3 目标函数和约束条件

例 1.5 中的目标函数表达式 $\min \sum_{i=1}^{6} \sum_{j=1}^{8} c_{ij} x_{ij}$ 用 LINGO 语句表示为

min = @sum(links(i,j):c(i,j) * x(i,j));

其中,@sum 是 LINGO 提供的内部函数,其作用是对某个集合的所有成员,求指定表示式的和,该函数需要两个参数,第 1 个参数是集合名称,指定对该集合的所有成员求和;第 2 个参数是一个表达式,表示求和运算对该表达式进行,两个参数之间用冒号":"分隔。此处,@sum 的第 1 个参数是 links(i,j),表示求和运算对派生集合 links 进行,该集合的维数是 2,共有 48 个成员,运算规则:先对 48 个成员分别求表达式 c(i,j) * x(i,j) 的值,然后求和,相当于求 $\sum_{i=1}^{6} \sum_{j=1}^{8} c_{ij} x_{ij}$,表达式中的 c 和 x 是集合 links 的两个属性,它们各有 48 个分量。

注 1.7 如果表达式中参与运算的属性属于同一个集合,则 @sum 语句中索引(相当于矩阵或数组的下标)可以省略,假如表达式中参与运算的属性属于不同的集合,则不能省略属性的索引。例 1.5 的目标函数中的属性 c 和 x 属于同一个集合,因而可以表示成

min = @sum(links:c * x);

例 1.5 中的约束条件 $\sum_{j=1}^{8} x_{ij} \leq e_i, i = 1, 2, \cdots, 6$ 实际上表示了 6 个不等式,用 LINGO 语言表示该约束条件,语句为

@for(warehouses(i):@sum(vendors(j):x(i,j)) <= e(i));

其中,@for 是 LINGO 提供的内部函数,它的作用是对某个集合的所有成员分别生成一个约束表达式,它有两个参数,两个参数之间用冒号":"分隔;第 1 个参数是集合名,表示对该集合的所有成员生成对应的约束表达式。上述 @for 的第 1 个参数为 warehouses,表示仓库,共有 6 个成员,故应生成 6 个约束表达式;@for 的第 2 个参数是约束表达式的具体内容,此处再调用 @sum 函数,表示约束表达式的左边是求和,是对集合 vendors 的 8 个成员求和,即对表达式 x(i,j) 中的第 2 维 j 求和,亦即 $\sum_{j=1}^{8} x_{ij}$,约束表达式的右边是集合 warehouses 的属性 e,它有 6 个分量,与 6 个约束表达式一一对应。本语句中的属性分别属于不同的集合,所以不能省略索引 i,j。

同样地,约束条件 $\sum_{i=1}^{6} x_{ij} = d_j, j = 1, 2, \cdots, 8$ 用 LINGO 语句表示为

@for(vendors(j):@sum(warehouses(i):x(i,j)) = d(j));

1.2.4 完整的模型

综上所述,例 1.5 的完整 LINGO 模型如下:

model:
sets:
 warehouses/1..6/:e;
 vendors/1..8/:d;

```
    links(warehouses,vendors):c,x;
endsets
data: !数据部分;
e = 60 55 51 43 41 52;   !属性值;
d = 35 37 22 32 41 32 43 38;
c = 6 2 6 7 4 2 5 9
    4 9 5 3 8 5 8 2
    5 2 1 9 7 4 3 3
    7 6 7 3 9 2 7 1
    2 3 9 5 7 2 6 5
    5 5 2 2 8 1 4 3;
enddata
min = @sum(links(i,j):c(i,j)*x(i,j));    !目标函数;
@for(warehouses(i):@sum(vendors(j):x(i,j))<=e(i));!约束条件;
@for(vendors(j):@sum(warehouses(i):x(i,j))=d(j));
end
```

注1.8 LINGO 模型以 model:开始,以语句 end 结束,这两个语句单独成一行。完整的模型由集合定义、数据段、目标函数和约束条件等部分组成,这几个部分的先后次序无关紧要,但集合使用之前必须先定义。

用鼠标单击工具栏上的"求解"按钮,可以求出上述模型的解。计算结果表明:目标函数值为 664,最优运输方案如表 1.4 所示。

表1.4 最优运输方案

	V1	V2	V3	V4	V5	V6	V7	V8	合计
W1	0	19	0	0	41	0	0	0	60
W2	1	0	0	32	0	0	0	0	33
W3	0	11	0	0	0	0	40	0	51
W4	0	0	0	0	0	5	0	38	43
W5	34	7	0	0	0	0	0	0	41
W6	0	0	22	0	0	27	3	0	52
合计	35	37	22	32	41	32	43	38	

下面再举一个解线性方程组的例子。

例1.11 已知 $p = \begin{bmatrix} 1 \\ 1 \\ -1 \end{bmatrix}$ 是矩阵 $A = \begin{bmatrix} 2 & -1 & 2 \\ 5 & a & 3 \\ -1 & b & -2 \end{bmatrix}$ 的一个特征向量,求参数 a,b 及特征向量 p 所对应的特征值。

解 设特征向量 p 所对应的特征值为 λ,则 $Ap = \lambda p$,解矩阵方程 $Ap = \lambda p$,其中矩阵 A 中的参数 a,b 和特征值 λ 为未知数,可以求得所求问题的解。利用 LINGO 软件,得
$$a = -3, b = 0, \lambda = -1。$$

计算的 LINGO 程序如下:

```
model:
sets:
num/1..3/:p;
link(num,num):a;
endsets
data:
p = 1 1 -1;
a = 2 -1 2 5,,3 -1,,-2;!两个逗号之间各有一个未知参数需要待定;
enddata
@for(num(i):@sum(num(j):a(i,j)*p(j)) = lambda*p(i));
@free(lambda);!LINGO 中未知数默认的都是非负的,这里的特征值是可正可负的;
@for(link:@free(a));!注意未知参数取值是可正可负的;
end
```

1.2.5 LINGO 语言的优点

从以上实例可以看出,LINGO 语言不仅可以方便地解方程组,而且求解数学规划模型有如下优点:

(1) 对大规模数学规划,LINGO 语言所建模型比较简洁,语句不多。

(2) 模型易于扩展,因为@for、@sum 等语句并没有指定循环或求和的上下限,如果在集合定义部分增加集合成员的个数,则循环或求和自然扩展,不需要改动目标函数和约束条件。

(3) 数据部分与其他部分分开,对同一模型用不同数据来计算时,只需改动数据部分即可,其他语句不变。

(4) "集合"是 LINGO 很有特色的概念,它表达了模型中的实际事物,又与数学变量及常量联系起来,是实际问题到数学量的抽象,它比 C 语言中的数组用途更为广泛,集合中的成员可以随意起名字,没有什么限制,集合的属性可以根据需要确定用多少个,可以用来代表已知常量,也可以用来代表决策变量。

(5) 使用了集合以及@for、@sum 等集合操作函数以后可以用简洁的语句表达出常见的规划模型中的目标函数和约束条件,即使模型有大量决策变量和大量数据,组成模型的语句并不随之增加。

1.3 LINGO 的运算符和函数

1.3.1 LINGO 的常用运算符

1. 算术运算符

算术运算实际上就是加、减、乘、除、乘方等数学运算,即数与数之间的运算,运算结果也是数,LINGO 中的算术运算符有以下 5 种:

+(加法),-(减号或负号),*(乘法),/(除法),^(求幂)。

2. 逻辑运算符

逻辑运算就是运算结果只有"真"(true)和"假"(false)两个值的运算。

在 LINGO 中,逻辑运算符主要用于集循环函数的条件表达式中,来控制在函数中哪些集成员被包含,哪些被排斥。在创建稀疏集时用在成员资格过滤器中。

LINGO 具有 9 种逻辑运算符:

#and#(与):仅当两个参数都为 true 时,结果为 true;否则为 false。

#or#(或):仅当两个参数都为 false 时,结果为 false;否则为 true。

#not#(非):否定该操作数的逻辑值,#not#是一个一元运算符。

#eq#(等于):若两个运算数相等,则为 true;否则为 false。

#ne#(不等于):若两个运算符不相等,则为 true;否则为 false。

#gt#(大于):若左边的运算符严格大于右边的运算符,则为 true;否则为 false。

#ge#(大于等于):若左边的运算符大于或等于右边的运算符,则为 true;否则为 false。

#lt#(小于):若左边的运算符严格小于右边的运算符,则为 true;否则为 false。

#le#(小于等于):若左边的运算符小于或等于右边的运算符,则为 true;否则为 false。

这些运算符的优先级由高到低为

高　#not#;

　　#eq#　#ne#　#gt#　#ge#　#lt#　#le#;

低　#and#　#or#。

3. 关系运算符

关系运算符表示的是"数与数之间"的大小关系,因此在 LINGO 中用来表示优化模型的约束条件。LINGO 中关系运算符有 3 种:

<(即 <= ,小于等于),=(等于),>(即 >= ,大于等于)。

注意:在优化模型中约束一般没有严格小于、严格大于关系。此外,请注意区分关系运算符与"数与数之间"进行比较的 6 个逻辑运算符的不同之处。

如果需要严格小于和严格大于关系,如让 A 严格小于 B,那么可以把它变成小于等于表达式 $A + \varepsilon <= B$,其中 ε 是一个小的正数,它的值依赖于模型中 A 小于 B 多少才算不等。

上述 3 类运算符的优先级如表 1.5 所示,其中同一优先级按从左到右的顺序执行,如果有括号"()",则括号内的表达式优先进行计算。

表 1.5　算术、逻辑和关系运算符的优先级

优　先　级	运　算　符
最高	#not#　-(负号)
	^
	*　/
	+　-(减法)
	#eq#　#ne#　#gt#　#ge#　#lt#　#le#
	#and#　#or#
最低	<　=　>

1.3.2　基本的数学函数

内部函数的使用能大大减少用户的编程工作量,所有函数都以"@"符号开头。LINGO 中包括相当丰富的数学函数,下面一一列出。

@abs(x):绝对值函数,返回 x 的绝对值。

@acos(x):反余弦函数,返回值单位为弧度。

@acosh(x):反双曲余弦函数。

@asin(x):反正弦函数,返回值单位为弧度。
@asinh(x):反双曲正弦函数。
@atan(x):反正切函数,返回值单位为弧度。
@atan2(y,x):返回y/x的反正切。
@atanh(x):反双曲正切函数。
@cos(x):余弦函数,返回x的余弦值。
@cosh(x):双曲余弦函数。
@sin(x):正弦函数,返回x的正弦值,x采用弧度制。
@sinh(x):双曲正弦函数。
@tan(x):正切函数,返回x的正切值。
@tanh(x):双曲正切函数。
@exp(x):指数函数,返回e^x的值。
@log(x):自然对数函数,返回x的自然对数。
@log10(x):以10为底的对数函数,返回x的以10为底的对数。
@lgm(x):返回x的gamma函数的自然对数(当x为整数时,lgm(x) = log((x−1)!))。
@mod(x,y):模函数,返回x除以y的余数,这里x和y应该是整数。
@pi():返回pi的值,即3.14159265…。
@pow(x,y):指数函数,返回x^y的值。
@sign(x):如果x<0返回−1;如果x>0,返回1;如果x=0,返回0。
@floor(x):取整函数,返回x的整数部分。当x>=0时,返回不超过x的最大整数;当x<0时,返回不低于x的最小整数。
@smax(list):最大值函数,返回一列数(list)的最大值。
@smin(list):最小值函数,返回一列数(list)的最小值。
@sqr(x):平方函数,返回x的平方。
@sqrt(x):平方根函数,返回x的正平方根的值。

1.3.3 集合循环函数

集合循环函数是指对集合中的元素下标进行循环操作的函数,如前面用过的@for和@sum等。一般用法如下:

集合循环函数遍历整个集进行操作。其语法为

@function(setname[(set_index_list)[|conditional_qualifier]]:expression_list);

其中:

function 是集合函数名,是 for,sum,min,max,prod 5种之一;
setname 是集合名;
set_index_list 是集合索引列表,不需使用索引时可以省略;
conditional_qualifier 是用逻辑表达式描述的过滤条件,通常含有索引,无条件时可以省略;
expression_list 是一个表达式,对@for函数,可以是一组表达式,其间用分号";"分隔。
5个集合循环函数的含义如下:

@for(集合元素的循环函数):对集合setname的每个元素独立地生成表达式,表达式由

expression_list 描述,通常是优化问题的约束。

@sum(集合属性的求和函数):返回集合 setname 上的表达式的和。
@max(集合属性的最大值函数):返回集合 setname 上的表达式的最大值。
@min(集合属性的最小值函数):返回集合 setname 上的表达式的最小值。
@prod(集合属性的乘积函数):返回集合 setname 上的表达式的乘积。

例1.12 求向量$[5,1,3,4,6,10]$前5个数的和。

```
model:
data:
  N = 6;
enddata
sets:
  number/1..N/:x;
endsets
data:
  x = 5 1 3 4 6 10;
enddata
  s = @sum(number(i) | i #le# 5:x);
end
```

例1.13 求向量$[5,1,3,4,6,10]$前5个数的最小值,后3个数的最大值。

```
model:
data:
  N = 6;
enddata
sets:
  number/1..N/:x;
endsets
data:
  x = 5 1 3 4 6 10;
enddata
  minv = @min(number(i) | i #le# 5:x);
  maxv = @max(number(i) | i #ge# N-2:x);
end
```

例1.14 事件A,B,C相互独立,且已知它们发生的概率$P(A)=0.3,P(B)=0.5,P(C)=0.8$,求$A,B,C$中至少有一个事件发生的概率。

解 至少有一个事件发生的概率为
$$P(A\cup B\cup C) = 1 - P(\overline{A}\overline{B}\overline{C}) = 1 - P(\overline{A})P(\overline{B})P(\overline{C})$$
$$= 1 - (1-0.3)(1-0.5)(1-0.8) = 0.93.$$

计算的 LINGO 程序如下:

```
model:
sets:
```

```
components:p;
endsets
data:
p=0.3  0.5  0.8;
enddata
pp = 1 - @prod(components(i):1-p(i));
end
```

1.3.4 集合操作函数

集合操作函数是指对集合进行操作的函数,主要有@in,@index,@wrap,@size,下面分别简要介绍其一般用法。

1. @index 函数

使用格式为

@index([set_name,]primitive_set_element)

该函数返回在集 set_name 中原始集成员 primitive_set_element 的索引。如果 set_name 被忽略,那么 LINGO 将返回与 primitive_set_element 匹配的第一个原始集成员的索引。如果找不到,则给出出错信息。

注意:按照上面所说的索引值的含义,集合 set_name 的一个索引值是一个正整数,即对集合中一个对应元素的顺序编号,且只能位于 1 和集合的元素个数之间。

例 1.15 假设定义了一个女孩姓名的集合(girls)和一个男孩姓名的集合(boys)如下:

```
sets:
girls/debbie,sue,alice/;
boys/bob,joe,sue,fred/;
endsets
a = @index(sue);     !返回值为2;
b = @index(boys,sue);   !返回值为3;
```

可以看到女孩和男孩中都有名为 sue 的小孩。这时,调用函数@index(sue)将返回索引值 2,这相当于@index(girls,sue),因为集合 girls 的定义出现在集合 boys 之前。如果要找男孩中名为 sue 的小孩的索引,应该使用@index(boys,sue),这时将返回索引值 3。

2. @in 函数

使用格式为

@in(set_name,primitive_index_1[,primitive_index_2,…])

该函数用于判断一个集合中是否含有某个索引值。如果集合 set_name 中包含由索引 primitive_index_1[,primitive_index_2,…]所表示的对应元素,则返回 1,否则返回 0。索引用 "&1""&2"或@index 函数等形式给出,这里"&1"表示对应第 1 个父集合的元素的索引值,"&2"表示对应第 2 个父集合的元素的索引值。

例 1.16 定义一个学生集合 students(原始集合),然后由它派生一个及格学生的集合 passed 和一个不及格学生的集合 failed,可以定义如下:

```
sets:
students/zhao,qian,sun,li/;
passed(students)/qian,sun/;
failed(students) | #not# @in(passed,&1);
endsets
```

例1.17 集合s3是由集合s1,s2派生的。

```
sets:
s1 / a b c/;
s2 / x y z/;
s3(s1,s2)/ a x,a z,b y,c x/;
endsets
```

判断s3中是否包含元素(b,y),可以利用以下语句:

x = @in(s3,@index(s1,b),@index(s2,y));

在本例中,s3中确实包含元素(b,y),所以上面语句的结果是x=1(真)。你可能已经注意到,这里x既是集合s2的元素,后来又对x赋值1,这样不会混淆吗?后者会冲掉前者吗?在LINGO中这种表达是允许的,因为前者的x是集合的元素,后者x是变量,二者逻辑上没有任何关系(除了同名外),所以不会出现混淆,更谈不上后者会冲掉前者的问题。

3. @wrap函数

使用格式为

@wrap(index,limit)

当index位于区间[1,limit]内时直接返回index;一般地,返回值j = index − k * limit,其中j位于区间[1,limit],k为整数。直观地说,该函数把index的值加上或减去limit的整数倍,使之落在区间[1,limit]中。

例1.18 (职员时序安排模型)一项工作一周7天都需要有人(如护士工作),每天(周一至周日)所需的最少职员数为20、16、13、16、19、14和12,并要求每个职员一周连续工作5天,试求每周所需最少职员数,并给出安排。注意:这里考虑稳定后的情况。

解 设周一至周日分别安排$x_i(i=1,2,\cdots,7)$个人开始上班,周一至周日需要的职员数记为$r_i(i=1,2,\cdots,7)$,第i天工作的人数为

x_i + 一天前开始工作的人数 + 两天前开始工作的人数

+ 三天前开始工作的人数 + 四天前开始工作的人数,

借用上面的LINGO命令,第i天工作的人数可以写为

$$x_i + x_{@\text{wrap}(i-1,7)} + x_{@\text{wrap}(i-2,7)} + x_{@\text{wrap}(i-3,7)} + x_{@\text{wrap}(i-4,7)},$$

需要人数的约束条件可以写为

$$x_i + x_{@\text{wrap}(i-1,7)} + x_{@\text{wrap}(i-2,7)} + x_{@\text{wrap}(i-3,7)} + x_{@\text{wrap}(i-4,7)} \geq r_i \circ$$

因而,建立如下数学规划模型:

$$\min \sum_{i=1}^{7} x_i,$$

$$\text{s.t.} \begin{cases} x_i + x_{@\text{wrap}(i-1,7)} + x_{@\text{wrap}(i-2,7)} + x_{@\text{wrap}(i-3,7)} + x_{@\text{wrap}(i-4,7)} \geq r_i, \\ x_i \geq 0 \text{ 且为整数} \circ \end{cases}$$

利用 LINGO 软件,求得每周最少需要 22 个员工,周一安排 8 人,周二安排 2 人,周三无需安排人,周四安排 6 人,周五和周六都安排 3 人,周日无需安排人。

计算的 LINGO 程序如下:

```
model:
sets:
    days/mon..sun/:r,x;
endsets
data:
    r = 20  16  13  16  19  14  12;!每天所需的最少职员数;
enddata
    min = @sum(days:x);    !最小化每周所需职员数;
    @for(days(i):@sum(days(j)|j #le# 5:x(@wrap(i-j+1,7)))>=r(i));
    @for(days:@gin(x));    !约束 x 为整型变量;
end
```

4. @size 函数

使用格式为

@size(set_name)

返回数据集 set_name 中包含元素的个数。

例 1.19 某公司准备新开发一个产品,为了保证新产品的按期投入市场,公司要对新产品进行 PERT 分析。需要完成的作业如表 1.6 所示。

表 1.6 PERT 网的相关数据

作 业	名 称	计划完成时间	紧前作业
A	产品设计	10	—
B	需求预测	14	A
C	市场调查	3	A
D	产品定价	3	B,C
E	生产规划	7	B
F	开支预算	4	E
G	人员培训	10	D,F

(1) 画出产品计划网络图。

(2) 求完成新产品的最短时间,列出各项作业的最早开始时间、最迟开始时间。

解 (1) 以 7 项作业作为顶点集,即顶点集 $V = \{A, B, \cdots, G\}$,紧前作业到后续作业画出有向弧,弧集集合记为 $\widetilde{E}$,画出的产品计划有向图如图 1.10 所示。

(2) 用 $i = 1, 2, \cdots, 7$ 分别表示作业 $A, B, \cdots, G$,第 i 项工作的计划完成时间记为 $t(i)$,第 i 项工作的最早和最晚开工时间分别记为 $t_{es}(i), t_{ls}(i)$,第 i 项工作的松弛时间 $t_s(i) = t_{ls}(i) - t_{es}(i)$,则最早开工时间 $t_{es}(i)$ 和最晚开工时间 $t_{ls}(i)$ 的递推公式为

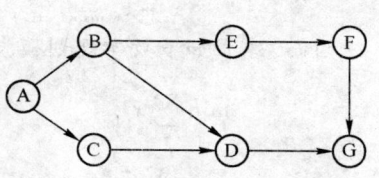

图 1.10 产品计划有向图

$$t_{es}(1)=0, t_{es}(j) = \max_{(i,j)\in \tilde{E}} \{t_{es}(i)+t(i)\}, j=2,3,\cdots,7;$$

$$t_{ls}(7)=t_{es}(7), t_{ls}(i) = \min_{(i,j)\in \tilde{E}} \{t_{ls}(j)-t(i)\}, i=6,5,\cdots,1。$$

利用 LINGO 软件求得的计算结果如表 1.7 所示。所以完成新产品的最短时间 $T=ls(7)+10=45$。

表 1.7 产品计划网络图的计算结果

作 业	A	B	C	D	E	F	G
最早开工时间	0	10	10	24	24	31	35
最晚开工时间	0	10	29	32	24	31	35

计算的 LINGO 程序如下:

```
model:
sets:
tasks/A B C D E F G/:time,es,ls,slack;
pred(tasks,tasks)/A B,A C,B D,B E,C D,D G,E F,F G/;
endsets
data:
time = 10,14,3,3,7,4,10;
enddata
@for(tasks(j) | j #gt#1 :es(j) = @max(pred(i,j):es(i) + time(i)));
@for(tasks(i) | i #lt#ltask:ls(i) = @min(pred(i,j):ls(j) - time(i)););
@for(tasks(i):slack(i) = ls(i) - es(i));
es(1) = 0;! 第一项工作的最早开始时间;
ltask = @size(tasks);  !作业的总数量;
ls(ltask) = es(ltask);! 最后一项作业的最迟开始时间 = 最后一项工作的最早开始时间;
end
```

1.3.5 变量定界函数

变量定界函数对函数的取值范围加以限制,共有以下 7 种函数:

@gin(x):限制 x 为整数。

@bin(x):限制 x 为 0 或 1。

@free(x):取消 x 的非负性限制,即 x 可以取任意实数值。

@bnd(L,x,U):限制 L <= x <= U。

@sos1('set_name',x):限制 x 中至多一个大于 0。

@sos2('set_name',x):限制 x 中至多两个不等于 0,其他都为 0。

@sos3('set_name',x):限制 x 中正好有一个为 1,其他都为 0。

@card('set_name',x):限制 x 中非零元素的最多个数。

@semic(L,x,U):限制 x = 0 或 L <= x <= U。

例 1.20 (背包问题)给定 n 种物品和一背包,物品 i 的质量是 w_i,其价值为 v_i, $i=1,2,\cdots,n$,背包的容量为 c,问应如何选择装入背包的物品,使得装入背包中物品的总价值最大。

假设现有8件物品,它们的质量分别为3,4,6,7,9,10,11,12(kg),价值分别为4,6,7,9,11,12,13,15(元),假设总质量限制不超过30kg,试确定带哪些物品,使所带物品的总价值最大。

解 引进0-1变量

$$x_i = \begin{cases} 1, & 物品i放入背包中, \\ 0, & 物品i不放入背包中。 \end{cases}$$

建立如下的0-1整数规划模型:

$$\max z = \sum_{i=1}^{8} v_i x_i,$$

$$\text{s. t.} \begin{cases} \sum_{i=1}^{8} w_i x_i \leq c, \\ x_i = 1 \text{ 或 } 0, i = 1,2,\cdots,8。 \end{cases}$$

利用LINGO软件,求得的结果为带物品2、4、5、6,总价值为38。

计算的LINGO程序如下:

```
model:
sets:
items/1..8/:x,w,v;
endsets
data:
w = 3,4,6,7,9,10,11,12;
v = 4,6,7,9,11,12,13,15;
c = 30;
enddata
max = @sum(items:v*x);!目标函数;
@sum(items:w*x) <= c;  !质量约束;
@for(items:@bin(x));!0-1变量约束;
end
```

例 1.21 (配对模型)某公司准备将8个职员安排到4个办公室,每室两人。根据以往观察,已知有些职员在一起时合作好,有些则不然,表1.8列出了两两之间的不相容程度,数字越小代表相容越好,问如何组合可以使总相容程度最好?

表1.8 职员之间两两组合的不相容程度

	1	2	3	4	5	6	7	8
1	-	9	3	4	2	1	5	6
2	-	-	1	7	3	5	2	1
3	-	-	-	4	4	2	9	2
4	-	-	-	-	1	5	5	2
5	-	-	-	-	-	8	7	6
6	-	-	-	-	-	-	2	3
7	-	-	-	-	-	-	-	4
8	-	-	-	-	-	-	-	-

注 1.9 因为甲与乙配对等同于乙与甲配对,故表中数字只保留对角线上方的内容。

解 用 c_{ij} 表示第 i 人和第 j 人的不相容程度,引进 0-1 变量

$$x_{ij} = \begin{cases} 1, & i \text{ 与 } j \text{ 组合}, \\ 0, & i \text{ 不与 } j \text{ 组合}, \end{cases} \quad i < j。$$

则目标函数是总的不相容程度最小,约束条件是每人组合一次,即对于职员 i,必有

$$\sum_{j<i} x_{ji} + \sum_{k>i} x_{ik} = 1。$$

于是建立 0-1 整数规划模型如下:

$$\min \sum_{i<j} c_{ij} x_{ij},$$

$$\text{s. t.} \begin{cases} \sum_{j<i} x_{ji} + \sum_{k>i} x_{ik} = 1, i = 1, 2, \cdots, 8, \\ x_{ij} = 0 \quad \text{或} \quad 1, i < j。 \end{cases}$$

利用 LINGO 软件,求得最优组合方案为 (1,6),(2,7),(3,8),(4,5),总等级为 6。
计算的 LINGO 程序如下:

```
model:
sets:
ren/1..8/;
pairs(ren,ren)│&1 #lt# &2:c,x;
endsets
data:
c=9 3 4 2 1 5 6
  1 7 3 5 2 1
  4 4 2 9 2
  1 5 5 2
    8 7 6
    2 3
      4;
@text( ) =@table(x);!以表格形式把 x 的计算结果输出到屏幕;
enddata
min =@sum(pairs(i,j):c(i,j)*x(i,j));
@for(ren(i):@sum(pairs(j,i):x(j,i))+@sum(pairs(i,k):x(i,k))=1);
@for(pairs(i,j):@bin(x(i,j)));
end
```

例 1.22 某公司要生产 6 种产品,需要使用 6 种设备。生产每种产品所用的各种设备台时、每件产品利润、固定费用,以及 6 种设备的总台时数如表 1.9 所示。在现有设备总台时的约束下,如何安排生产才能使利润最大?

表 1.9 产品生产数据表

	产品1	产品2	产品3	产品4	产品5	产品6	设备总台时
设备 A	1	4	0	4	2	1	800
设备 B	4	5	3	0	1	0	1160

（续）

	产品1	产品2	产品3	产品4	产品5	产品6	设备总台时
设备C	0	3	8	0	1	0	1780
设备D	2	0	1	2	1	5	1050
设备E	2	4	2	2	2	4	1360
设备F	1	4	1	4	3	4	1240
产品利润	30	45	24	26	24	30	
固定费用	35	20	60	70	75	30	

解 设第 j 种产品的生产量为 $x_j(j=1,2,\cdots,6)$，第 j 种产品的每件利润为 $c_j(j=1,2,\cdots,6)$，第 j 种产品的固定费用为 $d_j(j=1,2,\cdots,6)$；6 种设备分别编号为 $1,2,\cdots,6$；6 种设备的总台时分别记作 $b_i(i=1,2,\cdots,6)$，生产第 j 种产品使用第 i 中设备的台时数为 $a_{ij}(i=1,2,\cdots,6; j=1,2,\cdots,6)$。

引进 0-1 变量

$$y_j = \begin{cases} 1, & \text{生产第} j \text{种产品}, \\ 0, & \text{不生产第} j \text{种产品}. \end{cases}$$

建立如下的数学规划模型：

$$\max \sum_{j=1}^{6}(c_j x_j - d_j y_j),$$

$$\text{s.t.} \begin{cases} \sum_{j=1}^{6} a_{ij} x_j \leq b_i, & i=1,2,\cdots,6, \\ x_j \leq 10000 y_j, & i=1,2,\cdots,6, \\ x_j \geq 0 \text{ 且为整数}, & j=1,2,\cdots,6, \\ y_j = 0 \text{ 或 } 1, & j=1,2,\cdots,6. \end{cases}$$

这里 $x_j \leq 10000 y_j$ 中的 10000 是人为选取的充分大正数。

利用 LINGO 软件求得 $x_1=96, x_2=0, x_3=195, x_4=0, x_5=191, x_6=94$。最大利润为 14764。

计算的 LINGO 程序如下：

```
model:
sets:
num/1..6/:b,c,d,x,y;
link(num,num):a;
endsets
data:
b=800  1160  1780  1050  1360  1240;
c=30  45  24  26  24  30;
d=35  20  60  70  75  30;
a=1 4 0 4 2 1
  4 5 3 0 1 0
  0 3 8 0 1 0
```

```
2  0  1  2  1  5
2  4  2  2  2  4
1  4  1  4  3  4;
enddata
max = @sum(num:c*x - d*y);
@for(num(i):@sum(num(j):a(i,j)*x(j)) < b(i));
@for(num:x < 10000*y;@gin(x);@bin(y));
end
```

例 1.23 （分段线性函数）已知分段线性函数过点 $(0,22),(5,10),(12,41),(20,49)$，图形如图 1.11 所示，计算 $x=8.5$ 时对应的函数值 y。

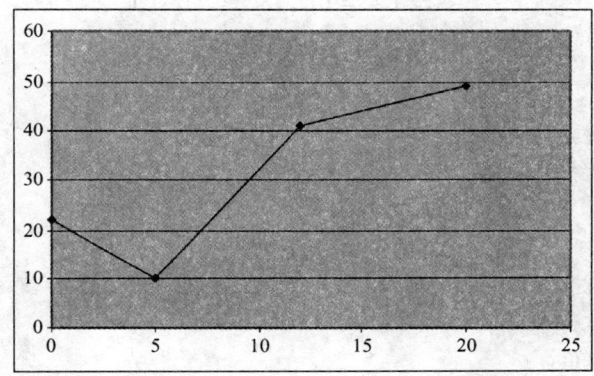

图 1.11 分段线性函数的图形

解 容易写出分段线性函数，然后代入 $x=8.5$ 计算即可，下面直接用 LINGO 软件计算，求得 $x=8.5$ 时，对应的函数值为 $y=25.5$。

先解释一下计算原理。记分段线性函数为 $y(x)$。x 轴上的分点为 $x_1=0,x_2=5,x_3=12$，$x_4=20$，4 个分点对应的函数值分别为 y_1,y_2,y_3,y_4。当 x 属于第 1 个小区间 $[x_1,x_2]$ 时，记 $x=w_1x_1+w_2x_2,w_1+w_2=1,w_1,w_2\geq 0$，因为 $y(x)$ 在 $[x_1,x_2]$ 上是线性的，所以 $y(x)=w_1y_1+w_2y_2$。同样，当 x 属于第 2 个小区间 $[x_2,x_3]$ 时，$x=w_2x_2+w_3x_3,w_2+w_3=1,w_2,w_3\geq 0,y(x)=w_2y_2+w_3y_3$。当 x 属于第 3 个小区间 $[x_3,x_4]$ 时，$x=w_3x_3+w_4x_4,w_3+w_4=1,w_3,w_4\geq 0,y(x)=w_3y_3+w_4y_4$。

计算的 LINGO 程序如下：

```
model:
sets:
points/1..4/:w,u,v;
endsets
data:
v = 22 10 41 49;!4个点的函数值;
u = 0 5 12 20;   !4个点的自变量的取值;
enddata
x = 8.5;!自变量的赋值;
y = @sum(points(i):v(i) * w(i));!计算对应的函数值;
x = @sum(points(i):u(i) * w(i));   !x用权重的线性组合表示;
```

```
@sum(points(i):w(i)) = 1;   !权重之和为1;
@for(points(i):@sos2('sos2_set',w(i)));!权重是sos2类型,最多有两个相邻的权重非零;
end
```

注1.10 当不使用LINGO的SOS2函数时,为了表示分段线性函数,需要引进一组0-1变量。引入0-1变量$z_k(k=1,2,3)$表示x在第几个小区间上,其中

$$z_k = \begin{cases} 1, & x\text{在第}k\text{个小区间上}, \\ 0, & \text{否则}。\end{cases}$$

这样,$w_1,w_2,w_3,w_4,z_1,z_2,z_3$应满足

$$w_1 \leq z_1, w_2 \leq z_1+z_2, w_3 \leq z_2+z_3, w_4 \leq z_3,$$
$$w_1+w_2+w_3+w_4 = 1, w_k \geq 0(k=1,2,3,4),$$
$$z_1+z_2+z_3 = 1, z_1,z_2,z_3 = 0 \text{ 或 } 1。$$

计算的LINGO程序如下:

```
model:
sets:
points/1..4/:w,u,v,z;
endsets
data:
v = 22 10 41 49;!4个点的函数值;
u = 0 5 12 20;  !4个点的自变量的取值;
enddata
x = 8.5;! 自变量的赋值;
n = @size(points);!计算元素的个数;
y = @sum(points(i):v(i)*w(i));!计算对应的函数值;
x = @sum(points(i):u(i)*w(i));   !x用线性组合表示;
@sum(points(i):w(i)) = 1;   !权重之和为1;
w(1) <= z(1);w(n) <= z(n-1);z(4) = 0;!z(4)是无用的;
@for(points(i) | i#gt#1 #and# i#lt#n:w(i) <= z(i-1) + z(i));
@sum(points(i):z(i)) = 1;
@for(points(i):@bin(z(i)));
end
```

例1.24 (续例1.5)已知某种商品6个仓库的存货量,8个客户对该商品的需求量,单位商品运价如表1.1所示。如果某个仓库要供货,供货量要大于等于15且小于等于30,试确定6个仓库到8个客户的商品调运数量,使总的运输费用最小。

解 设$x_{ij}(i=1,2,\cdots 6; j=1,2,\cdots,8)$表示第$i$个仓库运到第$j$个客户的商品数量,$c_{ij}$表示第$i$个仓库到第$j$个客户的单位运价,$d_j$表示第$j$个客户的需求量,$e_i$表示第$i$个仓库的存货量,建立如下的非线性规划模型

$$\min \sum_{i=1}^{6} \sum_{j=1}^{8} c_{ij} x_{ij},$$

$$\text{s.t.} \begin{cases} \sum_{j=1}^{8} x_{ij} \leq e_i, & i = 1,2,\cdots,6, \\ \sum_{i=1}^{6} x_{ij} = d_j, & j = 1,2,\cdots,8, \\ 15 \leq x_{ij} \leq 30 \text{ 或 } 0, & i = 1,2,\cdots,6; j = 1,2,\cdots,8。\end{cases}$$

利用 LINGO 软件,求得的最优调运方案如表 1.10 所示,最小运输费用为 761。

表 1.10 最优运输方案

	V1	V2	V3	V4	V5	V6	V7	V8	合计
W1	0	19	0	0	26	15	0	0	60
W2	15	0	0	0	15	0	0	15	45
W3	0	0	22	0	0	0	28	0	50
W4	0	0	0	15	0	0	0	23	38
W5	20	18	0	0	0	0	0	0	38
W6	0	0	0	17	0	17	15	0	49
合计	35	37	22	32	41	32	43	38	

计算的 LINGO 程序如下:

```
model:
sets:
    warehouses/1..6/:e;
    vendors/1..8/:d;
    links(warehouses,vendors):c,x;
endsets
data: !数据部分;
e = 60 55 51 43 41 52;  !属性值;
d = 35 37 22 32 41 32 43 38;
c = 6 2 6 7 4 2 5 9
    4 9 5 3 8 5 8 2
    5 2 1 9 7 4 3 3
    7 6 7 3 9 2 7 1
    2 3 9 5 7 2 6 5
    5 5 2 2 8 1 4 3;
@text() = @table(x);   !把 x 以表格形式输出到屏幕;
enddata
min = @sum(links(i,j):c(i,j)*x(i,j));   !目标函数;
@for(warehouses(i):@sum(vendors(j):x(i,j)) <= e(i));  !约束条件;
@for(vendors(j):@sum(warehouses(i):x(i,j)) = d(j));
@for(links:@semic(15,x,30));
end
```

注 1.11 (1) 上述 LINGO 程序由于使用了函数 @semic,必须在 LINGO12 下运行。

(2) 当不使用 LINGO 的半连续变量函数 @semic 时,必须引进一组 0-1 变量才能把非线性约束

$$15 \leq x_{ij} \leq 30 \text{ 或 } 0, \quad i=1,2,\cdots,6; j=1,2,\cdots,8 \tag{1.1}$$

线性化。

引进 0-1 变量

$$y_{ij} = \begin{cases} 1, & \text{第 } i \text{ 个仓库向第 } j \text{ 个客户供货,} \\ 0, & \text{第 } i \text{ 个仓库不向第 } j \text{ 个客户供货。} \end{cases}$$

把式(1.1)线性化为

$$\begin{cases} 15y_{ij} \leq x_{ij} \leq 30y_{ij}, \\ y_{ij} = 0 \text{ 或 } 1, \end{cases} \quad i = 1,2,\cdots,6; j = 1,2,\cdots,8。 \tag{1.2}$$

计算的 LINGO 程序如下:

```
model:
sets:
    warehouses/1..6/:e;
    vendors/1..8/:d;
    links(warehouses,vendors):c,x,y;
endsets
data: !数据部分;
e = 60 55 51 43 41 52;   !属性值;
d = 35 37 22 32 41 32 43 38;
c = 6 2 6 7 4 2 5 9
    4 9 5 3 8 5 8 2
    5 2 1 9 7 4 3 3
    7 6 7 3 9 2 7 1
    2 3 9 5 7 2 6 5
    5 5 2 2 8 1 4 3;
@text( ) = @table(x);   !把 x 以表格形式输出到屏幕;
enddata
min = @sum(links(i,j):c(i,j)*x(i,j));   !目标函数;
@for(warehouses(i):@sum(vendors(j):x(i,j)) <= e(i));   !约束条件;
@for(vendors(j):@sum(warehouses(i):x(i,j)) = d(j));
@for(links:15*y<x;x<=30*y;@bin(y));
end
```

1.3.6 财务会计函数

目前 LINGO 提供了两个金融函数。

1. @fpa(I,N)

返回如下情形的净现值:单位时段利率为 I,连续 N 个时段支付,每个时段支付单位费用。若每个时段支付 x 单位的费用,则净现值可用 x 乘以 @fpa(I,N) 算得。@fpa 的计算公式为

$$@\text{fpa}(I,N) = \sum_{n=1}^{N} \frac{1}{(1+I)^n} = \left(1 - \left(\frac{1}{1+I}\right)^N\right)/I。$$

例 1.25 (贷款买房问题)贷款金额 50000 元,贷款年利率 5.31%,采取分期付款方式(每年年末还固定金额,直至还清)。问拟贷款 10 年,每年需偿还多少元?

解 设贷款的总额为 A_0 元,年利率为 r,总贷款时间为 N 年,每年的等额还款额为 x 元。设第 n 年的欠款为 $A_n(n=0,1,\cdots,N)$,则有递推关系

$$A_{n+1} = (1+r)A_n - x, n = 0,1,\cdots,N-1,$$

于是有
$$A_1 = (1+r)A_0 - x,$$
$$A_2 = (1+r)A_1 - x,$$
$$\vdots$$
$$A_N = (1+r)A_{N-1} - x,$$

可以递推地得到
$$A_N = A_0(1+r)^N - x[(1+r)^{N-1} + (1+r)^{N-2} + \cdots + (1-r) + 1]$$
$$= A_0(1+r)^N - x\frac{(1+r)^N - 1}{r},$$

因而得到贷款总额 A_0、年利率 r、总贷款时间 N 年、每年的还款额 x 的关系为
$$A_N = A_0(1+r)^N - x\frac{(1+r)^N - 1}{r} = 0, \tag{1.3}$$

所以每年的还款额为
$$x = \frac{A_0(1+r)^N r}{(1+r)^N - 1}。 \tag{1.4}$$

代入数据,计算得每年需偿还 $x = 6573.069$ 元。

计算的 LINGO 程序如下:

A0 = 50000;r = 0.0531;N = 10;
A0 = x1 * @fpa(r,N);   !利用 LINGO 函数解方程计算;
x2 = A0 * (1+r)^N * r/((1+r)^N-1);   !利用还款额公式(1.4)计算

2. @fpl(I,n)

返回如下情形的净现值:单位时段利率为 I,第 n 个时段支付单位费用。@fpl(I,n) 的计算公式为
$$@\text{fpl}(I,n) = (1+I)^{-n}。$$

这两个函数间的关系为
$$@\text{fpa}(I,n) = \sum_{k=1}^{n} @\text{fpl}(I,k)。$$

例 1.26 验证 $@\text{fpa}(0.05,10) = \sum_{k=1}^{10} @\text{fpl}(0.05,k)$。

解 验证的 LINGO 程序如下:

sets:
num/1..10/;
endsets
r = 0.05;
a = @fpa(r,10);
b = @sum(num(i):@fpl(r,i));

1.3.7 概率函数

1. @NORMINV(P,MU,SIGMA)

返回均值为 MU,标准差为 SIGMA 的正态分布的分布函数反函数在 P 处的值 z_p,即若 $X \sim$

$N(\mathrm{MU},\mathrm{SIGMA}^2)$,则返回值 z_P 满足 $P\{X \leq z_P\} = P$,z_P 称为随机变量 X 的 P 分位数。

2. @NORMSINV(P)

返回值为标准正态分布的 P 分位数。

3. @PBN(P,N,X)

返回值为二项分布 $B(N,P)$ 的分布函数在 X 处的取值。当 N 或 X 不是整数时,采用线性插值进行计算。

例 1.27 一船舶在某海区航行,已知每遭受一次波浪的冲击,纵摇角大于 $3°$ 的概率为 $p = 1/3$,若船舶遭受了 90000 次波浪的冲击,问其中有 29500~30500 次纵摇角度大于 $3°$ 的概率是多少?

解 将船舶每遭受一次波浪冲击看作是一次试验,并假定各实验是独立的。在 90000 次波浪冲击中纵摇角度大于 $3°$ 的次数记为 X,则 X 是一个随机变量,且有 $X \sim B(90000, 1/3)$。所求的概率为 $P\{29500 \leq X \leq 30500\}$,利用 LINGO 软件二项分布的分布函数直接计算得 $P\{29500 \leq X \leq 30500\} = 0.9996$。

计算的 LINGO 程序如下:

p = 1/3; N = 90000;
tp = @pbn(p,N,30500) - @pbn(p,N,29500);

X 的数学期望 $EX = 90000 \times \frac{1}{3} = 30000$,$X$ 的方差 $DX = 90000 \times \frac{1}{3} \times \left(1 - \frac{1}{3}\right) = 20000$,由中心极限定理知,$X$ 近似服从 $N(30000, 20000)$,记标准正态分布的分布函数为 $\Phi(x)$,则所求事件的概率

$$P\{29500 \leq X \leq 30500\} = P\left\{\frac{29500 - 30000}{\sqrt{20000}} \leq \frac{X - 30000}{\sqrt{20000}} \leq \frac{30500 - 30000}{\sqrt{20000}}\right\}$$

$$= P\left\{-\frac{5}{\sqrt{2}} \leq \frac{X - 30000}{\sqrt{20000}} \leq \frac{5}{\sqrt{2}}\right\} \approx \Phi\left(\frac{5}{\sqrt{2}}\right) - \Phi\left(-\frac{5}{\sqrt{2}}\right) = 0.9996.$$

计算的 LINGO 程序如下:

@free(a); a = -5/@sqrt(2); b = 5/@sqrt(2);
p = @psn(b) - @psn(a); !@psn 是标准正态分布的分布函数,下面将介绍;

4. @PCX(N,X)

返回值为自由度为 N 的 $\chi^2(N)$ 分布的分布函数在 X 处的取值。

5. @PEB(A,X)

当到达负荷(强度)为 A,服务系统有 X 个服务器且允许无穷排队时的 Erlang 忙期概率。

6. @PEL(A,X)

当到达负荷(强度)为 A,服务系统有 X 个服务器且不允许排队的 Erlang 损失概率。

7. @PFD(N,D,X)

自由度为 N 和 D 的 F 分布的分布函数在 X 点的取值。

8. @PFS(A,X,C)

当负荷上限为 A,顾客数为 C,并行服务器数量为 X 时,有限源的 Poisson 服务系统的等待或返修顾客数的期望值,其中极限负荷 A 是顾客数乘以平均服务时间,再除以平均返修时间。

9. @PHG(POP,G,N,X)

超几何分布的分布函数。也就是说,返回如下概率:当总共有 POP 个产品,其中 G 个是正品时,那么随机地从中取出 N 个产品($N \leq POP$),正品不超过 X 个的概率。当 POP,G,N 或 X 不是整数时,采用线性插值进行计算。

10. @PPL(A,X)

Poisson 分布的线性损失函数,即返回 $\max(0, Z-X)$ 的期望值,其中 Z 为均值为 A 的 Poisson 分布随机变量。

11. @PPS(A,X)

Poisson 分布函数,即返回均值为 A 的 Poisson 分布的分布函数在 X 点的取值,当 X 不是整数时,采用线性插值进行计算。

12. @PSL(X)

标准正态分布的线性损失函数,即返回 $\max(0, Z-X)$ 的期望值,其中 Z 为标准正态分布随机变量。

13. @PSN(X)

标准正态分布的分布函数在 X 点的取值。

例 1.28 一加法器同时收到 20 个噪声电压 $V_k (k=1,2,\cdots,20)$,设它们是相互独立的随机变量,且都在区间 $(0,10)$ 上服从均匀分布。记 $V = \sum_{k=1}^{20} V_k$,求 $P\{V > 105\}$ 的近似值。

解 易知 $E(V_k) = 5, D(V_k) = \dfrac{100}{12} (k=1,2,\cdots,20)$。随机变量

$$Z = \frac{\sum_{k=1}^{20} V_k - 5 \times 20}{\sqrt{\dfrac{100}{12} \times 20}} = \frac{V - 100}{10\sqrt{5/3}}$$

近似服从正态分布 $N(0,1)$,于是

$$P\{V > 105\} = P\left\{\frac{V-100}{10\sqrt{5/3}} > \frac{105-100}{10\sqrt{5/3}}\right\} = P\left\{\frac{V-100}{10\sqrt{5/3}} > \frac{105-100}{10\sqrt{5/3}}\right\}$$

$$= P\left\{\frac{V-100}{10\sqrt{5/3}} > 0.3873\right\} = 1 - \left\{\frac{V-100}{10\sqrt{5/3}} \leq 0.3873\right\}$$

$$\approx 1 - \Phi(0.3873) = 1 - 0.6507 = 0.3493,$$

这里 $\Phi(x)$ 是标准正态分布的分布函数,即

$$P\{V > 105\} \approx 0.3493。$$

计算的 LINGO 程序如下:

```
a = 5/10/@sqrt(5/3);
p = 1 - @psn(a); !计算所求事件概率的近似值;
```

14. @PTD(N,X)

自由度为 N 的 t 分布的分布函数在 X 点的取值。

15. @QRAND(SEED)

产生服从 $(0,1)$ 区间的多个拟均匀随机数,其中 SEED 为种子,默认时取当前计算机时间为种子。该函数只允许在模型的数据部分使用,它将用拟随机数填满集属性。通常,声明一个

$m \times n$ 的二维表,m 表示运行实验的次数,n 表示每次实验所需的随机数的个数。在行内,随机数是独立分布的;在行间,随机数是非常均匀的。这些随机数是用"分层取样"的方法产生的。

例1.29 产生 $(0,1)$ 区间上 4×2 个拟均匀分布的随机数。

解 产生随机数的 LINGO 程序如下:

```
model:
data:
    M = 4;N = 2;seed = 1234567;
enddata
sets:
    rows/1..M/;
    cols/1..N/;
    table(rows,cols):x;
endsets
data:
    x = @qrand(seed);
enddata
end
```

16. @RAND(SEED)

返回 0 与 1 之间的一个伪均匀分布随机数,其中 seed 为种子。

为了说明怎样产生服从任意给定分布的随机数,下面引进一个定理。

定理1.1 若随机变量 ξ 的概率密度函数和分布函数分别为 $f(x),F(x)$,则随机变量 $\eta = F(\xi)$ 的分布就是区间 $[0,1]$ 上的均匀分布。因此,若 R_i 是 $[0,1]$ 中均匀分布的随机数,那么方程 $\int_{-\infty}^{x_i} f(x)\mathrm{d}x = R_i$ 的解 x_i 就是所求的具有概率密度函数为 $f(x)$ 的随机数。

证明 ξ 的分布函数为

$$F(x) = \int_{-\infty}^{x} f(x)\mathrm{d}x,$$

不失一般性,设 $F(x)$ 是严格单调增函数,存在反函数 $x = F^{-1}(y)$。下面证明随机变量 $\eta = F(\xi)$ 服从 $[0,1]$ 上的均匀分布,记 η 的分布函数为 $G(y)$,由于 $F(x)$ 是分布函数,它的取值在 $[0,1]$ 上,从而当 $0 < y < 1$ 时,有

$$G(y) = P\{\eta \leq y\} = P\{F(\xi) \leq y\} = P\{\xi \leq F^{-1}(y)\} = F(F^{-1}(y)) = y,$$

因而 η 的分布函数为

$$G(y) = \begin{cases} 0, & y \leq 0, \\ y, & 0 < y < 1, \\ 1, & y \geq 1。 \end{cases}$$

η 服从 $[0,1]$ 上的均匀分布。

R 为 $[0,1]$ 区间均匀分布的随机变量,则根据定义,随机变量 $\xi = F^{-1}(R)$ 的分布函数为 $F(x)$,分布密度为 $f(x)$,这里 $F^{-1}(x)$ 是 $F(x)$ 的反函数。

所以,只要分布函数 $F(x)$ 的反函数 $F^{-1}(x)$ 存在,由 $[0,1]$ 区间均匀分布的随机数 R_i,求 $x_i = F^{-1}(R_i)$,即解方程

$$F(x_i) = R_i,$$

就可得到分布函数为 $F(x)$ 的随机数 x_t。

例 1.30 利用@rand产生15个服从均值为 −10、标准差为2的正态分布的随机数，产生15个自由度为2的 t 分布的随机数。

```
model: !产生一列正态分布和t分布的随机数;
sets:
    series/1..15/:u,znorm,zt;
endsets
    u(1)=@rand(0.1234);  !第1个均匀分布随机数是任意的;
@for(series(i)|i #gt# 1:u(i)=@rand(u(i-1)));!产生其余的均匀分布的随机数;
@for(series(i):
znorm(i)=@norminv(u(i),-10,2);!正态分布随机数;
@ptd(2,zt(i))=u(i);  !解方程求自由度为2的t分布随机数;
@free(znorm(i));@free(zt(i)));!znorm和zt可以是负数;
end
```

注 1.12 由于使用了函数@norminv，上述 LINGO 程序必须在 LINGO12 下运行。

1.3.8 输入输出函数

这些函数用于控制输入数据和输出结果，包括以下5个函数。

1. @FILE(filename)

当前模型引用其他 ASCII 码文件中的数据或文本时可以采用该语句，其中 filename 为存放数据的文件名（可以带有文件路径，没有指定路径时表示在当前目录），该文件中记录之间用"~"分开（详见第2章）。

2. @ODBC

这个函数提供 LINGO 与 ODBC(open data base connection，开放式数据库连接)的接口。

3. @OLE

这个函数提供 LINGO 与 OLE(object linking and embedding，对象链接与嵌入)的接口。

4. @POINTER(N)

在 Windows 下使用 LINGO 的动态链接库(dynamic link library，DLL)，直接从共享的内存中传送数据。

5. @TEXT(filename)

用于数据段中将解答结果保存到文本文件 filename 中，当省略 filename 时，结果送到标准的输出设备（通常就是屏幕）。filename 中可以带有文件路径，没有指定路径时表示在当前目录下生成这个文件。

1.3.9 结果报告函数

1. @DUAL(variable_or_row_name)

当参数为变量名时，返回解答中变量的 Reduced Cost，即变量的检验数；当参数是行名时，返回该约束行的 Dual Price，即影子价格。

2. @ITERS( )

这个函数在程序的数据段(data)和计算段(calc)使用，调用时不需要任何参数，总是返回

LINGO求解器计算所使用的总迭代次数。例如：

@text( ) = @ITERS( );

将迭代次数显示在屏幕上。

3. @NEWLINE(n)

这个函数在输出设备上输出 n 个新行（n 为一个正整数）。

4. @WRITE(obj1[,…,objn])

这个函数只能在数据段(data)和计算段(calc)中使用，用于输出一系列结果(obj1,…,objn)到一个文件,或电子表格(如 Excel)、或数据库等,这取决于 @write 所在的输出语句中左边的定位函数。例如：

data:
@text( ) = @write('The ratio of x to y is:',x/y);
enddata

其中 x,y 是该模型中的变量,若计算结束时 x = 10,y = 5,则上面语句的作用是在屏幕上输出

The ratio of x to y is:2

5. @WRITEFOR(setname[(set_index_list)[|cond_qualifier]]:obj1[,…,objn])

这个函数只能在数据段和计算段中使用,它可以看作是函数 @write 在循环情况下的推广,它输出集合上定义的属性对应的多个变量的取值。

data:
　　@text( ) = @writefor(links(i,j)|volume(i,j)#gt#0:'从仓库 ',i,'运输 ',volume(i,j),
　'件货物到顾客',j,@newline(1));
enddata

对应的输出效果示意如下：
从仓库 1 运输 19 件货物到顾客 2
从仓库 1 运输 41 件货物到顾客 5
从仓库 2 运输 1 件货物到顾客 1
从仓库 2 运输 32 件货物到顾客 4
从仓库 3 运输 11 件货物到顾客 2
从仓库 3 运输 40 件货物到顾客 7
从仓库 4 运输 5 件货物到顾客 6
从仓库 4 运输 38 件货物到顾客 8
从仓库 5 运输 34 件货物到顾客 1
从仓库 5 运输 7 件货物到顾客 2
从仓库 6 运输 22 件货物到顾客 3
从仓库 6 运输 27 件货物到顾客 6
从仓库 6 运输 3 件货物到顾客 7

6. 符号"＊"

在 @write 和 @writefor 函数中,可以使用符号"＊"表示将一个字符串重复多次,用法是将"＊"放在一个正整数 n 和这个字符串之间,表示将这个字符串重复 n 次。

7. @FORMAT(value, format_descriptor)

@format 函数用在@write 和@writefor 语句中,作用是格式化数值和字符串的值以文本形式输出。value 是要格式化输出的数值和字符串的值,format_descriptor 与 C 语言的输出格式是一样的。

@text( ) = @write('仓库   顾客   数量 ',@newline(1));
@text( ) = @write(' --------------------------',@newline(1));
@text( ) = @writefor(links(i,j) | x(i,j)#gt# 0:3 *' ',i,4 *' ',j,4 *' ',
@format(x(i,j),'8.0f'),@newline(1));

对应的输出效果对应如下:

仓库   顾客   数量
----
  1   2   19
  1   5   41
  2   1   1

例 1.31   画出正态分布函数图形的示意图。

DATA:
H = 49;! 图形的高度;
W = 56;! 图形的宽度;
R = 2.4;! 区间半径;
ENDDATA
SETS:
S1/1..H/:X,FX;
ENDSETS
@FOR(S1(I):@FREE(X));! X 取值可以是非负的;
X(I) = -R + (I-1) * 2 * R/(H-1);! 计算 X 坐标;
FX(I) = @PSN(X(I));! 计算 Y 坐标 = @psn(X);
DATA:
@TEXT( ) = @WRITE('Graph of @PSN( ) on the interval[-',R,', +',R,']:',@NEWLINE(1));! 输出图的头部;
@TEXT( ) = @WRITE(' | 0',(W/2 -5) *' -','0.5',(W/2 -5) *' -','1.0 X(i)',@NEWLINE(1));
@TEXT( ) = @WRITEFOR(S1(I):' |',(W * FX(I) +1/2) *' *',
@IF(X(I)#LT# 0,' ',' '),(W - (W * FX(I) +1/2) +3) *" ",@FORMAT(X(I),'.1f'),@NEWLINE(1));
! 图的中间循环输出部分;
@TEXT( ) = @WRITE(' |0',(W/2 -5) *' -','0.5',(W/2 -5) *' -','1.0',@NEWLINE(1));! 输出图的尾部;
ENDDATA

所画的示意图实际上是字符串的堆砌,这里就不给出了。

注 1.13   上面 LINGO 程序中的关键字都是大写的,因为程序代码是直接从 LINGO 帮助文件中复制过来的,如果是自己写的代码,则关键字都是小写字符;再次说明 LINGO 程序是不区分大小写字母的,下面程序中如果关键字是大写的,那么也是从 LINGO 帮助文件中直接复制过来的。

8. @NAME(var_or_row_reference)

@name 以文本方式返回变量名或行名，@name 只能在数据段（data）和计算段（calc）中使用。

例 1.32 @name 函数应用示例。

```
model:
sets:
   warehouses/W1..W6/:e;
   vendors/V1..V8/:d;
   links(warehouses,vendors):c,x;
endsets
data:  !数据部分;
e = 60 55 51 43 41 52;!属性值;
d = 35 37 22 32 41 32 43 38;
c = 6 2 6 7 4 2 5 9
    4 9 5 3 8 5 8 2
    5 2 1 9 7 4 3 3
    7 6 7 3 9 2 7 1
    2 3 9 5 7 2 6 5
    5 5 2 2 8 1 4 3;
@text() = @writefor(links(i,j) | x(i,j)#gt#0:@name(x(i,j)),'  ',x(i,j),@newline(1));
enddata
min = @sum(links(i,j):c(i,j)*x(i,j));   !目标函数;
@for(warehouses(i):@sum(vendors(j):x(i,j)) <= e(i));  !约束条件;
@for(vendors(j):@sum(warehouses(i):x(i,j)) = d(j));
end
```

输出结果如下：

X(W1,V2)   19
X(W1,V5)   41
X(W2,V1)   1
X(W2,V4)   32
X(W3,V2)   11
X(W3,V7)   40
X(W4,V6)   5
X(W4,V8)   38
X(W5,V1)   34
X(W5,V2)   7
X(W6,V3)   22
X(W6,V6)   27
X(W6,V7)   3

9. @RANGED(variable_or_row_name)

为了保持最优基不变，目标函数中变量的系数或约束行的右端项允许减少的量。

10. @RANGEU(variable_or_row_name)

为了保持最优基不变，目标函数中变量的系数或约束行的右端项允许增加的量。

11. @STATUS( )

返回 LINGO 求解模型结束后的最后状态。返回值的含义如表 1.11 所示。

表 1.11 @STATUS( ) 返回值的含义

返 回 值	含 义
0	Global Optimum（全局最优解）
1	Infeasible（没有可行解）
2	Unbounded（目标函数无界）
3	Undetermined（不确定,求解失败）
4	Feasible（可行解）
5	Infeasible or Unbounded（不可行或无界）
6	Local Optimum（局部最优解）
7	Locally Infeasible（局部不可行）
8	Cutoff（目标函数达到了指定的误差水平）
9	Numeric Error（约束中遇到了无定义的数学操作）

12. @STRLEN(string)

返回字符串的长度。

13. @TABLE('attr | set')

以表格形式显示属性值或集成员的值。

14. @TIME( )

返回的是生成模型和求解模型所用的全部运行时间,单位为秒。

1.3.10 其他函数

1. @IF(logical_condition, true_result, false_result)

当逻辑表达式 logical_condition 的结果为真时，返回 true_result，否则返回 false_result。

例 1.33 生产甲、乙两种产品,生产甲产品的固定成本为 100,每件产品的变动成本为 2。生产乙产品的固定成本为 60,每件产品的变动成本为 3。若至少生产甲、乙两种产品 30 件,则如何生产才能使总成本最小。

解 设甲、乙两种产品的生产数量分别为 x 件和 y 件。生产甲产品 x 件的成本

$$f(x) = \begin{cases} 0, & x = 0, \\ 100 + 2x, & x > 0. \end{cases}$$

生产乙产品 y 件的成本

$$g(y) = \begin{cases} 0, & y = 0, \\ 60 + 3y, & y > 0. \end{cases}$$

建立如下数学规划模型：

$$\min f(x) + g(y),$$

$$\text{s. t.} \begin{cases} f(x) = \begin{cases} 0, & x = 0, \\ 100 + 2x, & x > 0, \end{cases} \\ g(y) = \begin{cases} 0, & y = 0, \\ 60 + 3y, & y > 0, \end{cases} \\ x + y \geq 30, \\ x, y \geq 0_{\circ} \end{cases}$$

利用 LINGO 软件求得最优解为 $x = 0, y = 30$，目标函数的最小值为 150。

计算的 LINGO 程序如下：

```
min = fx + gy;
fx = @if( x#gt#0 ,100 ,0) + 2 * x;
gy = @if( y#gt#0 ,60 ,0) + 3 * y;
x + y >= 30;
```

有经验的建模者知道，如果不使用 LINGO 的@IF 函数，则需要引进 0 – 1 变量对上述模型进行线性化。而使用了 LINGO 函数@IF，LINGO 可以自动把上述模型线性化。

2. @WARN('text', logical_condition)

如果逻辑表达式 logical_condition 的结果为真，显示'text'信息。

3. @USER(user_determined_arguments)

该函数允许用户调用自己编写的 DLL 文件或对象文件，涉及其他应用的接口，这里就不介绍了。

1.4　LINGO 子模型和程序设计

1.4.1　子模型的定义和求解

在 LINGO 9.0 及更早的版本中，在每个 LINGO 模型窗口中只允许有一个优化模型，称为主模型（MAIN MODEL）。在 LINGO 10.0 及以后的版本中，每个 LINGO 模型窗口中除了主模型外，用户还可以定义子模型（SUBMODEL）。子模型可以在主模型的计算段中被调用，这就进一步增强了 LINGO 的编程能力。

子模型必须包含在主模型之内，即必须位于以"MODEL:"开头、以"END"结束的模块内。在同一个主模型中，允许定义多个子模型，所以每个子模型本身必须命名，其基本语法是：

```
SUBMODEL submodel_name:
    可执行语句（约束 + 目标函数）；
ENDSUBMODEL
```

其中 submodel_name 是该子模型的名字，可执行语句一般是一些约束语句，也可能包含目标函数，但不可以有自身单独的集合段、数据段、初始段和计算段。也就是说，同一个主模型内的变量都是全局变量，这些变量对主模型和所有子模型同样有效。

如果已经定义了子模型 submodel_name，则在计算段中可以用语句"@SOLVE(submodel_name);"求解这个子模型。

同一个 LINGO 主模型中，允许定义多个子模型。

例 1.34 用 LINGO 求方程组

$$\begin{cases} x^2 + y^2 = 4, \\ x^2 - y^2 = 1 \end{cases}$$

的所有解。

```
model:
submodel maincon: !定义方程子模型;
x^2 + y^2 = 4;
x^2 - y^2 = 1;
endsubmodel
submodel con1: !定义附加约束子模型;
@free(x); x < 0;
endsubmodel
submodel con2: !定义附加约束子模型;
@free(y); y < 0;
endsubmodel
submodel con3: !定义附加约束子模型;
@free(x); @free(y);
x < 0; y < 0;
endsubmodel
calc:
@solve(maincon);    !调用子模型;
@solve(maincon, con1);
@solve(maincon, con2);
@solve(maincon, con3);
endcalc
end
```

求上述 LINGO 模型时,需要把求解器设置为全局求解器。依次调用 4 个子模型,求得方程组的解依次为

$x = 1.581139, y = 1.224745; x = -1.581139, y = 1.224745;$
$x = 1.581139, y = -1.224745; x = -1.581139, y = -1.224745.$

例 1.35 分别求解以下 4 个优化问题:

(1) 在满足约束 $x^2 + 4y^2 \leq 1$ 且 x, y 非负的条件下,求 $x - y$ 的最大值;
(2) 在满足约束 $x^2 + 4y^2 \leq 1$ 且 x, y 非负的条件下,求 $x + y$ 的最小值;
(3) 在满足约束 $x^2 + 4y^2 \leq 1$ 且 x, y 可取任何实数的条件下,求 $x - y$ 的最大值;
(4) 在满足约束 $x^2 + 4y^2 \leq 1$ 且 x, y 可取任何实数的条件下,求 $x + y$ 的最小值。

可以编写如下 LINGO 程序:

```
model:
submodel obj1:
max = x - y;
endsubmodel
submodel obj2:
```

```
min = x + y;
endsubmodel
submodel con1:
x^2 + 4*y^2 <= 1;
endsubmodel
submodel con2:
@free(x);@free(y);
endsubmodel
calc:
@write('问题 1 的解:',@newline(1));@solve(obj1,con1);
@write('问题 2 的解:',@newline(1));@solve(obj2,con1);
@write('问题 3 的解:',@newline(1));@solve(obj1,con1,con2);
@write('问题 4 的解:',@newline(1));@solve(obj2,con1,con2);
endcalc
end
```

这个程序中定义了 4 个子模型,其中 obj1 和 obj2 只有目标(没有约束),而 con1 和 con2 只有约束(没有目标)。在计算段,将它们进行不同的组合,分别针对问题(1)~(4)的优化模型进行求解。但需要注意,每个 @solve 命令所带的参数表中的子模型是先合并后求解的,所以用户必须确保每个 @solve 命令所带的参数表中的子模型合并后是合理的优化模型,例如最多只能有一个目标函数。

运行程序后,求得:

问题(1)的解为 $x=1,y=0$,目标函数的最大值为 1;

问题(2)的解为 $x=0,y=0$,目标函数的最小值为 0;

问题(3)的解为 $x=0.8944272, y=-0.2236068$,目标函数的最大值为 1.118034;

问题(4)的解为 $x=-0.8944272, y=-0.2236068$,目标函数的最小值为 -1.118034。

例 1.36 当参数 $a=0,1,2,3,4;b=2,4,6,7$ 时,分别求下列的非线性规划问题。

$$\min \quad 4x_1^3 - ax_1 - 2x_2,$$

$$\text{s.t.} \begin{cases} x_1 + x_2 \leq 4, \\ 2x_1 + x_2 \leq 5, \\ -x_1 + bx_2 \geq 2, \\ x_1, x_2 \geq 0. \end{cases}$$

解 a 的取值有 5 种可能,b 的取值有 4 种可能,(a,b) 的取值总共有 20 种组合,这就需要求解 20 个非线性规划问题。利用 LINGO 的子模型功能,只要编写一个 LINGO 程序就可以解决问题。

计算的 LINGO 程序如下:

```
model:
sets:
var1/1..5/:a0;! a0 用于存放 a 的取值;
var2/1..4/:b0;! b0 用于存放 b 的取值;
var3/1 2/:x;
endsets
```

```
data:
a0 = 0 1 2 3 4;
b0 = 2 4 6 7;
enddata
submodel sub_obj: !定义目标函数子模型;
[obj]min = 4 * x(1)^3 - a * x(1) - 2 * x(2); !为了下面引用目标函数的值,这里对目标函数进行了标号;
endsubmodel
submodel sub_con: !定义约束条件子模型;
x(1) + x(2) < 4;
2 * x(1) + x(2) < 5;
-x(1) + b * x(2) > 2;
endsubmodel
calc:
@for(var1(i):@for(var2(j):a = a0(i);b = b0(j);@solve(sub_obj,sub_con);  !调用目标函数和约束条件子模型,即求解数学规划;
@write('a =',a0(i),',b =',b0(j),'时,最优解 x1 =',x(1),',x2 =',x(2),',最优值为 ',obj,'.',@newline(2))));  !输出最优解和最优值;
endcalc
end
```

1.4.2 求背包问题的多个解

例 1.37 (续例 1.20)求背包问题的多个解。

对于例 1.20 的最优问题,最优解并不是唯一的。有没有办法找到所有的最优解(最优值为 38 的所有解)? 更一般地,能否找出前 K 个最好的解? 供决策者选择。

例 1.20 的程序中只有主模型,也可以将这个模型定义为子模型,然后在计算段 calc 中进行求解,相应的 LINGO 程序如下:

```
model:
sets:
items/1..8/:x,w,v;
endsets
data:
w = 3,4,6,7,9,10,11,12;
v = 4,6,7,9,11,12,13,15;
c = 30;
enddata
submodel knapsack:
max = @sum(items:v * x);!目标函数;
@sum(items:w * x) <= c;  !质量约束;
@for(items:@bin(x));!0-1 变量约束;
endsubmodel
calc:
```

```
@solve(knapsack);
endcalc
end
```

求解上述 LINGO 模型,得到的结果与例 1.20 不用子模型时相同。

为了得到第 2 个最好的解,需要再次求解子模型 knapsack,但必须排除再次找到刚刚得到的解 x(2) = x(4) = x(5) = x(6) = 1(其他 x(i) = 0)。因此,需要在第 2 次求解子模型 knapsack 时,增加一些约束条件(一般称为"割")。生成"割"的方法可能有很多种,下面介绍一种针对 0-1 变量的特殊处理方法。

对于刚刚得到的解 x(2) = x(4) = x(5) = x(6) = 1(其他 x(i) = 0),显然满足
$$x(1) - x(2) + x(3) - x(4) - x(5) - x(6) + x(7) + x(8) = -4;$$
这个等式左边就将刚刚得到的解中取 1 的 x(i) 的系数定义为 -1,取 0 的 x(i) 的系数定义为 1,然后求代数和;等式右边就是解中取 1 的 x(i) 的个数的相反数。

为了防止再次求解子模型 knapsack 时这个解再次出现,就要防止 x(2), x(4), x(5), x(6) 同时取 1 的情况出现。下面的约束可以保证做到这一点:
$$x(1) - x(2) + x(3) - x(4) - x(5) - x(6) + x(7) + x(8) \geq -3;$$
这个约束就是将上面等式中的右端项增加了 1,将等号"="改成了">="。显然,这个约束排除了 x(2), x(4), x(5), x(6) 同时取 1 的情况,由于 x(i) 只能取 0 或 1,这个约束除了排除 x(2), x(4), x(5), x(6) 同时取 1 的情况外,没有对原可行解空间增加任何新的限制。

可以想象,增加这个约束后,新的最优解一定与 x(2) = x(4) = x(5) = x(6) = 1(其他 x(i) = 0)不同。这种处理方法具有一般性,可以用于找出背包问题的前 N 个最好解。

具体的程序如下(以下程序中取 N = 7):

```
model:
data:
N = 7;
enddata
sets:
items/1..8/:x,w,v;
soln/1..N/:rhs;! rhs 表示根据每个最优解生成"割"时的右端项;
links(soln,items):cof;! 割的系数,即 1 或 -1;
endsets
data:
w = 3,4,6,7,9,10,11,12;
v = 4,6,7,9,11,12,13,15;
c = 30;
enddata
submodel knapsack:
[obj]max = @sum(items:v*x);!目标函数;
@sum(items:w*x)<=c;   !质量约束;
@for(items:@bin(x));!0-1 变量约束;
@for(soln(k)|k# lt#ksofar:@sum(items(j):cof(k,j)*x(j))>=rhs(k));   !排除已经得到的解;
endsubmodel
```

calc:
@for(soln(i):ksofar=i;@solve(knapsack); rhs(i)=1; !对 i=1,2,…,N 进行循环,ksofar 表示当前正在计算的是第几个最优解;
@write('   ',i,'   ',@format(obj,'3.0f'),':');
@writefor(items(j):'   ',x(j)); @write(@newline(1));
@for(items(j):@ifc(x(j)#gt#0.5:cof(i,j)=-1;rhs(i)=rhs(i)-1;@else cof(i,j)=1)));
endcalc
end

运行上述程序好后,求得的前 7 个最好解如下:

```
1    38:    0    1    0    1    1    1    0    0
2    38:    1    1    1    1    0    1    0    0
3    38:    1    1    0    0    0    0    1    1
4    37:    1    1    1    0    0    1    0    1
5    37:    0    1    1    1    0    0    0    1
6    37:    1    1    1    1    1    0    0    0
7    37:    0    1    1    0    1    0    1    0
```

可见,前 7 个最好的解中,最优值为 obj=38 的解一共有 3 个,而 obj=37 的解至少有 4 个。

注 1.14 上面的运行结果是用 LINGO10 计算得到的,如果用 LINGO12 运行,得到的 obj=37 的解是不一样的。

1.4.3 LINGO 程序设计特点

LINGO 程序设计包括模型控制、流控制、模型生成、输出语句、参数设置等方面。下面简单介绍一些相关的函数。

1. 模型控制

1) @DEBUG([SUBMODEL_NAME[,…,SUBMODEL_NAME_N]])

用于调试在计算段中子模型的不可行性或无界性。

如果模型中包含子模型,则可以使用 debug(子模型名称)进行子模型的调试,或使用 debug(子模型名称1,子模型名称2,……,子模型名称 N)同时调试多个子模型。如果省略子模型的名称,则 LINGO 将求解@debug 语句前面的所有模型语句,并且不停留在子模型部分。使用者要保证子模型综合在一起有意义,或者说在@debug 调用中至多有一个子模型有目标函数。

下面给出调试一个子模型的例子。

例 1.38 子模型调试示例。

MODEL:
SUBMODEL M:
MIN = X + Y;
X > 4;
Y < 3;
Y > X;
ENDSUBMODEL
CALC:

```
@SOLVE(M);
@IFC(@STATUS( )#NE# 0:@DEBUG(M));
ENDCALC
END
```

在求解界面的最下方会显示调试结果,子模型的约束条件矛盾,要删去子模型的一个约束条件。

2) @SOLVE([SUBMODEL_NAME[,…,SUBMODEL_NAME_N]])

子模型可以在计算段中使用@SOLVE语句求解。如果LINGO模型中包含子模型,则可以指定子模型的名称作为@SOLVE的参数,如果需要,也可以指定多个子模型名称作为@SOLVE的参数。如果@SOLVE省略了子模型的名称,LINGO将求解@SOLVE之前的除子模型外的所有模型语句。

2. 流控制

在计算段中,模型语句通常是顺序执行的。流控制语句能改变语句的执行顺序。

1) @IFC and @ELSE

这些语句提供了条件IF/THEN/ELSE分支能力,语法为

```
@IFC( <conditional-exp>:
statement_1[;…;statement_n;]
[@ELSE
statement_1[;…;statement_n;]]
);
```

其中,当只需要一个IFC语句时,ELSE块中的语句是可选的。

注1.15 注意@IFC与@IF的区别,@IFC是流控制语句,@IF是算术语句。

2) @WHILE

@WHILE语句用于一组语句的循环执行中,直到终止条件满足时不再执行。它的语法为

@WHILE(<conditional-exp>:statement_1[;…;statement_n;]);

3) @BREAK

@BREAK语句用于终止当前的循环,然后继续执行循环之后的语句(如果循环之后有语句的话)。@BREAK语句只在@FOR和@WHILE循环中有效,且只能用于计算段,不带参数。

下面举例说明@IFC、@WHILE和@BREAK在二分搜索法中的应用。

例1.39 利用二分搜索法查找数组中的关键值。

```
MODEL:
SETS:
S1/1..8/:X;
ENDSETS
DATA:
KEY = 16;!16为查找的关键字;
X = 2 7 8 11 16 20 22 32;!数组必须是单调增的;
ENDDATA
CALC:
IB = 1;!查找的开始点;
```

```
IE = @SIZE(S1);!查找的终止点;
@WHILE(IB#LE#IE:!循环查找关键字;
LOC = @FLOOR((IB + IE)/2);!二分地址;
@IFC(KEY #EQ# X(LOC):
@BREAK;!终止循环;
@ELSE
@IFC(KEY #LT# X(LOC):IE = LOC - 1;
@ELSE
IB = LOC + 1)));!@WHILE 结束语句;
@IFC(IB#LE#IE:
@WRITE('关键字的位置是:',LOC,@NEWLINE(1));
@ELSE
@WRITE('关键字不在数组中!!! ',@NEWLINE(1)));
ENDCALC
END
```

4) @STOP(['MESSAGE'])

@STOP 语句终止当前模型的执行,@STOP 语句只能用于计算段且带可选的文本参数。当@STOP 被执行时,LINGO 将显示错误信息 258。

例 1.40 （续例 1.39） @STOP 在二分搜索法查找数组中关键值的应用。

```
MODEL:
SETS:
S1/1..8/:X;
ENDSETS
DATA:
KEY = 160;!160 为查找的关键字;
X = 2 7 8 11 16 20 22 32;!数组必须是单调增的;
ENDDATA
CALC:
IB = 1;!查找的开始点;
IE = @SIZE(S1);!查找的终止点;
@WHILE(KEY #NE# X(LOC):
@IFC(IE - IB #LE# 1:  !关键字没有找到;
@STOP('Unable to find key!!! '));
INEW = @FLOOR((IE + IB)/2);
@IFC(KEY #EQ# X(INEW):LOC = INEW);
@IFC(KEY #LT# X(INEW):
IE = INEW;
@ELSE
IB = INEW));
ENDCALC
END
```

计算结果显示如图 1.12 所示。

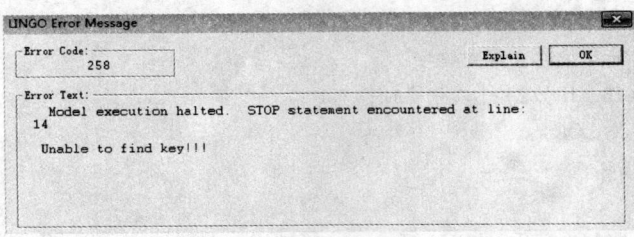

图 1.12 @STOP 信息提示图

3. 模型生成

1) @GEN([SUBMODEL_NAME[,…SUBMODEL_NAME_N]])

@GEN 语句生成一个模型,并且显示生成的方程。@GEN 把模型变换到求解器使用的适当格式,它实际上不调用求解器,只是用于调试模型。

@GEN 生成一个报告,用展开形式显示模型的所有方程。默认情况下,报告输出到显示窗口,也可以使用函数 @DIVERT 把报告输出到一个文件。

函数 @GEN 接受一个或多个子模型名称作为可选参数。如果省略了子模型名称,LINGO 将生成该语句之前的那些模型语句的展开语句,而不包含任何子模型。

例 1.41 (续例 1.18)函数 @GEN 应用示例。

```
model:
sets:
   days/mon..sun/:r,x;
endsets
data:
    r=20  16  13  16  19  14  12;!每天所需的最少职员数;
enddata
min=@sum(days:x);  !最小化每周所需职员数;
@for(days(i):@sum(days(j)|j #le# 5:x(@wrap(i-j+1,7)))>=r(i));
@for(days:@gin(x));  !约束 x 为整型变量;
calc:
@gen();
endcalc
end
```

生成的模型报告如下所示:

```
MODEL:
  [_1] MIN = X_MON + X_TUE + X_WED + X_THU + X_FRI + X_SAT + X_SUN;
  [_2] X_MON + X_THU + X_FRI + X_SAT + X_SUN >= 20;
  [_3] X_MON + X_TUE + X_FRI + X_SAT + X_SUN >= 16;
  [_4] X_MON + X_TUE + X_WED + X_SAT + X_SUN >= 13;
  [_5] X_MON + X_TUE + X_WED + X_THU + X_SUN >= 16;
  [_6] X_MON + X_TUE + X_WED + X_THU + X_FRI >= 19;
  [_7] X_TUE + X_WED + X_THU + X_FRI + X_SAT >= 14;
  [_8] X_WED + X_THU + X_FRI + X_SAT + X_SUN >= 12;
```

@GIN(X_MON);@GIN(X_TUE);@GIN(X_WED);@GIN(X_THU);
@GIN(X_FRI);@GIN(X_SAT);@GIN(X_SUN);
END

2) @GENDUAL([SUBMODEL_NAME[,…,SUBMODEL_NAME_N]])

@GENDUAL 语句生成线性规划原问题的对偶问题,并且显示生成的方程。如果原问题有 m 个约束和 n 个变量,那么它的对偶问题有 n 个约束和 m 个变量。

例如在例 1.41 中用@GEN 代替@GENDUAL,并且删除整数约束@for(days:@gin(x)),即计算段改写为

CALC:
@GENDUAL();
ENDCALC

就可以得到线性规划原问题的对偶问题。

3) @RELEASE(VARIABLE_NAME)

当一个变量在计算段中被指定一个值时,该变量在 LINGO 中永久固定为该值,也就是说以后通过@SOLVE 的优化不影响该变量的取值。@RELEASE 语句可以用于释放这样的固定变量,使得该变量可以再次优化。

下面的计算段将进一步研究例 1.18 的模型,这有助于演示@RELEASE 的使用。

例 1.42　(续例 1.18)@RELEASE 使用示例。

model:
sets:
　days/mon..sun/:r,x,obj0;
endsets
data:
　　r = 20　16　13　16　19　14　12;!每天所需的最少职员数;
enddata
　[obj]min = @sum(days:x);　!最小化每周所需职员数;
@for(days(i):@sum(days(j)|j #le# 5:x(@wrap(i-j+1,7)))>=r(i));
@for(days:@gin(x));　!约束 x 为整型变量;
calc:
@solve();!求解原来问题的最优解,下面再求 7 种情况的最优解;
@for(days(d):x(d)=0;!指定第 d 天开始工作的职员数为 0;
@solve();
obj0(d)=obj;
@release(x(d)));!允许 x(d)再次优化;
@for(days(d):@write(days(d),10*' ',obj0(d),@newline(1)));
endcalc

上面的 LINGO 程序求了 8 次最优解。在计算段每周的每一天执行了下面的操作:

(1) 每一天开始雇佣的人数赋值为 0:x(d)=0。

(2) 求解最小雇佣人数,且使得当前日期的雇佣人数为 0:@SOLVE。

(3) 为了生成后面的结果报告,把当前的目标函数值保存起来:obj0(d)=obj。

(4) 释放当前日期开始雇佣的人数,以便在下一个@SOLVE调用中可以被优化:@release(x(d))。

计算段的最后部分给出了如下计算结果的报告:

MON   26
TUE   23
WED   22
THU   25
FRI   24
SAT   24
SUN   22

即星期一开始上班的人数为0时,需要雇佣26人;星期二开始上班的人数为0时,需要雇佣23人;其他日期依此类推。

4. 输出语句

前面已经介绍了LINGO中的一些输出函数,这里要强调一点,@table函数只能用于数据段中;其他输出函数,不仅可以用于数据段、初始段,还可以用于计算段中。

1) @SOLU([0|1[,MODEL_OBJECT[,'REPORT_HEADER']]])

如果省略了所有的参数,@SOLU将显示默认的LINGO求解报告,除非使用了函数@DIVERT,把输出定向到文本文件,其他情形都是输出到屏幕的。

如果@SOLU的第一个参数值为0,则只显示非零变量及其相关行的值;如果第一个参数值为1,则显示所有信息。

如果希望限制解报告的显示范围,可选的MODEL_OBJECT参数值可以为属性名或行名,在这种情形下,求解报告只显示指定的对象。

当希望在解报告的前面加上表头字符串时,可以使用可选参数REPORT_HEADER。

2) @WRITE('TEXT1'|VALUE1[,…,'TEXTN'|VALUEN])

@WRITE函数是在计算段中显示输出结果的基本工具,@WRITE既可以显示文本,也可以显示数值型变量。文本字符串可以用单引号或双引号表示,所有的输出,除非使用了函数@DIVERT把输出定向到文本文件,其他情形都是输出到屏幕。

@WRITE既可以调试计算段的代码,也可以生成定制的报告。

例1.43 计算段中@WRITE应用示例。

MODEL:
[PROFIT]MAX = 200 * WS + 300 * NC;
[CHASSIS1]WS <= 60;
[CHASSIS2]NC <= 40;
[DRIVES]WS + 2 * NC <= 120;
CALC:
@SOLVE();
@WRITE('Total profit =',PROFIT,@NEWLINE(1));
@WRITE('Production:',@NEWLINE(1));
@WRITE('WS =',WS,@NEWLINE(1),
  'NC =',NC,@NEWLINE(1),

'Total units =',WS + NC,@NEWLINE(2));
@WRITE('Dual analysis:',@NEWLINE(1),
 'Chassis1:',@DUAL(CHASSIS1),@NEWLINE(1),
 'Chassis2:',@DUAL(CHASSIS2),@NEWLINE(1),
 'Drives:',@DUAL(DRIVES),@NEWLINE(1));
ENDCALC
END

运行这个模型,结果报告如下:

Total profit = 21000
Production:
WS = 60
NC = 30
Total units = 90
Dual analysis:
Chassis1:50
Chassis2:0
Drives:150

3) @PAUSE('TEXT1'|VALUE1[,…,'TEXTN'|VALUEN])

@PAUSE 与 @WRITE 有相同的语法,但 @PAUSE 使得 LINGO 停止执行等待用户的反应。例如:

calc:
@PAUSE('@PAUSE 应用示例!');
endcalc

执行后,将出现如图 1.13 所示的对话框界面。用户可以单击 Resume 按钮继续程序的运行,或者单击 Interrupt 按钮中断模型的运行。

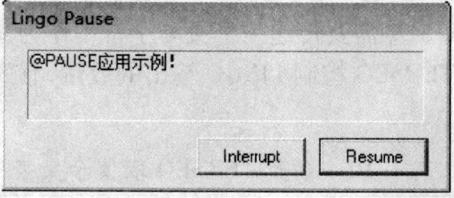

图 1.13 @PAUSE 执行界面

4) @DIVERT(['FILE_NAME'])

@WRITE 语句生成的输出结果默认地发送到屏幕,然而用户可能希望输出到一个文件,@DIVERT 函数可以实现该功能。下面给出一个应用例子。

例 1.44 (续例 1.43)@DIVERT 应用示例。

MODEL:
[PROFIT]MAX = 200 * WS + 300 * NC;
[CHASSIS1]WS <= 60;
[CHASSIS2]NC <= 40;

```
[DRIVES]WS+2 * NC<=120;
CALC:
@SOLVE();
@DIVERT('MYREPORT.TXT');
@WRITE('Total profit =',PROFIT,@NEWLINE(1));
@WRITE('Production:',@NEWLINE(1));
@WRITE('WS =',WS,@NEWLINE(1),
 'NC =',NC,@NEWLINE(1),
 'Total units =',WS+NC,@NEWLINE(2));
@WRITE('Dual analysis:',@NEWLINE(1),
 'Chassis1:',@DUAL(CHASSIS1),@NEWLINE(1),
 'Chassis2:',@DUAL(CHASSIS2),@NEWLINE(1),
 'Drives:',@DUAL(DRIVES),@NEWLINE(1));
@DIVERT();
ENDCALC
END
```

注1.16 ①在上面的LINGO程序中,@DIVERT应用了2次,第1次应用时,打开了所指定的文件,因而@WRITE的输出定向到所指向的文件。第2次调用@DIVERT关闭数据文件,把输出重新定向为终端设备。

(2) @DIVERT也接受可选的第2个参数'A',表示LINGO以"追加"的方式把数据输出到已存在的文件中,如果该参数'A'省略,则LINGO覆盖已存在的数据文件。

5. 参数设置

LINGO有许多可选参数设置是通过菜单LINGO|Options设置的。同时,在模型的计算段动态地调整参数取值也是必要的,由于这个原因,LINGO提供了@SET函数,用于存取整个系统的参数集合。LINGO也有另一个函数@APISET,用于设置LINGO API的参数,这在标准的LINGO参数设置中是无效的。

1) @SET('PARAM_NAME',PARAMETER_VALUE)

为了改变参数的设置,@SET需要传递一个文本字符串作为参数的名称,同时要给参数赋新值。例如,可以使用参数TERSEO控制LINGO输出的数量,有3种可能的设置,参数取值的含义如表1.12所示。

表1.12 参数TERSEO取值含义表

TERSEO的值	含义描述
0	标准的输出形式,包括完整的求解报告表
1	较小的压缩输出形式
2	什么不输出,用其他自定义形式输出

例如:

@SET('TERSEO',1);

设置成较小的输出形式。

@SET('DEFAULT');

设置所有参数恢复到默认的取值。

2) @APISET(PARAM_INDEX,'INT | DOUBLE',PARAMETER_VALUE)

LINGO 使用 LINGO API 求解器库集合作为它的基础求解引擎。LINGO API 有丰富的参数可以被用户设置。

为了改变参数的设置,@APISET 需要传递一个索引参数,文本字符串 'INT' 或 'DOUBLE' 表示参数值是整数或双精度的数量,同时要给参数赋以新值。

习 题 1

1.1 用 LINGO 求解下列线性规划:

(1) $\max z = 6x_1 + 2x_2 + 3x_3 + 9x_4$,

$$\text{s. t.} \begin{cases} 5x_1 + 6x_2 - 4x_3 - 4x_4 \leq 2, \\ 3x_1 - 3x_2 + 2x_3 + 8x_4 \leq 25, \\ 4x_1 + 2x_2 - x_3 + 3x_4 \leq 10, \\ x_i \geq 0, i = 1,2,3,4. \end{cases}$$

(2) $\min z = 10x_1 + 2x_2 + x_3 + 8x_4 + 6x_5$,

$$\text{s. t.} \begin{cases} x_1 + x_3 = 100, \\ x_2 + x_4 = 200, \\ x_3 + x_5 = 300, \\ x_4 + x_5 = 500, \\ x_1 + 2x_2 + x_3 + x_4 - x_5 \geq -400, \\ 2x_1 + 3x_4 + 4x_5 \geq -220. \end{cases}$$

(3) $\max z = 8x_1 + 6x_2 + 5x_3 + 9x_4 + 3x_5$,

$$\text{s. t.} \begin{cases} 2x_1 + 9x_2 - x_3 - 3x_4 - x_5 \leq 20, \\ x_1 - 3x_2 + 2x_3 + 6x_4 + x_5 \leq 30, \\ x_1 + 2x_2 - x_3 + x_4 - 2x_5 \leq 10, \\ a_i \leq x_i \leq b_i, i = 1,2,3,4,5. \end{cases}$$

其中 $[a_1,a_2,a_3,a_4,a_5] = -[10,50,15,20,30]$, $[b_1,b_2,b_3,b_4,b_5] = [20,50,60,30,10]$。

1.2 求解下列的线性方程组

$$\begin{cases} 4x_1 + x_2 = 1, \\ x_1 + 4x_2 + x_3 = 2, \\ x_2 + 4x_3 + x_4 = 3, \\ \quad \vdots \\ x_{998} + 4x_{999} + x_{1000} = 999, \\ x_{999} + 4x_{1000} = 1000. \end{cases}$$

1.3 在图 1.12 所示的双杆系统中,已知杆 1 重 $G_1 = 300\text{N}$,长 $L_1 = 2\text{m}$,与水平方向的夹角为 $\theta_1 = \pi/6$,杆 2 重 $G_2 = 200\text{N}$,长 $L_2 = \sqrt{2}\text{m}$,与水平方向的夹角为 $\theta_2 = \pi/4$。三个铰接点 A,B,C 所在平面垂直于水平面。求杆 1,杆 2 在铰接点处所受到的力。

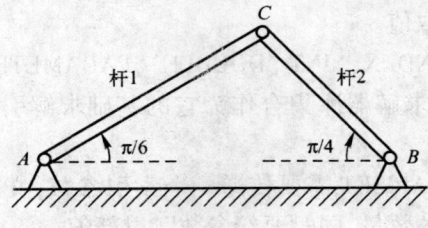

图 1.14 双杆系统

1.4 设 3 阶对称阵 A 的特征值为 $\lambda_1=1, \lambda_2=-1, \lambda_3=0$;对应 λ_1, λ_2 的特征向量依次为
$$p_1 = \begin{bmatrix} 1 \\ 2 \\ 2 \end{bmatrix}, p_2 = \begin{bmatrix} 2 \\ 1 \\ -2 \end{bmatrix},$$
求 A。

1.5 已知矩阵 $A = \begin{bmatrix} 1 & 4 & 5 \\ 4 & 2 & 6 \\ 5 & 6 & 3 \end{bmatrix}, x = \begin{bmatrix} x_1 \\ x_2 \\ x_3 \end{bmatrix}$,求二次型 $f(x_1, x_2, x_3) = x^T A x$ 在单位球面 $x_1^2 + x_2^2 + x_3^2 = 1$ 上的最小值。

1.6 求解下列非线性整数规划问题
$$\max z = x_1^2 + x_2^2 + 3x_3^2 + 4x_4^2 + 2x_5^2 - 8x_1 - 2x_2 - 3x_3 - x_4 - 2x_5,$$
$$\text{s. t.} \begin{cases} 0 \leq x_i \leq 99, \text{且 } x_i \text{ 为整数}, \quad i = 1, \cdots, 5, \\ x_1 + x_2 + x_3 + x_4 + x_5 \leq 400, \\ x_1 + 2x_2 + 2x_3 + x_4 + 6x_5 \leq 800, \\ 2x_1 + x_2 + 6x_3 \leq 200, \\ x_3 + x_4 + 5x_5 \leq 200。 \end{cases}$$

1.7 用 LINGO 求方程组
$$\begin{cases} x^2 + y^2 = 2, \\ 2x^2 + x + y^2 + y = 4 \end{cases}$$
的所有实数解。

1.8 求解下列非线性规划:

(1) $\max z = \sum_{i=1}^{100} \sqrt{x_i},$
$$\text{s. t.} \begin{cases} x_1 \leq 10, \\ x_1 + 2x_2 \leq 20, \\ x_1 + 2x_2 + 3x_3 \leq 30, \\ x_1 + 2x_2 + 3x_3 + 4x_4 \leq 40, \\ \sum_{i=1}^{100} (101 - i) x_i \leq 1000, \\ x_i \geq 0, i = 1, 2, \cdots, 100。 \end{cases}$$

(2) $\max z = (x_1 - 1)^2 + \sum_{i=1}^{99} (x_i - x_{i+1})^2,$

$$\text{s. t.} \begin{cases} x_1 + \sum_{i=2}^{100} x_i^2 = 200, \\ \sum_{i=1}^{50} x_{2i}^2 - \sum_{i=1}^{50} x_{2i-1}^2 = 10, \\ \left(\sum_{i=1}^{33} x_{3i}\right)\left(\sum_{i=1}^{50} x_{2i}\right) \leq 1000, \\ -5 \leq x_i \leq 5, i = 1, 2, \cdots, 100_\circ \end{cases}$$

1.9 已知

$$A = [A_1, A_2, \cdots, A_6] = \begin{bmatrix} 89.39 & 86.25 & 108.13 & 106.38 & 62.40 & 47.19 \\ 64.3 & 99 & 99.6 & 96 & 96.2 & 79.9 \end{bmatrix},$$

$$B = [B_1, B_2, \cdots, B_6] = \begin{bmatrix} 25.2 & 28.2 & 29.4 & 26.4 & 27.2 & 25.2 \\ 223 & 287 & 317 & 291 & 295 & 222 \end{bmatrix}_\circ$$

利用 LINGO 的子模型,对于 $j_0 = 1, 2, \cdots, 6$,求解以下 6 个线性规划问题:

$$\max \boldsymbol{B}_{j_0}^{\mathrm{T}} \boldsymbol{Y},$$

$$\text{s. t.} \begin{cases} \boldsymbol{A}_j^{\mathrm{T}} \boldsymbol{X} - \boldsymbol{B}_j^{\mathrm{T}} \boldsymbol{Y} \geq 0, & j = 1, 2, \cdots, 6, \\ \boldsymbol{A}_{j_0}^{\mathrm{T}} \boldsymbol{X} = 1, \\ \boldsymbol{X} \geq 0, \boldsymbol{Y} \geq 0_\circ \end{cases}$$

其中 $\boldsymbol{X} = [x_1, x_2]^{\mathrm{T}}, \boldsymbol{X} \geq 0$ 表示 $x_1, x_2 \geq 0$;$\boldsymbol{Y} = [y_1, y_2]^{\mathrm{T}}, \boldsymbol{Y} \geq 0$ 表示 $y_1, y_2 \geq 0$.

第 2 章 LINGO 软件与外部文件的接口

LINGO 建模语言允许以简洁、直观的方式描述优化问题,但 LINGO 程序运行时需要用到的大量数据一般保存在其他文件中,如 Word、MATLAB、Excel 或 Access 等,为了避免逐个输入数据的麻烦,可以利用 Windows 剪贴板把需要的数据从其他软件复制到剪贴板,然后粘贴到 LINGO 程序中。特别是数据量较大时,通过剪贴板粘贴到 LINGO 程序中的数据,LINGO 是不识别的,会提示数据的个数不匹配;这就需要将 LINGO 程序与它所用到的数据分开,建立与外部文件的接口。通过文件输入输出数据对编写好的程序来说是非常重要的,至少有两个优点:

(1) 通过文件输入输出数据可以将 LINGO 程序和程序处理的数据分离开,"程序和数据的分离"是结构化程序设计、面向对象编程的基本要求。

(2) 实际问题中的 LINGO 程序通常需要处理大规模的实际数据,而这些数据通常都是在其他应用中产生的,或者已经存放在其他应用系统中的某个文件或数据库中,也希望 LINGO 计算的结果以文件方式提供给其他应用系统使用。因此,通过文件输入输出数据是编写实用 LINGO 程序的基本要求。

由于通过文件输入输出数据如此重要,所以本章在第 1 章的基础上,进一步介绍 LINGO 软件与外部文件的接口,通过一些例子说明 LINGO 如何通过外部文件输入/输出数据。

2.1 通过 Windows 剪贴板传递数据

有时候实际问题的数据在 Word 或 Excel 文件的表格中,在编写 LINGO 程序时可以通过剪贴板把表格连同数据传递到 LINGO 中,不过这种方式传递数据实际上是通过人工干预进行的,严格来说算不上通过文件传递数据。下面用实例说明具体操作方法。

例 2.1 某公司有 4 项工作,选定了 4 位业务员去处理,每人各处理一项工作。由于工作能力、经验和其他情况不同,4 位业务员去处理 4 项工作的费用各不相同,见表 2.1。应当怎样分派工作,才能使总的费用最小?

表 2.1 工作的费用表 （单位:元）

业务员\业务	1	2	3	4
1	110	80	100	70
2	60	50	30	80
3	40	80	100	90
4	110	100	50	70

解 这是一个最优指派问题,引入如下 0-1 变量:

$$x_{ij} = \begin{cases} 1, & \text{分派第 } i \text{ 个业务员做第 } j \text{ 项工作,} \\ 0, & \text{不分派第 } i \text{ 个业务员做第 } j \text{ 项工作.} \end{cases}$$

设矩阵 $A = (a_{ij})_{4\times 4}$ 为指派矩阵,其中 a_{ij} 为第 i 个业务员做第 j 项工作的费用,则可建立如下 0 - 1 整数规划模型:

$$\min Z = \sum_{i=1}^{4}\sum_{j=1}^{4} a_{ij}x_{ij},$$

$$\text{s. t.} \begin{cases} \sum_{i=1}^{4} x_{ij} = 1, j = 1,2,3,4, \\ \sum_{j=1}^{4} x_{ij} = 1, i = 1,2,3,4, \\ x_{ij} = 0 \text{ 或 } 1, i,j = 1,2,3,4。\end{cases}$$

要想通过 Windows 的剪贴板把数据传入 LINGO 程序的数据段,应当先在 Word 中用鼠标选中表格中的数据块,单击菜单中的"复制"按钮(或按快捷键 Ctrl + C),然后在 LINGO 中单击 Edit 菜单中的"粘贴"按钮(或按快捷键 Ctrl + V),则数据连同表格一起出现在 LINGO 程序中,如下所示:

model:
sets:
num/1..4/;
link(num,num):a,x;
endsets
data:
a =

110	80	100	70
60	50	30	80
40	80	100	90
110	100	50	70

;!以上表格从 word 中直接复制过来;
enddata
min = @sum(link:a*x); !目标函数;
@for(num(j):@sum(num(i):x(i,j)) = 1);
@for(num(i):@sum(num(j):x(i,j)) = 1);
@for(link:@bin(x));   !0 - 1 变量约束;

单击"求解"按钮,得到的结果如下:
x(1,1) = 0, x(1,2) = 0, x(1,3) = 0, x(1,4) = 1;
x(2,1) = 0, x(2,2) = 1, x(2,3) = 0, x(2,4) = 0;
x(3,1) = 1, x(3,2) = 0, x(3,3) = 0, x(3,4) = 0;
x(4,1) = 0, x(4,2) = 0, x(4,3) = 1, x(4,4) = 0;

即第 1 个业务员做第 4 项工作,第 2 个业务员做第 2 项工作,第 3 个业务员做第 1 项工作,第 4 个业务员做第 3 项工作,总费用达到最小值 210 元。

2.2 LINGO 与文本文件之间的数据传递

第 1 章曾简单介绍过,在 LINGO 软件中,通过文本文件输入数据使用的是@file 函数,输出结果采用的是@text 函数。下面介绍这两个函数的详细用法。

2.2.1 通过文本文件输入数据

@file 函数通常可以在集合段和数据段使用,但不允许嵌套使用。这个函数的一般用法是

@file(filename);

其中 filename 为存放数据的文件名,可以包含完整的路径名,没有指定路径时表示在当前目录下寻找这个文件。该文件必须是文本(或 ASCII 码文件),可以用 Windows 附件中的写字板或记事本创建,文件中可以包含多个记录,记录之间用"~"分开,同一记录内的多个数据之间用逗号或空格分开。执行一次@file,读入一个记录的数据。

例 2.2 @file 函数的用法示例。

假设存放数据的文本文件 myfile.txt 的内容如下:

```
Seattle,Detroit,Chicago,Denver ~
COST,NEED,SUPPLY,ORDERED ~
12,28,15,20 ~
1600,1800,1200,1000 ~
1700,1900,1300,1100
```

现在,在 LINGO 模型窗口中建立如下 LINGO 模型:

```
model:
sets:
myset/@file(myfile.txt)/:@file(myfile.txt);
endsets
data:
cost = @file(myfile.txt);  !文件中的 COST 是大写的,LINGO 不区分大小写字母;
need = @file(myfile.txt);
supply = @file(myfile.txt);
enddata
end
```

运行上述 LINGO 模型的结果为:文本文件 myfile.txt 中第 1 行的 4 个字符串赋值给集合 myset 的 4 个成员,第 2 行的 4 个字符串 COST,NEED,SUPPLY,ORDERED(或 cost,need,supply,ordered)成为集合 myset 的 4 个属性,第 3 行的 4 个数值赋值给属性 cost,第 4 行的 4 个数值赋值给属性 need,第 5 行的 4 个数值赋值给属性 supply,未赋值的属性 ordered 作为决策向量。

显然,当仅仅是输入数据改变了,只需要改变输入文件 myfile.txt,而程序无需改变,这是非常有利的,因为这样就做到了程序与数据的分离。

2.2.2 通过文本文件输出数据

@text 函数用于文本文件输出数据,通常只在数据段使用这个函数。这个函数的语法为

@text([filename,['a']])

它用于数据段中将解答结果输出到文本文件 filename 中,当省略 filename 时,结果送到标准的输出设备(通常就是屏幕)。当有第 2 个参数 'a' 时,数据是以追加(append)的方式输出到文本文件,否则,新建一个文本文件(如果文件已经存在,则其中的内容将会被覆盖)供输出数据。

@text 函数的一般调用格式为

@text('results.txt') = 属性名;

其中 results.txt 是文件名,它可以由用户按自己的意愿命名,该函数的执行结果是把属性名对应的取值输出到文本文件 results.txt 中。

例 2.3 把例 2.1 的计算结果输出到文本文件。

model:
sets:
num/1..4/;
link(num,num):a,x;
endsets
data:
a =

110	80	100	70
60	50	30	80
40	80	100	90
110	100	50	70

;!以上表格从 Word 中直接复制过来;
@text('result1.txt') = x;!第 1 次调用@text,把 x 逐行展开,转换成列向量输出;
@text(result2.txt) = @table(x);!第 2 次调用@text,可以省略文件名的单引号;
@text() = @table(x);!第 3 次调用@text,以表格形式向屏幕输出;
enddata
min = @sum(link:a*x);   !目标函数;
@for(num(j):@sum(num(i):x(i,j)) = 1);
@for(num(i):@sum(num(j):x(i,j)) = 1);
@for(link:@bin(x));   !0-1 变量约束;

程序中使用了 3 次@text 函数:第 1 次执行@text 函数,把 x 的值输出到当前程序文件所在目录下的文本文件 result1.txt 中;第 2 次执行@text 函数,把 x 的值以表格形式

```
         1  2  3  4
    1    0  0  0  1
    2    0  1  0  0
    3    1  0  0  0
    4    0  0  1  0
```

输出到当前程序文件所在目录下的文本文件 result2.txt 中;第 3 次执行@text 函数,把 x 的值以表格形式显示在屏幕上。

例 2.4 (续例 1.5)在例 1.5 运输问题中,使用文本文件输入和输出数据。

```
model:
sets:
warehouses/1..6/: e;
vendors/1..8/: d;
links(warehouses,vendors): c,x;
endsets
data: !数据部分;
e = @file(Ldata151.txt);
d = @file(Ldata151.txt);
c = @file(Ldata151.txt);
@text(Ldata152.txt) = @table(x);   !把求解结果以表格形式输出到文本文件 Ldata152.txt 中;
enddata
min = @sum(links(i,j): c(i,j)*x(i,j));   !目标函数;
@for(warehouses(i):@sum(vendors(j): x(i,j)) <= e(i));   !约束条件;
@for(vendors(j):@sum(warehouses(i): x(i,j)) = d(j));
end
```

其中文本文件 Ldata151.txt 中的内容如下:

```
60 55 51 43 41 52 ~
35 37 22 32 41 32 43 38 ~
6 2 6 7 4 2 5 9
4 9 5 3 8 5 8 2
5 2 1 9 7 4 3 3
7 6 7 3 9 2 7 1
2 3 9 5 7 2 6 5
5 5 2 2 8 1 4 3
```

文本文件 Ldata151.txt 必须放在 LINGO 程序所在目录下。

2.3 LINGO 与 Excel 文件之间的数据传递

LINGO 通过@ole 函数实现与 Excel 文件传递数据,使用@ole 函数既可以从 Excel 文件中输入数据,也能把计算结果输出到 Excel 文件。

2.3.1 通过 Excel 文件输入数据

@ole 函数只能用在模型的集合段、数据段和初始段。使用格式为

object_list = @OLE(['spreadsheet_file'] [, range_name_list]);

其中 spreadsheet_file 是 Excel 文件的名称,应当包括扩展名(如 *.xls,*.xlsx 等),还可以包含完整的路径名,只要字符数不超过 64 即可,使用时可以省略单引号;range_name_list 是指文件

中包含数据的单元范围(单元范围的格式与 Excel 工作表的单元范围格式一致)。其中 spreadsheet_file 和 range_name_list 都是可以默认的。

具体地说,当从 Excel 中向 LINGO 模型中输入数据时,在集合段可以直接采用"@ ole(…)"的形式读入集合成员,但在数据段和初始段应当采用"属性 = @ ole(…)"的赋值形式。

例 2.5 (续例 2.2)使用 @ ole 函数向 LINGO 输入数据。

cost, need, supply = @ ole( );

首先,用 Excel 建立一个名为 Ldata25. xlsx 的 Excel 数据文件,如图 2.1 所示。为了能够通过 @ ole 函数向 LINGO 传递数据,需要对这个文件中的数据进行命名,具体做法是:用鼠标选中这个表格的 B4:B7 单元,然后选择 Excel 的菜单命令"插入"→"名称"→"定义",这时将会弹出一个对话框,请用户输入名字,例如可以将它命名为 cities(这正是图 2.1 所显示的情形,即 B4:B7 所在的单元被命名为 cities),同理,将 C4:C7 单元命名为 cost,将 D4:D7 单元命名为 need,将 E4:E7 单元命名为 supply,将 F4:F7 单元命名为 solution。一般来说,这些单元取什么名字都无所谓,这里取什么名字,LINGO 中调用时就必须用什么名字,只要二者一致就可以了。但这些单元的名称(称为域名)最好与 LINGO 对应的属性名同名,以便将来 LINGO 调用时省略域名。

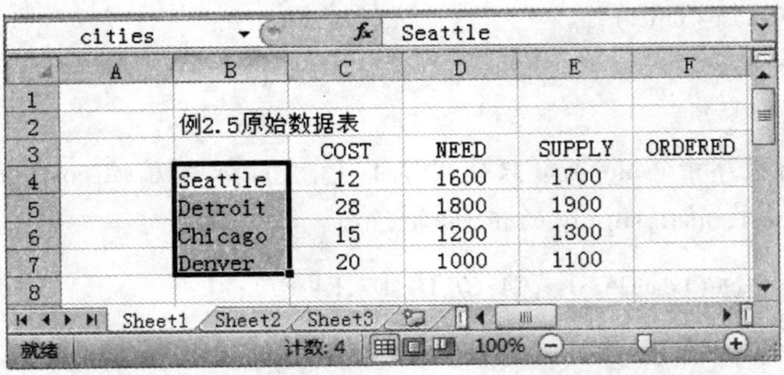

图 2.1 Excel 文件存放的数据

下面针对图 2.1 所示 Excel 表中数据,编写如下 LINGO 程序:

```
model:
sets:
myset/@ ole(Ldata25. xlsx,cities)/: cost,need,supply,order;
endsets
data:
cost,need,supply = @ ole( );  !省略了 Excel 文件和域名;
enddata
min = @ sum( myset:cost * order );
@ for( myset:need < order; order < supply );
end
```

上面程序中有 2 个 @ ole 函数调用,其作用分别说明如下:

@ ole(Ldata25. xlsx,cities):从文件 Ldata25. xlsx 的 cities 所指示的单元中取出数据,作为集合 myset 的成员。

cost,need,supply = @ ole( ):程序中 @ ole 函数没有输入参数,在这种情形下,LINGO 将提

供默认的输入参数,LINGO 使用当前用 Excel 软件打开并激活的文件作为默认的 Excel 文件,省略了域名,默认的域名和属性名是同名的,即 cost 输入当前打开的 Excel 文件中域名为 cost 单元中的数据,need 输入域名为 need 单元中的数据,supply 输入域名为 supply 单元中的数据。

注2.1 LINGO 要输入外部 Excel 文件中的数据,必须预先用 Excel 软件把要操作的 Excel 文件打开,否则 LINGO 无法输入数据。

LINGO 操作 Excel 数据,实际上有两种方式。在例 2.5 中,LINGO 操作 Excel 数据,必须先定义域名,然后才能引用。也可以不定义域名,直接引用 Excel 的单元地址。

例2.6 (续例2.5)使用 Excel 的单元地址,输入和输出数据。

改写后的 LINGO 程序如下:

```
model:
sets:
myset/@ole(Ldata25.xlsx,B4:B7)/: cost,need,supply,order;
endsets
data:
cost,need,supply = @ole( ,C4:C7,D4:D7,E4:E7); !省略了 Excel 文件名;
enddata
min = @sum(myset:cost*order);
@for(myset:need<order; order<supply);
end
```

注2.2 在上面程序中 @ole 函数只使用了 1 次,就输入了属性 cost,need,supply 的值,也可以依次输入属性 cost,need,supply 的值,即把语句

cost,need,supply = @ole(Ldata25.xlsx,C4:C7,D4:D7,E4:E7);

分解为 3 个语句:

cost = @ole(Ldata25.xlsx,C4:C7);
need = @ole(Ldata25.xlsx,D4:D7);
supply = @ole(Ldata25.xlsx,E4:E7);

2.3.2 通过 Excel 文件输出数据

@ole 函数能把数据输出到 Excel 文件,调用格式为

@OLE(['spreadsheet_file'] [, range_name_list]) = object_list;

其中对象列表 object_list 中的元素用逗号分隔,spreadsheet_file 是输出值所保存到的 Excel 文件名,如果文件名默认,则默认的文件名是当前 Excel 软件所打开的文件。域名列表 range_name_list 是表单中的域名,所在的单元用于保存对象列表中的属性值,表单中的域名必须与对象列表中的属性一一对应,并且域名所对应的单元大小(数据块的大小 = 长×宽)不应小于属性值所包含的数据个数,如果单元中原来有数据,则 @ole 输出语句运行后原来的数据将被新的数据覆盖。

同样,域名列表 range_name_list 中的域名也可以替换为 Excel 的引用地址。

注2.3 注意 @ole 函数用于输出和输入之间的差异:

```
@ole( … ) = object_list;↔ 输出;
object_list =@ole( … );↔输入。
```

例 2.7　(续例 1.5)在例 1.5 的运输问题中,使用 Excel 文件输入和输出数据。

```
model:
sets:
warehouses/1..6/: e;
vendors/1..8/: d;
links(warehouses,vendors): c,x;
endsets
data:  !数据部分;
e =@ole(Ldata153.xlsx,J2:J7);
d =@ole(Ldata153.xlsx,B8:I8);
c =@ole(Ldata153.xlsx,B2:I7);
@ole(Ldata153.xlsx,B10:I15) =x;  !把求解结果输出到 Excel 文件;
enddata
min =@sum(links(i,j): c(i,j) * x(i,j));  !目标函数;
@for(warehouses(i):@sum(vendors(j): x(i,j)) <=e(i));  !约束条件;
@for(vendors(j):@sum(warehouses(i): x(i,j)) =d(j));
end
```

其中 Excel 文件 Ldata153.xlsx 中的数据内容如图 2.2 所示。求解结果的输出内容如图 2.3 所示。

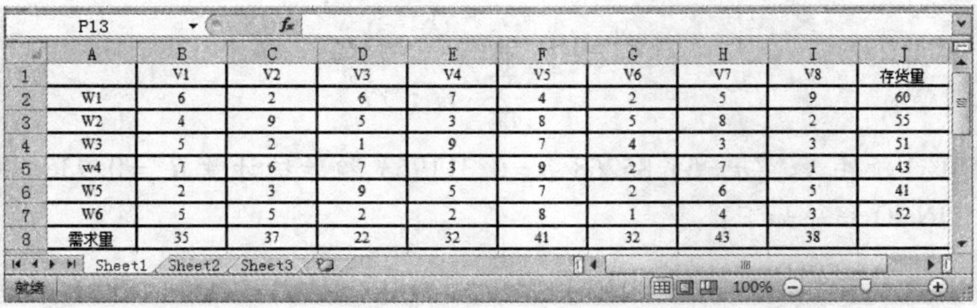

	A	B	C	D	E	F	G	H	I	J
1		V1	V2	V3	V4	V5	V6	V7	V8	存货量
2	W1	6	2	6	7	4	2	5	9	60
3	W2	4	9	5	3	8	5	8	2	55
4	W3	5	2	1	9	7	4	3	3	51
5	w4	7	6	7	3	9	2	7	1	43
6	W5	2	3	9	5	7	2	6	5	41
7	W6	5	5	2	2	8	1	4	3	52
8	需求量	35	37	22	32	41	32	43	38	

图 2.2　运输问题的已知数据

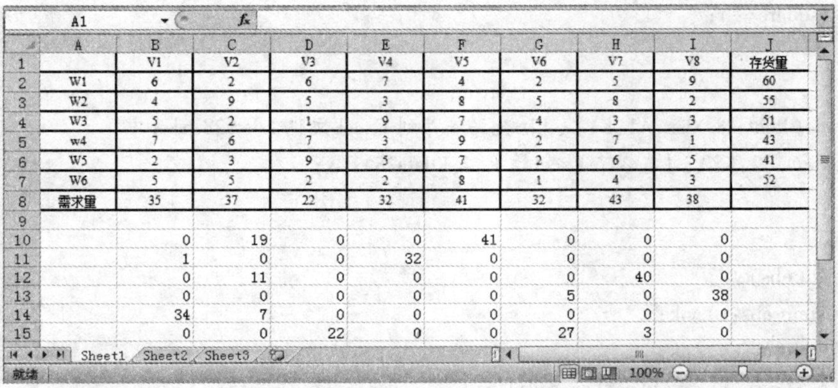

	A	B	C	D	E	F	G	H	I	J
1		V1	V2	V3	V4	V5	V6	V7	V8	存货量
2	W1	6	2	6	7	4	2	5	9	60
3	W2	4	9	5	3	8	5	8	2	55
4	W3	5	2	1	9	7	4	3	3	51
5	w4	7	6	7	3	9	2	7	1	43
6	W5	2	3	9	5	7	2	6	5	41
7	W6	5	5	2	2	8	1	4	3	52
8	需求量	35	37	22	32	41	32	43	38	
9										
10		0	19	0	0	41	0	0	0	
11		1	0	0	32	0	0	0	0	
12		0	11	0	0	0	0	40	0	
13		0	0	0	0	0	5	0	38	
14		34	7	0	0	0	0	0	0	
15		0	0	22	0	0	27	3	0	

图 2.3　求解结果的输出数据

2.3.3　Excel 文件传递数据应用举例

下面给出 LINGO 在回归分析和数学规划中通过 Excel 文件传递数据的例子。

例 2.8　已知 x,y 的观测数据如表 2.2 所示,求 y 关于 x 的线性回归方程 $y=a+bx$。

表 2.2　x,y 的观测数据

x	352	373	411	441	462	490	529	577	641	692	743
y	166	153	177	201	216	208	227	238	268	268	274

解　记 x,y 的观测值分别为 $x_i,y_i(i=1,2,\cdots,n)$,这里 $n=11$,则线性回归方程 $y=a+bx$ 中参数 a,b 的估计值分别为

$$\hat{b}=\frac{\sum_{i=1}^{n}(x_i-\overline{x})(y_i-\overline{y})}{\sum_{i=1}^{n}(x_i-\overline{x})^2}, \tag{2.1}$$

$$\hat{a}=\overline{y}-\hat{b}\overline{x}, \tag{2.2}$$

式中: $\overline{x}=\frac{1}{n}\sum_{i=1}^{n}x_i$, $\overline{y}=\frac{1}{n}\sum_{i=1}^{n}y_i$ 分别为 x_i 的均值和 y_i 的均值。

记残差平方和

$$Q_e=\sum_{i=1}^{n}(\hat{y}_i-y_i)^2=\sum_{i=1}^{n}(\hat{a}+\hat{b}x_i-y_i)^2, \tag{2.3}$$

则模型的检验统计量相关系数的平方为

$$R^2=1-\frac{Q_e}{\sum_{i=1}^{n}(y_i-\overline{y})^2}。 \tag{2.4}$$

利用 LINGO 软件,求得 $\hat{a}=55.85268$,$\hat{b}=0.311963$,检验统计量 $R^2=0.936198$。

计算的 LINGO 程序如下:

```
model:
sets:
obs/1..11/:x,y,xs,ys;
out/a,b,rsquare/:r;
endsets
data:
    x=@ole(Ldata28.xlsx,A1:K1); !把数据保存到 Excel 文件 Ldata28.xlsx 中;
    y=@ole(,A2:K2); !省略了 Excel 文件名 Ldata28.xlsx;
enddata
calc:
nk=@size(obs);
xbar=@sum(obs:x)/nk;
ybar=@sum(obs:y)/nk;
@for(obs(i):xs(i)=x(i)-xbar;ys(i)=y(i)-ybar); !数据平移;
xybar=@sum(obs:xs*ys); !计算平方和;
```

xxbar = @sum(obs:xs * xs);
yybar = @sum(obs:ys * ys);
r(@index(b)) = xybar/xxbar; !计算 b 的估计值;
r(@index(a)) = ybar – r(@index(b)) * xbar; !计算 a 的估计值;
resid = @sum(obs:(r(@index(a)) + r(@index(b)) * x – y)^2); !计算残差平方和;
r(@index(rsquare)) = 1 – resid/yybar;
endcalc
end

例 2.9 （续例 1.1）3 条公交线路一周 7 天都需要有司机工作,每条线路每天（周一至周日）所需的最少司机数如表 2.3 所示,并要求每个司机一周连续工作 5 天,试求每条公交线路每周所需最少司机数,并给出安排。注意：这里考虑稳定后的情况。

表 2.3 3 条公交线路需要的司机数据

	周一	周二	周三	周四	周五	周六	周日
线路 1	20	16	13	16	19	14	12
线路 2	10	12	10	11	14	16	8
线路 3	8	12	16	16	18	22	19

解 模型与例 1.18 是一样的,只不过需要把模型计算 3 遍。利用 LINGO 软件求得的结果如表 2.4 所示。

表 2.4 各天开始上班的司机数即需要的总司机数

	周一	周二	周三	周四	周五	周六	周日	总司机数
线路 1	8	2	0	6	3	3	0	22
线路 2	1	6	0	5	2	3	0	17
线路 3	0	4	11	0	7	0	1	23

用 LINGO 软件计算时,把表 2.3 的数据保存到 Excel 文件 Ldata29.xlsx 中,并分别给 3 条线路需要司机数的数据定义域名为 Line1needs, Line2needs, Line3needs。

计算的 LINGO 程序如下：

model:
sets:
sites/Line1, Line2, Line3/;
days/mon..sun/:needs, x, onduty;
endsets
submodel staff:
[objrow] min = @sum(days:x);
@for(days(i):onduty(i) = @sum(days(j)|j#le#5:x(@wrap(i – j + 1, @size(days)))));
onduty(i) >= needs(i);@gin(x(i)));
endsubmodel
calc:
@set('terseo', 2);!什么不输出,用@solu 函数输出;
@for(sites(k):needs = @ole('Ldata29.xlsx', sites(k) + 'needs');

@solve(staff);
@solu(1,x,sites(k)+'各天开始上班的人数:'));
endcalc
end

注 2.4 上面程序必须在 LINGO12 下运行,在 LINGO10 的计算段中是不允许使用 @ole 函数。

2.4 LINGO 与数据库的接口

数据库管理系统(Data Base Management System,DBMS)在数据库建立、运行和维护时对数据库进行统一控制,以保证数据的完整性、安全性,并在多用户同时使用数据库时进行并发控制,在故障发生后对系统进行恢复,它是处理大规模数据的最好工具。许多部门的业务数据大多保存在数据库中。开放式数据库连接(Open Data Base Connectivity,ODBC)为 DBMS 定义了一个标准化接口,其他软件可以通过这个接口访问任何 ODBC 支持的数据库。LINGO 为 Access、DBase、Excel、FoxPro、Oracle、Paradox、SQL Sever 和 Text Files 安装了驱动程序,能与这些类型的数据库文件交换数据。

LINGO 提供的名为 @ODBC 函数能够实现从 ODBC 数据源导出数据或将计算结果导入 ODBC 数据源。

2.4.1 LINGO 与 Access 数据库之间的数据传递

1. 实例

例 2.10 下面是一个标准运输问题的模型,该模型的文件名是 TRANDB.LG4,可以在目录 \LINGO\Samples\ 中找到,其内容为

```
MODEL:
TITLE Transportation; !3 个工厂,4 个客户的运输问题;
SETS:
    PLANTS:CAPACITY;
    CUSTOMERS:DEMAND;
ARCS(PLANTS,CUSTOMERS):COST,VOLUME;
ENDSETS
    [OBJ]MIN = @SUM(ARCS:COST * VOLUME); !目标函数;
!下面是需求约束;
@FOR(CUSTOMERS(C):@SUM(PLANTS(P):VOLUME(P,C)) > = DEMAND(C));
!下面是供给约束;
@FOR(PLANTS(P):@SUM(CUSTOMERS(C):VOLUME(P,C)) < = CAPACITY(P));
DATA:
    PLANTS,CAPACITY = @ODBC(); !通过 ODBC 得到集合 PLANTS 的成员及其属性 CAPACITY 的
数据;
    CUSTOMERS,DEMAND = @ODBC();
    ARCS,COST = @ODBC();
    @ODBC() = VOLUME; !通过 ODBC 把计算得到的 VOLUME 写入数据库文件中;
```

ENDDATA
END

该模型的标题(TITLE)为 Transportation。它与例 1.5 所研究的运输模型有两点重要区别：

(1) 两个原始集合(PLANTS(工厂)和 CUSTOMERS(客户))在定义时只有名称而没有明确给出集合的成员。

(2) 在数据段,所有数据都通过@ODBC 函数从数据库中读取,计算结果通过@ODBC 函数写入同一数据库中。

为了使 LINGO 模型在运行时能够自动找到 ODBC 数据源并正确赋值,必须满足以下 3 个条件：

(1) 将数据源文件在 Windows 的 ODBC 数据源管理器中进行注册。

(2) 注册的用户数据源名称与 LINGO 模型的标题相同。

(3) 对于模型中的每一条@ODBC 语句,数据源文件中存在与之相对应的表项。

2. 在 Windows 的 ODBC 数据源管理器中注册数据源

可用于例 2.10 的数据源文件有两个,即 TRANDB.mdb 和 TRANDB2.mdb,它们都存放在\LINGO\Samples\文件夹中,前者数据量小,内含 3 个工厂的供货能力、4 个客户的要货量以及各工厂到各客户的运输单价数据资料,后者数据量大,内含 50 个工厂和 200 个客户的同类数据。无论用哪一个数据库文件作为 LINGO 程序的数据源,都必须首先将数据源文件在 Windows 的 ODBC 数据源管理器中进行注册。注册的步骤如下：

(1) 在 Windows XP 中依次打开"控制面板"→"管理工具"→"ODBC(数据源)",出现如图 2.4 所示对话框。

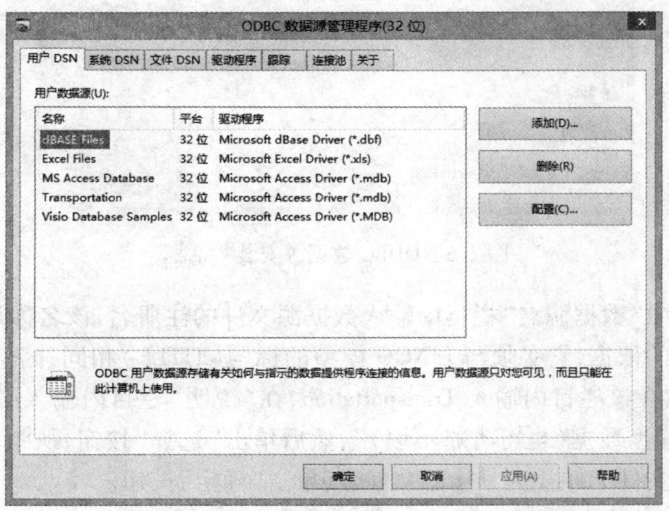

图 2.4 ODBC 数据源管理器对话框

在 Windows7(64 位)系统下,按上述操作会提示"缺少 Microsoft Access Driver ODBC 驱动程序",打开目录"C:\Windows\SysWOW64",双击该目录下的"odbcad32.exe"文件,进入 ODBC 数据源管理界面,在这个界面中就有 access 的驱动。

(2) 单击对话框中的"添加"按钮,弹出如图 2.5 所示的"创建新数据源"窗口,选择其中的"Microsoft Access Driver(*.mdb)"选项并单击"完成"按钮,弹出如图 2.6 所示"ODBC Mi-

crosoft Access"对话框。

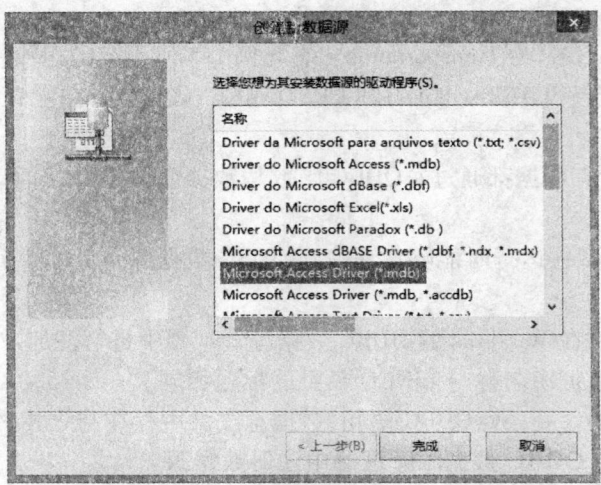

图 2.5　创建新数据源对话框

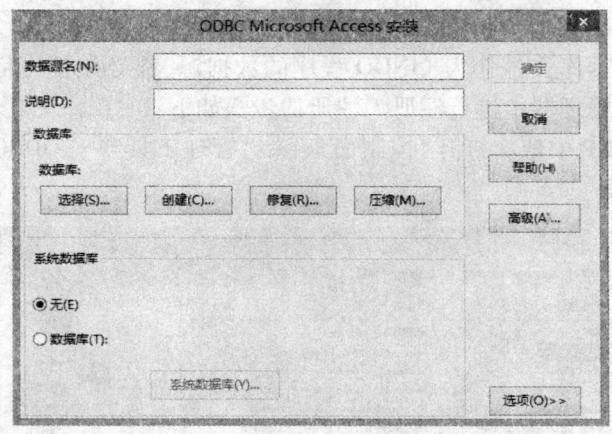

图 2.6　ODBC 数据源安装对话框

（3）在图 2.6 中"数据源名"栏目内输入数据源文件的注册名，该名称是 LINGO 程序运行时找到对应数据源的依据，它必须与 LINGO 模型的标题（TITLE）相同，因例 2.10 程序的标题是 Transportation，故在该栏目内输入 Transportation，在"说明"栏目内输入必要的说明文字，如输入"LINGO 运输模型数据（也可省略不填）"，然后单击"选择"按钮，从弹出的对话框中转到数据源文件所在的文件夹并找到具体的文件名，单击"确定"按钮。

（4）连续单击"确定"按钮关闭 ODBC 数据源管理器所有对话框。

3. 数据源文件中的数据结构

对 LINGO 程序中的每一条通过@ODBC 函数进行读或写操作的语句，数据源文件中都应当存在相应的数据，例 2.10 中的 LINGO 程序只给出了集合的名称以及相应属性（变量）的名称，而没有指明集合的具体成员，在数据段通过@ODBC 函数得到集合的成员以及属性的具体值。对于语句

PLANTS,CAPACITY = @ODBC( );

数据源文件 TRANDB. mdb 中存在如图 2.7 所示的名为 Plants 的表，表中有标题分别为 Plants 和 Capacity 的两列，其中 Plants 列含有 3 个成员，即 Plant1，Plant2，Plant3，对应的 Capacity 分别为 30，25，21。@ ODBC 函数运行后，集合 Plants 不再为空，而是有了 3 个具体成员，即 Plant1，Plant2，Plant3，它们的供货能力 Capcity 分别为 30，25，21。

对于语句

```
CUSTOMERS,DEMAND = @ ODBC( );
```

数据源文件 TRANDB. mdb 中存在如图 2.8 所示的名为 Customers 的表，表中列出了 4 个客户需求量 Demand 的取值。语句运行后，LINGO 用 Customers 表中的 Demand 列对应的具体数据对属性 Demand 进行赋值。

Plants

	Plants	Capacity
	Plant1	30
	Plant2	25
	Plant3	21
*		0

图 2.7　表 Plants 中的内容

Customers

	Customers	Demand
	Cust1	15
	Cust2	17
	Cust3	22
	Cust4	12
*		0

图 2.8　表 Customers 中的内容

对于语句

```
ARCS,COST = @ ODBC( );
```

数据源文件 TRANDB. mdb 中存在如图 2.9 所示的名为 Arcs 的表，表中列出了 3 个工厂到 4 个客户之间的运输单价 Cost 的已知值和运输量 Volume（待计算）。LINGO 程序运行后，用 Arcs 数据表中的 Cost 列对应的具体数据对属性 Cost 进行赋值。

程序中的语句

```
@ ODBC( ) = VOLUME;
```

把最优解（运输量 VOLUME 的值）写进表 Arcs 中标题为 Volume 的一列中的对应位置，如图 2.10 所示。

Arcs

	Plants	Customers	Cost	Volume
	Plant1	Cust1	6	
	Plant1	Cust2	2	
	Plant1	Cust3	6	
	Plant1	Cust4	7	
	Plant2	Cust1	4	
	Plant2	Cust2	9	
	Plant2	Cust3	5	
	Plant2	Cust4	3	
	Plant3	Cust1	8	
	Plant3	Cust2	8	
	Plant3	Cust3	1	
	Plant3	Cust4	5	
*			0	0

图 2.9　表 Arcs 中的内容

	Plants	Customers	Cost	Volume
	Plant1	Cust1	6	2
	Plant1	Cust2	2	17
	Plant1	Cust3	6	1
	Plant1	Cust4	7	0
	Plant2	Cust1	4	13
	Plant2	Cust2	9	0
	Plant2	Cust3	5	0
	Plant2	Cust4	3	12
	Plant3	Cust1	8	0
	Plant3	Cust2	8	0
	Plant3	Cust3	1	21
	Plant3	Cust4	5	0
*			0	0

图 2.10　求得的 Volume 值

不改变 LINGO 程序而仅仅注册另外的数据源文件，即可换其他数据进行计算，如文件 TRANDB2. mdb，也放在\LINGO\Samples 文件夹中，它内含的数据量大，有 50 个工厂和 200 个客户的同类数据。类似地,用 ODBC 数据源管理器将它以名称 Transportation2 注册为新的数据源,并把例 2.10 程序中的标题改为 Transportation2,然后运行它,就能够用新的数据源重新计算。这体现了程序与数据分开的优点。

2.4.2 @ODBC 函数

1. @ODBC 函数的使用格式

@ODBC 函数只能用在数据段中,LINGO 程序可以通过它从数据源文件读取数据,也可以通过它把计算结果(最优解)写入数据源文件。

利用@ODBC 函数可以从数据文件读取以下两种类型的数据:

(1) 集合的元素。文件中的集合元素必须是文本格式。

(2) 集合属性的具体数值。文件中的属性数据必须是数值格式。

用@ODBC 函数从数据文件读取数据的通用格式为

对象列表=@ODBC('数据源名称','数据表名称','列名1','列名2',…);

注2.5 (1) 对象列表可以包含集合名、属性名,各对象之间用逗号分隔。对象列表至多可以包含一个集合(原始集合或派生集合)名,可以包含一个以上属性名,但是它们必须在同一个集合中定义(如果对象列表中有集合名,则属性就在该集合中定义)。

(2) 数据源名称必须是在 ODBC 数据源管理器中注册过的名称,如果省略数据源名称,则默认名称与模型的标题(TITLE)一致。

(3) 如果省略数据表名称,则默认数据表名称与对象列表中的集合名一致,如果对象列表中没有集合名,则默认数据表名称与对象列表中的属性所对应的集合名一致。

(4) 列名参数指明数据所在列的列名(字段名),如果省略列名参数,LINGO 将根据对象列表中的集合名称或属性名称选择默认列名,对于原始集合,成员列表可以存放在数据表的一列中,每个属性数据也占一列,此时对象列表中的名称即为默认列名。如果对象列表中的集合是派生集合,则其成员存放在数据表的两列中(每一列对应一个原始集合,见图2.9),此时 LINGO 将根据定义派生集合的两个原始集合名确定默认列名。在例 2.10 中派生集合 ARCS 由原始集合 PLANTS 和 CUSTOMERS 所派生,语句

ARCS,COST=@ODBC( );

省略了列名参数,按照确定默认列名的规则,程序运行时将从数据源文件中名称为 ARCS(不区分大小写字符)的表中,列名为 PLANTS 和 CUSTOMERS 的两列得到派生集合 AECS 的成员列表,从列名为 COST 的一列数据得到属性 COST 的值。

(5) 只有在省略列名参数的前提下才可以省略数据表名参数,并且只有在省略数据表名参数和列名参数的前提下才可以省略数据源名称参数。

例 2.11 在目录\LINGO\Samples\ 中有文件名为 PERTODBC.lg4 模型,其中集合定义和数据段中的部分语句为

MODEL:
SETS:
    TASKS:TIME,ES,LS,SLACK;
    PRED(TASKS,TASKS);

ENDSETS
DATA:
　　TASKS = @ODBC('PERTODBC','TASKS','TASKS');
　　PRED = @ODBC('PERTODBC','PRECEDENCE','BEFORE','AFTER');
　　TIME = @ODBC('PERTODBC');
　　@ODBC('PERTODBC','SOLUTION','TASKS','EARLIEST START','LATEST START') = TASKS,
ES,LS;
ENDDATA

该模型定义了原始集合 TASKS 以及它的 4 个属性 TIME,ES,LS,SLACK,定义派生集合 PRED,它的每一维都是 TASKS。

在\LINGO\Samples\文件夹中有数据源文件 PERTODBC.mdb,用控制面板中的 ODBC 数据源管理器将它注册,注册名称为"PERTODBC"。语句

　　TASKS = @ODBC('PERTODBC','TASKS','TASKS');

从名称为 PERTODBC 的数据源中找到名称为 TASKS 的数据表,再找到列名为 TASKS 的一列,该列的 7 个成员即成为集合 TASKS 的成员,如图 2.11(a)所示。

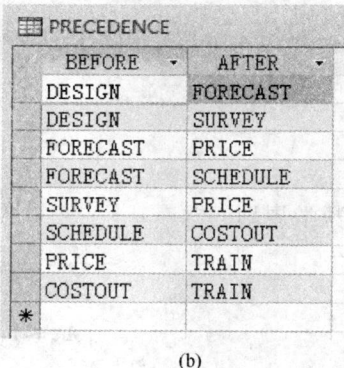

图 2.11　TASKS 和 PRECEDENCE 数据表

语句

　　PRED = @ODBC('PERTODBC','PRECEDENCE','BEFORE','AFTER');

从名称为 PERTODBC 的数据源中找到名称为 PRECEDENCE 的数据表,再找到列名分别为 BEFORE 和 AFTER 的两列,如图 2.11(b)所示,用这两列数据形成派生集合 PRED 的 8 对成员(稀疏集合)。

语句

　　TIME = @ODBC('PERTODBC');

省略了数据表名和列名,TIME 是集合 TASKS 的属性,所以默认数据表名即为 TASKS,默认列名即对象列表的属性名称 TIME。

2. 利用@ODBC 函数把计算结果写入文件

@ODBC 函数既可以从数据源文件读取数据,也可以将集合成员和属性的值导出到数据源文件。在模型的数据段,利用@ODBC 函数可以把计算结果写入文件,使用格式为

@ODBC('数据源名称','数据表名称','列名 1','列名 2',…) = 对象列表;

其中各参数的含义如前所述。

在例 2.11 的数据段有语句

```
@ ODBC ('PERTODBC','SOLUTION','TASKS','EARLIEST START','LATEST START') = TASKS,
ES,LS;
```

该语句将集合 TASKS 的成员以及计算所得到的属性 ES 和 LS 的值分别写进名为 PERTODBC 的数据源文件中的名为 SOLUTION 的数据表中的 3 列,列名分别为 TASKS、EARLIEST START 和 LATEST START,结果如图 2.12 所示。

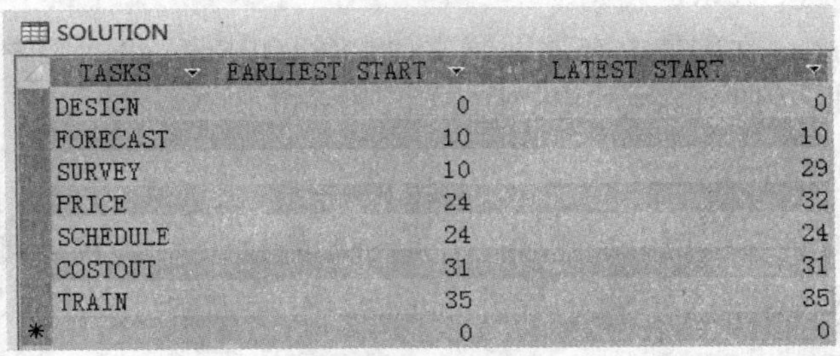
SOLUTION

TASKS	EARLIEST START	LATEST START
DESIGN	0	0
FORECAST	10	10
SURVEY	10	29
PRICE	24	32
SCHEDULE	24	24
COSTOUT	31	31
TRAIN	35	35
*	0	0

图 2.12 表 SOLUTION 中的数据

习 题 2

2.1 求解数学规划问题

$$\max \sum_{i=1}^{200} |x_i|,$$

$$\text{s.t.} \begin{cases} \boldsymbol{Ax} \leqslant 1_{50\times 1}, \\ -1 \leqslant x_i \leqslant 1, \quad i = 1,2,\cdots,200。\end{cases}$$

式中:$\boldsymbol{A} = (a_{ij})_{50\times 200}$,这里 a_{ij} 是服从均值为 5,标准差为 2 的正态分布的随机数;$\boldsymbol{x} = [x_1, x_2, \cdots, x_{200}]^{\mathrm{T}}$,$1_{50\times 1}$ 表示 50 个元素全部为 1 的列向量。

2.2 假设海军要在全国范围内建立装备器材的配送中心,军事物流配送中心备选点有 8 个,有 15 个部队用户。根据以往的历史数据得知运输费率为 0.32 元/(t · km),运输速度为 20km/h,当配送时间在 55.6h 之内时,能够达到部队用户对时效性的要求。每个部队用户由一个配送中心进行供给。试利用表 2.5 和表 2.6 给定的数据,求解如下 3 个问题:

(1) 建立模型,确定最佳选址位置,在满足时效性要求的前提下,使总的成本最小。

(2) 利用文本文件传递数据,利用 LINGO 软件求(1)中所建立的模型。

(3) 利用 Excel 文件传递数据,利用 LINGO 软件求(1)中所建立的模型。

表 2.5 配送中心的固定成本和容量限制

配送中心	1	2	3	4	5	6	7	8
固定成本/万元	2300	2400	2400	3200	2700	3200	2500	2700
容量限制/t	18600	19600	17100	18900	17000	19100	20500	17200

表 2.6 部队用户和配送中心之间的距离和需求量

部队用户	配送中心/km								需求量/t
	1	2	3	4	5	6	7	8	
1	390.6	618.5	553	442	113.1	5.2	1217.7	1011	3000
2	370.8	636	440	401.8	25.6	113.1	1172.4	894.5	3100
3	876.3	1098.6	497.6	779.8	903	1003.3	907.2	40.1	2900
4	745.4	1037	305.9	725.7	445.7	531.4	1376.4	768.1	3100
5	144.5	354.6	624.7	238	290.7	269.4	993.2	974	3100
6	200.2	242	691.5	173.4	560	589.7	661.8	855.7	3400
7	235	205.5	801.5	326.6	477	433.6	966.4	1112	3500
8	517	541.5	338.4	219	249.5	335	937.3	701.8	3200
9	542	321	1104	576	896.8	878.4	728.3	1243	3000
10	665	827	427	523.2	725.2	813.8	692.2	284	3100
11	799	855.1	916.5	709.3	1057	1115.5	300	617	3300
12	852.2	798	1083	714.6	1177.4	1216.8	40.8	898.2	3200
13	602	614	820	517.7	899.6	952.7	272.4	727	3300
14	903	1092.5	612.5	790	932.4	1034.9	777	152.3	2900
15	600.7	710	522	448	726.6	811.6	563	426.8	3100

2.3 美国某 3 种股票(A,B,C)12 年(1943～1954 年)的投资收益率 $R_i(i=1,2,3)$ 如表 2.7 所示。假设你在 1955 年有一笔资金打算投资这 3 种股票,希望年收益率达到 1.15,试给出风险最小的投资方案。

表 2.7 美国 3 种股票 12 年的收益率

年 份	股 票 A	股 票 B	股 票 C
1943	1.3	1.225	1.149
1944	1.103	1.29	1.26
1945	1.216	1.216	1.419
1946	0.954	0.728	0.922
1947	0.929	1.144	1.169
1948	1.056	1.107	0.965
1949	1.038	1.321	1.133
1950	1.089	1.305	1.732
1951	1.09	1.195	1.021
1952	1.083	1.39	1.131
1953	1.035	0.928	1.006
1954	1.176	1.715	1.908

2.4 已知 x,y 的观测数据如表 2.8 所示,求 y 关于 x 的回归方程 $y=ax^b$。

表 2.8 x,y 的观测数据

x	141	152	168	182	195	204	223	254	277
y	23.1	24.2	27.2	27.8	28.7	31.4	32.5	34.8	36.2

第 3 章 数学规划模型

数学规划包括线性规划、整数规划、非线性规划和动态规划,下面先简单介绍各种数学规划的基本概念和数学原理,再给出 LINGO 软件在数学规划中的应用。

3.1 线 性 规 划

线性规划(Linear Programming,LP)是运筹学的一个重要分支。自从 1947 年 G. B. Dantzig 提出求解线性规划的单纯形方法以来,线性规划在理论上趋向成熟,在实际中的应用日益广泛。

3.1.1 线性规划的数学原理

考虑到线性规划问题在实际工程领域的广泛应用,为了研究解决线性规划模型的求解方法,下面先介绍线性规划模型解的一般概念和理论。

1. 线性规划一般模型

线性规划模型的一般形式为

$$\max(\min) z = \sum_{j=1}^{n} c_j x_j, \quad \quad (3.1)$$

$$\text{s.t.} \begin{cases} \sum_{j=1}^{n} a_{ij} x_j \leqslant (\geqslant, =) b_i, & i = 1, 2, \cdots, m, \\ x_j \geqslant 0, & j = 1, 2, \cdots, n_{\circ} \end{cases} \quad (3.2)$$

也可以表示为矩阵形式

$$\max(\min) z = \boldsymbol{c}^{\mathrm{T}} \boldsymbol{x},$$
$$\text{s.t.} \begin{cases} \boldsymbol{A}\boldsymbol{x} \leqslant (\geqslant, =) \boldsymbol{b}, \\ \boldsymbol{x} \geqslant 0_{\circ} \end{cases}$$

向量形式

$$\max(\min) z = \boldsymbol{c}^{\mathrm{T}} \boldsymbol{x},$$
$$\text{s.t.} \begin{cases} \sum_{j=1}^{n} \boldsymbol{p}_j x_j \leqslant (\geqslant, =) \boldsymbol{b}, \\ \boldsymbol{x} \geqslant 0_{\circ} \end{cases}$$

式中:$\boldsymbol{c} = [c_1, c_2, \cdots, c_n]^{\mathrm{T}}$ 为价值向量(或目标向量);$\boldsymbol{x} = [x_1, x_2, \cdots, x_n]^{\mathrm{T}}$ 为决策向量;$\boldsymbol{b} = [b_1, b_2, \cdots, b_m]^{\mathrm{T}}$ 为资源向量;$\boldsymbol{A} = (a_{ij})_{m \times n}$ 为约束方程组的系数矩阵;$\boldsymbol{p}_j = [a_{1j}, a_{2j}, \cdots, a_{mj}]^{\mathrm{T}}$ ($j = 1, 2, \cdots, n$) 为约束方程组的系数向量。

从上面的模型可以看出,线性规划的目标函数可以是最大化问题,也可以是最小化问题;约束条件有的是" $\leqslant$ ",有的是" $\geqslant$ ",也有的是" $=$ "。

在一些实际问题中决策变量可以是非负的,也可以是非正的,甚至可以是无约束(即可以取任何值)。为了便于研究,在此规定线性规划模型的标准型为

$$\max z = \boldsymbol{c}^{\mathrm{T}}\boldsymbol{x}, \tag{3.3}$$

$$\text{s. t.} \begin{cases} \boldsymbol{A}\boldsymbol{x} = \boldsymbol{b}, \\ \boldsymbol{x} \geqslant \boldsymbol{0}. \end{cases} \tag{3.4}$$

非标准型的线性规划模型都可以化为标准型,其方法如下:

(1) 目标函数为最小化问题:因为求 $\min z$ 等价于求 $\max(-z)$,令 $z' = -z$,即化为 $\max z'$。

(2) 约束条件为不等式:对于不等式"$\leqslant$($\geqslant$)"的约束条件,则可在"$\leqslant$($\geqslant$)"的左端加上(或减去)一个非负变量(称为松弛变量)使其变为等式。

(3) 对于非正的决策变量 $x \leqslant 0$,则令 $x' = -x \geqslant 0$,代入模型即可。

(4) 对于无约束的决策变量 $x \in (-\infty, +\infty)$,则令 $x = x' - x''$,使得 $x', x'' \geqslant 0$,代入模型即可。

2. 线性规划解的概念与理论

为了研究解决一般的线性规划问题,首先给出线性规划问题解的概念和相关理论。

(1) 可行解 称满足约束条件(3.4)的解 $\boldsymbol{x} = [x_1, x_2, \cdots, x_n]^{\mathrm{T}}$ 为线性规划问题的可行解;可行解的全体构成的集合称为可行域,记为 D;使目标函数(3.3)达到最大的可行解称为最优解。

(2) 基 设系数矩阵 $\boldsymbol{A} = (a_{ij})_{m \times n}$ 的秩为 m,则称 $\boldsymbol{A}$ 的某个 $m \times m$ 非奇异子矩阵 $\boldsymbol{B}(|\boldsymbol{B}| \neq 0)$ 为线性规划问题的一个基。不妨设 $\boldsymbol{B} = (b_{ij})_{m \times m} = [\boldsymbol{p}_1, \boldsymbol{p}_2, \cdots, \boldsymbol{p}_m]$,则称向量 $\boldsymbol{p}_j = [a_{1j}, a_{2j}, \cdots, a_{mj}]^{\mathrm{T}}(j = 1, 2, \cdots, m)$ 为基向量,其他向量称为非基向量;与基向量对应的决策变量 $x_j(j = 1, 2, \cdots, m)$ 称为基变量,其他变量称为非基变量。

(3) 基解 设线性规划问题的基为 $\boldsymbol{B} = (b_{ij})_{m \times m} = [\boldsymbol{p}_1, \boldsymbol{p}_2, \cdots, \boldsymbol{p}_m]$,将约束方程组变为

$$\sum_{j=1}^{m} \boldsymbol{p}_j x_j = \boldsymbol{b} - \sum_{j=m+1}^{n} \boldsymbol{p}_j x_j, \tag{3.5}$$

在线性方程组(3.5)的解中令 $x_j = 0 (j = m+1, m+2, \cdots, n)$,则称解向量 $\boldsymbol{x} = [x_1, x_2, \cdots, x_m, 0, \cdots, 0]^{\mathrm{T}}$ 为问题的基解。

(4) 基可行解 满足非负约束条件的基解称为基可行解。

(5) 可行基 对应于基可行解的基称为可行基。

在介绍线性规划的几个重要结论之前,先引入凸集和顶点的概念。

假设 K 为 n 维欧几里得空间 E^n 中的点集,如果任意两点 $\boldsymbol{x}^{(1)}, \boldsymbol{x}^{(2)} \in K$ 的连线上的一切点 $\boldsymbol{x} = \lambda \boldsymbol{x}^{(1)} + (1 - \lambda) \boldsymbol{x}^{(2)} \in K (0 \leqslant \lambda \leqslant 1)$,则称 K 为凸集。

设 $\boldsymbol{x}^{(1)}, \boldsymbol{x}^{(2)}, \cdots, \boldsymbol{x}^{(k)}$ 是 n 维欧几里得空间 E^n 中的 k 个点,如果存在 $\lambda_i : 0 \leqslant \lambda_i \leqslant 1 (i = 1, 2, \cdots, k)$,且 $\sum_{i=1}^{k} \lambda_i = 1$,使得

$$\boldsymbol{x} = \lambda_1 \boldsymbol{x}^{(1)} + \lambda_2 \boldsymbol{x}^{(2)} + \cdots + \lambda_k \boldsymbol{x}^{(k)},$$

则称 $\boldsymbol{x}$ 为 $\boldsymbol{x}^{(1)}, \boldsymbol{x}^{(2)}, \cdots, \boldsymbol{x}^{(k)}$ 的凸组合。

对于凸集 K 中的点 $\boldsymbol{x}$,如果 $\boldsymbol{x}$ 不能用相异的两点 $\boldsymbol{x}^{(1)}, \boldsymbol{x}^{(2)} \in K$ 的凸组合表示为

$$\boldsymbol{x} = \lambda \boldsymbol{x}^{(1)} + (1 - \lambda) \boldsymbol{x}^{(2)} \in K (0 < \lambda < 1),$$

则称 $\boldsymbol{x}$ 为凸集 K 的一个顶点(或极点)。

由上述的概念,下面不加证明地给出线性规划的几个重要定理,这是解决线性规划问题的

理论基础。

定理 3.1 如果线性规划问题(3.3)、(3.4)存在可行域 D,则其可行域

$$D = \left\{ x = [x_1, x_2, \cdots, x_n]^T \mid \sum_{j=1}^{n} p_j x_j = b, x_j \geq 0 \right\}$$

一定是凸集。

定理 3.2 线性规划问题(3.3)、(3.4)的任一基可行解 x 必对应于可行域 D 的一个顶点。

定理 3.3 (1)如果线性规划问题(3.3)、(3.4)的可行域有界,则问题的最优解一定在可行域的顶点上达到。

(2)如果线性规划问题(3.3)、(3.4)的可行域无界,则问题可能无最优解;若有最优解,也一定在可行域的某个顶点上达到。

根据线性规划解的概念和理论,要求线性规划问题的最优解,归结为在线性规划问题的可行域中寻求一个使目标函数达到最优值的基可行解,即对应可行域的一个顶点。为此,求解线性规划问题的一般方法归纳如下:

(1) 在可行域中寻求一个基可行解(即对应于可行域的一个顶点)。

(2) 检查该基可行解是否为最优解,如果是,则结束;如果不是,则进行下一步。

(3) 设法再寻求另一个没有检查过的基可行解(即可行域的另一个顶点),返回执行(2)。如此进行下去,直到得到某一个基可行解为最优解为止。

按照上述思路求解线性规划问题的方法称为单纯形法,详细步骤不再赘述。

3. 线性规划的灵敏度分析

在线性规划模型

$$\max z = c^T x,$$
$$\text{s. t.} \begin{cases} Ax = b, \\ x \geq 0 \end{cases}$$

中,总是假设 A, b, c 中元素都是常数,但这些数值许多情况都是由实验或测量得到的,特别是在迭代计算中也都是近似值。在工程实践中,一般 A 表示工艺条件,b 表示资源条件,c 表示市场条件,实际中可能有多种原因引起它们变化。现在的问题是:这些系数在什么范围内变化时,线性规划问题最优解不变?或这些系数发生变化时,最优解和最优值发生怎样的变化?这就是线性规划的灵敏度分析要解决的问题。

1) 市场条件 c 的变化分析

设 c 中的第 k 个元素 c_k 发生变化,即 $c'_k = c_k + \Delta c_k$,其他不变,问题是:当 Δc_k 在什么范围变化时,最优解不变?

2) 资源条件 b 变化的分析

设 b 中的第 k 个元素 b_k 发生变化,即 $b'_k = b_k + \Delta b_k$,其他不变,问题的最优解发生怎样的变化?

3) 工艺条件 A 的变化分析

设 A 的 l 行 k 列元素 a_{lk} 有改变量 Δa_{lk},其他不变,问题的最优解发生怎样的变化?

此处不再赘述上述灵敏度分析的数学原理,LINGO 软件可以直接做线性规划问题的灵敏度分析。

3.1.2 线性规划应用举例

下面给出几个线性规划的应用例子,并用 LINGO 软件求解。

例 3.1 捷运公司在下一年度的 1~4 月的 4 个月内拟租用仓库堆放物资。已知各月份所需仓库面积如表 3.1 所示。仓库租借费用随合同期而定,期限越长,折扣越大,具体数字如表 3.2 所示。租借仓库的合同每月初都可办理,每份合同具体规定租用面积和期限。因此该公司可根据需要,在任何一个月初办理租借合同。每次办理时可签一份合同,也可签若干份租用面积和租借期限不同的合同,试确定该公司签订租借合同的最优决策,目的是使所付租借费用最小。

表 3.1 各月份所需仓库面积数据(100m^2)

月 份	1	2	3	4
所需仓库面积	15	10	20	12

表 3.2 合同期的租费数据(元/100m^2)

合同租借期限	1 个月	2 个月	3 个月	4 个月
合同期内的租费	2800	4500	6000	7300

解 设变量 x_{ij} 表示捷运公司在第 $i(i=1,\cdots,4)$ 个月初签订的租借期为 $j(j=1,\cdots,4)$ 个月合同的仓库面积(单位为 100m^2)。因 5 月份起该公司不需要租借仓库,故 $x_{24},x_{33},x_{34},x_{42},x_{43},x_{44}$ 均为零。该公司希望总的租借费用为最小,故有如下线性规划模型:

$$\min z = 2800(x_{11}+x_{21}+x_{31}+x_{41})+4500(x_{12}+x_{22}+x_{32})+6000(x_{13}+x_{23})+7300x_{14},$$

$$\text{s.t.} \begin{cases} x_{11}+x_{12}+x_{13}+x_{14} \geq 15, \\ x_{12}+x_{13}+x_{14}+x_{21}+x_{22}+x_{23} \geq 10, \\ x_{13}+x_{14}+x_{22}+x_{23}+x_{31}+x_{32} \geq 20, \\ x_{14}+x_{23}+x_{32}+x_{41} \geq 12, \\ x_{ij} \geq 0, \quad i=1,\cdots,4; j=1,\cdots,4。 \end{cases}$$

这个模型中的约束条件分别表示当月初签订的租借合同的面积加上该月前签订的未到期合同的租借面积总和,应不少于该月所需的仓库面积。

利用 LINGO 软件,求得最优解为 $x_{11}=3, x_{31}=8, x_{14}=12$,其他决策变量取值均为零,最优值 $z^*=118400$。

计算的 Lingo 程序如下:

```
model:
sets:
num/1..4/;
link(num,num):x;
endsets
min=2800*(x(1,1)+x(2,1)+x(3,1)+x(4,1))+4500*(x(1,2)+x(2,2)+x(3,2))+6000*
(x(1,3)+x(2,3))+7300*x(1,4);
x(1,1)+x(1,2)+x(1,3)+x(1,4)>15;
x(1,2)+x(1,3)+x(1,4)+x(2,1)+x(2,2)+x(2,3)>10;
```

```
x(1,3) + x(1,4) + x(2,2) + x(2,3) + x(3,1) + x(3,2) > 20;
x(1,4) + x(2,3) + x(3,2) + x(4,1) > 12;
end
```

也可以编写如下数据单独列出的 LINGO 程序:

```
model:
sets:
num/1..4/:c,d;
link(num,num):x;
endsets
data:
d = 15 10 20 12;
c = 2800 4500 6000 7300;
enddata
min = @sum(link(i,j)|i#le#5-j:c(j)*x(i,j));
@for(num(k):@sum(link(i,j)|i#le#k #and# j#ge#k+1-i#and#j#le#5-i:x(i,j)) > d(k));
end
```

例 3.2 (一维下料问题) 现要做 100 套钢架,每套用长为 2.9m,2.1m 和 1.5m 的圆钢各一根。已知原料长 7.4m,问应如何下料,才能使原材料最省。

(1) 问题的分析。最简单的做法是,在每一根原材料上截取 2.9m,2.1m 和 1.5m 的圆钢各一根组成一套,每根原材料剩下料头 0.9m。为了做 100 套钢架,需用原材料 100 根,有 90m 料头。若改为套裁,可能节省原料,可行的套裁方案是剩余的料头少于等于 0.9m,可以用枚举法列举出所有可行的套裁方案,可行的套裁方案如表 3.3 所示。

表 3.3 几种可能的套裁方案

	A	B	C	D	E	F
2.9	1	2	0	1	0	1
2.1	0	0	2	2	1	1
1.5	3	1	2	0	3	1
合计	7.4	7.3	7.2	7.1	6.6	6.5
料头	0	0.1	0.2	0.3	0.8	0.9

枚举时,要求剩余的料头长度不超过 0.9m,即原材料的有效利用长度不少于 6.5m,枚举套裁方案的 LINGO 程序如下:

```
model:
sets:
numi/1..3/;  !一根原材料裁 2.9m 的圆钢最多为 2 根,LINGO 下标从 1 开始;
numj/1..4/;  !一根原材料裁 2.1m 的圆钢最多为 3 根;
numk/1..5/;  !一根原材料裁 1.4m 的圆钢最多为 4 根;
endsets
calc:
n = 0;
```

```
@for(numi(i):@for(numj(j):@for(numk(k):
long=2.9*(i-1)+2.1*(j-1)+1.5*(k-1);!计算有效使用长度;
@ifc(long#ge#6.5 #and# long#le#7.4:n=n+1;
@write('第',n,'种可行套裁方案:i,j,k的取值分别为',i-1,3*' ',j-1,3*' ',k-1,3*' ','余料长度
=',@format(7.4-long,'3.1f'),@newline(1))))));
endcalc
end
```

上述 LINGO 程序的运行结果显示如下：

第 1 种可行套裁方案:i,j,k 的取值分别为 0　　1　　3　　余料长度 =0.8
第 2 种可行套裁方案:i,j,k 的取值分别为 0　　2　　2　　余料长度 =0.2
第 3 种可行套裁方案:i,j,k 的取值分别为 1　　0　　3　　余料长度 =0.0
第 4 种可行套裁方案:i,j,k 的取值分别为 1　　1　　1　　余料长度 =0.9
第 5 种可行套裁方案:i,j,k 的取值分别为 1　　2　　0　　余料长度 =0.3
第 6 种可行套裁方案:i,j,k 的取值分别为 2　　0　　1　　余料长度 =0.1

（2）模型的建立与求解。实际中，为了保证完成这 100 套钢架，使所用原材料最省，可以混合使用各种下料方案。

设按方案 A,B,C,D,E,F 下料的原材料根数分别为 $x_i(i=1,\cdots,6)$，根据表 3.3 的数据建立如下的线性规划模型：

$$\min \sum_{i=1}^{7} x_i,$$

$$\text{s.t.} \begin{cases} x_1+2x_2+x_4+x_6 \geqslant 100, \\ 2x_3+2x_4+x_5+x_6 \geqslant 100, \\ 3x_1+x_2+2x_3+3x_5+x_6 \geqslant 100, \\ x_i \geqslant 0, \quad i=1,2,\cdots,6。 \end{cases}$$

利用 LINGO 软件求得问题的最优解为 $x_1=30, x_2=10, x_4=50$，最优值为 $z=90$，即按方案 A 下料 30 根，方案 B 下料 10 根，方案 D 下料 50 根，共需原材料 90 根就可以制作完成 100 套钢架。

计算的 LINGO 程序如下：

```
model:
sets:
row/1..3/:b;
col/1..6/:x;
links(row,col):a;
endsets
data:
a=
```

1	2	0	1	0	1
0	0	2	2	1	1
3	1	2	0	3	1

```
enddata
min = @sum(col(j):x(j));
@for(row(i):@sum(col(j):a(i,j)*x(j)) >100);
end
```

上述裁剪问题的最优解不唯一,计算其他最优解的 LINGO 程序如下:

```
model:
data:
K = 3;!K 的取值可以试着调整;
enddata
sets:
row/1..3/:b;
col/1..6/:x;
link1(row,col):a;
cut/1..K/;!割的个数为 K;
link2(cut,col):cof;!割的系数,取值为 1 或 0;
endsets
data:
a = 1  2  0  1  0  1
    0  0  2  2  1  1
    3  1  2  0  3  1;
enddata
submodel caijian:
[obj]min = @sum(col(j):x(j));
@for(row(i):@sum(col(j):a(i,j)*x(j)) >100);
@for(cut(i)|i#lt#ksofar:@sum(col(j):cof(i,j)*x(j)) < =89);!割的条件,去掉已求得的最优解;
@for(col(j):@gin(x(j)));   !加上 x 为整型变量的约束;
endsubmodel
calc:
@set('terseo', 2);!自定义格式的屏幕数据显示方式;
@for(cut(n):ksofar = n;@solve(caijian);
@write(n,4*' ',@format(obj,'3.0f'),':');
@writefor(col(j):4*' ',x(j));@write(@newline(1));
@for(col(j):@ifc(x(j)#ge#1:cof(n,j) = 1;@else cof(n,j) =0)));
endcalc
end
```

下面通过一个案例分析,说明影子价格的含义及其在解决实际问题时的应用。

例3.3 某公司生产 3 种产品 A_1, A_2, A_3,它们在两种设备 B_1, B_2 上加工,并耗用两种原材料 C_1, C_2。已知生产单位产品耗用的工时和原材料以及设备和材料的最多使用量如表 3.4 所示。

表3.4　产品消耗资源表

资源	产品			最多可使用量
	A_1	A_2	A_3	
设备 B_1/min	1	2	3	430
设备 B_2/min	3	0	2	460
原材料 C_1/kg	1	4	0	420
原材料 C_2/kg	1	1	1	300
每件利润/元	30	20	50	

已知对产品 A_2 的需求每天不低于85件，A_3 不超过240件。经理会议讨论如何增加公司收入，提出如下建议，分别讨论各条建议的可行性。

（1）A_3 产品提价，使每件利润增至60元，但市场销量将降为每天不超过210件。

（2）原材料 C_2 是限制产量增加的因素，要高价从其他供应商多进货。

（3）设备 B_1 每天可增加40min的使用时间，但相应需支付额外费用350元。

（4）产品 A_2 的需求量增加到每天100件。

（5）产品 A_1 在设备 B_2 上的加工时间可缩短至每件2min，但每天需额外支出40元。

解　设 x_1, x_2, x_3 分别为三种产品每天的产量，首先建立如下的线性规划模型：

$$\max z = 30x_1 + 20x_2 + 50x_3,$$

$$\text{s. t.} \begin{cases} x_1 + 2x_2 + 3x_3 \leqslant 430, \\ 3x_1 + 2x_3 \leqslant 460, \\ x_1 + 4x_2 \leqslant 420, \\ x_1 + x_2 + x_3 \leqslant 300, \\ x_1 \geqslant 0, x_2 \geqslant 85, \\ 0 \leqslant x_3 \leqslant 240. \end{cases}$$

计算的 LINGO 程序如下：

```
model:
sets:
row/1..4/:b;      !b 为不等式约束的右端向量;
col/1..3/:c,x;    !c 为目标向量,x 为决策向量;
links(row,col):a;
endsets
data:
c=30,20,50;
b=430,460,420,300;
a=1,2,3,3,0,2,1,4,0,1,1,1;
enddata
max=@sum(col(j):c(j)*x(j));
@for(row(i):@sum(col(j):a(i,j)*x(j))<b(i));   !四种资源约束条件;
x(2)>85; x(3)<240;
end
```

运行上述 LINGO 程序,求解结果如图 3.1 所示。由图 3.1 可知最优解为 $x_1=80, x_2=85$, $x_3=60$,最优值为 $z=7100$。"Reduced Cost"列出了最优单纯形表中各变量的检验数,本例中的 3 个决策变量都是基变量,因此相应的检验数,即 Reduced Cost 值都为零。Row 1 表示目标函数,所以从第 2 行开始对应约束条件,若松弛变量(Slack or Surplus)为零,则表示该约束条件为紧约束,否则,为松约束。

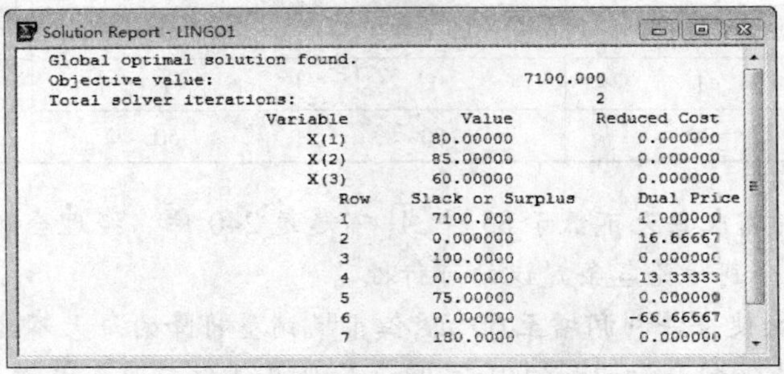

图 3.1 求解模型输出结果

求解模型后,可对模型进行详尽的灵敏度分析,需要进行相关的设置,依次选择菜单 LINGO→Options…General Solver→Dual Computations→Prices & Range。重新运行 LINGO 程序后,关闭输出界面;然后再打开菜单 LINGO→Range,得到的灵敏度分析的结果如图 3.2 所示。

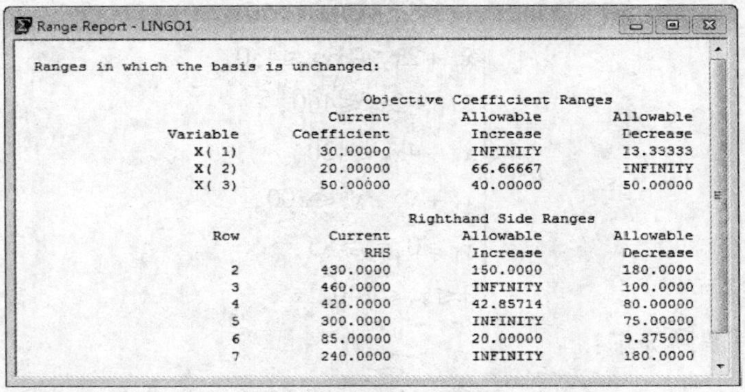

图 3.2 灵敏度分析结果

结合图 3.1 和图 3.2 的结果,就可以分析题目中所给的 5 个建议是否可行。具体分析如下。

(1) 参看图 3.2,在最优基不变的情况下,x_3 的系数的取值范围为 $[50-50, 50+40]$,因此,当 A_3 的价格提高为 60 元时,最优基不变,最优解也不会发生变化,但最优值变为 $30\times80+20\times85+60\times60=7700$。市场销量每天降为 210 件,即第六个约束改为 $x_3\leq210$,当利润最大时,A_3 应生产 60 件,该约束为松约束,不会对最优解产生影响,因此该建议是可行的。

(2) 该问题可以利用影子价格的概念来回答,资源 C_2 对应的约束条件为松约束,松弛变量的值为 75,影子价格的值为 0,表示对应约束中不等式右端的微小扰动不影响目标函数。因此该建议是错误的,不应采纳该建议。

(3) 该问题也可以利用影子价格的概念来回答,资源 B_1 对应的约束条件为紧约束,影子价格的值为 16.66667,所以 z 的最终改变量 $\Delta z=16.66667\times40-350>0$。

可见采纳该建议后,公司的利润会增加,因此应采纳该建议。

(4) 产品 A_2 的需求量增加到每天 100 件即约束 5 的右端项变为 100,观察约束 5 右端项的变化范围为 [75.625, 105],刚好在这个范围之内,因此,最优基不变,但最优解发生变化,资源 A_2 的影子价格为 -16.66667,最优值的改变量 $\Delta z = -66.66667 \times 15 = -1000$,利润有所下降,所以该建议不予采纳。

(5) 这个问题实际上是约束条件 2 中的第一个系数发生变化,即约束系数矩阵中元素 $a(2,1)$ 由 3 变为 2,可以利用 LINGO 软件再求一次最优解,可以看出最优解没有变化,但该建议付出的代价是每天要支出 40 元,从而使得利润下降,因此该建议不予采纳。

3.2 整数规划

如果一个数学规划的某些决策变量或全部决策变量要求取整数,则这样的规划问题称为整数规划问题,相应的数学模型称为整数规划模型。在整数规划中,如果所有的决策变量都要求为非负整数,则称为纯整数规划;否则称为混合整数规划。如果整数规划的目标函数和约束条件都是线性的,则称此问题为整数线性规划问题。

3.2.1 整数规划的模型与求解方法

整数规划模型的一般形式为

$$\begin{cases} \max(\min) z = \sum_{j=1}^{n} c_j x_j, \\ \text{s.t.} \begin{cases} \sum_{j=1}^{n} a_{ij} x_j \leqslant (\geqslant, =) b_i, & i = 1, 2, \cdots, m, \\ x_j \geqslant 0, \quad \text{且 } x_j \text{ 为整数}, \quad j = 1, 2, \cdots, n_{\circ} \end{cases} \end{cases} \quad (3.6)$$

对于实际中的某些整数规划问题,可以设想先略去决策变量整数约束的条件,即变为一个线性规划问题,利用单纯形法求解,然后对其最优解进行取整处理,这种方法虽不可取,但实际上,可借鉴这种思想来分析解决整数规划的求解问题。

整数规划求解方法的基本思想 松弛模型(3.6)中决策变量为整数的约束条件(即去掉整数约束),使之构成易于求解的新问题——松弛问题(A),即为一个线性规划模型:

$$(A) \begin{cases} \max(\min) z = \sum_{j=1}^{n} c_j x_j, \\ \text{s.t.} \begin{cases} \sum_{j=1}^{n} a_{ij} x_j \leqslant (\geqslant, =) b_i, & i = 1, 2, \cdots, m, \\ x_j \geqslant 0, \quad j = 1, 2, \cdots, n_{\circ} \end{cases} \end{cases} \quad (3.7)$$

如果线性规划问题(A)的最优解是原问题(3.6)的可行解,则其解就是原问题(3.6)的最优解;否则,在不改变松弛问题(A)整数解可行域的条件下,修正松弛问题(A)的可行域(如增加新的约束,不同的增加约束的方法,对应不同的解法),则可变成新的问题(B),再求问题(B)的解,重复这一过程直到修正问题的最优解在原问题(3.6)的可行域内为止,即得到了原问题(3.6)的最优解。

注 3.1 如果每个松弛问题的最优解不是原问题(3.6)的可行解,则这个解对应的目标函数值 z

一定是原问题(3.6)最优值z^*的上界(最大化问题),即$z^* \leq \bar{z}$;或下界(最小化问题),即$z^* \geq \underline{z}$。

下面简单介绍常用的分枝定界法。

1. 分枝定界法的基本思想

将原问题(3.6)中整数约束去掉变为线性规划问题(A),求出问题(A)的最优解。如果其解不是原问题(3.6)的可行解,则通过附加线性不等式约束,将问题(A)分枝变为若干子问题$(A_i)(i=1,2,\cdots,I)$,即对每一个非整变量附加两个相互排斥的整型约束,就可得到两个子问题,继续求解子问题的解,并定界,重复下去,直到得到子问题的解为原问题(3.6)的可行解,即最优解为止。

2. 分支定界法的步骤

(1) 将原整数规划问题(3.6)去掉所有决策变量的整数约束变为线性规划问题(A),用线性规划的方法求解问题(A),则有:

问题(A)无可行解,则原问题(3.6)也无可行解,停止计算;

问题(A)有最优解x^*,并是原问题(3.6)的可行解,则此解就是问题(3.6)的最优解,计算结束;

问题(A)有最优解x^*,但不是原问题(3.6)的可行解,转下一步。

(2) 将x^*代入目标函数,其值记为$\bar{z}$,并用观察法找出原问题(3.6)的任一个可行解(整数解,开始不妨可取$x_j = 0(j=1,2,\cdots,n)$),求得目标函数值(即最优解的下界),记为$\underline{z}$,问题(3.6)的最优值记为z^*,即有$\underline{z} \leq z^* \leq \bar{z}$,转下一步。

(3) 分枝与定界。

分枝 在问题(A)的最优解中任选一个不满足整数约束的变量$x_j = b_j$(非整数),附加两个整数不等式约束

$$x_j \leq [b_j] \quad \text{或} \quad x_j \geq [b_j] + 1,$$

分别加入到问题(A)中,构成两个新的子问题(A_1)和(A_2),仍不考虑整数约束,求子问题(A_1)和(A_2)的解。这里$[b_j]$表示不超过b_j的最大整数。

定界 在各子问题的求解结果中,找出最优值的最大者为新的上界$\bar{z}$,从所有符合整数约束条件的子问题的解中,找出使目标函数值最大的一个为新下界$\underline{z}$。

(4) 比较与剪枝。将各分枝问题的最优值与下界值$\underline{z}$进行比较,如果其值小于$\underline{z}$,则这个分枝可以剪掉,以后不再考虑。如果其值大于$\underline{z}$,且又不是原问题(3.6)的可行解,则返回步骤(3),继续分枝。直到最后得到子问题的最优解使$z^* = \underline{z} = \bar{z}$,即相应的解$x_j^*(j=1,2,\cdots,n)$为原问题的最优解。

3.2.2 0-1规划的模型与求解方法

如果整数规划问题中的所有决策变量$x_i(i=1,2,\cdots,n)$仅限于取0或1两个值,则称此问题为0-1整数规划,简称为0-1规划。其变量$x_i(i=1,2,\cdots,n)$称为0-1变量,或二进制变量。相应的决策变量取值的约束变为$x_i = 0$或1,等价于$x_i \geq 0$和$x_i \leq 1$,且为整数。

如果整数规划问题中的一部分决策变量为0-1变量,则称为0-1混合整数规划。0-1规划可以是线性的,也可以是非线性的,0-1线性规划的一般模型为

$$\max(\min) z = \sum_{j=1}^{n} c_j x_j,$$

$$\text{s.t.} \begin{cases} \sum_{j=1}^{n} a_{ij}x_j \leq (\geq, =) b_i, & i = 1,2,\cdots,m, \\ x_j = 0 \text{ 或 } 1, & j = 1,2,\cdots,n. \end{cases}$$

例3.4 （指派问题）某单位现有 n 项任务，需要 n 个人去完成。由于任务的性质和每个人的专长不同，每个人完成各项任务的费用如表3.5所示。如果指派每个人仅能完成一项任务，每项任务仅要一个人去完成，那么请给出最优的分派方案，使得该单位完成这 n 项任务的总费用最小。

表3.5 指派问题的人员完成各项任务的费用

人员＼项目	1	2	⋯	n
1	c_{11}	c_{12}	⋯	c_{1n}
2	c_{21}	c_{22}	⋯	c_{2n}
⋮	⋮	⋮		⋮
n	c_{n1}	c_{n2}	⋯	c_{nn}

解 事实上这是一个典型的标准指派问题。

设指派问题的费用矩阵为 $(c_{ij})_{n \times n}$，其元素 c_{ij} 表示指派第 i 个人去完成第 j 项任务时的费用（$c_{ij} \geq 0$）。设问题的决策变量为 x_{ij}，它们是 0-1 变量，即

$$x_{ij} = \begin{cases} 1, & \text{当指派第 } i \text{ 个人去完成第 } j \text{ 项任务时}, \\ 0, & \text{当不指派第 } i \text{ 个人去完成第 } j \text{ 项任务时}. \end{cases}$$

问题的目标函数为完成 n 项任务的总费用 $z = \sum_{i=1}^{n}\sum_{j=1}^{n} c_{ij}x_{ij}$ 最小化，约束条件包括每项任务都要有人去完成的约束 $\sum_{i=1}^{n} x_{ij} = 1 (j = 1,2,\cdots,n)$ 和每个人都要完成一项任务的约束 $\sum_{j=1}^{n} x_{ij} = 1 (i = 1,2,\cdots,n)$。于是问题的数学模型为

$$\min z = \sum_{i=1}^{n}\sum_{j=1}^{n} c_{ij}x_{ij}, \tag{3.8}$$

$$\text{s.t.} \begin{cases} \sum_{i=1}^{n} x_{ij} = 1, & j = 1,2,\cdots,n, \\ \sum_{j=1}^{n} x_{ij} = 1, & i = 1,2,\cdots,n, \\ x_{ij} = 0 \text{ 或 } 1, & i,j = 1,2,\cdots,n. \end{cases} \tag{3.9}$$

由于 0-1 规划模型的特殊性，其求解也有相应的特殊处理方法。

1. 0-1规划的枚举法

显枚举法（又称穷举法）将所有变量的可能组合情况（共 2^n 种组合）列举出来进行比较，找到所需要的最优解。

隐枚举法从实际问题出发，在所有变量的可能组合中，利用一定的过滤条件排除一些不可能是最优解的情况，只需考查其中一部分可能的组合，通过直接检验得到最优解。因此，隐枚举法又称为部分枚举法。

2. 指派问题的匈牙利方法

指派问题常用的求解方法为匈牙利方法。

匈牙利方法的基本思想 因为每一个指派问题都有一个相应的费用矩阵$(c_{ij})_{n \times n}$,通过初等变换修改费用矩阵的行或列,使得在每一行和每一列中至少有一个零元素,直到在不同行、不同列中有 n 个零元素为止,从而得到与这些零元素相对应的一个完全指派方案,这个方案对原问题而言就是一个最优的指派方案。先给出下面的定理。

定理 3.4 （指派问题的最优性）如果对费用矩阵$(c_{ij})_{n \times n}$的第 i 行、第 j 列中的每个元素分别减去一个常数 a、b 得到新的矩阵$(b_{ij})_{n \times n}$和相应的目标函数,则以$(b_{ij})_{n \times n}$为新的费用矩阵和新的目标函数与原矩阵$(c_{ij})_{n \times n}$和原目标函数求得的最优解相同,最优值只差一个常数。

证明 只要证明新目标函数和原目标函数值相差一个常数即可。

事实上,新目标函数为

$$z' = \sum_{i=1}^{n}\sum_{j=1}^{n} b_{ij}x_{ij} = \sum_{i=1}^{n}\sum_{j=1}^{n} c_{ij}x_{ij} - a\sum_{j=1}^{n} x_{ij} - b\sum_{i=1}^{n} x_{ij}$$

$$= \sum_{i=1}^{n}\sum_{j=1}^{n} c_{ij}x_{ij} - (a+b) = z - (a+b)。$$

故二者相差一个常数 $a+b$,最优解相同。

定义 3.1 在费用矩阵 C 中,有一组处在不同行不同列的零元素,称为独立零元素组,此时其中每个元素称为独立零元素。

定义 3.2 称矩阵

$$X = \begin{bmatrix} x_{11} & \cdots & x_{1n} \\ \vdots & \ddots & \vdots \\ x_{n1} & \cdots & x_{nn} \end{bmatrix}$$

为决策变量矩阵。

若费用矩阵中有 n 个独立的零元素,对费用矩阵 C 中出现独立零元素组的位置,在决策变量矩阵 X 中令相应的 $x_{ij}=1$,其余的 $x_{ij}=0$,就是指派问题的一个最优解。

匈牙利方法的基本步骤。 根据指派问题的最优性定理,"若从费用矩阵 $C = (c_{ij})_{n \times n}$的一行（列）各元素分别减去该行（列）的最小元素,得到新矩阵 $D = (d_{ij})_{n \times n}$,那么以 D 为费用矩阵所对应问题的最优解与原问题的最优解相同"。此时求最优解的问题可转化为求费用矩阵的最大独立零元素组的问题。

步骤 1 对费用矩阵 C 进行变换,使每行每列都出现零元素。

（1）从费用矩阵 C 中每一行减去该行的最小元素。

（2）再在所得矩阵中每一列减去该列的最小元素,所得矩阵记为 D。

步骤 2 用打"＊"法求出新矩阵 D 中独立零元素。

（1）进行行检验。对 D 进行逐行检查,若每行只有一个未标记的零元素时,将该零元素打上记号"＊",然后将该零元素所在列的其他未标记的零元素用记号×划去。

（2）进行列检验。与进行行检验相似,对进行了行检验的矩阵逐列进行检查,对每列只有一个未被标记的零元素,将该零元素打上记号"＊",然后将该元素所在行的其他未被标记的零元素打"×"。

重复上述行（列）检验,直到每一行（列）都没有未被标记的零元素或至少有两个未被标记的零元素时为止。

这时可能出现下述三种情形:

① 每一行均有打上"*"号的零元素。
② 存在未被标记过的零元素,但它们所在的行和列中,未标记过的零元素均至少有两个。
③ 不存在未被标记过的零元素,但打"*"的零元素的个数 $m < n$。

若情况①出现,则可进行指派:令打"*"位置的决策变量取值为 1,其他决策变量取值均为零,得到一个最优指派方案。

若情况②出现,则再对每行、每列中至少有两个未被标记过的零元素试着任选一个,加上标记"*"。给同列、同行的其他未被标记的零元素加标记×,然后再进行行检验、列检验。

若情况③出现,则要转入下一步。

步骤 3 作最少直线覆盖当前所有零元素。

(1) 对未选出零元素的行打"√"。
(2) 对√行中零元素所在列打"√"。
(3) 对√列中选中的零元素所在行打"√"。
(4) 重复(2)、(3),直到无法再打"√"为止。
(5) 用直线划没有打"√"的行与打"√"的列,可得到能够覆盖住矩阵中所有零元素的最少条数的直线集合。

步骤 4 对费用矩阵作进一步变换,以增加零元素。

在未被直线覆盖过的元素中找出最小元素,将打"√"行元素减去此数,打"√"列元素加上此数,则原先选中的零元素不变,而未覆盖元素中至少有一个已转变为零,且新矩阵的指派问题与原问题也等价。

步骤 5 对已增加了零元素的矩阵,再用打"*"法找出独立零元素组,若打"*"零元素的个数 $m = n$,算法终止,否则转步骤 3。

注 3.2 上面的算法是针对标准指派问题,即目标函数最小化、人员个数和工作个数相等情形下给出的。如果是非标准的指派问题,用匈牙利算法求解之前需要把原指派问题化成标准的指派问题。

(1) 最大化指派问题。设最大化指派问题的系数矩阵 $C = (c_{ij})_{n \times n}$,即求

$$\max z = \sum_{i=1}^{n} \sum_{j=1}^{n} c_{ij} x_{ij}。$$

设矩阵 C 中的最大元素为 M,令矩阵 $B = (b_{ij})_{n \times n} = (M - c_{ij})_{n \times n}$,则以 B 为系数矩阵的最小化指派问题和以 C 为系数矩阵的原最大化指派问题有相同最优解。

(2) 人数和工作数不等的指派问题。若人少工作多,则添上一些虚拟的"人",这些虚拟的"人"做各工作的费用系数可取 0,理解为这些费用实际上不会发生。若人多工作少,则添上一些虚拟的"工作",这些虚拟的"工作"被各人做的费用系数同样也取 0。

(3) 一个人可做几件工作的指派问题。若某个人可做几件工作,则可将该人化作相同的几个"人"来接受指派。这几个"人"做同一件工作的费用系数当然都一样。

(4) 某工作一定不能由某人做的指派问题。若某工作一定不能由某个人做,则可将相应的费用系数取作足够大的数 M。

注 3.3 如果用 LINGO 软件求解非标准的指派问题,只需建立 0-1 整数规划模型,直接求解就可以了,没有必要化成标准的指派问题。

3.2.3 整数规划应用举例

例 3.5 （连续值班安排问题）设某部队为了完成某项特殊任务,需要每天昼夜 24 小时不间断值守多个岗位,但每天不同的时段所需要的人数不同,具体情况如表 3.6 所示。如果值班人员分别在各时段开始时上班,并需要连续工作 8h,现在的问题是该部队要保证完成这项任务至少需要配备多少名值班人员？

表 3.6 各班次的值班时间段和人数

班 次	时 间 段	需要人数
1	6:00 ~ 10:00	60
2	10:00 ~ 14:00	70
3	14:00 ~ 18:00	60
4	18:00 ~ 22:00	50
5	22:00 ~ 2:00	20
6	2:00 ~ 6:00	30

解 根据问题的要求,将一天 24h 分为 6 个时段,每个时段需要的人员数不同,但每个人都要求连续工作 8h,即两个时段。由于各时段需要的人数不同,所以每个时段都可能有人连续工作,也可能有人换班。因此,这就出现一个每个时段要有多少人换班的问题,即总共最少需要多少不同的人来完成这项连续值班任务。

为了建立这个人员优化安排的模型,不妨用 $x_i(i=1,2,\cdots,6)$ 分别表示第 i 个班次开始上班的人数,每个人都要连续值班 8h。

根据问题的要求,问题的优化目标是每天所需要的总人数 $z = \sum_{i=1}^{6} x_i$ 为最小,约束条件为每个时段所需要的人数约束。于是,问题归结为如下的整数线性规划模型：

$$\min z = \sum_{i=1}^{6} x_i,$$

$$\text{s.t.} \begin{cases} x_6 + x_1 \geq 60, \\ x_1 + x_2 \geq 70, \\ x_2 + x_3 \geq 60, \\ x_3 + x_4 \geq 50, \\ x_4 + x_5 \geq 20, \\ x_5 + x_6 \geq 30, \\ x_i \geq 0, \quad \text{且为整数}, \quad i=1,2,\cdots,6。 \end{cases}$$

利用 LINGO 软件,求得最优解为

$$x_1 = 60, x_2 = 10, x_3 = 50, x_4 = 0, x_5 = 30, x_6 = 0。$$

即各时段值班的人数安排如下：第一时段开始上班 60 人；第二时段开始上班 10 人；第三时段开始上班 50 人；第四时段无需新开始上班的人；第五时段开始上班 30 人；第六时段也无需新人上班。共计需要 150 人。

计算的 LINGO 程序如下：

model:

```
sets:
num/1..6/:x;
endsets
min = @sum(num(i):x(i));
x(6)+x(1)>60;   x(1)+x(2)>70;
x(2)+x(3)>60;   x(3)+x(4)>50;
x(4)+x(5)>20;   x(5)+x(6)>30;
@for(num(i):@gin(x(i)));
end
```

如果使用第1章介绍的 LINGO 函数@wrap,则可写出如下简洁的 LINGO 程序:

```
model:
sets:
num/1..6/:a,x;
endsets
data:
a=60,70,60,50,20,30;
enddata
min = @sum(num(i):x(i));
@for(num(i):x(@wrap(i-1,6))+x(i)>=a(i));
@for(num:@gin(x));
end
```

例 3.6 (兼职值班员问题) 某学校专业实验室准备聘请 4 名兼职值班员(代号为 1,2,3,4) 和 2 名兼职带班员(代号为 5,6)。已知每人从周一到周日每天最多可以安排的值班时间及每人每小时值班的报酬如表 3.7 所示。

表 3.7 每人每天可值班的时间和报酬

值班员代号	报酬/(元·h^{-1})	每人每天可值班的时间和报酬						
		周一	周二	周三	周四	周五	周六	周日
1	10	6	0	6	0	7	12	0
2	10	0	6	0	6	0	0	12
3	9	4	8	3	0	5	12	12
4	9	5	5	6	0	4	0	12
5	15	3	0	4	8	0	12	0
6	16	0	0	6	3	0	0	12

该实验室每天需要值班的时间为上午 8:00 至晚上 10:00,值班时间内须有且仅有一名值班员值班。要求兼职值班员每周值班不少于 10h,兼职带班员每周值班不少于 8h,每名值班员每周值班不超过 5 次,每次值班不少于 2h,每天安排值班的值班员不超过 3 人,且其中必须有一名兼职带班员值班。试为该实验室安排一张人员值班表,使总支付的报酬为最小。

解 根据问题要求,该实验室共需要聘用 6 名兼职人员,包括 4 名兼职值班员和两名兼职带班员。根据每名兼职人员可能的上班时间和付酬数额,需要给出一个 6 名值班员的值班时间安排表,以总报酬金额最少为目标函数。为此用 x_{ij} 表示值班员 i 在周 j 的值班时间,并设

$$y_{ij} = \begin{cases} 1, & \text{当安排值班员 } i \text{ 在周 } j \text{ 值班时}, \\ 0, & \text{否则}, \end{cases} \quad i=1,2,\cdots,6; j=1,2,\cdots,7,$$

用 a_{ij} 表示值班员 i 在周 j 最多可值班的值班时间要求,用 c_i 表示值班员 i 每小时的报酬,其中 $i=1,2,\cdots,6;j=1,2,\cdots,7$。

根据问题的条件要求,一个合理兼职人员值班安排表,能够使得问题的目标函数(实验室的总报酬)$z=\sum_{i=1}^{6}\sum_{j=1}^{7}c_i x_{ij}$ 最小化。

约束条件包括如下的 5 类:

(1) 每天值班时间 14h,值班时间内须有且仅有一名值班员值班:
$$\sum_{i=1}^{6} x_{ij} = 14, \quad j=1,2,\cdots,7。$$

(2) 兼职值班员每周值班不少于 10h,兼职带班员每周值班不少于 8h:
$$\sum_{j=1}^{7} x_{ij} \geq 10, \quad i=1,2,3,4,$$
$$\sum_{j=1}^{7} x_{ij} \geq 8, \quad i=5,6。$$

(3) 每名值班员每周值班不超过 5 次,每次值班不少于 2h:
$$\sum_{j=1}^{7} y_{ij} \leq 5, \quad i=1,2,\cdots,6,$$
$$2y_{ij} \leq x_{ij} \leq a_{ij} y_{ij}, \quad i=1,2,\cdots,6;j=1,2,\cdots,7。$$

(4) 每天安排值班的值班员不超过 3 人,且其中必须有一名兼职带班员值班:
$$\sum_{i=1}^{6} y_{ij} \leq 3, \quad j=1,2,\cdots,7,$$
$$y_{5j} + y_{6j} \geq 1, \quad j=1,2,\cdots,7。$$

(5) 决策变量的约束:
$$x_{ij} \geq 0, y_{ij} = 0 \text{ 或 } 1, \quad i=1,2,\cdots,6;j=1,2,\cdots,7。$$

综上所述,建立如下的数学规划模型:
$$\min z = \sum_{i=1}^{6}\sum_{j=1}^{7} c_i x_{ij},$$

$$\text{s.t.} \begin{cases} \sum_{i=1}^{6} x_{ij} = 14, & j=1,2,\cdots,7, \\ \sum_{j=1}^{7} x_{ij} \geq 10, & i=1,2,3,4, \\ \sum_{j=1}^{7} x_{ij} \geq 8, & i=5,6, \\ \sum_{j=1}^{7} y_{ij} \leq 5, & i=1,2,\cdots,6, \\ 2y_{ij} \leq x_{ij} \leq a_{ij} y_{ij}, & i=1,2,\cdots,6;j=1,2,\cdots,7, \\ \sum_{i=1}^{6} y_{ij} \leq 3, & j=1,2,\cdots,7, \\ y_{5j} + y_{6j} \geq 1, & j=1,2,\cdots,7, \\ x_{ij} \geq 0, y_{ij} = 0 \text{ 或 } 1, & i=1,2,\cdots,6;j=1,2,\cdots,7。 \end{cases}$$

为了编写 LINGO 程序方便，调整上述约束条件的顺序，得到如下数学规划模型：

$$\min z=\sum_{i=1}^{6}\sum_{j=1}^{7}c_i x_{ij},$$

$$\text{s. t.}\begin{cases}\sum\limits_{i=1}^{6}x_{ij}=14, & j=1,2,\cdots,7,\\ \sum\limits_{i=1}^{6}y_{ij}\leqslant 3, & j=1,2,\cdots,7,\\ y_{5j}+y_{6j}\geqslant 1, & j=1,2,\cdots,7,\\ \sum\limits_{j=1}^{7}x_{ij}\geqslant 10, & i=1,2,3,4,\\ \sum\limits_{j=1}^{7}x_{ij}\geqslant 8, & i=5,6,\\ \sum\limits_{j=1}^{7}y_{ij}\leqslant 5, & i=1,2,\cdots,6,\\ 2y_{ij}\leqslant x_{ij}\leqslant a_{ij}y_{ij}, & i=1,2,\cdots,6;j=1,2,\cdots,7,\\ x_{ij}\geqslant 0,y_{ij}=0\text{ 或 }1, & i=1,2,\cdots,6;j=1,2,\cdots,7。\end{cases}$$

利用 LINGO 软件求得的实验室聘用兼职人员最优的值班安排表如表 3.8 所示，目标函数最小值 $z=1045$。

表 3.8　聘用兼职人员的值班安排表

值班员代号	值班总时间	每天安排的值班员及时间						
		周一	周二	周三	周四	周五	周六	周日
1	19	6	0	6	0	7	0	0
2	10	0	4	0	6	0	0	0
3	35	0	8	0	0	5	12	10
4	13	5	0	6	0	0	0	2
5	13	3	0	2	6	0	2	0
6	8	0	2	0	2	2	0	2

把表 3.7 的数据保存在如图 3.3 所示的 Excel 文件 Ldata36. xlsx 的表单 Sheet1 中，供 LINGO 软件调用，计算的 LINGO 程序如下：

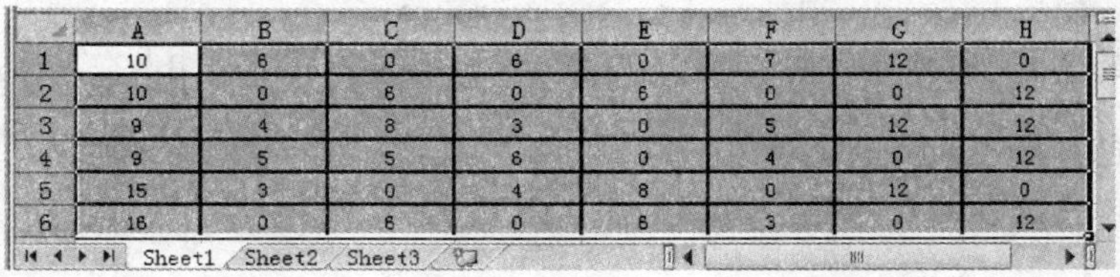

	A	B	C	D	E	F	G	H
1	10	6	0	6	0	7	12	0
2	10	0	6	0	6	0	0	12
3	9	4	8	3	0	5	12	12
4	9	5	5	6	0	4	0	12
5	15	3	0	4	8	0	12	0
6	16	0	6	0	6	3	0	12

Sheet1　Sheet2　Sheet3

图 3.3　Excel 文件 Ldata36. xlsx 中的数据

```
model:
sets:
person/1..6/:c,z;!z为每个人的总值班时间;
```

```
day/1..7/;
links(person,day):a,x,y;
endsets
data:
c = @ole(Ldata36.xlsx,A1:A6);
a = @ole(Ldata36.xlsx,B1:H6);
@ole(Ldata36.xlsx,B8:H13) = x;   !输出每个人的每天值班时间;
@ole(Ldata36.xlsx,A8:A13) = z;   !输出每个人的值班总时间;
enddata
min = @sum(links(i,j):c(i)*x(i,j));
@for(day(j):@sum(person(i):x(i,j)) = 14;
@sum(person(i):y(i,j)) <3; y(5,j) + y(6,j) >1);
@for(person(i)|i#le#4:@sum(day(j):x(i,j)) >10);
@for(person(i)|i#ge#5:@sum(day(j):x(i,j)) >8);
@for(person(i):@sum(day(j):y(i,j)) <5);
@for(links(i,j):2*y(i,j) <x(i,j);x(i,j) <a(i,j)*y(i,j);@bin(y));
@for(person(i):z(i) = @sum(day(j):x(i,j)));
end
```

例3.7 已知10个商业网点的坐标如表3.9所示,现要在10个网点中选择适当位置设置供应站,要求每个供应站只能覆盖10km之内的网点,且每个供应站最多供应5个网点,如何设置才能使供应站的数目最小？供应站的最小个数是多少？

表3.9 商业网点的 x 坐标和 y 坐标数据

	1	2	3	4	5	6	7	8	9	10
x	9.4888	8.7928	11.5960	11.5643	5.6756	9.8497	9.1756	13.1385	15.4663	15.5464
y	5.6817	10.3868	3.9294	4.4325	9.9658	17.6632	6.1517	11.8569	8.8721	15.5868

解 记 $d_{ij}(i=1,\cdots,10)$ 表示第 i 个营业网点与第 j 个营业网点之间的距离,引进0-1变量

$$x_i = \begin{cases} 1, & 第 i 个网点建立供应站, \\ 0, & 第 i 个网点不建立供应站, \end{cases} \quad i=1,2,\cdots,10,$$

$$y_{ij} = \begin{cases} 1, & 第 j 个网点被第 i 个网点的供应站覆盖, \\ 0, & 否则, \end{cases} \quad i,j=1,2,\cdots,10。$$

根据问题的要求,问题的优化目标是供应站的总数 $z = \sum_{i=1}^{10} x_i$ 最小。

约束条件包括如下的4类约束:

(1) 每个网点至少由一个供应站供应:

$$\sum_{i=1}^{n} y_{ij} \geq 1, \quad j=1,2,\cdots,10。$$

(2) 每个供应站只能覆盖10km之内的网点:

$$d_{ij} y_{ij} \leq 10 x_i, \quad i,j=1,2,\cdots,10。$$

(3) 每个供应站最多供应5个网点:

$$\sum_{j=1}^{10} y_{ij} \leq 5, \quad i=1,2,\cdots,10.$$

(4) 两组决策变量之间的关联关系及变量本身的约束：
$$x_i \geq y_{ij}, \quad i,j=1,2,\cdots,10,$$
$$x_i = 0 \text{ 或 } 1, \quad i=1,2,\cdots,10,$$
$$y_{ij} = 0 \text{ 或 } 1, \quad i,j=1,2,\cdots,10.$$

综上所述，建立如下的 0-1 整数规划模型：

$$\min z = \sum_{i=1}^{n} x_i,$$

$$\text{s. t.} \begin{cases} \sum_{i=1}^{10} y_{ij} \geq 1, & j=1,2,\cdots,10, \\ d_{ij} y_{ij} \leq 10 x_i, & i,j=1,2,\cdots,10, \\ \sum_{j=1}^{10} y_{ij} \leq 5, & i=1,2,\cdots,10, \\ x_i \geq y_{ij}, & i,j=1,2,\cdots,10, \\ x_i = 0 \text{ 或 } 1, & i=1,2,\cdots,10, \\ y_{ij} = 0 \text{ 或 } 1, & i,j=1,2,\cdots,10. \end{cases}$$

利用 LINGO 软件求得的最优解为 $x_2=x_8=1$，其他的 $x_i=0$；最优值 $z=2$，即在网点 2 和网点 8 处设置供应站，供应站的最小个数为 2。

计算的 LINGO 程序如下：

```
model:
sets:
num/1..10/:x0,y0,x;
link(num,num):y,d;
endsets
data:
x0 = 9.4888   8.7928   11.5960   11.5643   5.6756   9.8497   9.1756   13.1385   15.4663   15.5464;
y0 = 5.6817   10.3868   3.9294   4.4325   9.9658   17.6632   6.1517   11.8569   8.8721   15.5868;
enddata
calc:
@for(link(i,j):d(i,j) = @sqrt((x0(i)-x0(j))^2+(y0(i)-y0(j))^2));
endcalc
min = @sum(num(i):x(i));
@for(num(j):@sum(num(i):y(i,j))>1);
@for(link(i,j):d(i,j)*y(i,j)<10*x(i));
@for(num(i):@sum(num(j):y(i,j))<5);
@for(link(i,j):x(i)>y(i,j));
@for(num(i):@bin(x(i)));
@for(link(i,j):@bin(y(i,j)));
```

例 3.8 有 4 名同学到一家公司参加三个阶段的面试：公司要求每个同学都必须首先找

公司秘书初试,然后到部门主管处复试,最后到经理处参加面试,并且不允许插队(即在任何一个阶段4名同学的顺序是一样的)。由于4名同学的专业背景不同,所以每人在三个阶段的面试时间也不同,如表3.10所示。这4名同学约定他们全部面试完以后一起离开公司。假定现在时间是早晨8:00,请问他们最早何时能离开公司?

表3.10 面试时间要求

	秘书初试	主管复试	经理面试
同学甲	13	15	20
同学乙	10	20	18
同学丙	20	16	10
同学丁	8	10	15

解 实际上,这个问题就是要安排4名同学的面试顺序,使完成全部面试所花费的时间最少。

记 t_{ij} 为第 i 名同学参加第 j 阶段面试需要的时间,令 x_{ij} 表示第 i 名同学参加第 j 阶段面试的开始时间(不妨记早上8:00面试开始为0时刻)($i=1,2,3,4;j=1,2,3$),T 为完成全部面试所花费的时间。引进0-1变量

$$y_{ik} = \begin{cases} 1, & \text{第 } i \text{ 名同学在第 } k \text{ 名同学前面面试,} \\ 0, & \text{第 } k \text{ 名同学在第 } i \text{ 名同学前面面试,} \end{cases} \quad i<k。$$

优化目标为

$$\min T = \left\{ \max_{1 \le i \le 4}(x_{i3}+t_{i3}) \right\}。 \tag{3.10}$$

约束条件:

(1) 每名同学只有参加完前一阶段的面试后才能进入下一阶段,因而有时间先后次序约束,即

$$x_{ij}+t_{ij} \le x_{i,j+1}, \quad i=1,2,3,4;j=1,2。 \tag{3.11}$$

(2) 第 i 名同学和第 k 名同学面试的先后次序约束。

当第 i 名同学在第 k 名同学前面面试时,有约束条件

$$x_{ij}+t_{ij} \le x_{kj}, \quad 1 \le i<k \le 4;j=1,2,3, \tag{3.12}$$

当第 k 名同学在第 i 名同学前面面试时,有约束条件

$$x_{kj}+t_{kj} \le x_{ij}, \quad 1 \le i<k \le 4;j=1,2,3。 \tag{3.13}$$

式(3.12)和式(3.13)是相互排斥的约束条件,两者有且仅有一个成立,利用0-1变量 y_{ik},我们可以把相互排斥的约束条件式(3.12)和式(3.13)改写为

$$x_{ij}+t_{ij} \le x_{kj}+M(1-y_{ik}), \quad 1 \le i<k \le 4;j=1,2,3, \tag{3.14}$$

$$x_{kj}+t_{kj} \le x_{ij}+My_{ik}, \quad 1 \le i<k \le 4;j=1,2,3, \tag{3.15}$$

式中:M 为充分大的正实数,这里不妨取 $M=10000$。

另外,可以将非线性的优化目标(3.10)改写为如下线性优化目标:

$$\min T, \tag{3.16}$$

$$\text{s.t.} \quad T \ge x_{i3}+t_{i3}, \quad i=1,2,3,4。 \tag{3.17}$$

综上所述,建立如下的混合整数规划模型:

$$\min T,$$

$$\text{s.t.} \begin{cases} T \geq x_{i3} + t_{i3}, & i=1,2,3,4, \\ x_{ij} + t_{ij} \leq x_{i,j+1}, & i=1,2,3,4; j=1,2, \\ x_{ij} + t_{ij} \leq x_{kj} + 10000(1-y_{ik}), & 1 \leq i < k \leq 4; j=1,2,3, \\ x_{kj} + t_{kj} \leq x_{ij} + 10000 y_{ik}, & 1 \leq i < k \leq 4; j=1,2,3, \\ y_{ik} = 0 \text{ 或 } 1, & 1 \leq i < k \leq 4。\end{cases}$$

利用 LINGO 软件求得,所有面试完成至少需要 84min,面试顺序为 4-1-2-3(丁-甲-乙-丙)。早上 8:00 面试开始,最早 9:24 面试可以全部结束。

计算的 LINGO 程序如下：

```
model:
title 面试问题;
sets:
person/1..4/;
stage/1..3/;
link1(person,stage):t,x;
link2(person,person)|&1#lt#&2:y;
endsets
data:
t=13,15,20,10,20,18,20,16,10,8,10,15;
enddata
[obj]min=TT;  !t 已经使用过,LINGO 是不区分大小写的;
@for(person(i):TT>=x(i,3)+t(i,3));
@for(person(i):@for(stage(j)|j#le#2:x(i,j)+t(i,j)<=x(i,j+1)));
@for(stage(j):@for(link2(i,k):x(i,j)+t(i,j)<=x(k,j)+10000*(1-y(i,k))));
@for(stage(j):@for(link2(i,k):x(k,j)+t(k,j)<=x(i,j)+10000*y(i,k)));
@for(link2:@bin(y));
end
```

3.2.4 数独问题

数独这个奇特的名字来源于日语 Sudoku,是 18 世纪瑞士数学家欧拉发明的,后在美国发展,并在日本得以发扬光大。Sudoku 的规则十分简单,就是在 9×9 的九宫格里面填数字,每个方格中填入合适的数字以使得每行、每列以及每个九宫格都要包含从 1~9 的数字且互不相同。数独的玩法逻辑简单,数字排列方式千变万化,不少教育者认为数独是锻炼脑筋的好方法。谜题中会预先填入若干数字,其他方格为空白,玩家得依谜题中的数字分布状况,逻辑推敲出剩下的空格里是什么数字。由于规则简单,在推敲之中完全不必用到数学计算,只须用到逻辑推理能力,所以无论男女老幼,人人都可以玩,而且容易上手、容易入迷。世界各地有很多数独俱乐部,还有国家如法国等专门举行过数独比赛,其风靡程度可见一斑。

目前求数独的方法主要有两种：一种是基于计算机的回溯法或类似的全枚举方法,这种方法对小规模的问题还可以,对 25×25,36×36 及更大规模的问题就难以凑效了,而且这种方法没有体现出智能性;另一种是基于人的思维,寻找求解的特殊技巧,如数独终结者软件分别总结了直观法和候选数法两大类,其中直观法有单元唯一法、单元排除法、区域排除法、唯一余数法、组合排除法、矩形排除法，候选数法有显式唯一法、隐式唯一法、区块删除法、显式数对法、显式三数集法、显式四数集法、隐式数对法、隐式三数集法、隐式四数集法、矩形对角线法、XY形态匹配法、XYZ形态匹配法、三链数删减法、WXYZ形态匹配法，这些方法过分注重具体的技巧，缺乏一般性。可以从数独本身具有的性质出发，建立一些求解规则，根据规则设计算法进行求解，既避免了通常求解所使用的特殊技巧，又避免了计算机求解的完全枚举。将人的推理和计算机的枚举能力结合起来，可以有效地提高求解速度。

目前比较流行的数独包括九宫数独、对角数独、数比数独、$m \times n$ 数独、锯齿数独、Killer 数独、Kakuro 数独。九宫数独是最原始和最常见的，将其规模扩大，则是 $m \times n$ 数独；如果增加两条对角线的限制，则是对角数独；如果考虑某些位置所填数之间的大小关系，则是数比数独；如果将九宫格的形状任意改变成不规则形状，则是锯齿数独；如果考虑数在某些区域的和，则是 Killer 数独；如果只考虑行列区域数字和，则是 Kakuro 数独。

下面给出九宫数独问题的线性规划模型，并用 LINGO 软件进行求解。

例 3.9 求如图 3.4 所示的九宫数独问题。

解 对一般的九宫数独问题，建立如下通用的 0-1 整数规划模型。

设每个格子用 (i,j) $(i,j=1,2,\cdots,9)$ 表示该空格所在的行和列。引进 0-1 决策变量

$$x_{ijk} = \begin{cases} 1, & 空格(i,j)处填k, \\ 0, & 空格(i,j)处不填k, \end{cases} \quad i,j,k=1,2,\cdots,9。$$

约束条件分如下 5 类：

（1）每个空格恰好填一个数字，即

$$\sum_{k=1}^{9} x_{ijk} = 1, \quad i,j=1,2,\cdots,9。$$

（2）每行每个数字恰好填一次，即

$$\sum_{j=1}^{9} x_{ijk} = 1, \quad i,k=1,2,\cdots,9。$$

（3）每列每个数字恰好填一次，即

$$\sum_{i=1}^{9} x_{ijk} = 1, \quad j,k=1,2,\cdots,9。$$

（4）每个九宫格中每个数字恰好填一次。

左上角的 3×3 九宫格对应的条件为

$$\sum_{i=1}^{3} \sum_{j=1}^{3} x_{ijk} = 1, \quad k=1,2,\cdots,9。$$

类似地，可以写出其他 8 个九宫格的约束条件；全部 9 个九宫格的约束条件可综合为

$$\sum_{i=1}^{3} \sum_{j=1}^{3} x_{i+u,j+v,k} = 1, \quad u,v \in \{0,3,9\}, \quad k=1,2,\cdots,9。$$

（5）初值条件。如果 (i,j) 处填入 k，则有 $x_{ijk}=1$。例如图 3.4 第 1 行对应的初值条件为

$$x_{122}=1, x_{153}=1, x_{184}=1,$$

第 9 行对应的初值条件为

$$x_{923}=1, x_{954}=1, x_{982}=1。$$

求解数独问题，实际上是不需要目标函数，只需求可行解即可。为了利用 LINGO 软件求

解方便,构造一个虚拟的目标函数

$$\min z = \sum_{i=1}^{9} \sum_{j=1}^{9} \sum_{k=1}^{9} x_{ijk}。$$

显然 z 的取值恒等于 81。

综上所述,建立通用数独问题的 0-1 整数规划模型:

$$\min z = \sum_{i=1}^{9} \sum_{j=1}^{9} \sum_{k=1}^{9} x_{ijk},$$

$$\text{s.t.} \begin{cases} \sum_{k=1}^{9} x_{ijk} = 1, & i,j = 1,2,\cdots,9, \\ \sum_{j=1}^{9} x_{ijk} = 1, & i,k = 1,2,\cdots,9, \\ \sum_{i=1}^{9} x_{ijk} = 1, & j,k = 1,2,\cdots,9, \\ \sum_{i=1}^{3} \sum_{j=1}^{3} x_{i+u,j+v,k} = 1, & u,v \in \{0,3,9\}, k = 1,2,\cdots,9, \\ x_{122} = 1, x_{153} = 1, x_{184} = 1, \\ \vdots \\ x_{923} = 1, x_{954} = 1, x_{982} = 1, \\ x_{ijk} = 0 \text{ 或 } 1, & i,j,k = 1,2,\cdots,9。\end{cases}$$

利用 LINGO 软件,求得数独问题的解如图 3.5 所示。

计算的 LINGO 程序如下:

```
model:
sets:
num/1..9/;
link(num,num,num):x;
num2/1..21/;  !初值个数为 21 个;
num3/1..3/:u,v;
link2(num2,num3):a;  !描述一个初值需要 3 个数据,
(i,j)处为 k;
endsets
data:
a = 1,2,2!该行表示(1,2)处填入 2;
1,5,3
1,8,4
2,1,6
2,9,3
3,3,4
3,7,5
4,4,8
4,6,6
```

9	2	5	6	3	1	8	4	7
6	1	8	5	7	4	2	9	3
3	7	4	9	8	2	5	6	1
7	4	9	8	2	6	1	3	5
8	5	2	4	1	3	9	7	6
1	6	3	7	9	5	4	8	2
2	8	7	3	5	9	6	1	4
4	9	1	2	6	7	3	5	8
5	3	6	1	4	8	7	2	9

图 3.5 数独问题的解

```
5,1,8
5,5,1
5,9,6
6,4,7
6,6,5
7,3,7
7,7,6
8,1,4
8,9,8
9,2,3
9,5,4
9,8,2;
u = 0,3,6;
v = 0,3,6;
enddata
calc:
@for(num2(n):x(a(n,1),a(n,2),a(n,3)) = 1); !赋决策变量的初值条件;
endcalc
min = @sum(link:x);
@for(num(i):@for(num(j):@sum(num(k):x(i,j,k)) = 1));
@for(num(i):@for(num(k):@sum(num(j):x(i,j,k)) = 1));
@for(num(j):@for(num(k):@sum(num(i):x(i,j,k)) = 1));
@for(num(k):@for(num3(m):@for(num3(n):@sum(num3(i):@sum(num3(j):x(i+u(m),j+v(n),k))) = 1)));
@for(link:@bin(x));
end
```

3.3 非线性规划

如果目标函数或约束条件中包含非线性函数，就称这种规划问题为非线性规划问题。一般说来，解非线性规划要比解线性规划问题困难得多。而且，也不像线性规划有单纯形法这一通用方法，非线性规划目前还没有适用于各种问题的一般算法，各个方法都有自己特定的适用范围。

3.3.1 非线性规划的数学原理

为了研究非线性规划模型，下面介绍非线性规划问题的一般模型和相应的求解方法。

1. 非线性规划的一般模型

非线性规划模型的一般形式为

$$\begin{cases} \min f(x_1, x_2, \cdots, x_n), \\ \text{s. t.} \begin{cases} h_i(x_1, x_2, \cdots, x_n) = 0, & i = 1, 2, \cdots, m, \\ g_j(x_1, x_2, \cdots, x_n) \geq 0, & j = 1, 2, \cdots, l. \end{cases} \end{cases} \quad (3.18)$$

其中函数 $f(x_1,x_2,\cdots,x_n)$，$h_i(x_1,x_2,\cdots,x_n)$，$g_j(x_1,x_2,\cdots,x_n)$ 至少有一个为决策向量 $[x_1,x_2,\cdots,x_n]^T$ 的非线性函数。

若记向量 $\boldsymbol{x}=[x_1,x_2,\cdots,x_n]^T$，则 $\boldsymbol{x}$ 是 n 维空间 E^n 中的向量（点），于是式(3.18)可改写为

$$\begin{cases} \min f(\boldsymbol{x}), \\ \text{s.t.} \begin{cases} h_i(\boldsymbol{x})=0, & i=1,2,\cdots,m, \\ g_j(\boldsymbol{x})\geqslant 0, & j=1,2,\cdots,l。\end{cases}\end{cases} \qquad (3.19)$$

注 3.4 （1）若目标函数为最大化问题，由 $\max f(\boldsymbol{x})=-\min[-f(\boldsymbol{x})]$，令 $F(\boldsymbol{x})=-f(\boldsymbol{x})$，则 $\min F(\boldsymbol{x})=-\max f(\boldsymbol{x})$。

（2）若约束条件为 $g_j(\boldsymbol{x})\leqslant 0$，则 $-g_j(\boldsymbol{x})\geqslant 0$。

（3）$h_i(\boldsymbol{x})=0$ 等价于 $h_i(\boldsymbol{x})\geqslant 0$ 且 $-h_i(\boldsymbol{x})\geqslant 0$。

于是可将非线性规划的一般数学模型写成如下形式：

$$\begin{cases} \min f(\boldsymbol{x}), \\ \text{s.t.} \ g_j(\boldsymbol{x})\geqslant 0, \quad j=1,2,\cdots,m。\end{cases} \qquad (3.20)$$

2. 非线性规划的几种特殊情况

1）无约束的非线性规划

当问题无约束条件时，则此问题称为无约束的非线性规划问题，即为求多元函数的极值问题。无约束非线性规划问题的一般模型为

$$\min_{x\in E^n} f(\boldsymbol{x})。 \qquad (3.21)$$

2）二次规划

如果目标函数是 $\boldsymbol{x}$ 的二次函数，约束条件都是线性的，则称此规划为二次规划。二次规划的一般模型为

$$\begin{cases} \min f(\boldsymbol{x})=\sum_{j=1}^{n}\tilde{c}_j x_j+\sum_{j=1}^{n}\sum_{k=1}^{n}c_{jk}x_j x_k, \\ \text{s.t.} \begin{cases} \sum_{j=1}^{n}a_{ij}x_j+b_i\geqslant 0, & i=1,2,\cdots,m, \\ x_j\geqslant 0, \ c_{jk}=c_{kj}, & j,k=1,2,\cdots,n。\end{cases}\end{cases} \qquad (3.22)$$

3）凸规划

如果 $\boldsymbol{x}^{(1)},\boldsymbol{x}^{(2)}\in E^n$ 是凸集 D 内的任意两点，对于实数 $\alpha(0<\alpha<1)$ 都有
$$f(\alpha \boldsymbol{x}^{(1)}+(1-\alpha)\boldsymbol{x}^{(2)})\leqslant \alpha f(\boldsymbol{x}^{(1)})+(1-\alpha)f(\boldsymbol{x}^{(2)}),$$
则称 $f(\boldsymbol{x})$ 是 D 内的凸函数。

如果式(3.20)中的目标函数 $f(\boldsymbol{x})$ 是凸函数，$g_j(\boldsymbol{x})(j=1,2,\cdots,m)$ 均为凹函数（即 $-g_j(\boldsymbol{x})$ 为凸函数），则这样的非线性规划称为凸规划。

3. 无约束非线性规划的求解方法

由于非线性规划问题的复杂性和模型的多样性，使得非线性规划的求解问题变得十分复杂，可能方法有很多种，但没有一种有效的方法能够求解所有问题。即便可以用来求解一个非线性规划问题，也不一定能够求得问题的全局最优解。所以，实际中往往是根据具体问题，设法寻求能够满足需求的局部最优解。

求解无约束非线性规划的主要方法有迭代法、一维搜索法、梯度法、牛顿法等。此处不再赘述。

4. 带约束非线性规划的求解方法

下面首先给出两个基本概念,然后说明带约束非线性规划的最优性条件,最后介绍两种基本的解法。

1) 两个基本概念

为了描述问题方便,首先引入两个概念。

定义 3.3 设 $x^{(0)}$ 是非线性规划问题(3.20)的一个可行解,它使得某个约束条件 $g_j(x) \geq 0 (j \in \{1,2,\cdots,m\})$,具体有下面两种情况:

① 如果使 $g_j(x) > 0$,则称约束条件 $g_j(x) \geq 0 (j \in \{1,2,\cdots,m\})$ 是 $x^{(0)}$ 点的无效约束(或不起作用的约束)。

② 如果使 $g_j(x) = 0$,则称约束条件 $g_j(x) \geq 0 (j \in \{1,2,\cdots,m\})$ 是 $x^{(0)}$ 点的有效约束(或起作用的约束)。

实际上,如果 $g_j(x) \geq 0 (j \in \{1,2,\cdots,m\})$ 是 $x^{(0)}$ 点的无效约束,则说明 $x^{(0)}$ 位于可行域的内部,不在边界上,即当 $x^{(0)}$ 有微小变换时,此约束条件没有什么影响。而对于有效约束则说明 $x^{(0)}$ 位于可行域的边界上,即当 $x^{(0)}$ 有微小变化时,此约束条件起着限制作用。

定义 3.4 设 $x^{(0)}$ 是非线性规划问题(3.20)的一个可行解,即可行域 Ω 内的一点,d 是过此点的某一个方向,如果:

① 存在实数 $\lambda_0 > 0$,使对任意 $\lambda \in [0, \lambda_0]$ 均有 $x^{(0)} + \lambda d \in \Omega$,则称此方向 d 是 $x^{(0)}$ 点的一个可行方向。

② 存在实数 $\lambda_0 > 0$,使对任意 $\lambda \in [0, \lambda_0]$ 均有 $f(x^{(0)} + \lambda d) < f(x^{(0)})$,则称此方向 d 是 $x^{(0)}$ 点的一个下降方向。

③ 方向 d 既是 $x^{(0)}$ 的可行方向,又是下降方向,则称它是 $x^{(0)}$ 点的可行下降方向。

实际中,如果某个 $x^{(0)}$ 不是极小点(最优解),则继续沿着 $x^{(0)}$ 点的可行下降方向去搜索。显然,若 $x^{(0)}$ 点存在可行下降方向,它就不是极小点;另外,若 $x^{(0)}$ 为极小点,则该点就不存在可行下降方向。

2) 最优性条件

下面针对带约束非线性规划问题(3.20)给出最优性条件。

定理 3.5 如果 x^* 是非线性规划问题(3.20)的极小点,而且点 x^* 处的所有有效约束的梯度线性无关,则存在向量 $\gamma^* = [\gamma_1^*, \gamma_2^*, \cdots, \gamma_m^*]^T$ 使下述条件成立:

$$\begin{cases} \nabla f(x^*) - \sum_{j=1}^{m} \gamma_j^* \nabla g_j(x^*) = 0, \\ \gamma_j^* g_j(x^*) = 0, \quad j = 1, 2, \cdots, m, \\ \gamma_j^* \geq 0, \quad j = 1, 2, \cdots, m_\circ \end{cases}$$

此条件称为库恩 - 塔克(Kuhn - Tucker)条件,简称为 K - T 条件。满足 K - T 条件的点称为 K - T 点。

类似地,如果 x^* 是非线性规划问题(3.19)的极小点,而且点 x^* 处的所有有效约束的梯度 $\nabla h_i(x^*) (i=1,2,\cdots,m)$ 与 $\nabla g_j(x^*) (j=1,2,\cdots,l)$ 线性无关,则存在向量 $\lambda^* = [\lambda_1^*, \lambda_2^*, \cdots, \lambda_m^*]^T$ 和 $\gamma^* = [\gamma_1^*, \gamma_2^*, \cdots, \gamma_l^*]^T$ 使下面的 K - T 条件成立:

$$\begin{cases} \nabla f(\boldsymbol{x}^*) - \sum_{i=1}^{m} \lambda_i^* \nabla h_i(\boldsymbol{x}^*) - \sum_{j=1}^{l} \gamma_j^* \nabla g_j(\boldsymbol{x}^*) = 0, \\ \gamma_j^* g_j(\boldsymbol{x}^*) = 0, \quad j = 1,2,\cdots,l, \\ \gamma_j^* \geq 0, \quad j = 1,2,\cdots,l_\circ \end{cases}$$

式中:$\lambda_1^*, \lambda_2^*, \cdots, \lambda_m^*$ 和 $\gamma_1^*, \gamma_2^*, \cdots, \gamma_l^*$ 称为广义 Lagrange(拉格朗日)乘子。

库恩-塔克条件是非线性规划最重要的理论基础,是确定某点是否为最优解(点)的必要条件,但一般不是充分条件,即满足这个条件的点不一定是最优解。但对于凸规划,它一定是最优解的充要条件。

3) 可行方向法

考虑带约束非线性规划问题(3.20),假设 $\boldsymbol{x}^{(k)}(k \in N)$ 是该问题的一个可行解,但不是最优解。为了进一步寻求问题的最优解,在它的可行下降方向中选取一个方向 $\boldsymbol{d}^{(k)}$,并利用一维搜索法求出最佳步长 λ_k,使得

$$\begin{cases} \boldsymbol{x}^{(k+1)} = \boldsymbol{x}^{(k)} + \lambda_k \boldsymbol{d}^{(k)} \in \Omega, \\ f(\boldsymbol{x}^{(k+1)}) < f(x^{(k)}), \quad k = 1,2,\cdots_\circ \end{cases}$$

反复进行这一过程,直到得到满意精度要求的可行解为止,这种方法称为可行方向法。

可行方向法的主要特点:因为迭代过程中所采用的搜索方向总为可行方向,所以产生的迭代点列 $\{\boldsymbol{x}^{(k)}\}$ 始终在可行域 Ω 内,且目标函数值不断地单调下降。可行方向法实际上是一类方法,最典型的是 Zoutendijk 可行方向法。

4) 制约函数法

制约函数法的基本思想 将求解带约束非线性规划问题转化为求解一系列无约束极值问题,因而也称这种方法为序列无约束最小化方法(Sequential Unconstrained Minization Technique, SUMT)。在无约束非线性规划问题的搜索求解过程中,对企图违反约束的那些点给出相应的惩罚约束,迫使这一系列的无约束问题的极小点不断地向可行域靠近(若在可行域外部),或者一直在可行域内移动(若在可行域内部),直到收敛到原问题的最优解为止。

常用的制约函数可分为惩罚函数(简称罚函数)和障碍函数两类,从方法来讲分为外点法(或外部惩罚函数法)和内点法(或内部惩罚函数法,即障碍函数法)。

(1) 外点法。对违反约束条件的点在目标函数中加入相应的"惩罚约束",而对可行点不予惩罚,此方法的迭代点一般在可行域的外部移动。

对于等式约束的问题:

$$\begin{cases} \min f(\boldsymbol{x}), \\ \text{s.t. } h_i(\boldsymbol{x}) = 0, \quad i = 1,2,\cdots,m, \end{cases} \tag{3.23}$$

作辅助函数:

$$P_1(\boldsymbol{x}, M) = f(\boldsymbol{x}) + M \sum_{i=1}^{m} h_i^2(\boldsymbol{x})_\circ$$

取 M 为充分大的正数,则问题(3.23)可以转化为无约束问题 $\min\limits_{x} P_1(\boldsymbol{x}, M)$ 的求解问题。如果其最优解 $\boldsymbol{x}^*$ 满足或近似满足 $h_i(\boldsymbol{x}^*) = 0 (i = 1,2,\cdots,m)$,即是原问题(3.23)的可行解,或近似可行解,则 $\boldsymbol{x}^*$ 就是原问题(3.23)的最优解或近似最优解。

由于 M 是充分大的正数,在求解的过程中使对求 $\min\limits_{x} P_1(\boldsymbol{x}, M)$ 起着限制作用,即限制 $\boldsymbol{x}^*$ 成

为极小点,因此,称 $P_1(\boldsymbol{x},M)$ 为惩罚函数,其中第 2 项 $M\sum_{i=1}^{m}h_i^2(\boldsymbol{x})$ 称为惩罚项,M 称为惩罚因子。

对于不等值约束的问题(3.20),同样可构造惩罚函数,即对充分大的正数 M 做辅助函数:

$$P_2(\boldsymbol{x},M) = f(\boldsymbol{x}) + M\sum_{j=1}^{m}[\min\{0,g_j(\boldsymbol{x})\}]^2,$$

则问题(3.20)可以转化为无约束问题 $\min_{x} P_2(\boldsymbol{x},M)$ 的求解问题,其解之间的关系与问题(3.23)的情况类似。

对于一般的带约束非线性规划问题(3.19)也可构造出惩罚函数,即对于充分大的正数 M 作辅助函数:

$$P_3(\boldsymbol{x},M) = f(\boldsymbol{x}) + MP(\boldsymbol{x}),$$

其中 $P(\boldsymbol{x}) = \sum_{i=1}^{m}|h_i(\boldsymbol{x})|^2 + \sum_{j=1}^{l}[\min\{0,g_j(\boldsymbol{x})\}]^2$,则将原问题(3.19)可化为求解无约束 $\min_{x} P_3(\boldsymbol{x},M)$ 的问题。

在实际中,惩罚因子 M 的选择十分重要,一般的选择策略是取一个趋向于无穷大的严格递增正数列 $\{M_k\}$,逐个求解问题

$$\min_{x} P_3(\boldsymbol{x},M_k) = f(\boldsymbol{x}) + M_k P(\boldsymbol{x}),$$

于是可得到一个极小点的序列 $\{\boldsymbol{x}_k^*\}$,在一定的条件下,这个序列收敛于原问题的最优解。因此,这种方法称为序列无约束极小化方法。

(2)内点法。对企图从可行域内部穿越边界的点在目标函数中加入相应的"障碍约束",距边界越近,障碍越大,在边界上给予无穷大的障碍,从而保证迭代一直在可行域内部进行。

由于内点法总是在可行域内进行的,并一直保持在可行域内进行搜索,因此这种方法只适用于不等式约束的问题(3.20)。作辅助函数(障碍函数):

$$Q(\boldsymbol{x},r) = f(\boldsymbol{x}) + rB(\boldsymbol{x}),$$

式中:$B(\boldsymbol{x})$ 为连续函数;$rB(\boldsymbol{x})$ 为障碍项;r 为障碍因子,是充分小的正数。

障碍函数 $B(\boldsymbol{x})$ 常用的两种形式为

$$B(\boldsymbol{x}) = \sum_{j=1}^{m}\frac{1}{g_j(\boldsymbol{x})} \text{ 和 } B(\boldsymbol{x}) = -\sum_{j=1}^{m}\ln[g_j(\boldsymbol{x})]。$$

由于 $B(\boldsymbol{x})$ 的存在,即在可行域 Ω 的边界上形成了"围墙",对迭代点的向外移动起到了阻挡作用,而越靠近边界阻力就越大。这样,当点 $\boldsymbol{x}$ 趋向于 Ω 的边界时,则障碍函数 $Q(\boldsymbol{x},r)$ 趋向于正无穷大;否则,$Q(\boldsymbol{x},r) \approx f(\boldsymbol{x})$。因此,问题可以转化为求解无约束问题:

$$\min_{\boldsymbol{x}\in\Omega_0} Q(\boldsymbol{x},r),$$

式中:$\Omega_0 = \{\boldsymbol{x}|g_j(\boldsymbol{x})>0, j=1,2,\cdots,m\}$ 为可行域 Ω 的内部。

根据 $Q(\boldsymbol{x},r)$ 的定义,显然障碍因子越小,$\min_{\boldsymbol{x}\in\Omega_0} Q(\boldsymbol{x},r)$ 的解就越接近于原问题的解,因此,在实际计算中,也采用 SUMT 方法,即取一个严格单调减少且趋于零的障碍因子数列 $\{r_k\}$,对于每一个 r_k,从 Ω_0 内的某点出发,求解无约束问题 $\min_{\boldsymbol{x}\in\Omega_0} Q(\boldsymbol{x},r_k)$。

本书不设计具体的算法求解非线性规划问题,而是主要使用 LINGO 软件求解非线性规划问题,下面给出一些非线性规划求解的例子。

3.3.2 非线性规划应用举例

例 3.10 用 LINGO 软件求解:

$$\max z = \boldsymbol{c}^\mathrm{T}\boldsymbol{x} + \frac{1}{2}\boldsymbol{x}^\mathrm{T}\boldsymbol{Q}\boldsymbol{x},$$

$$\text{s. t.} \begin{cases} -1 \leqslant x_1 x_2 + x_3 x_4 \leqslant 1, \\ -3 \leqslant x_1 + x_2 + x_3 + x_4 \leqslant 2, \\ x_1, x_2, x_3, x_4 \in \{-1, 1\}_\circ \end{cases}$$

式中:$\boldsymbol{c} = [6,8,4,2]^\mathrm{T}$;$\boldsymbol{x} = [x_1,x_2,x_3,x_4]^\mathrm{T}$;$\boldsymbol{Q}$ 为三对角矩阵,主对角线上元素全为 -1,比主对角线高一行或低一行的两条对角线上元素全为 2。

解 利用 LINGO 软件,求得的最优解为 $x_1 = x_2 = x_3 = 1, x_4 = -1$;最优值 $z = 16$。

计算的 LINGO 程序如下:

```
model:
sets:
num/1..4/:c,x;
link(num,num):Q;
endsets
data:
c = 6 8 4 2;
@text() = @table(Q);
enddata
calc:   !该计算段对Q进行赋值;
@for(num(i):@for(num(j):@ifc(j#eq#i:Q(i,j) = -1;
@else @ifc(j#eq#i-1 #or# j#eq#i+1: Q(i,j) = 2;
@else Q(i,j) = 0))));
endcalc
max = @sum(num(i):c(i)*x(i)) + 0.5*@sum(link(i,j):Q(i,j) * x(i)*x(j));
x(1)*x(2) + x(3)*x(4) > -1; x(1)*x(2) + x(3)*x(4) <1;
@sum(num(i):x(i)) > -3; @sum(num(i):x(i)) <2;
@for(num(i):@free(x(i));@abs(x(i)) = 1);
end
```

例 3.11 某公司生产 A,B,C 三种产品,售价分别是 12 元、7 元和 6 元。生产每件产品 A 需要 1h 技术服务、10h 直接劳动、3kg 材料;生产每件产品 B 需要 2h 技术服务、4h 直接劳动、2kg 材料;生产每件产品 C 需要 1h 技术服务、5h 直接劳动、1kg 材料。现在最多能提供 100h 技术服务、700h 直接劳动、400kg 材料。生产成本是非线性函数,如表 3.11 所示,要求建立一个总利润最大的数学模型。

表 3.11 成本数据表

产品 A/件	成本/(元/件)	产品 B/件	成本/(元/件)	产品 C/件	成本/(元/件)
0～40	10	0～50	6	0～100	5
41～100	9	51～100	4	100 以上	4
101～150	8	100 以上	3		
150 以上	7				

解 设产品 A,B 和 C 的生产量分别为 x_1,x_2,x_3 件,产品 A 每件成本为 $a(x_1)$,产品 B 每件成本为 $b(x_2)$元,产品 C 每件成本为 $c(x_3),a(x_1),b(x_2),c(x_3)$ 分别为 x_1,x_2,x_3 的分段函数,随 x_1,x_2,x_3 变化而变化。

建立如下的数学规划模型:
$$\max z = 12x_1 + 7x_2 + 6x_3 - a(x_1)x_1 - b(x_2)x_2 - c(x_3)x_3,$$
$$\text{s. t.} \begin{cases} x_1 + 2x_2 + x_3 \leqslant 100, \\ 10x_1 + 4x_2 + 5x_3 \leqslant 700, \\ 3x_1 + 2x_2 + x_3 \leqslant 400, \\ x_1,x_2,x_3 \geqslant 0 \text{ 且为整数}, \end{cases}$$

其中

$$a(x_1) = \begin{cases} 10, & 0 \leqslant x_1 \leqslant 40, \\ 9, & 41 \leqslant x_1 \leqslant 100, \\ 8, & 101 \leqslant x_1 \leqslant 150, \\ 7, & x_1 \geqslant 151; \end{cases} \quad b(x_2) = \begin{cases} 6, & 0 \leqslant x_2 \leqslant 50, \\ 4, & 51 \leqslant x_2 \leqslant 100, \\ 3, & x_2 \geqslant 101; \end{cases} \quad c(x_3) = \begin{cases} 5, & 0 \leqslant x_3 \leqslant 100, \\ 4, & x_3 \geqslant 101. \end{cases}$$

该题的难点在于产品的成本是一个分段函数,因而目标函数是非线性的。下面用两种方法处理。

(1) 利用 LINGO 软件的逻辑语句描述分段函数。例如 $a_1(x)$ 可以表示为
$$a(x_1) = 10*(0 \leqslant x_1 \leqslant 40) + 9*(41 \leqslant x_1 \leqslant 100) + 8*(101 \leqslant x_1 \leqslant 150) + 7*(x_1 \geqslant 151),$$
这里(·)表示逻辑语句,当为真时,返回值为 1,当为假时,返回值为 0。

求得最优解为 $x_1 = 70, x_2 = x_3 = 0$,总利润最大为 210 元。

计算的 LINGO 程序为

```
model:
sets:
num/1..3/:b,c,x;
link(num,num):a;
endsets
data:
a=1,2,1,10,4,5,3,2,1;
b=100,700,400;
c=12,7,6;
enddata
max=@sum(num(i):c(i)*x(i))-ax*x(1)-bx*x(2)-cx*x(3);
@for(num(i):@sum(num(j):a(i,j)*x(j))<b(i));
ax=10*@if(x(1)#ge#0 #and# x(1)#le#40,1,0)+9*@if(x(1)#ge#41 #and#
    x(1)#le#100,1,0)+8*@if(x(1)#ge#101 #and# x(1)#le#150,1,0)+7*@if(x(1)#gt#151,1,0);
bx=6*@if(x(2)#ge#0 #and# x(2)#le#50,1,0)+4*@if(x(2)#ge#51 #and#
    x(2)#le#100,1,0)+3*@if(x(2)#ge#101,1,0);
cx=5*@if(x(3)#ge#0 #and# x(3)#le#100,1,0)+4*@if(x(3)#ge#101,1,0);
@for(num(i):@gin(x(i)));
end
```

(2) 引进 0-1 变量,线性化 $a(x_1), b(x_2), c(x_3)$。为了把 $a(x_1), b(x_2), c(x_3)$ 线性化,需要引进 3 组 0-1 变量,第一组 8 个 0-1 变量把 $a(x_1)$ 线性化,第二组 6 个 0-1 变量把 $b(x_1)$ 线性化,第三组 4 个 0-1 变量把 $c(x_3)$ 线性化。具体的过程不再赘述,其数学原理参见例 1.23。

计算的 LINGO 程序如下:

```
model:
sets:
num/1..3/:b,c,x;
link(num,num):a;
an/1..8/:ua,va,wa,z1;!ua 为分点自变量取值,va 为分点函数值,wa 为权重向量;
bn/1..6/:ub,vb,wb,z2;
cn/1..4/:uc,vc,wc,z3;
endsets
data:
a = 1,2,1,10,4,5,3,2,1;
b = 100,700,400;
c = 12,7,6;
ua = 0,40,41,100,101,150,151,251;!最后一个充分大的值 251 是主观加的;
va = 10,10,9,9,8,8,7,7;
ub = 0,50,51,100,101,201;!最后一个充分大的值 201 是主观加的;
vb = 6,6,4,4,3,3;
uc = 0,100,101,201;!最后一个充分大的值 201 是主观加的;
vc = 5,5,4,4;
enddata
max = @sum(num(i):c(i)*x(i)) - ax*x(1) - bx*x(2) - cx*x(3);
@for(num(i):@sum(num(j):a(i,j)*x(j)) < b(i));
@sum(an(k):wa(k)) = 1;   @sum(an(k):z1(k)) = 1;
x(1) = @sum(an(k):ua(k)*wa(k));
ax = @sum(an(k):va(k)*wa(k));
wa(1) < z1(1); wa(8) < z1(7); z1(8) = 0;
@for(an(k)|k#gt#1 #and# k#lt#8:wa(k) < z1(k-1) + z1(k));
@sum(bn(k):wb(k)) = 1;   @sum(bn(k):z2(k)) = 1;
x(2) = @sum(bn(k):ub(k)*wb(k));
bx = @sum(bn(k):vb(k)*wb(k));
wb(1) < z2(1); wb(6) < z2(5); z2(6) = 0;
@for(bn(k)|k#gt#1 #and# k#lt#6:wb(k) < z2(k-1) + z2(k));
@sum(cn(k):wc(k)) = 1;   @sum(cn(k):z3(k)) = 1;
x(3) = @sum(cn(k):uc(k)*wc(k));
cx = @sum(cn(k):vc(k)*wc(k));
wc(1) < z3(1); wc(4) < z3(3); z3(4) = 0;
@for(cn(k)|k#gt#1 #and# k#lt#4:wc(k) < z3(k-1) + z3(k));
@for(num(i):@gin(x(i))); @for(an(k):@bin(z1(k)));
@for(bn(k):@bin(z2(k))); @for(cn(k):@bin(z3(k)));
```

end

注3.5 上述第2种求解方法实际上和LINGO的@sos2函数的数学原理是一致的,但用@sos2函数求解时无法求得可行解。下面举一个应用@sos2函数的例子。

例3.12 某产品加工厂需要用两种主要的原材料(A和B)加工成甲和乙两种产品,甲和乙两种产品需要原料A的最低比例分别为50%和60%,甲、乙两种产品每吨售价分别为6千元和7千元。该厂现有原材料A和B的库存量分别为500t和1000t,因生产需要,现拟从市场上购买不超过1500t的原材料A,其市场价格为:购买量不超过500t时单价为10千元/t;超过500t但不超过1000t时,超过500t的部分单价为8千元/t;购买量超过1000t时,超过1000t的部分单价为6千元/t。生产加工费用均为0.5千元/t。

现在的问题是该工厂应如何安排采购和加工生产计划,使得利润最大?

解 设原料A的购买量为x(单位为t),根据问题的实际情况,采购单价与采购数量有关,即为采购量x的分段函数,原料A的购买量x的费用记为$c(x)$(单位为千元/t),则有

$$c(x) = \begin{cases} 10x, & 0 \leq x \leq 500, \\ 5000 + 8(x-500), & 500 < x \leq 1000, \\ 9000 + 6(x-1000), & 1000 < x \leq 1500。\end{cases}$$

设原材料A用于生产甲、乙两种产品数量分别为x_{11}, x_{12}(t),原材料B用于生产甲、乙两种产品的数量分别为x_{21}, x_{22}(t)。

(1) 目标函数。总收入为

$$6(x_{11} + x_{21}) + 7(x_{12} + x_{22})。$$

于是问题的目标是总的利润

$$z = 6(x_{11} + x_{21}) + 7(x_{12} + x_{22}) - c(x) - 0.5(x_{11} + x_{21} + x_{12} + x_{22})$$

达到最大,即目标函数为

$$\max z = 5.5(x_{11} + x_{21}) + 6.5(x_{12} + x_{22}) - c(x)。$$

(2) 约束条件。问题的约束条件分为3类:两种原材料的库存限制、原材料A购买量的限制和两种原材料的加工比例限制。

① 两种原材料的库存限制:

$$x_{11} + x_{12} \leq 500 + x,$$
$$x_{21} + x_{22} \leq 1000。$$

② 原材料的购买量限制:

$$x \leq 1500。$$

③ 两种原材料的加工比例限制:

$$\frac{x_{11}}{x_{11} + x_{21}} \geq 0.5,$$

$$\frac{x_{12}}{x_{12} + x_{22}} \geq 0.6。$$

可以把上述两约束条件化简为线性约束条件:

$$-x_{11} + x_{21} \leq 0,$$
$$-0.4x_{12} + 0.6x_{22} \leq 0。$$

综上所述,建立如下的非线性规划模型:

$$\max z = 5.5(x_{11} + x_{21}) + 6.5(x_{12} + x_{22}) - c(x),$$

$$\text{s.t.} \begin{cases} x_{11} + x_{12} \leqslant 500 + x, \\ x_{21} + x_{22} \leqslant 1000, \\ x \leqslant 1500, \\ -x_{11} + x_{21} \leqslant 0, \\ -0.4x_{12} + 0.6x_{22} \leqslant 0, \\ x_{11}, x_{12}, x_{21}, x_{22}, x \geqslant 0, \end{cases}$$

其中

$$c(x) = \begin{cases} 10x, & 0 \leqslant x \leqslant 500, \\ 5000 + 8(x - 500), & 500 < x \leqslant 1000, \\ 9000 + 6(x - 1000), & 1000 < x \leqslant 1500_\circ \end{cases}$$

上述非线性规划问题求解的难点是分段非线性函数 $c(x)$ 的处理。采购费用函数 $c(x)$ 是过 4 个点 $(x_i, y_i)(i=1,2,3,4)$ 的分段线性函数，这里 x_1, x_2, x_3, x_4 分别为 0, 500, 1000, 1500, 对应的 y_1, y_2, y_3, y_4 分别为 0, 5000, 9000, 12000, 则采购费用函数 $c(x)$ 可以表示为

$$c(x) = w_1 y_1 + w_2 y_2 + w_3 y_3 + w_4 y_4, \quad x = w_1 x_1 + w_2 x_2 + w_3 x_3 + w_4 x_4,$$

其中 $w_i \geqslant 0, i = 1, 2, 3, 4, \sum_{i=1}^{4} w_i = 1$，$w_i (i=1,2,3,4)$ 中最多有两个相邻的值不为零。这样就可以利用 LINGO 的 @sos2 函数。

利用 LINGO 软件求得的最优解为

$$x_{11} = x_{21} = 0, x_{12} = 2000, x_{22} = 1000, x = 1500,$$

其最优值为 $z = 7500$, 即在原有的 500t 原材料 A 和 1000t 原材料 B 的基础上，再购买 1500t 原材料 A, 全部用于生产产品乙，则可以获得最大利润 7500 千元。

计算的 LINGO 程序如下：

```
model:
sets:
num1/1..2/;
link(num1,num1):x;
num2/1..4/:x0,y0,w;!x0,y0 分别为 c(x) 上 4 个分点的 x 和 y 值, w 是定义 c(x) 的权重向量;
endsets
data:
x0 = 0,500,1000,1500;
y0 = 0,5000,9000,12000;
enddata
max = 5.5 * (x(1,1) + x(2,1)) + 6.5 * (x(1,2) + x(2,2)) - cx;
x(1,1) + x(1,2) < 500 + xx;
x(2,1) + x(2,2) < 1000;
xx < 1500;
- x(1,1) + x(2,1) < 0;
- 0.4 * x(1,2) + 0.6 * x(2,2) < 0;
@sum(num2(k):w(k)) = 1;
xx = @sum(num2(k):x0(k) * w(k));
cx = @sum(num2(k):y0(k) * w(k));
```

```
@for(num2(k):@sos2('sos2_set',w(k)));
end
```

如果模型中的变量个数很多,且能对模型进行线性化,首先要对模型进行线性化,然后用 LINGO 软件求解。例 3.12 中变量的个数很少,也可以不使用@sos2 函数,直接使用@if 函数表示分段非线性函数,对模型进行求解,计算的 LINGO 程序如下:

```
model:
sets:
num1/1..2/;
link(num1,num1):x;
endsets
max = 5.5 * (x(1,1) + x(2,1)) + 6.5 * (x(1,2) + x(2,2)) - cx;
x(1,1) + x(1,2) < 500 + xx;
x(2,1) + x(2,2) < 1000;
xx < 1500;
-x(1,1) + x(2,1) < 0;
-0.4 * x(1,2) + 0.6 * x(2,2) < 0;
cx = 10 * xx * @if(xx#le#500,1,0) + (5000 + 8 * (xx - 500)) * @if(xx#gt#500 #and#
xx#le#1000,1,0) + (9000 + 6 * (xx - 1000)) * @if(xx#gt#1000 #and# xx#le#1500,1,0);
end
```

例 3.13 (选址问题) 某公司有 6 个建筑工地要开工,工地的位置 $(x_{0i}, y_{0i})(i = 1, 2, \cdots, 6)$ (单位:km) 和水泥日用量 a_i(单位:t) 由表 3.12 给出,公司目前有两个临时存放水泥的场地(简称料场),分别位于 A(5,1) 和 B(2,7),日存储量各 20t,请解决以下两个问题:

(1) 假设从料场到工地之间均有直线道路相连,试制定日运输计划,即从 A,B 两个料场分别向各工地送多少水泥,使总的吨·千米数最小。

(2) 为了进一步减少吨·千米数,打算舍弃目前的两个临时料场,改建两个新料场,日存储量仍然各为 20t,问建在何处为好?

表 3.12 各工地的位置和水泥日需求量

工 地	1	2	3	4	5	6
x_{0i}	1.25	8.75	0.5	5.75	3	7.25
y_{0i}	1.25	0.75	4.75	5	6.5	7.75
日用量 a_i	3	5	4	7	6	11

解 (1) 用 $j = 1, 2$ 对 A,B 两个料场进行编号,记它们的坐标为 $(b_j, c_j)(j = 1, 2)$。先计算出从料场 j 到工地 i 的距离

$$d_{ij} = \sqrt{(x_{0i} - b_j)^2 + (y_{0i} - c_j)^2}, \quad i = 1, 2, \cdots, 6; j = 1, 2。$$

设决策变量 $z_{ij}(i = 1, 2, \cdots, 6; j = 1, 2)$ 表示料场 j 向工地 i 的日运输量。

目标函数是总的吨·千米数最小。约束条件有两个:一是满足各工地的日需求;二是各料场的总出货量不超过日存储量。建立如下的线性规划模型:

$$\min w = \sum_{i=1}^{6} \sum_{j=1}^{2} d_{ij} z_{ij},$$

$$\text{s. t.} \begin{cases} \sum_{i=1}^{6} z_{ij} \leq 20, & j=1,2, \\ \sum_{j=1}^{2} z_{ij} = a_i, & i=1,2,\cdots,6, \\ z_{ij} \geq 0, & i=1,2,\cdots,6; j=1,2。 \end{cases}$$

利用 LINGO 软件,求得目标函数的最优值为 136.2275,最优调运方案如表 3.13 所示。

表 3.13 最优调运方案

工 地	1	2	3	4	5	6	合 计
料场 A	3	5	0	7	0	1	16
料场 B	0	0	4	0	6	10	20

计算的 LINGO 程序如下:

```
model:
sets:
num1/1..6/:x0,y0,a;
num2/A B/:b,c,tz;
link(num1,num2):d,z;
endsets
data:
x0 = 1.25  8.75  0.5  5.75  3  7.25;
y0 = 1.25  0.75  4.75  5  6.5  7.75;
a = 3  5  4  7  6  11;
b = 5  2;
c = 1  7;
@text() = @table(z);
enddata
calc:
@for(link(i,j):d(i,j) = @sqrt((x0(i) - b(j))^2 + (y0(i) - c(j))^2));  !计算距离 d(i,j);
endcalc
min = @sum(link:d * z);
@for(num2(j):@sum(num1(i):z(i,j)) < = 20);
@for(num1(i):@sum(num2(j):z(i,j)) = a(i));
@for(num2(j):tz(j) = @sum(num1(i):z(i,j)));  !统计料场的供应总量;
end
```

(2) 设改建的两个新料场的坐标分别为 $(x_i,y_i)(i=1,2)$,这里 $(x_i,y_i)(i=1,2)$ 也是决策变量,其他符号与(1)是一样的,从料场 j 到工地 i 的距离

$$\overline{d}_{ij} = \sqrt{(x_{0i} - x_j)^2 + (y_{0i} - y_j)^2}, \quad i=1,2,\cdots,6; j=1,2。$$

目标函数为

$$\min \widetilde{w} = \sum_{i=1}^{6} \sum_{j=1}^{2} z_{ij} \sqrt{(x_{0i} - x_j)^2 + (y_{0i} - y_j)^2}。$$

由于目标函数是一个非线性函数,因而建立如下非线性规划模型:

$$\min \widetilde{w} = \sum_{i=1}^{6} \sum_{j=1}^{2} z_{ij} \sqrt{(x_{0i} - x_j)^2 + (y_{0i} - y_j)^2},$$

$$\text{s. t.} \begin{cases} \sum_{i=1}^{6} z_{ij} \leq 20, & j=1,2, \\ \sum_{j=1}^{2} z_{ij} = a_i, & i=1,2,\cdots,6, \\ z_{ij} \geq 0, & i=1,2,\cdots,6; j=1,2. \end{cases}$$

利用 LINGO 软件,求得目标函数的局部最优值为 85.26607,新建料场的位置为 $\widetilde{A}(3.254882, 5.652331)$,$\widetilde{B}(7.249998, 7.749996)$,调运方案如表 3.14 所示。

表 3.14 调运方案

工地	1	2	3	4	5	6	合计
料场 A	3	0	4	7	6	0	20
料场 B	0	5	0	0	0	11	16

计算的 LINGO 程序如下:

```
model:
sets:
num1/1..6/:x0,y0,a;
num2/A B/:x,y,tz;
link(num1,num2):d,z;
endsets
data:
x0=1.25 8.75 0.5 5.75 37.25;
y0=1.25 0.75 4.75 5 6.5 7.75;
a=3 5 4 7 6 11;
@text()=@table(z);
enddata
@for(link(i,j):d(i,j)=@sqrt((x0(i)-x(j))^2+(y0(i)-y(j))^2));
min=@sum(link:d*z);
@for(num2(j):@sum(num1(i):z(i,j))<=20);
@for(num1(i):@sum(num2(j):z(i,j))=a(i));
@for(num2(j):tz(j)=@sum(num1(i):z(i,j)));!统计料场的供应总量;
end
```

注 3.6 求解上述 LINGO 程序时,必须把求解器设置成全局求解器,否则找不到可行解。但是,设置成全局求解器后,运行时间又充分长,所以只能按 Interrupt Solver 按钮强制终止求解,最终求得一个局部最优解。

例 3.14 现有一个投资者有一大笔资金,拟选择 A,B,C 三只业绩好的股票进行长期组合投资。通过对这三只股票的市场分析和统计预测得到相关数据如表 3.15 所示。

表 3.15 股票的相关数据表

股票名称	五年期望收益率/%	五年的协方差		
		A	B	C
A	92	180	36	110
B	64	36	120	-30
C	41	110	-30	140

该投资者希望从两个方面分别确定三只股票的投资比例:

(1) 希望将投资组合中的股票收益的标准差降到最小,以降低投资风险,并希望 5 年后的期望收益率不少于 65%。

(2) 希望在标准差最大不超过 12 的情况下,获得最大的收益。

1. 问题的分析

通常情况下,总是用投资组合的方差或标准差来度量投资的风险。下面针对两个问题进行讨论。

设 x_1, x_2, x_3 分别表示 A,B,C 三只股票的投资比例,其 5 年的期望收益率分别记为 R_1, R_2, R_3,它们是随机变量,则 5 年后投资组合的总收益率为

$$R = x_1 R_1 + x_2 R_2 + x_3 R_3。$$

由表 3.15 的数据知,R 的数学期望

$$E(R) = x_1 E(R_1) + x_2 E(R_2) + x_3 E(R_3) = 0.92 x_1 + 0.64 x_2 + 0.41 x_3。$$

由概率统计的知识可得投资组合的方差为

$$\mathrm{var}(R) = x_1^2 \mathrm{var}(R_1) + x_2^2 \mathrm{var}(R_2) + x_3^2 \mathrm{var}(R_3)$$
$$+ 2 x_1 x_2 \mathrm{cov}(R_1, R_2) + 2 x_1 x_3 \mathrm{cov}(R_1, R_3) + 2 x_2 x_3 \mathrm{cov}(R_2, R_3)。$$

记 $\boldsymbol{x} = [x_1, x_2, x_3]^\mathrm{T}$,表 3.15 中的协方差矩阵记为 $\boldsymbol{F}$,即

$$\boldsymbol{F} = \begin{bmatrix} 180 & 36 & 110 \\ 36 & 120 & -30 \\ 110 & -30 & 140 \end{bmatrix},$$

则有

$$\mathrm{var}(R) = \boldsymbol{x}^\mathrm{T} \boldsymbol{F} \boldsymbol{x},$$

因而投资组合的标准差为

$$D = \sqrt{\boldsymbol{x}^\mathrm{T} \boldsymbol{F} \boldsymbol{x}}。$$

2. 模型的建立与求解

根据问题的第(1)项要求,投资者希望将投资组合中的股票收益的标准差降到最小,以降低投资风险,并希望 5 年后的期望收益不少于 65%。于是,以投资组合的标准差为目标函数,取最小化,而以三只股票的投资比例总和为 1 与组合投资的总收益率不小于 0.65 为约束条件,来建立问题的优化模型,则问题的数学模型为

$$\min D = \sqrt{\boldsymbol{x}^\mathrm{T} \boldsymbol{F} \boldsymbol{x}}$$

$$\mathrm{s.t.} \begin{cases} x_1 + x_2 + x_3 = 1, \\ 0.92 x_1 + 0.64 x_2 + 0.41 x_3 \geq 0.65, \\ x_1, x_2, x_3 \geq 0, \end{cases}$$

其中
$$x = [x_1, x_2, x_3]^T, F = \begin{bmatrix} 180 & 36 & 110 \\ 36 & 120 & -30 \\ 110 & -30 & 140 \end{bmatrix}。$$

利用 LINGO 软件求得最优解为
$$x_1 = 0.2351, x_2 = 0.5222, x_3 = 0.2427,$$
其目标函数的最优值为 $D = 8.0440$。

在问题第(1)项要求条件下,即将投资组合中的股票收益的标准差降到最小,以降低投资风险,以及 5 年后的期望收益率不少于 65%。则由模型的求解结果知,A,B,C 三只股票最优的组合投资比例分别为 23.51%,52.22%,24.27%,其最小标准差为 8.0440。

计算的 LINGO 程序如下:

```
model:
sets:
num/1..3/:c,x;
link(num,num):F;
endsets
data:
c = 0.92,0.64,0.41;
F = 180,36,110,36,120,-30,110,-30,140;
enddata
min = @sqrt(@sum(link(i,j):F(i,j)*x(i)*x(j)));
@sum(num(i):x(i)) = 1;
@sum(num(i):c(i)*x(i)) > 0.65;
end
```

根据问题的第(2)项要求,即在标准差(投资风险)最大不超过 12 的情况下,期望获得最大的收益。为此以投资总收益为目标函数,取最大化。以投资比例总和为 1 与标准差不超过 12 为约束条件,来建立问题的优化模型,则问题的数学模型为

$$\max z = 0.92x_1 + 0.64x_2 + 0.41x_3,$$
$$\text{s.t.} \begin{cases} x_1 + x_2 + x_3 = 1, \\ \sqrt{x^T F x} \leq 12, \\ x_1, x_2, x_3 \geq 0。 \end{cases}$$

利用 LINGO 软件求得最优解为
$$x_1 = 0.8593, x_2 = 0.1407, x_3 = 0,$$
其目标函数的最优值为 $z = 0.8806$。

在问题第(2)项要求下,即标准差最大不超过 12,期望获得最大的收益。根据模型的求解结果说明,5 年获得最大收益率对应的 A,B,C 三只股票的组合投资最优比例分别为 85.93%,14.07%,0,其最高收益率可达到 88.06%。

计算的 LINGO 程序如下:

model:
sets:

```
num/1..3/:c,x;
link(num,num):F;
endsets
data:
c=0.92,0.64,0.41;
F=180,36,110,36,120,-30,110,-30,140;
enddata
max=@sum(num(i):c(i)*x(i));
@sum(num(i):x(i))=1;
@sqrt(@sum(link(i,j):F(i,j)*x(i)*x(j)))<12;
end
```

3. 问题的结果分析

这个问题分别从不同的两个方面提出了组合投资的要求,分别建立优化模型,并用 LIN-GO 进行求解。这两部分结果都说明是符合问题要求的,而且在不同的要求条件下,其最优的投资组合比例是不同的。方案的选取主要取决于投资人的资金情况和对待风险的态度,追求高收益一定会伴随着高风险,这是完全符合实际的。

在实际中,作为投资者要根据具体情况,依据承受风险的能力和态度来选择合适的投资方案。该问题也是一个有代表性的问题,可以将该问题的模型推广应用于类似的组合投资问题。

3.4 动态规划

线性规划、整数规划和非线性规划考虑的问题都是某一个时刻的静态问题。而一些决策问题与时间有关系,整个决策分为若干个阶段。不同阶段之间相互关联,形成多阶段决策问题。求解多阶段决策问题的主要方法是动态规划,该方法依据最优化原理给出多阶段决策问题的递推关系式,然后根据不同问题的递推关系式的特点考虑求解算法。

动态规划是美国运筹学家贝尔曼(R. Bellman)等人 1957 年提出的。动态规划是求解多阶段决策问题的一种方法,是考察问题的一种途径,而不是一种特殊算法。因而,它不像线性规划那样有一个标准的数学表达式和明确定义的一组规则,而必须对具体问题进行具体分析处理。因此,在学习时,除了要对基本概念和方法正确理解外,应以丰富的想象力去建立模型,用创造性的技巧去求解。

3.4.1 多阶段决策问题

多阶段决策具有以下特征:

(1) 有些管理决策问题可以按时序或空间演变划分成多个阶段,呈现出明显的阶段性。
(2) 可把这类决策问题分解成几个相互联系的阶段,每个阶段即为一个子问题。
(3) 原有问题的求解就化为逐个求解几个简单的阶段子问题。
(4) 每个阶段的决策一旦确定,整个决策过程也随之确定,此类问题称为多阶段决策问题。

多阶段决策过程,本意是指这样一类特殊的活动过程,它们可以按时间顺序分解成若干相互联系的阶段,称为"时段",在每一个时段都要做出决策,全部过程的决策形成一个决策序列,所以多阶段决策问题属序贯决策问题。

动态规划方法与"时间"关系很密切,随着时间过程的发展而决定各时段的决策,产生一个决策序列,这就是"动态"的意思。然而它也可以处理与时间无关的静态问题,如某些线性规划或非线性规划问题,只要在问题中人为地引入"时段因素",将问题看成多阶段的决策过程即可。

例 3.15 最短路线问题。如图 3.6 所示,给定一个线路网络图,要从 A 地向 F 地铺设一条输油管道,各点间连线上的数字表示距离,问应选择什么路线,可使总距离最短。这是一个多阶段的决策问题。

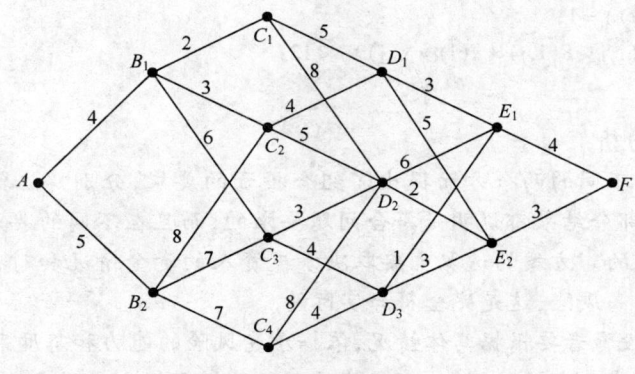

图 3.6 线路网络图

例 3.16 设备更新问题。企业在使用设备时都要考虑设备的更新问题,因为设备越陈旧所需的维修费用越多,但购买新设备则要一次性支出较大的费用。现某企业要决定一台设备未来 5 年的更新计划,已预测了第 j 年购买设备的价格为 K_j,C_j 为设备连续使用 $j-1$ 年后在第 j 年的维修费($j=1,2,\cdots,5$),问应在哪些年更新设备可使总费用最小。

这是一个 5 阶段决策问题,每年年初要做出决策,是继续使用旧设备,还是购买新设备。

3.4.2 动态规划的基本概念和基本原理

1. 动态规划的基本概念

使用动态规划方法解决多阶段决策问题,首先要将实际问题写成动态规划模型,此时要用到以下概念:阶段、状态、决策和策略、状态转移方程、指标函数。

下面结合例 3.15(图 3.6)说明这些概念。

1) 阶段

阶段(step)是对整个过程的自然划分。通常根据时间顺序或空间顺序特征来划分阶段,以便按阶段的次序解优化问题。阶段变量一般用 $k=1,2,\cdots,n$ 表示。阶段编号可以顺序编号,也可以逆序编号。

例 3.15 中,从 A 到 F 可以分成从 A 到 B(B 有两种选择 B_1,B_2),从 B 到 C(C 有 4 种选择 C_1,C_2,C_3,C_4),从 C 到 D(D 有 3 种选择 D_1,D_2,D_3),从 D 到 E(E 有 2 种选择 E_1,E_2),再从 E 到 F 5 个阶段。$k=1,2,3,4,5$。

2) 状态

(1) 状态(state)表示每个阶段开始时过程所处的自然状况。它应能描述过程的特征并且无后效性,即当某阶段的状态变量给定时,这个阶段以后过程的演变与该阶段以前各阶段的状态无关。通常还要求状态是直接或间接可以观测的。

(2)描述状态的变量称状态变量(State Variable)。状态变量允许取值的范围称允许状态集合(Set of Admissible States)。用 x_k 表示第 k 阶段的状态变量,它可以是一个数或一个向量。用 X_k 表示第 k 阶段的允许状态集合。状态变量简称状态。

在例 3.15 中,第 1 阶段的状态为 A,第 2 阶段则有两个状态:B_1,B_2。状态变量 x_1 的集合 $X_1=\{A\}$,后面各阶段的状态集合分别为

$$X_2=\{B_1,B_2\},\quad X_3=\{C_1,C_2,C_3,C_4\},\quad X_4=\{D_1,D_2,D_3\},\quad X_5=\{E_1,E_2\}。$$

n 个阶段的决策过程有 $n+1$ 个状态变量,x_{n+1} 表示 x_n 演变的结果。在例 3.15 中 x_7 取 G,或定义为 1,即 $x_7=1$。

根据过程演变的具体情况,状态变量可以是离散的或连续的。为了计算的方便有时将连续变量离散化;为了分析的方便有时又将离散变量视为连续的。

3)决策和策略

(1)当一个阶段的状态确定后,可以作出各种选择从而演变到下一阶段的某个状态,这种选择手段称为决策(Decision),在最优控制问题中也称为控制(Control)。

(2)描述决策的变量称决策变量(Decision Variable),用 $u_k(x_k)$ 表示第 k 阶段处于状态 x_k 时的决策变量,它是 x_k 的函数。决策变量简称决策。

(3)决策变量允许取值的范围称允许决策集合(Set of Admissible Decisions)。用 $U_k(x_k)$ 表示第 k 阶段从状态 x_k 出发的允许决策集合,显然有 $u_k(x_k)\in U_k(x_k)$。

在例 3.15 中,从第 2 阶段的状态 B_1 出发,可选下一段的 C_1,C_2,C_3,即其允许决策集合为 $U_2(B_1)=\{C_1,C_2,C_3\}$,如决定选择 C_3,则可表示为 $u_2(B_1)=C_3$。

各段决策确定后,整个问题的决策序列就构成一个策略。用

$$p_{1n}(x_1)=\{u_1(x_1),u_2(x_2),\cdots,u_n(x_n)\}$$

表示。对每个实际问题,可供选择的策略有一定范围,称为允许策略集合,记为 P_{1n},使整个问题达到最优效果的策略就是最优策略。

4)状态转移方程

下一阶段状态 x_{k+1} 是本阶段状态变量 x_k 和决策变量 u_k 的函数,即

$$x_{k+1}=T_k(x_k,u_k),k=1,2,\cdots,n, \tag{3.24}$$

由于它表示了由 k 阶段到 $k+1$ 阶段的状态转移规律,所以称它为状态转移方程。

例 3.15 中,状态转移方程为 $x_{k+1}=u_k(x_k)$。

5)指标函数

指标函数分为阶段指标函数和过程指标函数两种。

(1)用来衡量第 k 阶段效果的优劣的数量指标,称为阶段指标函数 d_k。

阶段指标函数是状态变量和相应决策变量的函数,即 $d_k=d_k(x_k,u_k)$。

阶段指标可以是运费、利润、成本、产量等。

(2)过程指标函数(Objective Function)是衡量过程优劣的数量指标,它是定义在全过程或所有后部子过程上的数量函数,用 $V_{kn}(x_k,p_{kn})$ 表示在第 k 阶段,状态为 x_k 采用策略 p_{kn} 时,后部子过程的指标函数值,$k=1,2,\cdots,n$。

(3)过程指标函数由 $d_j(j=1,2,\cdots,n)$ 组成,常见的形式有:

① 阶段指标之和,即

$$V_{kn}(x_k,p_{kn})=\sum_{j=k}^{n}d_j(x_j,u_j)。$$

② 阶段指标之积，即
$$V_{kn}(x_k, p_{kn}) = \prod_{j=k}^{n} d_j(x_j, u_j)。$$

③ 阶段指标之极大（或极小），即
$$V_{kn}(x_k, p_{kn}) = \max_{k \leq j \leq n}(\min)\{d_j(x_j, u_j)\}。$$

④ 从状态 x_k 出发，选取最优策略所得到的过程指标函数 $V_{kn}(x_k, p_{kn})$ 的最优值称为最优值函数，记为 $f_k(x_k)$，即
$$f_k(x_k) = \operatorname*{opt}_{p_{kn} \in P_{kn}(x_k)} V_{kn}(x_k, p_{kn}),$$

其中 opt 可根据具体情况取 max 或 min。

在例 3.15 中，指标函数是距离。如第 2 阶段，状态为 B_1 时 $d(B_1, C_2)$ 表示由 B_1 出发，采用决策到下一段 C_2 点的两点间距离，$V_{25}(B_1, p_{25})$ 表示从 B_1 到 F 的距离，而 $f_2(B_1)$ 则表示从 B_1 到 F 的最短距离。本问题的总目标是求 $f_1(A)$，即从 A 到终点 F 的最短距离。

6）递归方程

如下方程称为递归方程

$$\begin{cases} f_{n+1}(x_{n+1}) = 0 \text{ 或 } 1, \\ f_k(x_k) = \operatorname*{opt}_{u_k \in U_k(x_k)} \{d_k(x_k, u_k) \otimes f_{k+1}(x_{k+1})\}, k = n, \cdots, 1。 \end{cases} \quad (3.25)$$

在上述方程中，当 ⊗ 为加法时取 $f_{n+1}(x_{n+1}) = 0$；当 ⊗ 为乘法时，取 $f_{n+1}(x_{n+1}) = 1$。动态规划递归方程是动态规划的最优性原理的基础，即最优策略的子策略构成最优子策略。用状态转移方程（3.24）和递归方程（3.25）求解动态规划的过程，是由 $k = n+1$ 逆推至 $k = 1$，故这种解法称为逆序解法。当然，对某些动态规划问题，也可采用顺序解法。

2. 动态规划方法的基本思想与最优化原理

下面结合例 3.15 介绍动态规划的基本思想。

为了求出最短路线，一种简单的方法是求出所有从 A 到 F 的可能铺设的路长并加以比较。从 A 到 F 共有 24 条不同路径，要求出最短路线需要做 66 次加法，23 次比较运算，这种方法称穷举法。当问题的段数很多、各段的状态也很多时，穷举法的计算量会大大增加，甚至使得求最优解成为不可能。

下面介绍动态规划方法。本方法是从过程的最后一段开始，用逆序递推方法求解，逐步求出各段各点到终点 F 的最短路线，最后求得 A 点到 F 点的最短路线。

（1）从 $k = 5$ 开始，状态变量 x_5 可取两种状态 E_1, E_2，它们到 F 点的路长分别为 4,3，即
$$f_5(E_1) = 4, \quad f_5(E_2) = 3。$$

（2）$k = 4$，状态变量 x_4 可取三个值 D_1, D_2, D_3，这是经过一个中途点到达终点 F 的两级决策问题，即
$$f_4(D_1) = \min \begin{Bmatrix} d(D_1, E_1) + f_5(E_1) \\ d(D_1, E_2) + f_5(E_2) \end{Bmatrix} = \min \begin{Bmatrix} 3+4 \\ 5+3 \end{Bmatrix} = 7,$$

这说明由 D_1 到终点 F 最短距离为 7，其路径为 $D_1 \to E_1 \to F$。相应决策为 $u_4^*(D_1) = E_1$，且
$$f_4(D_2) = \min \begin{Bmatrix} d(D_2, E_1) + f_5(E_1) \\ d(D_2, E_2) + f_5(E_2) \end{Bmatrix} = \min \begin{Bmatrix} 6+4 \\ 2+3 \end{Bmatrix} = 5,$$

即 D_2 到终点 F 最短距离为 5，其路径为 $D_2 \to E_2 \to F$。相应决策为 $u_4^*(D_2) = E_2$，且

$$f_4(D_3) = \min\begin{Bmatrix} d(D_3,E_1)+f_5(E_1) \\ d(D_3,E_2)+f_5(E_2) \end{Bmatrix} = \min\begin{Bmatrix} 1+4 \\ 3+3 \end{Bmatrix} = 5,$$

即 D_3 到终点 F 最短距离为 5, 其路径为 $D_3 \rightarrow E_1 \rightarrow F$。相应决策为 $u_4^*(D_3) = E_1$。

(3) $k = 3$ 时, 类似地, 得

$$f_3(C_1) = 12, \quad u_3^*(C_1) = D_1,$$
$$f_3(C_2) = 10, \quad u_3^*(C_2) = D_2,$$
$$f_3(C_3) = 8, \quad u_3^*(C_3) = D_2,$$
$$f_3(C_4) = 9, \quad u_3^*(C_4) = D_3。$$

(4) $k = 2$ 时, 有

$$f_2(B_1) = 13, \quad u_2^*(B_1) = C_2,$$
$$f_2(B_2) = 15, \quad u_2^*(B_2) = C_3。$$

(5) $k = 1$ 时, 只有一个状态点 A, 因有

$$f_1(A) = \min\begin{Bmatrix} d(A,B_1)+f_2(B_1) \\ d(A,B_2)+f_2(B_2) \end{Bmatrix} = \min\begin{Bmatrix} 4+13 \\ 5+15 \end{Bmatrix} = 17,$$

即从 A 到 F 的最短距离为 17。本段决策为 $u_1^*(A) = B_1$。

再按计算顺序反推可得最优决策序列 $\{u_k\}$, 即 $u_1^*(A) = B_1$, $u_2^*(B_1) = C_2$, $u_3^*(C_2) = D_2$, $u_4^*(D_2) = E_2$, $u_5^*(E_2) = F$。所以最优路线为

$$A \rightarrow B_1 \rightarrow C_2 \rightarrow D_2 \rightarrow E_2 \rightarrow F。$$

从例 3.15 的计算过程中可以看出, 在求解的各阶段, 利用了第 k 段和第 $k+1$ 段的如下关系, 即

$$\begin{cases} f_k(x_k) = \min\limits_{u_k}\{d_k(x_k,u_k) + f_{k+1}(x_{k+1})\}, & k = 5,4,3,2,1, \\ f_6(x_6) = 0。 \end{cases}$$

这种递推关系称为动态规划的基本方程。

上述最短路线的计算过程也可用图直观表示, 这种在图上直接计算的方法叫标号法。从上面的计算过程可以看出, 动态规划法较之穷举法有如下优点:

第一, 动态规划方法只进行了 22 次加法运算、12 次比较运算, 比穷举法计算量小。

第二, 动态规划的计算结果不仅得到了从 A 到 F 的最短路径, 而且得到了任一中间段点到 F 的最短路线, 这对许多实际问题来讲, 是很有意义的。

现将动态规划方法的基本思想总结如下:

(1) 将多阶段决策过程划分阶段, 恰当地选取状态变量、决策变量及定义最优指标函数, 从而把问题化成一族同类型的子问题, 然后逐个求解。

(2) 求解时从边界条件开始, 逆(或顺)过程行进方向, 逐段递推寻优。在每一个子问题求解时, 都要使用它前面已求出的子问题的最优结果, 最后一个子问题的最优解就是整个问题的最优解。

(3) 动态规划方法是既把当前阶段与未来各段分开, 又把当前效益和未来效益结合起来考虑的一种最优化方法, 因此每段的最优决策选取是从全局考虑的, 与该段的最优选择一般是不同的。

动态规划方法基于贝尔曼(R. Bellman)等人提出的最优化原理。最优化原理可表述为:

"一个过程的最优策略具有这样的性质:即无论初始状态及初始决策如何,对于先前决策所形成的状态而言,其以后的所有决策应构成最优策略。"

利用上述最优化原理,可以把多阶段决策问题求解过程表示成一个连续的递推过程,由后向前逐步计算。在求解时,前面的各状态与决策,对后面的子过程来说,只相当于初始条件,并不影响后面子过程的最优决策。

纵上所述,如果一个问题能用动态规划方法求解,那么可以按下列步骤,建立动态规划的数学模型:

(1) 将过程划分成恰当的阶段。

(2) 正确选择状态变量 x_k,使它既能描述过程的状态,又满足无后效性,同时确定允许状态集合 X_k。

(3) 选择决策变量 u_k,确定允许决策集合 $U_k(x_k)$。

(4) 写出状态转移方程。

(5) 确定阶段指标 $d_k(x_k,u_k)$ 及过程指标函数 V_{kn} 的形式(阶段指标之和,阶段指标之积,阶段指标之极大或极小等)。

(6) 写出基本方程即最优值函数满足的递归方程,以及端点条件。

3.4.3 动态规划应用举例

例 3.17 (续例 3.15)

用 LINGO 软件求解例 3.15 的最短路线问题。

```
model:
Title Dynamic Programming;
sets:
vertex/A,B1,B2,C1,C2,C3,C4,D1,D2,D3,E1,E2,F/:L;
road(vertex,vertex)/A B1,A B2,B1 C1,B1 C2,B1 c3,B2 C2,B2 C3,B2 C4,
C1 D1,C1 D2,C2 D1,C2 D2,C3 D2,C3 D3,C4 D2,C4 D3,
D1 E1,D1 E2,D2 E1,D2 E2,D3 E1,D3 E2,
E1 F,E2 F/:D;
endsets
data:
D=4 5 2  3 6 8 7  7
5  8 4  5 3  4 8 4
3 5 6 2  1 3
4 3;
enddata
n=@size(vertex); L(n)=0;
@for(vertex(i)|i#lt#n:L(i)=@min(road(i,j):L(j)+D(i,j)));
end
```

LINGO 程序的计算结果和上面的标号法求解结果是一样的,此处不再赘述。

例 3.18 设某工厂有 1000 台机器,生产两种产品 A,B,若投入 x 台机器生产 A 产品,则纯收入为 $5x$,若投入 y 台机器生产 B 种产品,则纯收入为 $4y$,已知生产 A 种产品机器的年折损率为 20%,生产 B 产品机器的年折损率为 10%,问在 5 年内如何安排各年度的生产计划,才能使总收入最高?

解 取阶段变量 k 为年度,$k=1,2,3,4,5$。

令 x_k 表示第 k 年初完好机器数,u_k 表示第 k 年安排生产 A 种产品的机器数,则 x_k-u_k 为第 k 年安排生产 B 种产品的机器数,且 $0\leq u_k\leq x_k$。则第 $k+1$ 年初完好的机器数

$$x_{k+1}=(1-0.2)u_k+(1-0.1)(x_k-u_k)=0.9x_k-0.1u_k, \tag{3.26}$$

令 $v_k(x_k,u_k)$ 表示第 k 年的纯收入,$f_k(x_k)$ 表示第 k 年初往后各年的最大利润之和。显然

$$f_6(x_6)=0。\tag{3.27}$$

基本方程为

$$\begin{aligned}f_k(x_k)&=\max_{0\leq u_k\leq x_k}\{v_k(x_k,u_k)+f_{k+1}(x_{k+1})\}\\ &=\max_{0\leq u_k\leq x_k}\{5u_k+4(x_k-u_k)+f_{k+1}(x_{k+1})\}=\max_{0\leq u_k\leq x_k}\{u_k+4x_k+f_{k+1}(x_{k+1})\}。\end{aligned}\tag{3.28}$$

(1) $k=5$ 时,由式(3.27)和式(3.28),得

$$f_5(x_5)=\max_{0\leq u_5\leq x_5}\{u_5+4x_5\},$$

u_5+4x_5 关于 u_5 求导,知其导数大于零,所以 u_5+4x_5 在 u_5 等于 x_5 处取得最大值,即 $u_5=x_5$ 时,$f_5(x_5)=5x_5$。

(2) $k=4$ 时,由式(3.26)和式(3.28),得

$$f_4(x_4)=\max_{0\leq u_4\leq x_4}\{u_4+4x_4+5x_5\}=\max_{0\leq u_4\leq x_4}\{u_4+4x_4+5(0.9x_4-0.1u_4)\}=\max_{0\leq u_4\leq x_4}\{0.5u_4+8.5x_4\}。$$

当 $u_4=x_4$ 时,$f_4(x_4)=9x_4$。

(3) $k=3$ 时,有

$$f_3(x_3)=\max_{0\leq u_3\leq x_3}\{u_3+4x_3+9x_4\}=\max_{0\leq u_3\leq x_3}\{u_3+4x_3+9(0.9x_3-0.1u_3)\}=\max_{0\leq u_3\leq x_3}\{0.1u_3+12.1x_3\}。$$

当 $u_3=x_3$ 时,$f_3(x_3)=12.2x_3$。

(4) $k=2$ 时,有

$$f_2(x_2)=\max_{0\leq u_2\leq x_2}\{u_2+4x_2+12.2x_3\}=\max_{0\leq u_2\leq x_2}\{-0.22u_2+14.98x_2\}。$$

当 $u_2=0$ 时,$f_2(x_2)=14.98x_2$。

(5) $k=1$ 时,有

$$f_1(x_1)=\max_{0\leq u_1\leq x_1}\{u_1+4x_1+14.98x_2\}=\max_{0\leq u_1\leq x_1}\{-0.498u_1+17.482x_1\}。$$

当 $u_1=0$ 时,$f_1(x_1)=17.482x_1$。因为

$$x_1=1000(台),\quad u_1=0,$$

所以由式(3.26)和各阶段的最优控制,进行回代,得

$$x_2=0.9x_1-0.1u_1=900(台),\quad u_2=0(台);$$
$$x_3=0.9x_2-0.1u_2=810(台),\quad u_3=810(台);$$
$$x_4=0.9x_3-0.1u_3=648(台),\quad u_4=648(台);$$
$$x_5=0.9x_4-0.1u_4=518.4(台),\quad u_5=518.4(台);$$
$$x_6=0.9x_5-0.1u_5=414.72(台)。$$

这里需要注意的是,$x_5=518.4$ 台中的 0.4 台应理解为有一台机器只能使用 0.4 年即报废。

model:
sets:

```
year/1..6/:u,x,f;
endsets
max = f(1);
n = @size(year); f(n) = 0; x(1) = 1000;
@for(year(k)|k#lt#n:u(k) < x(k); x(k+1) = 0.9*x(k) - 0.1*u(k);
f(k) = u(k) + 4*x(k) + f(k+1));
end
```

习 题 3

3.1 已知某物资有 8 个配送中心可以供货,有 15 个部队用户需要该物资,配送中心和部队用户之间单位物资的运费,15 个部队用户的物资需求量和 8 个配送中心的物资储备量数据如表 3.16 所示。

表 3.16 配送中心和部队用户之间单位物资的运费和物资需求量、储备量数据

部队用户	单位物资的运费								需求量
	1	2	3	4	5	6	7	8	
1	390.6	618.5	553	442	113.1	5.2	1217.7	1011	3000
2	370.8	636	440	401.8	25.6	113.1	1172.4	894.5	3100
3	876.3	1098.6	497.6	779.8	903	1003.3	907.2	40.1	2900
4	745.4	1037	305.9	725.7	445.7	531.4	1376.4	768.1	3100
5	144.5	354.6	624.7	238	290.7	269.4	993.2	974	3100
6	200.2	242	691.5	173.4	560	589.7	661.8	855.7	3400
7	235	205.5	801.5	326.6	477	433.6	966.4	1112	3500
8	517	541.5	338.4	219	249.5	335	937.3	701.8	3200
9	542	321	1104	576	896.3	878.4	728.3	1243	3000
10	665	827	427	523.2	725.2	813.8	692.2	284	3100
11	799	855.1	916.5	709.3	1057	1115.5	300	617	3300
12	852.2	798	1083	714.6	1177.4	1216.8	40.8	898.2	3200
13	602	614	820	517.7	899.6	952.7	272.4	727	3300
14	903	1092.5	612.5	790	932.4	1034.9	777	152.3	2900
15	600.7	710	522	448	726.6	811.8	563	426.8	3100
储备量	18600	19600	17100	18900	17000	19100	20500	17200	

(1) 根据题目给定的数据,求最小运费调用计划。

(2) 每个配送中心,可以对用户配送物资,也可以不对用户配送物资。若配送物资,配送量要大于等于 1000 且小于等于 2000,求此时的费用最小调用计划。

3.2 (设备生产计划)某公司按照合同规定需要在当年每个季度末分别提供 10、15、25 和 20 台同一规格的某种机器设备。已知该公司各季度的生产能力以及生产每台设备的成本

如表 3.17 所示。如果生产的设备当季度不交货,则每台积压一个季度所需的存储、维护等费用为 0.15 万元。试确定在完成合同任务的条件下,使公司全年生产费用最小的设备生产计划。

表 3.17 生产能力及成本数据

季　度	生产能力/万台	单位成本/万元
1	25	10.8
2	35	11.1
3	30	11.0
4	10	11.3

3.3 (有限制条件的零件加工问题)有 10 种不同的零件,它们都可在设备 A,B,C 上加工,其单件加工费用如表 3.18 所示。又只要有零件在上述设备上加工,不管加工 1 个或多个,分别发生一次性准备费用。

表 3.18 零件加工的有关数据

设备 \ 零件	1	2	3	4	5	6	7	8	9	10	准备费用
A	5	8	5	6	9	7	3	4	11	10	120
B	4	4	8	4	6	5	5	7	9	11	132
C	7	9	3	7	10	8	4	6	12	9	125

(1) 10 种零件每种加工 1 件;若第 1 种零件在设备 A 上加工,则第 2 种零件应在设备 B 或 C 上加工;零件 3,4,5 必须在同一种设备上加工;在设备 C 上加工的零件种数不超过 3 种。求使总的生产费用最小的加工方案。

(2) 若每种零件各加工 10 件,其他条件同(1),求使总的生产费用最小的加工方案。

3.4 某医院决策层正在开会研究制订急诊病区的一昼夜护士值班安排计划。在会议上,护理部主任提交了一份该病区一昼夜 24h 各时段护士的最少需求人数的报告,如表 3.19 所示。

表 3.19 各时段护士的最小需求人数

序　号	时　段	最少需求人数
1	02:00~06:00	10
2	06:00~10:00	15
3	10:00~14:00	25
4	14:00~18:00	20
5	18:00~22:00	18
6	22:00~02:00	12

护士们分别在表中所示的各时段开始时上班,并连续工作 8h。现在医院决策层面临的问题是:

(1) 应如何安排各个时段开始时上班的护士数,才能满足值班的需要且使护士的总人数最少。

(2) 在会议做出安排之前,护理部又提出一个问题:目前全院在编的正式护士只有50人,工资定额为20元/h;如果所需护士总人数超过50人,那么必须以25元/h的较高薪酬外聘合同护士。另外,对于轮班6(22:00~02:00)开始上班的护士,医院提供夜间加餐补贴,在编护士每人每班20元,外聘护士每人每班25元。出现这种情况又该如何安排班次?医院的最少支出是多少?

(3) 护理部后来又提出,最好在深夜2点(02:00)的时候避免交班,这样又该如何安排班次?医院在这方面的成本变化是多少?

3.5 某企业计划委派10个推销员到4个地区推销产品,每个地区委派1~4名推销员。各地区收益与推销员人数的关系如表3.20所示。企业应如何委派4个地区的推销人数,才能使总收益最大?

表3.20 委派人数与各地区收益的关系

委派人数	地区 A	地区 B	地区 C	地区 D
1	40	50	60	70
2	70	120	200	240
3	180	230	230	260
4	240	240	270	300

3.6 某股民决定对6家公司的股票进行投资,根据对这6家公司的了解,估计了这6家公司股票的明年预期收益和这6种股票收益的协方差矩阵的数据如表3.21所示。要获得至少25%的预期收益,最小风险是多少?

表3.21 公司股票明年预期收益和收益的协方差矩阵数据

| 股票 | 收益率/% | 协方差 | | | | | |
		公司1	公司2	公司3	公司4	公司5	公司6
公司1	20	0.032	0.005	0.03	−0.031	−0.027	0.01
公司2	42	0.005	0.1	0.085	−0.07	−0.05	0.02
公司3	100	0.03	0.085	0.333	−0.11	−0.02	0.042
公司4	50	−0.031	−0.07	−0.11	0.125	0.05	−0.06
公司5	46	−0.027	−0.05	−0.02	0.05	0.065	−0.02
公司6	30	0.01	0.02	0.042	−0.06	−0.02	0.08

3.7 某公司有2个生产厂 A_1,A_2,4个中转仓库 B_1,B_2,B_3,B_4,供应6家用户 C_1,C_2,C_3,C_4,C_5,C_6。各用户可以从厂家直接进货,也可从中转仓库进货,其所需的调运费用(元/t)如表3.22所示。

表3.22 调运费用数据 (元/t)

	B_1	B_2	B_3	B_4	C_1	C_2	C_3	C_4	C_5	C_6
A_1	50	50	100	20	100	—	150	200	—	100
A_2	—	30	50	20	200					
B_1						150	50	150		100

(续)

	B_1	B_2	B_3	B_4	C_1	C_2	C_3	C_4	C_5	C_6
B_2					100	50	50	100	50	—
B_3					—	150	200	—	50	150
B_4					—	—	20	150	50	150

注：—为不允许调运

已知各生产厂月最大供货量为 A_1—150000t，A_2—200000t；各中转仓库月最大周转为 B_1—70000t，B_2—50000t，B_3—100000t，B_4—40000t；用户每月的最低需求为 C_1—50000t，C_2—10000t，C_3—40000t，C_4—35000t，C_5—60000t，C_6—20000t。

（1）该公司采用什么供货方案，使总调运费用最小？

（2）有人提出建议开设两个新的中转仓库 B_5 和 B_6，以及扩大 B_2 的中转能力。假如最多允许开设 4 个仓库，因此考虑关闭原仓库 B_1 或 B_4，或两个都予关闭。

新建仓库和扩建 B_2 的费用及中转能力：建 B_5 需投资 1200000 元，中转能力为每月 30000t，建 B_6 需投资 400000 元，月中转能力为 25000t；扩建 B_2 需投资 300000 元，月中转能力比原来增加 20000t。关闭原仓库可带来的节约：关闭 B_1 每月节省 100000 元；关闭 B_4 每月节省 50000 元。

新建仓库 B_5 和 B_6 同生产厂及各用户间单位物资的调运费用如表 3.20 所示。

要求确定 B_5 和 B_6 中哪一个应新建，B_2 是否需要扩建，B_1 和 B_4 是否关闭，并且重新确立使总调运费用为最小的供货关系。

表 3.23 新建仓库的调运费用数据 （元/t）

	B_5	B_6	C_1	C_2	C_3	C_4	C_5	C_6
A_1	60	40						
A_2	40	30						
B_5			120	60	40	—	30	80
B_6			—	40	—	50	60	90

3.8 团结乡有 8 个村镇，各村镇位置坐标及小学生人数如表 3.24 所示。考虑到学校的规模效益，拟选其中两个村镇各建一所小学。问两所小学各建于何处，使小学生上学所走路程为最短（小学生所走路程按两村镇之间的欧几里得距离计算）。

表 3.24 各村镇位置坐标及小学生人数数据

村镇代号	坐标位置		小学生人数
	x	y	
1	0	0	60
2	10	3	80
3	12	15	100
4	14	13	120
5	16	9	80
6	18	6	60
7	8	12	40
8	6	10	80

3.9 分配甲、乙、丙 3 人完成 A、B、C、D、E 5 项工作,已知每人完成各项工作时间如表 3.25 所示。规定其中 2 人各完成 2 项工作,另 1 人完成 1 项工作,应如何分配使总用时最少。

表 3.25 3 人完成各项工作的时间

	A	B	C	D	E
甲	10	11	13	16	9
乙	8	7	10	11	12
丙	12	13	15	10	8

3.10 某汽车制造厂生产珠江、松花江、黄河 3 种品牌的汽车,已知各生产 1 台时的钢材、劳动力的消耗和利润值,每月可供使用的钢材及劳动力小时数如表 3.26 所示。已知这 3 种汽车生产的经济批量为月产量 1000 台以上,即各牌号汽车月产量或大于等于 1000 台,或不生产。试为该厂找出 1 个使总利润为最大的生产计划安排。

表 3.26 汽车生产的数据

项目	珠江	松花江	黄河	每月可供量
钢材/t	1.5	3.0	5.0	6000
劳动力/h	300	250	400	600000
预期利润/元	2000	3000	4000	

3.11 (生产、库存与设备维修综合计划的优化安排)某厂有 4 台磨床、2 台立钻、3 台水平钻、1 台镗床和 1 台刨床,用来生产 7 种产品。已知生产单位各种产品所需的有关设备台时以及它们的利润如表 3.27 所示。

表 3.27 产品生产的有关数据

	Ⅰ	Ⅱ	Ⅲ	Ⅳ	Ⅴ	Ⅵ	Ⅶ
磨床	0.5	0.7	—	—	0.3	0.2	0.5
立钻	0.1	0.2	—	0.3	—	0.6	—
水平钻	0.2	—	0.8	—	—	—	0.6
镗床	0.05	0.03	—	0.07	0.1	—	0.08
刨床	—	—	0.01	—	0.05	—	0.05
单件利润/元	100	60	80	40	110	90	30

从 1 月到 6 月份,下列设备需进行维修:1 月—1 台磨床,2 月—2 台水平钻,3 月—1 台镗床,4 月—1 台立钻,5 月—1 台磨床和 1 台立钻,6 月—1 台刨床和 1 台水平钻,被维修的设备在当月不能安排生产。又知从 1~6 月份市场对上述 7 种产品最大需求量如表 3.28 所示。

表 3.28 产品最大需求量数据

	Ⅰ	Ⅱ	Ⅲ	Ⅳ	Ⅴ	Ⅵ	Ⅶ
1 月	500	1000	300	300	800	200	100
2 月	600	500	200	0	400	300	150
3 月	300	600	0	0	500	400	100
4 月	200	300	400	500	200	0	100
5 月	0	100	500	100	1000	300	0
6 月	500	500	100	300	1100	500	60

每月产品当月销售不了的每件每月存储费为 5 元,但规定任何时候每种产品的存储量均不得超过 100 件。1 月初无库存,要求 6 月末各种产品各存储 50 件。

若该厂每月工作 24 天,每天 2 班,每班 8 个小时,假定不考虑产品在各种设备上的加工顺序,要求:

(1) 该厂如何安排计划,使总的利润最大。

(2) 若对设备维修只规定每台设备在 1~6 月份内均需安排 1 个月用于维修,时间可灵活安排(其中 4 台磨床只需安排 2 台在上半年维修)。重新为该厂确定一个最优的设备维修计划。

3.12 (搬迁方案)某厂计划将一部分在市区的生产车间搬迁至该市的卫星城镇,好处是土地、房租费及排污处理费用等都较便宜,但这样做会增加车间之间的交通运输费用。

设该厂原在市区有 A、B、C、D、E 5 个车间,计划搬迁去的卫星城镇有甲、乙两处。规定无论留在市区或甲、乙两卫星城镇均不得多于 3 个车间。从市区搬至卫星城带来的年费用节约如表 3.29 所示。

表 3.29 搬迁后节约的年费用

车间	A	B	C	D	E
搬至甲	100	150	100	200	50
搬至乙	100	200	150	150	150

搬迁后带来运输费用增加由车间之间的年运量、市区、卫星城镇间单位运量的运费决定,具体数据分别如表 3.30 和表 3.31 所示。

试为该厂确定一个最优的车间搬迁方案。

表 3.30 5 个车间之间的年运量

	B	C	D	E
A	0	1000	1500	0
B		1400	1200	0
C			0	2000
D				700

表 3.31 市区、卫星城镇间单位运量的运费

	市区	甲	乙
市区	1000	1300	900
甲		500	1400
乙			500

3.13 求图 3.7 所示的九宫数独问题。

3.14 一艘货轮分前、中、后 3 个舱位,它们的容积与最大允许载重量如表 3.32 所示。现有 3 种货物待运,已知有关数据列于表 3.33。

				7	9			
1								
	3			2				8
		9	6		5			
		5	3			9		
	1			8				2
6				4				
3						1		
	4							7
		7				3		

图 3.7 九宫数独问题

表 3.32 3 个舱位容积与最大允许载重量数据

项 目	前 舱	中 舱	后 舱
最大允许载重量/t	2000	3000	1500
容积/m³	4000	5400	1500

表 3.33 3 种待运货物的有关数据

商品	数量/件	每件体积/m³	每件质量/t	运价/(元/件)
A	600	10	8	1000
B	1000	5	6	700
C	800	7	5	600

又为了航运安全,前、中、后舱的实际载重量大体保持各舱最大允许载重量的比例关系。具体要求:前、后舱分别与中舱之间载重量比例的偏差不超过 15%,前、后舱之间不超过 10%。问该货轮应装载 A、B、C 各多少件运费收入为最大?

第4章 图论与网络优化

图论(Graph Theory)是运筹学的一个重要分支,它是以图为研究对象的。这里所说的图是由若干给定的点及连接两点的线所构成的图形,这种图形通常用来描述某些事物之间的某种特定关系,用点代表事物,用连接两点的线表示相应的两个事物之间所具有的这种特定关系。本章主要介绍图论与网络优化的基本概念、基本模型和常见的求解算法,重点介绍最小生成树问题、最短路问题、最大流问题、旅行商问题、邮递员问题和项目计划节点图等。

4.1 图的基本概念与数据结构

4.1.1 基本概念

所谓图,概括地讲就是由一些点和这些点之间的连线组成的。定义为 $G=(V,E)$,V 是顶点的非空有限集合,称为顶点集。E 是边的集合,称为边集。边一般用 (v_i,v_j) 表示,其中 v_i,v_j 属于顶点集 V。

图 4.1 是几个简单图的示例,其中图 4.1(a)共有 3 个顶点、2 条边,将其表示为
$$G=(V,E), \quad V=\{v_1,v_2,v_3\}, \quad E=\{(v_1,v_2),(v_1,v_3)\}。$$

(a)
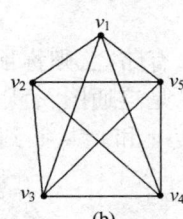
(b)
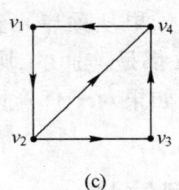
(c)

图 4.1 图的示意图

1. 无向图和有向图

如果图的边是没有方向的,则称此图为无向图(简称为图),无向图的边称为无向边(简称边)。图 4.1(a)和(b)都是无向图。连接两顶点 v_i 和 v_j 的无向边记为 (v_i,v_j) 或 (v_j,v_i)。

如果图的边是有方向(带箭头的),则称此图为有向图,有向图的边称为有向边,图 4.1(c)是一个有向图。连接两顶点 v_i 和 v_j 的有向边记为 $\langle v_i,v_j \rangle$,其中 v_i 称为起点,v_j 称为终点。显然此时边 $\langle v_i,v_j \rangle$ 与边 $\langle v_j,v_i \rangle$ 是不同的两条边。有向图的边又称为弧,起点称为弧头,终点称为弧尾。有向图一般记为 $D=(V,A)$,其中 V 为顶点集,A 为弧集。

例如图 4.1(c)可以表示为 $D=(V,A)$,顶点集 $V=\{v_1,v_2,v_3,v_4\}$,弧集为 $A=\{\langle v_1,v_2 \rangle$, $\langle v_2,v_3 \rangle,\langle v_2,v_4 \rangle,\langle v_3,v_4 \rangle,\langle v_4,v_1 \rangle\}$。

如果两个顶点 v_i 和 v_j 之间有一条边相连,则称顶点 v_i 和 v_j 之间是相邻的。

2. 赋权图

如果一个图中的两顶点不仅是相邻的,而且在边上还标明了数量关系,则称这些数值为相

应边的权,边上赋有权的图称为赋权图,也称为网络。如图4.1(a)就是一个赋权图,赋权图中的权可以是距离、费用、时间、效益、成本等。

3. 阶和度

一个图中顶点的个数称为图的阶。如图4.1(a),(b),(c)所示图的阶分别为3,5,4。图中与某个顶点相关联的边的数目,称为该顶点的度。度为奇数的顶点称为奇点,度为偶数的顶点称为偶点。如图4.1(a)中顶点v_2,v_3是奇点,v_1是偶点。

在有向图中,把以顶点v为终点的弧的数目称为顶点v的入度,对应的弧称为入弧;把以顶点u为起点的弧的数目称为顶点u的出度,对应的弧称为出弧。出度为0的顶点称为终端顶点。如图4.1(c)中顶点v_1的入度是1,出度是1;v_2的入度是1,出度是2;v_3的入度是1,出度是1;v_4的入度是2,出度是1。

4. 完全图

若无向图中的任意两个顶点之间都存在着一条边,有向图中的任意两个顶点之间都存在着方向相反的两条弧,则称此图为完全图。n阶完全有向图含有$n(n-1)$条边,n阶完全无向图含有$n(n-1)/2$条边。例如,图4.1(b)就是一个完全图。

5. 子图

设有两个图$G=(V,E)$和$G'=(V',E')$,若$V'\subset V,E'\subset E$,则称G'为G的子图。

6. 道路与回路

设$W=v_0e_1v_1e_2\cdots e_kv_k$,其中$e_i\in E(i=1,2,\cdots,k),v_j\in V(j=0,1,\cdots,k),e_i$与$v_{i-1}$和$v_i$关联,称$W$是图$G$的一条道路,$k$为路长,$v_0$为起点,$v_k$为终点;各边相异的道路称为迹(Trail);各顶点相异的道路称为轨道(Path),记为$P(v_0,v_k)$;起点和终点重合的道路称为回路;起点和终点重合的轨道称为圈,即对轨道$P(v_0,v_k)$,当$v_0=v_k$时成为一个圈。称以两顶点u,v分别为起点和终点的最短轨道之长为顶点u,v的距离。

7. 连通图与非连通图

在无向图G中,如果从顶点u到顶点v有路径,则称顶点u和v是连通的。如果图G中的任意两个顶点u和v都是连通的,则称图G是连通图,否则称为非连通图。

在有向图G中,如果对于任意两个顶点u和v,从u到v和从v到u都存在路径,则称图G是强连通图。

4.1.2 数据结构

1. 邻接矩阵

邻接矩阵是表示顶点之间相邻关系的矩阵,设$G=(V,E)$是一个阶为n的图(顶点序号分别用$1,2,\cdots,n$),则G的邻接矩阵$\boldsymbol{W}=(w_{ij})_{n\times n}$是一个$n$阶矩阵,$w_{ij}$的值定义如下:

$$w_{ij}=\begin{cases}1\text{ 或权值}, & \text{当}v_i\text{与}v_j\text{之间有边或弧时},\\ 0\text{ 或}\infty, & \text{当}v_i\text{与}v_j\text{之间无边或弧时}。\end{cases}$$

这里强调一下,如果两个顶点之间没有边或弧,根据实际问题的含义或者是设计算法需要,我们可以把对应的权重取为0或。

对于图4.1中的3个图,相应的邻接矩阵分别为

$$\boldsymbol{W}_1=\begin{bmatrix}0 & 6 & 9\\ 6 & 0 & \infty\\ 9 & \infty & 0\end{bmatrix},\quad \boldsymbol{W}_2=\begin{bmatrix}0 & 1 & 1 & 1 & 1\\ 1 & 0 & 1 & 1 & 1\\ 1 & 1 & 0 & 1 & 1\\ 1 & 1 & 1 & 0 & 1\\ 1 & 1 & 1 & 1 & 0\end{bmatrix},\quad \boldsymbol{W}_3=\begin{bmatrix}0 & 1 & 0 & 0\\ 0 & 0 & 1 & 1\\ 0 & 0 & 0 & 1\\ 1 & 0 & 0 & 0\end{bmatrix}。$$

采用邻接矩阵表示图,直观方便,通过检查邻接矩阵元素的值很容易查找图中任意两个顶点 v_i 和 v_j 之间是否有边(或弧),以及边上的权值。因为可以根据 i,j 的值直接查找存取,所以时间复杂性为 $O(1)$。也很容易计算一个顶点的度(或入度、出度)和邻接点,其时间复杂性均为 $O(n)$。但是,邻接矩阵表示法的空间复杂性为 $O(n^2)$,当图的边数远小于顶点数时,则会造成很大的空间浪费。

2. 稀疏矩阵

在数学上,稀疏矩阵是指矩阵中零元素很多,非零元素很少的矩阵。对于计算机的数据结构,稀疏矩阵只是一种存储格式,只存放非零元素的行地址、列地址和非零元素本身的值,即按如下方式存储(非零元素的行地址,非零元素的列地址),非零元素的值。

4.2 最短路问题

最短路问题是图论中最常用的问题之一,在生活实践中被广泛应用。最短路问题的数学模型是在一个无向(有向)赋权图中,寻找一条连接指定起点和终点的最短路线。

求最短路的算法有 Dijkstra(迪克斯特拉)标号算法和 Floyd(弗洛伊德)算法等方法,但 Dijkstra 标号算法只适用于权重是非负的情形。最短路问题也可以归结为一个 0-1 整数规划模型。

4.2.1 Dijkstra 标号算法

对于给定的赋权图 $G = (V, E, W)$,其中 $V = \{v_1, \cdots, v_n\}$ 为顶点集合,E 为边的集合,邻接矩阵 $W = (w_{ij})_{n \times n}$,这里

$$w_{ij} = \begin{cases} v_i \text{ 与 } v_j \text{ 之间边的权值}, & \text{当 } v_i \text{ 与 } v_j \text{ 之间有边时}, \\ \infty, & \text{当 } v_i \text{ 与 } v_j \text{ 之间无边时}, \end{cases} \quad i \neq j,$$

$$w_{ii} = \infty, \quad i = 1, 2, \cdots, n_\circ$$

求顶点 u_0 到 v_0 的最短距离 $d(u_0, v_0)$。

记 $l(v_i)$ 表示顶点 v_i 的标号值。Dijkstra 标号算法的计算步骤如下:

(1) 令 $l(u_0) = 0$,对 $v \neq u_0$,令 $l(v) = \infty$,$S_0 = \{u_0\}$,$i = 0$。

(2) 对每个 $v \in \bar{S}_i (\bar{S}_i = V \backslash S_i)$,用

$$\min_{u \in S_i} \{l(v), l(u) + w(uv)\}$$

代替 $l(v)$,这里 $w(uv)$ 表示顶点 u 和 v 之间边的权值。计算 $\min_{v \in \bar{S}_i} \{l(v)\}$,把达到这个最小值的一个顶点记为 u_{i+1},令 $S_{i+1} = S_i \cup \{u_{i+1}\}$。

(3) 若 $i = |V| - 1$ 或 v_0 进入 S_i,算法终止;否则,用 $i+1$ 代替 i,转(2)。

算法结束时,从 u_0 到各顶点 v 的距离由 v 的最后一次标号 $l(v)$ 给出。在 v 进入 S_i 之前的标号 $l(v)$ 叫 T 标号,v 进入 S_i 时的标号 $l(v)$ 叫 P 标号。算法就是不断修改各顶点的 T 标号,直至获得 P 标号。若在算法运行过程中,将每一顶点获得 P 标号所由来的边在图上标明,则算法结束时,u_0 至各顶点的最短路也在图上标示出来了。

例 4.1 某公司在 6 个城市 $c_1, c_2, \cdots, c_6$ 中有分公司,从 c_i 到 c_j 的直接航程票价记在下述矩阵的 (i, j) 位置上(∞ 表示无直接航路)。请帮助该公司设计一张城市 c_1 到其他城市间的票价最便宜的路线图。

$$\begin{bmatrix} 0 & 50 & \infty & 40 & 25 & 10 \\ 50 & 0 & 15 & 20 & \infty & 25 \\ \infty & 15 & 0 & 10 & 20 & \infty \\ 40 & 20 & 10 & 0 & 10 & 25 \\ 25 & \infty & 20 & 10 & 0 & 55 \\ 10 & 25 & \infty & 25 & 55 & 0 \end{bmatrix}。$$

解 可以使用 Dijkstra 标号算法求城市 c_1 到其他城市的费用最短路, 实际上 Dijkstra 标号算法相当于动态规划的顺序解法。

利用 LINGO 软件, 求得 c_1 到 $c_2, \cdots, c_6$ 的最便宜票价分别为 $35, 45, 35, 25, 10$。

计算的 LINGO 程序如下:

```
model:
sets:
city/1..6/:L;
road(city,city):d;
endsets
data:
d=10000;   !赋初值为充分大的正实数;
enddata
calc:
d(1,2)=50;d(1,4)=40;d(1,5)=25;d(1,6)=10;   !对邻接矩阵的上三角元素逐个赋值;
d(2,3)=15;d(2,4)=20;d(2,6)=25;
d(3,4)=10;d(3,5)=20;
d(4,5)=10;d(4,6)=25;
d(5,6)=55;
@for(city(j)|j#lt#@size(city):@for(city(i)|i#gt#j:d(i,j)=d(j,i))));   !对邻接矩阵的下三角元素赋值;
endcalc
L(1)=0;
@for(city(j)|j#gt#1:L(j)=@min(city(i):L(i)+d(i,j)));   !注意该语句是作为约束条件处理的;
end
```

4.2.2 Floyd 算法

对于赋权图 $G=(V,E,A_0)$, 其中顶点集 $V=\{v_1,\cdots,v_n\}$, 邻接矩阵

$$A_0 = \begin{bmatrix} a_{11} & a_{12} & \cdots & a_{1n} \\ a_{21} & a_{22} & \cdots & a_{2n} \\ \vdots & \vdots & \ddots & \vdots \\ a_{n1} & a_{n2} & \cdots & a_{nn} \end{bmatrix},$$

这里

$$a_{ij} = \begin{cases} \text{权值}, & \text{当 } v_i \text{ 与 } v_j \text{ 之间有边时}, \\ \infty, & \text{当 } v_i \text{ 与 } v_j \text{ 之间无边时}, \end{cases} \quad i \neq j,$$

$$a_{ii}=0, i=1,2,\cdots,n。$$

对于无向图,A_0 是对称矩阵,$a_{ij}=a_{ji}, i,j=1,2,\cdots,n$。

Floyd 算法的基本思想是递推产生一个矩阵序列 $A_1,\cdots,A_k,\cdots,A_n$,其中矩阵 A_k 的第 i 行第 j 列元素 $A_k(i,j)$ 表示从顶点 v_i 到顶点 v_j 的路径上所经过的顶点序号不大于 k 的最短路径长度。

计算时用迭代公式

$$A_k(i,j) = \min(A_{k-1}(i,j), A_{k-1}(i,k) + A_{k-1}(k,j)),$$

k 是迭代次数,$i,j,k=1,2,\cdots,n$。

最后,当 $k=n$ 时,A_n 即是各顶点之间的最短通路值。

例 4.2 (续例 4.1) 用 Floyd 算法求例 4.1 中 6 个城市两两之间的最便宜票价。

解 利用 LINGO 软件求得 6 个城市两两之间的最便宜票价如表 4.1 所示。

表 4.1 6 个城市两两之间的最便宜票价

	c_1	c_2	c_3	c_4	c_5	c_6
c_1	0	35	45	35	25	10
c_2	35	0	15	20	30	25
c_3	45	15	0	10	20	35
c_4	35	20	10	0	10	25
c_5	25	30	20	10	0	35
c_6	10	25	35	25	35	0

计算的 LINGO 程序如下:

```
model:
sets:
city/1..6/;
road(city,city):d;
endsets
data:
d = 10000;   !赋初值为充分大的正实数;
@ole('Ldata42.xlsx','A1:F6') = d;   !把计算结果输出到 Excel 文件中,便于做表;
enddata
calc:
d(1,2) = 50;d(1,4) = 40;d(1,5) = 25;d(1,6) = 10;   !对邻接矩阵的上三角元素逐个赋值;
d(2,3) = 15;d(2,4) = 20;d(2,6) = 25;
d(3,4) = 10;d(3,5) = 20;
d(4,5) = 10;d(4,6) = 25;
d(5,6) = 55;
@for(city(j)|j#lt#@size(city):@for(city(i)|i#gt#j:d(i,j) = d(j,i)));   !对邻接矩阵的下三角元素赋值;
@for(city(i):d(i,i) = 0);   !对角线元素赋零值;
@for(city(k):@for(road(i,j):d(i,j) = @smin(d(i,j),d(i,k) + d(k,j))));   !该语句放在计算段中,注意与上一个例子的区别;
```

```
    endcalc
end
```

注4.1 上述 LINGO 程序实际上是利用动态规划的思想求解的。另外必须预先建立一个空 Excel 文件,命名为 Ldata42.xlsx,放在当前 LINGO 程序目录下,且必须用 Excel 软件打开该文件。

4.2.3 0-1 整数规划模型

下面我们以无向图为例来说明最短路的 0-1 整数规划模型,对有向图来说也是一样的。

对于给定的赋权图 $G=(V,E,W)$,其中 $V=\{v_1,\cdots,v_n\}$ 为顶点集合,E 为边的集合,邻接矩阵 $W=(w_{ij})_{n\times n}$,这里

$$w_{ij}=\begin{cases} v_i \text{ 与 } v_j \text{ 之间边的权值}, & \text{当 } v_i \text{ 与 } v_j \text{ 之间有边时}, \\ \infty, & \text{当 } v_i \text{ 与 } v_j \text{ 之间无边时}, \end{cases} \quad i,j=1,2,\cdots,n。$$

现不妨求从 v_1 到 $v_m (m \le n)$ 的最短路径。引进 0-1 变量

$$x_{ij}=\begin{cases} 1, & \text{边}(v_i,v_j)\text{位于从 } v_1 \text{ 到 } v_m \text{ 的最短路径上}, \\ 0, & \text{否则}, \end{cases} \quad i,j=1,2,\cdots,n。$$

于是最短路问题的数学模型为

$$\min \sum_{i=1}^{n}\sum_{j=1}^{n} w_{ij}x_{ij}, \tag{4.1}$$

$$\text{s.t.} \begin{cases} \sum_{j=1}^{n} x_{ij} = \sum_{j=1}^{n} x_{ji}, & i=2,3,\cdots,n \text{ 且 } i \ne m, \\ \sum_{j=1}^{n} x_{1j} = 1, \\ \sum_{j=1}^{n} x_{j1} = 0, \\ \sum_{j=1}^{n} x_{jm} = 1, \\ x_{ij} = 0 \text{ 或 } 1, & i,j=1,2,\cdots,n。 \end{cases} \tag{4.2}$$

这是一个 0-1 整数规划模型,可以直接用 LINGO 软件求解。

例4.3 如图 4.2 所示为某市一个地区的交通网络示意图,图上的数字表示两点间的距离(单位:m),求 v_2 到 v_{24} 的最短距离。

解 构造图 4.2 交通网络对应的赋权图 $G=(V,E,W)$,其中顶点集合 $V=\{v_1,v_2,\cdots,v_{29}\}$,$E$ 为边的集合,邻接矩阵 $W=(w_{ij})_{29\times 29}$,这里

$$w_{ij}=\begin{cases} v_i \text{ 与 } v_j \text{ 之间道路的距离}, & \text{当 } v_i \text{ 与 } v_j \text{ 之间存在道路时}, \\ \infty, & \text{当 } v_i \text{ 与 } v_j \text{ 之间不存在道路时}, \end{cases} \quad i,j=1,2,\cdots,29。$$

现要求从 v_2 到 v_{24} 的最短路。引进 0-1 变量

$$x_{ij}=\begin{cases} 1, & \text{边}(v_i,v_j)\text{位于从 } v_2 \text{ 到 } v_{24} \text{ 的最短路径上}, \\ 0, & \text{否则}, \end{cases} \quad i,j=1,2,\cdots,29。$$

于是最短路问题的数学模型为

$$\min \sum_{i=1}^{29} \sum_{j=1}^{29} w_{ij} x_{ij},$$

$$\text{s. t.} \begin{cases} \sum_{j=1}^{29} x_{ij} = \sum_{j=1}^{29} x_{ji}, & i \neq 2 \text{ 且 } i \neq 24, \\ \sum_{j=1}^{29} x_{2j} = 1, \\ \sum_{j=1}^{29} x_{j2} = 0, \\ \sum_{j=1}^{n} x_{j,24} = 1, \\ x_{ij} = 0 \text{ 或 } 1, & i,j = 1,2,\cdots,29。 \end{cases}$$

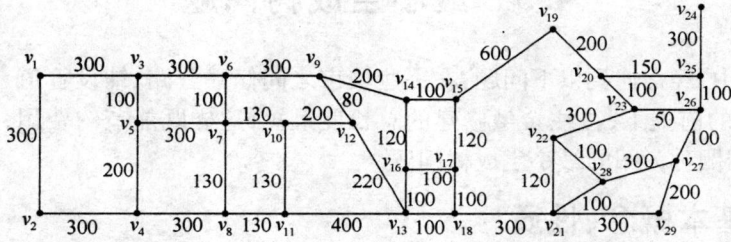

图 4.2 某市一个地区简化交通网络示意图

利用 LINGO 软件求得最短路径为

$$v_2 \to v_4 \to v_8 \to v_{11} \to v_{13} \to v_{18} \to v_{21} \to v_{22} \to v_{23} \to v_{26} \to v_{25} \to v_{24},$$

从 v_2 到 v_{24} 的最短距离为 2400m。

计算的 LINGO 程序如下:

```
model:
sets:
num/1..29/;
road(num,num):w,x;
endsets
data:
w = 100000; !邻接矩阵初始化;
enddata
calc:!以下先输入邻接矩阵的上三角元素;
w(1,2) = 300; w(1,3) = 300; w(2,4) = 300; w(3,5) = 100; w(3,6) = 300;
w(4,5) = 200; w(4,8) = 300; w(5,7) = 300; w(6,7) = 100; w(6,9) = 300;
w(7,8) = 130; w(7,10) = 130; w(8,11) = 130; w(9,12) = 80;
w(9,14) = 200; w(10,11) = 130; w(10,12) = 200; w(11,13) = 400;
w(12,13) = 220; w(13,16) = 100; w(13,18) = 100; w(14,15) = 100;
w(14,16) = 120; w(15,17) = 120; w(15,19) = 600; w(16,17) = 100;
w(17,18) = 100; w(18,21) = 300; w(19,20) = 200; w(20,23) = 100;
w(20,25) = 150; w(21,22) = 120; w(21,28) = 100; w(21,29) = 300;
```

w(22,23) = 300;w(22,28) = 100;w(23,26) = 50;w(24,25) = 300;
w(25,26) = 100;w(26,27) = 100;w(27,28) = 300;w(27,29) = 200;
@for(num(j)|j#lt#@size(num):@for(num(i)|i#gt#j:w(i,j) = w(j,i)));!输入邻接矩阵的下三角元素;
endcalc
min = @sum(road(i,j):w(i,j) * x(i,j));
@for(num(i)|i#ne#2 #and# i#ne#24:@sum(num(j):x(i,j)) = @sum(num(j):x(j,i)));
@sum(num(j):x(2,j)) = 1;   @sum(num(j):x(j,2)) = 0;
@sum(num(j):x(j,24)) = 1;
@for(road(i,j):@bin(x(i,j)));
end

4.3 最小生成树问题

在现实生活中,经常遇到以下问题:在一些城市之间修建公路、铺设管道、架设线路等,在保证各城市连通的前提下,往往希望修建的总长度最短,这样既能节约费用,又能缩短工期。在图论中,这类问题称为图的最小生成树问题。

4.3.1 基本概念、性质

不包含圈的图称为无圈图;连通的无圈图称为树,记为 T;其度为 1 的顶点称为叶。显然有边的树至少有两个叶。如图 4.3 所示为 5 个顶点的树。

如果图 G' 是图 G 的子图,且 G' 包含 G 的所有顶点,则 G' 称为 G 的生成子图。

若 T 是 G 的生成子图,且 T 是树,则称 T 是 G 的生成树。若图 $G = (V, E)$ 是一个连通赋权图,T 是 G 的一颗生成树,T 的每条边所赋权数之和称为树 T 的权,记为 $W(T)$。图 G 中具有最小权的生成树称为 G 的最小生成树。

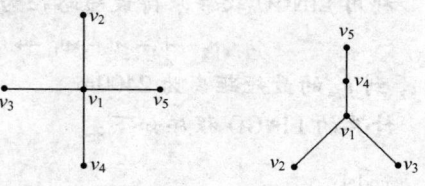

图 4.3 5 个顶点的树

图 G 为连通的充要条件是 G 有生成树。一个连通图的生成树不是唯一的,用 $\tau(G)$ 表示 G 的生成树的个数,有下面的凯莱(Cayley)公式:
$$\tau(K_n) = n^{n-2} \quad \text{和} \quad \tau(G) = \tau(G-e) + \tau(G \cdot e),$$
式中:K_n 为 n 个顶点的完全图;$G-e$ 为从 G 中删除边 e 的图;$G \cdot e$ 为把 e 的长度收缩为零得到的图。

记 $|V(G)|$ 表示图 G 的顶点个数,$|E(G)|$ 表示图 G 边的条数。关于树有下面常用的 5 个等价条件:

(1) G 是树当且仅当 G 中任意两个顶点之间有且仅有一条轨道。

(2) G 是树当且仅当 G 中无圈,且 $|E(G)| = |V(G)| - 1$。

(3) G 是树当且仅当 G 为连通的,且 $|E(G)| = |V(G)| - 1$。

(4) G 是树当且仅当 G 为连通的,且对任一边 $e \in E(G)$,$G-e$ 为不连通的。

(5) G 是树当且仅当 G 中无圈,且对任一边 $e \notin E(G)$,将边 e 添加到 G 中所得到的图 $G + e$ 恰有一个圈。

求最小生成树的常用算法有 Prim(普里姆)算法和 Kruskal(克鲁斯卡尔)算法,下面简单介绍一下。

4.3.2 Prim 算法和 Kruskal 算法

下面都是针对赋权连通图 $G=(V,E,W)$,构造最小生成树。

1. Prim 算法

设置两个集合 P 和 Q,其中 P 用于存放 G 的最小生成树中的顶点,集合 Q 存放 G 的最小生成树中的边。令集合 P 的初值为 $P=\{v_1\}$(假设构造最小生成树时,从顶点 v_1 出发),集合 Q 的初值为 $Q=\varnothing$(空集)。Prim 算法的思想是,从所有 $p\in P, v\in V-P$ 的边中,选取具有最小权值的边 pv,将顶点 v 加入集合 P 中,将边 pv 加入集合 Q 中,如此不断重复,直到 $P=V$ 时,最小生成树构造完毕,这时集合 Q 中包含了最小生成树的所有边。

Prim 算法如下:

(1) $P=\{v_1\}, Q=\varnothing$。

(2) while $P \sim= V$。

找最小边 pv,其中 $p\in P, v\in V-P$。

$P=P+\{v\}$;

$Q=Q+\{pv\}$;

end

2. Kruskal 算法

Kruskal 算法如下:

(1) 选 $e_1\in E$,使得 e_1 是权值最小的边。

(2) 若 $e_1,e_2,\cdots,e_i$ 已选好,则从 $E-\{e_1,e_2,\cdots,e_i\}$ 中选取 e_{i+1},使得

① $\{e_1,e_2,\cdots,e_i,e_{i+1}\}$ 中无圈。

② e_{i+1} 是 $E-\{e_1,e_2,\cdots,e_i\}$ 中权值最小的边。

(3) 直到选得 $e_{|V|-1}$ 为止。

Kruskal 算法是一个好算法。

4.3.3 最小生成树的数学规划模型

根据最小生成树问题的实际意义和实现方法,也可以用数学规划模型来描述,同时能够方便地应用 LINGO 软件来求解这类问题。

顶点 v_1 表示树根,总共有 n 个顶点。顶点 v_i 到顶点 v_j 边的权重用 w_{ij} 表示,当两个顶点之间没有边时,对应的权重用 M(充分大的实数)表示,这里 $w_{ii}=M, i=1,2,\cdots,n$。

引入 0-1 变量

$$x_{ij}=\begin{cases}1, & \text{当从 } v_i \text{ 到 } v_j \text{ 的边在树中},\\ 0, & \text{当从 } v_i \text{ 到 } v_j \text{ 的边不在树中}。\end{cases}$$

目标函数是使得 $z=\sum_{i=1}^{n}\sum_{j=1}^{n}w_{ij}x_{ij}$ 最小化。

约束条件分成如下 4 类:

(1) 根 v_1 至少有一条边连接到其他的顶点,

$$\sum_{j=1}^{n} x_{1j} \geq 1 \text{。}$$

(2) 除根外,每个顶点只能有一条边进入,即

$$\sum_{i=1}^{n} x_{ij} = 1, \quad j = 2, \cdots, n \text{。}$$

以上两个约束条件是必要的,但不是充分的,需要增加一组变量 $u_j(j=1,2,\cdots,n)$,再附加以下两个约束条件[3]。

(3) 限制 u_j 的取值范围为

$$u_1 = 0, \quad 1 \leq u_i \leq n-1, \quad i = 2, 3, \cdots, n \text{。}$$

(4) 各条边不构成子圈,即

$$u_j \geq u_k + x_{kj} - (n-2)(1-x_{kj}) + (n-3)x_{jk}, \quad k = 1, \cdots, n, j = 2, \cdots, n \text{。}$$

综上所述,最小生成树问题的 0-1 整数规划模型如下:

$$\min z = \sum_{i=1}^{n} \sum_{j=1}^{n} w_{ij} x_{ij}, \tag{4.3}$$

$$\text{s. t.} \begin{cases} \sum_{j=1}^{n} x_{1j} \geq 1, \\ \sum_{i=1}^{n} x_{ij} = 1, \quad j = 2, \cdots, n, \\ u_1 = 0, \quad 1 \leq u_i \leq n-1, \quad i = 2, 3, \cdots, n, \\ u_j \geq u_k + x_{kj} - (n-2)(1-x_{kj}) + (n-3)x_{jk}, \quad k = 1, \cdots, n, j = 2, \cdots, n, \\ x_{ij} = 0 \text{ 或 } 1, \quad i, j = 1, 2, \cdots, n \text{。} \end{cases} \tag{4.4}$$

例 4.4 一个乡有 9 个自然村,其间道路及各道路长度如图 4.4 所示,各边上的数字表示距离,问架设通信线时,如何拉线才能使用线最短。

解 这是一个最小生成树问题,利用上面的数学规划模型 (4.3)、(4.4),使用 LINGO 软件,求得的最小生成树如图 4.5 所示,它的权值是 13。

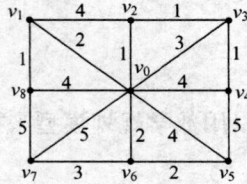
图 4.4 连通图及对应的最小生成树

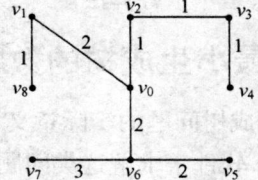
图 4.5 求得的最小生成树

求最小生成树的 LINGO 程序如下(用 LINGO 计算时,顶点 $v_0, v_1, \cdots, v_8$ 分别编号为 1, 2, $\cdots$, 9):

```
model:
sets:
vertex/1..9/:u;
edge(vertex,vertex):w,x;
endsets
```

```
data:
w = 10000;     !初始化,每个元素取充分大的正数;
enddata
calc:
w(1,2) = 2;w(1,3) = 1;w(1,4) = 3;w(1,5) = 4;w(1,6) = 4;w(1,7) = 2;
w(1,8) = 5;w(1,9) = 4;w(2,3) = 4;w(2,9) = 1;w(3,4) = 1;w(4,5) = 1;
w(5,6) = 5;w(6,7) = 2;w(7,8) = 3;w(8,9) = 5;
n = @size(vertex);
@for(vertex(j)|j#lt#n:@for(vertex(i)|i#gt#j:w(i,j) = w(j,i)));
endcalc
min = @sum(edge(i,j):w(i,j) * x(i,j));
@sum(vertex(j):x(1,j)) > = 1;
@for(vertex(j)|j#ge#2:@sum(vertex(i):x(i,j)) = 1);
@for(edge(i,j):@bin(x(i,j)));
u(1) = 0;
@for(vertex(i)|i#ge#2:u(i) > = 1;u(i) <= n - 1);
@for(vertex(k):@for(vertex(j)|j#ge#2:
u(j) > = u(k) + x(k,j) - (n-2) * (1 - x(k,j)) + (n-3) * x(j,k)));
end
```

上述最小生成树的 0 − 1 整数规划模型中,约束条件(4.4)中的第三、四约束很难领会。下面从另外一个角度给出最小生成树问题的数学规划模型。

对于 n 个顶点的连通图,求最小生成树的问题,等价于求从根节点开始发送 $n-1$ 单位的信息量,发送到每个顶点一个单位信息,使得经过的 $n-1$ 条边的长度总和最小。

引入 0 − 1 变量

$$y_{ij} = \begin{cases} 1, & \text{当从 } v_i \text{ 到 } v_j \text{ 的边在树中,} \\ 0, & \text{当从 } v_i \text{ 到 } v_j \text{ 的边不在树中。} \end{cases}$$

设 x_{ij} 为从顶点 v_i 到顶点 v_j 传递的信息量,则最小生成树问题的数学规划模型如下:

$$\min z = \sum_{i=1}^{n}\sum_{j=1}^{n} w_{ij} y_{ij}, \tag{4.5}$$

$$\text{s. t.} \begin{cases} \sum_{j=2}^{n} x_{1j} = n - 1, \\ \sum_{\substack{k=1 \\ k\neq j}}^{n} x_{kj} - \sum_{\substack{i=1 \\ i\neq j}}^{n} x_{ji} = 1, & j = 2,3,\cdots,n, \\ x_{ij} \leq M y_{ij}, & i,j = 1,2,\cdots,n, \\ y_{ij} = 0 \text{ 或 } 1, & i,j = 1,2,\cdots,n_{\circ} \end{cases} \tag{4.6}$$

式中:第 1 个约束条件表示从根节点 v_1 发出流量;第 2 个约束条件表示对于根以外的顶点,流入流量减流出流量等于 1;第 3 个约束条件中,M 为充分大的正实数,该约束条件限制 $x_{ij} > 0$ 时,$y_{ij} = 1$。

对于例 4.4,利用模型(4.5)和(4.6)求解的 LINGO 程序如下:

```
model:
```

```
sets:
vertex/1..9/;
edge(vertex,vertex):w,x,y;
endsets
data:
w = 10000;    !初始化,每个元素取充分大的正数;
enddata
calc:
w(1,2) = 2;w(1,3) = 1;w(1,4) = 3;w(1,5) = 4;w(1,6) = 4;w(1,7) = 2;
w(1,8) = 5;w(1,9) = 4;w(2,3) = 4;w(2,9) = 1;w(3,4) = 1;w(4,5) = 1;
w(5,6) = 5;w(6,7) = 2;w(7,8) = 3;w(8,9) = 5;
@for(vertex(j)|j#lt#@size(vertex):@for(vertex(i)|i#gt#j:w(i,j) = w(j,i)));
endcalc
min = @sum(edge(i,j):w(i,j)*y(i,j));
n = @size(vertex);
@sum(vertex(j)|j#gt#1:x(1,j)) = n - 1;
@for(vertex(j)|j#gt#1:@sum(vertex(k)|k#ne#j:x(k,j)) - @sum(vertex(i)|i#ne#j:x(j,i)) = 1);
@for(edge(i,j):x(i,j) < 10000*y(i,j);@bin(y(i,j)));
end
```

4.4 最大流问题

实际中的很多应用系统都包含流量的问题,如公路系统中的车辆流、控制系统中的信息流、通信系统中的呼叫流、供水系统中的水流、金融系统中的现金流等。对于这些系统,都有一个怎样运行才能使系统获得最大流量的问题。

4.4.1 有向图的最大流

1. 基本概念及算法

设 $D = (V,A)$ 为有向图,若在弧集合 A 上定义一个非负权值 c,则称图 D 为一个网络。称权值 c 为弧 a 的容量函数,记为 $c(a)$。容量函数在弧 a 上的值称为容量。

对于有向图 $D = (V,A)$,如果在顶点集 V 中有两个不同的顶点 v_s 和 v_t,其中 v_s 只有出弧没有入弧,而 v_t 只有入弧没有出弧,则此时称 v_s 为图 D 的源,v_t 为图 D 的汇。对于 $v \in V, v \neq v_s, v_t$,称 v 为中间顶点。

如图 4.6 所示就是一个网络,网络上的数值代表该弧的容量,例如 $c(v_s,v_2) = 20$,表示弧 $\langle v_s,v_2 \rangle$ 最多只容许 20 个单位的流量。图中 v_s 为源,v_t 为汇,其他 4 个顶点为中间顶点。

所谓网络的流是指图 $D = (V,A)$ 中的弧集 A 上的一个函数 $f = f(u,v)$,用以刻画弧 $\langle u,v \rangle$ 的实际流量。

显然,弧 $\langle u,v \rangle$ 上的流量 $f(u,v)$ 不会超过该弧上的容量 $c(u,v)$,即

$$0 \leq f(u,v) \leq c(u,v), \quad (4.7)$$

满足式(4.7)的网络称为相容网络。

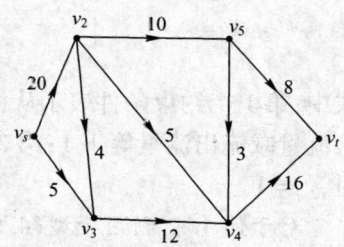

图 4.6 网络示意图

实际上，可以把"网络"看成是水管组成的网络，"容量"看成是水管的单位时间水流的最大通过量，而"流"则是水管网络中流动的水，"源"是水管网络中水的注入口，"汇"是水管网络中水的流出口。

对于所有中间顶点 v，流入的总量应该等于流出的总量，即

$$\sum_{u \in V} f(u,v) = \sum_{w \in V} f(v,w)。$$

一个网络 D 的流量值定义为从源 v_s 流出的总流量，即

$$v(f) = \sum_{v \in V} f(v_s, v)。$$

不难得到网络 D 的总流量也等于流入汇 v_t 的总流量，即

$$v(f) = \sum_{u \in V} f(u, v_t)。$$

综上所述，得

$$\sum_{u \in V} f(v,u) - \sum_{w \in V} f(w,v) = \begin{cases} v(f), & v = v_s, \\ 0, & v \in V, v \neq v_s, v_t, \\ -v(f), & v = v_t。 \end{cases} \tag{4.8}$$

满足式(4.8)的网络 D 称为守恒网络。

如果一个网络流满足式(4.7)和式(4.8)，则称流 f 是可行的，如果存在一个可行流 f^*，使得对于所有可行流 f 都有

$$v(f^*) \geq v(f)$$

成立，则称 f^* 为最大流。

在图论中求解最大流问题的常用方法是 Ford–Fulkerson(福特–福尔克森)标号算法，由于无法用 LINGO 软件实现 Ford–Fulkerson 标号算法，所以此处不介绍具体算法。

2. 最大流问题的线性规划模型一

要寻求网络的最大流问题，事实上可以将其化为求解一个特殊的线性规划问题，即求一组函数 $\{f_{ij}\} = \{f(v_i, v_j)\}$ 在满足式(4.7)和式(4.8)的条件下，使 $v(f)$ 取得最大值，记 $c_{ij} = c(v_i, v_j)$，则最大流问题的线性规划模型为

$$\max v(f) \tag{4.9}$$

$$\text{s. t.} \begin{cases} \sum_{\substack{v_j \in V \\ \langle v_i, v_j \rangle \in A}} f_{ij} = \sum_{\substack{v_k \in V \\ \langle v_k, v_i \rangle \in A}} f_{ki}, & v_i \neq v_s, v_t, \\ \sum_{\substack{v_j \in V \\ \langle v_s, v_j \rangle \in A}} f_{sj} = v(f), \\ \sum_{\substack{v_j \in V \\ \langle v_j, v_t \rangle \in A}} f_{jt} = v(f), \\ 0 \leq f_{ij} \leq c_{ij}, & v_i, v_j \in V。 \end{cases} \tag{4.10}$$

例 4.5 现有一个如图 4.7 所示的网络示意图，网络图中连接两个顶点间的数字表示两交换机间的可用带宽，现需要从顶点 v_1 到顶点 v_9 传输数据信息，求最大带宽。

解 用 $D = (V, A, C)$ 表示图 4.7 对应的有向赋权图，其中顶点集合 $V = \{v_1, v_2, \cdots, v_9\}$，$A$ 为弧集，$C = (c_{ij})_{9 \times 9}$ 为容量矩阵，当 v_i 到 v_j 存在弧时，c_{ij} 等于 v_i 到 v_j 间交换机的带宽，当 v_i 到 v_j 不存在弧时，$c_{ij} = 0$。

设决策变量 x_{ij} 表示顶点 v_i 到顶点 v_j 的数据流量,建立最大带宽的如下线性规划模型:

$$\max v(f)$$

$$\text{s. t.} \begin{cases} \sum_{j=1}^{9} x_{ij} = \sum_{k=1}^{9} x_{ki}, & i \neq 1,9, \\ \sum_{j=1}^{9} x_{1j} = v(f), \\ \sum_{i=1}^{9} x_{i9} = v(f), \\ 0 \leq x_{ij} \leq c_{ij}, & i,j = 1,2,\cdots,9_{\circ} \end{cases}$$

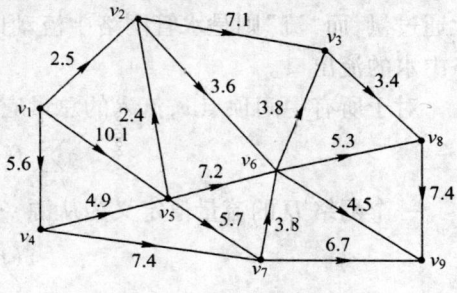

图 4.7 网络传输带宽示意图

利用 LINGO 软件求得,最大流 $v(f) = 18.2$,各条弧上的流量数据如表 4.2 所示。

表 4.2 网络上的最大流分布数据

	v_1	v_2	v_3	v_4	v_5	v_6	v_7	v_8	v_9
v_1	0	2.5	0	5.6	10.1	0	0	0	0
v_2	0	0	3.4	0	0	1.3	0	0	0
v_3	0	0	0	0	0	0	0	3.4	0
v_4	0	0	0	0	0	0	5.6	0	0
v_5	0	2.2	0	0	0	7.2	0.7	0	0
v_6	0	0	0	0	0	0	0	4	4.5
v_7	0	0	0	0	0	0	0	0	6.3
v_8	0	0	0	0	0	0	0	0	7.4
v_9	0	0	0	0	0	0	0	0	0

计算的 LINGO 程序如下:

```
model:
sets:
node/1..9/;
arc(node,node):c,x;
endsets
data:
c=0;!容量矩阵的初始化;
@ole(Ldata45.xlsx,A1:I9) = x;!为了做表,把数据保存到 Excel 文件中,文件需提前建立并打开;
enddata
calc: !在计算段中逐条弧输入容量;
c(1,2)=2.5;c(1,4)=5.6;c(1,5)=10.1;c(2,3)=7.1;c(2,6)=3.6;
c(3,8)=3.4;c(4,5)=4.9;c(4,7)=7.4;c(5,2)=2.4;c(5,6)=7.2;
c(5,7)=5.7;c(6,3)=3.8;c(6,8)=5.3;c(6,9)=4.5;c(7,6)=3.8;
c(7,9)=6.7;c(8,9)=7.4;
endcalc
max = vf;
@for(node(i)|i#ne#1 #and# i#ne#9:@sum(node(j):x(i,j)) = @sum(node(k):x(k,i)));
@sum(node(j):x(1,j)) = vf;
@sum(node(i):x(i,9)) = vf;
```

```
@for( arc(i,j):@bnd(0,x(i,j),c(i,j)));
end
```

3. 最大流问题的线性规划模型二

源点 v_s 只有流出,汇点 v_t 只有流进,并且两者大小相等,方向相反,如果我们在图上虚拟一条从 v_t 到 v_s 的弧,其流量不受限制,并假设从 v_s 流到 v_t 的总流量又从该虚拟弧上返回到 v_s,整个网络系统构成一个封闭的不停流动的回路,则对任意顶点都满足流进等于流出。建立如下的最大流数学规划模型:

$$\max f_{ts} \tag{4.11}$$

$$\text{s. t.} \begin{cases} \sum_{\substack{v_j \in V \\ \langle v_i,v_j \rangle \in A}} f_{ij} = \sum_{\substack{v_k \in V \\ \langle v_k,v_i \rangle \in A}} f_{ki}, & v_i \in V, \\ 0 \leqslant f_{ij} \leqslant c_{ij}, & v_i, v_j \in V_\circ \end{cases} \tag{4.12}$$

例 4.6 (续例 4.5)用式(4.11)和式(4.12)的线性规划模型求解例 4.5。

解 求解的 LINGO 程序如下:

```
model:
sets:
node/1..9/;
arc(node,node):c,x;
endsets
data:
c=0;!容量矩阵的初始化;
enddata
calc: !在计算段中逐条弧输入容量;
c(1,2)=2.5;c(1,4)=5.6;c(1,5)=10.1;c(2,3)=7.1;c(2,6)=3.6;
c(3,8)=3.4;c(4,5)=4.9;c(4,7)=7.4;c(5,2)=2.4;c(5,6)=7.2;
c(5,7)=5.7;c(6,3)=3.8;c(6,8)=5.3;c(6,9)=4.5;c(7,6)=3.8;
c(7,9)=6.7;c(8,9)=7.4;c(9,1)=10000;!这里取10000作为充分大;
endcalc
max=x(9,1);
@for(node(i):@sum(node(j):x(i,j))=@sum(node(k):x(k,i)));
@for(arc(i,j):@bnd(0,x(i,j),c(i,j)));
end
```

4.4.2 无向图的最大流

对于互联网等网络,数据实际上是双向传播的,对应的网络是无向图。对于无向图的网络,要求两个节点之间的最大流,无法使用 Ford–Fulkerson 标号算法,但同样可以使用线性规划模型求两个顶点之间的最大流。

对于无向赋权图 $G=(V,E,C)$,其中 $V=\{v_1,v_2,\cdots,v_n\}$ 为顶点集,E 为边集,$C=(c_{ij})_{n \times n}$ 为容量矩阵,这里

$$c_{ij} = \begin{cases} 边(v_i,v_j)的容量, & 当 v_i 与 v_j 间有边时, \\ 0, & 当 v_i 与 v_j 间无边时_\circ \end{cases}$$

不妨求顶点 v_1 与 v_n 间的最大流量, 设边 (v_i, v_j) 上的流量为 x_{ij}, 建立如下的线性规划模型:

$$\max v(f),$$

$$\text{s.t.} \begin{cases} \sum_{j=1}^{n} x_{ij} = \sum_{k=1}^{n} x_{ki}, & i \neq 1, n, \\ \sum_{j=1}^{n} x_{1j} = v(f), \\ \sum_{i=1}^{n} x_{i1} = 0, \\ \sum_{i=1}^{n} x_{in} = v(f), \\ 0 \leq x_{ij} \leq c_{ij}, & i, j = 1, 2, \cdots, n_{\circ} \end{cases}$$

例 4.7 (续例 4.5) 现有一个如图 4.8 所示的网络图, 图中连接两个顶点间的数字表示两顶点间相互传递数据的可用带宽, 现需要从顶点 v_1 到顶点 v_9 传输数据信息, 求最大带宽。

解 用 $G = (V, E, \widetilde{C})$ 表示图 4.8 对应的无向赋权图, 其中顶点集合 $V = \{v_1, v_2, \cdots, v_9\}$, E 为边集, $\widetilde{C} = (\tilde{c}_{ij})_{9 \times 9}$ 为容量矩阵, 当 v_i 与 v_j 存在边时, $\tilde{c}_{ij}$ 等于 v_i 与 v_j 间的带宽, 当 v_i 与 v_j 不存在边时, $\tilde{c}_{ij} = 0$, 这里 $\widetilde{C}$ 为实对称矩阵。

设决策变量 x_{ij} 表示顶点 v_i 到顶点 v_j 的数据流量, 建立如下线性规划模型:

$$\max v(f),$$

$$\text{s.t.} \begin{cases} \sum_{j=1}^{9} x_{ij} = \sum_{k=1}^{9} x_{ki}, & i \neq 1, 9, \\ \sum_{j=1}^{9} x_{1j} = v(f), \\ \sum_{i=1}^{9} x_{i1} = 0, \\ \sum_{i=1}^{9} x_{i9} = v(f), \\ 0 \leq x_{ij} \leq c_{ij}, & i, j = 1, 2, \cdots, 9_{\circ} \end{cases}$$

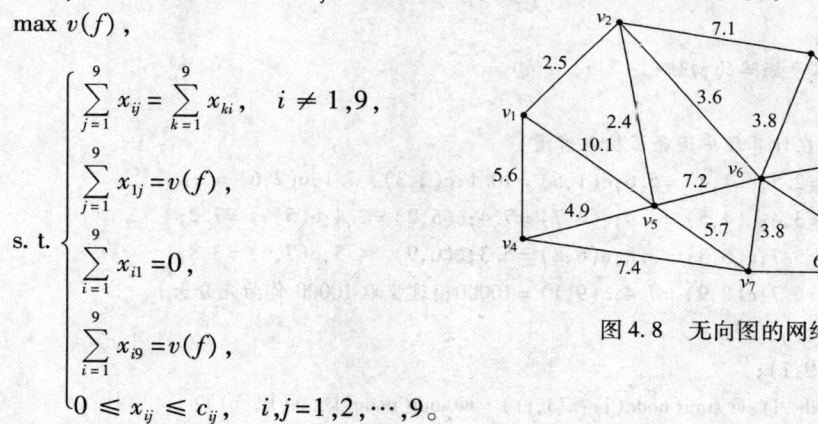

图 4.8 无向图的网络

利用 LINGO 软件, 求得最大流 $v(f) = 18.2$, 各条弧上的流量数据如表 4.3 所示。

表 4.3 无向网络上的最大流分布数据

	v_1	v_2	v_3	v_4	v_5	v_6	v_7	v_8	v_9
v_1	0	2.5	0	5.6	10.1	0	0	0	0
v_2	0	0	1.3	0	0	3.6	0	0	0
v_3	0	0	0	0	0	1.7	0	3.4	0
v_4	0	0	0	0	1.2	0	4.4	0	0
v_5	0	2.4	0	0	0	3.2	5.7	0	0
v_6	0	0	3.8	0	0	0	0	4	4.5
v_7	0	0	0	0	0	3.8	0	0	6.3
v_8	0	0	0	0	0	0	0	0	7.4
v_9	0	0	0	0	0	0	0	0	0

计算的 LINGO 程序如下：

```
model:
sets:
node/1..9/;
arc(node,node):c,x;
endsets
data:
c=0;!容量矩阵的初始化;
@text() = @table(c);
@ole(Ldata47.xlsx,A1:I9) = x;!为了做表,把数据保存到Excel文件中,文件需提前建立并打开;
enddata
calc:    !在计算段中逐条边输入容量矩阵的上三角元素;
c(1,2)=2.5;c(1,4)=5.6;c(1,5)=10.1;c(2,3)=7.1;c(2,5)=2.4;
c(2,6)=3.6;c(3,6)=3.8;c(3,8)=3.4;c(4,5)=4.9;c(4,7)=7.4;
c(5,6)=7.2;c(5,7)=5.7;c(6,7)=3.8;c(6,8)=5.3;c(6,9)=4.5;
c(7,9)=6.7;c(8,9)=7.4;
@for(arc(i,j):c(i,j)=c(i,j)+c(j,i));!输入容量矩阵下三角元素;
endcalc
max = vf;
@for(node(i)|i#ne#1 #and# i#ne#9:@sum(node(j):x(i,j)) = @sum(node(k):x(k,i)));
@sum(node(j):x(1,j)) = vf;
@sum(node(i):x(i,1)) = 0;
@sum(node(i):x(i,9)) = vf;
@for(arc(i,j):@bnd(0,x(i,j),c(i,j)));
end
```

例 4.8 已知网络如图 4.9 所示，边上的权重表示容量，求该网络所有的顶点对之间的最大流量。

解 记图 4.9 所示的赋权图为 $G=(V,E,C)$，其中顶点集合 $V=\{v_1,v_2,v_3,v_4,v_5\}$，$E$ 为边的集合，容量矩阵 $C=(c_{ij})_{5\times 5}$，这里 c_{ij} 表示顶点 v_i 与 v_j 之间边的容量，当两个顶点之间无边时，相应的容量为 0。设顶点 v_i 到顶点 v_j 的流为 f_{ij}，当流的起点为 $v_s(s=1,2,\cdots,5)$，流的终点为 $v_t(t=1,2,\cdots,5)$ 时，从起点 v_s 到终点 v_t 的最大流的流量为 v，建立如下最大流的线性规划模型

$$\max v,$$

$$\text{s.t.} \begin{cases} \sum_{j=1}^{5} f_{sj} = v, \\ \sum_{i=1}^{5} f_{is} = 0, \\ \sum_{i=1}^{5} f_{it} = v, \\ \sum_{i=1}^{5} f_{ik} = \sum_{j=1}^{5} f_{kj}, \quad k \neq s,t, \\ 0 \leq f_{ij} \leq c_{ij}, \quad i,j=1,2,\cdots,5。 \end{cases}$$

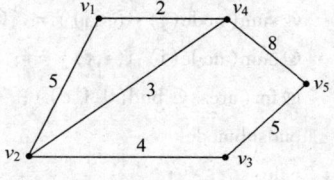

图 4.9 无向网络图

其中第 2 个约束 $\sum_{i=1}^{5} f_{is} = 0$ 是必需的，表示流不能再回流到起点。

利用 LINGO 软件，求得所有顶点对之间的最大流如表 4.4 所示。

表 4.4 所有顶点对之间的最大流

	v_1	v_2	v_3	v_4	v_5
v_1	0	7	7	7	7
v_2	7	0	9	9	9
v_3	7	9	0	9	9
v_4	7	9	9	0	12
v_5	7	9	9	12	0

计算的 LINGO 程序如下：

```
model:
sets:
node/1..5/;
arcs(node,node):c,f,tf;
endsets
data:
c=0;tf=0;
@text()=@table(tf);!输出到屏幕;
@ole(Ldata48.xlsx,A1:E5)=tf;!输出到 Excel 文件,便于做表;
enddata
calc:
c(1,2)=5;c(1,4)=2;
c(2,3)=4;c(2,4)=3;
c(3,5)=5;c(4,5)=8;
@for(arcs(i,j):c(i,j)=c(i,j)+c(j,i));
endcalc
submodel myflow:
[obj]max=v;
@for(node(k)|k #ne#s #and# k #ne#t:@sum(node(i):f(i,k))=@sum(node(j):f(k,j)));
@sum(node(j):f(s,j))=v;@sum(node(i):f(i,s))=0;
@sum(node(i):f(i,t))=v;
@for(arcs:@bnd(0,f,c));
endsubmodel
calc:
k=0;!k 为计数器;
@for(node(i):@for(node(j)|j#gt#i:s=i;t=j;k=k+1;@solve(myflow);tf(s,t)=obj;tf(t,s)=obj;
@write('第',k,'次计算,i=',i,',j=',j,',obj=',obj,@newline(1))));
@solve(myflow);!LINGO 输出滞后,为了输出完整,这里再调用一次子模型;
endcalc
end
```

4.4.3 最小费用最大流

前面介绍的网络最大流问题不涉及费用,有时在实际问题中,网络中各条弧上的单位运输费用不相同,因而在满足最大流的情况下(运输方案不唯一),要求费用最小的最大流,称为最小费用最大流问题。下面看一个具体实例。

例 4.9 图 4.10 所示网络的每一条弧上括号内有两个数字,前一个数字表示该弧的容量,后一个数字表示单位运费,求该网络的从 v_1 到 v_6 费用最小的最大流。

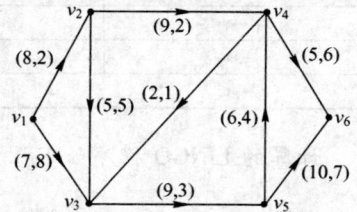

图 4.10 最小费用最大流问题

解 构造图 4.10 对应的赋权图 $D=(V,A,C,B)$,其中 $V=\{v_1,v_2,\cdots,v_6\}$ 为顶点集合,A 为弧集,$C=(c_{ij})_{6\times 6}$ 为容量矩阵,$B=(b_{ij})_{6\times 6}$ 为单位费用矩阵,其中

$$C=\begin{bmatrix} 0 & 8 & 7 & 0 & 0 & 0 \\ 0 & 0 & 5 & 9 & 0 & 0 \\ 0 & 0 & 0 & 0 & 9 & 0 \\ 0 & 0 & 2 & 0 & 0 & 5 \\ 0 & 0 & 0 & 6 & 0 & 10 \\ M & 0 & 0 & 0 & 0 & 0 \end{bmatrix}, \quad B=\begin{bmatrix} M & 2 & 8 & M & M & M \\ M & M & 5 & 2 & M & M \\ M & M & M & M & 3 & M \\ M & M & 1 & M & M & 6 \\ M & M & M & 4 & M & 7 \\ 0 & M & M & M & M & M \end{bmatrix},$$

式中:M 为充分大的正实数,在上面的网络中在 v_6 和 v_1 间添加了一条虚拟的弧,对应的容量为 M,对应的单位运输费用是 0,设 f_{ij} 为 v_i 到 v_j 弧上的流量,该问题的求解分为两个步骤。

第一步,求 v_1 到 v_6 的最大流,建立如下的线性规划模型:

$$\max f_{61},$$

$$\text{s.t.} \begin{cases} \sum_{i=1}^{6} f_{ij} = \sum_{k=1}^{6} f_{jk}, & j=1,2,\cdots,6, \\ 0 \leq f_{ij} \leq c_{ij}, & i,j=1,2,\cdots,6。 \end{cases}$$

利用 LINGO 软件求得最大流的流量为 14,其中的一种运输方案如表 4.5 所示。

表 4.5 最大流的运输方案

弧	流 量	弧	流 量
$v_1 \to v_2$	8	$v_3 \to v_5$	9
$v_1 \to v_3$	6	$v_4 \to v_6$	5
$v_2 \to v_3$	3	$v_5 \to v_6$	9
$v_2 \to v_4$	5	虚拟弧 $v_6 \to v_1$	14

第二步,把求出的最大流作为约束条件,即把 $f_{61}=14$ 作为约束条件,目标函数是总运输费用最小,于是得到最小费用的线性规划模型:

$$\min z = \sum_{i=1}^{6} \sum_{j=1}^{6} b_{ij} f_{ij},$$

$$\text{s.t.} \begin{cases} \sum_{i=1}^{6} f_{ij} = \sum_{k=1}^{6} f_{jk}, & j=1,2,\cdots,6, \\ 0 \leq f_{ij} \leq c_{ij}, & i,j=1,2,\cdots,6 \\ f_{61}=14。 \end{cases}$$

利用 LINGO 软件,求得最小费用为 205,最小费用下的最大流运输方案如表 4.6 所示。

表 4.6 最小费用下最大流的运输方案

弧	流 量	弧	流 量
$v_1 \to v_2$	8	$v_3 \to v_5$	9
$v_1 \to v_3$	6	$v_4 \to v_3$	2
$v_2 \to v_3$	1	$v_4 \to v_6$	5
$v_2 \to v_4$	7	$v_5 \to v_6$	9

计算的 LINGO 程序如下:

```
model:
sets:
node/1..6/;
arc(node,node):c,b,f,fl;
endsets
data:
M=10000;
c=0;b=10000;!初始化;
@ole(Ldata49.xlsx,A1:F6)=fl;  !输出第一个线性规划模型的最优解;
@ole(Ldata49.xlsx,A8:F13)=f;!输出第二个线性规划模型的最优解;
enddata
calc:
c(1,2)=8;c(1,3)=7;c(2,3)=5;c(2,4)=9;c(3,5)=9;
c(4,3)=2;c(4,6)=5;c(5,4)=6;c(5,6)=10;c(6,1)=M;
b(1,2)=2;b(1,3)=8;b(2,3)=5;b(2,4)=2;b(3,5)=3;
b(4,3)=1;b(4,6)=6;b(5,4)=4;b(5,6)=7;b(6,1)=0;
n=@size(node);
endcalc
submodel myfirst:   !定义最大流子模型;
[obj1]max=f(n,1);
@for(node(i):@sum(node(j):f(i,j))=@sum(node(k):f(k,i)));
@for(arc(i,j):@bnd(0,f(i,j),c(i,j)));
endsubmodel
submodel mysecond:   !定义最小费用子模型;
[obj2]min=@sum(arc(i,j):b(i,j)*f(i,j));
@for(node(i):@sum(node(j):f(i,j))=@sum(node(k):f(k,i)));
@for(arc(i,j):@bnd(0,f(i,j),c(i,j)));
f(n,1)=obj;
endsubmodel
calc:
@solve(myfirst);   !求解最大流;
obj=obj1;
@for(arc(i,j):fl(i,j)=f(i,j));   !为了输出第一次运行结果;
@solve(mysecond);   !求解最小费用;
```

endcalc
end

4.5 邮递员问题

邮递员最优投递路线问题最早是由管梅谷教授首先提出并进行研究的，国际上现在统称为中国邮递员问题。管梅谷教授给出了这一问题的奇偶点图上作业法。Edmonds（埃德蒙兹）等给出了中国邮递员问题的改进算法，较前者的计算更为有效。管梅谷教授对有关中国邮递员问题的研究情况进行了综述。早期关于中国邮递员问题的讨论总是基于无向图展开的，事实上，由于单行线或上下行路线等原因，这一问题有时必须借助于有向图来进行研究和解决。到目前为止，对中国邮递员问题的研究主要是从图论角度展开的，给出的多数算法都是各种启发式算法或递推算法。下面从数学规划的角度进行研究。数学规划建模具有借助软件包求解方便、易于修改和推广等多方面的优点，即使对于大型问题也有易于建模分析和解决的优点。

4.5.1 基本概念

定义 4.1 经过 G 的每条边的迹称为 G 的 Euler（欧拉）迹；闭的 Euler 迹称为 Euler 回路或 E 回路；含 Euler 回路的图称为 Euler 图。

直观地讲，Euler 图就是从一顶点出发每条边恰通过一次能回到出发点的那种图，即不重复地行遍所有的边再回到出发点。

定理 4.1 （1）G 是 Euler 图的充分必要条件是 G 连通且每顶点皆偶次。

（2）G 是 Euler 图的充分必要条件是 G 连通且 $G = \bigcup_{i=1}^{d} C_i, C_i$ 是圈，$E(C_i) \cap E(C_j) = \Phi (i \neq j)$。

（3）G 中有 Euler 迹的充要条件是 G 连通且至多有两个奇顶点。

1921 年，Fleury（弗勒里）给出下面的求 Euler 回路的算法。

Fleury 算法：

（1）$\forall v_0 \in V(G)$，令 $W_0 = v_0$。

（2）假设迹 $W_i = v_0 e_1 v_1 \cdots e_i v_i$ 已经选定，那么按下述方法从 $E - \{e_1, \cdots, e_i\}$ 中选取边 e_{i+1}：

① e_{i+1} 和 v_i 相关联；

② 除非没有别的边可选择，否则 e_{i+1} 不是 $G_i = G - \{e_1, \cdots, e_i\}$ 的割边（Cut Edge）（所谓割边是一条删除后使连通图不再连通的边）。

（3）当第（2）步不能再执行时，算法停止。

4.5.2 传统中国邮递员问题

传统的中国邮递员问题可以概述如下：一个邮递员每次送信要从其所在的邮局出发，走遍所负责投递范围内的每条街道，完成送信任务后回到原来的邮局，应该选择怎样的行走路线，才能使所走的总路程数最小。把该问题抽象成图论问题就是给定一个连通图 $G = (V, E)$，其中，$V = \{v_1, v_2, \cdots, v_n\}$ 是顶点的集合，表示街道交汇的地方；E 是顶点间边的集合，表示街道，即
$$E = \{e_{ij} | e_{ij} = (v_i, v_j), \text{顶点 } v_i \text{ 与 } v_j \text{ 间有边}\},$$
每个边 $e_{ij} \in E$ 上有非负权重 $w(e_{ij}) = w(v_i, v_j)$，表示街道的长度。问题是要确定 G 的一个回

路,它过每条边至少 1 次,而且使得回路的总权数(即图上各边的和)最小。

由定理 4.1 知,若 G 不含奇点,则 G 为 Euler 图,Euler 回路过每条边 1 次且仅 1 次,所以这个 Euler 回路就是所要求的回路。若 G 含有奇点,则 G 的任一过每边至少 1 次的回路,必在某些边上通过的次数多于 1 次。若在边 $e_{ij} = (v_i, v_j)$ 上通过了 k 次,就在 v_i 与 v_j 之间添加 $k-1$ 条新边,并令这些新边的权都等于边 e_{ij} 的权,称这些新边为 e_{ij} 的添加边。显然,如果边 e 上的添加边多余 1 条,那么去掉其中偶数条边后,得到的图中任一过每条边至少 1 次的回路的总权不会增大。因此可以假定每条边上添加边的条数至多 1 条。这样,寻找邮递员最优投递路线的问题就可以归结为如下图论问题:

给定连通图 $G = (V, E)$,每条边 $e_{ij} = (v_i, v_j) \in E$ 对应的顶点 v_i 和 v_j 之间添加 1 条边 $e'_{ji} = (v_j, v_i)$,得到边数双倍于 G 的另一个连通图 $G' = (V, E')$,求 $E_1 \subset E'$ 使图 $G_1 = (V, E_1)$ 不含奇点且总权 $\sum_{e \in E_1} w(e)$ 最小。

为叙述方便,若 $e_{ij} = (v_i, v_j) \in E$,则记为 $e_{ij} \in E$,而相应的添加边为 e_{ji} 与边 $e_{ij} \in E$ 相对应,引进 0-1 变量 x_{ij},若 $x_{ij} = 1$,则边 $e_{ij} \in E'$ 在回路上,且方向是从 v_i 到 v_j 方向的,若 $x_{ij} = 0$ 则对应的边不在回路上。这样,可以把无向图理解为有向图。每个 E_1 唯一对应一组 x_{ij} 的值,反之亦然。可以借助 0-1 变量 $x_{ij}(i, j = 1, 2, \cdots, n)$ 来定义最优邮递员问题的约束如下:

(1) 过每条边至少 1 次且添加边至多 1 条,对应所有 x_{ij} 的值满足:
$$\forall e_{ij} \in E, \quad x_{ij} + x_{ji} \geq 1.$$

(2) 图 $G' = (V, E')$ 不含奇点,即对于任意一个顶点 v_i,有进入的边,必有与之等量的发出的边:
$$\sum_{j \neq i} x_{ij} - \sum_{k \neq i} x_{ki} = 0.$$

这一问题的目标是使得 $G_1 = (V, E_1)$ 的总权最小,即
$$\min \sum_{(v_i, v_j) \in E'} w_{ij} x_{ij},$$

式中: w_{ij} 为边 e_{ij} 上的权,这里 $w_{ji} = w_{ij}, i, j = 1, 2, \cdots, n$。

这样,就得到了中国邮递员问题的整数规划模型,即
$$\min \sum_{(v_i, v_j) \in E'} w_{ij} x_{ij},$$
$$\text{s. t.} \begin{cases} \sum_{j \neq i} x_{ij} - \sum_{k \neq i} x_{ki} = 0, & i = 1, 2, \cdots, n, \\ x_{ij} + x_{ji} \geq 1, & \forall (v_i, v_j) \in E, \\ x_{ij} = 0 \text{ 或 } 1, & i, j = 1, 2, \cdots, n_\circ \end{cases}$$

这一模型不仅可以用来求解中国邮递员问题,而且可以确定相应的最优投递路线,如 $x_{ij} = 1$,即表示邮递员应该从 v_i 沿着边(即街道)e_{ij} 到 v_j。

例 4.10 求解图 4.11 所示的中国邮递员问题。

解 用 $G = (V, E, W)$ 表示图 4.11 所示的无向图,其中顶点集合 $V = \{v_1, v_2, \cdots, v_9\}$, E 为边集,邻接矩阵 $W = (w_{ij})_{6 \times 6}$,其中

$$w_{ij} = \begin{cases} \text{边的权值}, & \text{当 } v_i \text{ 与 } v_j \text{ 间存在边时}, \\ 0, & \text{当 } v_i \text{ 与 } v_j \text{ 间不存在边时}, \end{cases} \quad i \neq j,$$

$$w_{ii} = 0, \quad i = 1, 2, \cdots, 9.$$

引进 0-1 变量

$$x_{ij} = \begin{cases} 1, & v_i \text{ 到 } v_j \text{ 的边在投递路线上}, \\ 0, & v_i \text{ 与 } v_j \text{ 间不存在边, 或 } v_i \text{ 到 } v_j \text{ 的边不在投递路线上}. \end{cases}$$

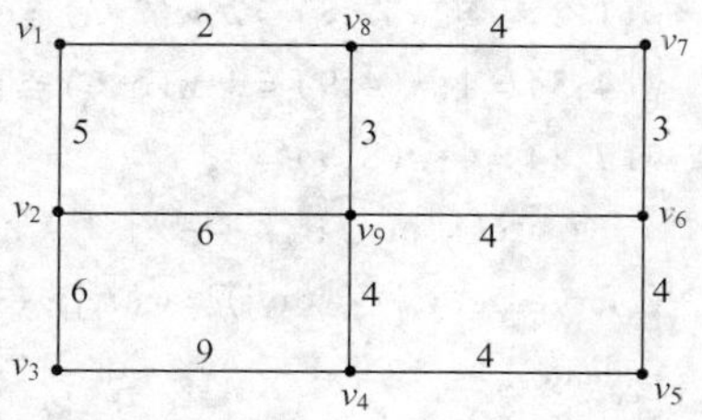

目标函数是使得邮递员走的路径长度最短, 即使得

$\min \sum_{i=1}^{9} \sum_{j=1}^{9} w_{ij} x_{ij}$ 最小化。

图 4.11 无向图

约束条件分为两类:

(1) 过每条边至少 1 次, 对应所有 x_{ij} 的值满足

$$\forall e_{ij} \in E, x_{ij} + x_{ji} \geq 1,$$

结合权重的定义, 该约束条件可以写为

$$\begin{cases} w_{ij}(x_{ij} + x_{ji}) \geq w_{ij}, & i,j = 1,2,\cdots,9, \\ x_{ij} \leq w_{ij}, & i,j = 1,2,\cdots,9. \end{cases}$$

(2) 对于任意一个顶点 v_i, 有进入的边, 必有与之等量的发出的边:

$$\sum_{j \neq i} x_{ij} - \sum_{k \neq i} x_{ki} = 0, \quad i = 1,2,\cdots,9,$$

由约束条件 (1) 知, $x_{ii} = 0, i = 1,2,\cdots,9$, 该约束条件可以改写为

$$\sum_{j=1}^{9} x_{ji} - \sum_{k=1}^{9} x_{ik} = 0, \quad i = 1,2,\cdots,9.$$

综上所述, 建立如下的 0-1 整数规划模型

$$\min \sum_{i=1}^{9} \sum_{j=1}^{9} w_{ij} x_{ij},$$

$$\text{s.t.} \begin{cases} \sum_{j=1}^{9} x_{ji} - \sum_{k=1}^{9} x_{ik} = 0, & i = 1,2,\cdots,9, \\ w_{ij}(x_{ij} + x_{ji}) \geq w_{ij}, & i,j = 1,2,\cdots,9, \\ x_{ij} \leq w_{ij}, & i,j = 1,2,\cdots,9, \\ x_{ij} = 0 \text{ 或 } 1, & i,j = 1,2,\cdots,9. \end{cases}$$

利用 LINGO 软件求得最小权重为 69, 从求解结果可以看出, 边 $(v_1, v_2), (v_1, v_8), (v_4, v_9)$, (v_6, v_9) 上加了边, 求得的路径为

$$v_1 \to v_2 \to v_9 \to v_4 \to v_3 \to v_2 \to v_1 \to v_8 \to v_7 \to v_6$$
$$\to v_5 \to v_4 \to v_9 \to v_6 \to v_9 \to v_8 \to v_1.$$

计算的 LINGO 程序如下:

```
model:
sets:
vertex/1..9/;
edge(vertex,vertex):w,x;
endsets
data:
w=0;    !邻接矩阵初始化;
enddata
calc:
```

```
w(1,2) = 5;w(1,8) = 2;w(2,3) = 6;w(2,9) = 6;w(3,4) = 9;
w(4,5) = 4;w(4,9) = 4;w(5,6) = 4;w(6,7) = 3;w(6,9) = 4;
w(7,8) = 4;w(8,9) = 3;
n = @size(vertex);
@for(edge(i,j):w(i,j) = w(i,j) + w(j,i));
endcalc
min = @sum(edge:w * x);
@for(vertex(i):@sum(vertex(j):x(j,i)) = @sum(vertex(k):x(i,k)));
@for(edge(i,j):w(i,j) * (x(i,j) + x(j,i)) > w(i,j));
@for(edge:x < w;@bin(x));
end
```

4.5.3 广义中国邮递员问题

4.5.2节所述的邮递员问题,假定了邮递员投递范围内的每条街道的上行和下行是无差别的,而在实际信件的投递过程中可能不是这样的,如遇到单行线街道、街道两边不能单行中同时投递等。这样的邮递员问题称之为广义的中国邮递员问题。广义的中国邮递员问题可以抽象为一个有向图问题。

类似于前面所述的邮递员问题(称为传统的中国邮递员问题),广义的邮递员问题可以叙述为:给定一个连通有向图 $D = (V,A)$,其中 V 为顶点集合,A 为弧集,每个弧 a 上有非负权 $w(a)$,需要寻找 D 的一个回路,它过每个弧至少1次,且使得总权值为最小。

对于广义的中国邮递员问题,添加弧的条数至多1条有时已经不再可行,即需要添加多条弧,才能使对应的连通有向图 D 的任一顶点的入弧数与出弧数相同,从而使 $D' = (V,A')$ 存在回路。在此,如 $a_{ij} = \langle v_i, v_j \rangle \in A$,则称弧 a_{ij} 是顶点 v_j 的入弧,同时也是顶点 v_i 的出弧。可以证明,如 $D = (V,A)$ 的顶点数为 n,则每条弧上至多添加 $n-1$ 条弧,即可实现各顶点的入弧与出弧数量相等。

根据以上分析,对于 $D = (V,A)$ 的每条弧 $a_{ij} \in A$,定义一正整数变量 x_{ij},表示弧 a_{ij} 上增加了 $x_{ij} - 1$ 条添加弧,由此形成另一个有向图 $D' = (V,A')$。类似于上小节的分析,可以有如下广义中国邮递员问题的整数规划模型:

$$\min \sum_{i=1}^{n} \sum_{j=1}^{n} w_{ij} x_{ij},$$

$$\text{s.t.} \begin{cases} \sum_{j=1}^{n} x_{ij} - \sum_{k=1}^{n} x_{ki} = 0, & i = 1, 2, \cdots, n, \\ w_{ij} x_{ij} \geq w_{ij}, & i,j = 1, 2, \cdots, n, \\ x_{ij} \leq n w_{ij}, & i,j = 1, 2, \cdots, n, \\ x_{ij} \in \{0, 1, 2, \cdots, n\}, & i,j = 1, 2, \cdots, n_{\circ} \end{cases}$$

通过这一模型的求解,可以得到广义中国邮递员问题的最优投递路线。

例 4.11 求解图 4.12 所示的广义邮递员问题。

解 用 $D = (V,A,W)$ 表示图 4.12 所示的有向图,其中顶点集合 $V = \{v_1, v_2, \cdots, v_{11}\}$,$A$ 为弧集,邻接矩阵 $W = (w_{ij})_{11 \times 11}$,这里

$$w_{ij} = \begin{cases} \text{弧的权值,} & \text{从 } v_i \text{ 到 } v_j \text{ 方向存在弧时,} \\ 0, & \text{从 } v_i \text{ 到 } v_j \text{ 方向不存在弧时,} \end{cases} \quad i \neq j,$$

$$w_{ii} = 0, \quad i = 1, 2, \cdots, 11。$$

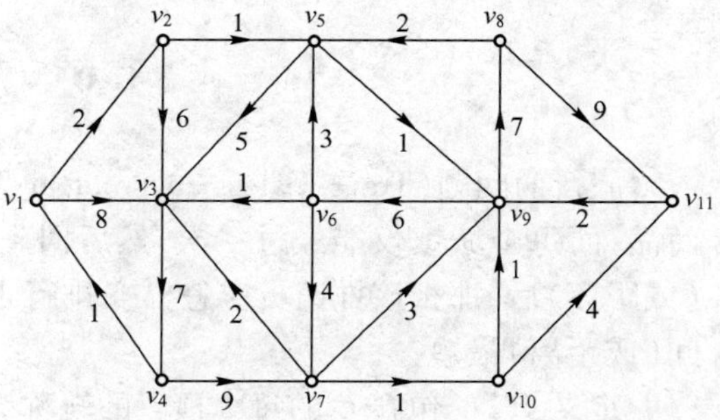

引进 0 − 1 变量

$$x_{ij} = \begin{cases} m, & \text{从 } v_i \text{ 到 } v_j \text{ 的弧在投递路线上走过 } m \text{ 次,} \\ 0, & \text{从 } v_i \text{ 到 } v_j \text{ 方向不存在弧。} \end{cases}$$

建立如下的 0 − 1 整数规划模型:

$$\min \sum_{i=1}^{11} \sum_{j=1}^{11} w_{ij} x_{ij},$$

图 4.12 有向图

$$\text{s. t.} \begin{cases} \sum_{j=1}^{11} x_{ji} - \sum_{k=1}^{11} x_{ik} = 0, & i = 1, 2, \cdots, 11, \\ w_{ij} x_{ij} \geq w_{ij}, & i, j = 1, 2, \cdots, 11, \\ x_{ij} \leq 11 w_{ij}, & i, j = 1, 2, \cdots, 11, \\ x_{ij} \in \{0, 1, \cdots, 11\}, & i, j = 1, 2, \cdots, 11。\end{cases}$$

利用 LINGO 软件求得最小权重为 159,求得的最优解如下:
$x_{1,2} = 2; x_{1,3} = 1; x_{2,3} = 1, x_{2,5} = 1; x_{3,4} = 5; x_{4,1} = 3; x_{4,7} = 2; x_{5,3} = 1; x_{5,9} = 2;$
$x_{6,3} = 1; x_{6,5} = 1; x_{6,7} = 2; x_{7,3} = 1; x_{7,9} = 1; x_{7,10} = 2; x_{8,5} = 1; x_{8,11} = 1; x_{9,6} = 4;$
$x_{9,8} = 2; x_{10,9} = 1; x_{10,11} = 1; x_{11,9} = 2$。

具体路径不再赘述。

计算的 LINGO 程序如下:

```
model:
sets:
vertex/1..11/;
arc(vertex,vertex):w,x;
endsets
data:
w=0;
enddata
calc:
w(1,2)=2;w(1,3)=8;w(2,3)=6;w(2,5)=1;w(3,4)=7;
w(4,1)=1;w(4,7)=9;w(5,3)=5;w(5,9)=1;
w(6,3)=1;w(6,5)=3;w(6,7)=4;w(7,3)=2;w(7,9)=3;
w(7,10)=1;w(8,5)=2;w(8,11)=9;w(9,6)=6;
w(9,8)=7;w(10,9)=1;w(10,11)=4;w(11,9)=2;
endcalc
min=@sum(arc:w*x);
@for(vertex(i):@sum(vertex(j):x(j,i))=@sum(vertex(k):x(i,k)));
@for(arc(i,j):w(i,j)*x(i,j)>w(i,j));
@for(arc(i,j):x(i,j)<11*w(i,j);x(i,j)<11;@gin(x(i,j)));
end
```

4.6 旅行商问题

旅行商问题(Travel Salesman Problem,TSP)是指有一个旅行推销员想去若干城镇去推销商品,而每个城镇仅能经过一次,然后回到他的出发地。给定各城镇之间所需要的行走时间(或距离)后,那么该推销员应怎样安排行走路线,才能使他对每个城市恰好经过一次的总时间(或距离)最短?

定义 4.2 包含 G 的每个顶点的轨称为 Hamilton(哈密顿)轨;闭的 Hamilton 轨称为 Hamilton 圈或 H 圈;含 Hamilton 圈的图称为 Hamilton 图。

直观地讲,Hamilton 图就是从一顶点出发每顶点恰通过一次能回到出发点的那种图,即不重复地行遍所有的顶点再回到出发点。

TSP 模型是图论中的一个经典问题。用图论的语言描述就是,在赋权图中,寻找一条经过所有节点,并回到出发点的最短路,即可转化为寻找最优 Hamilton 圈问题。

TSP 模型是一个重要的组合优化问题,是 NP-难问题,至今还没有找到求解此问题的多项式时间算法。TSP 的近似算法有构造型算法和改进型算法,构造型算法按一定规则一次性地构造出一个解,而改进型算法则是以某一个解作为初始解,逐步迭代,使解得到改进。一般先用构造型算法得到一个初始解,然后再用改进型算法逐步迭代。

近几十年来,TSP 模型有了基于智能算法的许多近似算法,如遗传算法、模拟退火算法、粒子群算法和神经元网络等算法。这些算法都有一定难度。下面把 TSP 模型转化为整数规划,然后用 LINGO 软件求解,该方法的优点是程序简洁、计算速度快、适用范围广。

4.6.1 TSP 模型的数学描述

对于给定的赋权图 $G=(V,E,W)$,其中 $V=\{v_1,v_2,\cdots,v_n\}$ 为顶点集,E 为边集,$W=(w_{ij})_{n\times n}$ 为邻接矩阵,其中

$$w_{ij} = \begin{cases} v_i \text{ 与 } v_j \text{ 间的距离}, & \text{当 } v_i \text{ 与 } v_j \text{ 间存在边}, \\ \infty, & \text{当 } v_i \text{ 与 } v_j \text{ 间不存在边}, \end{cases} \quad i \neq j,$$

$$w_{ii} = \infty, \quad i=1,2,\cdots,n。$$

引进 0-1 变量

$$x_{ij} = \begin{cases} 1, & \text{当最短路径经过 } v_i \text{ 到 } v_j \text{ 的边时}, \\ 0, & \text{当最短路径不经过 } v_i \text{ 到 } v_j \text{ 的边时}, \end{cases} \quad i,j=1,2,\cdots,n。$$

则 TSP 模型可表示为

$$\min z = \sum_{i=1}^{n}\sum_{j=1}^{n} w_{ij}x_{ij}, \tag{4.13}$$

$$\text{s.t.} \begin{cases} \sum_{j=1}^{n} x_{ij} = 1, & i=1,2,\cdots,n, \\ \sum_{i=1}^{n} x_{ij} = 1, & j=1,2,\cdots,n, \\ u_i - u_j + nx_{ij} \leq n-1, u_i, u_j \geq 0, & i=1,\cdots,n, j=2,\cdots,n, \\ x_{ij} = 0 \text{ 或 } 1, & i,j=1,2,\cdots,n。 \end{cases} \tag{4.14}$$

若仅考虑前两个约束条件,则是类似于指派问题的模型,对于 TSP 模型只是必要条件,并不充分。例如图 4.13 的情形,6 个城市的旅行路线若为 $v_1 \to v_2 \to v_3 \to v_1$ 和 $v_4 \to v_5 \to v_6 \to v_4$,则该路线虽然满足式

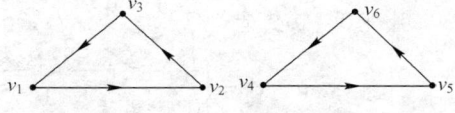

图 4.13 子回路情形

(4.14)的前两个约束,但不构成整体巡回路线,它含有两个子回路,为此需要增加"不含子回路"的约束条件,这就要求增加变量 $u_i(i=1,2,\cdots,n)$,及式(4.14)中的第 3 个约束条件:

$$u_i - u_j + nx_{ij} \leq n-1, u_i, u_j \geq 0, \quad i=1,\cdots,n, j=2,\cdots,n_\circ \tag{4.15}$$

下面证明:
(1) 任何含子回路的路线都必然不满足该约束条件(不管 u_i 如何取值)。
(2) 全部不含子回路的整体巡回路线都可以满足该约束条件(只要 u_i 取适当值)。

用反证法证明(1),假设存在子回路,则至少有两个子回路。那么至少有一个子回路中不含起点 v_1,例如子回路 $v_4 \to v_5 \to v_6 \to v_4$,式(4.15)用于该子回路,必有

$$u_4 - u_5 + n \leq n-1, \quad u_5 - u_6 + n \leq n-1, \quad u_6 - u_4 + n \leq n-1,$$

把这三个不等式加起来得到 $0 \leq -3$,这不可能,故假设不能成立。而对整体巡回,因为约束(4.15)式中 $j \geq 2$,不包含起点 v_1,故不会发生矛盾。

(3) 对于整体巡回路线,只要 u_i 取适当值,都可以满足该约束条件:①对于总巡回上的边,$x_{ij}=1, u_i$ 取整数,起点编号 $u_1=0$,第 1 个到达顶点的编号 $u_2=1$,每到达一个顶点,编号加 1,则必有 $u_i - u_j = -1$,约束条件(4.15)变成 $-1+n \leq n-1$,必然成立;②对于非总巡回上的边,因为 $x_{ij}=0$,约束(4.15)变成 $u_i - u_j \leq n-1$,肯定成立。

综上所述,约束条件(4.15)只限制子回路,不影响其他约束条件,于是 TSP 模型转化为一个整数线性规划模型,可以用 LINGO 软件求解。

4.6.2 TSP 模型的应用实例

例 4.12 已知 19 个城市之间距离示意图如图 4.14 所示,求从 v_1 出发回到 v_1 的 TSP 路线。

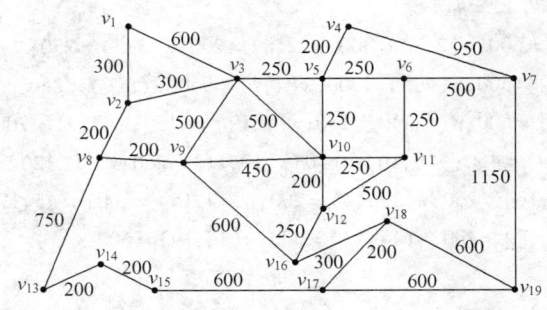

图 4.14 19 个城市间距离示意图

解 构造图 4.13 对应的赋权图 $G=(V,E,W)$,其中 $V=\{v_1,v_2,\cdots,v_{19}\}$ 为顶点集,E 为边集,$W=(w_{ij})_{19 \times 19}$ 为邻接矩阵,这里

$$w_{ij} = \begin{cases} v_i \text{ 与 } v_j \text{ 间的距离}, & \text{当 } v_i \text{ 与 } v_j \text{ 间存在边时}, \\ \infty, & \text{当 } v_i \text{ 与 } v_j \text{ 间不存在边时}, \end{cases} \quad i \neq j,$$

$$w_{ii} = \infty, \quad i=1,2,\cdots,19_\circ$$

引进 0-1 变量

$$x_{ij} = \begin{cases} 1, & \text{当最短路径经过 } v_i \text{ 到 } v_j \text{ 的边时}, \\ 0, & \text{当最短路径不经过 } v_i \text{ 到 } v_j \text{ 的边时}, \end{cases} \quad i,j = 1,2,\cdots,19。$$

则 TSP 模型可表示为

$$\min z = \sum_{i=1}^{19} \sum_{j=1}^{19} w_{ij} x_{ij},$$

$$\text{s. t.} \begin{cases} \sum_{j=1}^{19} x_{ij} = 1, & i = 1,2,\cdots,19, \\ \sum_{i=1}^{19} x_{ij} = 1, & j = 1,2,\cdots,19, \\ u_i - u_j + 19 x_{ij} \leq 18, u_i, u_j \geq 0, & i = 1,\cdots,19, j = 2,\cdots,19, \\ x_{ij} = 0 \text{ 或 } 1, & i,j = 1,2,\cdots,19。 \end{cases}$$

利用 LINGO 软件求得的最优值 $z = 8200$，最佳巡回路径为

$$v_1 \to v_3 \to v_9 \to v_{10} \to v_5 \to v_4 \to v_7 \to v_6 \to v_{11} \to v_{12} \to v_{16}$$
$$\to v_{18} \to v_{19} \to v_{17} \to v_{15} \to v_{14} \to v_{13} \to v_8 \to v_2 \to v_1。$$

计算的 LINGO 程序如下：

```
model:
sets:
city/1..19/:u;
link(city,city):w,x;
endsets
data:
w = 100000;
enddata
calc:!先输入邻接矩阵的上三角元素;
w(1,2) = 300;w(1,3) = 600;w(2,3) = 300;w(2,8) = 200;w(3,5) = 250;
w(3,9) = 500;w(3,10) = 500;w(4,5) = 200;w(4,7) = 950;w(5,6) = 250;
w(5,10) = 250;w(6,7) = 500;w(6,11) = 250;w(7,19) = 1150;w(8,9) = 200;
w(8,13) = 750;w(9,10) = 450;w(9,16) = 600;w(10,11) = 250;w(10,12) = 200;
w(11,12) = 500;w(12,16) = 250;w(13,14) = 200;w(14,15) = 200;w(15,17) = 600;
w(16,18) = 300;w(17,18) = 200;w(17,19) = 600;w(18,19) = 600;
n = @size(city);
@for(city(j)|j#lt#n:@for(city(i)|i#gt#j:w(i,j) = w(j,i)));!输入邻接矩阵下三角元素;
endcalc
min = @sum(link(i,j):w(i,j)*x(i,j));
@for(city(i):@sum(city(j):x(i,j)) = 1);
@for(city(j):@sum(city(i):x(i,j)) = 1);
@for(city(i):@for(city(j)|j#ge#2:u(i) - u(j) + n*x(i,j) < n-1));
@for(link(i,j):@bin(x(i,j)));
end
```

4.7 项目计划节点图

计划评审方法(Program Evaluation and Review Technique,PERT)和关键路线法(Critical Path Method,CPM)是网络分析的重要组成部分,它广泛地应用于系统分析和项目管理。计划评审与关键路线方法是在20世纪50年代提出并发展起来的,1956年,美国杜邦公司为了协调企业不同业务部门的系统规划,提出了关键路线法。1958年,美国海军武装部在研制"北极星"导弹计划时,由于导弹的研制系统过于庞大、复杂,为找到一种有效的管理方法,设计了计划评审方法。由于PERT与CPM既有相同的目标应用,又有很多相同的术语,这两种方法已合并为一种方法,在国外称为PERT/CPM,在国内称为统筹方法(scheduling method)。

下面利用LINGO软件,和项目计划节点图来研究项目的进度及优化问题。

4.7.1 项目计划节点图模型

首先介绍通常的计划网络图的概念和画法。

定义4.3 称任何消耗时间或资源的行动称为作业。作业的开始或结束称为事件,事件本身不消耗资源。

在计划网络图中通常用顶点(圆圈或圆点)表示事件,用箭线表示作业,如图4.15所示,1,2,3表示事件,A,B表示作业。由这种方法画出的网络图称为计划网络图。

在计划网络图中,虚作业用虚箭线"- - -→"表示,表示工时为零,不消耗任何资源的虚构作业。其作用只是为了正确表示作业的前行后继关系。

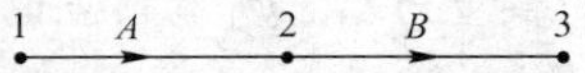

图4.15 计划网络图的基本画法

定义4.4 在计划网络图中,称从初始事件到最终事件的由各项作业连贯组成的一条路为路线。具有累计作业时间最长的路线称为关键路线。

在下面的节点图中,仍然借用计划网络图中关键路线的概念。

例4.13 某项目工程由11项作业组成(分别用代号$A,B,\cdots,J,K$表示),其计划完成时间及作业间相互关系如表4.7所示,试计算完成该项目工程的最短时间。

表4.7 作业流程数据

作业	计划完成时间/天	紧前作业	作业	计划完成时间/天	紧前作业
A	5	—	G	21	B,E
B	10	—	H	35	B,E
C	11	—	I	25	B,E
D	4	B	J	15	F,G,I
E	4	A	K	20	F,G
F	15	C,D			

例4.13就是计划评审方法或关键路线法需要解决的问题,即求相应的计划网络图中的关键路线。计划网络图需要引进事件,有时还要增加虚拟作业,使用起来不方便,这里不画常用的计划网络图,而是构造另外一种节点图。

作业节点图(Activity - on - Node Diagram,AND)是一种改进的结构,这种方法以节点表示作业,以箭线(弧)表示紧前关系,如果作业A是作业B的紧前作业,就从节点A到节点B画一条箭线,如图4.16所示。

对于例 4.13 的项目工程,构造赋权图 $G = (V, \tilde{A}, W)$,其中 $V = \{A, B, \cdots, K\}$ 为顶点集合;$\tilde{A}$ 为弧的集合,$W = [w(A), w(B), \cdots, w(K)]^T$ 为各个顶点表示的作业完成时间所组成的向量。G 的图形如图 4.17(a)所示。

图 4.16 节点图的紧前关系

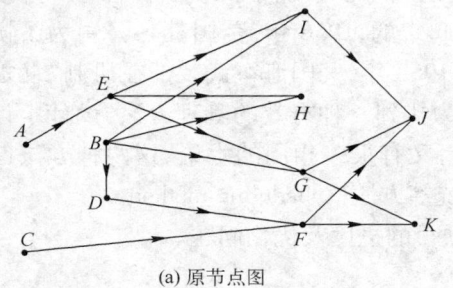
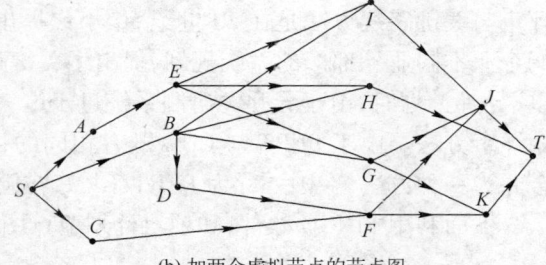

图 4.17 施工计划节点图

在图 4.17(a)的节点图中,有 3 个源点(入度为 0)A, B, C,有 3 个汇点(出度为 0)H, J, K,为了研究问题方便,加入 1 个虚拟的源点 S 和 1 个虚拟的汇点 T,对应的作业时间都为 0;再对应地在虚拟源点和 3 个源点之间加 3 条弧,在 3 个汇点和虚拟汇点之间也加 3 条弧,得到新的节点图(图 4.17(b))。完成项目工程的最短时间,即为从 S 到 T 的时间最长路的路长,这里路的权重为路上所有顶点的权重之和。

把作业 $S, A, B, \cdots, K, T$ 依次编号为 $1, 2, \cdots, n$(这里 $n = 13$),弧也对应地用编号 $\langle i, j \rangle$ 表示。记第 $i(i = 1, 2, \cdots, n)$ 项作业的计划需要时间为 t_i,为了不影响整个工程的进度,它的最晚开工时间为 y_i,最早开工时间为 z_i,第 i 项作业的松弛时间 $s_i = y_i - z_i$,则最早开工时间 z_i 和最晚开工时间 y_i 的递推公式为

$$z_1 = 0, \quad z_i = \max_{\langle j, i \rangle}\{z_j + t_j\}, \quad i = 2, 3, \cdots, n; \quad (4.16)$$

$$y_n = z_n, \quad y_i = \min_{\langle i, j \rangle}\{y_j - t_i\}, \quad i = n-1, n-2, \cdots, 1。\quad (4.17)$$

则完成项目的最短时间 $T = y_n + t_n$。

利用式(4.16)、式(4.17)和 LINGO 软件,求得例 4.13 的计算结果如表 4.8 所示,完成该项目工程的最短时间 $T = y_n + t_n = 51$,B, G, K 3 项作业的最早开工时间和最晚开工时间相同,这 3 项作业都在项目的关键路径上,这 3 项作业不能延期,延期会影响整个工程的进度。

表 4.8 施工计划的计算结果

作业	A	B	C	D	E	F	G	H	I	J	K
z_i	0	0	0	10	5	14	10	10	10	35	31
y_i	1	0	5	12	6	16	10	16	11	36	31

计算的 LINGO 程序如下:

```
model:
sets:
work/S A B C D E F G H I J K T/:s,t,y,z;
pred(work,work)/S A,S B,S C,A E,B D,B G,B H,B I,C F,D F,E G,E H,E I,F J,F K,G J,G K,H T,I J,J T,K T/;
```

```
endsets
data:
t =0,5,10,11,4,4,15,21,35,25,15,20,0;
@ole(Ldata413.xlsx,A1:M1) = z;   !把计算结果输出到Excel表中;
@ole(Ldata413.xlsx,A2:M2) = y;
enddata
@for(work(i)|i#gt#1:z(i) = @max(pred(j,i):z(j) + t(j)));
@for(work(i)|i #lt#n:y(i) = @min(pred(i,j):y(j) - t(j)));
@for(work(i):s(i) = y(i) - z(i));
z(1) =0;!第1项工作的最早开始时间;
n = @size(work);   !作业的总数量;
y(n) = z(n);!最后1项作业的最迟开始时间=最后1项工作的最早开始时间;
TT = y(n) + t(n);   !计算工程的总时间;
end
```

4.7.2 项目计划节点图应用举例

例 4.14 某公司计划推出 1 种新型产品,需要完成的作业由表 4.9 所示。

表 4.9 产品开发的相关数据

工作	工作内容	紧前工作	计划工时/周	最短工时/周	缩短 1 周的费用/百元
A	市场调查	—	4	3	600
B	资金筹备	—	10	8	1000
C	需求分析	A	3	2	500
D	产品设计	A	6	5	1200
E	产品研制	D	8	7	1100
F	制订成本计划	C,E	2	1	800
G	制订生产计划	F	3	1	900
H	筹备设备	B,G	4		
I	筹备原材料	B,G	8	6	700
J	安装设备	H	5	4	750
K	调集人员	G	2	2	
L	准备开工投产	I,J,K	1	1	

(1) 按照计划工时,求完成新产品开发的最短时间;列出各项作业的最早开始时间和最迟开始时间。

(2) 假定公司计划在 28 周内推出该产品,各项作业的最短时间和缩短 1 周的费用如表 4.9 所示,求产品在 28 周内上市的最小增加费用。

解 为了计算方便,增加了 1 个虚拟作业 S,它的工时为 0,作为整个工程的开始作业,画出的节点图如图 4.18 所示。

(1) 按照计划工时,完成新产品的最短时间,即为从 S 到 L 的时间最长路的路长,这里的权重为路上所有顶点的权重之和。

把作业 $S,A,B,\cdots,K,L$ 依次编号为 $1,2,\cdots,13$，弧也对应地用编号 $\langle i,j \rangle$ 表示。记第 $i(i=1,2,\cdots,13)$ 项作业的计划需要时间为 t_i，为了不影响整个工程的进度，它的最晚开工时间为 y_i，最早开工时间为 z_i，第 i 项作业的松弛时间 $s_i = y_i - z_i$，则最早开工时间 z_i 和最晚开工时间 y_i 的递推公式为

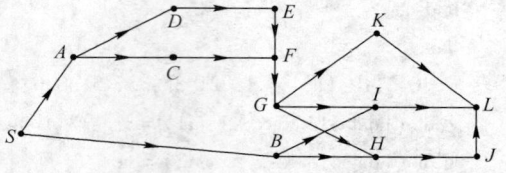

图 4.18 作业计划节点图

$$z_1 = 0, \quad z_i = \max_{\langle j,i \rangle}\{z_j + t_j\}, \quad i = 2,3,\cdots,13; \tag{4.18}$$

$$y_{13} = z_{13}, \quad y_i = \min_{\langle i,j \rangle}\{y_j - t_i\}, \quad i = 12,11,\cdots,1. \tag{4.19}$$

则完成项目的最短时间 $T = y_{13} + t_{13}$。

由式(4.18)、式(4.19)和 LINGO 软件，求得的计算结果如表 4.10 所示，完成该项目的最短时间 $T = 32$。A,D,E,F,G,I,L 7 项作业的最早开工时间和最晚开工时间相同，这 7 项作业在项目的关键路径上，它们的作业工期缩短，整个项目的工期才能缩短。

表 4.10 施工计划的计算结果

作业	A	B	C	D	E	F	G	H	I	J	K	L
z_i	0	0	4	4	10	18	20	23	23	25	23	31
y_i	0	13	15	4	10	18	20	24	23	26	29	31

计算的 LINGO 程序如下：

```
model:
sets:
work/S A B C D E F G H I J K L/:s,t,y,z;
pred(work,work)/S A,S B,A C,A D,B H,B I,C F,D E,E F,F G,G H,G I,G K,H J,I L,J L,K L/;
endsets
data:
t =0,4,10,3,6,8,2,3,2,8,5,2,1;
@ole(Ldata4141.xlsx,A1:M1) = z;   !把计算结果输出到Excel表中;
@ole(Ldata4141.xlsx,A2:M2) = y;
enddata
@for(work(i)|i#gt#1:z(i) = @max(pred(j,i):z(j) + t(j)));
@for(work(i)|i #lt#n:y(i) = @min(pred(i,j):y(j) - t(i)));
@for(work(i):s(i) = y(i) - z(i));
z(1) =0;!第 1 项工作的最早开始时间;
n =@size(work);   !作业的总数量;
y(n) = z(n);!最后 1 项作业的最迟开始时间 = 最后 1 项工作的最早开始时间;
TT = y(n) + t(n);
end
```

（2）整个项目要在 28 周完成，即要缩短 4 周的时间。设第 i 项作业上缩短的工期为 x_i，第 i 项作业缩短 1 周增加的费用记为 c_i，第 i 项作业能够缩短的工期的上界为 u_i，则 u_i 取值如表 4.11 所示。

表4.11 u_i 的取值

作业	A	B	C	D	E	F	G	H	I	J	K	L
u_i	1	2	1	1	1	1	2	0	2	1	0	0

工期缩短后,为了使增加的费用最小,建立如下的数学规划模型:

$$\min z = \sum_{i=1}^{13} c_i x_i,$$

$$\text{s.t.} \begin{cases} z_1 = 0, \\ z_i = \max_{\langle j,i \rangle} \{z_j + t_j - x_j\}, & i=2,3,\cdots,13, \\ z_{13} = y_{13}, \\ y_{13} + t_{13} - x_{13} = 28, \\ y_i = \min_{\langle i,j \rangle} \{y_j - t_i + x_i\}, & i=12,11,\cdots,1, \\ 0 \leq x_i \leq u_i, & i=1,2,\cdots,13. \end{cases}$$

利用LINGO软件,求得的最优解为:作业F缩短工期1周,作业G缩短工期2周,作业I缩短工期1周,增加的费用为3000(百元)。缩短工期后,各作业的最早开工和最晚开工时间如表4.12所示。

表4.12 最早开工时间和最晚开工时间

作业	A	B	C	D	E	F	G	H	I	J	K	L
z_i	0	0	3	3	9	17	18	20	20	22	20	27
y_i	0	10	14	3	9	17	18	20	20	22	25	27

计算的LINGO程序如下:

```
model:
sets:
work/S A B C D E F G H I J K L/:s,t,y,z,x,u,c;
pred(work,work)/S A,S B,A C,A D,B H,B I,C F,D E,E F,F G,G H,G I,G K,H J,I L,J L,K L/;
endsets
data:
c = 0,600,1000,500,1200,1100,800,900,0,700,750,0,0;
t = 0,4,10,3,6,8,2,3,2,8,5,2,1;
u = 0,1,2,1,1,1,1,2,0,2,1,0,0;  !增加1个虚拟的源点;
@ole(Ldata4142.xlsx,A1:M1) = z;  !把计算结果输出到Excel表中;
@ole(Ldata4142.xlsx,A2:M2) = y;
enddata
min = @sum(work(i):c(i)*x(i));
@for(work(i)|i#gt#1:z(i) = @max(pred(j,i):z(j) + t(j) - x(j)));
@for(work(i)|i #lt# n:y(i) = @min(pred(i,j):y(j) - t(i) + x(i)));
@for(work(i):s(i) = y(i) - z(i);x(i) <= u(i));
z(1) = 0; !第1项工作的最早开始时间;
n = @size(work);  !作业的总数量;
```

y(n) = z(n);!最后1项作业的最迟开始时间 = 最后1项工作的最早开始时间;
y(n) + t(n) − x(n) = 28;
end

4.7.3 完成作业期望和实现事件的概率

在例 4.13 和例 4.14 中,每项作业完成的时间均看成固定的,但在实际应用中,每一作业的完成会受到一些意外因素的干扰,一般不可能完全确定,往往只能凭借经验和过去完成类似作业需要的时间进行估计。通常情况下,对完成一项作业可以给出 3 个时间上的估计值:最乐观的估计值(a)、最悲观的估计值(b)和最可能的估计值(m)。

设 t_i 是完成作业 i 的实际时间(是一随机变量),作业 i 的最乐观、最悲观和最可能估计值分别为 a_i, b_i, m_i,通常用下面的方法计算相应的数学期望和方差。

$$E(t_i) = \frac{a_i + 4m_i + b_i}{6}, \tag{4.20}$$

$$\mathrm{var}(t_i) = \frac{(b_i - a_i)^2}{36}, \tag{4.21}$$

设 T 为实际工期,即

$$T = \sum_{\text{作业}i \in \text{关键路线}} t_i, \tag{4.22}$$

由中心极限定理,可以假设 T 服从正态分布,并且期望值和方差满足

$$\bar{T} = E(T) = \sum_{\text{作业}i \in \text{关键路线}} E(t_i), \tag{4.23}$$

$$S^2 = \mathrm{var}(T) = \sum_{\text{作业}i \in \text{关键路线}} = \mathrm{var}(t_i)。 \tag{4.24}$$

设规定的工期为 d,则在规定的工期内完成整个项目的概率为

$$P\{T \leq d\} = \Phi\left(\frac{d - \bar{T}}{S}\right)。 \tag{4.25}$$

@psn(x)是 LINGO 软件提供的标准正态分布函数,即

$$@\mathrm{psn}(x) = \Phi(x) = \int_{-\infty}^{x} \frac{1}{\sqrt{2\pi}} e^{-t^2/2} \mathrm{d}t。 \tag{4.26}$$

例 4.15 (续例 4.13)已知例 4.13 中各项作业完成的 3 个估计时间如表 4.13 所示。如果规定时间为 52 天,求在规定时间内完成全部作业的概率。进一步,如果完成全部作业的概率大于等于 95%,那么工期至少需要多少天?

表 4.13 作业数据

作业	估计时间/天			作业	估计时间/天		
	a	m	b		a	m	b
A	3	5	7	G	18	20	28
B	8	9	16	H	26	33	52
C	8	11	14	I	18	25	32
D	2	4	6	J	12	15	18
E	3	4	5	K	11	21	25
F	8	16	18				

第4章 图论与网络优化

解 把作业 $S,A,B,\cdots,K,T$ 依次编号为 $1,2,\cdots,13$,弧也对应地用编号 $\langle i,j\rangle$ 表示,其中 i,j 为顶点的编号。记第 $i(i=1,2,\cdots,13)$ 项作业的需要时间为 t_i,由公式(4.20)计算出作业 i 需要时间 t_i 的期望估计值 et_i,由公式(4.21)计算出作业 i 需要时间 t_i 的方差估计值 dt_i。

利用作业 i 的期望值 et_i,计算作业 i 的最早开工时间 z_i 和最晚开工时间 y_i,当 $y_i=z_i$ 时,作业 i 在关键路径上。再利用式(4.23)和式(4.24)求得 $\overline{T}$ 和标准差 S。最后利用分布函数 @psn,即可计算出完成作业的概率与完成整个项目的时间。

作业 i 最早开工时间 z_i 和最晚开工时间 y_i 的递推公式为

$$z_1=0, \quad z_i=\max_{\langle j,i\rangle}\{z_j+et_j\}, \quad i=2,3,\cdots,13; \tag{4.27}$$

$$y_{13}=z_{13}, \quad y_i=\min_{\langle i,j\rangle}\{y_j-et_i\}, \quad i=12,11,\cdots,1。 \tag{4.28}$$

利用 LINGO 软件,计算得到作业 B,G,K 在关键路线上,关键路线的时间期望为 51 天,标准差为 3.16,在 52 天完成全部作业的概率为 62.4%,如果完成全部作业的概率大于等于 95%,那么工期至少需要 56.2 天。

计算的 LINGO 程序如下:

```
model:
sets:
work/S A B C D E F G H I J K T/:a,m,b,et,dt,y,z;
pred(work,work)/S A,S B,S C,A E,B D,B G,B H,B I,C F,D F,E G,E H,E I,F J,F K,G J,G K,H T,I J,J T,K T/;
endsets
data:
a = 0 3 8 8 2 3 8 18 26 18 12 11 0;
m = 0 5 9 11 4 4 16 20 33 25 15 21 0;
b = 0 7 16 14 6 5 18 28 52 32 18 25 0;
limit = 52;
@ole(Ldata415.xlsx,A1:M1) = z;   !把计算结果输出到Excel表中;
@ole(Ldata415.xlsx,A2:M2) = y;
@ole(Ldata415.xlsx,A4:M4) = et;
enddata
calc:
@for(work:et = (a+4*m+b)/6;dt = (b-a)^2/36);
endcalc
@for(work(i)|i#gt#1:z(i) = @max(pred(j,i):z(j)+et(j)));
@for(work(i)|i#lt#n:y(i) = @min(pred(i,j):y(j)-et(i)));
z(1) = 0;!第1项工作的最早开始时间;
n = @size(work);   !集合work中成员的个数;
y(n) = z(n);!最后1项作业的最迟开始时间 = 最后1项工作的最早开始时间;
Tbar = @sum(work(i):et(i)*(y(i)#eq#z(i)));   !计算工程的总时间;
S^2 = @sum(work(i):dt(i)*(y(i)#eq#z(i)));    !计算标准差;
p = @psn((limit-Tbar)/S);   !计算概率;
@psn((days-Tbar)/S) = 0.95;  !计算需要的天数;
end
```

习 题 4

4.1 （合理的零件加工方案）某种零件的生产经毛坯、机加工、热处理及检验 4 道工序，在满足技术要求的前提下，各道工序有不同的加工方案，其费用(元)如表 4.14 所示。试确定一个生产费用最低的零件加工方案。

表 4.14 各道工序费用表

毛坯生产(两种方案)		机加工(三种方案)		热处理(两种方案)		检验
方案	加工费用/元	方案	加工费用/元	方案	加工费用/元	加工费用/元
1	40	1	40	1	30	20
				2	40	10
		2	50	1	40	20
				2	50	10
		3	60	1	40	20
				2	60	10
2	60	1	30	1	30	20
				2	40	10
		2	20	1	40	20
				2	50	10
		3	30	1	40	20
				2	50	10

4.2 （设备更新问题）某企业使用 1 台设备，在每年年初，企业领导部门就要决定是购置新的，还是继续使用旧的。若购置新设备，就要支付一定的购置费用；若继续使用旧设备，则需支付更多的维修费用。现在的问题是如何制定一个几年之内的设备更新计划，使得总的支付费用最少。用一个 5 年之内要更新某种设备的计划为例，已知该种设备在各年年初的价格如表 4.15 所示，还已知使用不同时间(年)的设备所需要的维修费用如表 4.16 所示，如何制定总的支付费用最少的设备更新计划？

表 4.15 设备价格表

第 1 年	第 2 年	第 3 年	第 4 年	第 5 年
11	11	12	12	13

表 4.16 设备维修费用表

使用年限/年	0~1	1~2	2~3	3~4	4~5
维修费用/万元	4	5	7	10	17

4.3 某电力公司要沿 8 个居民点架设输电网络，连接 8 个居民点的道路如图 4.19 所示，其中 v_1, v_2, $\cdots$, v_8 表示 8 个居民点，图中的边表示可架设输电网络的道路，边上的数字为道路的长度，单位为千米。请设计一个输电线路，连通这 8 个居民点，并使总的输电线路长度最短。

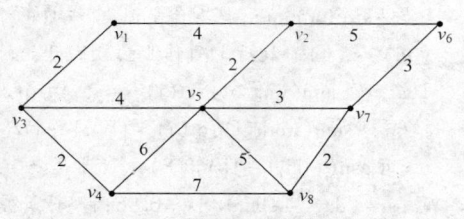

图 4.19 居民点间道路示意图

4.4 将3个天然气田 A_1, A_2, A_3 的天然气输送到2个地区 C_1, C_2，中途有2个加压站 B_1，B_2，天然气管线如图4.20所示。输气管道单位时间的最大通过量 c_{ij} 及单位流量的费用 b_{ij} 标在弧旁 (c_{ij}, b_{ij})。求：

（1）流量为22的最小费用；

（2）网络的最小费用最大流。

4.5 对于图4.21所示的网络图，求解中国邮递员问题。

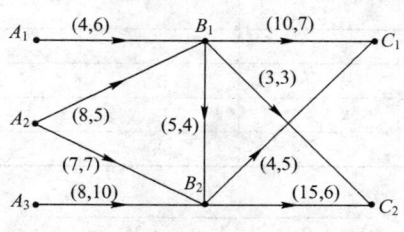

图4.20 天然气管线网络图

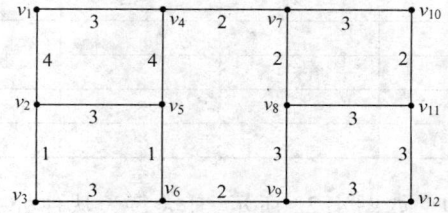

图4.21 中国邮递员问题网络图

4.6 伦敦(L)、墨西哥城(M)、纽约(N)、巴黎(Pa)、北京(Pe)、东京(T)各城市之间的航线距离如表4.17所列。求遍历所有城市一次且仅一次，并回到起点的最短路线。

表4.17 6城市间的航线距离

	L	M	N	Pa	Pe	T
L		56	35	21	51	60
M	56		21	57	78	70
N	35	21		36	68	68
Pa	21	57	36		51	61
Pe	51	78	68	51		13
T	60	70	68	61	13	

4.7 某项工程有8道工作，各工作的紧前工作、计划工时、最短工时、缩短单位工时的费用数据见表4.18。

表4.18 工程的相关数据

工 作	紧前工作	计划工时	最短工时	缩短单位工时的费用
A	—	15	12	130
B	A	20	15	70
C	A	10	8	300
D	C	60	45	110
E	B,D	13	10	150
F	D	15	11	160
G	E	20	16	80
H	F,G	30	25	120

（1）按照计划工时，求整个工程的最短完工时间；列出各项工作的最早开始时间和最迟开始时间。

（2）求在总成本增加不超过1000的条件下，使得总工期最短的方案。

4.8 有甲、乙、丙、丁、戊、已 6 名运动员报名参加 A,B,C,D,E,F 6 个项目的比赛。表 4.19 中打"※"的是各运动员报名参加的比赛项目。问 6 个项目比赛顺序如何安排,才能使每名运动员不连续参加两项比赛?

表 4.19 报名情况表

	A	B	C	D	E	F
甲				※		※
乙	※	※		※		
丙			※		※	
丁	※				※	
戊		※			※	
已		※			※	

4.9 如图 4.22 所示,某人每天从住处 v_1 开车至工作地 v_7 上班。由于他经常超速开车,可能受到交警的阻拦并罚款。图中各弧旁的数字为该人开车上班时在各条路线上碰不到交警的可能性,试问该人应选择一条什么路线,才能使从家出发至工作地,路上碰到交警的可能性最小?

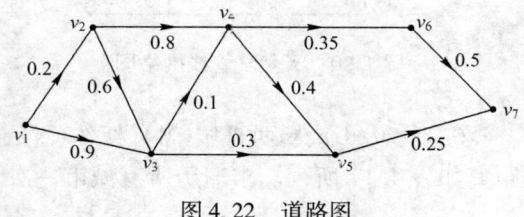

图 4.22 道路图

4.10 已知有 6 个村子,相互间道路的距离如图 4.23 所示。拟合建一所小学,已知 A 处有小学生 50 人,B 处 40 人,C 处 60 人,D 处 20 人,E 处 70 人,F 处 90 人。问小学应建在哪一个村庄,才能使学生上学最方便(走的总路程最短)?

4.11 如图 4.24 所示,一个人从 C_3 骑自行车出发去 A_2,C_1,E_2 3 处送紧急文件,然后回到 C_3,试帮助设计一条最短路线。如图中数字单位为 km,自行车速度 15km/h,送文件时每处耽误 5min,问从出发算起 4h 内该人能否回到出发地点?

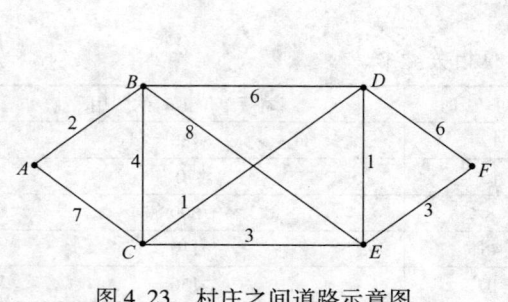

图 4.23 村庄之间道路示意图

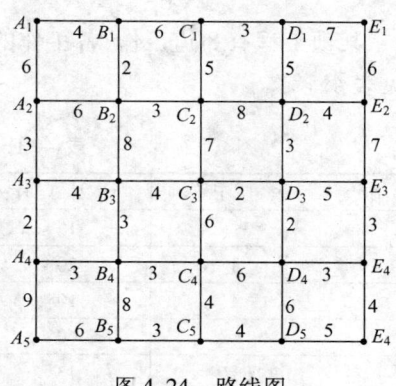

图 4.24 路线图

4.12 表 4.20 给出了某项工程作业的最乐观(a)、最可能(m)和最悲观(b)的 3 项估计时间。

要求:(1)计算各项作业的平均时间及均方差。

(2)计算按平均时间得到的关键路线长度,并计算工程在 30 天、32 天、34 天内完成的概率。

表 4.20 某项工程数据

作业	紧前作业	估计时间/天			作业	紧前作业	估计时间/天		
		a	m	b			a	m	b
A	—	5	6	8	H	D	3	4	5
B	—	1	3	4	I	B,G	4	8	10
C	—	2	4	5	J	B,G	5	6	8
D	A	4	5	6	K	C,E	9	10	15
E	A	7	8	10	L	C,E	4	6	8
F	A	8	9	13	M	F,H,I,K	3	4	5
G	D	5	9	10					

第 5 章　多目标规划模型

前面所研究的都是只追求一个目标的优化问题,通常把这类问题称为单目标最优化问题。然而,实际中所遇到的问题往往是要考虑具有多个相互矛盾的目标的优化问题,一般将这类问题称为多目标规划(multiobjective programming)问题。本章研究多目标规划模型的建立以及求解方法。

目标规划(goal programming)是研究多目标规划问题的一种方法,是运筹学的一个分支。目标规划首先由查恩斯(A. Chaines)和库伯(W. W. Cooper)于 1961 年在《管理模型及线性规划的工业应用》一书中提出。

5.1　目标规划的数学原理

用目标规划方法解决多目标规划问题时,并不是直接寻求满足单个目标或多个目标的最优解,而是通过引入"偏差变量"将目标转化为约束来处理,以各个目标对应的偏差量尽可能的小构造一个新的目标函数,继而求解以此新的目标函数为单目标的约束极小化问题。事实上,目标规划是在寻求最大限度地满足所有目标的解,为此,目标规划是处理多目标决策问题最有效的量化方法之一。

事实上,目标规划也是在线性规划的基础上发展而来的,目标规划与线性规划相比主要有以下特点:

(1) 线性规划只能处理一个目标的问题,而目标规划能够统筹兼顾多个目标的关系,求得更切合实际的解。

(2) 线性规划立足于求满足所有约束条件的最优解,而实际中的问题往往存在相互矛盾的约束条件。目标规划可以在相互矛盾的约束条件下找到满意解,即问题的满意方案。

(3) 目标规划的最优解是指尽可能达到或接近一个或多个确定指标值的满意解。

(4) 线性规划对约束条件是不分主次地同等对待,而目标规划可根据实际需要给予轻重缓急的考虑。

为了具体说明目标规划与线性规划在处理问题的方法上的区别,先通过例子来介绍目标规划的有关概念及数学模型。

例 5.1　某工厂生产Ⅰ,Ⅱ两种产品,已知有关数据如表 5.1 所示,试求获利最大的生产方案。

表 5.1　生产数据表

	Ⅰ	Ⅱ	拥有量
原材料/kg	2	1	11
设备/h	1	2	10
利润元/件	8	10	

解 这是一个单目标的规划问题。设生产产品Ⅰ，Ⅱ的量分别为 x_1,x_2 时获利最大，建立如下线性规划模型：

$$\max z = 8x_1 + 10x_2,$$

$$\begin{cases} 2x_1 + x_2 \leq 11, \\ x_1 + 2x_2 \leq 10, \\ x_1, x_2 \geq 0。\end{cases}$$

最优决策方案为 $x_1^* = 4, x_2^* = 3$，最优值 $z^* = 62$ 元。

但实际上工厂在作决策方案时，要考虑市场等一系列其他条件。例如：

（1）根据市场信息，产品Ⅰ的销售量有下降的趋势，故考虑产品Ⅰ的产量不大于产品Ⅱ。

（2）应尽可能充分利用设备，但不希望加班。

（3）应尽可能达到并超过计划利润指标 56 元。

这样在考虑产品决策时，便为多目标决策问题。目标规划方法是解决这类决策问题的方法之一。下面引入与建立目标规划数学模型有关的概念。

5.1.1 目标规划的基本概念

1. 正、负偏差变量

设 $f_i(i=1,2,\cdots,L)$ 为第 i 个目标函数，它的正偏差变量 $d_i^+ = \max\{f_i - d_i^0, 0\}$ 表示决策值超过目标值的部分，负偏差变量 $d_i^- = -\min\{f_i - d_i^0, 0\}$ 表示决策值未达到目标值的部分，这里 d_i^0 表示 f_i 的目标值。因决策值不可能既超过目标值同时又未达到目标值，即恒有 $d_i^+ \times d_i^- = 0$。

2. 绝对（刚性）约束和目标约束

绝对约束是指必须严格满足的等式约束和不等式约束。如线性规划问题的所有约束条件，不能满足这些约束条件的解称为非可行解，所以它们是硬约束。目标约束是目标规划特有的，可把约束右端项看作要追求的目标值。在达到此目标值时允许发生正或负偏差，因此在这些约束中加入正、负偏差变量，它们是软约束。线性规划问题的目标函数，在给定目标值和加入正、负偏差变量后可变换为目标约束。也可根据问题的需要将绝对约束变换为目标约束。例如，例 5.1 的目标函数 $z = 8x_1 + 10x_2$ 可变换为目标约束 $8x_1 + 10x_2 + d_1^- - d_1^+ = 56$。绝对约束 $2x_1 + x_2 \leq 11$ 可变换为目标约束 $2x_1 + x_2 + d_2^- - d_2^+ = 11$。

3. 优先因子（优先等级）与权系数

一个规划问题常常有若干目标。但决策者在要求达到这些目标时，是有主次或轻重缓急的不同。凡要求第一位达到的目标赋于优先因子 p_1，次位的目标赋于优先因子 $p_2,\cdots$，并规定 $p_k \gg p_{k+1}, k = 1,2,\cdots,K-1$（$K$ 为优先等级数），表示 p_k 比 p_{k+1} 有更大的优先权。以此类推，若要区别具有相同优先因子的两个目标的差别，这时可分别赋于它们不同的权系数 w_j，这些都由决策者按具体情况而定。

4. 目标规划的目标函数

目标规划的目标函数（准则函数）是按各目标约束的正、负偏差变量和赋于相应的优先因子而构造的。当每一目标值确定后，决策者的要求是尽可能缩小偏离目标值。因此目标规划的目标函数只能是所有偏差变量的加权和。其基本形式有三种：

（1）第 i 个目标要求恰好达到目标值，即正、负偏差变量都要尽可能地小，这时

$$\min w_i^- d_i^- + w_i^+ d_i^+。$$

（2）第 i 个目标要求不超过目标值，即允许达不到目标值，就是正偏差变量要尽可能地小，这时

$$\min w_i^+ d_i^+。$$

（3）第 i 个目标要求超过目标值，即超过量不限，但必须是负偏差变量要尽可能地小，这时

$$\min w_i^- d_i^-。$$

对每一个具体目标规划问题，可根据决策者的要求和赋于各目标的优先因子来构造目标函数，以下用例子说明。

例 5.2 例 5.1 的决策者在原材料供应受严格限制的基础上考虑，首先是产品Ⅱ的产量不低于产品Ⅰ的产量；其次是充分利用设备有效台时，不加班；再次是利润额不小于 56 元。求决策方案。

解 按决策者所要求的，分别赋于这三个目标 p_1, p_2, p_3 优先因子。这问题的数学模型是

$$\min p_1 d_1^+ + p_2(d_2^- + d_2^+) + p_3 d_3^-,$$

$$\text{s.t.} \begin{cases} 2x_1 + x_2 \leq 11, \\ x_1 - x_2 + d_1^- - d_1^+ = 0, \\ x_1 + 2x_2 + d_2^- - d_2^+ = 10, \\ 8x_1 + 10x_2 + d_3^- - d_3^+ = 56, \\ x_1, x_2, d_i^-, d_i^+ \geq 0, \quad i = 1, 2, 3。 \end{cases}$$

这样就得到一个多目标决策问题的目标规划模型。

5.1.2 目标规划的一般模型

一般来说，任意一个多目标决策问题中的多个目标总有主次之分，即总是可以根据各个目标的主次分出优先等级。

设 $x_j(j=1,2,\cdots,n)$ 为决策变量，不妨设问题有 $L(L \geq 1)$ 个目标，可分为 $K(K \leq L)$ 个优先等级，排在第一位的目标赋予最高的优先因子 p_1，第二位的赋予优先因子 p_2，依次类推，第 k 位的赋予优先因子 p_k，且规定 $p_k \gg p_{k+1}(k=1,2,\cdots,K-1)$。如果要区别相同等级的两个目标，则可以通过加权系数来决定其主次。例如，对于同一等级目标的偏差量 d_k^-, d_k^+ 赋予加权系数 w_k^-, w_k^+，这些都是根据实际问题来确定的。因此，可以给出一般多目标决策问题的目标规划模型为

$$\min z = \sum_{k=1}^{K} p_k \left[\sum_{l=1}^{L} (w_{kl}^- d_l^- + w_{kl}^+ d_l^+) \right],$$

$$\text{s.t.} \begin{cases} \sum_{j=1}^{n} a_{ij} x_j \leq (=, \geq) b_i, \quad i=1,\cdots,m, \\ \sum_{j=1}^{n} c_{lj} x_j + d_l^- - d_l^+ = g_l, \quad l=1,2,\cdots,L, \\ x_j \geq 0, \quad j=1,2,\cdots,n, \\ d_l^-, d_l^+ \geq 0, \quad i=1,2,\cdots,L。 \end{cases} \quad (5.1)$$

式中 $a_{ij}, b_i(i=1,2,\cdots,m;j=1,2,\cdots,n)$ 为系统约束的相关参数值，$c_{lj}(l=1,2,\cdots,L;j=1,2,\cdots,n)$ 为各目标的相关参数值，$g_l(l=1,2,\cdots,L)$ 为 L 个目标的指标值，均为已知常数。

注 5.1 （1）在由实际问题建立目标规划的数学模型时，对于目标的选择、优先等级和加权系数的确定一般都与决策者的主观判断有关，因此，实际中需要用专家评定法或相应的科学方法来决定。

（2）由于目标约束是软约束，实际中不一定要求绝对满足，因此，所得问题的解不一定是最优解，但是满意解。

（3）在模型(5.1)中，如果某个目标(如第 l_0 个)不属于第 k_0 个优先等级，则在模型中相应的加权系数 $w_{k_0 l_0}^-, w_{k_0 l_0}^+ (1 \leqslant k_0 \leqslant K, 1 \leqslant l_0 \leqslant L)$ 都取为 0 值。

5.1.3 目标规划的求解方法

1. 目标规划的单纯形法

从目标规划的数学模型结构来看，它与线性规划的数学模型结构没有什么本质区别，所以可用单纯形法的思想来求解，此处不再赘述。

2. 目标规划的序贯算法

求解目标规划模型的序贯算法是一种较早的传统算法，所谓"序贯"的含义就是"顺序地多次进行"，因此，序贯算法也可以称为动态求解算法。目标规划的序贯算法的基本思想如下：

将目标规划模型按照各目标的优先等级次序，依次分解为若干个单目标的规划问题分别来求其最优解，最后得到的就是原目标规划问题的最优解(满意解)。下面就目标规划的一般模型(5.1)进行说明。

求解第一优先级 p_1 的规划模型：

$$\min z_1 = \sum_{l=1}^{L}(w_{1l}^- d_l^- + w_{1l}^+ d_l^+),$$

$$\text{s.t.} \begin{cases} \sum_{j=1}^{n} a_{ij} x_j \leqslant (=, \geqslant) b_i, & i=1,\cdots,m, \\ \sum_{j=1}^{n} c_{lj} x_j + d_l^- - d_l^+ = g_l, & l=1,2,\cdots,L, \\ x_j \geqslant 0, & j=1,2,\cdots,n, \\ d_i^-, d_i^+ \geqslant 0, & i=1,2,\cdots,L_\circ \end{cases} \quad (5.2)$$

通过求解得到问题的最优值记为 z_1^*，然后再求解第二优先级 p_2 的规划模型：

$$\min z_2 = \sum_{l=1}^{L}(w_{2l}^- d_l^- + w_{2l}^+ d_l^+),$$

$$\text{s.t.} \begin{cases} \sum_{j=1}^{n} a_{ij} x_j \leqslant (=, \geqslant) b_i, & i=1,\cdots,m, \\ \sum_{j=1}^{n} c_{lj} x_j + d_l^- - d_l^+ = g_l, & l=1,2,\cdots,L, \\ \sum_{l=1}^{L}(w_{1l}^- d_l^- + w_{1l}^+ d_l^+) = z_1^*, \\ x_j \geqslant 0, & j=1,2,\cdots,n, \\ d_i^-, d_i^+ \geqslant 0, & i=1,2,\cdots,L_\circ \end{cases} \quad (5.3)$$

通过求解得到问题的最优值记为 z_2^*，以此类推，有下面的一般情况，即求解模型

$$\min z_k = \sum_{l=1}^{L} (w_{kl}^- d_l^- + w_{kl}^+ d_l^+),$$

$$\text{s. t.} \begin{cases} \sum_{j=1}^{n} a_{ij} x_j \leqslant (=, \geqslant) b_i, & i=1,\cdots,m, \\ \sum_{j=1}^{n} c_{lj} x_j + d_l^- - d_l^+ = g_l, & l=1,2,\cdots,L, \\ \sum_{l=1}^{L} (w_{sl}^- d_l^- + w_{sl}^+ d_l^+) = z_s^*, & s=1,2,\cdots,k-1, \\ x_j \geqslant 0, & j=1,2,\cdots,n, \\ d_i^-, d_i^+ \geqslant 0, & i=1,2,\cdots,L_\circ \end{cases} \quad (5.4)$$

通过求解得到问题的最优值记为 z_k^*，直到 $k=K$ 时计算结束，对应的最优解 $x^* = [x_1^*, x_2^*, \cdots, x_n^*]$ 即为原目标规划模型(5.1)的最优解(满意解)。

在上述求解过程中，若第 k 个数学规划模型的偏差值大于0，则说明第 k 级目标无法达到，因而以后的各级目标也无法达到。

5.2 目标规划的应用案例

上面介绍了目标规划的一般模型和求解方法，下面给出几个具体的应用案例，说明目标规划的模型构建和求解方法。

例 5.3 （DVD 的销售问题）某电子音像产品销售公司现有 5 名全职销售员和 4 名兼职推销员，根据实际的工作需要，公司要求全职销售员每月工作 160h，兼职推销员每月工作 100h，根据过去的销售记录，全职销售员平均每小时可以销售 25 张 DVD，平均工资 15 元/h，加班工资 22.5 元/h。兼职推销员平均每小时销售 10 张 DVD，平均工资 10 元/h，加班工资也是 10 元/h。

现在根据市场预测，下月 DVD 的销售量为 27500 张，公司每周营业 6 天，所以销售员和推销员可能需要适当的加班才能完成任务。已知公司每销售一张 DVD 盈利 1.5 元。公司经理认为，保持稳定的就业水平加上必要的加班，比不加班但就业水平不稳定要好。但是，如果全职销售员加班过多，就会因为疲劳过度而使得工作效率下降，因此公司不允许每月加班超过 100h。现在的问题：该公司希望通过建立数学模型分析给出合理的 DVD 销售工作安排方案。

解 1. 问题分析

根据问题的实际情况，一个合理的销售工作安排方案主要体现在以下几个方面：

（1）为了保证公司的销售利润，必须要保证完成一定的 DVD 销售量指标 27500 张。

（2）为了保证全职销售员的工作精力，适当限制加班时间，要求总加班时间不超过 100h。

（3）为了保持全体销售员工充分的就业机会，优先考虑全职销售员工作时间。

（4）为了减少销售成本，尽量减少销售员工的加班时间，必要时优先考虑对利润贡献大的销售员。

事实上，这就给出了一个合理的销售工作安排方案的目标和要求，从实际出发，不妨可以认为这 4 个目标的优先顺序是依次排列的，于是有：

最高优先级目标：DVD 月销售量不少于 27500 张，赋予优先因子 p_1。

第二优先级目标：限制全职销售员的总加班时间不超过 100h，赋予优先因子 p_2。

第三优先级目标：保持全体销售员的充分就业，要加倍优先考虑全职销售员的就业机会，赋予优先因子 p_3。

第四优先级目标：尽量减少销售员的加班时间，必要时要对两类销售员有所区别，优先权因子由他们对利润的贡献大小而定，赋予优先因子 p_4。

由此，考虑建立问题的目标规划模型。

2. 模型建立与求解

根据问题的要求和问题的分析，假设问题的决策变量 x_1, x_2 分别表示所有全职销售员和所有兼职推销员的工作时间。下面分别给出各个目标的约束。

(1) 关于销售量的目标约束。用 d_1^- 表示达不到销售目标的偏差量，d_1^+ 表示超过销售目标的偏差量。公司希望下月的销售量不少于 27500 张 DVD，因此目标约束为

$$\min z_1 = d_1^-,$$

$$\text{s.t.} \begin{cases} 25x_1 + 10x_2 + d_1^- - d_1^+ = 27500, \\ x_1, x_2, d_1^-, d_1^+ \geq 0. \end{cases}$$

(2) 关于正常工作时间的目标约束。用 d_2^- 和 d_2^+ 分别表示所有全职销售员的停工时间和加班时间的偏差量；d_3^- 和 d_3^+ 分别表示所有兼职推销员的停工时间和加班时间的偏差量。由于公司希望所有销售员充分就业，同时加倍优先考虑全职销售员的工作机会，因此目标约束为

$$\min z_2 = 2d_2^- + d_3^-,$$

$$\text{s.t.} \begin{cases} x_1 + d_2^- - d_2^+ = 5 \times 160, \\ x_2 + d_3^- - d_3^+ = 4 \times 100, \\ x_1, x_2, d_2^-, d_2^+, d_3^-, d_3^+ \geq 0. \end{cases}$$

(3) 关于加班时间限制的目标约束。用 d_4^- 和 d_4^+ 分别表示所有全职销售员的总加班时间不足 100h 和超过 100h 的偏差量。由于公司要求全职销售员的每月总加班时间不得超过 100h，于是问题为

$$\min z_3 = d_4^+,$$

$$\text{s.t.} \begin{cases} x_1 + d_4^- - d_4^+ = 5 \times 160 + 100, \\ x_1, d_4^-, d_4^+ \geq 0. \end{cases}$$

注意到，因为全职销售员加班 1h 公司获利 15 元（$25 \times 1.5 - 22.5 = 15$），兼职销售员加班 1h 公司获利 5 元（即 $10 \times 1.5 - 10 = 5$），即加班 1h 公司获利全职销售员是兼职销售员的 3 倍，所以相应的加权系数之比为 $w_2^+ : w_3^+ = 1:3$。因此可以得到关于加班工作的另一个目标约束问题为

$$\min z_4 = d_2^+ + 3d_3^+,$$

$$\text{s.t.} \begin{cases} x_1 + d_2^- - d_2^+ = 5 \times 160, \\ x_2 + d_3^- - d_3^+ = 4 \times 100, \\ x_1, x_2, d_2^-, d_2^+, d_3^-, d_3^+ \geq 0. \end{cases}$$

综上所述，可以得这个问题的目标规划模型：

$$\min z = p_1 d_1^- + p_2 d_4^+ + p_3(2d_2^- + d_3^-) + p_4(d_2^+ + 3d_3^+),$$

$$\text{s. t.} \begin{cases} 25x_1 + 10x_2 + d_1^- - d_1^+ = 27500, \\ x_1 + d_2^- - d_2^+ = 800, \\ x_2 + d_3^- - d_3^+ = 400, \\ x_1 + d_4^- - d_4^+ = 900, \\ x_1, x_2, d_i^-, d_i^+ \geq 0, \quad i = 1,2,3,4. \end{cases}$$

利用 LINGO 软件，求得上述目标规划的满意解为

$$x_1 = 900, x_2 = 500,$$

第一级偏差值为 0，第二级偏差值为 0，第三级偏差值为 0，第四级偏差值为 400。

求得的满意解说明，前三级目标都达到了，该公司能够完成每月 27500 张 DVD 的销售任务，公司总共可以获得利润

$$27500 \times 1.5 - (800 \times 15 + 100 \times 22.5 + 500 \times 10) = 22000,$$

其中第四级偏差值 400 是全职销售员和兼职销售员各加班 100h 所产生的总偏差量，所以有 $100 + 3 \times 100 = 400$。

计算的 LINGO 程序如下：

```
model:
sets:
level/1..4/:z,goal;
variable/1,2/:x;
s_con_num/1..4/:g,dplus,dminus;
s_con(s_con_num,variable):c;
obj(level,s_con_num)/1 1,2 4,3 2,3 3,3 4 2,4 3/:wplus,wminus;
endsets
data:
goal = 100000;   !初始化;
g = 27500,800,400,900;
c = 25,10,1,0,0,1,1,0;
wplus = 0,1,0,0,1,3;
wminus = 1,0,2,1,0,0;
enddata
submodel myzmb:
[mobj] min = z(ctr);
@for(level(i):z(i) = @sum(obj(i,j):wplus(i,j)*dplus(j) + wminus(i,j)*dminus(j)));
@for(s_con_num(i):@sum(variable(j):c(i,j)*x(j)) + dminus(i) - dplus(i) = g(i));
@for(level(i)|i #lt# ctr:z(i) = goal(i));
endsubmodel
calc:
@for(level(i):ctr = i;@solve(myzmb);goal(i) = mobj;@write('第',ctr,'次运算:x(1) =',x(1),',',
x(2) =',x(2),',最优偏差值为',mobj,@newline(2)));
endcalc
```

end

3. 问题的结果分析

从问题的结果可以看出,所给出的工作方案是合理的,能够在保证完成公司月销售任务的目标要求下,既实现了所有全职销售员和兼职销售员的正常工作时间,也实现了总加班时间都不超过100h的目标要求。从问题所提出的目标要求看,单纯依靠全职销售员和兼职推销员的正常工作时间是不可能完成公司27500张DVD的销售任务的。因此,该工作方案完全符合公司的目标要求,是实际可行的。

在社会市场条件下,有很多类似的产品销售公司和营业计划的安排问题,对于这些问题的数学模型都有一定的参考应用意义。

例5.4 某部门有3个生产同类产品的工厂,生产的产品由4个销售点出售,各工厂的生产量、各销售点的销售量(t)以及各工厂到各销售点的单位运价(元/t)如表5.2所示。

表5.2 产品的相关数据

产地\销地	B_1	B_2	B_3	B_4	产量
A_1	4	12	4	11	16
A_2	2	10	3	9	10
A_3	8	5	11	6	22
销量	8	14	12	14	48

(1)要求研究产品如何调运才能使总运费最小。

(2)现假定:

p_1:B_1是重点单位,希望销量增至12单位,并尽量满足;

p_2:B_1需求量中至少有6个单位来自A_2;

p_3:B_2、B_3、B_4的需求量应均不少于90%得到满足;

p_4:因路况较差,从A_3至B_4的运量不要超过8单位;

p_5:使总运费尽可能节省。

试找出问题的满意解。

解 (1)由于总产量和总销量均为48,故知这是一个产销平衡运输问题。

用$x_{ij}(i=1,2,3;j=1,2,3,4)$表示由产地$A_i$运到销地$B_j$的产量,$a_i$表示3个产地的产量,$b_j$表示4个销地的销量,$c_{ij}$表示从产地$A_i$到销地$B_j$的单位运价,建立如下的数学规划模型:

$$\min z = \sum_{i=1}^{3}\sum_{j=1}^{4} c_{ij}x_{ij},$$

$$\text{s.t.} \begin{cases} \sum_{j=1}^{4} x_{ij} = a_i, & i=1,2,3, \\ \sum_{i=1}^{3} x_{ij} = b_j, & j=1,2,3,4, \\ x_{ij} \geq 0, & i=1,2,3; j=1,2,3,4. \end{cases}$$

利用LINGO软件求得的最优调运方案见表5.3,最小运费值为244元。

表 5.3 最优调运方案数据

产地\销地	B_1	B_2	B_3	B_4	产量
A_1	0	0	12	4	16
A_2	8	0	0	2	10
A_3	0	14	0	8	22
销量	8	14	12	14	48

计算的 LINGO 程序如下：

```
model:
sets:
chandi/1..3/:a;
xiaodi/1..4/:b;
link(chandi,xiaodi):c,x;
endsets
data:
a=@ole(Ldata541.xlsx,E1:E3);
b=@ole(Ldata541.xlsx,A4:D4);
c=@ole(Ldata541.xlsx,A1:D3);
@ole(Ldata541.xlsx,A6:D8)=x;
enddata
min=@sum(link(i,j):c(i,j)*x(i,j));
@for(chandi(i):@sum(xiaodi(j):x(i,j))=a(i));
@for(xiaodi(j):@sum(chandi(i):x(i,j))=b(j));
end
```

(2) 原运输问题的最小运费为 244，设从 A_i 运往 B_j 的物品数量为 x_{ij} ($i=1,2,3$; $j=1,2,3,4$)，问题的目标规划模型为

$$\min z = p_1 d_1^- + p_2 d_2^- + p_3(d_3^- + d_4^- + d_5^-) + p_4 d_6^+ + p_5 d_7^+,$$

$$\text{s.t.} \begin{cases} x_{11}+x_{12}+x_{13}+x_{14} \leq 16, & \text{(a)} \\ x_{21}+x_{22}+x_{23}+x_{24} \leq 10, & \text{(b)} \\ x_{31}+x_{32}+x_{33}+x_{34} \leq 22, & \text{(c)} \\ x_{11}+x_{21}+x_{31}+d_1^- - d_1^+ = 12, & \text{(d)} \\ x_{21}+d_2^- - d_2^+ = 6, & \text{(e)} \\ x_{12}+x_{22}+x_{32}+d_3^- - d_3^+ = 12.6, & \text{(f)} \\ x_{13}+x_{23}+x_{33}+d_4^- - d_4^+ = 10.8, & \text{(g)} \\ x_{14}+x_{24}+x_{34}+d_5^- - d_5^+ = 12.6, & \text{(h)} \\ x_{34}+d_6^- - d_6^+ = 8, & \text{(i)} \\ \sum_{i=1}^{3}\sum_{j=1}^{4} c_{ij} x_{ij} + d_7^- - d_7^+ = 244, & \text{(j)} \\ x_{ij}, d_k^-, d_k^+ \geq 0, \quad i=1,2,3; j=1,2,3,4; k=1,2,\cdots,7. \end{cases}$$

模型中各约束的含义为：

式(a)~(c)是产量的约束；

式(d)是B_1希望销量增至12单位的目标约束；

式(e)是B_1需求量中至少有6个单位来自A_2的目标约束；

式(f)~(h)是B_2、B_3、B_4的需求量不少于90%得到满足的目标约束；

式(i)是从A_3至B_4的运量不要超过8单位的目标约束；

式(j)是总运费尽可能节省的目标约束。

利用LINGO软件，求得问题的满意解如表5.4所示，求得的各级偏差值都为0，相应的总运费也是244。

表5.4 满意调用方案数据

产地＼销地	B_1	B_2	B_3	B_4	产量
A_1	4.454545	0.145455	6.8	4.6	16
A_2	6	0	4	0	10
A_3	1.545455	12.45455	0	8	22
销量	8	14	12	14	48

计算的LINGO程序如下：

```
model:
sets:
level/1..5/:z,goal;
row/1..3/:b;
col/1..4/;
variable(row,col):x,a,c;
s_con_num/1..7/:g,dplus,dminus;
obj(level,s_con_num)/1 1,2 2,3 3,3 4,3 5,4 6,5 7/:wplus,wminus;
endsets
data:
goal = 100000;   !初始化;
g = 12,6,12.6,10.8,12.6,8,244;
b = 16,10,22;
c =
```

4	12	4	11
2	10	3	9
8	5	11	6

```
;
wplus = 0,0,0,0,0,1,1;
wminus = 1,1,1,1,1,0,0;
@ole(Ldata542.xlsx,A1:D3) = x;
enddata
submodel myzmb:
[mobj] min = z(ctr);
```

@for(level(i):z(i) = @sum(obj(i,j):wplus(i,j) * dplus(j) + wminus(i,j) * dminus(j)));
@for(row(i):@sum(col(j):x(i,j)) < b(i));
@sum(row(i):x(i,1)) + dminus(1) - dplus(1) = g(1);
x(2,1) + dminus(2) - dplus(2) = g(2);
@for(s_con_num(j)|j#ge#3 #and# j#le#5:@sum(row(i):x(i,j-1)) + dminus(j) - dplus(j) = g(j));
x(3,4) + dminus(6) - dplus(6) = g(6);
@sum(variable:c * x) + dminus(7) - dplus(7) = g(7);
@for(level(i)|i #lt# ctr:z(i) = goal(i));
endsubmodel
calc:
@for(level(i):ctr = i;@write('第',ctr,'次计算',@newline(1));@solve(myzmb);goal(i) = mobj);
endcalc
end

5.3 多目标规划

在管理决策中,许多问题的决策者希望通过决策行为实现多个目标,比如在企业管理中不仅希望利润最大,还希望市场份额最多、成本最小等。下面先看一个引例。

5.3.1 多目标规划实例

例5.5 某个大型企业将物流业务委托给某个物流公司,物流公司将根据企业的情况确定配送中心的数量和位置。已知该企业有3个生产工厂生产同一种产品,主要满足8个客户的需求。物流公司经过前期调研初步确定4个潜在的配送中心的位置,并且已知工厂的供给量、客户的需求量(单位:t)和各点的距离(单位:km),有关数据如表5.5~表5.8所示。

表5.5 工厂供应量

工厂	1	2	3	合计
年供应量	86760	76020	73368	236148
月均供应量	7230	6335	6114	19679

表5.6 配送中心位置到客户的距离

位置\客户	1	2	3	4	5	6	7	8
1	56	25	23	25	31	22	8	5
2	61	31	28	30	35	37	27	25
3	62	40	38	40	46	47	37	14
4	3	93	91	93	99	100	90	88

表5.7 工厂到配送中心位置的距离

工厂\位置	1	2	3	4
1	260	308	318	316
2	240	233	243	178
3	36	32	338	269

表 5.8 客户需求量

客　户	1	2	3	4	5	6	7	8
需求量/月	1500	1120	1513	2196	3463	1587	2224	3008

选择配送中心的位置首先要考虑费用和顾客的满意度,已知各位置建设配送中心的运营费用,包括每月的固定费用和单位产品的可变费用,如表 5.9 所示。

表 5.9 配送中心的费用

配送中心	1	2	3	4
固定费用/元	374000	374000	374000	137200
可变费用/元	350	400	280	300

运输费用率为 5.91 元/(t·km),顾客的满意度与运输时间或者运输距离成反比,距离越长满意度越低。决策者需要在潜在的位置选择一个或多个作为配送中心,目的是使得总费用最小和客户的满意度最大。

解 设第 $i(i=1,2,3)$ 个工厂到第 $j(j=1,2,3,4)$ 个潜在配送中心位置的距离为 a_{ij},第 j 个配送中心到第 $k(k=1,2,\cdots,8)$ 个客户的距离为 b_{jk},第 j 个配送中心的固定费用和单位可变费用分别为 c_j、h_j,第 k 个客户的需求量为 d_k,第 i 个工厂的产量为 q_i。

该问题需要确定的因素包括是否在某个位置建立配送中心,各工厂向配送中心每月提供的货物数量,每个客户由哪个配送中心负责送货。设 $x_{ij}(i=1,2,3;j=1,2,3,4)$ 表示第 i 个工厂向第 j 个配送中心提供的产品数量,并引进两组 0-1 变量

$$y_j = \begin{cases} 1, & \text{第 } j \text{ 个潜在位置建立配送中心}, \\ 0, & \text{第 } j \text{ 个潜在位置不建立配送中心}, \end{cases} \quad j=1,2,3,4,$$

$$z_{jk} = \begin{cases} 1, & \text{第 } j \text{ 个潜在位置负责第 } k \text{ 个客户}, \\ 0, & \text{第 } j \text{ 个潜在位置不负责第 } k \text{ 个客户}, \end{cases} \quad j=1,2,3,4; k=1,2,\cdots,8。$$

约束条件分为如下的 4 类:

(1) 每个客户由一个中心负责,即

$$\sum_{j=1}^{4} z_{jk} = 1, \quad k=1,2,\cdots,8。$$

(2) 两组 0-1 变量之间的关联关系

$$\sum_{k=1}^{8} z_{jk} \leq 8y_j, \quad j=1,2,3,4。$$

(3) 配送中心每月进货与出货相等,则有

$$\sum_{k=1}^{8} d_k z_{jk} - \sum_{i=1}^{3} x_{ij} = 0, \quad j=1,2,3,4。$$

(4) 工厂的运出量不超过产量,则有

$$\sum_{j=1}^{4} x_{ij} \leq q_i, \quad i=1,2,3。$$

该问题的目标函数有两个:

(1) 总费用最小。总费用包括配送中心的运营费用和货物的运输费用,其中配送中心的运营费用包括固定费用和可变费用,货物的运输费用包括从工厂运往配送中心的费用和从配送中心运往客户的费用。则总费用为

$$\sum_{j=1}^{4}\left(c_j y_j + h_j \sum_{i=1}^{3} x_{ij}\right) + 5.91 \sum_{i=1}^{3}\sum_{j=1}^{4} a_{ij} x_{ij} + 5.91 \sum_{j=1}^{4}\sum_{k=1}^{8} b_{jk} d_k z_{jk}。$$

(2) 顾客满意度最大。假设各客户地位平等,以最不满意的客户的满意度为衡量客户满意度的标准。顾客的满意度与送货的时间成反比,而时间又与距离成正比,因而满意度与距离成反比。这里的距离只需考虑从配送中心到客户的距离,因为工厂运往配送中心的产品会提前发送,假设客户订单下达即可发货。显然,运货距离越小顾客满意度越大,因而可以用客户到货距离最长者达到最小替代满意度最大的目标,即

$$\min \max_{k} \sum_{j=1}^{4} b_{jk} z_{jk}。$$

如果令 $\max_{k} \sum_{j=1}^{4} b_{jk} z_{jk} = v$,则上述目标函数可以化成等价的问题,即

$$\min v,$$
$$\text{s.t.} \quad \sum_{j=1}^{4} b_{jk} z_{jk} \leq v, \quad k=1,2,\cdots,8。$$

综上所述,建立如下的数学模型:

$$\min \sum_{j=1}^{4}\left(c_j y_j + h_j \sum_{i=1}^{3} x_{ij}\right) + 5.91 \sum_{i=1}^{3}\sum_{j=1}^{4} a_{ij} x_{ij} + 5.91 \sum_{j=1}^{4}\sum_{k=1}^{8} b_{jk} d_k z_{jk},$$
$$\min v,$$

$$\text{s.t.} \begin{cases} \sum_{j=1}^{4} z_{jk} = 1, & k=1,2,\cdots,8, \\ \sum_{k=1}^{8} z_{jk} \leq 8 y_j, & j=1,2,3,4, \\ \sum_{k=1}^{8} d_k z_{jk} - \sum_{i=1}^{3} x_{ij} = 0, & j=1,2,3,4, \\ \sum_{j=1}^{4} x_{ij} \leq q_i, & i=1,2,3, \\ \sum_{j=1}^{4} b_{jk} z_{jk} \leq v, & k=1,2,\cdots,8, \\ x_{ij} \geq 0, y_j, z_{jk} = 0 \text{ 或 } 1, & i=1,2,3; j=1,2,3,4; k=1,2,\cdots,8。 \end{cases}$$

该数学模型的变量和约束条件与前面讲过的数学规划一样,不同之处是有两个目标函数,为了和前面的数学规划相区别,有两个或两个以上目标函数的模型就称为多目标规划,对应前面讲过的只有一个目标的规划称为单目标规划或简称数学规划,通常所说的数学规划如不特别指明就是指单目标规划。

5.3.2 多目标规划的一般模型

多目标优化问题很多,各问题的模型不尽相同,一般可用以下数学模型描述,即

$$\min(\max) f_1(\boldsymbol{x}),$$
$$\vdots$$
$$\min(\max) f_p(\boldsymbol{x}),$$
$$\text{s.t.} \ \boldsymbol{x} \in S。$$

式中：$x \in R^n$ 为决策向量；S 为可行解集合；$f_1(\boldsymbol{x}), f_2(\boldsymbol{x}), \cdots, f_p(\boldsymbol{x})$ 为目标函数，目标可以是求最大也可以是求最小。用向量函数的形式可表示为

$$\min(\max) \boldsymbol{F}(\boldsymbol{x}),$$
$$\text{s. t. } \boldsymbol{\Phi}(\boldsymbol{x}) \leqslant \boldsymbol{G}。$$

式中：$\boldsymbol{F}(\boldsymbol{x})$ 为 p 维函数向量，p 是目标函数的个数；$\boldsymbol{\Phi}(\boldsymbol{x})$ 为 m 维函数向量；$\boldsymbol{G}$ 为 m 维常数向量，m 是约束方程的个数。

对于线性多目标规划问题，可以进一步写为

$$\min(\max) \boldsymbol{A}\boldsymbol{x},$$
$$\text{s. t. } \boldsymbol{B}\boldsymbol{x} \leqslant \boldsymbol{b}。$$

式中：$\boldsymbol{A}$ 为 $p \times n$ 矩阵；$\boldsymbol{B}$ 为 $m \times n$ 矩阵；$\boldsymbol{b}$ 为 m 维的向量；$\boldsymbol{x}$ 为 n 维决策向量。

注 5.2 各目标都是在同一组约束下求最优，它不同于在同一组约束下分别求各目标最优，那样求得最优解不一定一样，而对于多目标规划问题必须是在同一个方案下实现各目标最优。

5.3.3 多目标规划的有效解

如果存在一个可行解，使得所有的目标函数都达到最优，则该可行解是最好的，但这样的可行解往往不存在，各目标之间一般是不一致的，甚至是矛盾的。

在例 5.5 中，如果以费用最小为目标，求得的最小费用为 24068950，对应的最长服务距离为 93。

如果以最长服务距离最短为目标，则对应的最长服务距离为 31，最小费用为 27654424.28。显然两个目标的最优解不同，当一个达到最优时另一个目标会比较坏，如何选择需要解决的难题。

分别计算单目标规划的 LINGO 程序如下：

```
model:
sets:
gong/1..3/:q;
kehu/1..8/:d;
weizhi/1..4/:c,h,y;
link1(gong,weizhi):x,a;
link2(weizhi,kehu):b,z;
endsets
data:
q = 7230    6335    6114;
b = 56   25   23   25   31   22    8    5
    61   31   28   30   35   37   27   25
    62   40   38   40   46   47   37   14
     3   93   91   93   99  100   90   88;
a = 260    308    318    316
    240    233    243    178
     36     32    338    269;
d = 1500   1120   1513   2196   3463   1587   2224   3008;
c = 374000    374000    374000    137200;
```

```
h = 350  400  280  300;
enddata
submodel myobj1：  !定义第一个目标函数；
[obj1]min = @sum(weizhi:c*y) + @sum(link1(i,j):h(j)*x(i,j)) + 5.91*@sum(link1:a*x) +
5.91*@sum(link2(j,k):b(j,k)*d(k)*z(j,k));
endsubmodel
submodel myobj2：  !定义第二个目标函数；
[obj2]min = v;
endsubmodel
submodel mycon1：  !定义共同的约束条件；
@for(kehu(k):@sum(weizhi(j):z(j,k)) = 1);
@for(weizhi(j):@sum(kehu(k):z(j,k)) <= 8*y(j));
@for(weizhi(j):@sum(kehu(k):d(k)*z(j,k)) = @sum(gong(i):x(i,j)));
@for(gong(i):@sum(weizhi(j):x(i,j)) <= q(i));
@for(weizhi:@bin(y));
@for(link2:@bin(z));
endsubmodel
submodel mycon2：
@for(kehu(k):@sum(weizhi(j):b(j,k)*z(j,k)) <= v);  !定义第二个约束条件；
endsubmodel
submodel mycon3：  !定义费用子模型；
G = @sum(weizhi:c*y) + @sum(link1(i,j):h(j)*x(i,j)) + 5.91*@sum(link1:a*x) + 5.91*@sum
(link2(j,k):b(j,k)*d(k)*z(j,k));
endsubmodel
calc：
@solve(myobj1,mycon1);  !求最小费用；
v = @max(kehu(k):@sum(weizhi(j):b(j,k)*z(j,k)));  !计算最长距离；
@writefor(weizhi(j):@writefor(kehu(k):@format(z(j,k),'6.0f')),@newline(2));
@write('最长距离 v = ',v,@newline(2));
@release(v);!允许v再次优化；
@solve(myobj2,mycon1,mycon2,mycon3);!求最短的最长服务距离,并计算对应的费用；
@write('最小费用 G = ',G,@newline(2));
endcalc
end
```

对于多目标规划虽然不能定义最优解,但可以排除一些明显不合理或者不可能被选择的可行解。比如对于两个可行解 $x,y \in S$,如果可行解 y 的每一个目标函数值都不比可行解 x 的目标函数值差,并且至少有一个目标函数值严格优于可行解 x,则显然可行解 x 不会被选择,因为选择可行解 y 要比选择可行解 x 要好。如果以求最小为例,则可行解 x 被选择的前提是不存在可行解 y 使得

$$F(y) \leqslant F(x),$$

这里"$\leqslant$"是向量间的小于等于号,表示每个分量都小于等于并且至少有一个分量是严格小于。

把满足上述条件的可行解 x 称为有效解或者非劣解。

对于有效解来讲,如果要使其中一些目标值变好,则必然会有另一些目标值变坏。要求所

有目标函数值都较好的要求比较高,有时满足要求的解比较少,或者就不存在,这时需要降低要求,要求不存在每个目标都比该解好的解。如果以求最小为例,也是不存在可行解 y 使得
$$F(y) < F(x),$$
这里"<"是向量间的小于号,表示每个分量都严格小于。

把满足上述条件的可行解 x 称为弱有效解。显然,有效解必然是弱有效解,而弱有效解不一定是有效解。

注 5.3 (1) 有效解的概念不同于最优解;最优值一定相等,而有效解同一个目标函数值不一定相等。

(2) 有效解一般是不唯一的,还需要在有效解里寻找最终实施的方案,而这种寻找依不同的决策问题和决策者不同。

求解有效解的方法有很多种,如理想点法、平方和加权法、虚拟目标法、线性加权和法、最小最大法、乘除法和优先级法等。这里介绍其中几种常用的方法。

1. 理想点法

该方法的基本思想:以每个单目标最优值为该目标的理想值,使每个目标函数值与理想值的差的平方和最小。该方法的基本步骤如下。

第 1 步,求出每个目标函数的理想值。以单个目标函数为目标构造单目标规划,求该规划的最优值,即
$$f_j^* = \min_{x \in S} f_j(x), \quad j = 1, 2, \cdots, p。$$

第 2 步,计算每个目标与理想值的差的平方和,作出评价函数,即
$$h(F) = \sum_{j=1}^{p} (f_j - f_j^*)^2。$$

第 3 步,求评价函数的最优值,即
$$\min_{x \in S} h(F) = \min_{x \in S} \sum_{j=1}^{p} (f_j - f_j^*)^2。$$

该方法需要求解 $p+1$ 个单目标规划。

例 5.6 (续例 5.5)用理想点法求解例 5.5。

解 根据上面的求解结果,建立理想点解法的如下非线性规划模型:
$$\min 10^{-9} \left[\sum_{j=1}^{4} \left(c_j y_j + h_j \sum_{i=1}^{3} x_{ij} \right) + 5.91 \sum_{i=1}^{3} \sum_{j=1}^{4} a_{ij} x_{ij} + 5.91 \sum_{j=1}^{4} \sum_{k=1}^{8} b_{jk} d_k z_{jk} - 24068950 \right]^2 + (v - 31)^2,$$

$$\text{s. t.} \begin{cases} \sum_{j=1}^{4} z_{jk} = 1, \quad k = 1, 2, \cdots, 8, \\ \sum_{k=1}^{8} z_{jk} \leq 8 y_j, \quad j = 1, 2, 3, 4, \\ \sum_{k=1}^{8} d_k z_{jk} - \sum_{i=1}^{3} x_{ij} = 0, \quad j = 1, 2, 3, 4, \\ \sum_{j=1}^{4} x_{ij} \leq q_i, \quad i = 1, 2, 3, \\ \sum_{j=1}^{4} b_{jk} z_{jk} \leq v, \quad k = 1, 2, \cdots, 8, \\ x_{ij} \geq 0, y_j, z_{jk} = 0 \text{ 或 } 1, \quad i = 1, 2, 3; j = 1, 2, 3, 4; k = 1, 2, \cdots, 8。 \end{cases}$$

这里由于两个目标函数取值的数量级相差较大,因此对两个目标函数的偏差平方和进行了加权处理。

利用 LINGO 软件,求得有效解对应的费用为 24816950,最长服务距离为 93。

计算的 LINGO 程序如下:

```
model:
sets:
goal/1..2/:g;!2个目标函数的理想值;
gong/1..3/:q;
kehu/1..8/:d;
weizhi/1..4/:c,h,y;
link1(gong,weizhi):x,a;
link2(weizhi,kehu):b,z;
endsets
data:
g = 1000000000;!这里必须赋初值,否则结果是错误的,建议把该 LINGO 程序分3部分做;
q = 7230   6335   6114;
b = 56   25   23   25   31   22   8   5
    61   31   28   30   35   37   27   25
    62   40   38   40   46   47   37   14
    3    93   91   93   99   100  90   88;
a = 260   308   318   316
    240   233   243   178
    36    32    338   269;
d = 1500   1120   1513   2196   3463   1587   2224   3008;
c = 374000   374000   374000   137200;
h = 350   400   280   300;
enddata
submodel myobj1:   !定义第1个目标函数;
[obj1]min = @sum(weizhi:c*y) + @sum(link1(i,j):h(j)*x(i,j)) + 5.91*@sum(link1:a*x) +
5.91*@sum(link2(j,k):b(j,k)*d(k)*z(j,k));
endsubmodel
submodel myobj2:   !定义第2个目标函数;
[obj2]min = v;
endsubmodel
submodel myobj3:
min = 10^(-9)*(g(1) - @sum(weizhi:c*y) + @sum(link1(i,j):h(j)*x(i,j)) + 5.91*@sum(link1:a*x) +
5.91*@sum(link2(j,k):b(j,k)*d(k)*z(j,k)))^2 + (g(2) - v)^2;
endsubmodel
submodel mycon1:   !定义共同的约束条件;
@for(kehu(k):@sum(weizhi(j):z(j,k)) = 1);
@for(weizhi(j):@sum(kehu(k):z(j,k)) <= 8*y(j));
@for(weizhi(j):@sum(kehu(k):d(k)*z(j,k)) = @sum(gong(i):x(i,j)));
@for(gong(i):@sum(weizhi(j):x(i,j)) <= q(i));
```

```
@for(weizhi:@bin(y));
@for(link2:@bin(z));
endsubmodel
submodel mycon2:
@for(kehu(k):@sum(weizhi(j):b(j,k)*z(j,k)) <= v);  !定义第2个约束条件;
endsubmodel
submodel mycon3:  !定义费用子模型;
gg = @sum(weizhi:c*y) + @sum(link1(i,j):h(j)*x(i,j)) + 5.91*@sum(link1:a*x) + 5.91*@
sum(link2(j,k):b(j,k)*d(k)*z(j,k));
endsubmodel
calc:
@solve(myobj1,mycon1);   !求最小费用;
g(1) = obj1;
@solve(myobj2,mycon1,mycon2);g(2) = obj2;!求最长距离;
@write('g(2) = ',g(2),@newline(1));   !LINGO输出滞后,这里为了确认g(2)的取值;
@solve(myobj3,mycon1,mycon2,mycon3);
endcalc
end
```

注 5.4　上面 LINGO 程序的最后一个模型是非线性规划模型,这里得到的是一个比较差的局部最优解。

2. 线性加权和法

该方法的基本思想是根据目标的重要性确定一个权重,以目标函数的加权平均值为评价函数,使其达到最优。该方法的基本步骤如下。

第 1 步,确定每个目标的权系数,即

$$0 \leqslant \lambda_j \leqslant 1, \quad j=1,2,\cdots,p; \sum_{j=1}^{p} \lambda_j = 1。$$

第 2 步,写出评价函数,即

$$h(\boldsymbol{F}) = \sum_{j=1}^{p} \lambda_j f_j。$$

第 3 步,求评价函数最优值,即

$$\min_{x \in S} h(\boldsymbol{F})。$$

该方法应用的关键是要确定每个目标的权重,它反映不同目标在决策者心中的重要程度,重要程度高的权重就大,重要程度低的权重就小。权重的确定一般由决策者给出,因而具有较大的主观性,不同的决策者给的权重可能不同,从而会使计算的结果不同。

例 5.7　(续例 5.5)用线性加权和法求解例 5.5。

解　由例 5.5 知,当只考虑第一个目标函数时,求得的最小费用为 24068950,当只考虑第二个目标函数时,求得的最长距离为 31。首先把费用值除以 1000000,使其与最长距离变成同一个数量级。然后确定两个权重分别为 0.5,把所求的多目标规划问题归结为如下的数学规划问题:

$$\min 0.5 \times 0.000001 \left[\sum_{j=1}^{4} \left(c_j y_j + h_j \sum_{i=1}^{3} x_{ij} \right) + 5.91 \sum_{i=1}^{3} \sum_{j=1}^{4} a_{ij} x_{ij} + 5.91 \sum_{j=1}^{4} \sum_{k=1}^{8} b_{jk} d_k z_{jk} \right] + 0.5 v,$$

$$\text{s. t.} \begin{cases} \sum_{j=1}^{4} z_{jk} = 1, & k = 1, 2, \cdots, 8, \\ \sum_{k=1}^{8} z_{jk} \leq 8 y_j, & j = 1, 2, 3, 4, \\ \sum_{k=1}^{8} d_k z_{jk} - \sum_{i=1}^{3} x_{ij} = 0, & j = 1, 2, 3, 4, \\ \sum_{j=1}^{4} x_{ij} \leq q_i, & i = 1, 2, 3, \\ \sum_{j=1}^{4} b_{jk} z_{jk} \leq v, & k = 1, 2, \cdots, 8, \\ x_{ij} \geq 0, y_j, z_{jk} = 0 \text{ 或 } 1, & i = 1, 2, 3; j = 1, 2, 3, 4; k = 1, 2, \cdots, 8_{\circ} \end{cases}$$

利用 LINGO 软件求得费用为 24139160, 最长距离为 31。

```
model:
sets:
goal/1..2/:w;!两个目标函数的权重;
gong/1..3/:q;
kehu/1..8/:d;
weizhi/1..4/:c,h,y;
link1(gong,weizhi):x,a;
link2(weizhi,kehu):b,z;
endsets
data:
w = 0.000005,0.5;
q = 7230   6335   6114;
b = 56   25   23   25   31   22   8   5
    61   31   28   30   35   37   27   25
    62   40   38   40   46   47   37   14
    3    93   91   93   99   100   90   88;
a = 260   308   318   316
    240   233   243   178
    36    32    338   269;
d = 1500   1120   1513   2196   3463   1587   2224   3008;
c = 374000   374000   374000   137200;
h = 350   400   280   300;
enddata
min = w(1) * (@sum(weizhi:c * y) + @sum(link1(i,j):h(j) * x(i,j)) + 5.91 * @sum(link1:a * x) +
5.91 * @sum(link2(j,k):b(j,k) * d(k) * z(j,k))) + w(2) * v;
@for(kehu(k):@sum(weizhi(j):z(j,k)) = 1);
@for(weizhi(j):@sum(kehu(k):z(j,k)) <= 8 * y(j));
```

```
@for(weizhi(j):@sum(kehu(k):d(k)*z(j,k)) = @sum(gong(i):x(i,j)));
@for(gong(i):@sum(weizhi(j):x(i,j)) <= q(i));
@for(weizhi:@bin(y));
@for(link2:@bin(z));
@for(kehu(k):@sum(weizhi(j):b(j,k)*z(j,k)) <= v);
gg = @sum(weizhi:c*y) + @sum(link1(i,j):h(j)*x(i,j)) + 5.91*@sum(link1:a*x) + 5.91*@
sum(link2(j,k):b(j,k)*d(k)*z(j,k));
end
```

3. 优先级法

该方法的基本思想是根据目标重要性分成不同优先级，先求优先级高的目标函数的最优值，在确保优先级高的目标获得不低于最优值的条件下，再求优先级低的目标函数，具体步骤如下。

第1步，确定优先级。

第2步，求第一级单目标最优值 $f_1^* = \min_{x \in S} f_1(x)$。

第3步，以第一级单目标等于最优值为约束，求第二级目标最优，即

$$\min_{\substack{x \in S \\ f_1(x) = f_1^*}} f_2(x)。$$

第4步，以第一、第二级单目标等于其最优值为约束，求第三级目标最优。依次递推求解。

该方法适用于目标有明显轻重之分的问题，也就是说，各目标的重要性差距比较大，首先确保最重要的目标，然后再考虑其他目标。在同一等级的目标可能会有多个，这些目标的重要性没有明显的差距，可以用加权或理想点方法求解。

注5.5 优先级法也称为序贯解法。

例5.8 (续例5.5)用优先级方法求解例5.5。

解 首先确定以最长距离最小为优先目标，使其达到最小后再以总费用最小为目标，由前面计算可知，第二个目标函数最优值为31，因而在此基础上求数学规划：

$$\min \sum_{j=1}^{4}\left(c_j y_j + h_j \sum_{i=1}^{3} x_{ij}\right) + 5.91 \sum_{i=1}^{3}\sum_{j=1}^{4} a_{ij} x_{ij} + 5.91 \sum_{j=1}^{4}\sum_{k=1}^{8} b_{jk} d_k z_{jk},$$

$$\text{s.t.} \begin{cases} \sum_{j=1}^{4} z_{jk} = 1, & k=1,2,\cdots,8, \\ \sum_{k=1}^{8} z_{jk} \leq 8 y_j, & j=1,2,3,4, \\ \sum_{k=1}^{8} d_k z_{jk} - \sum_{i=1}^{3} x_{ij} = 0, & j=1,2,3,4, \\ \sum_{j=1}^{4} x_{ij} \leq q_i, & i=1,2,3, \\ \sum_{j=1}^{4} b_{jk} z_{jk} \leq 31, & k=1,2,\cdots,8, \\ x_{ij} \geq 0, y_j, z_{jk} = 0 \text{ 或 } 1, & i=1,2,3; j=1,2,3,4; k=1,2,\cdots,8。 \end{cases}$$

利用 LINGO 软件求得最小费用为 24139160。

计算的 LINGO 程序如下：

```
model:
sets:
gong/1..3/:q;
kehu/1..8/:d;
weizhi/1..4/:c,h,y;
link1(gong,weizhi):x,a;
link2(weizhi,kehu):b,z;
endsets
data:
q = 7230   6335   6114;
b = 56   25   23   25   31   22   8   5
    61   31   28   30   35   37   27   25
    62   40   38   40   46   47   37   14
    3   93   91   93   99   100   90   88;
a = 260   308   318   316
    240   233   243   178
    36   32   338   269;
d = 1500   1120   1513   2196   3463   1587   2224   3008;
c = 374000   374000   374000   137200;
h = 350   400   280   300;
enddata
min = @sum(weizhi:c*y) + @sum(link1(i,j):h(j)*x(i,j)) + 5.91*@sum(link1:a*x) + 5.91*@sum(link2(j,k):b(j,k)*d(k)*z(j,k));
@for(kehu(k):@sum(weizhi(j):z(j,k)) = 1);
@for(weizhi(j):@sum(kehu(k):z(j,k)) <= 8*y(j));
@for(weizhi(j):@sum(kehu(k):d(k)*z(j,k)) = @sum(gong(i):x(i,j)));
@for(gong(i):@sum(weizhi(j):x(i,j)) <= q(i));
@for(kehu(k):@sum(weizhi(j):b(j,k)*z(j,k)) <= 31);    !第二目标函数约束条件;
@for(weizhi:@bin(y));
@for(link2:@bin(z));
end
```

习 题 5

5.1 某节能灯具厂接到了订购 16000 套 A 型和 B 型节能灯具的订货合同，合同中没有对这两种灯具各自的数量做具体的要求，但合同要求工厂在一周内完成该批节能灯具的生产任务。

根据该厂的实际生产能力测算，在一周内可以利用的正常生产时间总共为 20000min，包装时间总共为 36000min。实际生产和包装完成一套 A 型节能灯具各需要 2min；生产和包装完成一套 B 型节能灯具分别需要 1min 和 3min。每套 A 型节能灯具成本为 7 元，销售价为 15 元（即利润为 8 元）；每套 B 型节能灯具成本为 14 元，销售价为 20 元（即利润为 6 元）。

该厂的厂长提出要求,首先必须要按订货合同完成生产任务,既不能多,也不能少;其次要求满意的销售额尽量达到或接近275000元;最后要求在生产总时间和包装总时间上允许有所增加,但超过量尽量地少,同时注意到增加生产时间要比增加包装时间要困难得多。该厂的厂长聘请你为他们圆满完成这批节能灯具的生产任务制定一个合理的生产计划。

5.2 已知每500g牛奶、牛肉、鸡蛋中的维生素及胆固醇含量等有关数据如表5.10所示,如果只考虑这3种食物,并且设立了下列3个目标:

(1) 满足3种维生素每日最少需求量;
(2) 每日摄入的胆固醇量不超过50单位;
(3) 每日购买这3种食物的费用不超过5元。

试建立该问题的目标规划模型并求解。

表 5.10 每 500g 牛奶、牛肉、鸡蛋中的维生素及胆固醇含量

	牛奶(500g)	牛肉(500g)	鸡蛋(500g)	每日最少需求量
维生素 A/mg	1	1	10	1.8
维生素 C/mg	100	10	10	53
维生素 D/mg	10	100	10	26
胆固醇/单位	70	50	120	
价格/元	4	16	4.5	

5.3 某公司下属3个小型煤矿 A_1,A_2,A_3,每天煤炭的生产量分别为12t、10t、10t,供应 B_1,B_2,B_3,B_4 4个工厂,需求量分别为6t、8t、6t、10t。公司调运时依次考虑的目标优先级为

p_1:A_1 产地因库存限制,应尽量全部调出;
p_2:因煤质要求,B_4 需求最好由 A_3 供应;
p_3:满足各销地需求;
p_4:调运总费用尽可能小。

从煤矿至各厂调运的单位运价表如表5.11所示,试建立该问题的目标规划模型并求解。

表 5.11 煤矿至各厂调运的单位运价

	B_1	B_2	B_3	B_4
A_1	3	6	5	2
A_2	2	4	4	1
A_3	4	3	6	3

5.4 捷利公司需要招收3类不同专业的人员到该公司设在东海市和南江市的两个地区分部工作。这两个地区分部对不同专业的需求人数如表5.12所示。对应聘人员情况进行统计后,公司将其分成6个类别,表5.13列出了每个类别人员能胜任的专业,希望优先安排的专业以及优先去工作的城市。公司对人员安排按以下3个优先级考虑:

p_1:所有需要的3类专业人员均得到满足;
p_2:招收人员中有8000人满足其优先考虑的专业;
p_3:招收人员中有8000人满足其优先考虑的城市。

试据此建立目标规划的数学模型并求解。

表 5.12 需求人员数据

分部地点	专业	需求人数
东海市	1	1000
	2	2000
	3	1500
南江市	1	2000
	2	1000
	3	1000

表 5.13 应聘人员分类统计数据

类别	人数	能胜任的专业	优先考虑专业	优先考虑的城市
1	1500	1,2	1	东海
2	1500	2,3	2	东海
3	1500	1,3	1	南江
4	1500	1,3	3	南江
5	1500	2,3	3	东海
6	1500	3	3	南江

5.5 试求解多目标线性规划问题。

$$\max z_1 = 100x_1 + 90x_2 + 80x_3 + 70x_4,$$
$$\min z_2 = 3x_2 + 2x_4,$$
$$\text{s.t.} \begin{cases} x_1 + x_2 \geq 30, \\ x_3 + x_4 \geq 30, \\ 3x_1 + 2x_3 \leq 120, \\ 3x_2 + 2x_4 \leq 48, \\ x_i \geq 0, \quad i = 1,2,3,4. \end{cases}$$

第 6 章 博 弈 论

博弈论(game theory)又称为对策论,它是研究具有对抗或竞争性质现象的一种数学理论和方法,是运筹学的一个重要分支。它所研究的典型问题是由两个或两个以上的参加者在某种对抗性或竞争性的场合下各自做出决策,使自己的一方得到最有利的结果。

在 20 世纪四五十年代,冯·诺依曼(Von Neumann)、摩根斯坦恩(Morgenstern)把博弈论引入经济学,几十年来,博弈论在经济学中发挥着越来越大的重要作用。1994 年的诺贝尔经济学奖授予了三位博弈论专家纳什(Nash)、泽尔腾(Selten)和海萨尼(Harsanyi),1996 年的诺贝尔经济学奖授予了两位博弈论与信息经济学研究专家莫里斯(Mirrlees)、维克瑞(Vickrey),2001 年的诺贝尔经济学奖授予了阿克尔洛夫(Akerlof)、斯宾塞(Spence)、斯蒂格利茨(Stiglitz),以表彰他们在柠檬市场、信号传递和信号甄别等非对称信息理论研究中的开创性贡献。2005 年的诺贝尔经济学奖授予了有以色列和美国双重国籍的奥曼(Aumann)和美国人谢林(Schelling),以表彰他们在博弈论领域做出的贡献。2007 年的诺贝尔经济学奖授予了三名美国经济学家里奥尼德·赫维茨(Leonid Hurwicz)、埃里克·马斯金(Eric Maskin)和罗杰·迈尔森(Roger Myerson),他们因机制设计理论而获此殊荣,机制设计理论是博弈论研究的重要内容。博弈论广泛应用在经济、政治、军事、外交中,其中在经济学中的应用最广泛、最成功。

6.1 基 本 概 念

在日常生活中,经常可以看到一些具有相互斗争或竞争性质的行为,如下棋、打牌、体育比赛等;此外,企业间的竞争、军队或国家间的战争、政治斗争等,都具有对抗的性质。这些具有竞争或对抗性质的行为称为博弈行为。在这类行为中,各方具有不同的目标和利益。为实现自己的目标和利益,各方必须考虑对手可能采取的行动方案,并力图选择对自己最为有利或最为合理的行动方案。

6.1.1 博弈论的定义

博弈论是描述、分析多人决策行为的一种决策理论,是多个主体在相互影响下的多元决策,决策的均衡结果取决于双方或多方的决策。如下棋,最后的结果就是由下棋双方你来我往轮流做出决策,决策又相互影响、相互作用而得出的结果。

博弈论对人的基本假定是:人是理性的(Rational,或者说自私的),理性的人是指他选择具体策略的目的是利益最大化,博弈论研究的是理性的人之间如何进行策略选择。

下面介绍博弈论与优化理论的异同点。

1. 相同点

博弈论与优化理论都是在给定的条件下寻求最优决策的过程。

2. 不同点

(1) 优化理论可以看成是单人决策,而博弈理论可以看成是多人决策。

在优化理论的决策过程中,影响结果的所有变量都控制在决策者自己手里;在博弈论的决策过程中,影响结果的变量是由多个决策者操纵的。例如,企业在追求成本最小化、产量最大化、利润最大化的过程中总是假定外部条件给定,这实际上表明了一个优化问题,因为除了给定的外部条件外,剩下的因素都由决策者控制,因此决策者自己就能控制决策的结果;如果外部条件不是给定的,而是有其他主体参与的过程,这时的决策过程就变成一个博弈过程,因为决策的最终结果不但取决于决策者本身,而且取决于其他决策者的决策。

(2) 优化过程是一个确定的过程,而博弈过程是确定性和不确定性的统一。

优化过程是一个确定的过程,因为做出决策后,确定的结果就出来了。确定性是指,决策各方做出决策后,每一方的收益就确定了;不确定性是指,一方做出决策后,影响结果的变量还有众多的其他决策者,在不知道其他主体行为的情况下,结果就不确定。例如,在一次具体的战斗中,一方是否发起进攻,是一个决策。如果发起进攻,对方肯定有所反应,客观上讲,必然会有一个确定的结果存在,这是确定性的表现。但是最后的结果如何,取决于对方如何应对,所以在发起进攻时,并不能知道结局是怎样的,这就是不确定性的表现。如果一方发起进攻后,另一方马上投降,则战斗结束;如果对方进行反攻,则从理论上讲,结果取决于双方实力的大小。由此可以看出,博弈的广泛存在性,在现实生活中做出任何决策时,实际上都受到其他主体决策的影响,决策的结果除了由自己决定外还要受到其他决策主体的影响,这实际上就是一个博弈过程。

6.1.2 博弈论中的经典案例

1. 囚徒困境

假设警察局抓住了两个合伙犯罪的嫌疑犯,但获得的证据并不十分确切,对于两者的量刑就可能取决于两者对犯罪事实的供认。警察局将这两名嫌疑犯分别关押以防他们串供。两名囚徒明白,如果他们都交代犯罪事实,则可能将各被判刑 3 年;如果他们都不交代,则有可能只会被以较轻的妨碍公务罪各判 1 年;如果一人交代,另一人不交代,交代者有可能会被立即释放,不交代者则将可能被重判 7 年。

对于两个囚徒总体而言,他们设想的最好的策略可能是都不交代。但任何一个囚徒在选择不交代的策略时,都要冒很大的风险,一旦自己不交代而另一囚徒交代了,自己就可能处于非常不利的境地。对囚徒 A 而言,不管囚徒 B 采取何种策略,他的最佳策略都是交代。对于囚徒 B 而言也是如此。最后两人都会选择交代。因此,囚徒困境反应了个体理性行为与集体理性行为之间的矛盾、冲突。

在政治学中,两国之间的军备竞赛可以用囚徒困境来描述。两国都可以声称有两种选择:增加军备、或是达成削减武器协议。两国都无法肯定对方会遵守协议,因此两国最终会倾向增加军备。似乎自相矛盾的是,虽然增加军备会是两国的"理性"行为,但结果却显得"非理性"(例如会影响经济的发展)。这可视作遏制理论的推论,就是以强大的军事力量来遏制对方的进攻,以达到和平。

2. 智猪博弈

假设猪圈里有一大一小两头猪,猪圈的一边有一个猪食槽,另一边有一个控制猪食供应的按钮,踩一下按钮会有 10 个单位的猪食进槽。若小猪去踩,大猪先吃,大猪可吃到 9 个单位,小猪踩好后奔过来,则只能吃到1个单位;若大猪去踩,小猪先吃,小猪可吃到6个单位,大猪吃到4个单位;若同时去踩,奔过来再同时吃,大猪可吃到7个单位,小猪吃到3个单位。在这种情况下,不论大猪采取何种策略,小猪的最佳策略是等待,即在食槽边等待大猪去踩按钮,然后坐享其成。而由于小猪总是会选择等待,大猪无奈之下只好去踩按钮。这种策略组合就是闻名遐迩的"纳什均衡"。它指的是,在给定一方采取某种策略的条件下,另一方所采取的最佳策略(此处为大猪踩按钮)。

智猪博弈现象在日常生活中也是司空见惯的。如大股东行使监督上市公司的职责,而小股东则坐享这种监督带来的利益,即所谓"搭便车";爱清洁的人经常打扫公共楼道,其他人搭便车;山村中出外跑运输、做生意的人掏钱修路,其他村民走修好的路;等等。

3. 斗鸡博弈

两只公鸡面对面争斗,继续斗下去,两败俱伤,一方退却便意味着认输。在这样的博弈中,要想取胜,就要在气势上压倒对方,至少要显示出破釜沉舟、背水一战的决心来,以迫使对方退却。但到最后的关键时刻,必有一方要退下来,除非真正抱定鱼死网破的决心。

这类博弈也不胜枚举。如两人反向过同一独木桥,一般来说,必有一人选择后退。在该种博弈中,非理性、非理智的形象塑造往往是一种可选择的策略运用。如那种看上去不把自己的生命当回事的人,或者看上去有点醉醺醺、傻乎乎的人,往往能逼退独木桥上的另一人。还有夫妻争吵也常常是一个"斗鸡博弈",吵到最后,通常,总有一方对于对方的唠叨、责骂装聋作哑,或者干脆妻子回娘家去冷却怒火。"冷战"期间,美、苏两大军事集团的争斗也是一种"斗鸡博弈"。在企业经营方面,在市场容量有限的条件下,一家企业投资了某一项目,另一家企业便会放弃对该项目的觊觎。

6.1.3 博弈的一般概念

以下将具有博弈行为的模型称为博弈模型或博弈。

1. 局中人(Player)

一个博弈中有权决定自己行动方案的博弈参加者称为局中人,通常用 I 表示局中人的集合。如果有 n 个局中人,则 $I = \{1, 2, \cdots, n\}$。

一般要求一个博弈中至少要有两个局中人,局中人可以是具有自主决策行为的自然人,也可以是代表共同利益的集团,如球队、公司、国家等。

博弈中关于局中人的概念是具有广义性的。在博弈中总是假定每一个局中人都是"理智的"决策者或竞争者。这里的"理智"定义为每个局中人都以当前个人利益最大化作为行动目标。

2. 策略集(Strategies)

博弈中,可供局中人选择的一个实际可行的完整的行动方案称为一个策略。参加博弈的每一局中人 $i, i \in I$,都有自己的策略集 S_i。一般,每一局中人的策略集中至少应包括两个策略。

3. 赢得函数(支付函数)(Payoff Function)

一个博弈中,每一局中人所出策略形成的策略组称为一个局势,即若 s_i 是第 i 个局中人的一个策略,则 n 个局中人的策略形成的策略组 $s = (s_1, s_2, \cdots, s_n)$ 就是一个局势。若记 S 为全部局势的集合,则当一个局势 s 出现后,应该为每个局中人 i 规定一个赢得值(或所失值)$H_i(s)$。显然,$H_i(s)$ 是定义在 S 上的函数,称为局中人 i 的赢得函数。

由局中人、策略集和赢得函数也就完全确定了博弈模型。因此,局中人、策略集、赢得函数称为博弈的三要素。

4. 博弈问题的分类

博弈问题依据不同的原则可有不同的分类。根据策略与时间的关系可分为静态博弈和动态博弈;根据博弈的局中人的数目可分为二人博弈和多人博弈;多人博弈可分为合作博弈和非合作博弈;根据各局中人的赢得函数的代数和是否为零可分为零和博弈与非零和博弈;根据策略的概率特性分为纯策略博弈和混合策略博弈;根据局中人策略集中的策略数可分为有限策略博弈和无限策略博弈。

将博弈问题抽象为数学模型,可分为矩阵博弈、连续博弈、微分博弈、阵地博弈、随机博弈等。本章重点介绍矩阵博弈模型。

6.2 零和博弈

零和博弈是一类特殊的博弈问题。在这类博弈中,只有两名局中人,每个局中人都只有有限个策略可供选择。在任一纯局势下,两个局中人的赢得之和总是等于零,即双方的利益是激烈对抗的。

设局中人 I、II 的策略集分别为

$$S_1 = \{\alpha_1, \cdots, \alpha_m\}, \quad S_2 = \{\beta_1, \cdots, \beta_n\}。 \tag{6.1}$$

当局中人 I 选定策略 α_i,局中人 II 选定策略 β_j 后,就形成了一个局势 (α_i, β_j),可见这样的局势共有 mn 个。对任一局势 (α_i, β_j),记局中人 I 的赢得值为 a_{ij},并称

$$A = \begin{bmatrix} a_{11} & a_{12} & \cdots & a_{1n} \\ a_{21} & a_{22} & \cdots & a_{2n} \\ \vdots & \vdots & \ddots & \vdots \\ a_{m1} & a_{m2} & \cdots & a_{mn} \end{bmatrix} \tag{6.2}$$

为局中人 I 的赢得矩阵(或为局中人 II 的支付矩阵)。由于假定博弈为零和的,故局中人 II 的赢得矩阵就是 $-A$。

当局中人 I、II 和策略集 S_1、S_2 及局中人 I 的赢得矩阵 A 确定后,一个零和博弈就给定了,零和博弈又可称为矩阵博弈并可简记成

$$G = \{S_1, S_2; A\}。$$

例 6.1 设有一矩阵博弈 $G = \{S_1, S_2; A\}$,其中

$$S_1 = \{\alpha_1, \alpha_2, \alpha_3\}, \quad S_2 = \{\beta_1, \beta_2, \beta_3, \beta_4\},$$

$$A = \begin{bmatrix} 12 & -6 & 30 & -22 \\ 14 & 2 & 18 & 10 \\ -6 & 0 & -10 & 16 \end{bmatrix}。$$

从 A 中可以看出,若局中人 I 希望获得最大赢利 30,需采取策略 α_1,但此时若局中人 II 采取策略 β_4,局中人 I 非但得不到 30,反而会失去 22。为了稳妥,双方都应考虑到对方有使自己损失最大的动机,在最坏的可能中争取最好的结果,局中人 I 采取策略 α_1、α_2、α_3 时,最坏的赢得结果分别为

$$\min\{12, -6, 30, -22\} = -22,$$
$$\min\{14, 2, 18, 10\} = 2,$$

$$\min\{-6,0,-10,16\}=-10,$$

其中最好的可能为 $\max\{-22,2,-10\}=2$。如果局中人 I 采取策略 α_2，无论局中人 II 采取什么策略，局中人 I 的赢得均不会少于 2。

局中人 II 采取各方案的最大损失为

$$\max\{12,14,-6\}=14,$$
$$\max\{-6,2,0\}=2,$$
$$\max\{30,18,-10\}=30,$$
$$\max\{-22,10,16\}=16。$$

当局中人 II 采取策略 β_2 时，其损失不会超过 2。注意到在赢得矩阵中，2 既是所在行中的最小元素又是所在列中的最大元素。此时，只要对方不改变策略，任一局中人都不可能通过变换策略来增大赢得或减少损失，这样的局势称为博弈的一个稳定点或稳定解。

定义 6.1 设 $f(x,y)$ 为一个定义在 $x\in\Omega_1$ 及 $y\in\Omega_2$ 上的实值函数，如果存在 $x*\in\Omega_1$，$y*\in\Omega_2$，使得对一切 $x\in\Omega_1$ 和 $y\in\Omega_2$，有

$$f(x,y*)\leq f(x*,y*)\leq f(x*,y), \tag{6.3}$$

则称 $(x*,y*)$ 为函数 f 的一个鞍点。

定义 6.2 设 $G=\{S_1,S_2;A\}$ 为矩阵博弈，其中 $S_1=\{\alpha_1,\alpha_2,\cdots,\alpha_m\}$，$S_2=\{\beta_1,\beta_2,\cdots,\beta_n\}$，$A=(a_{ij})_{m\times n}$。若等式

$$\max_i\min_j a_{ij}=\min_j\max_i a_{ij}=a_{i*j*}, \tag{6.4}$$

成立，记 $V_G=a_{i*j*}$，则称 V_G 为博弈 G 的值，使式(6.4)成立的纯局势 (α_{i*},β_{j*}) 称为博弈 G 的鞍点或稳定解，赢得矩阵中与 (α_{i*},β_{j*}) 相对应的元素 a_{i*j*} 称为赢得矩阵的鞍点，α_{i*} 与 β_{j*} 分别称为局中人 I 与 II 的最优纯策略。

给定一个博弈 G，如何判断它是否具有鞍点呢？为了回答这一问题，先引入下面的极大极小原理。

定理 6.1 设 $G=\{S_1,S_2;A\}$，记 $\mu=\max_i\min_j a_{ij}$，$\nu=-\min_j\max_i a_{ij}$，则必有 $\mu+\nu\leq 0$。

证明 $\nu=\max_j\min_i(-a_{ij})$，易见 μ 为 I 的最小赢得，ν 为 II 的最小赢得，由于 G 是零和博弈，故 $\mu+\nu\leq 0$ 必成立。

定理 6.2 零和博弈 G 具有稳定解的充要条件为 $\mu+\nu=0$。

证明 （充分性）由 μ 和 ν 的定义可知，存在一行，如 p 行，μ 为 p 行中的最小元素，且存在一列例如 q 列，$-\nu$ 为 q 列中的最大元素。故有

$$a_{pq}\geq\mu \text{ 且 } a_{pq}\leq -\nu, \tag{6.5}$$

又因 $\mu+\nu=0$，所以 $\mu=-\nu$，从而得出 $a_{pq}=\mu$，a_{pq} 为赢得矩阵的鞍点，(α_p,β_q) 为 G 的稳定解。

（必要性）若 G 具有稳定解 (α_p,β_q)，则 a_{pq} 为赢得矩阵的鞍点。故有

$$\mu=\max_i\min_j a_{ij}\geq\min_j a_{pj}=a_{pq}, \tag{6.6}$$

$$-\nu=\min_j\max_i a_{ij}\leq\max_i a_{iq}=a_{pq}, \tag{6.7}$$

从而可得 $\mu+\nu\geq 0$，但根据定理 6.1，$\mu+\nu\leq 0$ 必成立，故必有 $\mu+\nu=0$。

定理 6.2 给出了博弈问题有稳定解（简称为解）的充要条件。当博弈问题有解时，其解可以不唯一，当解不唯一时，解之间的关系具有下面两条性质：

性质 6.1 无差别性。即若 $(\alpha_{i_1},\beta_{j_1})$ 与 $(\alpha_{i_2},\beta_{j_2})$ 是博弈 G 的两个解，则必有 $a_{i_1j_1}=a_{i_2j_2}$。

性质 6.2 可交换性。即若 $(\alpha_{i_1},\beta_{j_1})$ 和 $(\alpha_{i_2},\beta_{j_2})$ 是博弈 G 的两个解，则 $(\alpha_{i_1},\beta_{j_2})$ 和 $(\alpha_{i_2},$

β_{j_1})也是解。

6.3 零和博弈的混合策略和解法

6.3.1 零和博弈的混合策略

具有稳定解的零和问题是一类特别简单的博弈问题,它所对应的赢得矩阵存在鞍点,任一局中人都不可能通过自己单方面的努力来改进结果。然而,在实际遇到的零和博弈中更典型的是 $\mu + \nu \neq 0$ 的情况。由于赢得矩阵中不存在鞍点,此时在只使用纯策略的范围内,博弈问题无解。下面我们引进零和博弈的混合策略。

设局中人 I 用概率 x_i 选用策略 α_i,局中人 II 用概率 y_j 选用策略 β_j,$\sum_{i=1}^{m} x_i = \sum_{j=1}^{n} y_j = 1$,记 $\boldsymbol{x} = [x_1, \cdots, x_m]^T, \boldsymbol{y} = [y_1, \cdots, y_n]^T$,则局中人 I 的期望赢得为 $E(\boldsymbol{x}, \boldsymbol{y}) = \boldsymbol{x}^T \boldsymbol{A} \boldsymbol{y}$。

记

S_1^*:策略	$\alpha_1, \cdots, \alpha_m$		S_2^*:策略	$\beta_1, \cdots, \beta_n$
概率	$x_1, \cdots, x_m$		概率	$y_1, \cdots, y_n$

分别称 S_1^* 与 S_2^* 为局中人 I 和 II 的混合策略。

下面简单地记

$$S_1^* = \left\{ [x_1, \cdots, x_m]^T \mid x_i \geq 0, i = 1, \cdots, m; \sum_{i=1}^{m} x_i = 1 \right\}, \tag{6.8}$$

$$S_2^* = \left\{ [y_1, \cdots, y_n]^T \mid y_j \geq 0, j = 1, \cdots, n; \sum_{j=1}^{n} y_j = 1 \right\}. \tag{6.9}$$

定义 6.3 若存在 m 维概率向量 $\bar{\boldsymbol{x}}$ 和 n 维概率向量 $\bar{\boldsymbol{y}}$,使得对一切 m 维概率向量 $\boldsymbol{x}$ 和 n 维概率向量 $\boldsymbol{y}$,有

$$\bar{\boldsymbol{x}}^T \boldsymbol{A} \bar{\boldsymbol{y}} = \max_{\boldsymbol{x}} \boldsymbol{x}^T \boldsymbol{A} \bar{\boldsymbol{y}} = \min_{\boldsymbol{y}} \bar{\boldsymbol{x}}^T \boldsymbol{A} \boldsymbol{y}, \tag{6.10}$$

则称 $(\bar{\boldsymbol{x}}, \bar{\boldsymbol{y}})$ 为混合策略博弈问题的鞍点。

定理 6.3 设 $\bar{\boldsymbol{x}} \in S_1^*, \bar{\boldsymbol{y}} \in S_2^*$,则 $(\bar{\boldsymbol{x}}, \bar{\boldsymbol{y}})$ 为 $G = \{S_1, S_2; \boldsymbol{A}\}$ 的解的充要条件是

$$\begin{cases} \sum_{j=1}^{n} a_{ij} \bar{y}_j \leq \bar{\boldsymbol{x}}^T \boldsymbol{A} \bar{\boldsymbol{y}}, & i = 1, 2, \cdots, m, \\ \sum_{i=1}^{m} a_{ij} \bar{x}_i \geq \bar{\boldsymbol{x}}^T \boldsymbol{A} \bar{\boldsymbol{y}}, & j = 1, 2, \cdots, n. \end{cases} \tag{6.11}$$

定理 6.4 任意混合策略博弈问题必存在鞍点,即必存在概率向量 $\bar{\boldsymbol{x}}$ 和 $\bar{\boldsymbol{y}}$,使得

$$\bar{\boldsymbol{x}}^T \boldsymbol{A} \bar{\boldsymbol{y}} = \max_{\boldsymbol{x}} \min_{\boldsymbol{y}} \boldsymbol{x}^T \boldsymbol{A} \boldsymbol{y} = \min_{\boldsymbol{y}} \max_{\boldsymbol{x}} \boldsymbol{x}^T \boldsymbol{A} \boldsymbol{y}. \tag{6.12}$$

使用纯策略的博弈问题(具有稳定解的博弈问题)可以看成使用混合策略博弈问题的特殊情况,相当于以概率 1 选取其中某一策略,以概率 0 选取其余策略。

例 6.2 A、B 为作战双方,A 方拟派两架轰炸机 I 和 II 去轰炸 B 方的指挥部,轰炸机 I 在前面飞行,II 随后。两架轰炸机中只有一架带有炸弹,而另一架仅为护航。轰炸机飞至 B 方

上空,受到 B 方战斗机的阻击。若战斗机阻击后面的轰炸机Ⅱ,它仅受Ⅱ的射击,被击中的概率为 0.3 (Ⅰ 来不及返回攻击它)。若战斗机阻击Ⅰ,它将同时受到两架轰炸机的射击,被击中的概率为 0.7。一旦战斗机未被击中,它将以 0.6 的概率击毁其选中的轰炸机。请为 A、B 双方各选择一个最优策略,即对于 A 方应选择哪一架轰炸机装载炸弹？对于 B 方战斗机应阻击哪一架轰炸机？

解 双方可选择的策略集分别是

$$S_A = \{\alpha_1, \alpha_2\},$$

α_1：轰炸机Ⅰ装炸弹,Ⅱ护航；
α_2：轰炸机Ⅱ装炸弹,Ⅰ护航。

$$S_B = \{\beta_1, \beta_2\},$$

β_1：阻击轰炸机Ⅰ；
β_2：阻击轰炸机Ⅱ。

赢得矩阵 $\mathbf{R} = (a_{ij})_{2 \times 2}$, a_{ij} 为 A 方采取策略 α_i 而 B 方采取策略 β_j 时,轰炸机轰炸 B 方指挥部的概率,由题意可计算出

$$a_{11} = 0.7 + 0.3(1 - 0.6) = 0.82,$$
$$a_{12} = 1, \quad a_{21} = 1,$$
$$a_{22} = 0.3 + 0.7(1 - 0.6) = 0.58,$$

即赢得矩阵

$$\mathbf{R} = \begin{bmatrix} 0.82 & 1 \\ 1 & 0.58 \end{bmatrix}.$$

易求得 $\mu = \max_i \min_j a_{ij} = 0.82$, $\nu = -\min_j \max_i a_{ij} = -1$。由于 $\mu + \nu \neq 0$, 矩阵 $\mathbf{R}$ 不存在鞍点, 应当求最佳混合策略。

现设 A 以概率 x_1 取策略 α_1、以概率 x_2 取策略 α_2；B 以概率 y_1 取策略 β_1、以概率 y_2 取策略 β_2。

先从 B 方来考虑问题。B 采用 β_1 时, A 方轰炸机攻击指挥部的概率期望值为 $E(\beta_1) = 0.82x_1 + x_2$, 而 B 采用 β_2 时, A 方轰炸机攻击指挥部的概率期望值为 $E(\beta_2) = x_1 + 0.58x_2$。若 $E(\beta_1) \neq E(\beta_2)$, 不妨设 $E(\beta_1) < E(\beta_2)$, 则 B 方必采用 β_1 以减少指挥部被轰炸的概率。故对 A 方选取的最佳概率 x_1 和 x_2, 必满足

$$\begin{cases} 0.82x_1 + x_2 = x_1 + 0.58x_2, \\ x_1 + x_2 = 1, \end{cases}$$

由此解得 $x_1 = 0.7, x_2 = 0.3$。

同样, 可从 A 方考虑问题, 得

$$\begin{cases} 0.82y_1 + y_2 = y_1 + 0.58y_2, \\ y_1 + y_2 = 1, \end{cases}$$

并解得 $y_1 = 0.7, y_2 = 0.3$。B 方指挥部被轰炸的概率的期望值 $V_G = 0.874$。

6.3.2 零和博弈的解法

1. 线性方程组方法

假设最优策略中的 x_i^* 和 y_j^* 均不为零, 则把博弈问题的求解问题转化成下面两个方程组

的问题：

$$\begin{cases} \sum_{i=1}^{m} a_{ij}x_i = u, & j = 1,2,\cdots,n, \\ \sum_{i=1}^{m} x_i = 1。 \end{cases} \qquad (6.13)$$

$$\begin{cases} \sum_{j=1}^{n} a_{ij}y_j = v, & i = 1,2,\cdots,m, \\ \sum_{j=1}^{n} y_j = 1。 \end{cases} \qquad (6.14)$$

如果上述方程组存在非负解 $\boldsymbol{x}^*$ 和 $\boldsymbol{y}^*$，便可求得博弈的一个解，方程组(6.13)中的 u 是局中人 I 的赢得值，方程组(6.14)中的 v 是局中人 II 的支付值。这种方法由于事先假定 x_i^* 和 y_j^* 均不为零，故当最优策略的某些分量实际为零时，上述方程组可能无解，因此，这种方法在实际应用中有一定的局限性。但对于 2×2 的矩阵，当局中人 I 的赢得矩阵

$$\boldsymbol{A} = \begin{bmatrix} a_{11} & a_{12} \\ a_{21} & a_{22} \end{bmatrix} \qquad (6.15)$$

不存在鞍点时，容易证明：各局中人的最优混合策略中的 x_i^*, y_j^* 均大于零，可以使用方程组解法进行求解。

例 6.3 （"田忌赛马"）战国时期，有一天齐王提出要与田忌赛马，双方约定从各自的上、中、下三个等级的马中各选一匹参赛，每匹马均只能参赛一次，每一次比赛双方各出一匹马，负者要付胜者千金。已经知道，在同等级的马中，田忌的马不如齐王的马，而如果田忌的马比齐王的马高一等级，则田忌的马可取胜。

"田忌赛马"就是"零和博弈"，齐王所失就是田忌所赢，又由于只有两个局中人，策略集是有限的，故属于"两人有限零和博弈"，试求解该矩阵博弈。

解 由于齐王和田忌可能的出马策略为"上中下""上下中""中上下""中下上""下中上" "下上中"。

记齐王的策略集为 $S_1 = \{\alpha_1, \alpha_2, \alpha_3, \alpha_4, \alpha_5, \alpha_6\}$，田忌的策略集为 $S_2 = \{\beta_1, \beta_2, \beta_3, \beta_4, \beta_5, \beta_6\}$，则齐王的赢得矩阵为

$$\boldsymbol{A} = \begin{bmatrix} 3 & 1 & 1 & 1 & 1 & -1 \\ 1 & 3 & 1 & 1 & -1 & 1 \\ 1 & -1 & 3 & 1 & 1 & 1 \\ -1 & 1 & 1 & 3 & 1 & 1 \\ 1 & 1 & -1 & 1 & 3 & 1 \\ 1 & 1 & 1 & -1 & 1 & 3 \end{bmatrix},$$

并设齐王和田忌的最优混合策略分别为 $\boldsymbol{x}^* = [x_1^*, \cdots, x_6^*]^{\mathrm{T}}$ 和 $\boldsymbol{y}^* = [y_1^*, \cdots, y_6^*]^{\mathrm{T}}$。求 $\boldsymbol{x}^*$ 和 $\boldsymbol{y}^*$ 归结为求解方程组

$$\begin{cases} \boldsymbol{A}^{\mathrm{T}}\boldsymbol{x} = \boldsymbol{U}_{6 \times 1}, \\ \sum_{i=1}^{6} x_i = 1, \end{cases} \qquad (6.16)$$

和
$$\begin{cases} Ay = V_{6\times 1}, \\ \sum_{i=1}^{6} y_i = 1, \end{cases} \tag{6.17}$$

其中
$$x = [x_1, x_2, x_3, x_4, x_5, x_6]^T, \quad U_{6\times 1} = [u, u, u, u, u, u]^T,$$
$$y = [y_1, y_2, y_3, y_4, y_5, y_6]^T, \quad V_{6\times 1} = [v, v, v, v, v, v]^T.$$

实际上方程组(6.16)和(6.17)都有无穷多组解,方程组(6.16)的解为

$$\begin{bmatrix} x_1 \\ x_2 \\ x_3 \\ x_3 \\ x_5 \\ x_6 \end{bmatrix} = \begin{bmatrix} 0 \\ 1/3 \\ 1/3 \\ 0 \\ 1/3 \\ 0 \end{bmatrix} + c \begin{bmatrix} 1 \\ -1 \\ -1 \\ 1 \\ -1 \\ 1 \end{bmatrix}, c \in [0, 1/3],$$

对策值 $V_G = u = 1$。类似地,可以给出 y 的解。

利用 LINGO 软件求方程组(6.16)和(6.17),得
$$x = y = [0 \quad 0.3333 \quad 0.3333 \quad 0 \quad 0.3333 \quad 0]^T, \quad V_G = u = v = 1,$$
即齐王以 1/3 的概率选取策略 $\alpha_2, \alpha_3, \alpha_5$ 之一,田忌以 1/3 的概率选取策略 $\beta_2, \beta_3, \beta_5$ 之一。总的结局是齐王赢得的期望值是 1 千金。

因为方程组有无穷多组解,其中的最小范数解为
$$x_i = 1/6 (i = 1, \cdots, 6), \quad y_j = 1/6 (j = 1, \cdots, 6), \quad V_G = u = v = 1,$$
即双方都以 1/6 的概率选取每个纯策略。或者说在 6 个纯策略中随机地选取 1 个即为最优策略。总的结局也是齐王赢得的期望值是 1 千金。

从上面的结果可以看出,在公平的比赛情况下,双方同时提交出马顺序策略,齐王可以有多种可能的策略,齐王都能赢得田忌 1000 金。之前之所以田忌能赢齐王 1000 金,其原因在于他事先知道了齐王的出马顺序,而后才做出对自己有利的决策。因此在这类对策问题中,在正式比赛之前,对策双方都应该对自己的策略保密,否则不保密的一方将会处于不利的地位。

计算的 LINGO 程序如下:

```
model:
sets:
num/1..6/:x,y;
link(num,num):a;
endsets
data:
a=1;!初始赋值,a的所有元素都赋初值1;
enddata
submodel xx:
@for(num(j):@sum(num(i):a(i,j)*x(i))=u);
@sum(num:x)=1;@free(u);
```

```
endsubmodel
submodel yy:
@for( num(i):@sum( num(j):a(i,j) * y(j))) = v);
@sum( num:y) = 1;@free(v);
endsubmodel
submodel con1:
min = @sqrt(@sum( num(i):x(i)^2));
endsubmodel
submodel con2:
min = @sqrt(@sum( num(i):y(i)^2));
endsubmodel
calc:
a(1,1) = 3;a(1,6) = -1;a(2,2) = 3;a(2,5) = -1;a(3,2) = -1;a(3,3) = 3;
a(4,1) = -1;a(4,4) = 3;a(5,3) = -1;a(5,5) = 3;a(6,4) = -1;a(6,6) = 3;
@solve(xx);@solve(yy);
@solve(xx,con1);@solve(yy,con2);   !求最小范数解;
endcalc
end
```

2. 零和博弈的线性规划解法

当 $m>2$ 且 $n>2$ 时，通常采用线性规划方法求解零和博弈问题。局中人 I 选择混合策略 $\bar{x}$ 的目的是使得

$$\bar{x}^T A \bar{y} = \max_x \min_y x^T A y = \max_x \min_y x^T A \left(\sum_{j=1}^n y_j e_j \right)$$

$$= \max_x \min_y \sum_{j=1}^n E_j y_j, \qquad (6.18)$$

式中：e_j 为只有第 j 个分量为 1 而其余分量均为零的单位向量；$E_j = x^T A e_j$。

记 $u \equiv E_k = \min_j E_j$，由于 $\sum_{j=1}^n y_j = 1$，$\min_y \sum_{j=1}^n E_j y_j$ 在 $y_k = 1, y_j = 0 (j \neq k)$ 时达到最小值 u，故 $\bar{x}$ 应为线性规划问题

$$\max u,$$
$$\text{s.t.} \begin{cases} \sum_{i=1}^m a_{ij} x_i \geq u, & j = 1, 2, \cdots, n (\text{即 } E_j \geq E_k), \\ \sum_{i=1}^m x_i = 1, \\ x_i \geq 0, & i = 1, 2, \cdots, m \end{cases} \qquad (6.19)$$

的解。

同理，$\bar{y}$ 应为线性规划

$$\min v,$$
$$\text{s.t.} \begin{cases} \sum_{j=1}^n a_{ij} y_j \leq v, & i = 1, 2, \cdots, m, \\ \sum_{j=1}^n y_j = 1, \\ y_j \geq 0, & j = 1, 2, \cdots, n \end{cases} \qquad (6.20)$$

的解。由线性规划知识,式(6.19)与式(6.20)互为对偶线性规划,它们具有相同的最优目标函数值。

例 6.4 (续例 6.3)用线性规划解法求解"田忌赛马"问题。

解 利用 LINGO 软件求得的最优解为
$$x = y = [0 \quad 0.3333 \quad 0.3333 \quad 0 \quad 0.3333 \quad 0]^T,$$
博弈值 $V_G = u = v = 1$。

计算的 LINGO 程序如下:

```
model:
sets:
num/1..6/:x,y;
link(num,num):a;
endsets
data:
a=1;!初始赋值;
enddata
submodel xx:
max=u;
@for(num(j):@sum(num(i):a(i,j)*x(i))>=u);
@sum(num:x)=1;@free(v);
endsubmodel
submodel yy:
min=v;
@for(num(i):@sum(num(j):a(i,j)*y(j))<=v);
@sum(num:y)=1;@free(u);
endsubmodel
calc:
a(1,1)=3;a(1,6)=-1;a(2,2)=3;a(2,5)=-1;a(3,2)=-1;a(3,3)=3;
a(4,1)=-1;a(4,4)=3;a(5,3)=-1;a(5,5)=3;a(6,4)=-1;a(6,6)=3;
@solve(xx);
@solve(yy);
endcalc
end
```

例 6.5 在一场敌对的军事行动中,甲方拥有三种进攻性武器 A_1, A_2, A_3,可分别用于摧毁乙方工事;而乙方有三种防御性武器 B_1, B_2, B_3 来对付甲方。据平时演习得到的数据,各种武器间对抗时,相互取胜的可能如下:

A_1 对 B_1 2:1; A_1 对 B_2 3:1; A_1 对 B_3 1:2;

A_2 对 B_1 3:7; A_2 对 B_2 3:2; A_2 对 B_3 1:3;

A_3 对 B_1 3:1; A_3 对 B_2 1:4; A_3 对 B_3 2:1。

解 先分别列出甲、乙双方赢得的可能性矩阵,将甲方矩阵减去乙方矩阵的对应元素,得零和博弈时甲方的赢得矩阵如下:

$$A = \begin{bmatrix} 1/3 & 1/2 & -1/3 \\ -2/5 & 1/5 & -1/2 \\ 1/2 & -3/5 & 1/3 \end{bmatrix}.$$

利用线性规划模型(6.19)和(6.20),解得

$$\bar{x} = [0.5283,\ 0,\ 0.4717]^T,\ \bar{y} = [0,\ 0.3774,\ 0.6226],$$
$$u = -0.0189,\ v = -0.0189,$$

因而军事行动中乙方稍微处于有利位置。

计算的 LINGO 程序如下:

```
model:
sets:
num/1..3/:x,y;
link(num,num):a;
endsets
submodel xx:
max = u;
@for(num(j):@sum(num(i):a(i,j)*x(i)) >= u);
@sum(num:x) = 1;@free(u);
endsubmodel
submodel yy:
min = v;
@for(num(i):@sum(num(j):a(i,j)*y(j)) <= v);
@sum(num:y) = 1;@free(v);
endsubmodel
calc:
a(1,1) = 1/3;a(1,2) = 1/2;a(1,3) = -1/3;
a(2,1) = -2/5;a(2,2) = 1/5;a(2,3) = -1/2;
a(3,1) = 1/2;a(3,2) = -3/5;a(3,3) = 1/3;
@solve(xx);
@solve(yy);
endcalc
end
```

6.4 双矩阵博弈模型

在矩阵博弈中,局中人Ⅰ的所得就是局中人Ⅱ的所失,博弈结果可用一个矩阵表示。而在非零和的博弈中就不同了,若局中人Ⅰ选择策略 $\alpha_i \in S_1$,而局中人Ⅱ选择策略 $\beta_j \in S_2$,则博弈局势为 $(\alpha_i,\beta_j) \in S$,相应的局中人Ⅰ的赢得为 a_{ij},局中人Ⅱ的赢得不再是 $-a_{ij}$,而是 b_{ij},即博弈结果为 (a_{ij},b_{ij})。这种博弈通常记为 $G = \{S_1,S_2;A,B\}$,其中 $A = (a_{ij})_{m \times n}$,$B = (b_{ij})_{m \times n}$,分别是局中人Ⅰ和Ⅱ的赢得矩阵,故称为二人有限非零和博弈,或双矩阵博弈。

在非零和矩阵博弈中,二局中人并不是完全对立的,即局中人Ⅰ的所得不再是局中人Ⅱ的所失,因此二局中人既可以合作,也可以不合作。在不合作时,假设二局中人之间不能互通信

息,也没有任何形式的联合或协商,即双方是直接对抗的。在合作的时候,博弈双方可能有共同的认识,譬如,双方都认为某种结果比其他的结果对自己有利。下面只讨论非合作的双矩阵博弈。

6.4.1 非合作的双矩阵博弈的纯策略解

20世纪50年代,数学家德雷歇(Dresher)和弗拉德(Flood)提出了囚徒困境问题,该问题当时被称为数学难题。下面再给出一个囚徒困境的例子。

例6.6 设有两人因藏有被盗物品而被捕,现分别关押受审。二人都明白,如果都拒不承认,现有的证据不足以证明他们偷盗,而只能以窝赃罪判处一年监禁;两人如果都承认了将各判3年;但如果一人招认而另一人拒不承认,那么坦白者将会从宽处理获得释放,而抗拒者从严被判5年。这两个囚犯该选择什么策略?是坦白交代,还是拒不承认呢?

假设囚犯Ⅰ与Ⅱ的第1个策略都是坦白认罪,第2个策略则是拒不交代,以对他们判处监禁年数的相反数表示他们的赢得,则他们的赢得矩阵如表6.1所列。

表6.1 囚徒困境博弈的赢得矩阵

		Ⅱ	
		β_1	β_2
Ⅰ	α_1	$(-3,-3)$	$(0,-5)$
	α_2	$(-5,0)$	$(-1,-1)$

在此博弈中,二囚犯是隔离受审,因此,他们不能合作,只能各自为自己的前途考虑,都希望自己被监禁的年数越少越好,故他们的最优策略均为坦白交代,且博弈值对各自来讲都为 $v=-3$,但实际上 $(-3,-3)$ 对二人来说都不是最好的,相比之下结果 $(-1,-1)$ 更好。这个问题之所以称为难题,主要体现在两方面。

(1) 二局中人应该选什么作为目标? 他们作为独立的个体,同时又是集体中的一员,应该怎样做最好? 即在个体的合理性和集体的合理性之间有冲突。

(2) 把这个问题看成一次性博弈,还是可以重复进行下去的多次博弈? 即是一次审讯还是多次审讯? 若是一次审讯,当然是坦白好,因为没有理由相信另一个囚犯会为你着想。但是,若可重复审讯下去,结果就会不同了。

这个问题也用于模拟各类带有冲突性的问题,如裁军、谈判、价格大战等问题。

按照上面的论述,对于一般纯策略问题,局中人Ⅰ、Ⅱ的赢得矩阵如表6.2所示。其中局中人Ⅰ有 m 个策略 $\alpha_1,\cdots,\alpha_m$,局中人Ⅱ有 n 个策略 $\beta_1,\cdots,\beta_n$,分别记为 $S_1=\{\alpha_1,\cdots,\alpha_m\}$, $S_2=\{\beta_1,\cdots,\beta_n\}$, $\boldsymbol{A}=(a_{ij})_{m\times n}$ 为局中人Ⅰ的赢得矩阵, $\boldsymbol{B}=(b_{ij})_{m\times n}$ 为局中人Ⅱ的赢得矩阵,双矩阵博弈记为 $G=\{S_1,S_2;\boldsymbol{A},\boldsymbol{B}\}$。

表6.2 双矩阵博弈的赢得矩阵

	β_1	β_2	$\cdots$	β_n
α_1	(a_{11},b_{11})	(a_{12},b_{12})	$\cdots$	(a_{1n},b_{1n})
α_2	(a_{21},b_{21})	(a_{22},b_{22})	$\cdots$	(a_{2n},b_{2n})
$\vdots$	$\vdots$	$\vdots$		$\vdots$
α_m	(a_{m1},b_{m1})	(a_{m2},b_{m2})	$\cdots$	(a_{mn},b_{mn})

定义 6.4 设 $G=\{S_1,S_2;A,B\}$ 是一双矩阵博弈，若等式

$$a_{i^*j^*}=\max_i\min_j a_{ij},\quad b_{i^*j^*}=\max_j\min_i b_{ij} \tag{6.21}$$

成立，则记 $v_1=a_{i^*j^*}$，并称 v_1 为局中人 I 的赢得值，记 $v_2=b_{i^*j^*}$，并称 v_2 为局中人 II 的赢得值，称 $(\alpha_{i^*},\beta_{j^*})$ 为 G 在纯策略下的解（或纳什平衡点），称 α_{i^*} 和 β_{j^*} 分别为局中人 I，II 的最优纯策略。

实际上，定义 6.4 也同时给出了纯策略解的求法。因此，对于例 6.6，$([1,0],[1,0])$ 是纳什平衡点，这里 $[1,0]$ 表示以概率 1 取第一个策略，也就是说，坦白是他们的最佳策略。

6.4.2 非合作的双矩阵博弈的混合策略解

如果不存在使式 (6.21) 成立的博弈，则需要求混合策略意义下的解。类似于二人零和博弈的情况，需要给出混合策略解的定义。

1. 混合策略解的基本概念

在非零和博弈 $G=\{S_1,S_2;A,B\}$ 中，对任意的 $\boldsymbol{x}=[x_1,x_2,\cdots,x_m]^T\in S_1$，$\boldsymbol{y}=[y_1,y_2,\cdots,y_n]^T\in S_2$，定义

$$E_1(\boldsymbol{x},\boldsymbol{y})=\boldsymbol{x}^T A\boldsymbol{y}=\sum_{i=1}^m\sum_{j=1}^n a_{ij}x_iy_j \text{ 和 } E_2(\boldsymbol{x},\boldsymbol{y})=\boldsymbol{x}^T B\boldsymbol{y}=\sum_{i=1}^m\sum_{j=1}^n b_{ij}x_iy_j$$

分别表示局中人 I 和 II 的赢得函数，则有下面的平衡点的定义。

定义 6.5 在博弈 $G=\{S_1,S_2;A,B\}$ 中，若存在策略对 $\bar{\boldsymbol{x}}\in S_1^*$，$\bar{\boldsymbol{y}}\in S_2^*$，使得

$$\begin{cases} E_1(\boldsymbol{x},\bar{\boldsymbol{y}})\leqslant E_1(\bar{\boldsymbol{x}},\bar{\boldsymbol{y}}), & \forall \boldsymbol{x}\in S_1^*, \\ E_2(\bar{\boldsymbol{x}},\boldsymbol{y})\leqslant E_2(\bar{\boldsymbol{x}},\bar{\boldsymbol{y}}), & \forall \boldsymbol{y}\in S_2^*。\end{cases} \tag{6.22}$$

则称策略对 $(\bar{\boldsymbol{x}},\bar{\boldsymbol{y}})$ 为 G 的一个平衡点（或称纳什（Nash）平衡点）。

纳什平衡点的意义在于任何局中人都不能通过改变自己的策略来获取更大的赢得，否则改变策略的一方将会有更大的损失。

纳什于 1951 年证明了平衡点的存在性定理。

定理 6.5 任何具有有限个纯策略的二人对策（包括零和对策与非零和对策）至少存在一个平衡点。

定理 6.6 混合策略 $(\bar{\boldsymbol{x}},\bar{\boldsymbol{y}})$ 为博弈 $G=\{S_1,S_2;A,B\}$ 的平衡点的充分必要条件是

$$\begin{cases} \sum_{j=1}^n a_{ij}\bar{y}_j\leqslant \bar{\boldsymbol{x}}^T A\bar{\boldsymbol{y}}, & i=1,2,\cdots,m, \\ \sum_{i=1}^m b_{ij}\bar{x}_i\leqslant \bar{\boldsymbol{x}}^T B\bar{\boldsymbol{y}}, & j=1,2,\cdots,n。\end{cases} \tag{6.23}$$

2. 混合策略解的求法举例

由定义 6.5 可知，求解混合博弈就是求非合作博弈的平衡点，进一步由定理 6.6 得到，求解非合作博弈的平衡点，就是求解满足不等式约束 (6.23) 的可行解。因此，混合博弈问题的求解问题就转化为求不等式约束 (6.23) 的可行解，而 LINGO 软件可以很容易做到这一点。

例 6.7 有甲、乙两支游泳队举行包括三个项目的对抗赛。这两支游泳队各有一名健将级运动员（甲队为李，乙队为王），在三个项目中成绩都很突出，但规则准许他们每人只能参加两项比赛，每队的其他两名运动员可参加全部三项比赛。已知各运动员平时成绩（s）如表 6.3 所示。

第6章 博 弈 论

表6.3 运动员成绩

	甲 队			乙 队		
	赵	钱	李	王	张	孙
100米蝶泳	59.7	63.2	57.1	58.6	61.4	64.8
100米仰泳	67.2	68.4	63.2	61.5	64.7	66.5
100米蛙泳	74.1	75.5	70.3	72.6	73.4	76.9

假定各运动员在比赛中都发挥正常水平,又比赛第一名得5分,第二名得3分,第三名得1分,问教练员应决定让自己队健将参加哪两项比赛,使本队得分最多?(各队参加比赛名单互相保密,定下来后不准变动。)

解 分别用 α_1、α_2 和 α_3 表示甲队中李姓健将不参加蝶泳、仰泳、蛙泳比赛的策略,分别用 β_1、β_2 和 β_3 表示乙队中王姓健将不参加蝶泳、仰泳、蛙泳比赛的策略。当甲队采用策略 α_1,乙队采用策略 β_1 时,在100米蝶泳中,甲队中赵获第一、钱获第三得6分,乙队中张获第二,得3分;在100米仰泳中,甲队中李获第二,得3分,乙队中王获第一、张获第三,得6分;在100米蛙泳中,甲队中李获第一,得5分,乙队中王获第二、张获第三,得4分。也就是说,对应于局势 (α_1,β_1),甲、乙两队各自的得分为(14,13),类似地,可以计算出在其他局势下甲乙两队的得分,表6.4给出了在全部策略下各队的得分。

表6.4 赢得矩阵的计算结果

	β_1	β_2	β_3
α_1	(14,13)	(13,14)	(12,15)
α_2	(13,14)	(12,15)	(12,15)
α_3	(12,15)	(12,15)	(13,14)

按照定理6.6,求最优混合策略,就是求不等式约束(6.23)的可行解。记甲队的赢得矩阵 $A = (a_{ij})_{3\times 3}$,记乙队的赢得矩阵 $B = (b_{ij})_{3\times 3}$,甲队的混合策略为 $x = [x_1,x_2,x_3]^T$,乙队的混合策略为 $y = [y_1,y_2,y_3]^T$。则问题的求解归结为求如下约束条件的可行解:

$$\begin{cases} \sum_{j=1}^{3} a_{ij}y_j \leq x^T Ay, & i=1,2,3, \\ \sum_{i=1}^{3} b_{ij}x_i \leq x^T By, & j=1,2,3, \\ \sum_{i=1}^{3} x_i = 1, \\ \sum_{i=1}^{3} y_i = 1, \\ x_i, y_i \geq 0, & i=1,2,3。 \end{cases}$$

利用LINGO软件,求得甲队采用的策略是 α_1、α_3 方案各占50%,乙队采用的策略是 β_2、β_3 方案各占50%,甲队的平均得分为12.5分,乙队的平均得分为14.5。

计算的LINGO程序如下:

model:

```
sets:
num/1..3/:x,y;
link(num,num):a,b;
endsets
data:
a = 14 13 12 13 12 12 12 12 13;
b = 13 14 15 14 15 15 15 15 14;
enddata
va = @sum(link(i,j):a(i,j)*x(i)*y(j));
vb = @sum(link(i,j):b(i,j)*x(i)*y(j));
@for(num(i):@sum(num(j):a(i,j)*y(j))<va);
@for(num(j):@sum(num(i):b(i,j)*x(i))<vb);
@sum(num:x) = 1;@sum(num:y) = 1;
@free(va);@free(vb);
end
```

6.5 水利水电建设的几个博弈问题研究[20]

6.5.1 博弈论概述

博弈论是研究不同决策主体行为之间在相互影响和相互作用时各种决策均衡问题的理论,也称对策论。博弈论分为合作博弈论和非合作博弈论。20 世纪 70 年代以来,随着经济学家的注意力由价格制度向非价格制度的转移,博弈论逐渐成为经济学的基石。1994 年,3 位博弈论专家纳什(Nash)、泽尔腾(Selten)和海萨尼(Harsanyi)获得了诺贝尔经济学奖,标志着博弈论已经成为主流经济学的重要组成部分。博弈论认为,如果一个协议或机制构成一个纳什均衡(Nash Equilibrium),那么所有的当事人都会自觉遵守这个协议;如果这个协议不能构成一个纳什均衡,它就不可能自动实施,因为至少有一个局中人会违背这个协议。所以,不满足纳什均衡要求的协议是没有意义的,这就是纳什均衡的一般性解释。

在水电建设的过程中,存在着多个决策主体和行为主体(包括政府、企业等),不同主体的决策和行为之间存在着相互影响和相互作用。例如,中央政府的投入直接影响到地方政府关于水电投入的决策;反过来地方政府的投资行为又会影响中央政府对水电投资的总体布局。中国的水利水电建设往往涉及不同的地方政府,特别是界河上的水电建设是否兴建、建设的速度和规模等都是两个(有时是多个)地方政府相互影响、相互作用、相互协商的结果。也就是说,水利水电建设中存在着大量的博弈。

本节以中央政府和地方政府之间的博弈、不同的地方政府之间的博弈为重点,采用经典的囚徒困境(Prisoners' Dilemma)、智猪博弈(Boxed Pigs)、斗鸡博弈(Chicken Game)等博弈模型,分析和解释我国水利水电建设中带有普遍性的问题。

6.5.2 中央政府和地方政府的"智猪博弈"

假设某一水利水电工程所需的投资为 c ,如果完成投资 c 则可以得到的效益为 $b,b>c$,即满足成本有效性。该博弈中的两个局中人是中央政府和地方政府。每个局中人都只有两种可供选择的行动或策略,即投资或不投资。在全部的效益中,假设中央政府分享的份额为 b_1,而地方政府得到 $b_2 = b - b_1$,假设 $b_1 > b_2$。这种假设在大江大河的中上游是成立的,因为这里水电工程除了给当地政府带来一定效益以外,还会对下游地区产生巨大的防洪减灾效益,这些防洪效益可以认为是中央政府得到的效益。该博弈如表 6.5 所示,其中单元格中的数字分别表示在相应的策略组合下,中央政府和地方政府的收益水平(即得到的效用),第 1 个数字代表中央政府的收益,第 2 个数字代表地方政府的收益。

表 6.5 中央政府与地方政府智猪博弈

		地方政府	
		投 资	不 投 资
中央政府	投 资	$b_1 - c/2, b_2 - c/2$	$b_1 - c, b_2$
	不投资	$b_1, b_2 - c$	0,0

假设中央政府分享的效益不小于成本,地方政府分享的效益不大于成本,即 $b_1 - c \geq 0$ 且 $b_2 - c \leq 0$,那么,中央政府与地方政府之间的博弈就成为经典的智猪博弈,该博弈存在唯一的纳什均衡"投资,不投资",即中央政府总是选择投资,而地方政府总是选择不投资。事实上,对于大江大河中上游河段上的防洪工程尤其是成本较高的控制性工程(如长江三峡工程),上述假设条件是成立的。此时的中央政府充当"大猪"的角色,而当地的地方政府的角色类似于"小猪",不管中央政府投资还是不投资,不投资总是地方政府的占优策略,即地方政府选择不投资所得到的效用均优于(不劣于)其他策略选择;给定地方政府依照其占优策略行动,即不投资,中央政府的占优策略就是投资。

这样简单的博弈模型,可以解释传统的水利水电建设机制,也就是主要依靠中央投资的机制。这种机制所造成的直接后果是,一方面,单独依赖中央政府的财政资源决定了水电建设的总规模有限;另一方面,地方政府的财政资源和积极性没有得到很好的调动。实际的结果是,只有中央政府一个投资主体,其结果不可能是全社会最优的。

6.5.3 上、下游地方政府之间的"囚徒困境"博弈

考虑某河流中游河段上的一个控制性的防洪工程(设想为黄河小浪底水利枢纽),假设该工程需投资 6 个单位,而工程建成后的防洪效益为 10 个单位,该防洪效益由位于该工程下游的两个地方政府平分(设想为河南省和山东省),即各得到 5 个单位的防洪减灾效益。在不考虑中央政府参与的情况下,是否修建该防洪枢纽,就构成了一个囚徒困境博弈。局中人分别为地方政府甲和地方政府乙。每个局中人可选择的策略均有投资修建该防洪工程与不投资两个。如果两个局中人同时投资,即总投资为 12 个单位,则总的防洪效益相应增至 20 个单位,仍然为两个局中人平分。该博弈如表 6.6 所示(计算过程略)。

表 6.6 地方政府之间的囚徒困境博弈

		地方政府乙	
		投 资	不 投 资
地方政府甲	投 资	4,4	-1,5
	不投资	5,-1	0,0

该博弈的含义:如果甲和乙均投资,则各得到4;如果甲投资而乙不投资,则甲得到-1,乙得到5;如果甲不投资而乙投资,则甲得到5,乙得到-1;如果甲和乙均不投资,则均得到0。该囚徒困境的纳什均衡为"不投资,不投资"。因为不管甲投资还是不投资,乙的最优策略总是不投资;给定乙不投资,甲的最优策略也是不投资;反之亦然。所以,"不投资,不投资"是一个占优策略纳什均衡。这表明,如果没有中央政府参与,仅靠两个地方政府,该防洪枢纽永远不可能得到修建。实际情况是,正是由于中央政府(水利部)的投资,打破了原有的均衡,小浪底水利枢纽才得以动工修建,非均衡的结果得以出现。

值得注意的是,该博弈的纳什均衡得到的总盈利水平是最低的。"投资,投资""投资,不投资"的总盈利分别为8和4,而"不投资,不投资"的总盈利则为0。这充分显示了个体理性和集体理性的冲突,个人理性导致了远离帕累托最优的纳什均衡结果。对比发现,在前面的智猪博弈中,中央政府的主导作用导致了非帕累托有效的均衡结果出现;而在囚徒困境博弈中,中央政府的参与却得到帕累托效率的改善,中央投资6个单位,得到共计10个单位的防洪减灾效益,盈利水平为10-6=4。

6.5.4 水利水电建设项目的立项竞争"斗鸡博弈"

目前,我国水利水电建设中存在这样的现象:在一个省的辖区内,有两个水利水电工程的站址可供选择,而这两个站址在技术、经济条件上不相上下,唯一的区别是分别位于两个不同的地市政府的辖区内,由于省政府可以用于水利水电的投资有限,因而不可能同时资助两个工程,所以这两个地区政府虽然经历长时间的竞争,但工程却仍迟迟不能开工。例如,湖北省两个抽水蓄能电站白莲河和九宫山的竞争以及浙江省两个水利水电枢纽滩坑和珊溪之间的竞争。

现以滩坑和珊溪为例来说明这一问题。滩坑和珊溪是位于浙江省境内瓯江上的两个水利水电枢纽,具备相当的发电、防洪、航运等功能。滩坑位于上游的丽水地区境内,而珊溪则位于下游的温州市境内,丽水地区和温州市是毗邻的两个地区。假设:修建滩坑或珊溪均需投资12个单位,效益均为16个单位,其中,距工程较近的地方政府得到9个单位的效益,而较远的地方政府则得到7个单位的效益;浙江省政府可用于水利的投资为4个单位,要么平分给两个地区,要么全额资助在竞争中获胜的那个工程。如果只考虑省政府的投资资源,而不把省政府作为一个独立的局中人,那么该博弈的局中人只有两个,即丽水地区政府和温州市政府。两个局中人都只有两种策略选择:争取得到省政府的资助,修建自己辖区内的水利工程;放弃省政府的资助,这也意味着放弃修建辖区内的水利工程。如果两个局中人都选择争取而且不相上下,那么各得到省政府的水利投资的1/2,如果两个局中人都选择放弃,那么省政府将把预算用于其他地区的水利建设。该博弈如表6.7所示。

表6.7 地方政府之间的斗鸡博弈

		丽 水	
		争 取	放 弃
温州	争取	6,6	1,7
	放弃	7,1	0,0

该博弈是一个典型的斗鸡博弈。它的纳什均衡有两个:"争取,放弃"和"放弃,争取"。给定温州争取,丽水的占优策略为放弃,给定丽水放弃,温州的占优策略为争取;反之亦然。由于

该博弈的纳什均衡不唯一,所以博弈注定是一个漫长的过程。事实上,在滩坑和珊溪的纷争中,丽水和温州相持数十年。最终,温州市由于得到了水利部的支持而率先动工修建珊溪水利枢纽(1994年),使得"争取,放弃"的均衡结果出现。

现在来分析是否存在两个地区合作修建其中一座工程的可能性。假设成本分摊的比例同效益分享比例,则工程所在地的地方政府的盈利为4.5,而另一地方政府的盈利为3.5(计算过程略)。这样,由于工程所在地的地方政府得到的效用较高,两个地方政府仍然会为修建哪一座工程而展开竞争;另外,由于合作得到的最大盈利仍然小于斗鸡博弈的纳什均衡的最大盈利,所以双方也没有合作的兴趣。

6.5.5 投资分摊的讨价还价博弈

考虑两个局中人的投资分摊,建立轮流出价的讨价还价博弈:假设某一水利水电工程需要1个单位的投资,局中人1首先出价划分投资分摊比例,局中人2有两种选择,即接受或者拒绝。如果局中人2选择接受,那么博弈结束,投资按局中人1的提议分摊;如果局中人2选择拒绝,局中人2提出投资分摊方案,局中人1同样也有接受和拒绝两种选择。如果局中人1接受,博弈结束,投资按局中人2的方案分摊;如果局中人1拒绝,局中人1再提出投资分摊方案;……。这样的博弈一直进行下去,直到一个局中人的方案被另一个局中人接受为止。这是一个无限期完美信息博弈,局中人1在1,3,5,……时期出价,局中人2在2,4,6,……时期出价。这里,局中人可以是不同级别的政府,可以是同一级别不同地域的地方政府,更多的情况下是水利水电工程涉及的不同部门,通常包括电力、航运、水利等部门。

如果用x表示局中人1分摊的份额,则$(1-x)$表示局中人2分摊的份额。局中人1出价时两个局中人的份额分别为x_1和$(1-x_1)$,局中人2出价时两个局中人的份额分别为x_2和$(1-x_2)$。假定两局中人的贴现因子分别是δ_1和δ_2,这样,如果博弈在时期t结束,而且t是局中人i出价阶段,那么局中人1的支付的现值为$\pi_1 = \delta_1^{t-1} x_i$,局中人2的支付的现值为$\pi_2 = \delta_2^{t-1}(1-x_i)$。

Rubinstein定理[21]指出,该博弈唯一的子博弈精炼纳什均衡结果是$x^* = (1-\delta_2)/(1-\delta_1\delta_2)$。可以看出,该博弈的子博弈精炼纳什均衡结果是局中人贴现因子的函数,而贴现因子反映了局中人的耐心程度。在投资分摊博弈中,局中人越有耐心,其贴现因子越小;贴现因子越大,说明局中人越没有耐心。因为,这时的耐心是为了减少自己的投资份额,博弈延续的时间越长、时期越多,对自己越有利,所以贴现因子同耐心程度成反比。相反,越没有耐心,可能承担的费用越多,博弈持续时间再长对自己也没有太多的好处,其贴现因子必然较高。

如果某局中人受该工程影响的程度较深,工程不上马对他造成的损失较大,那么该局中人必然不愿意分摊投资的博弈无限期地进行下去,而是希望博弈尽早结束并取得结果,那么他的贴现因子较大,将承担投资的大部分。例如,给定δ_2,当$\delta_1 \to 1$时,子博弈精炼纳什均衡结果是$x \to 1$,即没有耐心的局中人1几乎承担全部的投资。相反,如果某局中人受该工程的影响较小,那么该局中人不会对投资的分摊给予太多的关注,而是希望该博弈无限期地继续下去("扯皮"现象),可以认为该局中人的耐心程度很高,讨价还价的成本很小,其贴现因子很小,"扯皮"的结果是该局中人在投资中承担的比例很小。例如,给定δ_1,当$\delta_2 \to 0$时,子博弈精炼纳什均衡结果是$x \to 1$,即有着无限耐心的局中人2几乎不承担投资。

再考察两种特殊情况。

情况一:$0 \leq \delta_1 = \delta_2 = \delta < 1$,纳什均衡为$x^* = 1/(1+\delta)$。显然,$x^* = 1/(1+\delta) > 1/2$,即局中

人1承担的投资多于局中人2。这是因为，虽然两个局中人对该工程给予同样的关注，但是，既然局中人1首先提出投资分摊的问题(发起该博弈)，就说明局中人1对此问题的关注更多一点，所以多承担一点投资也是情理之中的。换一个角度看，正是这样的纳什均衡结果使得许多投资分摊问题长期得不到解决。水资源的开发利用过程中普遍存在这样的投资分摊问题，其结果也是谁先提出某一站址的水资源综合利用，谁就承担大部分的投资。

情况二：$\delta_1 = \delta_2 = 1$，纳什均衡为 $x^* = 1/2$，这就是纳什讨价还价解。也就是说，如果该工程对于两个局中人来讲都已经到了非建设不可的地步了，那么无论是谁先提出来投资分摊的建议，结果都是两局中人平分总投资。

6.5.6 结论

通过以上分析，可以看到：水利水电建设中存在着大量的博弈，可能是智猪博弈、囚徒困境，也可能是斗鸡博弈、讨价还价博弈。博弈分析指出：传统的以中央为主的投资体制无法实现资源的最优配置；各投资主体在水利水电建设中的行为除了受自身的经济理性驱动外，还受到其他局中人的影响和左右；水利水电建设中普遍存在的项目争夺现象和投资分摊问题存在着机制上原因。博弈分析表明，在不同的博弈中，中央政府和地方政府所起的作用是不同的，如何更好地发挥中央政府和地方政府的作用，寻求可以达到帕累托最优的纳什均衡的机制，是进一步需要研究、解决的问题。

习 题 6

6.1 现设有两个人在玩猜拳游戏，要求两人同时出拳。每个人可以从"石头""剪子"和"布"中任选取一个，游戏规则是"石头"赢"剪子"，"剪子"赢"布"，"布"赢"石头"，每次游戏后赢方可以赢得1元钱。问题是哪一种出拳策略是最佳的？

6.2 假设有国家Ⅰ和国家Ⅱ因历史原因发生争端，从而引发军备竞赛。两国都有两种策略可选择：扩军(策略1)和裁军(策略2)。由于两国的经济状况和技术水平的差异，无论是选择扩军，还是选择裁军，对双方所获得的利益都是不同的。根据评估预测，双方军备竞赛的赢得矩阵为

$$\begin{bmatrix} (2,2) & (5,0) \\ (0,5) & (4,4) \end{bmatrix},$$

其中括号(a,b)表示国家Ⅰ和国家Ⅱ的赢得值分别为a和b。现在的问题是Ⅰ和Ⅱ两个国家军备发展的最佳策略是什么？

6.3 (玫瑰有约)目前，在许多城市大龄青年的婚姻问题已引起了妇联和社会团体组织的关注。某单位现有20对大龄青年男女，每个人的基本条件都不相同，如外貌、性格、气质、事业、财富等。每项条件通常可以分为5个等级 A,B,C,D,E，如外貌、性格、气质、事业可分为很好、好、较好、一般、差；财富可分为很多、多、较多、一般、少。每个人的择偶条件也不尽相同，即对每项基本条件的要求是不同的。该单位的妇联组织拟根据他(她)们的年龄、基本条件和要求条件进行牵线搭桥。表6.5给出20对大龄青年男女的年龄、基本条件和要求条件。一般认为，男青年至多比女青年大5岁，或女青年至多比男青年大2岁，并且要至少满足个人要求5项条件中的2项，才有可能配对成功。请你根据每个人的情况和要求，建立数学模型帮助妇联解决如下问题：

第6章 博弈论

（1）给出可能的配对方案，使得在尽量满足个人要求的条件下，使配对成功率尽可能的高。

（2）给出一种20对男女青年可同时配对的最佳方案，使得全部配对成功的可能性最大。

（3）假设男女双方都相互了解了对方的条件和要求，让每个人出一次选择，只有当男女双方相互选中对方时才认为配对成功，每人只有一次选择机会。请你告诉20对男女青年都应该如何做出选择，使得自己的成功的可能性最大？按你的选择方案最多能配对成功多少对？

表6.8 男女青年的基本条件及要求条件

男青年	基本条件						要求条件				
	外貌	性格	气质	事业	财富	年龄	外貌	性格	气质	事业	财富
B_1	A	C	B	C	A	29	A	A	C	B	D
B_2	C	A	B	A	D	29	B	A	B	B	C
B_3	B	B	A	B	B	28	B	A	A	B	C
B_4	C	A	B	B	D	28	C	A	B	C	D
B_5	D	B	C	A	A	30	C	B	B	B	E
B_6	C	B	C	B	B	28	B	B	C	D	C
B_7	A	B	B	D	C	30	B	B	B	D	D
B_8	B	A	B	C	D	30	A	B	C	C	D
B_9	A	D	C	E	B	28	A	A	A	C	C
B_{10}	D	B	A	A	A	28	A	B	A	D	E
B_{11}	B	A	C	D	A	32	A	B	C	B	B
B_{12}	A	B	C	A	B	29	B	A	B	B	C
B_{13}	B	A	B	E	C	28	A	C	B	B	C
B_{14}	A	A	B	B	D	30	A	A	B	D	C
B_{15}	A	B	B	C	C	28	A	A	B	C	D
B_{16}	D	E	B	A	A	30	A	A	B	E	E
B_{17}	C	A	B	A	D	28	B	A	B	B	C
B_{18}	A	B	A	C	B	31	B	A	B	C	C
B_{19}	C	D	A	A	A	29	A	B	A	E	D
B_{20}	A	B	C	D	E	27	B	C	B	D	B
女青年	基本条件						要求条件				
	外貌	性格	气质	事业	财富	年龄	外貌	性格	气质	事业	财富
G_1	A	C	C	D	A	28	B	A	B	A	D
G_2	B	A	B	A	D	25	C	B	B	A	B
G_3	C	B	A	E	A	26	B	A	C	B	C
G_4	A	B	C	D	C	27	A	A	B	C	A
G_5	B	D	C	E	C	25	A	B	B	A	B
G_6	A	C	B	C	A	26	B	A	B	A	C
G_7	D	C	B	A	B	30	C	B	A	A	C
G_8	A	B	A	E	C	31	B	A	B	A	B

（续）

女青年	基本条件						要求条件				
	外貌	性格	气质	事业	财富	年龄	外貌	性格	气质	事业	财富
G_9	A	A	A	C	E	26	C	B	B	B	A
G_{10}	B	C	D	B	B	27	B	B	A	A	C
G_{11}	A	B	B	C	B	28	C	B	A	B	C
G_{12}	B	E	C	E	A	26	A	A	B	B	E
G_{13}	E	A	C	B	B	26	C	A	B	C	C
G_{14}	B	B	A	A	A	25	B	A	A	B	D
G_{15}	C	B	A	A	C	29	B	A	B	B	B
G_{16}	B	A	C	D	C	28	B	A	B	A	A
G_{17}	A	E	E	D	A	25	A	A	D	A	C
G_{18}	A	A	B	B	C	28	C	A	B	A	C
G_{19}	B	A	C	C	E	25	B	B	B	A	A
G_{20}	D	B	A	C	D	29	B	B	A	B	B

注：表中的要求条件一般不低于所给的条件

第7章 存 储 论

存储论（或称为库存论）是定量方法和技术最早研究的领域之一，是研究存储系统的性质、运行规律以及如何寻找最优存储策略的一门学科，是运筹学的重要分支。存储论的数学模型一般分成两类：一类是确定性模型，不包含任何随机因素；另一类是带有随机因素的随机存储模型。

7.1 存储模型中的基本概念

7.1.1 存储问题

所谓存储实质上是将供应与需求两个环节以存储中心连接起来，起到协调与缓和供需之间矛盾的作用。存储模型的基本形式如图 7.1 所示。存储由于需求（输出）而减少，通过补充（输入）而增加。存储论研究的基本问题是，对于特定的需求类型，以怎样的方式进行补充，才能最好地实现存储管理的目标。

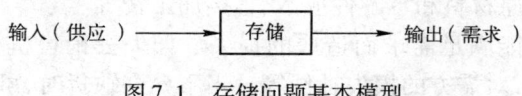

图 7.1 存储问题基本模型

7.1.2 存储模型中的基本要素

存储模型的基本要素有需求、补充、存储策略和费用。

1. 需求

随着需求的发生，存储将减少。根据需求的时间特征，可将需求分为连续性需求和间断性需求。根据需求的数量特征，可将需求分为确定性需求和随机性需求。

2. 补充

通过补充来弥补因需求而减少的存储。从开始订货到存储的实现需要经历一段时间，这段时间可以分为两部分。

（1）开始订货到开始补充为止的时间。这部分时间如从订货后何时开始补充的角度看，则称为拖后时间；如从为了按时补充需要何时订货的角度看，则称为提前时间。在同一存储问题中，拖后时间和提前时间是一致的，只是观察的角度不同而已。

（2）开始补充到补充完毕为止的时间。这部分时间可能很短，也可能很长；可能是确定的，也可能是随机的。

3. 存储策略

存储策略，是指决定什么情况下对存储进行补充，以及补充数量的多少。下面是一些比较常见的存储策略。

(1) t 循环策略:不论实际的存储状态如何,总是每隔一个固定的时间 t, 补充一个固定的存储量 Q。

(2) (t,S) 策略:每隔一个固定的时间 t 补充一次,补充数量以补足一个固定的最大存储量 S 为准。因此,每次补充的数量是不固定的,要视实际存储量而定。当存储(余额)为 I 时,补充数量为 $Q=S-I$。

(3) (s,S) 策略:当存储(余额)为 I,若 $I>s$,则不对存储进行补充;若 $I\leqslant s$,则对存储进行补充,补充数量 $Q=S-I$。补充后达到最大存储量 S。s 称为订货点(或保险存储量、安全存储量、警戒点等)。

在很多情况下,实际存储量需要通过盘点才能得知。若每隔一个固定的时间 t 盘点一次,得知当时存储 I,然后根据 I 是否超过订货点 s,决定是否订货、订货多少,这样的策略称为 (t,s,S) 策略。

4. 费用

(1) 存储费:存储物资的资金利息、保险以及使用仓库、保管物资、物资损坏变质等支出的费用,一般和物资存储数量及时间成正比。

(2) 订货费:向外采购物资的费用。其构成有两类:一类是订购费用,如手续费、差旅费等,它与订货次数有关,而和订货数量无关;另一类是物资进货成本,如货款、运费等,它与订货数量有关。

(3) 生产费:自行生产所需存储物资的费用。其构成有两类:一类是装配费用,如组织或调整生产线的有关费用,它同组织生产的次数有关,而和每次生产的数量无关;另一类是与生产的数量有关的费用,如原材料和零配件成本、直接加工费等。

(4) 缺货费:存储不能满足需求而造成的损失。如失去销售机会的损失,停工待料的损失,延期交货的额外支出,对需方的损失补偿等。当不允许缺货时,可将缺货费作无穷大处理。

在直角坐标系,如以时间 T 为横轴,实际存储量 Q 为纵轴,则描述存储系统实际存储量动态变化规律的图像称为存储状态图。存储状态图是存储论研究的重要工具。

7.2 确定型存储模型

首先考察经济订购批量存储模型。

所谓经济订购批量存储模型(Economic Ordering Quantity, EOQ)是指不允许缺货、货物生产(或补充)的时间很短(通常近似为0)的模型。

7.2.1 模型一:不允许缺货,补充时间极短——基本的经济订购批量存储模型

基本的经济订购批量存储模型有以下假设:

(1) 需求是连续均匀的,即需求速度(单位时间的需求量)R 是常数。

(2) 补充可以瞬时实现,即补充时间(拖后时间和生产时间)近似为零。

(3) 单位存储费(单位时间内单位存储物的存储费用)为 C_1。由于不允许缺货,故单位缺货费(单位时间内每缺少一单位存储物的损失)C_2 为无穷大。固定订货费(每订购一次的固定费用)为 C_3。货物(存储物)单价为 K。

采用 t-循环策略。设补充间隔时间为 t,补充时存储已用尽,每次补充量(订货量)为 Q,

则存储状态图如图 7.2 所示。

一次补充量 Q 必须满足 t 时间内的需求，故 $Q = Rt$。因此，订货费为 $C_3 + KRt$，而 t 时间内的平均订货费为 $\dfrac{C_3}{t} + KR$。

由于需求是连续均匀的，故 t 时间内的平均存储量为
$$\frac{1}{t}\int_0^t (Q - RT)\,\mathrm{d}T = \frac{1}{2}Rt,$$
因此，t 时间内的平均存储费为 $\dfrac{1}{2}C_1 Rt$。

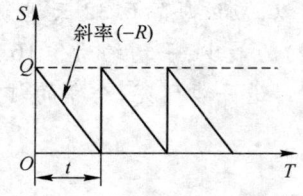

图 7.2 基本的经济订购批量
存储模型的存储状态图

由于不允许缺货，故不需考虑缺货费用。所以 t 时间内的平均总费用

$$C(t) = \frac{C_3}{t} + KR + \frac{1}{2}C_1 Rt, \tag{7.1}$$

为了求得最优订货周期 t^*，解方程

$$\frac{\mathrm{d}C(t)}{\mathrm{d}t} = -\frac{C_3}{t^2} + \frac{1}{2}C_1 R = 0,$$

得

$$t^* = \sqrt{\frac{2C_3}{C_1 R}}。 \tag{7.2}$$

由此

$$Q^* = Rt^* = \sqrt{\frac{2C_3 R}{C_1}}, \tag{7.3}$$

$$C^* = C(t^*) = \sqrt{2C_1 C_3 R} + KR。 \tag{7.4}$$

所以，按照 t -循环策略，应当每隔 t^* 时间补充存储量 Q^*，这样平均总费用为 C^*，是最经济的。

由于存储物单价 K 和补充量 Q 无关，它是一常数，因此，存储物总价 KQ 和存储策略的选择无关。所以，为了分析和计算的方便，在求费用函数 $C(t)$ 时，常将这一项费用略去。略去这一项费用后，有

$$C^* = C(t^*) = \sqrt{2C_1 C_3 R}。 \tag{7.5}$$

模型一是存储论研究中最基本的模型，式(7.3)称为经济订购批量公式，有时也称为经济批量(Economic Lot Size)公式。

例 7.1 某商品单位成本为 5 元，每天保管费为成本的 0.1%，每次订购费为 10 元。已知对该商品的需求是 100 件/天，不允许缺货。假设该商品的进货可以随时实现。问应怎样组织进货，才能最经济。

解 根据题意，$C_1 = 5 \times 0.1\% = 0.005$(元/件·天)，$C_3 = 10$ 元，$R = 100$ 件/天。
由式(7.3)~式(7.5)，有

$$Q^* = \sqrt{\frac{2C_3 R}{C_1}} = \sqrt{\frac{2 \times 10 \times 100}{0.005}} = 632(件),$$

$$t^* = \frac{Q^*}{R} = \frac{632}{100} = 6.32(天),$$

$$C^* = \sqrt{2C_1C_3R} = 3.16(元/天)。$$

所以,应该每隔6.32天进货一次,每次进货该商品632件,能使总费用(存储费和定购费之和)为最少,平均约为3.16元/天。

进一步研究,全年的订货次数为

$$n = \frac{365}{6.32} = 57.75(天),$$

但n必须为正整数,故还需要比较$n=57$与$n=58$时全年的费用。

求一年的最佳订货次数n,也可以建立如下的数学规划模型:

$$\min \frac{C_3}{t} + \frac{1}{2}C_1Rt,$$

$$\text{s.t. } t = \frac{365}{n}, n \text{ 为整数}。$$

编写如下LINGO程序:

```
model:
C3=10;R=100;C1=0.005;
min=C3/t+0.5*C1*R*t;
t=365/n;@gin(n);
end
```

求得全年组织58次订货费用少一点。

7.2.2 模型二:允许缺货,补充时间较长——经济生产批量存储模型

模型假设条件:

(1)需求是连续均匀的,即需求速度R为常数。

(2)补充需要一定时间。即一旦需要,生产可立刻开始,但生产需要一定周期。设生产是连续均匀的,即生产速度P为常数。同时,设$P>R$。

(3)单位存储费为C_1,单位缺货费为C_2,订购费为C_3。不考虑货物价值。

存储状态图如图7.3所示。

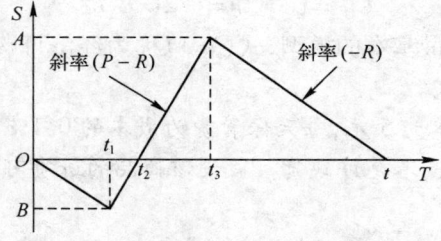

图7.3 允许缺货且补充时间较长的存储模型

$[0,t]$为一个存储周期,t_1时刻开始生产,t_3时刻结束生产。

$[0,t_2]$时间内存储为0,t_1时达到最大缺货量B。

$[t_1,t_2]$时间内产量一方面以速度R满足需求,另一方面以速度$P-R$补充$[0,t_1]$时间内的缺货,至t_2时刻缺货补足。

$[t_2,t_3]$时间内产量一方面以速度 R 满足需求,另一方面以速度 $P-R$ 增加存储。至 t_3 时刻达到最大存储量 A,并停止生产。

$[t_3,t]$时间内以存储满足需求,存储以速度 R 减少。至 t 时刻存储降为零,进入下一个存储周期。

下面,根据模型假设条件和存储状态图,首先导出$[0,t]$时间内的平均总费用(即费用函数),然后确定最优存储策略。

从$[0,t_1]$看,最大缺货量 $B=Rt_1$;从$[t_1,t_2]$看,最大缺货量 $B=(P-R)(t_2-t_1)$。故有 $Rt_1=(P-R)(t_2-t_1)$,从中解出

$$t_1=\frac{P-R}{P}t_2 \text{。} \tag{7.6}$$

从$[t_2,t_3]$看,最大存储量 $A=(P-R)(t_3-t_2)$;从$[t_3,t]$看,最大存储量 $A=R(t-t_3)$。故有$(P-R)(t_3-t_2)=R(t-t_3)$,从中解得

$$t_3-t_2=\frac{R}{P}(t-t_2) \text{。} \tag{7.7}$$

易知,在$[0,t]$时间内:存储费为 $\frac{1}{2}C_1(P-R)(t_3-t_2)(t-t_2)$;缺货费为 $\frac{1}{2}C_2Rt_1t_2$;定购费为 C_3。

故$[0,t]$时间内平均总费用为

$$C(t,t_2)=\frac{1}{t}\left[\frac{1}{2}C_1(P-R)(t_3-t_2)(t-t_2)+\frac{1}{2}C_2Rt_1t_2+C_3\right] \text{。}$$

故将式(7.6)和式(7.7)代入,整理后得

$$C(t,t_2)=\frac{(P-R)R}{2P}\left[C_1t-2C_1t_2+(C_1+C_2)\frac{t_2^2}{t}\right]+\frac{C_3}{t} \text{。} \tag{7.8}$$

解方程组

$$\begin{cases} \dfrac{\partial C(t,t_2)}{\partial t}=0, \\ \dfrac{\partial C(t,t_2)}{\partial t_2}=0, \end{cases}$$

得

$$t^*=\sqrt{\frac{2C_3(C_1+C_2)P}{RC_1C_2(P-R)}},\quad t_2^*=\frac{C_1}{C_1+C_2}t^* \text{。}$$

容易证明,此时的费用 $C(t^*,t_2^*)$ 是费用函数 $C(t,t_2)$ 的最小值。

因此,模型的最优存储策略各参数值为

最优存储周期
$$t^*=\sqrt{\frac{2C_3(C_1+C_2)P}{RC_1C_2(P-R)}}, \tag{7.9}$$

经济生产批量
$$Q^*=Rt^*=\sqrt{\frac{2RC_3(C_1+C_2)P}{C_1C_2(P-R)}}, \tag{7.10}$$

缺货补足时间
$$t_2^*=\frac{C_1}{C_1+C_2}t^*=\sqrt{\frac{2C_1C_3P}{RC_2(C_1+C_2)(P-R)}}, \tag{7.11}$$

开始生产时间
$$t_1^*=\frac{P-R}{P}t_2^*=\sqrt{\frac{2C_1C_3(P-R)}{RC_2(C_1+C_2)P}}, \tag{7.12}$$

结束生产时间	$t_3^* = \frac{R}{P}t^* + (1-\frac{R}{P})t_2^*,$	(7.13)
最大存储量	$A^* = R(t^* - t_3^*),$	(7.14)
最大缺货量	$B^* = Rt_1^*,$	(7.15)
平均总费用	$C^* = \dfrac{2C_3}{t^*}。$	(7.16)

例 7.2 企业生产某种商品,正常生产条件下可生产 10 件/天。根据供货合同,需按 7 件/天供货。存储费每件 0.13 元/天,缺货费每件 0.5 元/件,每次生产准备费用为 80 元,求最优存储策略。

解 依题意,符合模型二的条件,且 $P=10$ 件/天,$R=7$ 件/天,$C_1=0.13$ 元/天·件,$C_2=0.5$ 元/天·件,$C_3=80$ 元/次。

利用式(7.9)~式(7.16),得

$t^*=27.17$(天),$Q^*=190.22$(件/次),

$t_2^*=5.61$(天),$t_1^*=1.68$(天),$t_3^*=20.70$(天),

$A^*=45.29$(件),$B^*=11.78$(件),$C^*=5.89$(元/天)。

本题也可以直接求式(7.8)的最小值,即

$$\min C(t,t_2) = \frac{(P-R)R}{2P}\left[C_1 t - 2C_1 t_2 + (C_1+C_2)\frac{t_2^2}{t}\right] + \frac{C_3}{t},$$

来求最优存储周期 t 和最优缺货补足时间 t_2,再依次求出其他指标值。计算的 LINGO 程序如下:

计算的 LINGO 程序如下:

```
model:
P=10;R=7;C1=0.13;C2=0.5;C3=80;
min=(P-R)*R/(2*P)*(C1*t-2*C1*t2+(C1+C2)*t2^2/t)+C3/t;!求二元函数的极小值;
Q=R*t;t1=(P-R)/P*t2;t3=R/P*t+(1-R/P)*t2;!依次求其他指标的取值;
A=R*(t-t3);B=R*t1;C=2*C3/t;
end
```

可以把模型一看做模型二的特殊情况。在模型二中,取消允许缺货和补充需要一定时间的条件,即 $C_2\to\infty$,$P\to\infty$,则模型二就是模型一。事实上,如将 $C_2\to\infty$ 和 $P\to\infty$ 代入模型二的最优存储策略各参数公式,就可得到模型一的最优存储策略。

7.2.3 模型三:不允许缺货,补充时间较长——基本的经济生产批量存储模型

模型的存储状态如图 7.4 所示。

在模型二的假设条件中,取消允许缺货条件(即设 $C_2\to\infty$,$t_2=0$),就成为模型三。因此,模型三的存储状态图和最优存储策略可以从模型二直接导出。

下面直接推导出模型三的最优存储策略。

设生产批量为 Q,生产时间为 t_3,则生产时间与生产率之

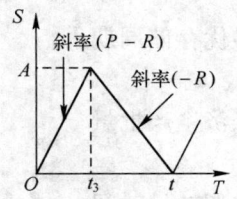

图 7.4 经济生产批量模型存储量的变化情况

间的关系为 $t_3 = \dfrac{Q}{P}$。

最高存储量

$$A = (P-R)t_3 = (P-R)\dfrac{Q}{P} = \left(1 - \dfrac{R}{P}\right)Q。$$

而平均存储量是最高存储量的 $1/2$，关于平均固定订货费与经济订购模型中的平均订货费相同，同样是 $\dfrac{C_3 R}{Q}$。这样，平均总费用为

$$C = \dfrac{1}{2}\left(1 - \dfrac{R}{P}\right)QC_1 + \dfrac{C_3 R}{Q}。 \tag{7.17}$$

类似于前面的推导，得到最优生产量、最优存储周期、结束生产时间、最大存储量和最优存储费用分别为

$$Q^* = \sqrt{\dfrac{2C_3 RP}{C_1(P-R)}}, \tag{7.18}$$

$$t^* = \dfrac{Q^*}{R} = \sqrt{\dfrac{2C_3 P}{C_1 R(P-R)}}, \tag{7.19}$$

$$t_3^* = \dfrac{R}{P}t^*, \tag{7.20}$$

$$A^* = R(t^* - t_3^*) = \dfrac{R(P-R)}{P}t^*, \tag{7.21}$$

$$C^* = \dfrac{2C_3}{t^*} = \sqrt{\dfrac{2C_1 C_3 R(P-R)}{P}}。 \tag{7.22}$$

例7.3 商店销售某商品，月需求量为30件，需求速度为常数。该商品每件进价300元，月存储费为进价的2%。向工厂订购该商品时订购费每次20元，订购后需5天才开始到货，到货速度为常数，即2件/天。求最优存储策略。

解 本例特点是补充除需要入库时间（相当于生产时间）外，还需考虑拖后时间。因此，订购时间应在存储降为零之前的第5天。除此之外，本例和模型三的假设条件完全一致。本例的存储状态图如图7.5所示。

从图7.5可见，拖后时间为 $[0, t_0]$，存储量 L 应恰好满足这段时间的需求，故 $L = Rt_0$。

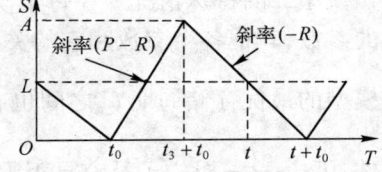

图7.5 商店商品的存储状态图

根据题意，有 $P = 2$ 件/天，$R = 1$ 件/天，$C_1 = 300 \times 2\% \times \dfrac{1}{30} = 0.2$ 元/天·件，$C_3 = 20$ 元/次，$t_0 = 5$ 天，$L = 1 \times 5 = 5$ 件。代入式(7.18)~式(7.22)，得

$t^* = 20$ 天，$Q^* = 20$ 件，$A^* = 10$ 件，$t_3^* = 10$ 天，$C^* = 2$ 元。

本例也可以直接求式(7.17)的最小值进行求解，计算的 LINGO 程序如下：

```
model:
P = 2; R = 1; C1 = 0.2; C3 = 20;
[obj] min = 0.5 * (1 - R/P) * Q * C1 + C3 * R/Q; !求一元函数的极小值;
t = Q/R; t3 = R/P * t; A = R * (t - t3);  !依次求其他指标的取值;
end
```

在本例中，L 称为订货点，其意义是每当发现存储量降到 L 时就定购。在存储管理中，称这样的存储策略为"定点订货"。类似地，称每隔一个固定时间就订货的存储策略为"定时订货"，称每次订购量不变的存储策略为"定量订货"。

7.2.4 模型四：允许缺货，补充时间极短

模型四的存储状态图如图 7.6 所示。

在模型二的假设条件中，取消补充需要一定时间的条件（即设 $P \to \infty$），就成为模型四。因此，和模型三一样，模型四的存储状态图和最优存储策略也可以从模型二中直接导出。

最优存储策略各参数：

最优存储周期 $\quad t^* = \sqrt{\dfrac{2C_3(C_1+C_2)}{C_1 C_2 R}}$, (7.23)

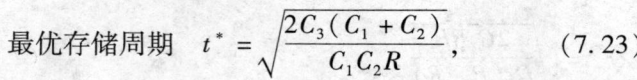

图 7.6 模型四的存储状态图

经济生产批量 $Q^* = Rt^* = \sqrt{\dfrac{2C_3 R(C_1+C_2)}{C_1 C_2}}$, (7.24)

生产时间 $\quad t_p^* = t_1 = t_2 = t_3 = \dfrac{C_1}{C_1+C_2} t^*$, (7.25)

最大存储量 $\quad A^* = \dfrac{C_2 R}{C_1+C_2} t^* = \sqrt{\dfrac{2C_2 C_3 R}{C_1(C_1+C_2)}}$, (7.26)

最大缺货量 $\quad B^* = \dfrac{C_1 R}{C_1+C_2} t^* = \sqrt{\dfrac{2C_1 C_3 R}{C_2(C_1+C_2)}}$, (7.27)

平均总费用 $\quad C^* = \dfrac{2C_3}{t^*}$。 (7.28)

对于确定型存储问题，上述 4 个模型是最基本的模型。其中，模型一、模型三、模型四又可看作模型二的特殊情况。在每个模型的最优存储策略的各个参数中，最优存储周期 t^* 是最基本的参数，其他各个参数和它的关系在各个模型中都是相同的。根据模型假设条件的不同，各个模型的最优存储周期 t^* 之间也有明显的规律性。因子 $\dfrac{C_1+C_2}{C_2}$ 对应了是否允许缺货的假设条件，因子 $\dfrac{P}{P-R}$ 对应了补充是否需要时间的假设条件。

7.2.5 模型五：价格与订货批量有关的存储模型

订货量越大，货物价格就越便宜。模型五除含有这样的价格刺激机制外，其他假设条件和模型一相同。

一般地，设订货批量为 Q，对应的货物单价为 $K(Q)$。当 $Q_{i-1} \leqslant Q < Q_i$ 时，$K(Q) = K_i (i=1,2,\cdots,n)$。其中，$Q_i$ 为价格折扣的某个分界点，且 $0 \leqslant Q_0 < Q_1 < Q_2 < \cdots < Q_n$，$K_1 > K_2 > \cdots > K_n$，即

$$K(Q) = \begin{cases} K_1, & Q_0 \leqslant Q < Q_1, \\ K_2, & Q_1 \leqslant Q < Q_2, \\ \vdots \\ K_n, & Q_{n-1} \leqslant Q < Q_n \, \text{。} \end{cases}$$

在一个存储周期内模型五的平均总费用为

$$C(Q) = \frac{1}{2}C_1 Q + \frac{C_3 R}{Q} + RK(Q) \text{。} \tag{7.29}$$

在经济订购批量存储模型中，也应包含式(7.29)中的第3项，但当时$K(Q) = c$是常数，因此，第3项也为常数，与目标函数求极值无关，因此，在分析时，没有讨论此项。分段函数式(7.29)最多只有一个驻点，即

$$\widetilde{Q} = \sqrt{\frac{2C_3 R}{C_1}} \text{。} \tag{7.30}$$

要求式(7.29)的最小值，还需要考虑所有的间断点$Q_j (j = 1, 2, \cdots, n)$，进行比较就可以求得最佳订购批量$Q^*$。由于式(7.29)的第3项关于$Q$是单调减的，对于小于$\widetilde{Q}$的间断点就不需要考虑了。具体计算步骤如下。

(1) 计算$\widetilde{Q} = \sqrt{\frac{2C_3 R}{C_1}}$，若$Q_{j-1} \leq \widetilde{Q} < Q_j$，则平均总费用$\widetilde{C} = \sqrt{2C_1 C_3 R} + RK_j$。

(2) 对于$j \leq i \leq n$，计算$C^{(i)} = \frac{1}{2}C_1 Q_{i-1} + \frac{C_3 R}{Q_{i-1}} + K_i R$。

(3) 若$\min\{\widetilde{C}, C^{(j)}, C^{(j+1)}, \cdots, C^{(n)}\} = C^*$，则$C^*$对应的批量为最小费用订购批量$Q^*$，相应地，和最小费用$C^*$对应的订购周期$T^* = \dfrac{Q^*}{R}$。

例7.4 工厂每周需要零配件32箱，存储费每箱每周1元，每次订购费25元，不允许缺货。零配件进货时的单价K随采购数量Q不同而有变化。

$$K(Q) = \begin{cases} 12 \text{元}, & 1 \leq Q < 10, \\ 10 \text{元}, & 10 \leq Q < 50, \\ 9.5 \text{元}, & 50 \leq Q < 100, \\ 9 \text{元}, & 100 \leq Q \text{。} \end{cases}$$

求最优存储策略。

解 根据题意，有$R = 32$箱/周，$C_1 = 1$元/周，$C_3 = 25$元/次，所以

$$\widetilde{Q} = \sqrt{\frac{2C_3 R}{C_1}} = \sqrt{\frac{2 \times 25 \times 32}{1}} = 40(\text{箱})\text{。}$$

因$\widetilde{Q} = 40$，在10到50之间，故每箱价格为$K_2 = 10$元，平均总费用

$$\widetilde{C} = \sqrt{2C_1 C_3 R} + RK_2 = \sqrt{2 \times 1 \times 25 \times 32} + 32 \times 10 = 360(\text{元}/\text{周})\text{。}$$

又因为

$$C^{(3)} = \frac{1}{2}C_1 Q_2 + \frac{C_3 R}{Q_2} + RK_3 = \frac{1}{2} \times 1 \times 50 + \frac{25 \times 32}{50} + 32 \times 9.5 = 345(\text{元}/\text{周}),$$

$$C^{(4)} = \frac{1}{2}C_1 Q_3 + \frac{C_3 R}{Q_3} + RK_4 = \frac{1}{2} \times 1 \times 100 + \frac{25 \times 32}{100} + 32 \times 9 = 346(\text{元}/\text{周}),$$

$$\min\{360, 345, 346\} = 345 = C^{(3)},$$

故最优订购批量$Q^* = 50$箱，最小费用$C^* = 345$元/周，订购周期$T^* = Q^*/R = 50/32(\text{周}) \approx 11(\text{天})$。

实际上，可以直接用LINGO软件计算平均费用

$$C(Q) = \frac{1}{2}C_1 Q + \frac{C_3 R}{Q} + RK(Q)$$

的最小值,其中 $K(Q)$ 是分段线性函数。

计算的 Lingo 程序如下:

```
model:
sets:
num/1..7/:q0,K0,w;   !Q0,K0 分别为 K(Q)上 7 个分点的 x,y 坐标,w 是定义 K(Q)的权重向量;
endsets
data:
Q0 = 1,9,10,49,50,99,100;
K0 = 12,12,10,10,9.5,9.5,9;
R = 32;C1 = 1;C3 = 25;
enddata
min = C1 * Q/2 + C3 * R/Q + R * Kq;
@sum(num(k):w(k)) = 1;
Q = @sum(num(k):Q0(k) * w(k));
Kq = @sum(num(k):K0(k) * w(k));
@for(num(k):@sos2('sos2_set',w(k)));
t1 = Q/R;t2 = t1 * 7;!计算最佳订购周期;
end
```

注 7.1 上述 LINGO 程序必须在 LINGO12 下运行。

7.3 单周期的随机型存储模型

在许多情形中,需求量是随机的。随机需求模型可以分为周期观测与连续观测两类。周期观测模型又可分为单周期、多周期及无穷周期等模型。

本节讲述单周期的存储模型。周期中只能提出一次订货,发生短缺时也不允许再提出订货,周期结束后,剩余货可以处理。

7.3.1 模型六:需求是离散随机变量的模型

报童问题:报童每天售出的报纸份数 r 是一个离散随机变量,其概率 $P(r)$ 已知。报童每售出一份报纸能赚 k 元;如售剩报纸,每剩一份赔 h 元。问报童每天应准备多少份报纸?

报童每天售出 r 份报纸的概率为 $P(r)$, $\sum_{i=0}^{\infty} P(i) = 1$。

设报童每天准备 Q 份报纸。现采用损失期望值最小准则来确定 Q。

模型(1):采用损失期望值最小准则来确定。

(1) 当供过于求($r \leqslant Q$),因报纸售剩而遭到的损失期望值为

$$\sum_{i=0}^{Q} h(Q-i)P(i)。$$

(2) 当供不应求($r > Q$)时,因失去销售机会而少赚钱的损失期望值为

$$\sum_{i=Q+1}^{\infty} k(i-Q)P(i)。$$

综合(1),(2)两种情况,当订货量为 Q 时,损失的期望值为

$$C(Q) = h\sum_{i=0}^{Q}(Q-i)P(i) + k\sum_{i=Q+1}^{\infty}(i-Q)P(i)。$$

要从式中决定 Q 的值,使 $C(Q)$ 最小。

记报童订购报纸的份数最佳量为 Q^*,其损失期望值应有

$$C(Q^*) \leq C(Q^*+1), \tag{7.31}$$

$$C(Q^*) \leq C(Q^*-1)。 \tag{7.32}$$

从式(7.31)出发进行推导,有 $\sum_{i=0}^{Q^*} P(i) \geq \dfrac{k}{k+h}$。

从式(7.32)出发进行推导,有 $\sum_{i=0}^{Q^*-1} P(i) \leq \dfrac{k}{k+h}$。

报童应准备的报纸最佳数量 Q^* 应按下列不等式确定,即

$$\sum_{i=0}^{Q^*-1} P(i) \leq \frac{k}{k+h} \leq \sum_{i=0}^{Q^*} P(i), \tag{7.33}$$

式中:$N = \dfrac{k}{k+h}$ 为损益转折概率。

模型(2):采用赢利期望值最大准则来确定。

设获利期望值为 $\widetilde{C}(Q)$。

当需求 $r \leq Q$ 时,报童售出 r 份报纸,赚 kr 元;售剩 $(Q-r)$ 份报纸,赔 $h(Q-r)$ 元。此时获利期望值为 $\sum_{i=0}^{Q}[ki - h(Q-i)]P(i)$。

当需求 $r > Q$ 时,Q 份报纸全部售出,赚 kQ 元;无滞销损失。此时获利期望值为 $\sum_{i=Q+1}^{\infty} kQP(i)$。

所以,总的获利期望值

$$\widetilde{C}(Q) = \sum_{i=0}^{Q}[ki - h(Q-i)]P(i) + \sum_{i=Q+1}^{\infty} kQP(i)。$$

和模型(1)类似地得到报童应准备的报纸最佳数量 Q^* 应按下列不等式确定

$$\sum_{i=0}^{Q^*-1} P(i) \leq \frac{k}{k+h} \leq \sum_{i=0}^{Q^*} P(i)。$$

从以上分析可以看到,损失期望值最小准则和获利期望值最大准则都可以用来确定最佳订购量 Q^*,结果是一样的。事实上,通过简单的运算可以得到,即

$$C(Q) + \widetilde{C}(Q) = k\sum_{i=0}^{\infty} iP(i),$$

式中:$\sum_{i=0}^{\infty} iP(i)$ 为对报纸的平均需求量,对于确定的问题,它是一个常量。因此,

$$C(Q) + \widetilde{C}(Q) = 平均赢利(常数)。$$

由此不难明白,两个准则取得相同结果的本质原因。

例 7.5 某工厂将从国外进口 150 台设备。这种设备有一个关键部件,其备件必须在进口设备时同时购买,不能单独订货。该种备件订购单价为 500 元,无备件时导致的停产损失和修复费用合计为 10000 元。根据有关资料计算,在计划使用期内,150 台设备因关键部件损坏而需要 r 个备件的概率 $P(r)$ 如表 7.1 所示。问工厂应为这些设备同时购买多少关键部件的备件?

表 7.1 需要备件的分布律

r	0	1	2	3	4	5	6	7	8	9	9 以上
P	0.47	0.20	0.07	0.05	0.05	0.03	0.03	0.03	0.03	0.02	0.02

解 当某设备的关键部件损坏时,如有备件替换,则可避免 10000 元的损失,故边际收益 $k=10000-500=9500$ 元;当备件多余时,每多余一个备件将造成 500 元的浪费,故边际损失 $h=500$ 元。因此,损益转折概率

$$N=\frac{k}{k+h}=\frac{9500}{9500+500}=0.95。$$

根据表 7.1,计算备件需要量 r 的累积概率 $F(Q)=\sum_{i=0}^{Q}P(i)$。

$$\sum_{i=0}^{7}P(i)=0.93<N=0.95<\sum_{i=0}^{8}P(i)=0.96。$$

因此,$Q^*=8$,即工厂应同时购买 8 个关键部件的备件,可使损失期望值最小。

计算的 LINGO 程序如下:

```
model:
sets:
num/1..11/:a,b,ind;
endsets
data:
a=0.47  0.20 0.07 0.05 0.05 0.03 0.03 0.03 0.03 0.02 0.02;
enddata
@for(num(i):b(i)=@sum(num(j)|j#le#i:a(j)));! 求累加和;
k=9500;h=500;N=k/(k+h);
@for(num(i):ind(i)=i*(b(i)#le#N));  !求哪些下标的取值小于等于 N;
Q=@max(num:ind);!下标的最大值作为购买的备件数;
end
```

例 7.6 某商品每件进价 40 元,售价 73 元。商品过期后将削价为每件 20 元并一定可以售出。已知该商品销售量 r 服从泊松分布 $P(i)=\frac{e^{-\lambda}\lambda^i}{i!}(i=0,1,2,\cdots)$,根据以往经验,平均销售量 $\lambda=6$ 件。问该商店应采购多少件该商品?

解 每件商品销售赢利(边际收益)$k=73-40=33$ 元,滞销损失(边际损失)$h=40-20=20$ 元。损益转折概率 $N=\frac{k}{k+h}=\frac{33}{33+20}=0.6226$。

销售量 r 累积概率 $F(Q)=\sum_{i=0}^{Q}\frac{e^{-6}6^i}{i!}$。查泊松分布累积概率值表,得

$$F(6) = 0.6063 < 0.6226 < F(7) = 0.7440。$$

所以,商店应采购 7 件该商品,可使损失期望值最小。

计算的 LINGO 程序为

```
model：
k = 33;h = 20;N = k/(k + h);
min = x;N < = @pps(6,x);@gin(x);
a = @pps(6,6);b = @pps(6,7);!验证概率;
end
```

注 7.2　上述 LINGO 程序需在 LINGO12 下运行。

7.3.2　模型七:需求是连续随机变量的模型

设单位货物进价为 k,售价为 p,存储费为 C_1。又设货物需求 r 是连续型随机变量,其密度函数为 $\phi(x)$,分布函数为 $F(x) = \int_0^x \phi(y)\mathrm{d}y(x>0)$。问货物的订购量(或生产量)$Q$ 为何值时,能使赢利期望值最大?

当订货量为 Q、需求量为 r 时,实际销售量为 $\min\{r,Q\}$,因而实际销售收入为 $p \cdot \min\{r,Q\}$;进货成本为 kQ;货物存储费为

$$\widetilde{C}(Q) = \begin{cases} C_1(Q-r), & r \leqslant Q, \\ 0, & r > Q。\end{cases}$$

因此,若记订购量 Q 时的赢利为 $W(Q)$,则

$$W(Q) = p \cdot \min\{r,Q\} - kQ - \widetilde{C}(Q),$$

而赢利期望值

$$E[W(Q)] = \int_0^Q px\phi(x)\mathrm{d}x + \int_Q^\infty pQ\phi(x)\mathrm{d}x - kQ - \int_0^Q C_1(Q-x)\phi(x)\mathrm{d}x$$

$$= pE(r) - \left[\int_Q^\infty p(x-Q)\phi(x)\mathrm{d}x + \int_0^Q C_1(Q-x)\phi(x)\mathrm{d}x + kQ\right]。$$

容易知道,第 1 项 $pE(r) = p\int_0^\infty x\phi(x)\mathrm{d}x$ 为平均赢利,与订购量 Q 无关,是一个常数;中括号内第 1 项为缺货损失期望值(只考虑失去销售机会而未实现的收入);第 2 项为滞销损失期望值(只考虑存储费支出);第 3 项为货物进货成本。因此,中括号内的 3 项表示损失期望值(含货物进货成本)。

记 $E[C(Q)] = \int_Q^\infty p(x-Q)\phi(x)\mathrm{d}x + \int_0^Q C_1(Q-x)\phi(x)\mathrm{d}x + kQ$,则有等式

$$E[W(Q)] + E[C(Q)] = pE(r)。$$

从这个等式可以看到,模型七和模型六一样,不论订购量 Q 为何值,赢利期望值和损失期望值之和总是一个常数,即平均赢利 $pE(r)$。这是这类问题的固有性质。根据这一性质,原问题 $\max E[W(Q)]$ 可转化为问题 $\min E[C(Q)]$。下面求解问题 $\min E[C(Q)]$。

$$\frac{\mathrm{d}E[C(Q)]}{\mathrm{d}Q} = -p\int_Q^\infty \phi(x)\mathrm{d}x + C_1\int_0^Q \phi(x)\mathrm{d}x + k = (C_1 + p)\int_0^Q \phi(x)\mathrm{d}x - (p-k),$$

令 $\dfrac{\mathrm{d}E[C(Q)]}{\mathrm{d}Q} = 0$,得

$$F(Q) = \int_0^Q \phi(x) \mathrm{d}x = \frac{p-k}{p+C_1}。 \tag{7.34}$$

由式(7.34)确定的 Q 记为 Q^*，Q^* 为 $E[C(Q)]$ 的驻点。容易证明，Q^* 为 $E[C(Q)]$ 的最小值点，也即 $E[W(Q)]$ 的最大值点。所以，Q^* 就是最佳订货量。

当 $p-k<0$ 时，式(7.34)不成立。这种情况表示订购货物无利可图 ($p<k$)，故不应生产或订购，即 $Q^*=0$。

例7.7 工厂生产某商品，成本220元/t，售价320元/t，每月存储费10元。月销售量为正态分布，平均值为60t，标准差为3t。问该厂应每月生产该产品多少，使获利的期望值最大。

解 根据题意，$k=220$ 元/t，$p=320$ 元/t，$C_1=10$ 元/月。销售量 $r \sim N(60,3^2)$。

由式(7.34)，有

$$F(Q) = \int_0^Q \frac{1}{3\sqrt{2\pi}} \mathrm{e}^{-\frac{(x-60)^2}{2\times 9}} \mathrm{d}x = \frac{p-k}{p+C_1} = 0.3030,$$

即

$$F(Q) = \int_0^{\frac{Q-60}{3}} \frac{1}{\sqrt{2\pi}} \mathrm{e}^{-\frac{x^2}{2}} \mathrm{d}x = \frac{p-k}{p+C_1} = 0.3030,$$

查标准正态分布的分布函数表，得

$$\frac{Q-60}{3} = -0.5157,$$

从中解得 $Q^*=58.4529$，因此，工厂每月应生产这种产品约58.4529t，可使期望损失最小。

计算的 LINGO 程序：

```
k=220;p=320;c1=10;
N=(p-k)/(p+c1);
Q=@norminv(N,60,3);
```

注7.3 函数 @norminv 是 LINGO12 中的函数。如果要使用 LIINGO10，最后一个语句要修改为 (Q-60)/3=@normsinv(N)。

例7.8 (航空机票超订票问题) 某航空公司执行两地的飞行任务，已知飞机的有效载客量为150人。按民用航空管理有关规定：旅客因有事或误机，机票可免费改签一次，此外也可在飞机起飞前退票。航空公司为了避免由此发生的损失，采用超量订票的方法，即每班售出票数大于飞机载客数。但由此会发生持票登机旅客多于座位数的情况，在这种情况下，航空公司让超员旅客改乘其他航班，并给旅客机票价的 20% 作为补偿。现假设两地的机票价为 1500元，每位旅客有 0.04 的概率发生有事、误机或退票的情况。问：

(1) 该航空公司应该超售多少张机票，才能使得该航空公司的预期损失费用最小？

(2) 该航空公司应该超售多少张机票，才能使得该航空公司的预期利润最大？并计算出相应的最大利润值。

解 1. 问题的分析

虽然该问题是航空订票问题，本质上也是"货物"的订购与存储问题。即将机票视为一种货物，航空公司售出机票就相当于购进了一种"货物"。如果乘客如期登机，则航空公司就可以获得收益，否则航空公司不仅不能获得收益，而且还会因付乘客补偿费产生损失。如果不超额订票，则很可能会出现飞机不满载的情况，使得航空公司产生"缺货"损失。如果超额订票过多，很可能会使部分乘客不能持票登机，则航空公司要付乘客补偿费，就相当于航空公司订购货物过多而又不能充分利用,占用过多的"库存",要付库存占用费。同时,实际中的乘客订票后因临时有事误机或退票是随机事件,是不确定的。因此该问题可以转化为一个随机存储问题。

2. 模型的建立与求解

(1) 设飞机的有效载客数为 n,超订票数为 s(即售出票数为 $n+s$),k 为每个座位的赢利值,h 为改乘其他航班旅客的补偿值。设 X 是购票未登机的人数,是一个随机变量,其概率密度为 $f(x)$。当 $X \leqslant s$ 时,有 $s-X$ 个人购票后,不能登机,航空公司要为这部分旅客进行补偿。当 $X>s$ 时,有 $X-s$ 个座位没有人坐,航空公司损失的是座位应得的利润,因此,航空公司的损失函数为

$$L(s) = \begin{cases} h(s-X), & X \leqslant s, \\ k(X-s), & X > s。\end{cases} \tag{7.35}$$

其期望值为

$$\begin{aligned} E[L(s)] &= \int_0^s h(s-x)f(x)\mathrm{d}x + \int_s^{+\infty} k(x-s)f(x)\mathrm{d}x \\ &= k\mu - ks + (k+h)s\int_0^s f(x)\mathrm{d}x - (k+h)\int_0^s xf(x)\mathrm{d}x。\end{aligned} \tag{7.36}$$

其中 $\mu = \int_0^{+\infty} xf(x)\mathrm{d}x$ 为购票未登机的期望人数。式(7.36)也可以改写为

$$E[L(s)] = k(\mu - s) + (k+h)\int_0^s F(x)\mathrm{d}x, \tag{7.37}$$

式中:$F(x)$ 为随机变量 X 的分布函数。

对式(7.37)两端关于 s 求导数,得

$$\frac{\mathrm{d}E[L(s)]}{\mathrm{d}s} = -k + (k+h)\int_0^s f(x)\mathrm{d}x, \tag{7.38}$$

$$\frac{\mathrm{d}^2 E[L(s)]}{\mathrm{d}s^2} = (k+h)f(s) > 0。$$

因此,满足方程

$$\int_0^s f(x)\mathrm{d}x = \frac{k}{k+h} \tag{7.39}$$

的 s 是函数 $E[L(s)]$ 的极小值点,即满足式(7.39)的 s 使航空公司的损失达到最小。

下面给出具体的求解过程。

设每位顾客购票未登机的概率为 p,共有 $n+s$ 位旅客,则恰有 y 位旅客未登机的概率是 $C_{n+s}^y p^y (1-p)^{n+s-y}$,即未登机人数 X 服从二项分布。因此,式(7.39)中的积分应改为二项分布的离散求和计算。

在 LINGO 中提供了二项分布函数 @pbn(p,n,s),即

$$@\mathrm{pbn}(p,n,s) = \sum_{y=0}^{s} C_n^y p^y (1-p)^{n-y},$$

当 n 和 s 不是整数时,采用线性插值计算。

根据题意,$n=150, p=0.04, k=1500$(假设机票价就是航空公司的赢利),$h=1500 \times 0.2 = 300$。利用 LINGO 软件求得超订的票数 $s=8.222487$,因而,超订的票数为 8~9 张,即每班售出的票数为 158~159 张。

计算的 LINGO 程序如下:

```
n=150;p=0.04;k=1500;h=300;
@pbn(p,n+s,s)=k/(k+h);
```

为了确定出超定票数的确切值,利用式(7.37)和 LINGO 软件,枚举出 $s=1,2,\cdots,12$ 时,航空公司损失的期望值,得出 $s=8$ 时,航空公司的损失最小。

枚举的 LINGO 程序如下:

```
model:
sets:
num/1..12/:L;
endsets
calc:
n=150;p=0.04;k=1500;h=300;
@for(num(i):L(i)=k*((n+i)*p-i)+(k+h)*@sum(num(j)|j#le#i:@pbn(p,n+i,j)));
endcalc
end
```

(2) 仍使用(1)中的符号,当 $X \leqslant s$ 时,飞机满座,有 $s-X$ 个人购票后,不能登机,航空公司要为这部分旅客进行补偿。当 $X>s$ 时,飞机没有满座,有 $n+s-X$ 名旅客乘机,因此,航空公司的利润函数为

$$I(s)=\begin{cases} kn-h(s-X), & X \leqslant s, \\ k(n+s-X), & X>s. \end{cases} \quad (7.40)$$

其期望值为

$$\begin{aligned} E[I(s)] &= \int_0^s (kn-hs+hx)f(x)\mathrm{d}x + \int_s^{+\infty} k(n+s-x)f(x)\mathrm{d}x \\ &= k(n+s-\mu)-(h+k)s\int_0^s f(x)\mathrm{d}x + (h+k)\int_0^s xf(x)\mathrm{d}x, \end{aligned} \quad (7.41)$$

式中: $\mu = \int_0^{+\infty} xf(x)\mathrm{d}x$ 为购票未登机的期望人数。

式(7.41)也可以改写为

$$E[I(s)] = k(n+s-\mu)-(h+k)\int_0^s F(x)\mathrm{d}x, \quad (7.42)$$

式中: $F(x)$ 为随机变量 X 的分布函数。

对式(7.42)两端关于 s 求导数,得

$$\frac{\mathrm{d}E[I(s)]}{\mathrm{d}s} = k-(k+h)\int_0^s f(x)\mathrm{d}x, \quad (7.43)$$

$$\frac{\mathrm{d}^2 E[I(s)]}{\mathrm{d}s^2} = -(k+h)f(s)<0.$$

因此,满足方程

$$\int_0^s f(x)\mathrm{d}x = \frac{k}{k+h} \quad (7.44)$$

的 s 是函数 $E[I(s)]$ 的极大值点,即满足式(7.44)的 s 使航空公司的利润达到最大。

因而可以看出,问题(1)和(2)考虑问题的角度不同,但得到的结果是一样的,航空公司为

了使利润最大化,需要超订 8 张机票。

7.4 有约束的确定型存储模型

7.4.1 带有约束的经济订购批量存储模型

现在考虑多物品、带有约束的情况。设有 m 种物品,采用下列记号:

(1) $D_i, Q_i, K_i (i=1,2,\cdots,m)$ 分别表示第 i 种物品的单位需求量、每次订货的批量和物品的单价。

(2) C_D 表示实施一次订货的订货费,即无论物品是否相同,订货费总是相同的。

(3) $C_{P_i}(i=1,2,\cdots,m)$ 表示第 i 种产品的单位存储费。

(4) J, W_T 分别表示每次订货可占用资金和库存总容量。

(5) $w_i(i=1,2,\cdots,m)$ 表示单位第 i 种物品占用的库存容量。

类似于前面的推导,可以得到带有约束的多物品的 EOQ 模型。

1. 具有资金约束的 EOQ 模型

类似前面的分析,对于第 $i(i=1,2,\cdots,m)$ 种物品,当每次订货的订货量为 Q_i 时,单位时间总平均费用为

$$C_i = \frac{1}{2} C_{P_i} Q_i + \frac{C_D D_i}{Q_i}。$$

每种物品的单价为 K_i,每次的订货量为 Q_i,则 $K_i Q_i$ 是该种物品占用的资金。因此,资金约束为

$$\sum_{i=1}^{m} K_i Q_i \leq J。$$

综上所述,得到具有资金约束的 EOQ 模型

$$\min \sum_{i=1}^{m} \left(\frac{1}{2} C_{P_i} Q_i + \frac{C_D D_i}{Q_i} \right), \tag{7.45}$$

$$\text{s. t.} \begin{cases} \sum_{i=1}^{m} K_i Q_i \leq J, \\ Q_i \geq 0, \quad i=1,2,\cdots,m。 \end{cases} \tag{7.46}$$

2. 具有库容约束的 EOQ 模型

单位第 i 种物品占用的库容量是 w_i,因此,$w_i Q_i$ 是该种物品占用的总的库容量,结合上面的分析,具有库容约束的 EOQ 模型是

$$\min \sum_{i=1}^{m} \left(\frac{1}{2} C_{P_i} Q_i + \frac{C_D D_i}{Q_i} \right), \tag{7.47}$$

$$\text{s. t.} \begin{cases} \sum_{i=1}^{m} w_i Q_i \leq W_T, \\ Q_i \geq 0, \quad i=1,2,\cdots,m。 \end{cases} \tag{7.48}$$

3. 兼有资金与库容约束的最佳批量模型

结合上述两种模型,得到兼有资金与库容约束的最佳批量模型

$$\min \sum_{i=1}^{m} \left(\frac{1}{2} C_{P_i} Q_i + \frac{C_D D_i}{Q_i} \right), \tag{7.49}$$

$$\text{s.t.} \begin{cases} \sum_{i=1}^{m} K_i Q_i \leq J, \\ \sum_{i=1}^{m} w_i Q_i \leq W_T, \\ Q_i \geq 0, \quad i=1,2,\cdots,m. \end{cases} \tag{7.50}$$

对于这三种模型,可以容易地用 LINGO 软件进行求解。

例 7.9 某公司需要 5 种物资,其供应与存储模式为确定性、周期补充、均匀消耗和不允许缺货模型。设该公司的最大库容量(W_T)为 1500 m³,一次订货占用流动资金的上限(J)为 40 万元,订货费(C_D)为 1000 元。5 种物资的年需求量 D_i,物资单价 K_i,物资的存储费 C_{P_i},单位占用库容量 w_i 如表 7.2 所示。试求各种物品的订货次数、订货量和总的存储费用。

表 7.2 物资需求、单价、存储费和单位占用库容情况表

物资 i	年需求量 D_i	单价 K_i(元/件)	存储费 C_{P_i}（元/(件·年)）	单位占用库容 w_i(m³/件)
1	600	300	60	1.0
2	900	1000	200	1.5
3	2400	500	100	0.5
4	12000	500	100	2.0
5	18000	100	20	1.0

解 设 n_i 是第 $i(i=1,2,3,4,5)$ 种物资的年订货次数,按照带有资金与库容约束的最佳批量模型(7.49)和(7.50),写出相应的整数规划模型

$$\min \sum_{i=1}^{5} \left(\frac{1}{2} C_{P_i} Q_i + \frac{C_D D_i}{Q_i} \right),$$

$$\text{s.t.} \begin{cases} \sum_{i=1}^{5} K_i Q_i \leq J, \\ \sum_{i=1}^{5} w_i Q_i \leq W_T, \\ n_i = \dfrac{D_i}{Q_i}, \text{且 } n_i \text{ 为整数}, \quad i=1,2,\cdots,5, \\ Q_i \geq 0, \quad i=1,2,\cdots,5. \end{cases}$$

编写 LINGO 程序如下:

```
model:
sets:
kinds/1..5/:C_P,D,K,W,Q,N;
endsets
min = @sum(kinds:0.5*C_P*Q + C_D*D/Q);
@sum(kinds:K*Q) < J;
@sum(kinds:W*Q) < W_T;
@for(kinds:N = D/Q;@gin(n));
```

```
data:
C_D = 1000;
D = 600 900 2400 12000 18000;
K = 300 1000 500 500 100;
C_P = 60 200 100 100 20;
W = 1.0 1.5 0.5 2.0 1.0;
J = 400000;
W_T = 1500;
enddata
end
```

求得总费用为 142272.8 元,订货资金还余 7271.694 元,库存余 4.035621m³,其余计算结果如表 7.3 所示。

表 7.3 物资的订货次数与订货量

物资 i	订货次数	订货量 Q_i^* /件
1	7	85.71429
2	13	69.23077
3	14	171.4286
4	40	300.0000
5	29	620.6897

上述计算采用整数规划,如果不计算年订货次数,而只有年订货周期,则不需要整数约束。

7.4.2 带有约束允许缺货模型

类似于不允许缺货情况的讨论,对于允许缺货模型,也可以考虑多种类、带有资金和库容约束的数学模型。设 S_i,C_{S_i} 分别为第 i 种物品的最大缺货量、缺货损失单价,其他符号的意义不变。由于 Q_i 是第 i 种物品的最大订货量,则 K_iQ_i 是第 i 种物品占用资金数,$Q_i - S_i$ 是第 i 种物品的最大存储量(占用库存数),因为 S_i 部分偿还缺货,已不用存储了。因此,带有资金和库容约束允许缺货的数学模型为

$$\min \sum_{i=1}^{m} \left(\frac{C_{P_i}(Q_i - S_i)^2}{2Q_i} + \frac{C_D D_i}{Q_i} + \frac{C_{S_i} S_i^2}{2Q_i} \right), \tag{7.51}$$

$$\text{s.t.} \begin{cases} \sum_{i=1}^{m} K_i Q_i \leq J, \\ \sum_{i=1}^{m} w_i (Q_i - S_i) \leq W_T, \\ Q_i \geq 0, \quad i = 1,2,\cdots,m. \end{cases} \tag{7.52}$$

例 7.10 (续例 7.9)假设缺货损失费(C_{S_i})是物品的存储费(C_{P_i})的 2 倍,其他参数不变,试求出各种物品的订货次数、订货量和总费用。

解 设 n_i 是第 i 种物品的年订货次数,按照模型(7.51)和(7.52),写出相应的整数规划模型为

$$\min \sum_{i=1}^{5} \left(\frac{C_{P_i}(Q_i - S_i)^2}{2Q_i} + \frac{C_D D_i}{Q_i} + \frac{C_{S_i} S_i^2}{2Q_i} \right),$$

$$\text{s.t.} \begin{cases} \sum_{i=1}^{5} K_i Q_i \leq J, \\ \sum_{i=1}^{5} w_i (Q_i - S_i) \leq W_T, \\ n_i = \dfrac{D_i}{Q_i}, \text{且 } n_i \text{ 为整数}, \quad i=1,2,\cdots,5, \\ Q_i \geq 0, \quad i=1,2,\cdots,5 \text{。} \end{cases}$$

编写的 LINGO 程序如下：

```
model:
sets:
kinds/1..5/:C_P,D,K,W,C_S,Q,S,N;
endsets
min = @sum(kinds:0.5*C_P*(Q-S)^2/Q + C_D*D/Q + 0.5*C_S*S^2/Q);
@sum(kinds:K*Q) < J;
@sum(kinds:W*(Q-S)) < W_T;
@for(kinds:N = D/Q;@gin(N));
data:
C_D = 1000;
D = 600 900 2400 12000 18000;
K = 300 1000 500 500 100;
C_P = 60 200 100 100 20;
W = 1.0 1.5 0.5 2.0 1.0;
J = 400000;
W_T = 1500;
enddata
@for(kinds:C_S = 2*C_P);
end
```

求得总费用为 124660.8 元，订货资金还余 88.46 元，库存余 343.317m³，其余计算结果如表 7.4 所示。

表 7.4 允许缺货的物资的订货次数与订货量

物资 i	订货次数	订货量 Q_i^*/件	最大缺货量 S_i/件
1	7	85.71429	28.57142
2	15	60.00000	20.00000
3	17	141.1765	47.05881
4	38	315.7895	105.2631
5	21	857.1429	285.7142

7.4.3 带有约束的经济生产批量存储模型

与经济订购模型类似，对于经济生产批量存储模型，也可以考虑带有不同情况的约束条件和各种不同物品的综合情况。下面举例说明这个问题。

例 7.11 某公司生产并销售 A,B,C 3 种商品,根据市场预测,3 种商品每天需求量分别是 400,300,300(件),3 种商品每天的生产量分别是 1300,1100,900(件),每安排一次生产,其固定费用(与生产量无关)分别为 1000,1200,1300(元),生产费用每件分别为 1.0,1.1,1.4(元)。商品的生产速率、需求率和最大生产量满足如下约束:

$$\sum_{i=1}^{3}\left(\frac{D_i}{P_i}+\frac{1.5D_i}{Q_i}\right)\leqslant 1,$$

求每种商品的最优生产时间与存储时间,以及总的最优存储费用。

解 建立最优生产批量存储模型:

$$\min \sum_{i=1}^{3}\left[\frac{1}{2}\left(1-\frac{D_i}{P_i}\right)Q_i C_{P_i}+\frac{C_{D_i}D_i}{Q_i}\right],$$

$$\text{s.t.}\begin{cases}\sum_{i=1}^{3}\left(\dfrac{D_i}{P_i}+\dfrac{1.5D_i}{Q_i}\right)\leqslant 1,\\ T_i=\dfrac{Q_i}{D_i},\quad i=1,2,3,\\ T_i\geqslant 0,Q_i\geqslant 0,\quad i=1,2,3。\end{cases}$$

编写 LINGO 程序如下:

```
model:
sets:
kinds/1..3/:C_P,P,C_D,D,Q,T,T_P;!T_P 表示生产时间;
endsets
min = @sum(kinds:0.5*(1-D/P)*Q*C_P+C_D*D/Q);
@sum(kinds:D/P+1.5*D/Q)<1;
@for(kinds:T=Q/D;T_P=Q/P);
data:
C_D = 1000,1200,1300;
D = 400,300,300;
C_P = 1.0,1.1,1.4;
P = 1300,1100,900;
enddata
end
```

求得 A,B,C 3 种商品的生产、存储周期分别为 51.05936,54.86175,50.79914 天,其中生产天数分别为 15.71057,14.96229,16.93305 天。总的最优生产、存储费用为 20832.10 元。

习 题 7

7.1 某物资每月需供应 3000 件,每次订货费为 60 元,每月每件的存储费为 4 元。若不允许缺货,且一订货就可提货,试问每隔多少时间订购一次,每次应订购多少件?

7.2 某物资每月需供应 3000 件,每次订货费为 60 元,每月每件的存储费为 4 元。一个周期中缺一件的缺货损失费为 5 元,缺货不要补。问每隔多少时间订购一次,每次应订购多少件?

7.3 某公司需要购买某种零件用于产品的生产,不允许缺货,需求速度 $R = 250000$ 个/年,每次订货费为 1000 元,每年单位库存费用是单位购进价格的 24%,供应商给出的折扣价政策如表 7.5 所示。

表 7.5 折扣价格表

订货量	$1 \leq Q < 4000$	$4000 \leq Q < 20000$	$20000 \leq Q < 40000$	$Q \geq 40000$
单位价格/元	12	11	10	9

7.4 某商店销售商品,该商品进价为 50 元,售价为 70 元,但若售不完,必须减价为 40 元才能售出。已知售货量 r 服从泊松分布 $P(i) = \dfrac{e^{-16}16^i}{i!}(i = 0,1,2,\cdots)$,问该商店应订购该商品多少?

7.5 已知某商品卖出一件能赚 k 元;如果销售不出去而削价处理,每件赔 h 元。假定该时期内商品需求量 X 的概率密度函数为 $\varphi(x)$,求使期望总利润最大的订货量 Q(不考虑存货费、缺货费和固定订货费)。

7.6 假设国际市场对我国某出口电子商品需求量 X(单位:件)服从 $[1500,3000]$ 上的均匀分布。如果出口一件该电子商品可获利 4 万元;如果销售不出去而削价内销每件亏损 1 万元。问:应该组织多少该电子商品,才能使期望利润最大?

第 8 章 排 队 论

排队论起源于1909年丹麦电话工程师 A. K. Erlang(爱尔朗)的工作,他对电话通话拥挤问题进行了研究。1917年,Erlang 发表了著名的文章——"自动电话交换中的概率理论的几个问题的解决"。排队论已广泛应用于解决军事、运输、维修、生产、服务、库存、医疗卫生、教育、水利灌溉等排队系统的问题,显示了强大的生命力。

排队是在日常生活中经常遇到的现象,如顾客到商店购买物品、病人到医院看病,常常要排队,此时服务的数量超过服务机构(服务台、服务员等)的容量,也就是说,到达的顾客不能立即得到服务,因而出现了排队现象。电话局的占线问题,车站、码头等交通枢纽的车船堵塞和疏导,故障机器的停机待修,水库的存储调节等,都是有形或无形的排队现象。由于顾客到达和服务时间的随机性,因此排队现象几乎是不可避免的。

排队论(Queuing Theory)也称**随机服务系统理论**,是为解决上述问题而发展的一门学科。它研究的内容包括:

(1) 性态问题,即研究各种排队系统的概率规律性,主要是研究队长分布、等待时间分布和忙期分布等,包括了瞬态和稳态两种情形。

(2) 最优化问题,又分静态最优和动态最优,前者指最优设计,后者指现有排队系统的最优运营。

(3) 排队系统的统计推断,即判断一个给定的排队系统符合于哪种模型,以便根据排队理论进行分析研究。

下面介绍排队论的一些基本知识,并分析几个常见的排队模型。

8.1 基 本 概 念

8.1.1 排队过程的一般表示

图 8.1 是排队论的一般模型。图中虚线所包含的部分为排队系统。各个顾客从顾客源出发,随机地来到服务机构,按一定的排队规则等待服务,直到按一定的服务规则接受完服务后离开排队系统。

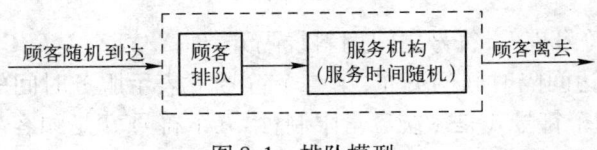

图 8.1 排队模型

凡要求服务的对象统称为**顾客**,为顾客服务的人或物称为**服务员**,顾客和服务员组成了服务系统。对于一个服务系统来说,如果服务机构过小,以致不能满足要求服务的众多顾客的需要，那么就会产生拥挤现象而使服务质量降低。因此，顾客总希望服务机构越大越好，但是，如果服务机构过大，人力和物力方面的开支也会相应增加，从而造成浪费，因此研究排队模型的目的就是要在顾客需要和服务机构的规模之间进行权衡决策，使其达到合理的平衡。

8.1.2 排队系统的组成和特征

一般的排队过程都由输入过程、排队规则、服务过程三部分组成。

1. 输入过程

输入过程是指顾客到来时间的规律性，可能有下列不同情况：

（1）顾客的组成可能是有限的，也可能是无限的。

（2）顾客到达的方式可能是逐个的，也可能是成批的。

（3）顾客相继到达的间隔时间可以是确定的，也可以是随机的。

（4）顾客的到达是相互独立的。

（5）输入过程可以是平稳的，即相继到达的间隔时间分布及其数学期望、方差等数字特征都与时间无关；也可以是非平稳的。

2. 排队规则

排队规则指到达排队系统的顾客按怎样的规则排队等待，可分为损失制、等待制和混合制三种。

（1）损失制（消失制）。当顾客到达时，所有的服务台均被占用，顾客随即离去。

（2）等待制。当顾客到达时，所有的服务台均被占用，顾客排队等待，直到接受完服务才离去，如排队等待维修机器。

（3）混合制。介于损失制和等待制之间的是混合制，即既有等待又有损失。有队列长度有限和排队等待时间有限两种情况，在限度以内就排队等待，超过一定限度就离去。

排队方式还分为单列、多列和循环队列。

3. 服务过程

（1）服务机构。主要有单服务台、多服务台并联（每个服务台同时为不同顾客服务）、多服务台串联（多服务台依次为同一顾客服务）、混合型等类型。

（2）服务规则。按为顾客服务的次序采用以下几种规则：

① 先到先服务，这是通常的情形。

② 后到先服务，如情报系统中，最后到的情报信息往往最有价值，因而常被优先处理。

③ 随机服务，服务台从等待的顾客中随机地取其一进行服务，而不管到达的先后。

④ 优先服务，如医疗系统对病情严重的病人给予优先治疗。

8.1.3 排队模型的符号表示

排队模型用六个符号表示，符号之间用斜线隔开，即 $X/Y/Z/A/B/C$。第一个符号 X 表示顾客到达流或顾客到达间隔时间的分布；第二个符号 Y 表示服务时间的分布；第三个符号 Z 表示服务台数目；第四个符号 A 是系统容量限制；第五个符号 B 是顾客源数目；第六个符号 C 是服务规则，如先到先服务 FCFS，后到先服务 LCFS 等。并约定，如略去后三项，即指 $X/Y/Z/\infty/\infty/$FCFS 的情形。本书只讨论先到先服务 FCFS 的情形，所以略去第六项。

表示顾客到达间隔时间和服务时间的分布的约定符号如下：

M——指数分布（M 是 Markov（马尔可夫）的字头，因为指数分布具有无记忆性，即 Markov

性）；

D——确定型(Deterministic)；

E_k——k阶Erlang分布；

G——一般(General)服务时间的分布；

GI——一般相互独立(General Independent)的时间间隔的分布。

例如，$M/M/1$表示相继到达间隔时间为指数分布、服务时间为指数分布、单服务台、等待制系统。$D/M/c$表示确定的到达时间、服务时间为指数分布、c个平行服务台(但顾客是一队)的模型。

8.1.4 排队系统的运行指标

为了研究排队系统运行的效率，估计其服务质量，确定系统的最优参数，评价系统的结构是否合理并研究其改进的措施，必须确定用以判断系统运行优劣的基本数量指标，这些数量指标通常是：

（1）**平均队长**：指系统内顾客数(包括正被服务的顾客与排队等待服务的顾客)的数学期望，记为L_s。

（2）**平均排队长**：指系统内等待服务的顾客数的数学期望，记为L_q。

（3）**平均逗留时间**：顾客在系统内逗留时间(包括排队等待的时间和接受服务的时间)的数学期望，记为W_s。

（4）**平均等待时间**：指一个顾客在排队系统中排队等待时间的数学期望，记为W_q。

（5）**平均忙期**：指服务机构连续繁忙时间(顾客到达空闲服务机构起，到服务机构再次空闲止的时间)长度的数学期望，记为T_b。

（6）**损失率**：由于系统的条件限制，使顾客被拒绝服务而使服务部门受到损失的概率，记为P_{lost}。

此外，还有**服务强度**等指标。计算这些指标的基础是表达系统状态的概率。所谓**系统的状态**即指系统中顾客数，如果系统中有n个顾客就说系统的状态是n，它的可能值如下：

（1）队长没有限制时，$n=0,1,2,\cdots$。

（2）队长有限制，最大数为N时，$n=0,1,\cdots,N$。

（3）损失制，服务台个数是c时，$n=0,1,\cdots,c$。

这些状态的概率一般是随时刻t而变化，所以时刻t、系统状态为n的概率用$P_n(t)$表示，稳态时系统状态为n的概率用P_n表示。

8.2 输入过程与服务时间的分布

排队系统中的事件流包括顾客到达流和服务时间流。由于顾客到达的间隔时间和服务时间不可能是负值，因此，它的分布是非负随机变量的分布。最常用的分布有Poisson(泊松)分布、确定型分布、指数分布和Erlang分布。

8.2.1 Poisson流与指数分布

设$N(t)$表示在时间区间$[0,t)$内到达的顾客数$(t>0)$，令$P_n(t_1,t_2)$表示在时间区间$[t_1,t_2)$$(t_2>t_1)$内有$n(\geqslant 0)$个顾客到达的概率，即

$$P_n(t_1, t_2) = P\{N(t_2) - N(t_1) = n\} \quad (t_2 > t_1, n \geq 0)。$$

当 $P_n(t_1, t_2)$ 合于下列 3 个条件时，顾客的到达形成 Poisson 流。

(1) 在不相重叠的时间区间内顾客到达数是相互独立的，这个性质称为无后效性。

(2) 对充分小的 Δt，在时间区间 $[t, t+\Delta t)$ 内有一个顾客到达的概率与 t 无关，而与区间长 Δt 近似成正比，即

$$P_1(t, t+\Delta t) = \lambda \Delta t + o(\Delta t), \tag{8.1}$$

当 $\Delta t \to 0$ 时，$o(\Delta t)$ 是关于 Δt 的高阶无穷小；$\lambda > 0$ 是常数，λ 表示单位时间平均到达的顾客数。

(3) 对于充分小的 Δt，在时间区间 $[t, t+\Delta t)$ 内有两个或两个以上顾客到达的概率极小，以致可以忽略，即

$$\sum_{n=2}^{\infty} P_n(t, t+\Delta t) = o(\Delta t)。 \tag{8.2}$$

下面在上述条件下研究顾客到达数 n 的概率分布。

由条件(2)，总可以取时间由 0 算起，并简记 $P_n(0, t) = P_n(t)$。

由条件(1)和(2)，有

$$P_0(t+\Delta t) = P_0(t) P_0(\Delta t),$$

$$P_n(t+\Delta t) = \sum_{k=0}^{n} P_{n-k}(t) P_k(\Delta t), \quad n = 1, 2, \cdots。$$

由条件(2)和(3)，得

$$P_0(\Delta t) = 1 - \lambda \Delta t + o(\Delta t),$$

因而有

$$\frac{P_0(t+\Delta t) - P_0(t)}{\Delta t} = -\lambda P_0(t) + \frac{o(\Delta t)}{\Delta t},$$

$$\frac{P_n(t+\Delta t) - P_n(t)}{\Delta t} = -\lambda P_n(t) + \lambda P_{n-1}(t) + \frac{o(\Delta t)}{\Delta t}。$$

在以上两式中，取 Δt 趋于零的极限，当假设所涉及的函数可导时，得到以下微分方程组：

$$\frac{\mathrm{d} P_0(t)}{\mathrm{d} t} = -\lambda P_0(t),$$

$$\frac{\mathrm{d} P_n(t)}{\mathrm{d} t} = -\lambda P_n(t) + \lambda P_{n-1}(t), \quad n = 1, 2, \cdots。$$

取初值 $P_0(0) = 1, P_n(0) = 0 (n = 1, 2, \cdots)$，容易解出 $P_0(t) = e^{-\lambda t}$；再令 $P_n(t) = U_n(t) e^{-\lambda t}$，可以得到 $U_0(t)$ 及其他 $U_n(t)$ 所满足的微分方程组，即

$$\frac{\mathrm{d} U_n(t)}{\mathrm{d} t} = \lambda U_{n-1}(t), \quad n = 1, 2, \cdots,$$

$$U_0(t) = 1, \quad U_n(0) = 0。$$

由此容易解得

$$P_n(t) = \frac{(\lambda t)^n}{n!} e^{-\lambda t}, \quad n = 1, 2, \cdots。$$

正如在概率论中所学过的，随机变量 $\{N(t) = N(s+t) - N(s)\}$ 服从 Poisson 分布。它的数学期望和方差分别是

$$E[N(t)] = \lambda t; \quad \mathrm{Var}[N(t)] = \lambda t。$$

当输入过程是Poisson流时,那么顾客相继到达的时间间隔T必服从指数分布。这是由于
$$P\{T>t\} = P\{[0,t)\text{内呼叫次数为零}\} = P_0(t) = e^{-\lambda t},$$
那么,以$F(t)$表示T的分布函数,则有
$$P\{T \leq t\} = F(t) = \begin{cases} 1 - e^{-\lambda t}, & t \geq 0, \\ 0, & t < 0_\circ \end{cases}$$
而分布密度函数为
$$f(t) = \lambda e^{-\lambda t}, \quad t > 0_\circ$$

对于Poisson流,λ表示单位时间平均到达的顾客数,所以$\frac{1}{\lambda}$表示相继顾客到达平均间隔时间,而这正和ET的意义相符。

对一顾客的服务时间也就是在忙期相继离开系统的两顾客的间隔时间,有时也服从指数分布。这时设它的分布函数和密度函数分别是
$$G(t) = 1 - e^{-\mu t}, \quad g(t) = \mu e^{-\mu t},$$
得
$$\lim_{\Delta t \to 0} \frac{P\{T \leq t + \Delta t \mid T > t\}}{\Delta t} = \lim_{\Delta t \to 0} \frac{P\{t < T \leq t + \Delta t\}}{\Delta t P\{T > t\}} = \mu_\circ$$

这表明,在任何小的时间间隔$[t, t+\Delta t)$内,一个顾客被服务完(离去)的概率是$\mu \Delta t + o(\Delta t)$。$\mu$为平均服务率,表示单位时间能被服务完成的顾客数,而$\frac{1}{\mu}$表示一个顾客的平均服务时间。

8.2.2 常用的几种概率分布及其产生

1. 常用的连续型概率分布

本书只给出这些分布的参数、记号和通常的应用范围,更详细的内容请参考专门的概率论书籍。

1) 均匀分布

区间(a,b)内的**均匀分布**记为$U(a,b)$。服从$U(0,1)$分布的随机变量又称为随机数,它是产生其他随机变量的基础。如若X为$U(0,1)$分布,则$Y = a + (b-a)X$服从$U(a,b)$。

2) 正态分布

以μ为期望,σ^2为方差的**正态分布**记为$N(\mu, \sigma^2)$。正态分布的应用十分广泛。正态分布还可以作为二项分布一定条件下的近似。

3) 指数分布

指数分布是单参数λ的非对称分布,记为$\text{Exp}(\lambda)$,概率密度函数为
$$f(t) = \begin{cases} \lambda e^{-\lambda t}, & t \geq 0, \\ 0, & t < 0_\circ \end{cases} \tag{8.3}$$

它的数学期望为$\frac{1}{\lambda}$,方差为$\frac{1}{\lambda^2}$。指数分布是唯一具有无记忆性的连续型随机变量,即有$P\{X > t+s \mid X > t\} = P\{X > s\}$,在排队论、可靠性分析中有广泛应用。

4) Gamma(伽玛)分布

定义8.1 如果随机变量X的概率密度函数为
$$f(x) = \beta^\alpha x^{\alpha-1} \frac{e^{-\beta x}}{\Gamma(\alpha)}, x > 0, \alpha > 0, \beta > 0, \tag{8.4}$$

则称 X 服从参数为 (α,β) 的 Gamma 分布，记为 $X \sim G(\alpha,\beta)$，这时 α 称为形状参数，β 称为尺度参数。

Gamma 分布是双参数 α,β 的非对称分布，期望是 $\dfrac{\alpha}{\beta}$。Gamma 分布可用于服务时间、零件寿命等。

当 Gamma 分布的形状参数 $\alpha = 1$ 时，是指数分布；当 α 是正整数时，该分布是 Erlang 分布；当 $\beta = \dfrac{1}{2}$ 并且 $\alpha = \dfrac{v}{2}$ 时，该分布为自由度为 v 的 χ^2 分布。当参数 α 趋于无穷时，Gamma 分布近似为正态分布。

性质8.1 如果 $X_i \sim G(\alpha_i,\beta), 1 \leq i \leq n$，是相互独立的 Gamma 分布，则 Gamma 分布具有可加性，即

$$\sum_{i=1}^{n} X_i \sim G\left(\sum_{i=1}^{n} \alpha_i, \beta\right)。$$

5）Weibull（威布尔）分布

定义8.2 如果 V 是一个服从参数为 λ 的指数分布随机变量，令 $X = V^{1/\tau}, \tau > 0$，称 X 的分布为 Weibull 分布。这时参数 λ 称为尺度参数，参数 τ 称为形状参数。Weibull 分布的概率密度函数和分布函数分别为

$$f(x) = \tau \lambda x^{\tau-1} e^{-\lambda x^\tau}, \quad x > 0, \tag{8.5}$$

$$F(x) = 1 - e^{-\lambda x^\tau}, \quad x > 0。 \tag{8.6}$$

显然，当形状参数 $\tau = 1$ 时，Weibull 分布为指数分布。当形状参数 $\tau \approx 3.6$ 时，Weibull 分布大致对称。

Weibull 分布是双参数 τ,λ 的非对称分布，记为 $W(\tau,\lambda)$。$\tau = 1$ 时蜕化为指数分布。作为设备、零件的寿命分布，Weibull 分布在可靠性分析中有着非常广泛的应用。

6）Beta 分布

定义8.3 如果随机变量 X 的概率密度函数为

$$f(x) = \begin{cases} \dfrac{x^{\alpha-1}(1-x)^{\beta-1}}{B(\alpha,\beta)}, & 0 < x < 1, \\ 0, & \text{其他}, \end{cases} \quad \alpha > 0, \beta > 0, \tag{8.7}$$

其中 $B(\alpha,\beta) = \int_0^1 x^{\alpha-1}(1-x)^{\beta-1} dx$，则称 X 服从参数为 (α,β) 的 Beta 分布，也记为 $X \sim B(\alpha,\beta)$。

2. 常用的离散型概率分布

1）离散均匀分布

若随机变量 X 有 n 个不同取值 $x_1, x_2, \cdots, x_n$，且取各个值的概率相同，即 X 的分布律如表8.1所示，则称 X 为离散均匀分布，通常发生在不确定各种情况发生的机会，且认为每个机会都相等。

表8.1 离散均匀分布律

X	x_1	x_2	$\cdots$	x_n
概率	$1/n$	$1/n$	$\cdots$	$1/n$

2）Bernoulli（伯努利）分布（两点分布）

Bernoulli 分布是 $X=1,0$ 处取值的概率分别是 p 和 $1-p$ 的两点分布，记为 $\text{Bern}(p)$。用于

基本的离散模型。

3) Poisson(泊松)分布

泊松分布与指数分布有密切的关系。当顾客平均到达率为常数 λ 的到达间隔服从指数分布时,单位时间内到达的顾客数 N 服从泊松分布,即单位时间内到达 k 位顾客的概率为

$$P\{N=k\} = P_k = \frac{\lambda^k e^{-\lambda}}{k!}, \quad k=0,1,2,\cdots,$$

记为 Poisson(λ)。泊松分布广泛应用于排队服务、产品检验、生物与医学统计、天文、物理等领域。

4) 二项分布

在独立进行的每次试验中,某事件发生的概率为 p,则 n 次试验中该事件发生的次数 N 服从二项分布,即发生 k 次的概率为

$$P\{N=k\} = P_k = C_n^k p^k (1-p)^{n-k}, \quad k=0,1,\cdots,n,$$

记为 $B(n,p)$。二项分布是 n 个独立的 Bernoulli 分布之和,广泛应用于产品检验、保险、生物和医学统计等领域。

当 n,k 很大时,$B(n,p)$ 近似于正态分布 $N(np,np(1-p))$;当 n 很大、p 很小,且 np 约为常数 λ 时,$B(n,p)$ 近似于 Poisson(λ)。

8.3 生灭过程

一类非常重要且广泛存在的排队系统是生灭过程排队系统。生灭过程是一类特殊的随机过程,在生物学、物理学、运筹学中有广泛的应用。在排队论中,如果 $N(t)$ 表示时刻 t 系统中的顾客数,则 $\{N(t),t \geq 0\}$ 就构成了一个随机过程。如果用"生"表示顾客的到达,"灭"表示顾客的离去,则对许多排队过程来说,$\{N(t),t \geq 0\}$ 就是一类特殊的随机过程——生灭过程。下面结合排队论的术语给出生灭过程的定义。

定义 8.4 设 $\{N(t),t \geq 0\}$ 为一个随机过程。若 $N(t)$ 的概率分布具有以下性质:

(1) 假设 $N(t)=n$,则从时刻 t 起到下一个顾客到达时刻止的时间服从参数为 λ_n 的负指数分布,$n=0,1,2,\cdots$。

(2) 假设 $N(t)=n$,则从时刻 t 起到下一个顾客离去时刻止的时间服从参数为 μ_n 的负指数分布,$n=1,2,\cdots$。

(3) 同一时刻只有一个顾客到达或离去。

则称 $\{N(t),t \geq 0\}$ 为一个生灭过程。

一般来说,得到 $N(t)$ 的分布 $p_n(t) = P\{N(t)=n\}$ $(n=0,1,2,\cdots)$ 是比较困难的,因此通常是求当系统达到平衡后的状态分布,记为 $p_n, n=0,1,2,\cdots$。

为求平稳分布,考虑系统可能处的任一状态 n。假设记录了一段时间内系统进入状态 n 和离开状态 n 的次数,则因为"进入"和"离开"是交替发生的,所以这两个数要么相等,要么相差为 1。但就这两种事件的平均发生率来说,可以认为是相等的。即当系统运行相当时间而达到平衡状态后,对任一状态 n 来说,单位时间内进入该状态的平均次数和单位时间内离开该状态的平均次数应该相等,这就是系统在统计平衡下的"流入 = 流出"原理。根据这一原理,可得到任一状态下的平衡方程如下:

$$\begin{cases} 0: & \mu_1 p_1 = \lambda_0 p_0, \\ 1: & \lambda_0 p_0 + \mu_2 p_2 = (\lambda_1 + \mu_1) p_1, \\ 2: & \lambda_1 p_1 + \mu_3 p_3 = (\lambda_2 + \mu_2) p_2, \\ \vdots & \vdots \\ n: & \lambda_{n-1} p_{n-1} + \mu_{n+1} p_{n+1} = (\lambda_n + \mu_n) p_n, \\ \vdots & \vdots \end{cases} \quad (8.8)$$

由上述平衡方程,可求得

$$0: \quad p_1 = \frac{\lambda_0}{\mu_1} p_0,$$

$$1: \quad p_2 = \frac{\lambda_1}{\mu_2} p_1 + \frac{1}{\mu_2}(\mu_1 p_1 - \lambda_0 p_0) = \frac{\lambda_1}{\mu_2} p_1 = \frac{\lambda_1 \lambda_0}{\mu_2 \mu_1} p_0,$$

$$2: \quad p_3 = \frac{\lambda_2}{\mu_3} p_2 + \frac{1}{\mu_3}(\mu_2 p_2 - \lambda_1 p_1) = \frac{\lambda_2}{\mu_3} p_2 = \frac{\lambda_2 \lambda_1 \lambda_0}{\mu_3 \mu_2 \mu_1} p_0,$$

$$\vdots$$

$$n: \quad p_{n+1} = \frac{\lambda_n}{\mu_{n+1}} p_n + \frac{1}{\mu_{n+1}}(\mu_n p_n - \lambda_{n-1} p_{n-1}) = \frac{\lambda_n}{\mu_{n+1}} p_n = \frac{\lambda_n \lambda_{n-1} \cdots \lambda_0}{\mu_{n+1} \mu_n \cdots \mu_1} p_0,$$

$$\vdots$$

记

$$C_n = \frac{\lambda_{n-1} \lambda_{n-2} \cdots \lambda_0}{\mu_n \mu_{n-1} \cdots \mu_1}, \quad n = 1, 2, \cdots, \quad (8.9)$$

则平稳状态的分布为

$$p_n = C_n p_0, \quad n = 1, 2, \cdots。 \quad (8.10)$$

由概率分布的要求

$$\sum_{n=0}^{\infty} p_n = 1,$$

有

$$\left[1 + \sum_{n=1}^{\infty} C_n\right] p_0 = 1,$$

于是

$$p_0 = \frac{1}{1 + \sum_{n=1}^{\infty} C_n}。 \quad (8.11)$$

注 8.1 式(8.11)只有当级数 $\sum_{n=1}^{\infty} C_n$ 收敛时才有意义,即当 $\sum_{n=1}^{\infty} C_n < \infty$ 时,才能由上述公式得到平稳状态的概率分布。

8.4 $M/M/s$ 等待制排队模型

8.4.1 单服务台模型

单服务台等待制模型 $M/M/1/\infty$ 是指:顾客的相继到达时间服从参数为 λ 的负指数分布,

服务台个数为 1,服务时间 V 服从参数为 μ 的负指数分布,系统空间无限,允许无限排队。这是一类最简单的排队系统。

1. 队长的分布

记 $p_n = P\{N = n\}$ $(n = 0, 1, 2, \cdots)$ 为系统达到平衡状态后队长 N 的概率分布,则由式(8.9)~式(8.11),并注意到 $\lambda_n = \lambda, n = 0, 1, 2, \cdots$ 和 $\mu_n = \mu, n = 1, 2, \cdots$。记 $\rho = \dfrac{\lambda}{\mu}$,并设 $\rho < 1$ (否则队列将排至无限远),则

$$C_n = \left(\frac{\lambda}{\mu}\right)^n, \quad n = 1, 2, \cdots,$$

故

$$p_n = \rho^n p_0, \quad n = 1, 2, \cdots,$$

其中

$$p_0 = \frac{1}{1 + \sum_{n=1}^{\infty} \rho^n} = \left(\sum_{n=0}^{\infty} \rho^n\right)^{-1} = \left(\frac{1}{1-\rho}\right)^{-1} = 1 - \rho。 \tag{8.12}$$

因此

$$p_n = (1-\rho)\rho^n, \quad n = 1, 2, \cdots。 \tag{8.13}$$

式(8.12)和式(8.13)给出了在平衡条件下系统中顾客数为 n 的概率。由式(8.12)不难看出,ρ 是系统中至少有一个顾客的概率,也就是服务台处于忙的状态的概率,因而也称 ρ 为服务强度,它反映了系统繁忙的程度。此外,式(8.13)只有在 $\rho = \dfrac{\lambda}{\mu} < 1$ 的条件下才能得到,即要求顾客的平均到达率小于系统的平均服务率,才能使系统达到统计平衡。

2. 几个主要数量指标

对单服务台等待制排队系统,由已得到的平稳状态下队长的分布,可以得到平均队长

$$\begin{aligned} L_s &= \sum_{n=0}^{\infty} n p_n = \sum_{n=1}^{\infty} n(1-\rho)\rho^n \\ &= (\rho + 2\rho^2 + 3\rho^3 + \cdots) - (\rho^2 + 2\rho^3 + 3\rho^4 + \cdots) \\ &= \rho + \rho^2 + \rho^3 + \cdots = \frac{\rho}{1-\rho} = \frac{\lambda}{\mu - \lambda}。 \end{aligned} \tag{8.14}$$

平均排队长 L_q 为

$$L_q = \sum_{n=1}^{\infty}(n-1)p_n = L - (1 - p_0) = L - \rho = \frac{\lambda^2}{\mu(\mu - \lambda)}。 \tag{8.15}$$

关于顾客在系统中的逗留时间 T,可说明它服从参数为 $\mu - \lambda$ 的负指数分布,即

$$P\{T > t\} = e^{-(\mu-\lambda)t}, \quad t \geq 0。$$

因此,平均逗留时间

$$W_s = \frac{1}{\mu - \lambda}。 \tag{8.16}$$

因为顾客在系统中的逗留时间为等待时间 T_q 和接受服务时间 V 之和,即

$$T = T_q + V,$$

故由

$$W_s = E(T) = E(T_q) + E(V) = W_q + \frac{1}{\mu}, \tag{8.17}$$

得平均等待时间 W_q 为

$$W_q = W_s - \frac{1}{\mu} = \frac{\lambda}{\mu(\mu-\lambda)}。 \tag{8.18}$$

由式(8.14)和式(8.16),可发现平均队长 L_s 与平均逗留时间 W_s 的关系为

$$L_s = \lambda W_s。 \tag{8.19}$$

同样,由式(8.15)和式(8.18),可发现平均排队长 L_q 与平均等待时间 W_q 的关系为

$$L_q = \lambda W_q。 \tag{8.20}$$

式(8.19)和式(8.20)通常称为 Little 公式,是排队论中的一个非常重要的公式。

3. 忙期和闲期

在平衡状态下,忙期 B 和闲期 I 一般均为随机变量,求它们的分布是比较麻烦的。下面求平均忙期 $\bar{B}$ 和平均闲期 $\bar{I}$。由于忙期和闲期出现的概率分别为 ρ 和 $1-\rho$,所以在一段时间内可以认为忙期和闲期的总长度之比为 $\rho:(1-\rho)$。又因为忙期和闲期是交替出现的,所以在充分长的时间里,它们出现的平均次数应是相同的。于是,忙期的平均长度 $\bar{B}$ 和闲期的平均长度 $\bar{I}$ 之比也应是 $\rho:(1-\rho)$,即

$$\frac{\bar{B}}{\bar{I}} = \frac{\rho}{1-\rho}。 \tag{8.21}$$

又因为在到达为 Poisson 流时,根据负指数分布的无记忆性和到达与服务相互独立的假设,容易证明从系统空闲时刻起到下一个顾客到达时刻止(即闲期)的时间间隔仍服从参数为 λ 的负指数分布,且与到达时间间隔相互独立。因此,平均闲期应为 $\frac{1}{\lambda}$,这样,便求得平均忙期为

$$\bar{B} = \frac{\rho}{1-\rho} \cdot \frac{1}{\lambda} = \frac{1}{\mu-\lambda}。 \tag{8.22}$$

与式(8.16)比较,发现平均逗留时间(W_s) = 平均忙期($\bar{B}$)。这一结果直观看上去是显然的,顾客在系统中逗留的时间越长,服务员连续繁忙的时间也就越长。因此,一个顾客在系统内的平均逗留时间应等于服务员平均连续忙的时间。

8.4.2　与排队论模型有关的 LINGO 函数

1. @peb(A,X)

该函数的返回值是当到达负荷为 A,服务系统中有 X 个服务台且允许排队时系统的 Erlang 忙的概率,也就是顾客等待的概率。

2. @pel(A,X)

该函数的返回值是当到达负荷为 A,服务系统中有 X 个服务台且不允许排队时系统的 Erlang 损失概率,也就是顾客得不到服务离开的概率。

3. @pfs(A,X,C)

该函数的返回值是当到达负荷为 A,顾客数为 C,平行服务台数量为 X 时,有限源的 Poisson 服务系统等待或返修顾客数的期望值。

例 8.1　某修理店只有一个修理工,来修理的顾客到达过程为 Poisson 流,平均 4 人/h;修理时间服从负指数分布,平均需要 6min。试求:

(1)修理店空闲的概率;
(2)店内恰有3个顾客的概率;
(3)店内至少有1个顾客的概率;
(4)在店内的平均顾客数;
(5)每位顾客在店内的平均逗留时间;
(6)等待服务的平均顾客数;
(7)每位顾客平均等待服务时间;
(8)顾客在店内等待时间超过10min的概率。

解 本例可看成一个$M/M/1/\infty$排队问题,其中

$$\lambda = 4, \quad \mu = \frac{1}{0.1} = 10, \quad \rho = \frac{\lambda}{\mu} = 0.4$$

(1)修理店空闲的概率为

$$p_0 = 1 - \rho = 1 - 0.4 = 0.6$$

(2)店内恰有3个顾客的概率为

$$p_3 = \rho^3(1-\rho) = 0.4^3 \times (1-0.4) = 0.0384$$

(3)店内至少有1个顾客的概率为

$$P\{N \geq 1\} = 1 - p_0 = \rho = 0.4$$

(4)在店内的平均顾客数为

$$L_s = \frac{\rho}{1-\rho} = 0.6667(\text{人})$$

(5)每位顾客在店内的平均逗留时间为

$$W_s = \frac{L_s}{\lambda} = \frac{0.67}{4}(\text{h}) = 10(\text{min})$$

(6)等待服务的平均顾客数为

$$L_q = L_s - \rho = \frac{\rho^2}{1-\rho} = \frac{0.4^2}{1-0.4} = 0.2667(\text{人})$$

(7)每位顾客平均等待服务时间为

$$W_q = \frac{L_q}{\lambda} = \frac{0.267}{4}(\text{h}) = 4(\text{min})$$

(8)顾客在店内逗留时间超过10min的概率为

$$P\{T > 10\} = e^{-10(\frac{1}{6} - \frac{1}{15})} = e^{-1} = 0.3679$$

编写 LINGO 程序如下:

```
model:
s = 1;lambda = 4;mu = 10;rho = lambda/mu;
Pwait = @peb(rho,s);
P0 = 1 - Pwait;P3 = rho^3 * (1 - rho);Ls = rho/(1 - rho);
Ws = Ls/lambda * 60;Lq = Ls - rho;Wq = Lq/lambda * 60;
Pt_gt_10 = @exp( - 1);
end
```

8.4.3 多服务台模型($M/M/s/\infty$)

设顾客单个到达时,相继到达时间间隔服从参数为 λ 的负指数分布,系统中共有 s 个服务台,每个服务台的服务时间相互独立,且服从参数为 μ 的负指数分布。当顾客到达时,若有空闲的服务台则马上接受服务,否则便排队等待,等待时间无限。

下面讨论这个排队系统的平稳分布。记 $p_n = P\{N=n\}$ ($n=0,1,2,\cdots$) 为系统达到平稳状态后队长 N 的概率分布,注意到对个数为 s 的多服务台系统,有

$$\lambda_n = \lambda, \quad n = 0,1,2,\cdots,$$

和

$$\mu_n = \begin{cases} n\mu, & n=1,2,\cdots,s \\ s\mu, & n=s,s+1,\cdots \end{cases}$$

记 $\rho_s = \dfrac{\rho}{s} = \dfrac{\lambda}{s\mu}$,则当 $\rho_s < 1$ 时,由式(8.9)~式(8.11),有

$$C_n = \begin{cases} \dfrac{(\lambda/\mu)^n}{n!}, & n=1,2,\cdots,s, \\ \dfrac{(\lambda/\mu)^s}{s!}\left(\dfrac{\lambda}{s\mu}\right)^{n-s} = \dfrac{(\lambda/\mu)^n}{s!\, s^{n-s}}, & n \geqslant s_\circ \end{cases} \tag{8.23}$$

故

$$p_n = \begin{cases} \dfrac{\rho^n}{n!} p_0, & n=1,2,\cdots,s, \\ \dfrac{\rho^n}{s!\, s^{n-s}} p_0, & n \geqslant s_\circ \end{cases} \tag{8.24}$$

其中

$$p_0 = \left[\sum_{n=0}^{s-1} \dfrac{\rho^n}{n!} + \dfrac{\rho^s}{s!(1-\rho_s)}\right]^{-1}_\circ \tag{8.25}$$

式(8.24)和式(8.25)给出了在平衡条件下系统中顾客数为 n 的概率,当 $n \geqslant s$ 时,即系统中顾客数大于或等于服务台个数,这时再来的顾客必须等待,因此记

$$c(s,\rho) = \sum_{n=s}^{\infty} p_n = \dfrac{\rho^s}{s!(1-\rho_s)} p_{0\circ} \tag{8.26}$$

式(8.26)称为 Erlang 等待公式,它给出了顾客到达系统时需要等待的概率。

对多服务台等待制排队系统,由已得到的平稳分布可得平均排队长 L_q 为

$$L_q = \sum_{n=s+1}^{\infty} (n-s) p_n = \dfrac{p_0 \rho^s}{s!} \sum_{n=s}^{\infty} (n-s) \rho_s^{n-s} = \dfrac{p_0 \rho^s}{s!} \dfrac{\mathrm{d}}{\mathrm{d}\rho_s}\left(\sum_{n=1}^{\infty} \rho_s^n\right) = \dfrac{p_0 \rho^s \rho_s}{s!(1-\rho_s)^2} \tag{8.27}$$

或

$$L_q = \dfrac{c(s,\rho)\rho_s}{1-\rho_s}_\circ \tag{8.28}$$

记系统中正在接受服务的顾客的平均数为 $\bar{s}$,显然 $\bar{s}$ 也是正在忙的服务台的平均数,故

$$\bar{s} = \sum_{n=0}^{s-1} n p_n + s\sum_{n=s}^{\infty} p_n = \sum_{n=0}^{s-1} \dfrac{n\rho^n}{n!} p_0 + s\dfrac{\rho^s}{s!(1-\rho_s)} p_0 = p_0 \rho\left[\sum_{n=1}^{s-1} \dfrac{\rho^{n-1}}{(n-1)!} + \dfrac{\rho^{s-1}}{(s-1)!(1-\rho_s)}\right] = \rho_\circ \tag{8.29}$$

式(8.29)说明,平均在忙的服务台个数不依赖于服务台个数 s,这是一个有趣的结果。由式(8.29),可得到平均队长 L_s 为

$$L_s = \text{平均排队长} + \text{正在接受服务的顾客的平均数} = L_q + \rho。 \tag{8.30}$$

对多服务台系统,Little 公式依然成立,即有

$$W_s = \frac{L_s}{\lambda}, \quad W_q = \frac{L_q}{\lambda} = W_s - \frac{1}{\mu}。 \tag{8.31}$$

例 8.2 某售票处有 3 个窗口,顾客的到达为 Poisson 流,平均到达率为 $\lambda = 0.9$ 人/min;服务(售票)时间服从负指数分布,平均服务率 $\mu = 0.4$ 人/min。现设顾客到达后排成一个队列,依次向空闲的窗口购票,这一排队系统可看成是一个 $M/M/s/\infty$ 系统,其中

$$s = 3, \quad \rho = \frac{\lambda}{\mu} = 2.25, \quad \rho_s = \frac{\lambda}{s\mu} = \frac{2.25}{3} < 1。$$

解 由多服务台等待制系统的有关公式,得:
(1) 整个售票处空闲的概率为

$$p_0 = \left[\frac{(2.25)^0}{0!} + \frac{(2.25)^1}{1!} + \frac{(2.25)^2}{2!} + \frac{(2.25)^3}{3!(1-2.25/3)}\right]^{-1} = 0.0748。$$

(2) 平均排队长为

$$L_q = \frac{0.0748 \times (2.25)^3 \times 2.25/3}{3!(1-2.25/3)^2} = 1.70(\text{人}),$$

平均队长为

$$L_s = L_q + \rho = 1.70 + 2.25 = 3.95(\text{人})。$$

(3) 平均等待时间为

$$W_q = \frac{L_q}{\lambda} = \frac{1.70}{0.9} = 1.89(\text{min}),$$

平均逗留时间为

$$W_s = \frac{L_s}{\lambda} = \frac{3.95}{0.9} = 4.39(\text{min})。$$

(4) 顾客到达时必须排队等待的概率为

$$c(3,2.25) = \frac{(2.25)^3}{3!(1-2.25/3)} \times 0.0748 = 0.5678。$$

在本例中,如果顾客的排队方式变为到达售票处后可到任一窗口前排队,且入队后不再换队,即可形成 3 个队列。这时,原来的 $M/M/3/\infty$ 系统实际上变成了由 3 个 $M/M/1/\infty$ 子系统组成的排队系统,且每个系统的平均到达率为

$$\lambda_1 = \lambda_2 = \lambda_3 = \frac{0.9}{3} = 0.3(\text{人/min})。$$

表 8.2 给出了 $M/M/3/\infty$ 和 3 个 $M/M/1/\infty$ 的比较,不难看出一个 $M/M/3/\infty$ 系统比由 3 个 $M/M/1/\infty$ 系统组成的排队系统具有显著的优越性。即在服务台个数和服务率都不变的条件下,单队排队方式比多队排队方式要优越,这是在对排队系统进行设计和管理的时候应注意的地方。

表 8.2 排队系统的指标值

项 目	$M/M/3/\infty$	3 个 $M/M/1/\infty$
空闲的概率	0.0748	0.25(每个子系统)

(续)

项　　目	$M/M/3/\infty$	3 个 $M/M/1/\infty$
顾客必须等待的概率	0.57	0.75
平均队长/人	3.95	9(整个系统)
平均排队长/人	1.70	2.25(每个子系统)
平均逗留时间/min	4.39	10
平均等待时间/min	1.89	7.5

求解的 LINGO 程序如下:

```
model:
s = 3;lambda = 0.9;mu = 0.4;rho = lambda/mu;rho_s = rho/s;
P_wait = @peb(rho,s);
p0 = 6 * (1 - rho_s)/rho^3 * P_wait;
L_q = P_wait * rho_s/(1 - rho_s);
L_s = L_q + rho;
W_q = L_q/lambda;W_s = L_s/lambda;
lambda2 = 0.3;rho2 = lambda2/mu;!以下计算3个队列的指标值;
P_wait2 = @peb(rho2,1);
P02 = 1 - P_wait;Ls2 = lambda2/(mu - lambda2);
Lq2 = Ls2 - rho2;
Ws2 = Ls2/lambda2;Wq2 = Lq2/lambda2;
end
```

8.5　$M/M/s/s$ 损失制排队模型

损失制排队模型通常记为 $M/M/s/s$,当 s 个服务台被占用后,顾客自动离去。
本节着重介绍如何使用 LINGO 软件中的相关函数。

8.5.1　损失制排队模型的基本参数

对于损失制排队模型,其模型的基本参数与等待制排队模型有些不同,主要考虑如下指标。

(1) 系统损失的概率为
$$P_{\text{lost}} = @\text{pel}(\text{rho},s),$$
式中:rho 为系统到达负荷 $\dfrac{\lambda}{\mu}$;s 为服务台或服务员的个数。

(2) 单位时间内平均进入系统的顾客数为
$$\lambda_e = \lambda(1 - P_{\text{lost}})。$$

(3) 系统的相对通过能力(Q)与绝对通过能力(A)分别为
$$Q = 1 - P_{\text{lost}},$$
$$A = \lambda_e Q = \lambda(1 - P_{\text{lost}})^2。$$

(4) 系统在单位时间内占用服务台(或服务员)的均值为

$$L_s = \lambda_e/\mu_\circ$$

注 8.2 在损失制排队系统中,$L_q = 0$,即等待队长为 0。

(5) 系统服务台(或服务员)的效率为

$$\eta = L_s/s_\circ$$

(6) 顾客在系统内平均逗留时间为

$$W_s = 1/\mu_\circ$$

注 8.3 在损失制排队系统中,$W_q = 0$,即等待时间为 0。

在上述公式中,引入 λ_e 是十分重要的,因为尽管顾客以平均 λ 的速率到达服务系统,但当系统被占满后,有一部分顾客会自动离去,因此,真正进入系统的顾客输入率是 λ_e,它小于 λ。

8.5.2 损失制排队模型计算实例

1. $s = 1$ 的情况($M/M/1/1$)

例 8.3 设某条电话线,平均每分钟有 0.6 次呼唤,若每次通话时间平均为 1.25min,求系统相应的参数指标。

解 其参数为 $s = 1, \lambda = 0.6, \mu = \dfrac{1}{1.25}$。

编写 LINGO 程序如下:

```
model:
s = 1;lamda = 0.6;mu = 1/1.25;rho = lamda/mu;
Plost = @pel(rho,s);
Q = 1 - Plost;
lamda_e = Q * lamda;A = Q * lamda_e;
L_s = lamda_e/mu;
eta = L_s/s;
end
```

求得系统的顾客损失率为 42.86%,即 42.86% 的电话没有接通,有 57.14% 的电话得到了服务,通话率为平均每分钟有 0.1959 次,系统的服务效率为 42.86%。对于一个服务台的损失制系统,系统的服务效率等于系统的顾客损失率,这一点在理论上也是正确的。

2. $s > 1$ 的情况($M/M/s/s$)

例 8.4 某单位电话交换台有一台 200 门内线的总机,已知在上班 8h 的时间内,有 20% 的内线分机平均每 40min 要一次外线电话,80% 的内线分机平均每 120min 要一次外线。又知外线打入内线的电话平均每分钟 1 次。假设与外线通话的时间平均为 3min,并且上述时间均服从负指数分布,如果要求电话的通话率为 95%,问该交换台应设置多少条外线?

解 (1)电话交换台的服务分成两类,第一类内线打外线,其强度为

$$\lambda_1 = \left(\dfrac{60}{40} \times 0.2 + \dfrac{60}{120} \times 0.8\right) \times 200 = 140_\circ$$

第二类是外线打内线,其强度为

$$\lambda_2 = 1 \times 60 = 60_\circ$$

因此,总强度为

$$\lambda = \lambda_1 + \lambda_2 = 140 + 60 = 200_\circ$$

(2) 这是损失制服务系统,按题目要求,系统损失的概率不能超过5%,即
$$P_{\text{lost}} \leqslant 0.05。$$
(3) 外线是整数,在满足条件下,条数越小越好。

相应的 LINGO 程序如下:

```
model:
lamda = 200;
mu = 60/3; rho = lamda/mu;
Plost = @pel(rho,s); Plost < 0.05;
min = s; @gin(s);
Q = 1 - Plost;
lamda_e = Q * lamda; A = Q * lamda_e;
L_s = lamda_e/mu;
eta = L_s/s;
end
```

求得交换台应设置15条外线,在此条件下,交换台的顾客损失率为3.65%,有96.35%的电话得到了服务,通话率为平均每小时185.67次,交换台每条外线的服务效率为64.23%。

8.6 $M/M/s$ 混合制排队模型

8.6.1 单服务台混合制模型

单服务台混合制模型 $M/M/1/K$ 是指:顾客的相继到达时间服从参数为 λ 的负指数分布,服务台个数为1,服务时间 V 服从参数为 μ 的负指数分布,系统的空间为 K,当 K 个位置已被顾客占用时,新到的顾客自动离去,当系统中有空位置时,新到的顾客进入系统排队等待。

首先求平稳状态下队长 N 的分布 $p_n = P\{N = n\}, n = 0,1,2,\cdots$。由于所考虑的排队系统中最多只能容纳 K 个顾客,因而有
$$\lambda_n = \begin{cases} \lambda, & n = 0,1,2,\cdots,K-1, \\ 0, & n \geqslant K, \end{cases}$$
$$\mu_n = \mu, \quad n = 1,2,\cdots,K。$$

由式(8.9)~式(8.11),有
$$C_n = \begin{cases} \left(\dfrac{\lambda}{\mu}\right)^n = \rho^n, & n = 1,2,\cdots,K, \\ 0, & n > K。\end{cases} \tag{8.32}$$

故
$$p_n = \rho^n p_0, \quad n = 1,2,\cdots,K,$$

其中
$$p_0 = \dfrac{1}{1 + \sum_{n=1}^{K} \rho^n} = \begin{cases} \dfrac{1-\rho}{1-\rho^{K+1}}, & \rho \neq 1, \\ \dfrac{1}{K+1}, & \rho = 1。\end{cases} \tag{8.33}$$

由已得到的单服务台混合制排队系统平稳状态下队长的分布,可知当 $\rho \neq 1$ 时,平均队长 L_s 为

$$L_s = \sum_{n=0}^{K} np_n = p_0\rho \sum_{n=1}^{K} n\rho^{n-1} = \frac{p_0\rho}{(1-\rho)^2}[1-\rho^K-(1-\rho)K\rho^K] = \frac{\rho}{1-\rho} - \frac{(K+1)\rho^{K+1}}{1-\rho^{K+1}}。 \tag{8.34}$$

当 $\rho = 1$ 时,有

$$L_s = \sum_{n=0}^{K} np_n = \sum_{n=1}^{K} n\rho^n p_0 = \frac{1}{K+1} \sum_{n=1}^{K} n = \frac{K}{2}。 \tag{8.35}$$

类似地可得到平均排队长 L_q 为

$$L_q = \sum_{n=1}^{K} (n-1)p_n = L_s - (1-p_0) \tag{8.36}$$

或

$$L_q = \begin{cases} \dfrac{\rho}{1-\rho} - \dfrac{\rho(1+K\rho^K)}{1-\rho^{K+1}}, & \rho \neq 1, \\ \dfrac{K(K-1)}{2(K+1)}, & \rho = 1。 \end{cases} \tag{8.37}$$

由于排队系统的容量有限,只有 $K-1$ 个排队位置,因此,当系统空间被占满时,再来的顾客将不能进入系统排队,也就是说不能保证所有到达的顾客都能进入系统等待服务。假设顾客的到达率(单位时间内来到系统的顾客的平均数)为 λ,则当系统处于状态 K 时,顾客不能进入系统,即顾客可进入系统的概率是 $1-p_K$。因此,单位时间内实际可进入系统的顾客的平均数为

$$\lambda_e = \lambda(1-p_K) = \mu(1-p_0)。 \tag{8.38}$$

式中:λ_e 为有效到达率;p_K 为顾客损失率,表示在来到系统的所有顾客中不能进入系统的顾客的比例。

根据 Little 公式,得:

平均逗留时间

$$W_s = \frac{L_s}{\lambda_e} = \frac{L_s}{\lambda(1-p_K)}, \tag{8.39}$$

平均等待时间

$$W_q = \frac{L_q}{\lambda_e} = \frac{L_q}{\lambda(1-p_K)}, \tag{8.40}$$

且仍有

$$W_s = W_q + \frac{1}{\mu}。 \tag{8.41}$$

注意:这里的平均逗留时间和平均等待时间都是针对能够进入系统的顾客而言的。

特别地,当 $K=1$ 时,$M/M/1/1$ 为单服务台损失系统,在上述有关结果中令 $K=1$,得

$$p_0 = \frac{1}{1+\rho}, \quad p_1 = \frac{\rho}{1+\rho}, \tag{8.42}$$

$$L_s = p_1 = \frac{\rho}{1+\rho}, \tag{8.43}$$

$$\lambda_e = \lambda(1-p_1) = \lambda p_0 = \frac{\lambda}{1+\rho}, \tag{8.44}$$

$$W_s = \frac{L_s}{\lambda_e} = \frac{\rho}{\lambda} = \frac{1}{\mu}, \quad (8.45)$$

$$L_q = 0, \quad W_q = 0. \quad (8.46)$$

例8.5 某修理站只有一个修理工,且站内最多只能停放4台待修的机器。设待修机器按Poisson流到达修理站,平均每分钟到达1台;修理时间服从负指数分布,平均每1.25min可修理1台,试求该系统的有关指标。

解 该系统可看成是一个$M/M/1/4$排队系统,其中

$$\lambda = 1, \quad \mu = \frac{1}{1.25} = 0.8, \quad \rho = \frac{\lambda}{\mu} = 1.25, \quad K = 4.$$

由式(8.33),有

$$p_0 = \frac{1-\rho}{1-\rho^5} = \frac{1-1.25}{1-1.25^5} = 0.1218.$$

因而,顾客损失率为

$$p_4 = \rho^4 p_0 = 1.25^4 \times 0.1218 = 0.2975,$$

有效到达率为

$$\lambda_e = \lambda(1-p_4) = 1 \times (1-0.2975) = 0.7025,$$

平均队长为

$$L_s = \frac{1.25}{1-1.25} - \frac{(4+1) \times 1.25^5}{1-1.25^5} = 2.4369(\text{台}),$$

平均排队长为

$$L_q = L_s - (1-p_0) = 2.44 - (1-0.122) = 1.5588(\text{台}),$$

平均逗留时间为

$$W_s = \frac{L_s}{\lambda_e} = \frac{2.4369}{0.7025} = 3.4688(\text{min}),$$

平均等待时间为

$$W_q = W_s - \frac{1}{\mu} = 3.4688 - \frac{1}{0.8} = 2.2188(\text{min}).$$

实际上在计算时,没有必要记住上面的复杂公式,可以先把系统状态的分布律求出来,然后通过随机变量的数学期望计算平均队长和平均排队长,最后通过Little公式计算平均逗留时间和平均等待时间。

编写的LINGO程序如下:

```
model:
sets:
state/1..4/:p;
endsets
lamda=1;mu=1/1.25;rho=lamda/mu;k=4;
@for(state(i):p(i)=rho^i*p0); p0+@sum(state:p)=1;
P_lost=p(k);lamda_e=lamda*(1-P_lost);
L_s=@sum(state(i):i*p(i));
L_q=L_s-(1-p0);
W_s=L_s/lamda_e;
```

```
W_q = W_s - 1/mu;
end
```

8.6.2 多服务台混合制模型

多服务台混合制模型 $M/M/s/K$ 是指顾客的相继到达时间服从参数为 λ 的负指数分布,服务台个数为 s,每个服务台服务时间相互独立,且服从参数为 μ 的负指数分布,系统的空间为 K。

由式(8.9)~式(8.11),并注意到在本模型中,有

$$\lambda_n = \begin{cases} \lambda, & n=0,1,2,\cdots,K-1, \\ 0, & n \geq K, \end{cases}$$

$$\mu_n = \begin{cases} n\mu, & 0 \leq n < s, \\ s\mu, & s \leq n \leq K, \end{cases}$$

于是

$$p_n = \begin{cases} \dfrac{\rho^n}{n!} p_0, & 0 \leq n < s, \\ \dfrac{\rho^n}{s! s^{n-s}} p_0, & s \leq n \leq K, \end{cases} \tag{8.47}$$

其中

$$p_0 = \begin{cases} \left(\sum\limits_{n=0}^{s-1} \dfrac{\rho^n}{n!} + \dfrac{\rho^s(1-\rho_s^{K-s+1})}{s!(1-\rho_s)} \right)^{-1}, & \rho_s \neq 1, \\ \left(\sum\limits_{n=0}^{s-1} \dfrac{\rho^n}{n!} + \dfrac{\rho^s}{s!}(K-s+1) \right)^{-1}, & \rho_s = 1。 \end{cases} \tag{8.48}$$

由平稳分布 $p_n, n=0,1,2,\cdots,K$,可得平均排队长为

$$L_q = \sum_{n=s}^{K} (n-s)p_n = \begin{cases} \dfrac{p_0 \rho^s \rho_s}{s!(1-\rho_s)^2} [1 - \rho_s^{K-s+1} - (1-\rho_s)(K-s+1)\rho_s^{K-s}], & \rho_s \neq 1, \\ \dfrac{p_0 \rho^s (K-s)(K-s+1)}{2 s!}, & \rho_s = 1。 \end{cases}$$

$$\tag{8.49}$$

为求平均队长,由

$$L_q = \sum_{n=s}^{K}(n-s)p_n = \sum_{n=s}^{K} np_n - s\sum_{n=s}^{K} p_n = \sum_{n=0}^{K} np_n - \sum_{n=0}^{s-1} np_n - s\left(1 - \sum_{n=0}^{s-1} p_n\right)$$

$$= L_s - \sum_{n=0}^{s-1}(n-s)p_n - s,$$

得

$$L_s = L_q + s + p_0 \sum_{n=0}^{s-1} \dfrac{(n-s)\rho^n}{n!}。 \tag{8.50}$$

由系统空间的有限性,必须考虑顾客的有效到达率 λ_e。对多服务台系统,仍有

$$\lambda_e = \lambda(1-p_K)。 \tag{8.51}$$

再利用 Little 公式,得

$$W_s = \dfrac{L_s}{\lambda_e}, \quad W_q = \dfrac{L_q}{\lambda_e} = W_s - \dfrac{1}{\mu}。 \tag{8.52}$$

平均被占用的服务台数(也是正在接受服务的顾客的平均数)为

$$\bar{s} = \sum_{n=0}^{s-1} n p_n + s \sum_{n=s}^{K} p_n = p_0 \left[\sum_{n=0}^{s-1} \frac{n\rho^n}{n!} + s \sum_{n=s}^{K} \frac{\rho^n}{s! s^{n-s}} \right]$$

$$= p_0 \rho \left[\sum_{n=1}^{s-1} \frac{\rho^{n-1}}{(n-1)!} + \sum_{n=s}^{K} \frac{\rho^{n-1}}{s! s^{n-1-s}} \right] = p_0 \rho \left[\sum_{n=0}^{s-1} \frac{\rho^n}{n!} + \sum_{n=s}^{K} \frac{\rho^n}{s! s^{n-s}} - \frac{\rho^K}{s! s^{K-s}} \right]$$

$$= \rho \left(1 - \frac{\rho^K}{s! s^{K-s}} p_0 \right) = \rho(1 - p_K)_\circ \tag{8.53}$$

因此,又有

$$L_s = L_q + \bar{s} = L_q + \rho(1 - p_K)_\circ \tag{8.54}$$

例 8.6 某汽车加油站设有两个加油机,汽车按 Poisson 流到达,平均每分钟到达 2 辆;汽车加油时间服从负指数分布,平均加油时间为 2min。又知加油站上最多只能停放 3 辆等待加油的汽车,汽车到达时,若已满员,则必须开到别的加油站去,试对该系统进行分析。

解 可将该系统看作一个 $M/M/2/5$ 排队系统,其中

$$\lambda = 2, \quad \mu = 0.5, \quad \rho = \frac{\lambda}{\mu} = 4, \quad s = 2, \quad K = 5_\circ$$

(1) 系统空闲的概率为

$$p_0 = \left\{ 1 + 4 + \frac{4^2 [1 - (4/2)^{5-2+1}]}{2!(1 - 4/2)} \right\}^{-1} = 0.008_\circ$$

(2) 顾客损失率为

$$p_5 = \frac{4^5 \times 0.008}{2! \times 2^{5-2}} = 0.512_\circ$$

(3) 加油站内等待的平均汽车数为

$$L_q = \frac{0.008 \times 4^2 \times (4/2)}{2!(1 - 4/2)^2} [1 - (4/2)^{5-2+1} - (1 - 4/2)(5 - 2 + 1)(4/2)^{5-2}] = 2.176(辆)_\circ$$

加油站内汽车的平均数为

$$L_s = L_q + \rho(1 - p_5) = 2.176 + 4(1 - 0.512) = 4.128(辆)_\circ$$

(4) 汽车在加油站内平均逗留时间为

$$W_s = \frac{L_s}{\lambda(1 - p_5)} = \frac{4.128}{2(1 - 0.512)} = 4.2295(\text{min})_\circ$$

汽车在加油站内平均等待时间为

$$W_q = W_s - \frac{1}{\mu} = 4.2295 - 2 = 2.2295(\text{min})_\circ$$

(5) 被占用的加油机的平均数为

$$\bar{s} = L_s - L_q = 4.128 - 2.176 = 1.952(个)_\circ$$

编写 LINGO 程序如下:

```
model:
sets:
state/1..5/:p;
endsets
lamda = 2;mu = 0.5;rho = lamda/mu;s = 2;k = 5;
@for(state(i) | i#lt#s:p(i) = rho^i/@prod(state(n) | n#le#i:n) * p0);
```

```
@for(state(i) | i#ge#s:p(i) = rho^i/@prod(state(n) | n#le#s:n)/s^(i-s) * p0);
p0 + @sum(state:p) = 1;
P_lost = p(k); lamda_e = lamda * (1 - P_lost);
L_s = @sum(state(i):i * p(i));
L_q = L_s - lamda_e/mu;
W_s = L_s/lamda_e;
W_q = W_s - 1/mu;
sbar = L_s - L_q;
end
```

在对上述多服务台混合制排队模型 $M/M/s/K$ 的讨论中,当 $s=K$ 时,即为多服务台损失制系统。对损失制系统,有

$$p_n = \frac{\rho^n}{n!} p_0, \quad n = 1, 2, \cdots, s, \tag{8.55}$$

其中

$$p_0 = \left(\sum_{n=0}^{s} \frac{\rho^n}{n!} \right)^{-1}, \tag{8.56}$$

顾客的损失率为

$$B(s,\rho) = p_s = \frac{\rho^s}{s!} \left(\sum_{n=0}^{s} \frac{\rho^n}{n!} \right)^{-1}, \tag{8.57}$$

式(8.57)称为 Erlang 损失公式,$B(s,\rho)$ 亦表示到达系统后由于系统空间已被占满而不能进入系统的顾客的百分比。

对损失制系统,平均被占用的服务台数(正在接受服务的顾客的平均数)为

$$\bar{s} = \sum_{n=0}^{s} n p_n = \sum_{n=0}^{s} \frac{n \rho^n}{n!} p_0 = \rho \left(\sum_{n=0}^{s} \frac{\rho^n}{n!} - \frac{\rho^s}{s!} \right) \left(\sum_{n=0}^{s} \frac{\rho^n}{n!} \right)^{-1} = \rho(1 - B(s,\rho))。 \tag{8.58}$$

此外,平均队长为

$$L_s = \bar{s} = \rho(1 - B(s,\rho)), \tag{8.59}$$

平均逗留时间为

$$W_s = \frac{L_s}{\lambda_e} = \frac{\rho[1 - B(s,\rho)]}{\lambda[1 - B(s,\rho)]} = \frac{1}{\mu}, \tag{8.60}$$

式中: $\lambda_e = \lambda(1 - p_s)$ 为有效到达率。

在损失制系统中,还经常用 $A = \lambda(1 - p_s)$ 表示系统的绝对通过能力,即单位时间内系统实际可完成的服务次数;用 $Q = 1 - p_s$ 表示系统的相对通过能力,即被服务的顾客数与请求服务的顾客数的比值。系统的服务台利用率(或通道利用率)为

$$\eta = \frac{\bar{s}}{s}。 \tag{8.61}$$

8.7 其他排队模型简介

8.7.1 有限源排队模型

首先分析顾客源有限的排队问题。这类排队问题的主要特征是顾客总数是有限的,如有

m 个顾客,每个顾客来到系统中接受服务后仍回到原来的总体,还有可能再来。这类排队问题的典型例子是机器看管问题。如一个工人同时看管 m 台机器,当机器发生故障时即停下来等待维修,修好后再投入使用,且仍然可能再发生故障。类似的例子还有 m 个终端共用一台打印机等,如图 8.2 所示。

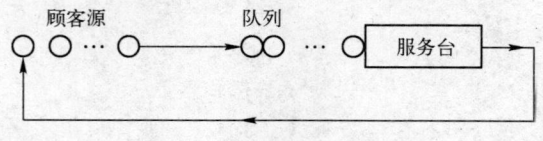

图 8.2 有限源排队系统

关于顾客的平均到达率,在无限源的情形中是按全体顾客来考虑的,而在有限源的情形下,必须按每一顾客来考虑。设每个顾客的到达率都是相同的,均为 λ(这里 λ 的含义是指单位时间内该顾客来到系统请求服务的次数),且每一顾客在系统外的时间均服从参数为 λ 的负指数分布。由于在系统外的顾客的平均数为 $m-L_s$,故系统的有效到达率为

$$\lambda_e = \lambda(m-L_s)。$$

下面讨论平稳状态下队长 N 的分布 $p_n = P\{N=n\}$,$n=0,1,2,\cdots,m$。由于状态间的转移率为

$$\lambda_n = \lambda(m-n), \quad n=0,1,2,\cdots,m,$$

$$\mu_n = \begin{cases} n\mu, & n=1,2,\cdots,s, \\ s\mu, & n=s+1,\cdots,m。\end{cases}$$

由式(8.9)~式(8.11),有(记 $\rho = \dfrac{\lambda}{\mu}$)

$$C_n = \begin{cases} \dfrac{m!}{(m-n)!n!}\rho^n, & n=1,2,\cdots,s, \\ \dfrac{m!}{(m-n)!s!s^{n-s}}\rho^n, & n=s,\cdots,m。\end{cases} \tag{8.62}$$

故

$$p_n = \begin{cases} \dfrac{m!}{(m-n)!n!}\rho^n p_0, & n=1,2,\cdots,s, \\ \dfrac{m!}{(m-n)!s!s^{n-s}}\rho^n p_0, & n=s,\cdots,m, \end{cases} \tag{8.63}$$

其中

$$p_0 = \left[\sum_{n=0}^{s-1}\dfrac{m!}{(m-n)!n!}\rho^n + \sum_{n=s}^{m}\dfrac{m!}{(m-n)!s!s^{n-s}}\rho^n\right]^{-1}。 \tag{8.64}$$

系统的有关运行指标有

$$L_q = \sum_{n=s}^{m}(n-s)p_n, \tag{8.65}$$

$$L_s = \sum_{n=0}^{s-1}np_n + L_q + s\left(1-\sum_{n=0}^{s-1}p_n\right), \tag{8.66}$$

或

$$L_s = L_q + \dfrac{\lambda_e}{\mu} = L_q + \rho(m-L_s), \tag{8.67}$$

$$W_s = \frac{L_s}{\lambda_e}, \quad W_q = \frac{L_q}{\lambda_e}. \tag{8.68}$$

特别,对单服务台($s=1$)系统,有

$$p_n = \frac{m!}{(m-n)!}\rho^n p_0, \quad n = 1, 2, \cdots, m, \tag{8.69}$$

$$p_0 = \left[\sum_{n=0}^{m} \frac{m!}{(m-n)!}\rho^n \right]^{-1}, \tag{8.70}$$

$$L_q = \sum_{n=1}^{m} (n-1) p_n, \tag{8.71}$$

$$L_s = L_q + (1 - p_0), \tag{8.72}$$

或

$$L_s = m - \frac{\mu}{\lambda}(1 - p_0), \tag{8.73}$$

$$W_s = \frac{L_s}{\lambda_e} = \frac{m}{\mu(1-p_0)} - \frac{1}{\lambda}, \quad W_q = W_s - \frac{1}{\mu}. \tag{8.74}$$

系统的相对通过能力 $Q = 1$,绝对通过能力

$$A = \lambda_e Q = \lambda(m - L_s) = \mu(1 - p_0). \tag{8.75}$$

例 8.7 设有一工人看管 5 台机器,每台机器正常运转的时间服从负指数分布,平均为 15min。当发生故障后,每次修理时间服从负指数分布,平均为 12min,试求该系统的有关运行指标。

解 用有限源排队模型处理本问题。已知

$$\lambda = \frac{1}{15}, \quad \mu = \frac{1}{12}, \quad \rho = \frac{\lambda}{\mu} = 0.8, \quad m = 5,$$

于是,可完成以下计算。

(1) 修理工人空闲的概率为

$$p_0 = \left[\frac{5!}{5!}(0.8)^0 + \frac{5!}{4!}(0.8)^1 + \frac{5!}{3!}(0.8)^2 + \frac{5!}{2!}(0.8)^3 + \frac{5!}{1!}(0.8)^4 + \frac{5!}{0!}(0.8)^5 \right]^{-1} = 0.0073.$$

(2) 5 台机器都出故障的概率为

$$p_5 = \frac{5!}{0!}(0.8)^5 p_0 = 0.287.$$

(3) 出故障机器的平均数为

$$L_s = 5 - \frac{1}{0.8}(1 - 0.0073) = 3.76(台).$$

(4) 等待修理机器的平均数为

$$L_q = 3.76 - (1 - 0.0073) = 2.77(台).$$

(5) 每台机器发生一次故障的平均停工时间为

$$W_s = \frac{5}{\frac{1}{12}(1 - 0.0073)} - 15 = 45.44(\text{min}).$$

(6) 每台机器平均待修时间为

$$W_q = 45.44 - 12 = 33.44(\text{min}).$$

(7) 系统绝对通过能力(即工人的维修能力)为

$$A = \frac{1}{12}(1 - 0.0073) = 0.083(台)。$$

即该工人每小时可修理机器的平均台数为 $0.083 \times 60 = 4.96$ 台。

上述结果表明,机器停工时间过长,看管工人几乎没有空闲时间,应采取措施提高服务率或增加工人。

LINGO 计算程序如下:

```
model:
sets:
num/1..5/;
endsets
lamda = 1/15; mu = 1/12; rho = lamda/mu; s = 1; m = 5;
load = m * rho;
L_s = @pfs(load, s, m);
p_0 = 1 - (m - L_s) * rho;
lamda_e = lamda * (m - L_s);
p_5 = @prod(num(i):i) * rho^5 * p_0;
L_q = L_s - (1 - p_0);
w_s = L_s/lamda_e; w_q = L_q/lamda_e;
A = mu * (1 - p_0); A2 = A * 60;
end
```

或者不调用 LINGO 的函数 @pfs,直接利用式(8.63)计算各状态的概率,计算的 LINGO 程序如下:

```
model:
sets:
num/1..5/:p;
endsets
lamda = 1/15; mu = 1/12; rho = lamda/mu; s = 1; m = 5;
@for(num(i) | i#le#s:p(i) = @prod(num(j) | j#le#m:j)/@prod(num(j) | j#le#m - i:j)
/@prod(num(j) | j#le#i:j) * rho^i * p0);
@for(num(i) | i#gt#s:p(i) = @prod(num(j) | j#le#m:j)/@prod(num(j) | j#le#m - i:j)
/@prod(num(j) | j#le#s:j)/s^(i - s) * rho^i * p0);
p0 + @sum(num:p) = 1;
Ls = @sum(num(i):i * p(i));
lamda_e = lamda * (m - Ls);
Lq = Ls - (1 - p0);
ws = Ls/lamda_e; wq = Lq/lamda_e;
A = mu * (1 - p0); A2 = A * 60;
end
```

8.7.2 服务率或到达率依赖状态的排队模型

在前面的各类排队模型的分析中,均假设顾客的到达率为常数 λ,服务台的服务率也为常

数 μ。而在实际的排队问题中,到达率或服务率可能是随系统的状态而变化的。例如,当系统中顾客数已经比较多时,后来的顾客可能不愿意再进入系统;服务员的服务率当顾客较多时也可能会提高。因此,对单服务台系统,实际的到达率和服务率(它们均依赖于系统所处的状态 n)可假设为

$$\lambda_n = \frac{\lambda_0}{(n+1)^a}, \quad n=0,1,2,\cdots,$$

$$\mu_n = n^b \mu_1, \quad n=1,2,\cdots。$$

对多服务台系统,实际到达率和服务率假设为

$$\lambda_n = \begin{cases} \lambda_0, & n \leq s-1, \\ \left(\dfrac{s}{n+1}\right)^a \lambda_0, & n \geq s-1, \end{cases}$$

$$\mu_n = \begin{cases} n\mu_1, & n \leq s, \\ \left(\dfrac{n}{s}\right)^b s\mu_1, & n \geq s, \end{cases}$$

式中:λ_n 和 μ_n 分别为系统处于状态 n 时的到达率和服务率。

上述假设表明,到达率 λ_n 与系统中已有顾客数 n 呈反比关系;服务率 μ_n 与系统状态 n 呈正比关系。

由式(8.9),对多服务台系统,有

$$C_n = \begin{cases} \dfrac{(\lambda_0/\mu_1)^n}{n!}, & n=1,2,\cdots,s, \\ \dfrac{(\lambda_0/\mu_1)^n}{s!(n!/s!)^{a+b} s^{(1-a-b)(n-s)}}, & n=s,s+1,\cdots。 \end{cases} \tag{8.76}$$

下面看一个简单的特例,考虑一个到达依赖状态的单服务台等待制系统 $M/M/1/\infty$,其参数为

$$\lambda_n = \frac{\lambda}{n+1}, \quad n=0,1,2,\cdots,$$

$$\mu_n = \mu, \quad n=1,2,\cdots。$$

于是由式(8.10)和式(8.11),并设 $\rho = \dfrac{\lambda}{\mu} < 1$,有

$$p_n = \frac{\rho^n}{n!} p_0, \quad n=1,2,\cdots, \tag{8.77}$$

$$p_0 = \mathrm{e}^{-\rho}。 \tag{8.78}$$

平均队长为

$$L_s = \sum_{n=0}^{\infty} n p_n = \sum_{n=0}^{\infty} \frac{n\rho^n}{n!} p_0 = \rho, \tag{8.79}$$

平均排队长为

$$L_q = \sum_{n=1}^{\infty} (n-1) p_n = L_s - (1-p_0) = \rho + \mathrm{e}^{-\rho} - 1, \tag{8.80}$$

有效到达率(单位时间内实际进入系统的顾客的平均数)为

$$\lambda_e = \sum_{n=0}^{\infty} \frac{\lambda}{n+1} p_n = \mu(1-\mathrm{e}^{-\rho})。 \tag{8.81}$$

平均逗留时间为

$$W_s = \frac{L_s}{\lambda_e} = \frac{\rho}{\mu(1-e^{-\rho})}, \tag{8.82}$$

平均等待时间为

$$W_q = \frac{L_q}{\lambda_e} = W_s - \frac{1}{\mu}。 \tag{8.83}$$

8.7.3 非生灭过程排队模型

一个排队系统的特征是由输入过程,服务机制和排队规则决定的。本章前面所讨论的排队模型都是输入过程为 Poisson 流,服务时间服从负指数分布的生灭过程排队模型。这类排队系统的一个主要特征是 Markov 性,而 Markov 性的一个主要性质是由系统当前的状态可以推断未来的状态。但是,当输入过程不是 Poisson 流或服务时间不服从负指数分布时,仅知道系统内当前的顾客数,对于推断系统未来的状态是不充足的,因为正在接受服务的顾客,已经被服务了多长时间,将影响其离开系统的时间。因此,必须引入新的方法来分析具有非负指数分布的排队系统。

1. $M/G/1$ 排队模型

$M/G/1$ 系统是指顾客的到达为 Poisson 流,单个服务台,服务时间为一般分布的排队系统。现假设顾客的平均到达率为 λ,服务时间的均值为 $\frac{1}{\mu}$,方差为 σ^2,则可证明:当 $\rho = \frac{\lambda}{\mu} < 1$ 时,系统可以达到平稳状态,而给出平稳分布的表示是比较困难的。已有的结果为

$$p_0 = 1 - \rho, \tag{8.84}$$

$$L_q = \frac{\lambda^2 \sigma^2 + \rho^2}{2(1-\rho)}, \tag{8.85}$$

$$L_s = \rho + L_q, \tag{8.86}$$

$$W_s = W_q + \frac{1}{\mu}。 \tag{8.87}$$

由式(8.85)可看出,L_q, L_s, W_s, W_q 等仅依赖于 ρ 和服务时间的方差 σ^2,而与分布的类型没有关系,这是排队论中一个非常重要且令人惊奇的结果,式(8.85)通常称为 Pollaczek - Khintchine(P-K)公式。

由式(8.85)不难发现,当服务率 μ 给定后,当方差 σ^2 减少时,平均队长和等待时间等都将减少。因此,可通过改变服务时间的方差来缩短平均队长,当且仅当 $\sigma^2 = 0$,即服务时间为定长时,平均队长(包括等待时间)可减少到最少水平,这一点是符合直观的,因为服务时间越有规律,等候的时间也就越短。

例 8.8 有一汽车冲洗台,汽车按 Poisson 流到达,平均每小时到达 18 辆,冲洗时间 V 根据过去的经验表明,有 $E(V) = 0.05$h/辆,$\text{var}(V) = 0.01$ (h/辆)^2,求有关运行指标,并对系统进行评价。

解 本例中,$\lambda = 18$,$\rho = \lambda E(V) = 18 \times 0.05 = 0.9$,$\sigma^2 = 0.01$,于是

$$L_q = \frac{18^2 \times 0.01 + (0.9)^2}{2(1-0.9)} = 20.25(辆),$$

$$L_s = 20.25 + 0.9 = 21.15(辆),$$

$$W_s = \frac{21.15}{18} = 1.175(\text{h}),$$

$$W_q = \frac{20.25}{18} = 1.125(\text{h})。$$

上述结果表明,这个服务机构很难令顾客满意,突出的问题是顾客的平均等待时间是服务时间的 $\frac{W_q}{E(V)} = \frac{1.125}{0.05} = 22.5$ 倍(通常称 $\frac{W_q}{E(V)}$ 为顾客的时间损失系数)。

例8.9 考虑定长服务时间 $M/D/1/\infty$ 模型,这时,$E(V) = \frac{1}{\mu}, \sigma^2 = \text{Var}(V) = 0$,由式(8.85)有

$$L_q = \frac{\rho^2}{2(1-\rho)} = \frac{\lambda^2}{2\mu(\mu-\lambda)}, \tag{8.88}$$

$$L_s = L_q + \rho = \frac{\lambda(2\mu-\lambda)}{2\mu(\mu-\lambda)}, \tag{8.89}$$

$$W_q = \frac{\rho^2}{2\lambda(1-\rho)} = \frac{\lambda}{2\mu(\mu-\lambda)}, \tag{8.90}$$

$$W_s = W_q + \frac{1}{\mu}。 \tag{8.91}$$

将式(8.18)和式(8.90)进行比较不难发现,在服务时间服从负指数分布的条件下,等待时间正好是定长服务时间的2倍。可以证明,在一般服务时间分布下得到的 L_q 和 W_q 中,以定长服务时间下得到的为最小。

2. Erlang(爱尔朗)排队模型

Erlang 分布族比负指数分布族对现实世界具有更广泛的适应性。下面介绍一个最简单的爱尔朗排队模型。

对 Erlang 排队模型研究的一般方法是根据 k 阶 Erlang 分布恰为 k 个相同负指数分布随机变量和的分布这个关系,把服务时间或到达过程假想地(实际并非如此)分为 k 个独立的同分布的位相(或阶段),然后利用负指数分布的性质来加以分析。如对 $M/E_k/1/\infty$ 系统来说,服务时间是 k 阶 Erlang 分布,把每个顾客的服务时间假想地分为 k 个位相,每个位相的平均服务时间为 $\frac{1}{k\mu}$,顾客先进入第 k 个位相,最后进入第1个位相。仍令 N 为系统达到平衡状态时的顾客数,但考虑到顾客可能处在不同位相,故系统的状态一般用 (n,i) 表示,其中 n 表示有 n 个顾客在系统中,i 表示正在接受服务的顾客处在第 i 个位相,令

$$p_{ni} = P\{N = (n,i)\},$$

则可得到类似于式(8.8)的差分方程组,从而在平稳分布存在的条件下得到平稳分布和各有关指标。由于本节已给出了 $M/G/1/\infty$ 系统的主要结果,作为一个特例,可直接给出 $M/E_k/1/\infty$ 的主要数量指标。

由于服务时间为 k 阶 Erlang 分布,其分布密度函数为

$$a(t) = \frac{\mu k (\mu k t)^{k-1}}{(k-1)!} e^{-\mu k t}, \quad t > 0。 \tag{8.92}$$

故其均值和方差分别为

$$E(E_k) = \frac{1}{\mu}, \quad \text{var}(E_k) = \frac{1}{k\mu^2}。$$

将 $\rho = \dfrac{\lambda}{\mu}, \sigma^2 = \dfrac{1}{k\mu^2}$ 代入式(8.85)~式(8.87),得

$$L_q = \frac{\rho^2(k+1)}{2k(1-\rho)} = \frac{\rho^2}{1-\rho} - \frac{(k-1)\rho^2}{2k(1-\rho)}, \tag{8.93}$$

$$L_s = L_q + \rho = \frac{\rho}{1-\rho} - \frac{(k-1)\rho^2}{2k(1-\rho)}, \tag{8.94}$$

$$W_s = \frac{1}{\mu(1-\rho)} - \frac{(k-1)\rho}{2k\mu(1-\rho)}, \tag{8.95}$$

$$W_q = \frac{\rho}{\mu(1-\rho)} - \frac{(k-1)\rho}{2k\mu(1-\rho)} \text{。} \tag{8.96}$$

例 8.10 设一电话间的顾客按 Poisson 流到达,平均每小时到达 6 人,平均通话时间为 8min,方差为 16min。直观上估计通话时间服从 Erlang 分布,管理人员想知道平均排队长度和顾客平均等待时间是多少?

解 设 V 为通话时间,服从 k 阶 Erlang 分布,由

$$k = \frac{[E(V)]^2}{\text{var}(V)} = \frac{8^2}{16} = 4,$$

可知该系统为 $M/E_4/1/\infty$ 系统,其中 $\rho = 6 \times \dfrac{8}{60} = 0.8$。由式(8.93),有

$$L_q = \frac{(0.8)^2(4+1)}{2 \times 4(1-0.8)} = 2(\text{人}),$$

$$W_q = \frac{L_q}{\lambda} = \frac{2}{6} = 0.33(\text{h}) \text{。}$$

8.8 排队系统的优化

排队系统中的优化模型,一般可分为系统设计的优化和系统控制的优化。前者为静态优化,即在服务系统设置以前根据一定的质量指标,找出参数的最优值,从而使系统最为经济。后者为动态优化,即对已有的排队系统寻求使其某一目标函数达到最优的运营机制。由于对后一类问题的阐述需要较多的数学知识,所以本节着重介绍静态最优问题。

在优化问题的处理方法上,一般根据变量的类型是离散的还是连续的,相应地采用边际分析方法或经典的微分法,对较为复杂的优化问题需要用非线性规划或动态规划等方法。

8.8.1 $M/M/1$ 模型中的最优服务率 μ

先考虑 $M/M/1/\infty$ 模型,取目标函数 z 为单位时间服务成本与顾客在系统中逗留费用之和的期望值,即

$$z = c_s\mu + c_w L_s,$$

式中:c_s 为服务一个顾客时单位时间内的服务费用;c_w 为每个顾客在系统中逗留单位时间的费用,则由式(8.14),有

$$z = c_s\mu + c_w \frac{\lambda}{\mu - \lambda} \text{。}$$

令

$$\frac{\mathrm{d}z}{\mathrm{d}\mu} = c_s - c_w \lambda \frac{1}{(\mu - \lambda)^2} = 0,$$

解出最优服务率为

$$\mu^* = \lambda + \sqrt{\frac{c_w}{c_s}\lambda}。 \tag{8.97}$$

下面考虑 $M/M/1/K$ 模型，从使服务机构利润最大化来考虑。由于在平稳状态下，单位时间内到达并进入系统的平均顾客数为 $\lambda_e = \lambda(1 - p_K)$，它也等于单位时间内实际服务完的平均顾客数。设每服务一个顾客服务机构的收入为 G 元，于是单位时间内收入的期望值是 $\lambda(1 - p_K)G$ 元，故利润 z 为

$$z = \lambda(1 - p_K)G - c_s\mu = \lambda G \frac{1 - \rho^K}{1 - \rho^{K+1}} - c_s\mu = \lambda\mu G \frac{\mu^K - \lambda^K}{\mu^{K+1} - \lambda^{K+1}} - c_s\mu。$$

令 $\dfrac{\mathrm{d}z}{\mathrm{d}\mu} = 0$，得

$$\rho^{K+1}\frac{K - (K+1)\rho + \rho^{K+1}}{(1 - \rho^{K+1})^2} = \frac{c_s}{G}。 \tag{8.98}$$

当给定 K 和 $\dfrac{c_s}{G}$ 后，即可由式(8.98)得到最优利润的 μ^*。

例 8.11 设某工人照管 4 台自动机床，机床运转时间（或各台机床损坏的相继时间）平均为负指数分布，假定平均每周有一台机床损坏需要维修，机床运转单位时间内平均收入 100 元，而每增加 1 单位 μ 的维修费用为 75 元。求使总利益达到最大的 μ^*。

解 该系统为 $M/M/1/K/K$ 系统，其中
$$K = 4, \lambda = 1, G = 100, C_s = 75。$$

设 L_s 是队长，则正常运装的机器为 $K - L_s$ 部，因此目标函数为
$$f = 100(K - L_s) - 75\mu。$$

题意就是在上述条件下，求目标函数 f 的最大值。

利用 LINGO 软件，求得 $\mu^* = 1.799$，最优目标值 $f^* = 31.49$。

计算的 LINGO 程序如下：

```
model:
s = 1;k = 4;lamda = 1;
L_s = @ pfs(k * lamda/mu,s,k);
max = 100 * (k - L_s) - 75 * mu;
end
```

例 8.12 假定有一混合制排队系统 $M/M/1/K$，其中 $K = 3$，顾客的到达率为每小时 3.6 人，其到达间隔服从 Poisson 过程，系统服务一个顾客收费 2 元。又设系统的服务时间 $T(\mu = \dfrac{1}{T}, T$ 为服务时间)服从负指数分布，其服务成本为每小时 0.5μ 元。求系统为每个顾客的最佳服务时间。

解 系统的损失率为 p_K，则系统每小时服务的人数为 $\lambda(1 - p_K)$，每小时运行成本为 0.5μ，因此目标函数为

$$f = 2\lambda(1 - p_K) - 0.5\mu。$$

题意就是在上述条件下,求目标函数 f 的最大值。

利用 LINGO 软件,求得系统为每位顾客最佳服务时间是 0.2238h,系统每小时赢利 3.70 元。

计算的 LINGO 程序如下:

```
model:
sets:
state/1..3/:p;
endsets
lamda = 3.6; rho = lamda * t; s = 1; K = 3;
@for(state(i) | i#lt#s:p(i) = rho^i/@prod(state(n) | n#le#i:n) * p0);
@for(state(i) | i#ge#s:p(i) = rho^i/@prod(state(n) | n#le#s:n)/s^(i-s) * p0);
p0 + @sum(state:p) = 1;
max = 2 * lamda * (1 - p(K)) - 0.5/t;
end
```

8.8.2 $M/M/s$ 模型中的最优服务台数 s^*

这里仅讨论 $M/M/s/\infty$ 系统,已知在平稳状态下单位时间内总费用(服务费用与等待费用)之和的平均值为

$$z = c_s' s + c_w L, \tag{8.99}$$

式中:s 为服务台数;c_s' 为每个服务台单位时间内的费用;L 为平均队长。

由于 c_s', c_w 是给定的,故唯一可变的是服务台数 s,所以可将 z 看成是 s 的函数,记为 $z = z(s)$,并求使 $z(s)$ 达到最小的 s^*。

因为 s 只取整数,$z(s)$ 不是连续函数,故不能用经典的微分法,下面采用边际分析方法。根据 $z(s^*)$ 应为最小的特点,有

$$\begin{cases} z(s^*) \leqslant z(s^*-1), \\ z(s^*) \leqslant z(s^*+1). \end{cases} \tag{8.100}$$

将式(8.99)代入式(8.100),得

$$\begin{cases} c_s' s^* + c_w L(s^*) \leqslant c_s'(s^*-1) + c_w L(s^*-1), \\ c_s' s^* + c_w L(s^*) \leqslant c_s'(s^*+1) + c_w L(s^*+1), \end{cases} \tag{8.101}$$

化简,得

$$L(s^*) - L(s^*+1) \leqslant \frac{c_s'}{c_w} \leqslant L(s^*-1) - L(s^*). \tag{8.102}$$

依次求当 $s = 1, 2, 3, \cdots$ 时 L 的值,并计算相邻两个 L 值的差。因 $\dfrac{c_s'}{c_w}$ 是已知数,根据其落在哪个与 s 有关的不等式中,即可定出最优的 s^*。

例 8.13 某检验中心为各工厂服务,要求进行检验的工厂(顾客)的到来服从 Poisson 流,平均到达率为 $\lambda = 48$(次/天);每天来检验由于停工等原因损失 6 元;服务(检验)时间服从负指数分布,平均服务率为 $\mu = 25$(次/天);每设置一个检验员的服务成本为 4 元/天,其他条件均适合 $M/M/s/\infty$ 系统。问:设几个检验员可使总费用的平均值最少?

解 已知 $c_s'=4, c_w=6, \lambda=48, \mu=25, \rho=\dfrac{\lambda}{\mu}=1.92$，设检验员数为 s，由式(8.25)和式(8.30)，有

$$p_0 = \left[\sum_{n=0}^{s-1}\frac{(1.92)^n}{n!} + \frac{(1.92)^s}{(s-1)!(s-1.92)}\right]^{-1},$$

$$L = L_q + \rho = \frac{p_0(1.92)^{s+1}}{(s-1)!(s-1.92)^2} + 1.92。$$

将 $s=1,2,3,4,5$ 依次代入得到表8.3。由于 $\dfrac{c_s'}{c_w}=\dfrac{4}{6}=0.67$ 落在区间 $(0.582,21.845)$ 之间，故 $s^*=3$，即当设3个检验员时可使总费用 z 最小，最小值为 $z(s^*)=z(3)=27.87(元)$。

表8.3 计算数据

检验员数 s	平均顾客数 $L(s)$	$L(s)-L(s+1) \sim L(s-1)-L(s)$	总费用 $z(s)$
1	∞		∞
2	24.49	21.845 ~ ∞	154.94
3	2.645	0.582 ~ 21.845	27.87
4	2.063	0.111 ~ 0.582	28.38
5	1.952		31.71

计算的LINGO程序如下：

```
model:
sets:
num/1..5/:p,Ls,Fc,cha;
endsets
submodel zhibiao:
lamda = 48; mu = 25;
cs = 4; cw = 6;
rho = lamda/mu;
p0 = 1/(1 + @sum(num(i) | i#lt#s:rho^i/@prod(num(j) | j#le#i:j)) + rho^s
/@prod(num(j) | j#le#s-1:j)/(s-rho));
L = p0*rho^(s+1)/@prod(num(j) | j#le#s-1:j)/(s-rho)^2 + rho;
cost = cs*s + cw*L;
endsubmodel
calc:
@for(num(i) | i#gt#1 :s = i;@solve(zhibiao);Ls(i) = L;Fc(i) = cost);
@for(num(i) | i#gt#1 #and# i#lt#@size(num):cha(i) = Ls(i) - Ls(i+1));
@solve(); !LINGO 输出滞后，这里调用一次主模型;
endcalc
end
```

也可以把所求解的问题归结为如下的非线性整数规划问题：

$$\min z = c_s's + c_w L,$$

$$s.t. \begin{cases} p_0 = \left[\sum_{n=0}^{s-1}\frac{\rho^n}{n!} + \frac{\rho^s}{(s-1)!(s-\rho)}\right]^{-1}, \\ c(s,\rho) = \frac{\rho^s}{s!(1-\rho/s)}p_0, \\ L = \frac{c(s,\rho)\rho}{s-\rho} + \rho, \\ 2 \leqslant s, \text{且 } s \text{ 为整数}。 \end{cases}$$

可以调用 LINGO 函数@peb 求解上面的非线性整数规划,计算的 LINGO 程序如下:

```
model:
lamda = 48;mu = 25;rho = lamda/mu;
P_wait = @peb(rho,s);
L_q = P_wait * rho/(s - rho);
L_s = L_q + rho;
min = 4 * s + 6 * L_s;
@gin(s);s > = 2;
end
```

8.9　排队模型的计算机模拟

8.9.1　产生给定分布的随机数的方法

LINGO 可以产生常用分布的随机数。下面介绍按照给定的概率分布产生随机数的一般方法,这些方法都以 $U(0,1)$ 分布的随机变量为基础。

1. 反变换法

定理 8.1　设 X 是一个具有连续分布函数 $F(x)$ 的随机变量,则 $F(X)$ 在 $[0,1]$ 上服从均匀分布。

设 X 的分布函数 $F(x)$ 是严格单调增的,F 的反函数记为 F^{-1}。先产生 $U \sim U(0,1)$,再取 $X = F^{-1}(U)$ 即为所求,称为反变换法。

指数分布 $\text{Exp}(\lambda)$ 能够方便地用反变换法产生。由指数分布 $\text{Exp}(\lambda)$ 的分布函数 $F(x) = 1 - e^{-\frac{x}{\lambda}}$,得

$$X = F^{-1}(U) = -\lambda \ln(1-U)。$$

思考　有的书上用 $X = -\lambda \ln U$ 代替上式,对吗?为什么?

2. 卷积法

如果随机变量 X 是 n 个独立、同分布的另一随机变量 Y 之和,而 Y 又容易产生时,先产生 n 个独立的 $Y_1, Y_2, \cdots, Y_n$,再令 $X = Y_1 + \cdots + Y_n$ 即可。因为 X 的分布函数是 $Y_1, Y_2, \cdots, Y_n$ 分布函数的卷积,故称为卷积法。

二项分布可以用卷积法产生。因为 $X \sim B(n,p)$ 是 n 个独立的 $Y \sim \text{Bern}(p)$ 之和,而 $Y \sim \text{Bern}(p)$ 很容易由 $U \sim U(0,1)$ 按以下方法得到:若 $U \leqslant p$,令 $Y = 1$;否则令 $Y = 0$。

3. 取舍法

若随机变量 X 在有限区间 (a,b) 内变化,但概率密度 $f(x)$ 具有任意形式(甚至没有解析表

达式),无法用前面的方法产生时,可用取舍法。一种比较简单的取舍法的步骤是:
(1) 产生 $Y \sim U(a,b)$ 和 $U \sim U(0,1)$。
(2) 记 $C = \max_{a \leq x \leq b} f(x)$,若 $U \leq \dfrac{f(Y)}{C}$,则取 $X = Y$;否则,舍去,返回(1)。

8.9.2 计算机模拟

在模拟一个带有随机因素的实际系统时,究竟用什么样的概率分布描述问题中的随机变量,是我们总是要碰到的一个问题,下面简单介绍确定分布的常用方法。

(1) 根据一般知识和经验,可以假定其概率分布的形式,如顾客到达间隔服从指数分布 $\text{Exp}(\lambda)$;产品需求量服从正态分布 $N(\mu, \sigma^2)$;订票后但未能按时前往机场登机的人数服从二项分布 $B(n, p)$。然后由实际数据估计分布的参数 λ, μ, σ 等,参数估计可用极大似然估计、矩估计等方法。

(2) 直接由大量的实际数据作直方图,得到经验分布,再通过非参数假设检验,验证所确定的经验分布是否合适。拟合分布函数,可用 χ^2 检验等方法。

(3) 既缺少先验知识,又缺少数据时,对区间 (a, b) 内变化的随机变量,可选用 Beta 分布(包括均匀分布)。先根据经验确定随机变量的均值 μ 和频率最高时的数值(即密度函数的最大值点)m,则 Beta 分布中的参数 α_1, α_2 可由以下关系求出:

$$\mu = a + \frac{\alpha_1(b-a)}{\alpha_1 + \alpha_2}, m = a + \frac{(\alpha_1 - 1)(b-a)}{\alpha_1 + \alpha_2 - 2}。$$

当排队系统的到达间隔时间和服务时间的概率分布很复杂,或不能用公式给出时,不能用解析法求解。这就需用随机模拟法求解,现举例说明。

例 8.14 设某仓库前有一卸货场,货车一般是夜间到达,白天卸货,每天只能卸货 2 车,若一天内到达数超过 2 车,那么就推迟到次日卸货。根据表 8.4 所示的数据,货车到达数平均为 1.5 车/天,求每天推迟卸货的平均车数。

表 8.4 到达车数的概率

到达车数	0	1	2	3	4	5	≥6
概率	0.23	0.30	0.30	0.1	0.05	0.02	0

解 这是单服务台的排队系统,可验证到达车数不服从泊松分布,服务时间也不服从指数分布(这是定长服务时间)。

随机模拟法首先要求事件能按历史的概率分布规律出现。模拟时产生的随机数与事件的对应关系如表 8.5 所示。

表 8.5 到达车数的概率及其对应的随机数

到达车数	概 率	累积概率	对应的随机数
0	0.23	0.23	$0 \leq x < 0.23$
1	0.30	0.53	$0.23 \leq x < 0.53$
2	0.30	0.83	$0.53 \leq x < 0.83$
3	0.1	0.93	$0.83 \leq x < 0.93$
4	0.05	0.98	$0.93 \leq x < 0.98$
5	0.02	1.00	$0.98 \leq x \leq 1.00$

用 a1 表示产生的随机数，a2 表示到达的车数，a3 表示需要卸货车数，a4 表示实际卸货车数，a5 表示推迟卸货车数。随机模拟 5000 天，得到的结果为每天推迟卸货的平均车数为 1 车。

模拟的 LINGO 程序如下：

```
model:
data:
N = 5000;!N 是模拟的次数;
enddata
sets:
num/1..N/:a1,a2,a3,a4,a5;
endsets
data:
m = 2;
enddata
calc:
a1(1) = @rand(0.123489999);
@for(num(i) | i#gt#1:a1(i) = @rand(a1(i-1)));!产生随机数;
@for(num(i):@ifc(a1(i)#lt#0.23:a2(i) = 0;
@else @ifc(a1(i)#ge#0.23 #and# a1(i)#lt#0.53:a2(i) = 1;
@else @ifc(a1(i)#ge#0.53 #and# a1(i)#lt#0.83:a2(i) = 2;
@else @ifc(a1(i)#ge#0.83 #and# a1(i)#lt#0.93:a2(i) = 3;
@else @ifc(a1(i)#ge#0.93 #and# a1(i)#lt#0.98:a2(i) = 4;
@else a2(i) =5))))));
a3(1) = a2(1);
@ifc(a3(1)#le#m:a4(1) = a3(1);a5(1) = 0;
@else a4(1) = m;a5(1) = a3(1) - m);
@for(num(i) | i#ge#2:a3(i) = a2(i) + a5(i-1);
@ifc(a3(i)#le#m:a4(i) = a3(i);a5(i) = 0;
@else a4(i) = m;a5(i) = a3(i) - m));
endcalc
aa1 = @sum(num:a1)/N;    !计算产生的随机数的平均值;
aa2 = @sum(num:a2)/N;    !计算到达车数的平均值;
aa3 = @sum(num:a3)/N;    !计算需要卸货车数的平均值;
aa4 = @sum(num:a4)/N;    !计算实际卸货车数的平均值;
aa5 = @sum(num:a5)/N;    !计算平均推迟卸货车数;
end
```

例 8.15 银行计划安置自动取款机，已知 A 型机的价格是 B 型机的 2 倍，而 A 型机的平均服务率也是 B 型机的 2 倍，问应该购置 1 台 A 型机还是 2 台 B 型机。

为了通过模拟回答这类问题，作如下具体假设，顾客平均每分钟到达 1 位，A 型机的平均服务时间为 $0.9\min$，B 型机为 $1.8\min$，顾客到达间隔和服务时间都服从指数分布，2 台 B 型机采取 $M/M/2$ 模型（排一队），用前 1000 名顾客（第 1 位顾客到达时取款机前为空）的平均等待时间为指标，对 A 型机和 B 型机分别作模拟，并进行比较。

理论上已经得到 A 型机和 B 型机的平均等待时间分别为 $w_{q1}=8.1, w_{q2}=7.6737$，即 B 型机优。

理论计算的 LINGO 程序如下：

model:
lambda = 1; mu = 1/0.9; Wq1 = lambda/(mu*(mu – lambda));!计算 A 型机的平均等待时间;
s = 2; mu2 = 1/1.8; rho2 = lambda/mu2; rho_s = rho2/s;
P_wait = @peb(rho2, s);
Lq2 = P_wait * rho_s/(1 – rho_s);
Wq2 = Lq2/lambda;!计算 B 型机的平均等待时间;
end

对于 $M/M/1$ 模型，记第 k 位顾客的到达时刻为 c_k，离开时刻为 g_k，等待时间为 w_k，它们很容易根据已有的到达间隔 i_k 和服务时间 s_k 按照以下的递推关系得到（c_1, g_1 已知，$w_1 = 0$）：

$$c_k = c_{k-1} + i_k, g_k = \max(c_k, g_{k-1}) + s_k, w_k = \max(0, g_{k-1} - c_k), k = 2, 3, \cdots。$$

在模拟 A 型机时，用 cspan 表示到达间隔时间，sspan 表示服务时间，ctime 表示到达时间，gtime 表示离开时间，wtime 表示等待时间。模拟 A 型机的程序如下：

model:
data:
N = 1000;
enddata
sets:
num/1..N/:a, b, cspan, sspan, ctime, gtime, wtime;
endsets
calc:
lamda = 1; mu = 0.9;
a(1) = @rand(0.1299999); b(1) = @rand(0.2388998);!利用不同的种子产生随机数;
@for(num(i) | i#gt#1: a(i) = @rand(a(i-1)); b(i) = @rand(b(i-1))); !产生两组服从均匀分布的随机数;
@for(num: cspan = – lamda * @log(a); sspan = – mu * @log(b));!生成指数分布的两组随机数;
ctime(1) = cspan(1); gtime(1) = ctime(1) + sspan(1); wtime(1) = 0;
@for(num(i) | i#gt#1: ctime(i) = ctime(i-1) + cspan(i);
gtime(i) = @smax(ctime(i), gtime(i-1)) + sspan(i);
wtime(i) = @smax(0, gtime(i-1) – ctime(i)));
result1 = @sum(num: wtime)/N;
endcalc
end

类似地，模拟 B 型机的程序如下：

model:
data:
N = 1000;
enddata
sets:

```
num/1..N/:a,b,cspan,sspan,ctime,gtime,wtime;
num2/1 2/:flag;
endsets
calc:
lamda = 1; mu2 = 1.8;
a(1) = @rand(0.1299999); b(1) = @rand(0.2388998);
@for(num(i) | i#gt#1: a(i) = @rand(a(i-1)); b(i) = @rand(b(i-1))); !产生两组服从均匀分布的随机数;
@for(num:cspan = -lamda * @log(a); sspan = -mu2 * @log(b)); !生成指数分布的两组随机数;
ctime(1) = cspan(1); ctime(2) = ctime(1) + cspan(2);
@for(num2:gtime = ctime + sspan; wtime = 0; flag = gtime);
@for(num(i) | i#ge#3: ctime(i) = ctime(i-1) + cspan(i);
gtime(i) = @smax(ctime(i),@min(num2:flag)) + sspan(i);
wtime(i) = @smax(0,@min(num2:flag) - ctime(i));
flag(1) = @max(num2:flag); flag(2) = gtime(i));
result2 = @sum(num:wtime)/N;
endcalc
end
```

注 8.4 LINGO 软件产生随机数的功能比较弱,并且产生的随机数依赖于初始化的种子。对于同样的初始化种子,B 型机的等待时间要少于 A 型机的等待时间。上面的理论分析比较的是平均等待时间,理论上的平均等待时间与前 1000 位顾客的平均等待时间是不一样的。

习 题 8

8.1 某机关接待室接待人员每天工作 8h,来访人员的到来是 Poisson 流,平均到达率为每天 80 人。接待的时间服从负指数分布,平均每人 5min。试求:
(1) 排队等待顾客的平均人数;
(2) 等待的顾客多于 2 人的概率;
(3) 要使等待顾客的平均数为 2 人,接待速度应为多少?

8.2 某机场指定 4 个安检柜台进行国际航班的安检服务,设该机场国际航班的始发旅客到达为 Poisson 流,每小时到达 108 人。航班安检平均服务时间服从负指数分布,每位旅客的平均服务时间为 2min。现设旅客到达后排成一个队列,依次向空闲的安检柜台进行安检。求:
(1) 执行国际航班安检服务柜台空闲的概率;
(2) 平均排队的顾客数和系统中平均顾客数;
(3) 平均逗留时间和平均等待时间。

8.3 某汽车自动加油站只有一根油管,站内除正在加油的汽车外,只能停留 4 辆汽车,每分钟平均有 1.5 辆汽车到来。每次加油时间平均为 1min,如果汽车按泊松流到来、加油时间服从负指数分布,试求:
(1) 加油站空闲的概率和损失的概率;
(2) 加油站内汽车的平均数;

（3）汽车在加油站内的平均时间。

8.4　有一个2人营业的理发馆,理发时间服从负指数分布,平均要25min。如果顾客按泊松流到达,平均每隔20min来1个人。试问:

（1）理发馆空闲的概率;

（2）顾客理发平均要花的时间;

（3）如果理发馆内只能允许3人等待,损失的概率是多少?

8.5　某工厂维修部负责工厂机器的维修保养,机器需维修的次数服从Poisson分布,平均每天35次,每次维修保养造成机器停工的损失为100元/天,维修时间服从负指数分布,平均维修率为10次/(天·人),每增加一个维修人员的成本为200元/天,应雇佣几个维修员才能使总成本最小?

8.6　工件按Poisson流到达某加工设备,$\lambda = 20$个/h,据测算该设备每多加工一个工件将增加收入10元,而由于工件多等待或滞留将增加支出1元/h。试确定该设备最优的加工效率μ。

8.7　在$\lambda = 17.5$人/h和$\mu = 10$人/h的$M/M/s$的排队系统中,要确定服务员个数s,使得空闲时间的百分率不超过15%,并且使一个顾客花费在系统中的时间不超过30min。如果单位时间内每增加一个服务员成本是10元,那么由以上决策标准所确定的单位时间内每个顾客的等待成本是多少?

8.8　在一个车间里有两个修理工被考虑用来维护10台机器。付给第一个修理工的工资是每小时30元。他能以每小时6台的速度修理机器。付给第二个修理工是每小时50元,但他能以每小时8台的速度修理机器。估计机器停工期间的损失是每小时80元。如果机器的损坏是服从于平均每小时4台的Poisson分布,而修理时间是服从指数分布的,应该雇佣哪一个修理工?

第 9 章 决策分析

9.1 决策分析的基本问题

9.1.1 决策分析概述

什么是决策？简单地说，决策就是为解决问题而"做出决定"。

研究决策论时，不能不提到诺贝尔经济学奖获奖者西蒙(Herbert A. Simon)。西蒙首先突出了决策在管理中的地位。他指出，管理过程包括收集信息、制定计划、选择决定、方案实施，决策贯穿了全过程，因此管理过程就是决策的过程。

1. 决策的类型

(1) 按内容和层次，可分为战略决策和战术决策。战略决策涉及全局和长远方针性问题，而战术决策是战略决策的延伸，着眼于方针执行中的中短期的具体问题。

(2) 按重复程度，可分为程序性决策和非程序性决策。程序性决策指常规的、反复发生的决策，通常已形成一套固定的程序规则；非程序性决策不经常重复发生，通常包含很多不确定的偶然因素。

(3) 按问题性质和条件，可分为确定型、不确定型和风险型决策。确定型决策是指做出一项抉择时，只有一种肯定的结局；不确定型决策指每项抉择将可能导出若干个可能结局，并且每个结局出现的可能性是未知的；风险型决策是指做出每项抉择时，可能有若干结局，但可以有根据地对各结局确定其出现的概率。

此外，按时间长短可分为长期决策、中期决策和短期决策；按要达到的目的，可分为单目标决策和多目标决策；按决策的阶段分为单阶段决策和多阶段决策；等等。

2. 决策的原则

现代决策问题具有系统化、综合化、定量化等特点，决策过程必须遵循科学原则，并按严格程序进行。

(1) 信息原则。指决策中要尽可能调查、收集、整理一切有关信息，这是决策的基础。

(2) 预测原则。即通过预测，为决策提供有关发展方向和趋势的信息。

(3) 可行性原则。任何决策方案在政策、资源、技术、经济方面都要合理可行。

(4) 系统原则。决策时要考虑与问题有关的各子系统，要符合全局利益。

(5) 反馈原则。将实际情况的变化和决策付诸行动后的效果，及时反馈给决策者，以便对方案及时调整。

3. 决策的程序

决策的过程和程序大致分为以下 4 个步骤：

(1) 形成决策问题，包括提出各种方案、确定目标及各方案结果的度量等。

(2) 对各方案出现不同结果的可能性进行判断，这种可能性一般是用概率来描述的。

(3) 利用各方案结果的度量值(如效益值、效用值、损失值等)给出对各方案的偏好。

(4) 综合前面得到的信息,选择最好偏好的方案,必要时可作一些灵敏度分析。

4. 决策系统

决策系统包括信息机构、研究智囊机构、决策机构与执行机构,特别是智囊机构在现代决策中的作用日趋重要。

一个完整的决策应包括:决策者;至少有两个可供选择的方案;存在决策者无法控制的若干状态;可以测知各个方案与可能出现的同状态相对应的结果;衡量各种结果的价值标准。

决策分析是为了合理分析具有不确定性或风险性决策问题而提出的一套概念和系统分析方法,其目的在于改进决策过程,从而辅助决策,但不是代替决策者进行决策。实践证明,当决策问题较为复杂时,决策者在保持与自身判断及偏好一致的条件下处理大量信息的能力将减弱,在这种情况下,决策分析方法可为决策者提供强有力的工具。

9.1.2 决策分析研究的特征

决策分析将有助于对一般决策问题中可能出现的下面一些典型特征进行分析。

1. 不确定性

许多复杂的决策问题都具有一定程度的不确定性。从范围来看,包括:决策方案结果的不确定性,即一个方案可能出现多种结果;约束条件的不确定性;技术参数的不确定性;等等。从性质上看,包括概率意义下的不确定性和区间意义下的不确定性。概率意义下的不确定性又包括主观概率意义下的不确定性(亦称为可能性)和客观概率意义下的不确定性(亦称为随机性)。它们的区别在于前者是指人们对可能发生事件的概率分布的一个主观估计,被估计的对象具有不能重复出现的偶然性;后者是指人们利用已有的历史数据对未来可能发生事件概率分布的一个客观估计,被估计的对象一般具有可重复出现的偶然性。可能性和随机性在决策分析中统称为风险性,区间意义下的不确定性一般是指人们不能给出可能发生事件的概率分布,只能对有关量取值的区间给出一个估计。

2. 动态性

很多问题由于其本身具有的阶段性,往往需要进行多次决策,且后面的决策依赖于前面决策的结果。

3. 多目标性

对许多复杂问题来说,往往有多个具有不同度量单位的决策目标,且这些目标通常具有冲突性,即一个目标值的改进会导致其他目标值的劣化。因此,决策者必须考虑如何在这些目标间进行折中,从而达到一个满意解。

4. 模糊性

模糊性是指人们对客观事物概念描述上的不确定性,这种不确定性一般是由于事物无法(或无必要)进行精确定义和度量而造成的,如"社会效益""满意程度"等概念在不同具体问题中均具有一定的模糊性。

5. 群体性

群体性包括两方面的含义:

(1) 一个决策方案的选择可能会对其他群体的决策行为产生影响,例如,政府决策会对各层次的行为主体产生影响,企业一级的决策也会对其他企业产生影响。因此,决策者若能预计到自身决策对其他群体的影响将有益于自身的决策。

（2）决策是由一个集体共同制定的，这一集体中的每一成员都是一个决策者，他们的利益、观点、偏好有所不同，这就产生了如何建立有效的群体决策体制和实施方法的问题。

9.2 不确定条件下的决策准则

不确定条件下的决策由于对未来状态与条件所知甚少或无法预测，因而如何决策以及决策的结果主要看决策者采取何种决策准则。具有不同观点、不同心理、不同冒险精神的人，决策准则也会有所差异。

不确定条件下的决策问题通常可以表述如下：

（1）存在两个或两个以上的方案可供选择，最后选定一个方案。

（2）存在两个或两个以上的不以决策者意志为转移的自然状态，而且自然状态已知，但自然状态发生的概率未知。

（3）不同的方案在不同自然状态下的结果（收益值）是已知的。

不确定条件下的决策问题可由表 9.1 的收益矩阵描述。其中，列 $a_1,a_2,\cdots,a_m$ 表示决策者可能采取的 m 个方案，行 $\theta_1,\theta_2,\cdots,\theta_n$ 表示各方案可能遇到的自然状态，矩阵的元素 $Q(a_i,\theta_j)(i=1,\cdots,m;j=1,\cdots,n)$ 表示自然状态为 θ_j 时决策者采取方案 a_i 时的收益值。

表 9.1 不确定条件下决策问题的决策矩阵

策略方案	自然状态			
	θ_1	θ_2	$\cdots$	θ_n
a_1	$Q(a_1,\theta_1)$	$Q(a_1,\theta_2)$	$\cdots$	$Q(a_1,\theta_n)$
a_2	$Q(a_2,\theta_1)$	$Q(a_2,\theta_2)$	$\cdots$	$Q(a_2,\theta_n)$
$\vdots$	$\vdots$	$\vdots$		$\vdots$
a_m	$Q(a_m,\theta_1)$	$Q(a_m,\theta_2)$	$\cdots$	$Q(a_m,\theta_n)$

根据决策者对待将发生事件的态度，下面介绍五种决策准则：等可能准则、乐观准则、悲观准则、最小机会损失准则和折中准则。

1. 等可能准则

等可能准则是 19 世纪数学家 Laplace（拉普拉斯）提出来的。他认为：当一个人面对着 n 种自然状态可能发生时，如果没有确切理由说明这一自然状态比那一自然状态有更多的发生机会，那么只能认为他们发生的机会是均等的，此时具有最大收益平均值的方案就是最优方案。

例 9.1 水果销售商对于采购水果的品种和数量经常感到头疼，尤其是在夏季，水果销售的风险更大。天气的变化无常不仅会影响水果的销售量，还会影响水果的价格。因此，水果销售商在采购某类水果时必须面对的一个问题就是该类水果的进货量为多少时最为合理。假设水果销售商无法预测各种气温状况出现的概率，各种情况下的决策矩阵如表 9.2 所示，求此时水果销售商的最优进货量方案。

表 9.2 水果销售商采购水果的决策矩阵

进货量	温度		
	30℃以下	30~35℃	35℃以上
a_1:2000kg	600	800	1000
a_2:5000kg	150	2000	2500
a_3:8000kg	−300	1550	4000

解 基于等可能准则的决策步骤如下。
(1) 计算各方案的平均收益值。

方案 a_1：$\bar{Q}(a_1) = \dfrac{600+800+1000}{3} = 800$；

方案 a_2：$\bar{Q}(a_2) = \dfrac{150+2000+2500}{3} = 1550$；

方案 a_3：$\bar{Q}(a_3) = \dfrac{-300+1550+4000}{3} = 1750$。

(2) 选出上面三个值中的最大值，即
$$\max\{800,1550,1750\} = 1750。$$

此时，按等可能准则，水果销售商会采取方案 a_3，即采购 8000kg 为最优方案。
计算的 LINGO 程序如下：

```
model:
sets:
num/1..3/:b,ind;  !b 为平均收益;
link(num,num):a;  !a 为决策矩阵;
endsets
data:
a = 600    800    1000
    150    2000   2500
   -300    1550   4000;
enddata
@for(num(i):b(i) = @sum(num(j):a(i,j))/3);
zb = @max(num:b);  !求最大平均收益;
@for(num(i):ind(i) = i*(zb#eq#b(i)));  !求哪个元素达到了最大值,即取第几个决策;
end
```

2. 乐观准则

乐观准则是指决策者所持的态度是乐观的，不放弃任何一个可能获得最好结果的机会，充满着乐观冒险精神。决策方法：首先从每个方案中选出一个最大的收益值，再从各个方案的最大收益值中，选择出一个最大值，其相应方案即为所选方案。因此乐观准则又称 Max Max 准则。

例9.2 仍以水果销售商的水果进货量问题为例，各种情况下的决策矩阵不变，求按照乐观准则决策的最优进货量方案。

解 基于乐观准则的决策步骤如下。
(1) 选出各方案的最大收益值。

方案 a_1：$\max\{600,800,1000\} = 1000$；

方案 a_2：$\max\{150,2000,2500\} = 2500$；

方案 a_3：$\max\{-300,1550,4000\} = 4000$。

(2) 选出上面三个值中的最大值，即
$$\max\{1000,2500,4000\} = 4000。$$

因此，按照乐观准则，水果销售商会采用方案三，采购 8000kg 水果为最优方案。

计算的 LINGO 程序如下：

```
model:
sets:
num/1..3/:b,ind; !b 为每一方案的最大收益;
link(num,num):a; !a 为决策矩阵;
endsets
data:
a = 600    800    1000
    150   2000   2500
   -300   1550   4000;
enddata
@for(num(i):b(i) = @max(num(j):a(i,j)));
zb = @max(num:b); !求最大收益;
@for(num(i):ind(i) = i*(zb#eq#b(i))); !求哪个元素达到了最大值,即取第几个决策;
end
```

3. 悲观准则

按悲观准则决策时,决策者是非常谨慎保守的,他总是从每个方案的最坏情况出发,从各种可能的最坏结果中选择一个相对最好的结果。因此悲观准则又称 Max Min 准则。

例 9.3 仍以水果销售商的水果进货量问题为例,各种情况下的决策矩阵不变,求按照悲观准则决策的最优进货量方案。

解 （1）选出各方案的最小收益值。

方案 a_1：$\min\{600,800,1000\} = 600$;

方案 a_2：$\min\{150,2000,2500\} = 150$;

方案 a_3：$\min\{-300,1550,4000\} = -300$。

（2）选出上面三个值中的最大值

$$\max\{600,150,-300\} = 600。$$

因此,按照悲观准则,水果销售商会采用方案一,采购 2000kg 水果为最优方案。

计算的 LINGO 程序如下：

```
model:
sets:
num/1..3/:b,ind;  !b 为每一方案的最小收益;
link(num,num):a; !a 为决策矩阵;
endsets
data:
a = 600    800    1000
    150   2000   2500
   -300   1550   4000;
enddata
calc:
@for(num(i):b(i) = @min(num(j):a(i,j)));
zb = @max(num:b); !求最小收益中的最大值;
```

```
@for(num(i):ind(i) = i*(zb#eq#b(i)));  !求哪个元素达到了最大值,即取第几个决策;
endcalc
end
```

注 9.1　上面 LINGO 程序的语句必须放在计算段 calc 中,否则出错。建议在 LINGO 程序中把非目标函数和非约束条件的已知参数迭代运算语句,全部放在计算段中。下面的 LINGO 程序中,语句都写在计算段 calc 中。

4. 最小机会损失准则

最小机会损失准则又称后悔值准则,是由经济学家 Savage 提出来的。决策者做出决策之后,若不够理想,则认为失去了更好的机会而有所损失,产生遗憾之感。最小机会损失准则是把每一自然状态下对应的最大收益值视为理想目标,把它与该状态下的其他收益值之差作为未达到理想目标的机会损失值,这样就得到一个机会损失(后悔值)矩阵。把机会损失矩阵中每行的最大值求出来,这些最大值中的最小者对应的方案,即为所求。和悲观准则类似,按最小机会损失准则决策时,决策者也是非常谨慎保守的。

例 9.4　以表 9.2 所示的水果销售商的水果进货量问题为例,求按照最小机会损失准则决策的最优进货量方案。

解　(1) 计算各方案在所有状态下的机会损失值,将收益矩阵改为机会损失矩阵,如表 9.3 所示。

表 9.3　水果销售商采购水果的机会损失矩阵

进货量	温度		
	30℃以下	30~35℃	35℃以上
a_1:2000kg	0	1200	3000
a_2:5000kg	450	0	1500
a_3:8000kg	900	450	0

(2) 选出上述矩阵中每个方案的最大机会损失值。

方案 a_1:max$\{0,1200,3000\}$ = 3000;

方案 a_2:max$\{450,0,1500\}$ = 1500;

方案 a_3:max$\{900,450,0\}$ = 900。

(3) 选出最大机会损失值中的最小值,即

$$\min\{3000,1500,900\} = 900。$$

按照最小机会损失准则,水果销售商会采用方案三,即采购 8000kg 为最优方案。

计算的 LINGO 程序如下:

```
model:
sets:
num/1..3/:c,d,ind;   !c 为每一状态下的最大收益,d 为每一方案的最大后悔值;
link(num,num):a,b;   !a 为决策矩阵,b 为机会损失矩阵;
endsets
data:
a = 600    800    1000
    150    2000   2500
    -300   1550   4000;
```

```
@text( ) = @table(b); !把后悔值矩阵输出到屏幕;
enddata
calc:
@for(num(j):c(j) = @max(num(i):a(i,j)));  !计算每一状态下的最大收益;
@for(link(i,j):b(i,j) = c(j) - a(i,j));   !计算机会损失矩阵;
@for(num(i):d(i) = @max(num(j):b(i,j)));
zd = @min(num:d); !求所有方案最大后悔值的最小值;
@for(num(i):ind(i) = i*(zd#eq#d(i)));  !求哪个元素达到了最小值,即取第几个决策;
endcalc
end
```

5. 折中准则

某些情况下,仅用乐观准则或悲观准则来处理问题可能比较极端,这就需要对它们的影响进行综合考虑。所谓折中准则是指在乐观准则和悲观准则之间的折中,也就是 Hurwicz(赫威茨)准则。折中准则中,用乐观系数 $\alpha(0 \leq \alpha \leq 1)$ 表示乐观的程度,α 越接近 1 表明决策者对状态的估计越乐观,此时,悲观系数为 $1 - \alpha$。

例 9.5 以表 9.2 所示的水果销售商的水果进货量问题为例,求按照折中准则决策的最优进货量方案。假设乐观系数 α 值为 0.4。

解 (1) 计算各方案的折中收益值。

$H(a_1) = 0.4 \times 1000 + (1 - 0.4) \times 600 = 760;$

$H(a_2) = 0.4 \times 2500 + (1 - 0.4) \times 150 = 1090;$

$H(a_3) = 0.4 \times 4000 + (1 - 0.4) \times (-300) = 1420。$

(2) 选出上面三个值中的最大值,即

$$\max\{760, 1090, 1420\} = 1420。$$

此时,按照折中准则的水果销售商会采用方案三,即采购水果 8000kg 为最优方案。

计算的 LINGO 程序如下:

```
model:
sets:
num/1..3/:b,c,d,ind;  !b,c 分别为每一方案下的最大收益和最小收益,d 为折中收益值;
link(num,num):a;  !a 为决策矩阵;
endsets
data:
a = 600    800    1000
    150    2000   2500
   -300    1550   4000;
alpha = 0.4;
enddata
calc:
@for(num(i):b(i) = @max(num(j):a(i,j));c(i) = @min(num(j):a(i,j)));  !计算每一方案的最大收益和最小收益;
@for(num:d = alpha*b + (1-alpha)*c);  !计算每一方案的折中收益值;
zd = @max(num:d);  !求折中收益值的最大值;
@for(num(i):ind(i) = i*(zd#eq#d(i)));  !求哪个元素达到了最大值,即取第几个决策;
```

```
endcalc
end
```

9.3 风险型决策方法

决策者虽不能完全掌握未来环境的信息,但可能获得各种自然状态发生的概率。在风险决策中,通常采用收益期望值作为决策准则,最常用的有最大期望收益准则和最小期望损失准则。

9.3.1 风险型决策的期望值法

最大期望收益决策准则(Expected Monetary Value, EMV)就是求出每个策略方案的期望收益值,从中选择最大的期望值,以它对应的方案为最优方案。

例 9.6 某石油公司拥有一块可能有油的土地,根据可能出油的多少,该块土地具有 4 种状态:产油 50 万桶、20 万桶、5 万桶、无油。公司目前有 3 个方案可供选择:自行钻井;无条件地将该块土地出租给其他生产者;有条件地租给其他生产者。若自行钻井,打出一口有油井的费用是 10 万元,打出一口无油井的费用是 7.5 万元,每一桶油的利润是 1.5 元。若无条件出租,不管出油多少,公司收取固定租金 4.5 万元;若有条件出租,公司不收取租金,但当产量为 20 万桶至 50 万桶时,每桶公司收取 0.5 元。由上计算得到该公司可能的利润收入见表 9.4。按过去的经验,该块土地具有上面 4 种状态的可能性分别为 10%、15%、25% 和 50%。问题是该公司应选择哪种方案,可获得最大利润?

表 9.4 石油公司的可能利润收入表

项 目	50 万桶(S_1)	20 万桶(S_2)	5 万桶(S_3)	无油(S_4)
自行钻井(A_1)	650000	200000	−25000	−75000
无条件出租(A_2)	45000	45000	45000	45000
有条件出租(A_3)	250000	100000	0	0

例 9.6 是一个典型的风险型决策的例子。一般风险型决策问题可描述如下:设 $A_1,\cdots,A_m$ 为所有可能选择的方案,$S_1,\cdots,S_n$ 为所有可能出现的状态(称为自然状态),各状态出现的概率(可以是客观的,也可以是主观的)分别为 $p_1,\cdots,p_n$。记 $a_{ij}=u(A_i,S_j)$ 为方案 A_i 当状态 S_j 出现时的损益值(或效用值),则一般风险型决策问题可由表 9.5 表示。

表 9.5 风险型决策表

方　案	状　态			
	S_1	S_2	$\cdots$	S_n
	p_1	p_2	$\cdots$	p_n
A_1	a_{11}	a_{12}	$\cdots$	a_{1n}
A_2	a_{21}	a_{22}	$\cdots$	a_{2n}
$\vdots$	$\vdots$	$\vdots$	$\vdots$	$\vdots$
A_m	a_{m1}	a_{m2}	$\cdots$	a_{mn}

处理风险型决策问题时常用的方法是根据期望收益最大原则进行分析,期望收益最大原则蕴含了两层意思:

(1) 无差异性,即是说决策者认为在一个确定性收益和一个与之等值的期望收益之间不存在差异。

(2) 趋利性,即是说决策者总是希望期望收益值越大越好。

期望收益最大原则是风险型决策分析的一个基本假设,根据这一假设,可由决策表 9.5 计算每一方案 A_i 的期望收益,即

$$E(A_i) = \sum_{j=1}^{n} p_j a_{ij} (i = 1, 2, \cdots, m), \quad (9.1)$$

然后选取 A_i^*,使得

$$E(A_i^*) = \max_{1 \leq i \leq m} E(A_i)。 \quad (9.2)$$

对于例 9.6,分别记"自行钻井""无条件出租"和"有条件出租"这 3 个方案为 A_1, A_2 和 A_3,有

$E(A_1) = 0.10 \times 650000 + 0.15 \times 200000 + 0.25 \times (-25000) + 0.5 \times (-75000) = 51250$(元);

$E(A_2) = 0.10 \times 45000 + 0.15 \times 45000 + 0.25 \times 45000 + 0.5 \times 45000 = 45000$(元);

$E(A_3) = 0.10 \times 250000 + 0.15 \times 100000 + 0.25 \times 0 + 0.5 \times 0 = 40000$(元)。

根据期望收益最大原则,应选择方案 A_1,即自行钻井。

计算的 LINGO 程序如下:

```
model:
sets:
zhuangtai/1..4/:p;
fangan/1..3/:e,ind;
link(fangan,zhuangtai):a;
endsets
data:
p = 0.1    0.15    0.25    0.5;
a = 650000  200000  -25000  -75000
    45000   45000   45000   45000
    250000  100000  0       0;
enddata
@for(fangan(i):e(i) = @sum(zhuangtai(j):a(i,j)*p(j)));
ze = @max(fangan:e);    !求期望的最大值;
@for(fangan(i):ind(i) = i*(ze#eq#e));  !求哪个方案取得最大值;
end
```

例 9.6 中若 4 种状态的可能性分别变为 8%、15%、25% 和 52%,则采用不同方案时的收益分别为 $E(A_1) = 36750$(元),$E(A_2) = 45000$(元),$E(A_3) = 35000$(元),因而改为选择方案 A_2。这说明状态概率的变化会导致决策的变化。设 α 为出现状态 S_1 的概率,S_2 和 S_3 的概率不变,状态 S_4 的出现概率变为 $(0.6 - \alpha)$,由表 9.4 计算,得

$$E(A_1) = 650000\alpha + 30000 - 6250 - 75000(0.6 - \alpha),$$
$$E(A_2) = 45000。$$

为观察 α 的变化如何影响到决策方案的变化,令 $E(A_1) = E(A_2)$,则可解得 $\alpha^* = 0.0914$,

称 α^* 为转折概率。当 $\alpha > 0.0914$ 时,选择方案 A_1,否则选择方案 A_2。

在实际工作中,可把状态概率、益损值等在可能的范围内做几次变动,分析这些变动会给期望益损值和决策结果带来的影响。如果参数稍加变动而最优方案不变,则这个最优方案是比较稳定的;反之,如果参数稍加变动使最优方案改变,则原最优方案是不稳定的,需进一步分析。

9.3.2 贝叶斯决策

1. 先验概率和后验概率

在处理风险型决策问题的期望值方法中,需要知道各种状态出现的概率 $P(S_1),\cdots,P(S_n)$,这些概率通常为先验概率。因为不确定性经常是由于信息的不完备造成的,决策的过程实际上是一个不断收集信息的过程,当信息足够完备时,决策者便不难做出最后决策,因此,当收集到一些有关决策的进一步信息 B 后,对原有各种状态出现概率的估计可能会发生变化。变化后的概率记为 $P(S_j|B)$,这是一个条件概率,表示在得到追加信息 B 后对原概率 $P(S_j)$ 的修正,故称为后验概率。由先验概率得到后验概率的过程称为概率修正,决策者事实上经常是根据后验概率进行决策的。

2. 贝叶斯决策

利用贝叶斯公式可以根据追加信息 B 由先验概率计算后验概率。在风险决策中,利用贝叶斯公式进行概率修正的决策方法称为贝叶斯决策。贝叶斯决策的具体步骤如下

(1) 根据以往的经验估计,获得各种自然状态发生的先验概率 $P(S_j)$。

(2) 通过获取的样本信息、请专家估计等方法获得附加信息的概率 $P(B|S_j)$。

(3) 利用贝叶斯公式,计算出各自然状态发生的后验概率 $P(S_j|B)$。

$$P(S_j|B) = \frac{P(S_j)P(B|S_j)}{\sum_{i=1}^{n} P(S_i)P(B|S_i)}.$$

式中:$P(S_j)$ 为自然状态 S_j 出现的概率,即先验概率;$P(B|S_j)$ 为自然状态 S_j 出现的情况下,事件 B 发生的概率;$P(S_j|B)$ 为事件 B 发生的情况下,自然状态 S_j 出现的概率,即后验概率。

(4) 根据后验概率调整决策,决策过程与基于最大期望收益准则的决策方法相同。

追加信息的获取一般应有助于改进对不确定性决策问题的分析。由于获取信息通常要支付一定的费用,这就产生了一个需要将有追加信息情况下可能的收益增加值同为获取信息所支付的费用进行比较,当追加信息可能带来的新收益大于信息本身的费用时,才有必要去获取新的信息。因此,通常把信息本身能带来的新的收益称为信息的价值。

例9.7 约翰有 10 万元资金,如果用于某项开发事业,估计成功的概率为 96%,成功时可获利 12%,若一旦失败,将丧失全部资金。如果把资金存入银行,可稳获利息 6%。为了获得更多关于这项事业的情报,约翰上网查询资料。他看到一个咨询公司的广告,可以提供对这项事业的咨询服务,咨询费用为 500 元,该咨询公司过去 200 例咨询意见实施结果的统计情况如表 9.6。约翰参考了这些信息后,决定去咨询公司进行咨询,虽然他知道这些信息只能提供参考。如果咨询公司的意见是可以投资开发这项事业,问约翰现在应当如何决定?

表9.6 咨询公司意见实施结果

项目	实施结果	投资成功次数	投资失败次数	合计总次数
咨询意见	可以投资	154	2	156
	不宜投资	38	6	44
	合计	192	8	200

解 利用贝叶斯决策方法的决策过程的计算步骤如下。

(1) 本例中存在两种自然状态:投资成功、投资失败,各自然状态发生的先验概率为
$$P(S_1)=0.96, P(S_2)=0.04。$$

(2) 本例中,追加信息"事件B"为咨询公司的咨询意见,有两种意见:B_1为可以投资,B_2为不宜投资。这两种意见在各种自然状态下发生的概率为
$$P(B_1|S_1)=\frac{154}{192}=0.802, P(B_1|S_2)=\frac{2}{8}=0.25,$$
$$P(B_2|S_1)=\frac{38}{192}=0.198, P(B_2|S_2)=\frac{6}{8}=0.75。$$

(3) 利用贝叶斯公式,计算出各自然状态发生的后验概率。事实上,约翰其实只关心如果咨询意见为可以投资的情况下,投资成功和投资失败这两个自然状态发生的概率。
$$P(S_1|B_1)=\frac{P(S_1)P(B_1|S_1)}{\sum_{i=1}^{2}P(S_i)P(B_1|S_i)}=\frac{0.96\times0.802}{0.96\times0.802+0.04\times0.25}=0.987,$$
$$P(S_2|B_1)=\frac{P(S_2)P(B_1|S_2)}{\sum_{i=1}^{2}P(S_i)P(B_1|S_i)}=\frac{0.04\times0.25}{0.96\times0.802+0.04\times0.25}=0.013。$$

下面给出咨询意见为不宜投资的情况下,投资成功和投资失败这两个自然状态发生的概率,即
$$P(S_1|B_2)=\frac{P(S_1)P(B_2|S_1)}{\sum_{i=1}^{2}P(S_i)P(B_2|S_i)}=\frac{0.96\times0.198}{0.96\times0.198+0.04\times0.75}=0.864,$$
$$P(S_2|B_2)=\frac{P(S_2)P(B_2|S_2)}{\sum_{i=1}^{2}P(S_i)P(B_2|S_i)}=\frac{0.04\times0.75}{0.96\times0.198+0.04\times0.75}=0.136。$$

事实上,在咨询意见为不宜投资的情况下,约翰将把资金存入银行。

(4) 根据后验概率调整计算结果。在咨询意见为可以投资的情况下,投资于开发事业的期望收益为
$$\text{EMV}(A_1)=(100000\times12\%)\times98.7\%+(-100000)\times1.3\%=10544(元),$$
存入银行的期望收益为
$$\text{EMV}(A_2)=100000\times6\%=6000(元)。$$

从计算结果选出最大者10544元,即通过贝叶斯决策方法调整的最优方案为投资于开发事业。而基于最大期望值收益准则的决策结果也是投资于开发事业。

下面根据先验概率计算投资的期望收益。不咨询情况下,投资于开发事业的期望收益为
$$\text{EMV}_2(A_1)=(100000\times12\%)\times96\%+(-100000)\times4\%=7520(元),$$

即通过投资咨询,获得的期望收益增加了3024元。

9.3.3 决策树

上面讨论的风险型决策问题是一步决策问题,实际当中很多决策往往是多步决策问题,每走一步选择一个决策方案,下一步的决策取决于上一步的决策及其结果,因而是个多阶段决策问题。这类决策问题一般不便用决策表来表示,常用的方法是决策树法。

所谓决策树就是将有关的方案、状态、结果、益损值和概率等用由一些节点和边组成的类似于"树"的图形表示出来。

1. 决策树的结构

决策树一般由四个基本元素组成。

1) 决策节点

决策树中,决策节点用方块图形□表示。决策者在决策节点处对方案进行决策选择。从它引出的每一分枝,代表可能选取的方案,称为方案枝。最后选中的方案的期望收益值要写在决策节点旁边。

2) 状态节点

状态节点用圆圈图形○表示,其旁边的数字为该策略的期望收益值。从状态节点引出的分枝称为概率分枝,每个概率枝上注明所代表的自然状态及出现的概率。

3) 结果节点

结果节点用三角图形△表示,它是概率枝的末端。它旁边的数字代表相应策略在该状态下的收益值。

4) 分枝

决策树中的分枝包括方案枝和概率枝两种,通常用线段表示。分枝连接决策树中的某两个节点。方案枝和概率枝在决策树中的位置如图9.1所示。

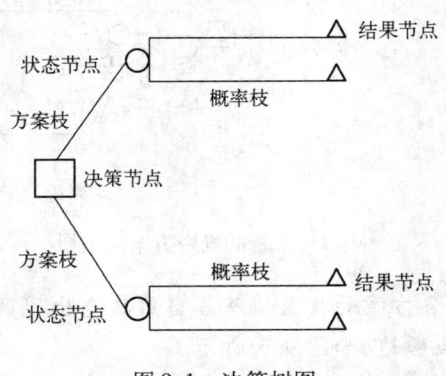

图 9.1　决策树图

2. 决策步骤

应用决策树进行决策时,决策过程由右向左依次进行计算,具体步骤为:

(1) 根据收益值及对应概率枝上的概率,计算每一策略方案的期望收益值,并标于状态节点旁边。

(2) 根据方案的期望收益值进行决策,决定方案的取舍。舍弃方案称为修枝,标上"++"

符号,表示舍弃。

(3) 最后将所剩方案枝的期望收益值标于决策节点旁边,并以此为最优方案。

例9.8 米奇有30万元资金想要进行投资,他目前有三种投资方式可以选择:投资股票、投资债券或者投资于某项开发事业。若资金用于开发事业,则具有不确定性,也可能出现两种情况:一种是此次投资以后无需再追加任何投资;另一种是项目发展到一定阶段还要追加投资,这种情况的期望收益要比前一种情况高,当然风险也大。各个方案的具体投资收益如表9.7所示。问米奇应当如何选择这笔资金的投资方案?

表9.7 米奇的投资方案收益情况

具体方案	投资股票		投资债券		开发事业			
自然状态	正常	异常	正常	异常	无需追加投资	需要追加投资		
出现的概率	0.7	0.3	0.9	0.1	0.6	0.4		
						追加投资		退出	
各自然状态下的收益	10	−4	5	−3	6	0.6	0.4	0.7	0.3
						18	−15	4	−10

解 (1)根据已知条件画出决策树,如图9.2所示。

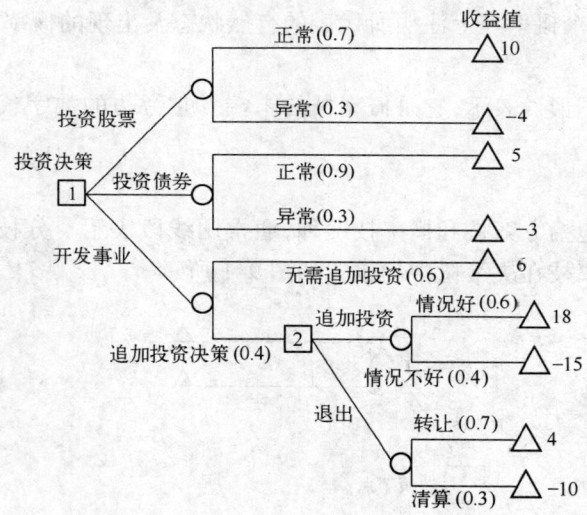

图9.2 米奇的投资方案决策树

(2) 根据决策节点2后各方案的收益值及各自然状态出现的概率,首先计算每一方案的期望收益值,并标于状态节点旁边,如图9.3所示。

(3) 对决策节点2进行决策:根据"追加投资"和"退出"两种方法的期望收益值进行决策,选择期望收益值较大的方案即"追加投资",舍弃方案"退出",为"退出"方案枝标上"++"符号。

(4) 将"追加投资"方案枝的期望收益值标于决策节点旁边,并以此为决策节点2的最优方案。

(5) 对决策节点1进行决策,重复上面的步骤,结果如图9.4所示。

(6) 根据上面的决策树,可以得到米奇的投资决策方案为"投资股票"。在该决策下他的期望收益为 5.8 万元。

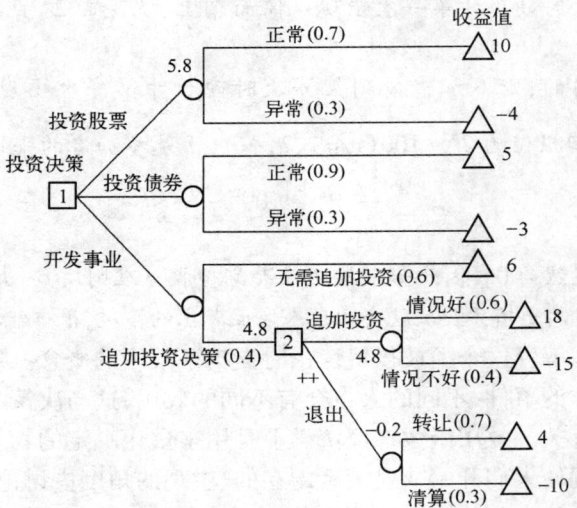

图 9.3 米奇的投资方案决策树中决策节点 2 的决策过程

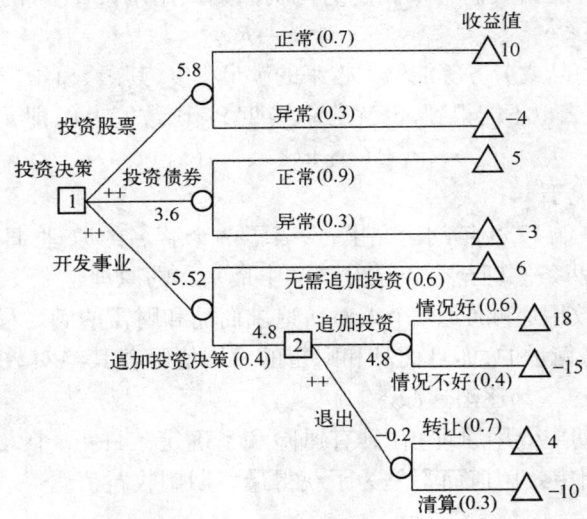

图 9.4 米奇的投资方案决策树中决策节点 1 的决策过程

9.4 效用理论

由于每个人所处的环境、地位的差异,对钱的吸引力和愿意冒险的态度也是不同的。对于不确定情况下的决策,效用理论(Utility Theory)可以提供这方面的知识。

9.4.1 效用与期望效用原理

18 世纪的时候,著名数学家丹尼尔·伯努利的表兄尼古拉·伯努利提出了圣彼得堡悖论,目的是挑战以期望值作为决策的标准。

例 9.9 圣彼得堡悖论(Saint Petersburg Paradox)。传说过去在圣彼得堡街头流行着一种赌博,规则是参加者先付100卢布,然后掷硬币,当第一次出现人像面朝上时,一局赌博结束。如果参加者掷到第 n 次时硬币才第一次出现人像面朝上,就赢回 2^n 卢布($n=1,2,\cdots$)。问决策者是否参加赌博?

解 设硬币是均匀的,则参加者掷到第 n 次时硬币才第一次出现人像面朝上的概率为 $p(n)=\left(\dfrac{1}{2}\right)^n$,此时的回报值为 2^n-100($n=1,2,\cdots$),于是参加者的平均回报为

$$E=\sum_{n=1}^{\infty}\dfrac{2^n-100}{2^n}=+\infty。$$

如果不参加赌博,回报显然为0。因此如果按照最大期望收益准则决策,大家都会选择参加赌博。可是实际情况是,参加者总是掷了几次就会出现人像面朝上的情况,很少能收回100卢布赌金的。

丹尼尔·伯努利在解释这个圣彼得堡悖论时提出了效用的概念。效用是决策者的一种主观价值。即使对于同样的事件,不同的人也会有不同的效用,这与决策者的财富水平、安全感、冒险精神等个人因素有关。效用函数在经济学上是用来量化一定的物质或财富给人带来的满足感的函数。它的出现使人们开始从决策者内在的、主观的角度去讨论风险决策问题,即从投资者的偏好出发去讨论他们对待风险的态度。

定义9.1 令 $G=\{$能给人们带来满足的物质$\}$,则效用函数 $u(x)$ 的定义为

$$u(x):G\to R,$$

表示数量为 x 的金钱、商品或劳务等能给人带来的满足程度,其函数值的大小表示决策者对某种选择的偏好程度。当什么也不能得到,也就是 $x=0$ 时,其函数值为0,即 $u(0)=0$。同时,若有

$$x_1,x_2\in G\text{ 且 }u(x_1)>u(x_2),$$

则说明决策者认为 x_1 优于 x_2。

丹尼尔·伯努利在他1738年的论文里,发表了两个著名的原理,即边际效用递减原理和最大期望效用原理,这两条原理至今仍是经济学中最基本的原理。

原理9.1 (边际效用递减原理)个人对所追求商品和财富的满足程度是相对于他对财富的主观价值即效用值来衡量的,而且商品和财富的效用值随着其绝对数量(或货币单位量)的增加而增加,但增加的速率却逐渐递减。

原理9.2 (最大期望效用原理)在具有风险和不确定条件下,个人行为的动机和决策的准则是为了获得最大期望效用值而不是为了获得最大期望收益值。

9.4.2 效用函数与风险态度

1. 效用函数的确定

例9.10 在以下三种情况中,设事故发生的概率都是0.1,无事故的概率为0.9,损失情况如表9.8所示。

表9.8 事故损失

情 形	概率0.1	概率0.9	期望损失/元
	可能的损失/元		
1	10	0	1
2	1000	0	100
3	100000	0	10000

在第 1 种情形,10 元损失通常是无关紧要的,决策者也许不会愿意支付比 1 元更多的钱购买保险。然而在第 3 种情形,100000 元的损失可能是灾难性的,决策者可能愿意支付比期望值 10000 元更多的钱以换取保险。

效用函数的确定是主观的。

(1) 先确定最大效用和最小效用,如 $u(0)=0$, $u(200000)=1$。

(2) 再取一些特殊点。

(3) 利用上述取定的点,确定适当的函数。

2. 风险态度

例 9.11 考虑简单的选择问题:

A:以概率 1 稳获 50 美元;

B:以 0.8 的概率获得 100 美元,以 0.2 的概率什么也得不到;

C:犹豫不定,认为选择 A 还是选择 B 都可以。

通过观察决策者的选择可以衡量他的风险态度。选择 A,即宁愿稳获 50 美元,而不愿去冒 20% 的风险什么也得不到的决策者,可以认为他是风险厌恶型的或是保守型的;选择 B 的决策者,可以认为他是风险喜好型的或是激进型的;而选择 C,认为选择 A 还是选择 B 差不多、都可以的决策者,可以认为他是风险中立的。不同风险态度下的效用函数曲线,如图 9.5 所示。

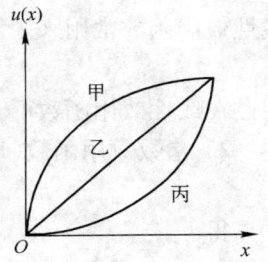

图 9.5 风险态度与效用曲线

(1) 曲线甲是风险厌恶的,是上凸函数,$u''(x)<0$。

(2) 曲线丙是风险喜好的,是下凸函数,$u''(x)>0$。

(3) 曲线乙是风险中立的,是线性函数,$u''(x)=0$。

现实生活中,大多数人都是风险厌恶的。为了从数学上解释风险厌恶型决策者,Jensen 不等式发挥了重要作用。

原理 9.3 Jensen(詹森)不等式。 如果 $u(x)$ 是一个上凸函数,$u''(x)<0$,即这个决策者是风险厌恶的,若 X 表示随机收益,则
$$E[u(X)] \leqslant u(E[X]),$$
其含义为:这个风险厌恶型决策者,得到一笔固定的收益 $E[X]$ 的效用,比得到随机波动的收益 X 的效用高。

如果 $u(x)$ 是一个下凸函数,$u''(x)>0$,即这个决策者是风险喜好的,若 X 表示随机收益,则
$$E[u(X)] \geqslant u(E[X]),$$
其含义为:该决策者宁愿选择随机波动的收益 X,他认为这样的效用比得到一笔固定收益 $E[X]$ 的效用高。

3. 风险态度的度量

Pratt(普拉特,1964)和 Arrow(阿罗,1965,1974)分别提出了两种度量风险态度的指标:绝对风险指数和相对风险指数,统称为 Pratt – Arrow 指数。

定义 9.2 定义效用函数 $u(x)$ 在财富 w 处的绝对风险指数和相对风险指数如下:

绝对风险指数:$r_a(w) = -\dfrac{u''(w)}{u'(w)}$;

相对风险指数:$r_r(w) = -w\dfrac{u''(w)}{u'(w)}$。

从绝对风险指数的符号,可以判定决策者的风险态度。表 9.9 总结了风险态度、绝对风险指数与效用函数的凸性间的关系。绝对风险指数与相对风险指数间的关系为

$$r_r(w) = wr_a(w)。$$

表 9.9　风险态度、绝对风险指数与效用函数的凸性间的关系

风　险　态　度	绝对风险指数	效用函数的凸性
风险厌恶	$r_a(w) > 0$	$u''(w) < 0$
风险中立	$r_a(w) = 0$	$u''(w) = 0$
风险喜好	$r_a(w) < 0$	$u''(w) > 0$

4. 常用的效用函数

1) 线性效用函数(Linear Utility Function)

$$u(x) = c_1 x + c_0。$$

线性效用函数常用来表示风险中立决策者的效用函数,容易看到

$$u'(x) = c_1, u''(x) = 0,$$

因此在线性效用函数下,风险指数为 0。

2) 指数效用函数(Exponential Utility Function)

$$u(x) = \beta - e^{-\alpha x}, \alpha > 0,$$

计算得

$$u'(x) = \alpha e^{-\alpha x} > 0, u''(x) = -\alpha^2 e^{-\alpha x} < 0。$$

因此指数效用函数可以用来表示风险厌恶决策者的效用函数。

$$r_a(w) = -\frac{u''(w)}{u'(w)} = \alpha, r_r(w) = -\frac{wu''(w)}{u'(w)} = \alpha w。$$

指数函数的参数表示了风险厌恶者的绝对风险指数,而相对风险指数与决策者目前的财富成正比。

3) 平方效用函数(Quadratic Utility Function)

$$u(x) = -(\alpha - x)^2, x \leq \alpha。$$

因为

$$u'(x) = 2(\alpha - x) > 0, u''(x) = -2 < 0,$$

因此,平方效用函数也可以表示风险厌恶决策者的偏好。此时

$$r_a(w) = -\frac{u''(w)}{u'(w)} = \frac{1}{\alpha - w}, r_r(w) = -\frac{wu''(w)}{u'(w)} = \frac{w}{\alpha - w}。$$

决策者的风险指数与决策者目前的财富 w 有关,当财富水平越高时,厌恶风险的绝对程度越低,但相对风险指数却越高。

4) 分数幂效用函数

$$u(x) = cx^r, x > 0, 0 < r < 1, c > 0。$$

由于

$$u'(x) = crx^{r-1} > 0, u''(x) = cr(r-1)x^{r-2} < 0,$$

因此分数幂效用函数也可以表示风险厌恶决策者的偏好。同时

$$r_a(w) = -\frac{u''(w)}{u'(w)} = \frac{1-r}{w}, r_r(w) = -\frac{wu''(w)}{u'(w)} = 1 - r。$$

绝对风险指数与决策者的当前财富水平 w 成反比,而相对风险指数为常数。

5) 对数效用函数(Logarithm Utility Function)

$$u(x) = c + \log(\alpha + x), x > -\alpha。$$

计算,得

$$u'(x) = \frac{1}{\alpha + x} > 0, u''(x) = -\frac{1}{(\alpha + x)^2} < 0。$$

因此,对数效用函数也适合于描述风险厌恶决策者的效用。它的风险指数为

$$r_a(w) = -\frac{u''(w)}{u'(w)} = \frac{1}{\alpha + w}, r_r(w) = -\frac{wu''(w)}{u'(w)} = \frac{w}{\alpha + w}。$$

决策者的风险厌恶程度与他们当时的财富水平 w 有关。在对数效用函数之下,绝对风险指数随着财富水平的提高而减少,但相对风险指数则相反。

9.4.3 最大期望效用决策准则

最大期望效用决策准则,就是根据效用理论,借助于效用函数或效用曲线,计算各个策略的期望效用值,以期望效用值最大的策略为最优策略。

例9.12 改革开放以来,社会经济和人民生活发生了巨大的变化,私家车已成为时尚家庭的消费品而日益受到民众的关注。小强想买一辆汽车,他主要考察两项指标:功率和价格。小强认为最适合的功率为70kW,若低于60kW就不适于他使用。他最满意的价格是10万元,若高于15万元就不能接受了。目前市场上能满足上述基本要求的汽车有A牌、B牌和C牌三种,具体指标如表9.10所示。若小强的效用函数为线性,则按照最大期望效用准则进行决策,小强选哪一种为好?

表9.10 三种汽车基础指标

品 牌	功率/kW	价格/万元
A	62	10
B	65	12
C	70	14

解 应用效用理论,在小强的效用函数为线性的条件下,首先把各个方案的各项指标分别折算成效用值,然后相加,得出每个方案的总的效用值,再进行方案的比较。步骤如下:

(1) 计算小强的功率效用函数值。设 x_1 表示功率, $u_1(x_1)$ 表示功率的效用函数,取 $u_1(60) = 0, u_1(70) = 1$, 当 $u_1(x_1)$ 为线性函数时, $u_1(x_1) = -6 + \frac{x_1}{10}$,因而有

$$u_1(62) = 0.2, u_1(65) = 0.5。$$

(2) 计算小强的价格效用函数值。设 x_2 表示价格, $u_2(x_2)$ 表示价格的效用函数,取 $u_2(15) = 0, u_2(10) = 1$,当 $u_2(x_2)$ 为线性函数时, $u_2(x_2) = 3 - \frac{1}{5}x_2$,因而有

$$u_2(12) = 0.6, u_2(14) = 0.2。$$

(3) 计算各个品牌的综合效用值。因为是两个目标的综合决策,小强要明确他更看重哪一个指标,分别赋予权数 a, b,满足

$$0 < a < 1, 0 < b < 1, a + b = 1,$$

在这里,小强给定功率权数 $a=0.6$,价格权数 $b=0.4$。计算的综合效用值为

A 牌:$U_A = au_1(62) + bu_2(10) = 0.6 \times 0.2 + 0.4 \times 1 = 0.52$;
B 牌:$U_B = au_1(65) + bu_2(12) = 0.6 \times 0.5 + 0.4 \times 0.6 = 0.54$;
C 牌:$U_C = au_1(70) + bu_2(14) = 0.6 \times 1 + 0.4 \times 0.2 = 0.68$。

(4) 应用最大期望效用准则,即

$$\max\{0.52, 0.54, 0.68\} = 0.68。$$

因此,结论是小强选 C 牌为好。

例 9.13 小芳计划将资金投资于股票市场,她有两种收益前景,第 1 种记为 X,服从均值为 5 方差为 2 的正态分布;第 2 种记为 Y,服从均值为 6 方差为 2.5 的正态分布。期望值为 μ,方差为 σ^2 的正态分布记为 $N(\mu,\sigma^2)$,这里 X 与 Y 的分布分别为 $N(5,2)$ 与 $N(6,2.5)$。若她的效用函数为 $u(x) = 1 - e^{-5x}$,问小芳更偏好哪种前景?

解 注意到,服从正态分布 $N(\mu,\sigma^2)$ 的随机变量 Z 的矩母函数为

$$M_Z(t) = E[e^{tZ}] = e^{\mu t + \frac{1}{2}\sigma^2 t^2},$$

于是

$$E[u(X)] = E[1 - e^{-5X}] = 1 - e^{[5 \times (-5) + \frac{1}{2} \times 2 \times (-5)^2]} = 0,$$
$$E[u(Y)] = E[1 - e^{-5Y}] = 1 - e^{[6 \times (-5) + \frac{1}{2} \times 2.5 \times (-5)^2]} = 1 - e^{1.25},$$

显然,有

$$E[u(X)] = 0 > E[u(Y)] = 1 - e^{1.25},$$

因此,小芳更偏好前景 X。

9.5 层次分析法

层次分析法(Analytic Hierarchy Process,AHP)是美国运筹学家 T. L. Saaty(萨蒂)于 20 世纪 70 年代提出的一种系统分析方法。这种方法适用于结构较为复杂、决策准则较多而且不易量化的决策问题,由于其思路简单明了,尤其是紧密地和决策者的主观判断和推理联系起来,对决策者的推理过程进行量化的描述,可以避免决策者在结构复杂和方案较多时逻辑推理上的失误,因此得到了广泛的应用。

层次分析法的基本内容:首先根据问题的性质和要求,提出一个总的目标;然后将问题按层次分解,对同一层次内的诸因素通过两两比较的方法确定出相对于上一层目标的各自的权系数。这样层层分析下去,直到最后一层,即可给出所有因素(或方案)相对于总目标而言的按重要性(或偏好)程度的一个排序。其解决问题的基本步骤如下:

第 1 步,分析系统中各因素之间的关系,建立系统的递阶层次结构,一般层次结构分为 3 层,第 1 层是目标层,第 2 层为准则层,第 3 层为方案层。

第 2 步,对于同一层次的各因素关于上一层中某一准则(目标)的重要程度进行两两比较,构造出两两比较的判断矩阵。

第 3 步,由比较判断矩阵计算被比较因素对每一准则的相对权重,并进行比较判断矩阵的一致性检验。

第 4 步,计算方案层对目标层的组合权重和组合一致性检验,并进行排序。

AHP 方法的具体步骤如下:

1. 建立层次结构图

利用层次分析法研究问题时,首先要把与问题有关的各因素层次化,然后构造出一个树状结构的层次结构模型,称为层次结构图。一般问题的层次结构图分为 3 层。

最高层为目标层(O):问题决策的目标或理想结果,只有一个元素。

中间层为准则层(C):包括为实现目标所涉及的中间环节各因素,每一因素为一准则,当准则多于 9 个时可分为若干个子层。

最低层为方案层(P):方案层是为实现目标而供选择的各种措施,即为决策方案。一般来说,各层次之间的因素,有的相关联,有的不一定相关联;各层次的因素个数也未必一定相同。实际中,主要根据问题的性质和各相关因素的类别来确定。

2. 构造比较判断矩阵

构造比较判断矩阵主要是通过比较同一层次上的各因素对上一层相关因素的影响作用,而不是把所有因素放在一起比较,即将同一层的各因素进行两两对比。比较时采用相对尺度标准度量,尽可能地避免不同性质的因素之间相互比较的困难。同时,要尽量依据实际问题具体情况,减少由于决策人主观因素对结果造成的影响。

设要比较 n 个因素 $C_1, C_2, \cdots, C_n$ 对上一层(如目标层)O 的影响程度,即要确定它在 O 中所占的比例。对任意两个因素 C_i 和 C_j,用 a_{ij} 表示 C_i 和 C_j 对 O 的影响程度之比,按 $1 \sim 9$ 的比例标度来度量 $a_{ij}(i, j = 1, 2, \cdots, n)$。于是,可得到两两成对比较判断矩阵 $A = (a_{ij})_{n \times n}$,显然

$$a_{ij} > 0, a_{ji} = \frac{1}{a_{ij}}, a_{ii} = 1, i, j = 1, 2, \cdots, n,$$

因此,又称比较判断矩阵为正互反矩阵。

关于如何确定 a_{ij} 的值,Saaty 等建议 a_{ij} 取 $1 \sim 9$ 的 9 个等级,而 a_{ji} 取 a_{ij} 的倒数,如表 9.11 所示。

表 9.11 比例标度值

标度 a_{ij}	含义
1	C_i 与 C_j 的影响相同
3	C_i 比 C_j 的影响稍强
5	C_i 比 C_j 的影响强
7	C_i 比 C_j 的影响明显的强
9	C_i 比 C_j 的影响绝对的强
2, 4, 6, 8	C_i 与 C_j 的影响之比在上述两个相邻等级之间
$\frac{1}{2}, \cdots, \frac{1}{9}$	C_j 与 C_i 的影响之比为上面 a_{ij} 的倒数

在特殊情况下,如果比较判断矩阵 A 的元素具有传递性,即满足

$$a_{ik} a_{kj} = a_{ij}, \quad i, j, k = 1, 2, \cdots, n,$$

则称 A 为一致性矩阵,简称为一致阵。

3. 相对权重向量确定

设想把一大块石头 Z 分成 n 个小块 $c_1, c_2, \cdots, c_n$,其重量分别为 $w_1, w_2, \cdots, w_n$,则将 n 块小石头作两两比较,记 c_i, c_j 的相对重量为 $a_{ij} = \dfrac{w_i}{w_j}(i, j = 1, 2, \cdots, n)$,于是可得到比较判断矩阵

$$A = \begin{bmatrix} \dfrac{w_1}{w_1} & \dfrac{w_1}{w_2} & \cdots & \dfrac{w_1}{w_n} \\ \dfrac{w_2}{w_1} & \dfrac{w_2}{w_2} & \cdots & \dfrac{w_2}{w_n} \\ \vdots & \vdots & \ddots & \vdots \\ \dfrac{w_n}{w_1} & \dfrac{w_n}{w_2} & \cdots & \dfrac{w_n}{w_n} \end{bmatrix}。$$

显然,A 为一致性正互反矩阵,记 $w = [w_1, w_2, \cdots, w_n]^T$,即为权重向量,且

$$A = w\left[\dfrac{1}{w_1}, \dfrac{1}{w_2}, \cdots, \dfrac{1}{w_n}\right],$$

则

$$Aw = w\left[\dfrac{1}{w_1}, \dfrac{1}{w_2}, \cdots, \dfrac{1}{w_n}\right]w = nw。$$

这表明 w 为矩阵 A 的特征向量,且 n 为特征值。

事实上,对于一般的比较判断矩阵 A,有 $Aw = \lambda_{\max} w$,这里 $\lambda_{\max}$ 是 A 的最大特征值,w 为 $\lambda_{\max}$ 对应的特征向量。

将 w 作归一化后作为 A 的权重向量,这种方法称为特征值法。

4. 一致性检验

通常情况下,由实际得到的比较判断矩阵不一定是一致的,即不一定满足传递性。实际中,也不必要求一致性绝对成立,但要求大体上是一致的,即不一致的程度应在容许的范围内。主要考察一致性指标

$$CI = \dfrac{\lambda_{\max} - n}{n - 1}。$$

随机一致性指标 RI 通常由实验经验给定,如表 9.12 所示。

一致性比率指标 $CR = \dfrac{CI}{RI}$,当 $CR < 0.10$ 时,认为比较判断矩阵的一致性是可以接受的,则 $\lambda_{\max}$ 对应的归一化特征向量可以作为决策的权重向量。

表 9.12 随机一致性指标

n	2	3	4	5	6	7	8	9	10	11	12	13	14	15
RI	0	0.58	0.90	1.12	1.24	1.32	1.41	1.45	1.49	1.51	1.54	1.56	1.58	1.59

5. 计算组合权重和组合一致性检验

首先来确定组合权重向量。设第 $k-1$ 层上 n_{k-1} 个元素对总目标(最高层)的权重向量为

$$w^{(k)} = [w_1^{(k-1)}, w_2^{(k-1)}, \cdots, w_{n_{k-1}}^{(k-1)}]^T,$$

则第 k 层上 n_k 个元素对上一层($k-1$ 层)上第 j 个元素的权重向量为

$$p_j^{(k)} = [p_{1j}^{(k)}, p_{2j}^{(k)}, \cdots, p_{n_k j}^{(k)}]^T, \quad j = 1, 2, \cdots, n_{k-1},$$

则矩阵

$$P^{(k)} = [p_1^{(k)}, p_2^{(k)}, \cdots, p_{n_{k-1}}^{(k)}]$$

是 $n_k \times n_{k-1}$ 矩阵,表示第 k 层上的元素对第 $k-1$ 层各元素的权向量。那么第 k 层上的元素对目标层(最高层)总决策权重向量为

$$w^{(k)} = P^{(k)} w^{(k-1)} = [p_1^{(k)}, p_2^{(k)}, \cdots, p_{n_{k-1}}^{(k)}] w^{(k-1)} = [w_1^{(k)}, w_2^{(k)}, \cdots, w_{n_k}^{(k)}]^{\mathrm{T}},$$

或

$$w_i^{(k)} = \sum_{j=1}^{n_{k-1}} p_{ij}^{(k)} w_j^{(k-1)}, \quad i = 1, 2, \cdots, n_k \, .$$

对任意的 $k > 2$,有一般公式

$$w^{(k)} = P^{(k)} P^{(k-1)} \cdots P^{(3)} w^{(2)},$$

式中:$w^{(2)}$ 为第二层上各元素对目标层的总决策向量。

然后进行组合一致性检验。设 k 层的一致性指标为 $CI_1^{(k)}, CI_2^{(k)}, \cdots, CI_{n_{k-1}}^{(k)}$,随机一致性指标为 $RI_1^{(k)}, RI_2^{(k)}, \cdots, RI_{n_{k-1}}^{(k)}$,则第 k 层对目标层(最高层)的组合一致性指标为

$$CI^{(k)} = [CI_1^{(k)}, CI_2^{(k)}, \cdots, CI_{n_{k-1}}^{(k)}] w^{(k-1)},$$

组合随机一致性指标为

$$RI^{(k)} = [RI_1^{(k)}, RI_2^{(k)}, \cdots, RI_{n_{k-1}}^{(k)}] w^{(k-1)},$$

组合一致性比率指标为

$$CR^{(k)} = CR^{(k-1)} + \frac{CI^{(k)}}{RI^{(k)}}, \quad k \geq 3 \, .$$

当 $CR^{(k)} < 0.10$ 时,则认为整个层次的比较判断矩阵通过一致性检验。

6. 综合排序

根据最后得到的组合权重向量 $w = [w_1, w_2, \cdots, w_n]^{\mathrm{T}}$,按各元素取值的大小依次排序,即可得到对应 n 个决策方案的优劣次序,由此可以选择最优的决策方案。而且每个权值对应于相应方案的重要性的评价程度,所以权值的大小说明了方案的优劣程度。

例9.14 在层次分析法中,对某 4 个因素的重要性进行两两比较,得到的比较判断矩阵为

$$A = \begin{bmatrix} 1 & \frac{1}{2} & \frac{1}{3} & \frac{1}{5} \\ 2 & 1 & \frac{1}{2} & \frac{1}{3} \\ 3 & 2 & 1 & \frac{1}{2} \\ 5 & 3 & 2 & 1 \end{bmatrix},$$

求这 4 个因素的权重。

解 利用 LINGO 软件,求得矩阵 A 的最大特征值为 $\lambda_{\max} = 4.0145$,求得的权重向量为

$$w = [0.0882, 0.1570, 0.2720, 0.4829]^{\mathrm{T}} \, .$$

一致性检验指标为 $CI = \frac{4.0145 - 4}{3} = 0.0048, RI = 0.90, CR = \frac{CI}{RI} = 0.0054 < 0.1$,即通过一致性检验。

计算的 LINGO 程序如下:

```
model:
sets:
num/1..4/:w;
link(num,num):a;
```

```
endsets
data:
a = 1 0.5 0.333333 0.2
2 1 0.5 0.333333
3 2 1 0.5
5 3 2 1;
enddata
max = lambda;
@for(num(i):@sum(num(j):a(i,j)*w(j)) = lambda*w(i));
@sum(num:w) = 1;
CI = (lambda – 4)/3; CR = CI/0.9;
end
```

例 9.15 某单位拟从 3 名干部中选拔 1 人担任领导职务，选拔的标准有健康状况、业务知识、写作能力、口才、政策水平和工作作风。把这 6 个标准进行成对比较后，得到判断矩阵

$$A = \begin{array}{c} 健康状况 \\ 业务知识 \\ 写作能力 \\ 口才 \\ 政策水平 \\ 工作作风 \end{array} \begin{bmatrix} 1 & 1 & 1 & 4 & 1 & 1/2 \\ 1 & 1 & 2 & 4 & 1 & 1/2 \\ 1 & 1/2 & 1 & 5 & 3 & 1/2 \\ 1/4 & 1/4 & 1/5 & 1 & 1/3 & 1/3 \\ 1 & 1 & 1/3 & 3 & 1 & 1 \\ 2 & 2 & 2 & 3 & 1 & 1 \end{bmatrix}。$$

矩阵 A 表明，这个单位选拔干部时最重视工作作风，而最不重视口才。A 的最大特征值为 6.4203，相应的特征向量为

$$B_1 = [0.1584 \quad 0.1892 \quad 0.1980 \quad 0.0483 \quad 0.1502 \quad 0.2558]^T。$$

用 Ⅰ、Ⅱ、Ⅲ 表示 3 个干部，假设成对比较的结果如下。

健康情况
$$\begin{array}{c} \\ I \\ II \\ III \end{array} \begin{array}{ccc} I & II & III \\ \begin{bmatrix} 1 & 1/4 & 1/2 \\ 4 & 1 & 2 \\ 2 & 1/2 & 1 \end{bmatrix} \end{array}$$

业务知识
$$\begin{array}{c} \\ I \\ II \\ III \end{array} \begin{array}{ccc} I & II & III \\ \begin{bmatrix} 1 & 1/4 & 1/5 \\ 4 & 1 & 1/2 \\ 5 & 2 & 1 \end{bmatrix} \end{array}$$

写作能力
$$\begin{array}{c} \\ I \\ II \\ III \end{array} \begin{array}{ccc} I & II & III \\ \begin{bmatrix} 1 & 3 & 1/3 \\ 1/3 & 1 & 1/9 \\ 3 & 9 & 1 \end{bmatrix} \end{array}$$

口才
$$\begin{array}{c} \\ I \\ II \\ III \end{array} \begin{array}{ccc} I & II & III \\ \begin{bmatrix} 1 & 1/4 & 1/2 \\ 4 & 1 & 3 \\ 2 & 1/3 & 1 \end{bmatrix} \end{array}$$

政策水平
$$\begin{array}{c} \\ I \\ II \\ III \end{array} \begin{array}{ccc} I & II & III \\ \begin{bmatrix} 1 & 1/4 & 1/5 \\ 4 & 1 & 2 \\ 5 & 2 & 1 \end{bmatrix} \end{array}$$

工作水平
$$\begin{array}{c} \\ I \\ II \\ III \end{array} \begin{array}{ccc} I & II & III \\ \begin{bmatrix} 1 & 4 & 9 \\ 1/4 & 1 & 2 \\ 1/9 & 1/2 & 1 \end{bmatrix} \end{array}$$

由此可求得各属性的最大特征值如表 9.13 所示。把对应的特征向量，按列组成矩阵 B_2。

表 9.13 各属性的最大特征值

属　　性	健康水平	业务知识	写作能力	口　才	政策水平	工作作风
最大特征值	3	3.0246	2.9999	3.0650	3.0002	3.0015

$$B_2 = \begin{bmatrix} 0.1429 & 0.0974 & 0.2308 & 0.2790 & 0.4667 & 0.7375 \\ 0.5714 & 0.3331 & 0.0769 & 0.6491 & 0.4667 & 0.1773 \\ 0.2857 & 0.5695 & 0.6923 & 0.0719 & 0.0667 & 0.0852 \end{bmatrix}。$$

从而,得各对象的评价值
$$\boldsymbol{B}_3 = \boldsymbol{B}_2 \boldsymbol{B}_1 = [0.3590 \quad 0.3156 \quad 0.3254]^T,$$
即在3人中应选拔Ⅰ担任领导职务。

计算的 LINGO 程序如下:

```
model:
sets:
num1/1..6/:x,B1,lambda,CI,CR; !x 为特征向量,lambda 的每个分量是 3 阶矩阵的特征值;
link1(num1,num1):a; !a 为比较判断矩阵;
num2/1..3/:y,B3; !y 表示一般 3 阶矩阵的特征向量,B3 是最后求得 3 个人的综合指标值;
link2(num2,num2):b; !b 为 3 阶矩阵,用于传递数据;
num3/1..9/;
link3(num1,num3):bd; !所有 3 阶矩阵的数据;
link4(num2,num1):B2; !每一列是一个 3 阶矩阵的特征向量;
endsets
data:
a = 1.0000    1.0000    1.0000    4.0000    1.0000    0.5000
    1.0000    1.0000    2.0000    4.0000    1.0000    0.5000
    1.0000    0.5000    1.0000    5.0000    3.0000    0.5000
    0.2500    0.2500    0.2000    1.0000    0.3333    0.3333
    1.0000    1.0000    0.3333    3.0000    1.0000    1.0000
    2.0000    2.0000    2.0000    3.0000    1.0000    1.0000;
bd = 1.0000   0.2500    0.5000    4.0000    1.0000    2.0000    2.0000    0.5000    1.0000
     1.0000   0.2500    0.2000    4.0000    1.0000    0.5000    5.0000    2.0000    1.0000
     1.0000   3.0000    0.3333    0.3333    1.0000    0.1111    3.0000    9.0000    1.0000
     1.0000   0.3333    5.0000    3.0000    1.0000    7.0000    0.2000    0.1429    1.0000
     1.0000   1.0000    7.0000    1.0000    1.0000    7.0000    0.1429    0.1429    1.0000
     1.0000   4.0000    9.0000    0.2500    1.0000    2.0000    0.1111    0.5000    1.0000;
!bd 的每一行是一个 3 阶方阵的数据;
@ole(Ldata915.xlsx,A1:F1) = B1;
@ole(Ldata915.xlsx,A3:F3) = lambda;
@ole(Ldata915.xlsx,A5:F7) = B2;
@ole(Ldata915.xlsx,A9:C9) = B3;
enddata
submodel mylevel1:
max = lambda1;
@for(num1(i):@sum(num1(j):a(i,j)*x(j)) = lambda1*x(i));
@sum(num1:x) = 1;
CI1 = (lambda1 - 6)/5; CR1 = CI1/1.24;
endsubmodel
submodel mylevel2:
max = lambda2;
@for(num2(i):@sum(num2(j):b(i,j)*y(j)) = lambda2*y(i));
@sum(num2:y) = 1;
```

endsubmodel
calc:
@solve(mylevel1); @for(num1:B1 = x);   !必须把x赋值给B1,才能正确输出;
@for(num1(k):@for(link2(i,j):b(i,j) = bd(k,3*(i-1)+j));@solve(mylevel2);lambda(k) = lambda2;
@for(num2(i):B2(i,k) = y(i)); CI(k) = (lambda2 - 3)/2; CR(k) = CI(k)/0.58);
@for(num2(i):B3(i) = @sum(num1(j):B2(i,j)*B1(j)));
TCI = @sum(num1:@abs(CI)*x);   !求总的一致性指标;
TCR = TCI/0.58;
@solve();   !LINGO输出滞后,必须再求一次主模型;
endcalc
end

习 题 9

9.1 某公司因经营业务的需要,决定要在现有生产条件不变的情况下,生产一种新产品,现可供开发生产的产品有Ⅰ、Ⅱ、Ⅲ、Ⅳ 4种不同产品,对应的方案分别为 $A_1、A_2、A_3、A_4$。由于缺乏相关资料背景,对产品的市场需求只能估计为大、中、小3种状态,而且对于每种状态出现的概率无法预测,每种方案在各种自然状态下的效益值如表9.14所示。分别用乐观法、悲观法、等概率法、后悔值法选出最优方案。

表9.14 效益值数据表 (万元)

项 目	需求量大 S_1	需求量中 S_2	需求量小 S_1
A_1:生产产品Ⅰ	800	450	100
A_2:生产产品Ⅱ	600	300	20
A_3:生产产品Ⅲ	300	150	50
A_4:生产产品Ⅳ	400	300	80

9.2 某工厂决定开发新产品,需要对产品品种做出决策,有3种产品 $A_1、A_2、A_3$ 可供生产开发。未来市场对产品的需求情况有3种,即较大、中等、较小,经估计各种方案在各种自然状态下的效益值,如表9.15所示。各种自然状态发生的概率分别为0.3、0.4和0.3,那么工厂应生产哪种产品,才能使其收益最大?

表9.15 新产品生产数据 (万元)

产 品	较大 $P=0.3$	中等 $P=0.4$	较小 $P=0.3$
A_1	50	20	5
A_2	30	25	-5
A_3	10	10	10

9.3 某开发公司拟为一工厂承包新产品的研制与开发任务,但为得到合同其必须参加投标。已知投标的准备费用为40000元,中标的可能性是40%,如果不中标,准备费用得不到补

偿。如果中标，可以采用两种方法进行研制开发。方法一成功的可能性为 80%，费用为 260000 元。方法二成功的可能性为 50%，费用为 160000 元。如果研制开发成功，该开发公司可得到 600000 元，如果合同中标，但是未研制开发成功，则开发公司需赔偿 100000 元。问：

（1）是否参加投标？

（2）若中标了，采用哪种方法研制开发？

9.4 有一块海上油田进行勘探和开采的招标。根据地震试验资料的分析，找到大油田的概率为 0.3，开采期内可赚取 20 亿元；找到中油田的概率为 0.4，开采期内可赚取 10 亿元；找到小油田概率为 0.2，开采期内可赚取 3 亿元；油田无工业开采价值的概率为 0.1。按招标规定，开采前的勘探等费用均由中标者负担，预期需 1.2 亿元，以后不论油田规模多大，开采期内赚取的利润中标者分成 30%。有 A,B,C 3 家公司，其效用函数分别为

A 公司：$u(x) = (x+1.2)^{0.9} - 2$；

B 公司：$u(x) = (x+1.2)^{0.8} - 2$；

C 公司：$u(x) = (x+1.2)^{0.6} - 2$。

其中，x 为利润。试根据效用值用期望值法确定每家公司对投标的态度。

第10章 评价方法

评价方法大体上可分为两类,其主要区别在确定权重的方法上。一类是主观赋权法,多数采取综合咨询评分确定权重,如综合指数法、模糊综合评判法、层次分析法、功效系数法等。另一类是客观赋权,根据各指标间相关关系或各指标值变异程度来确定权数,如主成分分析法、因子分析法、理想解法(也称 TOPSIS 法)等。目前,国内外综合评价方法有几十种,其中主要使用的评价方法有主成分分析法、因子分析、TOPSIS、秩和比法、灰色关联度法、熵权法、层次分析法、模糊评价法、物元分析法、价值工程法、神经网络法等。

10.1 一个简单的评价问题

利用指标变量 $x_1, x_2, \cdots, x_n$ 进行评价,一般地,就是构造一个线性评价函数
$$f(x_1, x_2, \cdots, x_n) = w_1 x_1 + w_2 x_2 + \cdots + w_n x_n,$$
式中:w_i 为指标变量 x_i 的权重,通常把权重 w_i 进行归一化处理,即满足 $0 < w_i < 1, i = 1, 2, \cdots, n$,$\sum_{i=1}^{n} w_i = 1$。

例 10.1 根据表 10.1 给出的 10 个学生 8 门课的成绩,给出这 10 个学生评奖学金的评分排序。

表 10.1 学生成绩表

学生编号	语文	数学	物理	化学	英语	政治	生物	历史
1	93	66	86	88	77	71	90	94
2	97	99	61	61	75	87	70	70
3	65	99	94	71	91	86	80	93
4	97	79	98	61	92	66	88	69
5	85	92	87	63	67	64	96	98
6	63	65	91	93	80	80	99	74
7	71	77	90	88	78	99	82	68
8	82	97	76	73	86	73	65	70
9	99	92	86	98	89	83	66	85
10	99	99	67	61	90	69	70	79

首先把指标变量和数据描述出来,供下面建模使用。

指标变量 $x_1, x_2, \cdots, x_8$ 分别表示学生的语文、数学、物理、化学、英语、政治、生物、历史成绩。用 a_{ij} 表示第 i 个学生关于指标变量 x_j 的取值,构造数据矩阵 $A = (a_{ij})_{10 \times 8}$。

建模时有时需要对数据标准化处理,当然对于上述评奖学金的问题,由于所有指标变量取值的量纲是一样的,数据的量级也一样,就不需要标准化了。这里给出数据 $a_{ij}(i = 1, 2, \cdots, 10$,

$j=1,2,\cdots,8$)的标准化处理。

将各指标值a_{ij}转换成标准化指标值b_{ij},即
$$b_{ij}=\frac{a_{ij}-\mu_j}{s_j},(i=1,2,\cdots,10;j=1,2,\cdots,8), \qquad (10.1)$$

式中:$\mu_j=\frac{1}{10}\sum_{i=1}^{10}a_{ij},s_j=\sqrt{\frac{1}{10-1}\sum_{i=1}^{10}(a_{ij}-\mu_j)^2}$,$j=1,2,\cdots,8$,即$\mu_j,s_j$为第$j$个指标的样本均值和样本标准差,记$\boldsymbol{B}=(b_{ij})_{10\times 8}$。对应地,称
$$y_j=\frac{x_j-\mu_j}{s_j},\quad j=1,2,\cdots,8 \qquad (10.2)$$

为标准化指标变量。

下面根据例10.1的数据使用多种方法进行评价。

10.2 灰色关联度

灰色系统理论(Grey System Theory)的创立源于20世纪80年代。邓聚龙教授在1981年上海中—美控制系统学术会议上所作的"含未知数系统的控制问题"的学术报告中首次使用了"灰色系统"一词。

所谓灰色系统是指部分信息已知而部分信息未知的系统,灰色系统理论所要考察和研究的是对信息不完备的系统,通过已知信息来研究和预测未知领域从而达到了解整个系统的目的。

灰色系统理论与概率论、模糊数学一起并称为研究不确定性系统的三种常用方法,具有能够利用"少数据"建模寻求现实规律的良好特性,克服了数据不足或系统周期短的矛盾。

灰色关联分析方法的基本思想是根据序列曲线几何形状的相似程度来判断其联系是否紧密,曲线越接近,相应序列之间的关联度就越大,反之就越小。

例10.2 (续例10.1)利用灰色关联度对10个学生进行评价排序。

灰色关联度分析具体步骤如下:

(1) 确定比较对象(评价对象)和参考数列(评价标准)。评价对象的个数$m=10$,评价指标变量有8个,比较数列为
$$a_i=\{a_i(k)\mid k=1,2,\cdots,8\},\quad i=1,2,\cdots,10,$$
式中:$a_i(k)$为第i个评价对象关于第k个指标变量x_k的取值。

参考数列为$a_0=\{a_0(k)\mid k=1,2,\cdots,8\}$,这里$a_0(k)=100,k=1,2,\cdots,8$。即参考数列相当于一个虚拟的最好评价对象的各指标值。

(2) 计算灰色关联系数,即
$$\xi_i(k)=\frac{\min\limits_{s}\min\limits_{t}|a_0(t)-a_s(t)|+\rho\max\limits_{s}\max\limits_{t}|a_0(t)-a_s(t)|}{|a_0(k)-a_i(k)|+\rho\max\limits_{s}\max\limits_{t}|a_0(t)-a_s(t)|},\quad i=1,2,\cdots,10,k=1,2,\cdots,8。$$

该系数为比较数列a_i对参考数列a_0在第k个指标上的关联系数,其中$\rho\in[0,1]$为分辨系数。式中$\min\limits_{s}\min\limits_{t}|a_0(t)-a_s(t)|$、$\max\limits_{s}\max\limits_{t}|a_0(t)-a_s(t)|$分别为两级最小差及两级最大差。

一般来讲,分辨系数ρ越大,分辨率越大;ρ越小,分辨率越小。

(3) 计算灰色关联度,即

$$r_i = \sum_{k=1}^{8} w_k \xi_i(k), \quad i = 1,2,\cdots,10 \text{。}$$

式中：w_k 为第 k 个指标变量 x_k 的权重，这里取为等权重，即 $w_k = 1/8$；r_i 为第 i 个评价对象对理想对象的灰色关联度。

（4）评价分析。根据灰色关联度的大小，对各评价对象进行排序，可建立评价对象的关联序，关联度越大，其评价结果越好。

计算结果如表 10.2 所示。通过表 10.2 可以看出，各个学生的评价值从高到低的次序依次为

9　　3　　5　　4　　1　　10　　6　　7　　2　　8。

表 10.2　各个学生的灰色关联度计算数据

学生编号	语文	数学	物理	化学	英语	政治	生物	历史	r_i
1	0.7736	0.3832	0.6119	0.6508	0.4824	0.4227	0.6949	0.8039	0.6029
2	0.9111	1.0000	0.3504	0.3504	0.4607	0.6308	0.4141	0.4141	0.5665
3	0.3761	1.0000	0.8039	0.4227	0.7193	0.6119	0.5190	0.7736	0.6533
4	0.9111	0.5062	0.9535	0.3504	0.7455	0.3832	0.6508	0.4059	0.6133
5	0.5942	0.7455	0.6308	0.3628	0.3905	0.3694	0.8723	0.9535	0.6149
6	0.3628	0.3761	0.7193	0.7736	0.5190	0.5190	1.0000	0.4505	0.5900
7	0.4227	0.4824	0.6949	0.6508	0.4940	1.0000	0.5467	0.3981	0.5862
8	0.5467	0.9111	0.4713	0.4409	0.6119	0.4409	0.3761	0.4141	0.5266
9	1.0000	0.7455	0.6119	0.9535	0.6721	0.5616	0.3832	0.5942	0.6903
10	1.0000	1.0000	0.3905	0.3504	0.6949	0.4059	0.4141	0.5062	0.5953

计算的 LINGO 程序如下：

```
model:
sets:
row/1..10/:r,rr,sr;
col/1..8/;
link(row,col):a,b,xs;
endsets
data:
a = @file(Ldata101.txt); !读取原始数据;
@ole(Ldata102.xlsx,A1:H10) = xs; !把灰色关联系数写到 Excel 文件中;
@ole(Ldata102.xlsx,I1:I10) = r; !把灰色关联度写到 Excel 文件中;
@ole(Ldata102.xlsx,K1:K10) = sr; !把排序结果写到 Excel 文件中;
enddata
calc:
@for(link:b = 100 - a); !计算差矩阵;
mmin = @min(link:b); !求两级最小差;
mmax = @max(link:b); !求两级极大差;
rho = 0.5;
@for(link:xs = (mmin + rho*mmax)/(b + rho*mmax)); !计算灰色关联系数;
```

```
@for(row(i):r(i) = @sum(col(j):xs(i,j))/@size(col)); !计算灰色关联度;
@for(row:rr = -r);
sr = @rank(rr); !对 rr 按升序排列的序号,等价于对 r 进行降序排列的序号;
endcalc
end
```

注 10.1 本程序由于使用了函数@rank,必须在 LINGO12 下运行。

10.3 TOPSIS 法

TOPSIS(Technique for Order Preference by Similarity to an Ideal Solution)法由 C. L. Hwang 和 K. Yoon 于 1981 年首次提出,是根据有限个评价对象与理想化目标的接近程度进行排序的方法,是在现有的对象中进行相对优劣的评价。TOPSIS 法是一种逼近于理想解的排序法,是在多目标决策分析中常用的有效方法,又称为优劣解距离法。

TOPSIS 法的基本原理,是通过检测评价对象与最优解、最劣解的距离来进行排序,若评价对象最靠近最优解同时又最远离最劣解,则为最好;否则不为最优。其中最优解的各指标值都达到各评价指标的最优值。最劣解的各指标值都达到各评价指标的最差值。

"正理想解"和"负理想解"是 TOPSIS 法的两个基本概念。所谓正理想解是一设想的最优的解(方案),它的各个属性值都达到各备选方案中的最好的值;而负理想解是一设想的最劣的解(方案),它的各个属性值都达到各备选方案中的最坏的值。方案排序的规则是把各备选方案与正理想解和负理想解做比较,若其中有一个方案最接近正理想解,而同时又远离负理想解,则该方案是备选方案中最好的方案。

例 10.3 (续例 10.1)用 TOPSIS 法对 10 个学生进行评价排序。

TOPSIS 法的具体算法如下:

(1) 数据标准化。可以使用式(10.1)进行数据标准化,这里使用向量规划化的方法求得规范决策矩阵。

在 TOPSIS 方法中,数据矩阵 $A = (a_{ij})_{10 \times 8}$ 也称为决策矩阵,构造规范化决策矩阵 $\widetilde{B} = (\tilde{b}_{ij})_{10 \times 8}$,其中

$$\tilde{b}_{ij} = a_{ij} \bigg/ \sqrt{\sum_{i=1}^{10} a_{ij}^2}, \quad i = 1,2,\cdots,10, \quad j = 1,2,\cdots,8。$$

(2) 确定正理想解 C^* 和负理想解 C^0。设正理想解 C^* 的第 j 个属性值为 c_j^*,负理想解 C^0 的第 j 个属性值为 c_j^0,则

$$\text{正理想解 } c_j^* = \begin{cases} \max_i \tilde{b}_{ij}, & x_j \text{ 为效益型属性}, \\ \min_i \tilde{b}_{ij}, & x_j \text{ 为成本型属性}, \end{cases} \quad j = 1,2,\cdots,8;$$

$$\text{负理想解 } c_j^0 = \begin{cases} \min_i \tilde{b}_{ij}, & x_j \text{ 为效益型属性}, \\ \max_i \tilde{b}_{ij}, & x_j \text{ 为成本型属性}, \end{cases} \quad j = 1,2,\cdots,8。$$

(3) 计算各评价对象到正理想解与负理想解的距离。各评价对象到正理想解的距离为

$$s_i^* = \sqrt{\sum_{j=1}^{8}(\tilde{b}_{ij} - c_j^*)^2}, \quad i = 1,2,\cdots,10,$$

各评价对象到负理想解的距离为

$$s_i^0 = \sqrt{\sum_{j=1}^{8}(\tilde{b}_{ij} - c_j^0)^2}, \quad i = 1,2,\cdots,10_\circ$$

(4) 计算各对象的评价指标值(即综合评价指数)

$$f_i^* = s_i^0/(s_i^0 + s_i^*), \quad i = 1,2,\cdots,10_\circ$$

(5) 按 f_i^* 由大到小排列方案的优劣次序。利用 LINGO 程序,求得各个学生的评价值从高到低的次序依次为

     9 3 1 7 6 5 4 10 2 8。

计算的 LINGO 程序如下:

```
model:
sets:
row/1..10/:d1,d2,f,ff,sf;
col/1..8/:cs,bp,bm;
link(row,col):a,b;
endsets
data:
a=@file(Ldata101.txt);!读取原始数据;
enddata
calc:
@for(col(j):cs(j)=@sqrt(@sum(row(i):a(i,j)^2)));!求每一列的向量长度;
@for(link(i,j):b(i,j)=a(i,j)/cs(j));
@for(col(j):bp(j)=@max(row(i):b(i,j));bm=@min(row(i):b(i,j)));!求正理想解和负理想解;
@for(row(i):d1(i)=@sqrt(@sum(col(j):(b(i,j)-bp(j))^2));d2(i)=@sqrt(@sum(col(j):(b(i,j)-bm(j))^2)));!求到正理想解和负理想解的距离;
@for(row:f=d2/(d1+d2);ff=-f);sf=@rank(ff);
endcalc
end
```

10.4 基于熵权法的评价方法

熵本源于热力学,后由仙农 C. E. Shannon 引入信息论,根据熵的定义与原理,当系统可能处于几种不同状态,每种状态出现的概率为 $p_i(i=1,2,\cdots,m)$ 时,该系统的熵可定义为

$$e = -\frac{1}{\ln m}\sum_{i=1}^{m} p_i \ln p_i_\circ$$

熵权法是一种客观赋权方法。在具体使用过程中,熵权法根据各指标的变异程度,利用信息熵计算出各指标的熵权,再通过熵权对各指标的权重进行修正,从而得出较为客观的指标权重。

例 10.4 (续例 10.1)用熵权法进行评价。基于熵权法的评价方法步骤如下:

(1) 利用原始数据矩阵 $A = (a_{ij})_{10 \times 8}$ 计算 $p_{ij}(i=1,2,\cdots,10, j=1,2,\cdots,8)$，即第 i 个评价对象关于第 j 个指标值的比例为

$$p_{ij} = \frac{a_{ij}}{\sum_{i=1}^{10} a_{ij}}, \quad i=1,2,\cdots,10, \quad j=1,2,\cdots,8。$$

(2) 计算第 j 项指标的熵值，即

$$e_j = -\frac{1}{\ln 10}\sum_{i=1}^{10} p_{ij}\ln p_{ij}, \quad j=1,2,\cdots,8。$$

(3) 计算第 j 项指标的变异系数 g_j。对于第 j 项指标，e_j 越大，指标值的变异程度就越小。变异系数为

$$g_j = 1 - e_j, \quad j=1,2,\cdots,8。$$

(4) 计算第 j 项指标的权重，即

$$w_j = \frac{g_j}{\sum_{j=1}^{8} g_j}, \quad j=1,2,\cdots,8。$$

(5) 计算第 i 个评价对象的综合评价值，即

$$s_i = \sum_{j=1}^{8} w_j p_{ij}, \quad i=1,2,\cdots,10。$$

评价值越大越好。

利用 LINGO 程序，求得的各指标变量的权重值如表 10.3 所示，各个学生的综合评价值及排名次序如表 10.4 所示。各个学生评价值从高到低的次序为

9　　1　　3　　7　　6　　5　　4　　10　　8　　2。

表 10.3　各指标的评价权重

指　标	x_1	x_2	x_3	x_4	x_5	x_6	x_7	x_8
权重	0.1544	0.1363	0.1127	0.1972	0.0552	0.1064	0.1273	0.1104

表 10.4　学生的综合评价值及排名次序

学生编号	1	2	3	4	5
评价值 s_i	0.1039	0.0950	0.1019	0.0978	0.1000
排名	2	10	3	7	6
学生编号	6	7	8	9	10
评价值 s_i	0.1003	0.1012	0.0951	0.1091	0.0959
排名	5	4	9	1	8

计算的 LINGO 程序如下：

```
model:
sets:
row/1..10/:s,fs,ss;
col/1..8/:c,e,g,w;
link(row,col):a,p;
endsets
```

```
data:
a = @file(Ldata101.txt);!读取原始数据;
@ole(Ldata104.xlsx,A1:J1) = s;
@ole(Ldata104.xlsx,A2:J2) = ss;
enddata
calc:
m = @size(row);
@for(col(j):c(j) = @sum(row(i):a(i,j)));!求每一列向量元素的和;
@for(link(i,j):p(i,j) = a(i,j)/c(j));
@for(col(j):e(j) = -@sum(row(i):p(i,j)*@log(p(i,j)))/@log(m);g(j) = 1 - e(j));
tg = @sum(col:g); @for(col:w = g/tg);
@for(row(i):s(i) = @sum(col(j):w(j)*p(i,j)); fs(i) = -s(i));
ss = @rank(fs);
endcalc
end
```

10.5 数据包络分析法

数据包络分析(Data Envelopment Analysis, DEA)是著名运筹学家 A. Charnes 和 W. W. Copper 等学者以"相对效率"概念为基础,根据多指标投入和多指标产出对相同类型的单位(部门)进行相对有效性或效益评价的一种系统分析方法。它应用数学规划模型计算比较评价对象之间的相对效率,对评价对象做出评价,是处理多目标决策问题的好方法。

DEA 是以相对效率概念为基础,以凸分析和线性规划为工具的一种评价方法。这种方法结构简单,使用比较方便。自从 1978 年提出第一个 DEA 模型——C^2R 模型,并用于评价部门间的相对有效性以来,DEA 方法不断得到完善并在实际中广泛应用。

设有 m 个评价对象,每个评价对象都有 n 种投入和 s 种产出,设 $a_{ij}(i=1,\cdots,m,j=1,\cdots,n)$ 表示第 i 个评价对象的第 j 种投入量,$b_{ik}(i=1,\cdots,m,k=1,\cdots,s)$ 表示第 i 个评价对象的第 k 种产出量,$u_j(j=1,\cdots,n)$ 表示第 j 种投入的权值,$v_k(k=1,\cdots,s)$ 表示第 k 种产出的权值。

向量 $\boldsymbol{\alpha}_i,\boldsymbol{\beta}_i(i=1,\cdots,m)$ 分别表示评价对象 i 的输入和输出向量,$\boldsymbol{u}$ 和 $\boldsymbol{v}$ 分别表示输入、输出权值向量,则 $\boldsymbol{\alpha}_i = [a_{i1},a_{i2},\cdots,a_{in}]^T$,$\boldsymbol{\beta}_i = [b_{i1},b_{i2},\cdots,b_{is}]^T$,$\boldsymbol{u} = [u_1,u_2,\cdots,u_n]^T$,$\boldsymbol{v} = [v_1,v_2,\cdots,v_s]^T$。

定义评价对象 i 的效率评价指数为
$$h_i = (\boldsymbol{\beta}_i^T \boldsymbol{v})/(\boldsymbol{\alpha}_i^T \boldsymbol{u}), \quad (i=1,2,\cdots,m)。$$

评价对象 i_0 效率的数学模型为

$$\max \frac{\boldsymbol{\beta}_{i_0}^T \boldsymbol{v}}{\boldsymbol{\alpha}_{i_0}^T \boldsymbol{u}},$$

$$\text{s. t.} \begin{cases} \dfrac{\boldsymbol{\beta}_i^T \boldsymbol{v}}{\boldsymbol{\alpha}_i^T \boldsymbol{u}} \leq 1, & i=1,2,\cdots,m, \\ \boldsymbol{u} \geq 0, \boldsymbol{v} \geq 0, \boldsymbol{u} \neq 0, \boldsymbol{v} \neq 0。 \end{cases} \quad (10.3)$$

通过 Charnes-Cooper 变换 $\boldsymbol{\omega} = t\boldsymbol{u}, \boldsymbol{\mu} = t\boldsymbol{v}, t = \dfrac{1}{\boldsymbol{\alpha}_{i_0}^T \boldsymbol{u}}$,可以将模型(10.3)变化为等价的线性

规划问题

$$\max V_{i_0} = \boldsymbol{\beta}_{i_0}^{\mathrm{T}} \boldsymbol{\mu},$$
$$\text{s. t.} \begin{cases} \boldsymbol{\alpha}_i^{\mathrm{T}} \boldsymbol{\omega} - \boldsymbol{\beta}_i^{\mathrm{T}} \boldsymbol{\mu} \geq 0, \quad i=1,2,\cdots,m, \\ \boldsymbol{\alpha}_{i_0}^{\mathrm{T}} \boldsymbol{\omega} = 1, \\ \boldsymbol{\omega} \geq 0, \quad \boldsymbol{\mu} \geq 0. \end{cases} \tag{10.4}$$

可以证明,模型(10.3)与模型(10.4)是等价的。

对于 C^2R 模型(10.4),有如下定义:

定义 10.1 若线性规划问题(10.4)的最优目标值 $V_{i_0}=1$,则称评价对象 i_0 是弱 DEA 有效的。

定义 10.2 若线性规划问题(10.4)存在最优解 $\boldsymbol{\omega}^* > 0, \boldsymbol{\mu}^* > 0$,并且其最优目标值 $V_{j_0}=1$,则称评价对象 j_0 是 DEA 有效的。

从上述定义可以看出,所谓 DEA 有效,就是指那些评价对象,它们的投入产出比达到最大。因此,可以用 DEA 方法对评价对象进行评价。

例 10.5 利用 DEA 方法对天津市的可持续发展进行评价。在这里选取较具代表性的指标,作为输入变量和输出变量,如表 10.5 所示。

表 10.5 各决策单元输入、输出指标值

序号	决策单元	政府财政收入占 GDP 的比例/%	环保投资占 GDP 的比例/%	每千人科技人员数/人	人均 GDP/元	城市环境质量指数
1	1990	14.40	0.65	31.30	3621.00	0.00
2	1991	16.90	0.72	32.20	3943.00	0.09
3	1992	15.53	0.72	31.87	4086.67	0.07
4	1993	15.40	0.76	32.23	4904.67	0.13
5	1994	14.17	0.76	32.40	6311.67	0.37
6	1995	13.33	0.69	30.77	8173.33	0.59
7	1996	12.83	0.61	29.23	10236.00	0.51
8	1997	13.00	0.63	28.20	12094.33	0.44
9	1998	13.40	0.75	28.80	13603.33	0.58
10	1999	14.00	0.84	29.10	14841.00	1.00

解 输入变量:政府财政收入占 GDP 的比例、环保投资占 GDP 的比例、每千人科技人员数;输出变量:经济发展(用人均 GDP 表示)、环境发展(用城市环境质量指数表示)。

计算的 Lingo 程序如下:

```
model:
sets:
dmu/1..10/:p;          !p 为单位坐标向量;
inw/1..3/:omega;       !输入权重;
outw/1..2/:mu;         !输出权重;
inv(dmu,inw):a;        !输入量;
outv(dmu,outw):b;      !输出量;
endsets
```

```
data:
a = 14.40    0.65    31.30
   16.90    0.72    32.20
   15.53    0.72    31.87
   15.40    0.76    32.23
   14.17    0.76    32.40
   13.33    0.69    30.77
   12.83    0.61    29.23
   13.00    0.63    28.20
   13.40    0.75    28.80
   14.00    0.84    29.10;
b = 3621.00    0.00
   3943.00    0.09
   4086.67    0.07
   4904.67    0.13
   6311.67    0.37
   8173.33    0.59
   10236.00   0.51
   12094.33   0.44
   13603.33   0.58
   14841.00   1.00;
enddata
submodel subopt:
max = @sum(outv(i,k):mu(k)*b(i,k)*p(i));
p(flag) = 1;
@for(dmu(i) | i#ne#flag:p(i) = 0);
@for(dmu(i):@sum(inw(j):omega(j)*a(i,j)) > @sum(outw(k):mu(k)*b(i,k)));
@sum(inv(i,j):omega(j)*a(i,j)*p(i)) = 1;
endsubmodel
calc:
@for(dmu(i): flag = i; @solve(subopt));
endcalc
end
```

计算结果如表 10.6 所示,最优目标值用 θ 表示。显而易见,该市在 20 世纪 90 年代的发展是朝着可持续方向前进的。

表 10.6 用 DEA 方法对天津市可持续发展的相对评价结果

年 份	θ	结 论
1990	0.2901843	非 DEA 有效
1991	0.2853571	非 DEA 有效,规模收益递减
1992	0.2968261	非 DEA 有效,规模收益递增
1993	0.3425151	非 DEA 有效,规模收益递增

(续)

年 份	θ	结　论
1994	0.4594712	非 DEA 有效,规模收益递增
1995	0.7182609	非 DEA 有效,规模收益递增
1996	0.9069108	非 DEA 有效,规模收益递增
1997	1	DEA 有效,规模收益递增
1998	1	DEA 有效,规模收益不变
1999	1	DEA 有效,规模收益不变

上面的数据包络问题也可以用如下的 LINGO 程序计算：

```
model:
sets:
dmu/1..10/:p;          !p 为单位坐标向量;
inw/1..3/:omega,ai0;    !输入权重,和第 j0 对象的输入值;
outw/1..2/:mu,bi0;      !输出权重,和第 j0 对象的输出值;
inv(dmu,inw):a;         !输入量;
outv(dmu,outw):b;       !输出量;
endsets
data:
a = 14.40   0.65  31.30
    16.90   0.72  32.20
    15.53   0.72  31.87
    15.40   0.76  32.23
    14.17   0.76  32.40
    13.33   0.69  30.77
    12.83   0.61  29.23
    13.00   0.63  28.20
    13.40   0.75  28.80
    14.00   0.84  29.10;
b = 3621.00    0.00
    3943.00    0.09
    4086.67    0.07
    4904.67    0.13
    6311.67    0.37
    8173.33    0.59
    10236.00   0.51
    12094.33   0.44
    13603.33   0.58
    14841.00   1.00;
enddata
submodel mylinprog:
[obj]max = @sum(outw:bi0 * mu);
@for(dmu(i):@sum(inw(j):omega(j) * a(i,j)) > @sum(outw(k):mu(k) * b(i,k)));
```

```
@sum(inw:ai0*omega) = 1;
endsubmodel
calc:
@for(dmu(i0):@for(outw(k):bi0(k) = b(i0,k));@for(inw(j):ai0(j) = a(i0,j)));
@solve(mylinprog);
@write('第',i0,'个评价对象的目标函数值为',@format(obj,'8.6f'),@newline(1));
@write('omega =');@writefor(inw(j):'   ',@format(omega(j),'7.6f'));
@write(';   mu =');@writefor(outw(k):'   ',@format(mu(k),'7.6f'));@write(@newline(2))));
endcalc
end
```

10.6　PageRank 算法

Google 拥有多项专利技术,其中 PageRank 算法是关键技术之一,它奠定了 Google 强大的检索功能及提供各种特色功能的基础。虽然每天有很多工程师负责全面改进 Google 系统,但是 PageRank 算法仍是所有网络搜索工具的基础结构。

10.6.1　PageRank 原理

PageRank 算法是 Google 搜索引擎对检索结果的一种排序算法。它的基本思想主要来自传统文献计量学中的文献引文分析,即一篇文献的质量和重要性可以通过其他文献对其引用的数量和引文质量来衡量,也就是说,一篇文献被其他文献引用得越多,引用它的文献的质量越高,则该文献本身就越重要。Google 在给出页面排序时也有两条标准:一是看有多少超链接指向它;二是看超链接指向它的那个页面是否重要。这两条直观的想法就是 PageRank 算法的数学基础,也是 Google 搜索引擎最基本的工作原理。

PageRank 算法利用了互联网独特的超链接结构。在庞大的超链接资源中,Google 提取出上亿个超链接页面进行分析,制作出一个巨大的网络地图。具体地讲,就是把所有的网页看作图里面相应的顶点,如果网页 A 有一个指向网页 B 的链接,则认为存在一条从顶点 A 到顶点 B 的有向边。这样就可以利用图论来研究网络的拓扑结构。

PageRank 算法正是利用网络的拓扑结构来判断网页的重要性。具体来说,假如网页 A 有一个指向网页 B 的超链接,Google 就认为网页 A 投了网页 B 一票,说明网页 A 认为网页 B 有链接价值,因而 B 可能是一个重要的网页。Google 根据指向网页 B 的超链接数及其重要性来判断页面 B 的重要性,并赋予相应的页面等级值(PageRank 值)。网页 A 的页面等级值被平均分配给网页 A 所链接指向的网页,从而当网页 A 的页面等级值比较高时,则网页 B 可从网页 A 到它的超链接分得一定的重要性。根据这样的分析,得到了高评价的重要页面会被赋予较高的网页等级,在检索结果内的排名也会较高。页面等级值(PageRank 值)是 Google 表示网页重要性的综合性指标,当然,重要性高的页面如果和检索关键词无关同样也没有任何意义。为此,Google 使用了完善的超文本匹配分析技术,使得能够检索出重要而且正确的网页。

10.6.2　基础的 PageRank 算法

PageRank 算法的具体实现可以利用网页所对应图的邻接矩阵来表达超链接关系。为此,首先写出所对应图的邻接矩阵 B。为了能将网页的页面等级值平均分配给该网页所链接指向的网页,对各个行向量进行归一化处理,得矩阵 P。矩阵 P 被称为状态转移概率矩阵,它的各个行向量元素之和全为 1,P^T 的最大特征值(一定为 1)所对应的归一化特征向量即为各顶点的 PageRank 值。

PageRank 值的计算步骤如下:

(1) 构造有向图 $D = (V, A, W)$,其中 $V = \{v_1, v_2, \cdots, v_N\}$ 为顶点集合,每一个网页是图的一个顶点,A 为弧的集合,网页间的每一个超链接是图的一条弧,邻接矩阵 $W = (w_{ij})_{N \times N}$,如果从网页 i 到网页 j 有超链接,则 $w_{ij} = 1$,否则为 0。

(2) 记矩阵 W 的行和为 $r_i = \sum_{j=1}^{N} w_{ij}$,它给出了页面 i 的链出链接数目。定义矩阵 $P = (p_{ij})_{N \times N}$ 如下:

$$p_{ij} = \frac{w_{ij}}{r_i}, \quad i, j = 1, 2, \cdots, N,$$

P 为 Markov 链的状态转移概率矩阵,p_{ij} 表示从页面 i 转移到页面 j 的概率。

(3) 求 Markov 链的平稳分布 $x = [x_1, \cdots, x_N]^T$,它满足

$$P^T x = x, \quad \sum_{i=1}^{N} x_i = 1, \tag{10.5}$$

式中:x 为在极限状态(转移次数趋于无限)下各网页被访问的概率分布,Google 将它定义为各网页的 PageRank 值。假设 x 已经得到,则它按分量满足方程

$$x_k = \sum_{i=1}^{N} p_{ik} x_i = \sum_{i=1}^{N} \frac{w_{ik}}{r_i} x_i \text{。}$$

网页 i 的 PageRank 值是 x_i,它链出的页面有 r_i 个,于是页面 i 将它的 PageRank 值分成 r_i 分,分别"投票"给它链出的网页。x_k 为网页 k 的 PageRank 值,即网络上所有页面"投票"给网页 k 的最终值。

根据 Markov 链的基本性质还可以得到,平稳分布(即 PageRank 值)是状态转移概率矩阵 P 的转置矩阵 P^T 的最大特征值(=1)所对应的归一化特征向量。

例 10.6 计算图 10.1 所示有向图中各顶点的 PageRank 值。

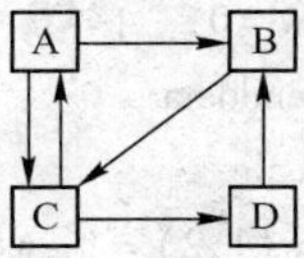

解 用 $D = (V, E, W)$ 表示图 10.1 中所示的有向图,其中顶点集 $V = \{v_1, v_2, v_3, v_4\}$,这里 v_1, v_2, v_3, v_4 分别表示 A,B,C,D;E 为弧的集合,邻接矩阵

图 10.1 一个向图

$$W = \begin{bmatrix} 0 & 1 & 1 & 0 \\ 0 & 0 & 1 & 0 \\ 1 & 0 & 0 & 1 \\ 0 & 1 & 0 & 0 \end{bmatrix} \text{。}$$

对 W 各个行向量进行归一化处理,得状态转移概率矩阵

$$P = \begin{bmatrix} 0 & 1/2 & 1/2 & 0 \\ 0 & 0 & 1 & 0 \\ 1/2 & 0 & 0 & 1/2 \\ 0 & 1 & 0 & 0 \end{bmatrix} \text{。}$$

求 P^T 的最大特征值 1 对应的归一化特征向量 $x = [0.1818, 0.2727, 0.3636, 0.1818]^T$,由

此可以确定顶点的排序为 C,B,A,D,其中 A,D 的 PageRank 值是相同的。

计算的 LINGO 程序如下：

model:
sets:
num/1..4/:x,rs; !x 为所求的特征向量,rs 为行和;
link(num,num):w,p;
endsets
data:
w = 0;   !邻接矩阵初始化;
enddata
calc:
w(1,2) = 1; w(1,3) = 1; w(2,3) = 1; w(3,1) = 1; w(3,4) = 1; w(4,2) = 1;
@for(num(i):rs(i) = @sum(num(j):w(i,j))); !求行和;
@for(link(i,j):p(i,j) = w(i,j)/rs(i));
endcalc
max = lambda; !用线性规划求最大特征值对应的归一化特征向量;
@for(num(i):@sum(num(j):p(j,i) * x(j)) = lambda * x(i));
@sum(num:x) = 1;
end

也可以通过求解非齐次线性方程组(10.5),求 PageRank 值;计算的 LINGO 程序如下：

model:
sets:
num/1..4/:x,rs; !x 为方程组的解向量,rs 为行和;
link(num,num):w,p;
endsets
data:
w = 0;   !邻接矩阵初始化;
enddata
calc:
w(1,2) = 1; w(1,3) = 1; w(2,3) = 1; w(3,1) = 1; w(3,4) = 1; w(4,2) = 1;
@for(num(i):rs(i) = @sum(num(j):w(i,j))); !求行和;
@for(link(i,j):p(i,j) = w(i,j)/rs(i));
endcalc
@for(num(i):@sum(num(j):p(j,i) * x(j)) = x(i));
@sum(num:x) = 1;
end

10.6.3 随机冲浪模型的 PageRank 值

PageRank 算法原理中有一个重要的假设:所有的网页形成一个闭合的链接图,除了这些文档以外没有其他任何链接的出入,并且每个网页能从其他网页通过超链接达到。但是在现实的网络中,并不完全是这样的情况。当一个页面没有出链的时候,它的 PageRank 值就不能被分配给其他页面。同样道理,只有出链接而没有入链接的页面也是存在的。但 PageRank 并不考虑这样的页面,因为没有流入的 PageRank 而只流出 PageRank,从对称性角度来考虑是很奇怪的。同时,有时候也有链接只在一个集合内部链接而不向外界链接的现象。在现实中的页面,无论怎样顺着链接前进,仅仅顺着链接是绝对不能进入的页面群总归是存在的。PageRank 技术为了解决这样的问题,提出用户的随机冲浪模型:用户虽然在大多数场合都顺着当前页面中的链接前进,但有时会突然重新打开浏览器随机进入到完全无关的页面。Google 认为用户在 85% 的情况下沿着链接前进,但在 15% 的情况下会跳跃到无关的页面中。用公式表示相应的转移概率矩阵为

$$\widetilde{P} = \frac{(1-d)}{N}ee^T + dP,$$

式中:e 为分量全为 1 的 N 维列向量,从而 ee^T 为全 1 矩阵;$d \in (0,1)$ 为阻尼因子(damping factor),在实际中,Google 取 $d = 0.85$。

也就是说,在随机冲浪模型中,求各个页面等级的 PageRank 值问题归结为求矩阵 $\widetilde{P}$ 的转置矩阵 $\widetilde{P}^T$ 的最大特征值 1 对应的归一化特征向量问题。

例 10.7 (续例 10.6)用随机冲浪模型计算图 10.1 所示有向图中各顶点的 PageRank 值。

解 取 $d = 0.85$,计算得到状态转移概率矩阵

$$\widetilde{P} = \frac{(1-0.85)}{4}ee^T + 0.85P = \begin{bmatrix} 0.0375 & 0.4625 & 0.4625 & 0.0375 \\ 0.0375 & 0.0375 & 0.8875 & 0.0375 \\ 0.4625 & 0.0375 & 0.0375 & 0.4625 \\ 0.0375 & 0.8875 & 0.0375 & 0.0375 \end{bmatrix}。$$

状态转移概率矩阵 $\widetilde{P}$ 的转置矩阵 $\widetilde{P}^T$ 的最大特征值为 1,对应的归一化特征向量为

$$x = [0.1867, 0.2755, 0.3511, 0.1867]^T。$$

由此可以确定各顶点的排序仍然为 C,B,A,D,PageRank 值与例 10.6 的计算结果差异不大。

计算的 LINGO 程序如下:

```
model:
sets:
num/1..4/:x,rs;  !x 为所求的特征向量,rs 为行和;
link(num,num):w,p,pw;
endsets
data:
w = 0;  !邻接矩阵初始化;
d = 0.85;  !d 为阻尼因子;
enddata
calc:
w(1,2) = 1; w(1,3) = 1; w(2,3) = 1; w(3,1) = 1; w(3,4) = 1; w(4,2) = 1;
@for(num(i):rs(i) = @sum(num(j):w(i,j)));  !求行和;
@for(link(i,j):p(i,j) = w(i,j)/rs(i));
@for(link:pw = (1-d)/@size(num) + d*p);
endcalc
max = lambda;
```

```
@for(num(i):@sum(num(j):pw(j,i)*x(j))=lambda*x(i));
@sum(num:x)=1;
end
```

习 题 10

10.1 1989年度西山矿务局五个生产矿井实际资料如表10.7所示,对西山矿务局五个生产矿井1989年的企业经济效益进行综合评价。

表10.7 1989年度西山矿务局五个生产矿井技术经济指标实现值

指 标	白家庄矿	杜尔坪矿	西铭矿	官地矿	西曲矿
原煤成本	99.89	103.69	97.42	101.11	97.21
原煤利润	96.91	124.78	66.44	143.96	88.36
原煤产量	102.63	101.85	104.39	100.94	100.64
原煤销售量	98.47	103.16	109.17	104.39	91.90
商品煤灰分	87.51	90.27	93.77	94.33	85.21
全员效率	108.35	106.39	142.35	121.91	158.61
流动资金周转天数	71.67	137.16	97.65	171.31	204.52
资源回收率	103.25	100	100	99.13	100.22
百万吨死亡率	171.2	51.35	15.90	53.72	20.78

10.2 某银行的4个分理处的投入产出情况如表10.8所示。要求分别确定各分理处的运行是否DEA有效。

表10.8 分理处的投入产出情况数据

分 理 处	投 入		产 出		
	职员数/人	营业面积/m²	储蓄存取	贷款	中间业务
分理处1	15	140	1800	200	1600
分理处2	20	130	1000	350	1000
分理处3	21	120	800	450	1300
分理处4	20	135	900	420	1500

10.3 图10.2给出了6支球队的比赛结果,即1队战胜2,4,5,6队,而输给了3队;5队战胜3,6队,而输给1,2,4队等。利用PageRank算法,给出6支球队的排名顺序。

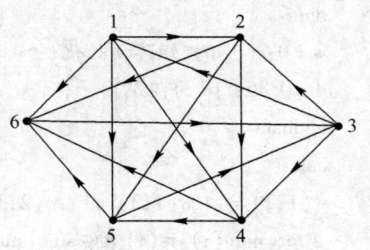

图10.2 球队的比赛结果

第11章 最小二乘法

最小二乘法是常用的参数估计方法。实际上,早在高斯年代,最小二乘法就用来对平面上的点拟合线,对高维空间的点拟合超平面。然而,若给定一数据向量 b 和一数据矩阵 A,通过最小二乘法求解线性方程组 $Ax=b$,只是在 b 向量的噪声或误差是零均值的高斯白噪声的少数情况下,最小二乘解 x_{LS} 才等价于极大似然法的解。如果 A 也存在误差或者扰动,那么最小二乘解 x_{LS} 从统计观点看就不再是最优的,它将是有偏的,而且偏差的协方差将由于 A^TA 噪声的作用而增强。因此,当 A 也存在噪声时,应该使用其他的推广最小二乘法,本章将介绍最小二乘法和总体最小二乘法。

11.1 最小二乘法

最小二乘法是一种在科学计算中广泛使用的方法,本节简要介绍最小二乘法的原理。

11.1.1 参数的唯一可辨识性

给定 $n\times 1$ 数据向量 b 和 $n\times m$ 数据矩阵 A,希望求解矩阵方程 $Ax=b$。如果秩 $R(A) = R(A,b) = m$,则方程组存在唯一的解。然而,矩阵方程超定(独立方程的个数大于独立的未知数个数)时,$Ax=b$ 将是矛盾方程组,此时,我们会很自然地想到这样一种求解准则:使误差的平方和

$$\delta = \| \Delta b \|^2 = (\Delta b)^T \Delta b = (b-Ax)^T(b-Ax) \tag{11.1}$$

最小。这样得到的解 x 称为最小二乘解。最小二乘法等价于

$$\text{在条件 } Ax=b+\Delta b \text{ 约束下}, \min_{x} \| \Delta b \|^2。$$

因此,最小二乘法的基本思想就是使校正项 Δb 尽可能小,同时通过强令 $Ax=b+\Delta b$ 补偿存在于数据向量 b 中的噪声。为了得到最小二乘解,展开式(11.1),得

$$\delta = b^Tb - b^TAx - x^TA^Tb + x^TA^TAx。$$

求 δ 关于 x 的梯度,并令其等于零,则有

$$\Delta\delta(x) = -2A^Tb + 2A^TAx = 0。$$

也就是说,解 x 必然满足

$$A^TAx = A^Tb。 \tag{11.2}$$

当 $n\times m$ 矩阵 A 具有不同的秩 $R(A)$ 时,上述方程组的解有两种不同的情况。

1. $R(A) = m$

由于 A^TA 非奇异,所以方程组有唯一的解

$$x = (A^TA)^{-1}A^Tb。 \tag{11.3}$$

这就是所要求的最小二乘解。在参数估计理论中,称这种可以唯一确定的未知参数 x 是唯一可辨识的。

2. R(A) < m

在这种情形下，由 x 的不同解均得到相同的 Ax 值。显而易见，虽然数据向量 b 可以提供有关 Ax 的某些信息，但是却无法区别对应于相同 Ax 值的各个不同的未知参数向量 x。因此，称这样的参数向量是不可辨识的。更一般地，如果某参数的不同值给出在抽样空间上的相同分布，则称该参数是不可辨识的。

11.1.2 曲线拟合的线性最小二乘法

线性最小二乘法是解决曲线拟合最常用的方法。给定平面上的 n 个点 (x_i, y_i), $i=1,2,\cdots,n$, 其中 x_i 互不相同，寻求一个函数

$$f(x) = a_1 r_1(x) + a_2 r_2(x) + \cdots + a_m r_m(x),$$

式中：$r_k(x)$ 为事先选定的一组线性无关的函数；a_k 为待定系数 ($k=1,2,\cdots,m; m<n$)。

拟合参数 $a_k (k=1,2,\cdots,m)$ 的准则为最小二乘准则，即使 $y_i (i=1,2,\cdots,n)$ 与 $f(x_i)$ 的距离 δ_i 的平方和最小。

1. 系数 a_k 的确定

记

$$J(a_1,\cdots,a_m) = \sum_{i=1}^{n} \delta_i^2 = \sum_{i=1}^{n} [f(x_i) - y_i]^2 \text{。} \tag{11.4}$$

为求 $a_1,\cdots,a_m$ 使 J 达到最小，只需利用极值的必要条件 $\frac{\partial J}{\partial a_j} = 0 (j=1,\cdots,m)$，得到关于 $a_1,\cdots,a_m$ 的线性方程组

$$\sum_{i=1}^{n} r_j(x_i) \left[\sum_{k=1}^{m} a_k r_k(x_i) - y_i \right] = 0, \quad j=1,\cdots,m,$$

即

$$\sum_{k=1}^{m} a_k \left[\sum_{i=1}^{n} r_j(x_i) r_k(x_i) \right] = \sum_{i=1}^{n} r_j(x_i) y_i, j = 1,2,\cdots,m\text{。} \tag{11.5}$$

记

$$A = \begin{bmatrix} r_1(x_1) & \cdots & r_m(x_1) \\ \vdots & \ddots & \vdots \\ r_1(x_n) & \cdots & r_m(x_n) \end{bmatrix}_{n \times m}, \quad x = [a_1,\cdots,a_m]^T, b = [y_1,\cdots,y_n]^T,$$

方程组(11.5)可表示为

$$A^T A x = A^T b\text{。} \tag{11.6}$$

当 $\{r_1(x),\cdots,r_m(x)\}$ 线性无关时，A 列满秩，$A^T A$ 可逆，于是方程组(11.6)有唯一解

$$x = (A^T A)^{-1} A^T b\text{。} \tag{11.7}$$

2. 函数 $r_k(x)$ 的选取

面对一组数据 (x_i, y_i), $i=1,2,\cdots,n$, 用线性最小二乘法作曲线拟合时，首要的也是关键的一步是恰当地选取 $r_1(x),\cdots,r_m(x)$。如果通过机理分析，能够知道 y 与 x 之间应该有什么样的函数关系，则 $r_1(x),\cdots,r_m(x)$ 容易确定。若无法知道 y 与 x 之间的关系，通常可以将数据 (x_i, y_i), $i=1,2,\cdots,n$ 作图，直观地判断应该用什么样的曲线去作拟合。常用的曲线如下：

(1) 直线 $y = a_1 x + a_2$。

(2) 多项式 $y = a_1 x^m + \cdots + a_m x + a_{m+1}$（一般 $m=2,3$，不宜太高）。

(3) 双曲线（一支）$y = \dfrac{a_1}{x} + a_2$。

(4) 指数曲线 $y = a_1 e^{a_2 x}$。

对于指数曲线，拟合前需作变量代换，化为对未知参数的线性函数。

已知一组数据，用什么样的曲线拟合最好，可以在直观判断的基础上，选几种曲线分别拟合，然后比较，看哪条曲线的最小二乘指标 J 最小。

3. 线性最小二乘法的 LINGO 实现

例 11.1 已知某地全年各月份的平均气温如表 11.1 所示，使用拟合方法分析该地平均气温变化规律。

表 11.1 某地各月份的平均气温

月份	1	2	3	4	5	6	7	8	9	10	11	12
气温	3.1	3.8	6.9	12.7	16.8	20.5	24.5	25.9	22.0	16.1	10.7	5.4

解 通过观察数据的散点图，可以看到平均气温的变化符合二次函数的变化趋势，下面用二次函数来拟合平均气温的变化规律。用 x 表示月份，y 表示平均气温，设气温的变化规律为

$$y = p_1 x^2 + p_2 x + p_3,$$

式中：p_1, p_2, p_3 为要拟合的参数。

记表 11.1 中月份和气温的观测值分别用 (x_i, y_i) $(i=1,2,\cdots,12)$ 表示，用最小二乘法拟合参数 p_1, p_2, p_3，即求使得

$$\sum_{i=1}^{12} \left(p_1 x_i^2 + p_2 x_i + p_3 - y_i \right)^2$$

达到最小值的 p_1, p_2, p_3。

利用 LINGO 软件求得 $p_1 = -0.6369, p_2 = 9.0827, p_3 = -10.5046$。

计算的 LINGO 程序如下：

```
model:
sets:
num/1..12/:x0,y0;
para/1..3/:p;
endsets
data:
y0=3.1  3.8  6.9  12.7  16.8  20.5  24.5  25.9  22.0  16.1  10.7  5.4;
enddata
calc:
@for(num(i):x0(i)=i);
endcalc
min=@sum(num:(p(1)*x0^2+p(2)*x0+p(3)-y0)^2);
@for(para:@free(p));
end
```

11.1.3 非线性最小二乘法

非线性拟合的最小二乘准则，也是求误差平方和的最小值问题。例如，要拟合函数 $y = f(\boldsymbol{\theta}, x)$，给定 x, y 的观测值 $(x_i, y_i)(i = 1, 2, \cdots, n)$，求参数（向量）$\boldsymbol{\theta}$，使得误差平方和最小，即

$$\min_{\boldsymbol{\theta}} \sum_{i=1}^{n} (f(\boldsymbol{\theta}, x_i) - y_i)^2 。 \tag{11.8}$$

求多元函数最小值问题有很多算法，此处不再赘述。下面直接使用 LINGO 软件求解。

对于很多非线性拟合问题，由于 MATLAB 算法的局限性，可能很难求得全局最优解，而有时可以用 LINGO 软件求得全局最优解。

在拟合和统计中经常使用如下 5 个检验参数：

1. SSE(the Sum of Squares due to Error, 误差平方和)

该统计参数计算的是预测数据和原始数据对应点的误差平方和，计算公式为

$$\text{SSE} = \sum_{i=1}^{n} (y_i - \hat{y}_i)^2 。$$

式中：$y_i (i = 1, 2, \cdots, n)$ 为已知的原始数据的观测值；$\hat{y}_i$ 为对应的预测数据。

SSE 越接近 0，说明模型选择和拟合效果好，数据预测也成功。下面的指标 MSE 和 RMSE 与指标 SSE 有关联，它们的检验效果是一样的。

2. MSE(Mean Squared Error, 方差)

该统计参数是预测数据和原始数据对应点误差平方和的均值，也就是 $\text{SSE}/(n-m)$，这里 n 是观测数据的个数，m 是拟合参数的个数，计算公式为

$$\text{MSE} = \text{SSE}/(n-m) = \frac{1}{n-m} \sum_{i=1}^{n} (y_i - \hat{y}_i)^2 。$$

式中：$n-m$ 为自由度，记为 $\text{DFE} = n - m$。

3. RMSE(Root Mean Squared Error, 剩余标准差)

该统计参数，称回归系统的拟合标准差，是 MSE 的平方根，计算公式为

$$\text{RMSE} = \sqrt{\frac{1}{n-m} \sum_{i=1}^{n} (y_i - \hat{y}_i)^2} 。$$

4. R-square(Coefficient of determination, 判断系数, 拟合优度)

对总平方和 $\text{SST} = \sum_{i=1}^{n} (y_i - \bar{y})^2$ 进行分解，有

$$\text{SST} = \text{SSE} + \text{SSR}, \text{SSR} = \sum_{i=1}^{n} (\hat{y}_i - \bar{y})^2 。$$

式中：$\bar{y} = \frac{1}{n} \sum_{i=1}^{n} y_i$；SSE 为误差平方和，反映随机误差对 y 的影响；SSR 为回归平方和，反映自变量对 y 的影响。

判断系数定义为

$$R^2 = \frac{\text{SSR}}{\text{SST}} = \frac{\text{SST} - \text{SSE}}{\text{SST}} = 1 - \frac{\text{SSE}}{\text{SST}} 。$$

5. 调整的判断系数

统计学家主张在回归建模时，应采用尽可能少的自变量，不要盲目地追求判定系数 R^2 的

提高。其实,当变量增加时,残差项的自由度就会减少。而自由度越小,数据的统计趋势就越不容易显现。为此,又定义一个调整判定系数

$$\overline{R}^2 = 1 - \frac{\text{SSE}/(n-m)}{\text{SST}/(n-1)}。$$

$\overline{R}^2$ 与 R^2 的关系为

$$\overline{R}^2 = 1 - (1-R^2)\frac{n-1}{n-m},$$

当 n 很大、m 很小时,$\overline{R}^2$ 与 R^2 之间的差别不大;但是,当 n 较小,而 m 又较大时,$\overline{R}^2$ 就会远小于 R^2。

例 11.2 2004 年全国大学生数学建模竞赛 C 题(酒后驾车)中给出某人在短时间内喝下两瓶啤酒后,间隔一定的时间 $t(\text{h})$ 测量他的血液中酒精含量 $y(\text{mg}/100\text{mL})$,得到的数据如表 11.2 所示。

表 11.2 时间 t 与酒精含量 y 之间关系的测量数据

t/h	0.25	0.5	0.75	1	1.5	2	2.5	3	3.5	4	4.5	5
$y\text{mg}/100\text{mL}$	30	68	75	82	82	77	68	68	58	51	50	41
t/h	6	7	8	9	10	11	12	13	14	15	16	
$y\text{mg}/100\text{mL}$	38	35	28	25	18	15	12	10	7	7	4	

解 题目要求根据给定数据建立饮酒后血液中酒精浓度的数学模型。通过建立微分方程模型得到喝酒后短时间内血液中酒精浓度与时间的关系为

$$y = c_1(\text{e}^{-c_2 t} - \text{e}^{-c_3 t})。$$

现根据测量数据,拟合参数 c_1, c_2, c_3。记表 11.2 中 t, y 的观测值数据为 $(t_i, y_i)(i = 1, 2, \cdots, 23)$,拟合参数 c_1, c_2, c_3 实际上是求使得

$$\sum_{i=1}^{23}[c_1(\text{e}^{-c_2 t_i} - \text{e}^{-c_3 t_i}) - y_i]^2$$

达到最小值的 c_1, c_2, c_3,利用 LINGO 软件求得的拟合函数为 $y = 114.4(\text{e}^{-0.1855t} - \text{e}^{-2.008t})$,该模型的拟合优度 $R^2 = 0.9857$,剩余标准差 RMSE = 3.3566。

计算的 LINGO 程序如下:

```
model:
sets:
num/1..23/:t,y;
para/1..3/:c;
endsets
data:
t = 0.25  0.5  0.751  1.5  2  2.5  3  3.5  4  4.5  5
6  7  8  9  10  11  12  13  14  15  16;
y = 30  68  75  82  82  77  68  68  58  51  50  41
38  35  28  25  18  15  12  10  7  7  4;
enddata
submodel nihe:!因为要做后续的检验计算,这里把拟合的优化问题定义为一个子模型;
```

```
[obj]min = @sum(num:(c(1)*(@exp(-c(2)*t) - @exp(-c(3)*t)) - y)^2);
@for(para:@free(c));
endsubmodel
calc:
@solve(nihe);
SSE = obj;
MSE = obj/(@size(num) - @size(para));!计算残差的方差;
RMSE = @sqrt(MSE);!计算剩余标准差;
yb = @sum(num:y)/@size(num);!计算样本均值;
SST = @sum(num:(y - yb)^2);   !计算总平方和;
SSR = SST - SSE;!计算回归平方和;
RSquare = SSR/SST;!求解拟合优度;
@solve();!LINGO 输出滞后,这里加一个求解主模型;
endcalc
end
```

例 11.3 利用表 11.3 给出的美国人口统计数据(百万),建立人口预测模型,最后用它预报 1931,1932,…,1940 年美国的人口。

表 11.3　美国人口统计数据　　　　　　　　　　　　　　(百万)

年　份	1790	1800	1810	1820	1830	1840	1850	1860
人　口	3.9	5.3	7.2	9.6	12.9	17.1	23.2	31.4
年　份	1870	1880	1890	1900	1910	1920	1930	
人　口	38.6	50.2	62.9	76.0	92.0	106.5	123.2	

解　记 $x(t)$ 为第 t 年的人口数量,设人口年增长率 $r(x)$ 为 x 的线性函数,$r(x) = r - sx$。自然资源与环境条件所能容纳的最大人口数为 x_M,即当 $x = x_M$ 时,增长率 $r(x_M) = 0$,得 $r(x) = r\left(1 - \dfrac{x}{x_M}\right)$,建立 Logistic 人口模型:

$$\begin{cases} \dfrac{\mathrm{d}x}{\mathrm{d}t} = r\left(1 - \dfrac{x}{x_M}\right)x, \\ x(t_0) = x_0, \end{cases}$$

其解为

$$x(t) = \dfrac{x_M}{1 + \left(\dfrac{x_M}{x_0} - 1\right)\mathrm{e}^{-r(t - t_0)}}。$$

其中 $t_0 = 1790, x_0 = 3.9$。

记表 11.3 中的年份和人口数据为 $(t_i, x_i)(i = 0, 1, \cdots, 14)$,使用最小二乘法,拟合参数 x_M, r 就是求使得

$$\sum_{i=1}^{14}(x(t_i) - x_i)^2$$

达到最小值的 x_M, r。

利用 LINGO 软件求得 $x_M = 199.2333, r = 0.0313$。预测值的计算结果如表 11.4 所示。

表 11.4　人口的预测值　　　　　　　　　　　　　　　　　　　　（百万）

t	1931	1932	1933	1934	1935	1936	1937	1938	1939	1940
x	124.0	125.5	126.9	128.4	129.8	131.2	132.6	134.0	135.4	136.7

计算的 LINGO 程序如下：

```
model:
sets:
num/1..14/:t,x;
yuce/1..10/:tt,xt;
endsets
data:
x = 5.3  7.2  9.6  12.9  17.1  23.2  31.4  38.6  50.2  62.9  76.0  92.0  106.5  123.2;
enddata
submodel nihe:
min = @sum(num:(xm/(1+(xm/3.9-1)*@exp(-r*(t-1790)))-x)^2);
endsubmodel
calc:
@for(num(i):t(i)=1790+10*i);
@solve(nihe);
@for(yuce(i):tt(i)=1930+i;xt(i)=xm/(1+(xm/3.9-1)*@exp(-r*(tt(i)-1790))));
@solve();  !LINGO 输出滞后,这里加一个求解主模型;
endcalc
end
```

下面我们再给出一个拟合多元函数的例子。

例 11.4　根据表 11.5 中的数据拟合经验函数 $y = ae^{bx_1} + cx_2^2$。

表 11.5　x_1,x_2,y 的观测值

x_1	6	2	6	7	4	2	5	9
x_2	4	9	5	3	8	5	8	2
y	100	500	160	60	390	155	390	30

解　记表 11.5 中 x_1,x_2,y 的观测值分别为 $(x_{1i},x_{2i},y_i)(i=1,2,\cdots,8)$，用最小二乘法拟合参数 a,b,c，归结为求多元函数

$$\delta(a,b,c) = \sum_{i=1}^{8}(ae^{bx_{1i}} + cx_{2i}^2 - y_i)^2$$

的最小值问题。

利用 LINGO 软件求得

$$y = 4.4309e^{0.0145x_1} + 6.0653x_2^2, R^2 = 0.9998, RMSE = 3.2348。$$

计算的 LINGO 程序如下：

```
model:
sets:
num/1..8/:x1,x2,y;
```

```
endsets
data:
x1 = 6  2  6  7  4  2  5  9;
x2 = 4  9  5  3  8  5  8  2;
y = 100  500  160  60  390  155  390  30;
enddata
submodel nihe:
[obj] min = @sum(num:(a*@exp(b*x1) + c*x2^2 - y)^2);
@free(a);@free(b);@free(c);
endsubmodel
calc:
@solve(nihe);
SSE = obj;
MSE = obj/(@size(num) - 3);!计算残差的方差;
RMSE = @sqrt(MSE);!计算剩余标准差;
yb = @sum(num:y)/@size(num);!计算样本均值;
SST = @sum(num:(y - yb)^2);
SSR = SST - SSE;
RSquare = SSR/SST;
@solve();!LINGO 输出滞后,这里加一个求解主模型;
endcalc
end
```

例 11.5 （飞机的精确定位问题）飞机在飞行过程中,能够收到地面上各个监控台发来的关于飞机当前位置的信息,根据这些信息可以比较精确地确定飞机的位置。VOR(高频多向导航设备)能得到飞机与该设备连线的角度信息,DME(距离测量装置)能得到飞机与该设备的距离信息。已知这四种设备的 x,y 坐标(假设飞机和这些设备在同一平面上,以 km 为单位),这四种设备的测量数据如表 11.6 所示,如何根据这些信息精确地确定当前飞机的位置?

表 11.6 飞机定位问题的数据

	x_i	y_i	测量数据 θ_i 或 d_i	测量误差限 σ_i
VOR1	746	1393	161.2°(2.81347rad)	0.8°(0.0140rad)
VOR2	629	375	45.1°(0.78714rad)	0.6°(0.0105rad)
VOR3	1571	259	309.0°(5.39307rad)	1.3°(0.0227rad)
DME	155	987	864.3km	2.0km

注 11.1 以 y 轴正向为基准,顺时针方向夹角为正,而不考虑逆时针方向的夹角。

解 问题分析:记 4 种设备 VOR1、VOR2、VOR3、DME 的坐标为 (x_i,y_i), $i = 1,2,3,4$; VOR1、VOR2、VOR3 测量得到的角度为 θ_i(按照航空飞行管理的惯例,该角度是从正北开始,沿顺时针方向的角度,取值在 $0° \sim 360°$), $i = 1,2,3$, 角度的误差限为 $\sigma_i, i = 1,2,3$; DME 测量得到的距离为 d_4, 距离的误差限为 σ_4。设飞机当前位置的坐标为 (x,y), 则问题就是在表 11.6 给定数据下计算 (x,y)。

模型 1 及求解：表 11.6 中角度 θ_i 是 y 轴正向沿顺时针方向与点 (x_i,y_i) 到点 (x,y) 连线的夹角，于是角度 θ_i 的正切

$$\tan\theta_i = \frac{x - x_i}{y - y_i}, \quad i = 1,2,3。 \tag{11.9}$$

对 DME 测量得到的距离，显然有

$$d_4 = \sqrt{(x-x_4)^2 + (y-y_4)^2}。 \tag{11.10}$$

直接利用上面得到的 4 个等式确定飞机的坐标 x,y，这是一个求解超定非线性方程组的问题，在最小二乘准则下使计算值与测量值的误差平方和最小，则需要求解

$$\min J(x,y) = \sum_{i=1}^{3}\left(\frac{x-x_i}{y-y_i} - \tan\theta_i\right)^2 + \left[d_4 - \sqrt{(x-x_4)^2 + (y-y_4)^2}\right]^2。 \tag{11.11}$$

式 (11.11) 是一个非线性最小二乘拟合问题，利用 LINGO 软件求得飞机坐标为 $(980.6926, 731.5666)$，目标函数的最小值为 0.000705。

计算的 LINGO 程序如下：

```
model:
sets:
vor/1..3/:x,y,theta;
endsets
data:
x,y,theta = 746 1393 2.81347
629 375 0.78714
1571 259 5.39307;
x4,y4,d4 = 155 987 864.3;
enddata
min = @sum(vor:((xx-x)/(yy-y)-@tan(theta))^2) + (d4-@sqrt((xx-x4)^2+(yy-y4)^2))^2;
@free(xx);@free(yy);
end
```

模型 2 及求解：注意到这个问题中角度和距离的单位是不一致的，角度的单位为弧度，距离的单位为千米，因此将这 4 个误差平方和同等对待(相加)不是很合适。并且,4 种设备测量的精度(误差限)不同，而上面的方法根本没有考虑测量误差问题。如何利用测量设备的精度信息？这就需要看对问题中给出的设备精度如何理解。

一种可能的理解是：设备的测量误差是均匀分布的。以 VOR1 为例，目前测得的角度为 $161.2°$，测量精度为 $0.8°$，所以实际的角度应该位于区间 $[161.2° - 0.8°, 161.2° + 0.8°]$ 内。对其他设备也可以类似理解。由于 σ_i 很小，即测量精度很高，所以在相应区间内正切函数 tan 的单调性成立。于是可以得到一组不等式：

$$\tan(\theta_i - \sigma_i) \leq \frac{x-x_i}{y-y_i} \leq \tan(\theta_i + \sigma_i), i = 1,2,3。 \tag{11.12}$$

$$d_4 - \sigma_4 \leq \sqrt{(x-x_4)^2 + (y-y_4)^2} \leq d_4 + \sigma_4。 \tag{11.13}$$

也就是说，飞机坐标应该位于上述不等式组成的区域内。例如，模型 1 中得到的目标函数值很小，显然满足测量精度要求，因此坐标 $(980.6926, 731.5666)$ 肯定位于这个可行区域内。

由于这里假设设备的测量误差是均匀分布的，所以飞机坐标在这个区域内的每个点上的可能性应该也是一样的，最好应该给出这个区域的 x 和 y 坐标的最大值和最小值。于是可以

分别以 $\min x, \max x, \min y, \max y$ 为目标,以上面的区域限制条件为约束,求出 x 和 y 坐标的最大值和最小值。

利用 LINGO 软件,求得 x 取值范围为 $[974.8424, 982.2129]$,y 取值范围为 $[717.1588, 733.1942]$。因此,最后得到的解是一个比较大的矩形范围,即 $[974.8424, 982.2129] \times [717.1588, 733.1942]$。

计算的 LINGO 程序如下:

```
model:
sets:
vor/1..3/:x,y,theta,sigma;
endsets
data:
x,y,theta,sigma = 746   1393   2.81347   0.0140
                  629    375   0.78714   0.0105
                  1571   259   5.39307   0.0227;
x4,y4,d4,sigma4 = 155   987   864.3   2.0;
enddata
submodel obj1:
min = xx;
endsubmodel
submodel obj2:
max = xx;
endsubmodel
submodel obj3:
min = yy;
endsubmodel
submodel obj4:
max = yy;
endsubmodel
submodel yueshu:
@for(VOR:(xx-x)/(yy-y) > @tan(theta-sigma);(xx-x)/(yy-y) < @tan(theta+sigma));
@free(xx);@free(yy);
d4 - sigma4 < @sqrt((xx-x4)^2 + (yy-y4)^2);@sqrt((xx-x4)^2 - (yy-y4)^2) < d4 + sigma4;
endsubmodel
calc:
@solve(obj1,yueshu);@solve(obj2,yueshu);
@solve(obj3,yueshu);@solve(obj4,yueshu);
endcalc
end
```

模型 3 及求解:模型 2 得到的只是一个很大的矩形区域,仍不能令人满意。实际上,模型 2 中假设设备的测量误差是均匀分布的,这是很不合理的。一般来说,在多次测量中,应该假设设备的测量误差是正态分布的,而且均值为 0。本例中给出的精度 σ_i 可以认为是测量误差的标准差(也可以是与标准差成比例的一个量,如标准差的 3 倍等)。

在这种理解下,用各自的误差限 σ_i 对测量误差进行无量纲化(也可以看成是一种加权法)处理是合理的,即求解如下的无约束优化问题更合理:

$$\min \tilde{J}(x,y) = \sum_{i=1}^{3} \left(\frac{\alpha_i - \theta_i}{\sigma_i}\right)^2 + \left(\frac{d_4 - \sqrt{(x-x_4)^2 + (y-y_4)^2}}{\sigma_4}\right)^2, \quad (11.14)$$

其中

$$\tan\alpha_i = \frac{x - x_i}{y - y_i}, i = 1, 2, 3。 \quad (11.15)$$

上述问题也是一个非线性最小二乘拟合问题,利用 LINGO 软件求得飞机坐标为 $(978.3118, 723.9972)$,目标函数的最小值为 0.66697。

这个误差为什么比模型 1 大很多?这是因为模型 1 中使用的是绝对误差,而这里使用的是相对于精度 σ_i 的误差。对角度而言,分母 σ_i 很小,所以相对误差比绝对误差大,这是可以理解的。

计算的 LINGO 如下:

```
model:
sets:
vor/1..3/:x,y,theta,sigma,alpha;
endsets
data:
x,y,theta,sigma = 746   1393   2.81347   0.0140
                  629   375    0.78714   0.0105
                  1571  259    5.39307   0.0227;
x4,y4,d4,sigma4 = 155   987   864.3   2.0;
enddata
min = @sum(vor:((alpha - theta)/sigma)^2) + ((d4 - @sqrt((xx - x4)^2 + (yy - y4)^2))/sigma4)^2;
@for(vor:@tan(alpha) = (xx - x)/(yy - y));
@free(xx);@free(yy);
end
```

11.1.4 Gauss–Markov 定理

在参数估计理论中,称参数向量 $\boldsymbol{\theta}$ 的估计 $\hat{\boldsymbol{\theta}}$ 为无偏估计,若它的数学期望等于真实的未知参数向量,即 $E(\hat{\boldsymbol{\theta}}) = \boldsymbol{\theta}$。进一步地,如果一个无偏估计还具有最小方差,则称这一无偏估计为最优无偏估计。类似地,对于数据向量 $\boldsymbol{b}$ 含有加性噪声或者扰动的超定方程 $A\boldsymbol{\theta} = \boldsymbol{b} + \boldsymbol{e}$,若最小二乘解 $\hat{\boldsymbol{\theta}}_{LS}$ 的数学期望等于真实参数向量 $\boldsymbol{\theta}$,便称最小二乘解是无偏的。如果它还具有最小方差,则称最小二乘解是最优无偏的。

定理 11.1(Gauss–Markov 定理) 考虑线性方程组

$$A\boldsymbol{\theta} = \boldsymbol{b} + \boldsymbol{e}, \quad (11.16)$$

式中:$n \times m$ 矩阵 A 和 $m \times 1$ 向量 $\boldsymbol{\theta}$ 分别为常数矩阵和常数向量;$\boldsymbol{b}$ 为 $n \times 1$ 向量,它存在随机误差向量 $\boldsymbol{e} = [e_1, e_2, \cdots, e_n]^T$。

误差向量的均值向量和协方差矩阵分别为

$$E(\boldsymbol{e}) = \boldsymbol{0}, \operatorname{cov}(\boldsymbol{e}) = E(\boldsymbol{e}\boldsymbol{e}^T) = \sigma^2 \boldsymbol{I}$$

当且仅当秩 $R(A) = m$ 时,$m \times 1$ 参数向量 $\boldsymbol{\theta}$ 的最优无偏解 $\hat{\boldsymbol{\theta}}$ 存在。此时,最优无偏解由

$$\hat{\boldsymbol{\theta}} = (\boldsymbol{A}^{\mathrm{T}}\boldsymbol{A})^{-1}\boldsymbol{A}^{\mathrm{T}}\boldsymbol{b} \tag{11.17}$$

给出,其方差

$$\mathrm{var}(\hat{\boldsymbol{\theta}}) \leq \mathrm{var}(\tilde{\boldsymbol{\theta}}), \tag{11.18}$$

式中:$\tilde{\boldsymbol{\theta}}$ 为矩阵方程 $\boldsymbol{A}\boldsymbol{\theta} = \boldsymbol{b} + \boldsymbol{e}$ 的任何一个其他解;$\mathrm{var}(\hat{\boldsymbol{\theta}})$ 为 $\hat{\boldsymbol{\theta}}$ 所有分量方差的和。

证明 由假设条件 $E(\boldsymbol{e}) = \boldsymbol{0}$ 立即有

$$E(\boldsymbol{b}) = E(\boldsymbol{A}\boldsymbol{\theta}) - E(\boldsymbol{e}) = \boldsymbol{A}\boldsymbol{\theta}。 \tag{11.19}$$

利用已知条件 $\mathrm{cov}(\boldsymbol{e}) = E(\boldsymbol{e}\boldsymbol{e}^{\mathrm{T}}) = \sigma^2 \boldsymbol{I}$,并注意到 $\boldsymbol{A}\boldsymbol{\theta}$ 与误差向量 $\boldsymbol{e}$ 统计不相关,又有

$$E(\boldsymbol{b}\boldsymbol{b}^{\mathrm{T}}) = E[(\boldsymbol{A}\boldsymbol{\theta} - \boldsymbol{e})(\boldsymbol{A}\boldsymbol{\theta} - \boldsymbol{e})^{\mathrm{T}}] = E(\boldsymbol{A}\boldsymbol{\theta}\boldsymbol{\theta}^{\mathrm{T}}\boldsymbol{A}^{\mathrm{T}}) + E(\boldsymbol{e}\boldsymbol{e}^{\mathrm{T}}) = \boldsymbol{A}\boldsymbol{\theta}\boldsymbol{\theta}^{\mathrm{T}}\boldsymbol{A}^{\mathrm{T}} + \sigma^2 \boldsymbol{I}。 \tag{11.20}$$

由于 $R(\boldsymbol{A}) = m$,矩阵乘积 $\boldsymbol{A}^{\mathrm{T}}\boldsymbol{A}$ 非奇异,因此有

$$E(\hat{\boldsymbol{\theta}}) = E[(\boldsymbol{A}^{\mathrm{T}}\boldsymbol{A})^{-1}\boldsymbol{A}^{\mathrm{T}}\boldsymbol{b}] = (\boldsymbol{A}^{\mathrm{T}}\boldsymbol{A})^{-1}\boldsymbol{A}^{\mathrm{T}}E(\boldsymbol{b}) = (\boldsymbol{A}^{\mathrm{T}}\boldsymbol{A})^{-1}\boldsymbol{A}^{\mathrm{T}}\boldsymbol{A}\boldsymbol{\theta} = \boldsymbol{\theta},$$

即最小二乘解 $\hat{\boldsymbol{\theta}} = (\boldsymbol{A}^{\mathrm{T}}\boldsymbol{A})^{-1}\boldsymbol{A}^{\mathrm{T}}\boldsymbol{b}$ 是矩阵方程 $\boldsymbol{A}\boldsymbol{\theta} = \boldsymbol{b} + \boldsymbol{e}$ 的无偏解。

下面证明 $\hat{\boldsymbol{\theta}}$ 具有最小方差。为此,假定 $\boldsymbol{\theta}$ 还有另外一个候补解 $\tilde{\boldsymbol{\theta}}$,则可以将它写为

$$\tilde{\boldsymbol{\theta}} = \hat{\boldsymbol{\theta}} + \boldsymbol{C}\boldsymbol{b} + \boldsymbol{d},$$

式中:$\boldsymbol{C}$ 和 $\boldsymbol{d}$ 分别为常数矩阵和常数向量。

解 $\tilde{\boldsymbol{\theta}}$ 是无偏的,即

$$E(\tilde{\boldsymbol{\theta}}) = E(\hat{\boldsymbol{\theta}}) + E(\boldsymbol{C}\boldsymbol{b}) + \boldsymbol{d} = \boldsymbol{\theta} + \boldsymbol{C}\boldsymbol{A}\boldsymbol{\theta} + \boldsymbol{d} = \boldsymbol{\theta},$$

当且仅当

$$\boldsymbol{C}\boldsymbol{A} = \boldsymbol{0}(\text{零矩阵}), \boldsymbol{d} = \boldsymbol{0}。 \tag{11.21}$$

利用这两个无偏约束条件,易知 $E(\boldsymbol{C}\boldsymbol{b}) = \boldsymbol{C}E(\boldsymbol{b}) = \boldsymbol{C}\boldsymbol{A}\boldsymbol{\theta} = \boldsymbol{0}$。于是,得

$$\begin{aligned}\mathrm{cov}(\tilde{\boldsymbol{\theta}}) &= \mathrm{cov}(\hat{\boldsymbol{\theta}} + \boldsymbol{C}\boldsymbol{b}) = E\{[(\hat{\boldsymbol{\theta}} - \boldsymbol{\theta}) + \boldsymbol{C}\boldsymbol{b}][(\hat{\boldsymbol{\theta}} - \boldsymbol{\theta}) + \boldsymbol{C}\boldsymbol{b}]^{\mathrm{T}}\} \\ &= \mathrm{cov}(\hat{\boldsymbol{\theta}}) + E[(\hat{\boldsymbol{\theta}} - \boldsymbol{\theta})(\boldsymbol{C}\boldsymbol{b})^{\mathrm{T}}] + E[\boldsymbol{C}\boldsymbol{b}(\hat{\boldsymbol{\theta}} - \boldsymbol{\theta})^{\mathrm{T}}] + E(\boldsymbol{C}\boldsymbol{b}\boldsymbol{b}^{\mathrm{T}}\boldsymbol{C}^{\mathrm{T}})。\end{aligned} \tag{11.22}$$

由式(11.19)~式(11.21),易知

$$\begin{aligned}E[(\hat{\boldsymbol{\theta}} - \boldsymbol{\theta})(\boldsymbol{C}\boldsymbol{b})^{\mathrm{T}}] &= E[(\boldsymbol{A}^{\mathrm{T}}\boldsymbol{A})^{-1}\boldsymbol{A}^{\mathrm{T}}\boldsymbol{b}\boldsymbol{b}^{\mathrm{T}}\boldsymbol{C}^{\mathrm{T}}] - E(\boldsymbol{\theta}\boldsymbol{b}^{\mathrm{T}}\boldsymbol{C}^{\mathrm{T}}) \\ &= (\boldsymbol{A}^{\mathrm{T}}\boldsymbol{A})^{-1}\boldsymbol{A}^{\mathrm{T}}E(\boldsymbol{b}\boldsymbol{b}^{\mathrm{T}})\boldsymbol{C}^{\mathrm{T}} - \boldsymbol{\theta}E(\boldsymbol{b}^{\mathrm{T}})\boldsymbol{C}^{\mathrm{T}} \\ &= (\boldsymbol{A}^{\mathrm{T}}\boldsymbol{A})^{-1}\boldsymbol{A}^{\mathrm{T}}(\boldsymbol{A}\boldsymbol{\theta}\boldsymbol{\theta}^{\mathrm{T}}\boldsymbol{A}^{\mathrm{T}} + \sigma^2\boldsymbol{I})\boldsymbol{C}^{\mathrm{T}} - \boldsymbol{\theta}\boldsymbol{\theta}^{\mathrm{T}}\boldsymbol{A}^{\mathrm{T}}\boldsymbol{C}^{\mathrm{T}} = \boldsymbol{0},\end{aligned}$$

$$E[\boldsymbol{C}\boldsymbol{b}(\hat{\boldsymbol{\theta}} - \boldsymbol{\theta})^{\mathrm{T}}] = \{E[(\hat{\boldsymbol{\theta}} - \boldsymbol{\theta})(\boldsymbol{C}\boldsymbol{b})^{\mathrm{T}}]\}^{\mathrm{T}} = \boldsymbol{0},$$

$$E(\boldsymbol{C}\boldsymbol{b}\boldsymbol{b}^{\mathrm{T}}\boldsymbol{C}^{\mathrm{T}}) = \boldsymbol{C}E(\boldsymbol{b}\boldsymbol{b}^{\mathrm{T}})\boldsymbol{C}^{\mathrm{T}} = \boldsymbol{C}(\boldsymbol{A}\boldsymbol{\theta}\boldsymbol{\theta}^{\mathrm{T}}\boldsymbol{A}^{\mathrm{T}} + \sigma^2\boldsymbol{I})\boldsymbol{C}^{\mathrm{T}} = \sigma^2\boldsymbol{C}\boldsymbol{C}^{\mathrm{T}}。$$

故式(11.22)可化简为

$$\mathrm{cov}(\tilde{\boldsymbol{\theta}}) = \mathrm{cov}(\hat{\boldsymbol{\theta}}) + \sigma^2\boldsymbol{C}\boldsymbol{C}^{\mathrm{T}}。 \tag{11.23}$$

利用迹的性质 $\mathrm{tr}(\boldsymbol{A} + \boldsymbol{B}) = \mathrm{tr}(\boldsymbol{A}) + \mathrm{tr}(\boldsymbol{B})$,并注意到对于具有零均值向量的随机向量 $\boldsymbol{x}$,有 $\mathrm{tr}(\mathrm{cov}(\boldsymbol{x})) = \mathrm{var}(\boldsymbol{x})$,可将式(11.23)改写为

$$\mathrm{var}(\tilde{\boldsymbol{\theta}}) = \mathrm{var}(\hat{\boldsymbol{\theta}}) + \sigma^2\mathrm{tr}(\boldsymbol{C}\boldsymbol{C}^{\mathrm{T}}) \geq \mathrm{var}(\hat{\boldsymbol{\theta}}),$$

式中利用了迹的不等式 $\mathrm{tr}(\boldsymbol{C}\boldsymbol{C}^{\mathrm{T}}) \geq 0$。这就证明了 $\hat{\boldsymbol{\theta}}$ 具有最小方差,从而是最优无偏解。

注11.2 定理11.1的条件 $\mathrm{cov}(\boldsymbol{e}) = \sigma^2\boldsymbol{I}$ 意味着加性误差向量 $\boldsymbol{e}$ 的各个分量互不相关,并

且具有相同方差 σ^2。只有在这种情况下,最小二乘解才是无偏的和最优的。这正是 Gauss – Markov 定理的物理含义所在。

普通最小二乘的基本思想是用一个范数平方为最小的扰动向量 e 去干扰数据向量 b,以校正 b 中存在的噪声。当 A 和 b 二者均存在扰动时,求解矩阵方程 $Ax = b$ 的最小二乘解将会导致大的方差。

11.2 总体最小二乘法

为了克服最小二乘法的缺点,在求解矩阵方程时,需要同时考虑矩阵 A 和向量 b 中的扰动。总体最小二乘法体现的正是这一基本思想。

尽管最初的称呼不同,但总体最小二乘(Total Least Squares,TLS)实际上已有相当长的历史了。有关总体最小二乘最早的思想可追溯到 Pearson 于 1901 年发表的论文,当时他考虑的是 A 和 b 同时存在误差时矩阵方程 $Ax = b$ 的近似求解方法。但是,只是在 1980 年,才由 Golub 和 Van Loan 从数值分析的观点首次对这种方法进行了整体分析,并正式将该方法称为总体最小二乘。在数理统计中,这种方法称为正交回归(Orthogonal Regression)或变量误差回归(Errors – in – variables Regression)。在系统辨识中,总体最小二乘称为特征向量法或 Koopmans – Levin 方法。现在,总体最小二乘法已经广泛应用于工程领域中。

总体最小二乘的基本思想可以归纳为:不仅用扰动向量 e 去干扰数据向量 b,而且用扰动矩阵 E 同时干扰数据矩阵 A,以便校正在 A 和 b 二者内存在的扰动。换句话说,在总体最小二乘中,考虑的是矩阵方程

$$(A + E)x = b + e \tag{11.24}$$

的求解。

11.2.1 总体最小二乘拟合

在科学与工程问题的数值分析中,经常需要对给定的一些数据点,拟合一条曲线或一曲面。由于这些数据点通常是观测得到的,不可避免地会含有误差或被噪声污染,总体最小二乘法可望给出比一般最小二乘法更好的拟合结果。

考虑数据拟合问题:给定 n 个数据点 $(x_1, y_1), (x_2, y_2), \cdots, (x_n, y_n)$,希望对这些点拟合一直线。假定直线方程为 $ax + by - c = 0$。若直线通过点 (x_0, y_0),则 $c = ax_0 + by_0$。

现在考虑让拟合直线通过已知 n 个数据点的中心

$$\bar{x} = \frac{1}{n} \sum_{i=1}^{n} x_i, \bar{y} = \frac{1}{n} \sum_{i=1}^{n} y_i。 \tag{11.25}$$

若将 $c = a\bar{x} + b\bar{y}$ 代入,则可将直线方程写为

$$a(x - \bar{x}) + b(y - \bar{y}) = 0, \tag{11.26}$$

或者用斜率形式等价写为

$$m(x - \bar{x}) + (y - y_0) = 0。 \tag{11.27}$$

参数向量 $[a, b]^T$ 称为拟合直线的法向量(Normal Vector),而 $-m = -a/b$ 称为拟合直线的斜率。于是,直线拟合问题便变成了法向量 $[a, b]^T$ 或者斜率参数 $-m$ 的求解。

显然,将 n 个已知数据点代入直线方程后,直线方程不可能严格满足,会存在拟合误差。最小二乘拟合就是使拟合误差的平方和最小化,即最小二乘拟合的代价函数取为

$$D_{LS}^{(1)}(m,\bar{x},\bar{y}) = \sum_{i=1}^{n} [(x_i - \bar{x}) + m(y_i - \bar{y})]^2, \tag{11.28}$$

或

$$D_{LS}^{(2)}(m,\bar{x},\bar{y}) = \sum_{i=1}^{n} [m(x_i - \bar{x}) + (y_i - \bar{y})]^2 。 \tag{11.29}$$

令 $\frac{\partial D_{LS}^{(i)}(m,\bar{x},\bar{y})}{\partial m} = 0, i = 1,2$，即可求出直线斜率，从而得到拟合直线的方程。

与最小二乘拟合不同，总体最小二乘拟合则考虑使各个已知数据点到直线 $a(x-x_0) + b(y-y_0) = 0$ 的距离平方和最小化。

点 (p,q) 到直线 $ax + by - c = 0$ 的距离 d 由

$$d^2 = \frac{(ap+bq-c)^2}{a^2+b^2} = \frac{(a(p-x_0)+b(q-y_0))^2}{a^2+b^2} \tag{11.30}$$

确定。于是，已知的 n 个数据点到直线 $a(x-\bar{x}) + b(y-\bar{y}) = 0$ 的距离平方和为

$$D(a,b,\bar{x},\bar{y}) = \sum_{i=1}^{n} \frac{[a(x_i-\bar{x})+b(y_i-\bar{y})]^2}{a^2+b^2} 。 \tag{11.31}$$

引理 11.1 对通过数据点 (x_0, y_0) 的直线和数据点集合 $(x_1, y_1), (x_2, y_2), \cdots, (x_n, y_n)$，恒有不等式

$$D(a,b,\bar{x},\bar{y}) \leq D(a,b,x_0,y_0) 。 \tag{11.32}$$

等号成立，当且仅当 $x_0 = \bar{x}, y_0 = \bar{y}$。

证明 令 $\boldsymbol{w} = [w_1, w_2, \cdots, w_n]^T, \boldsymbol{z} = [z_1, z_2, \cdots, z_n]^T$，且

$$w_i = a(x_i - x_0) + b(y_i - y_0), i = 1, 2, \cdots, n,$$
$$z_i = a(x_i - \bar{x}) + b(y_i - \bar{y}), i = 1, 2, \cdots, n,$$

于是，有

$$D(a,b,x_0,y_0) = \|\boldsymbol{w}\|_2^2/(a^2+b^2),$$
$$D(a,b,\bar{x},\bar{y}) = \|\boldsymbol{z}\|_2^2/(a^2+b^2) 。$$

令 $\boldsymbol{1} = [1,1,\cdots,1]^T$ 为 $n \times 1$ 向量，并定义 $h = a(\bar{x}-x_0) + b(\bar{y}-y_0)$，则 $\boldsymbol{w} = \boldsymbol{z} + h\boldsymbol{1}$。注意到

$$\langle \boldsymbol{z}, \boldsymbol{1} \rangle = \sum_{i=1}^{n} z_i = a\left(\sum_{i=1}^{n} x_i - n\bar{x}\right) + b\left(\sum_{i=1}^{n} y_i - n\bar{y}\right) = 0a + 0b = 0 。$$

即向量 $\boldsymbol{z}$ 与 $\boldsymbol{1}$ 正交。由正交性 $\boldsymbol{z} \perp \boldsymbol{1}$，关系式 $\boldsymbol{w} = \boldsymbol{z} + h\boldsymbol{1}$，易知

$$D(a,b,x_0,y_0) = \frac{1}{a^2+b^2}\|\boldsymbol{w}\|_2^2 = \frac{1}{a^2+b^2}(\|\boldsymbol{z}\|_2^2 + h^2\|\boldsymbol{1}\|) = D(a,b,\bar{x},\bar{y}) + \frac{h^2 n}{a^2+b^2} \geq D(a,b,\bar{x},\bar{y}),$$

等式成立，当且仅当 $h = 0$，而 $h = 0 \Leftrightarrow x_0 = \bar{x}, y_0 = \bar{y}$。

引理 11.1 表明，总体最小二乘拟合的直线必须通过 n 个数据点的中心 $(\bar{x}, \bar{y})$，才能使偏差 D 最小。

为了求拟合直线的法向量 $[a,b]^T$，下面考虑如何使偏差 D 最小。为此，将 D 写成 2×1 单位向量 $\boldsymbol{t} = (a^2+b^2)^{-1/2}[a,b]^T$ 与 $n \times 2$ 矩阵 $\boldsymbol{M}$ 的乘积向量长度的平方，即

$$D(a,b,\bar{x},\bar{y}) = \|\boldsymbol{Mt}\|_2^2 = \left\| \begin{bmatrix} x_1 - \bar{x} & y_1 - \bar{y} \\ x_2 - \bar{x} & y_2 - \bar{y} \\ \vdots & \vdots \\ x_n - \bar{x} & y_n - \bar{y} \end{bmatrix} \frac{1}{\sqrt{a^2+b^2}} \begin{bmatrix} a \\ b \end{bmatrix} \right\|_2^2, \tag{11.33}$$

式中

$$M = \begin{bmatrix} x_1 - \bar{x} & y_1 - \bar{y} \\ x_2 - \bar{x} & y_2 - \bar{y} \\ \vdots & \vdots \\ x_n - \bar{x} & y_n - \bar{y} \end{bmatrix}。 \tag{11.34}$$

定理 11.2 若 2×1 法向量 t 取作与 2×2 矩阵 $M^T M$ 的最小特征值 σ_2^2 对应的单位特征向量,则距离平方和 $D(a, b, \bar{x}, \bar{y})$ 取最小值 σ_2^2。

证明 根据 $n \times 2$ 矩阵 M 的定义易知,2×2 矩阵 $M^T M$ 是一个实对称半正定矩阵。令其特征值分解为

$$M^T M = U \Sigma U^T = [u_1, u_2] \begin{bmatrix} \sigma_1^2 & 0 \\ 0 & \sigma_2^2 \end{bmatrix} \begin{bmatrix} u_1^T \\ u_2^T \end{bmatrix},$$

式中:σ_1^2, σ_2^2 为 $M^T M$ 的特征值,且 $\sigma_1 \geq \sigma_2$。于是,有

$$D(a, b, \bar{x}, \bar{y}) = \|Mt\|_2^2 = t^T M^T M t = t^T U \Sigma U^T t = (U^T t)^T \Sigma (U^T t) \geq \sigma_2^2 \|U^T t\|_2^2。$$

由于向量范数相对于正交变换是不变的,即 $\|U^T t\|_2 = \|t\|_2 = 1$,从而得

$$D(a, b, \bar{x}, \bar{y}) \geq \sigma_2^2。 \tag{11.35}$$

另外,易知

$$D(a, b, \bar{x}, \bar{y}) = t^T M^T M t = t^T [u_1, u_2] \begin{bmatrix} \sigma_1^2 & 0 \\ 0 & \sigma_2^2 \end{bmatrix} \begin{bmatrix} u_1^T \\ u_2^T \end{bmatrix} t = \sigma_1^2 \|u_1^T t\|_2^2 + \sigma_2^2 \|u_2^T t\|_2^2。$$

注意到 t, u_1, u_2 的欧几里得范数均等于 1,且特征向量 u_1 和 u_2 相互正交,立即有

$$D(a, b, \bar{x}, \bar{y}) = \sigma_1^2 \|u_1^T t\|_2^2 + \sigma_2^2 \|u_2^T t\|_2^2 = \sigma_2^2, \quad 若 t = u_2。 \tag{11.36}$$

综合式(11.35)和式(11.36)知,当 $t = u_2$ 时,距离平方和 $D(a, b, \bar{x}, \bar{y})$ 取最小值 σ_2^2。

下面的例子有助于进一步理解总体最小二乘拟合与一般的最小二乘拟合之间的差别。

例 11.6 已知 3 个数据点 $(2, 1), (2, 4), (5, 1)$。计算中心点,得

$$\bar{x} = \frac{1}{3}(2 + 2 + 5) = 3, \bar{y} = \frac{1}{3}(1 + 4 + 1) = 2。$$

减去这些均值后,得到零均值的数据矩阵

$$M = \begin{bmatrix} 2-3 & 1-2 \\ 2-3 & 4-2 \\ 5-3 & 1-2 \end{bmatrix} = \begin{bmatrix} -1 & -1 \\ -1 & 2 \\ 2 & -1 \end{bmatrix},$$

从而有

$$M^T M = \begin{bmatrix} 6 & -3 \\ -3 & 6 \end{bmatrix},$$

其特征值分解为

$$M^T M = \begin{bmatrix} 6 & -3 \\ -3 & 6 \end{bmatrix} = \begin{bmatrix} \frac{1}{\sqrt{2}} & \frac{1}{\sqrt{2}} \\ -\frac{1}{\sqrt{2}} & \frac{1}{\sqrt{2}} \end{bmatrix} \begin{bmatrix} 9 & 0 \\ 0 & 3 \end{bmatrix} \begin{bmatrix} \frac{1}{\sqrt{2}} & -\frac{1}{\sqrt{2}} \\ \frac{1}{\sqrt{2}} & \frac{1}{\sqrt{2}} \end{bmatrix},$$

因此,法向量 $t = [a, b]^T = [1/\sqrt{2}, 1/\sqrt{2}]^T$。最后,得总体最小二乘拟合的直线方程为

$$a(x-\bar{x})+b(y-\bar{y})=0 \Rightarrow \frac{1}{\sqrt{2}}(x-3)+\frac{1}{\sqrt{2}}(y-2)=0,$$

即 $y = -x + 5$。此时,距离平方和为

$$D_{TLS}(a,b,\bar{x},\bar{y}) = \|Mt\|_2^2 = \left\| \begin{bmatrix} -1 & -1 \\ -1 & 2 \\ 2 & -1 \end{bmatrix} \begin{bmatrix} \frac{1}{\sqrt{2}} \\ \frac{1}{\sqrt{2}} \end{bmatrix} \right\|^2 = 3。$$

与总体最小二乘拟合不同,若最小二乘拟合的代价函数取

$$D_{LS}^{(1)}(m,\bar{x},\bar{y}) = \sum_{i=1}^{3}[(x_i - \bar{x}) + m(y_i - \bar{y})]^2 = (-1-m)^2 + (-1+2m)^2 + (2-m)^2,$$

令

$$\frac{\partial D_{LS}^{(1)}(m,\bar{x},\bar{y})}{\partial m} = 12m - 6 = 0,$$

得 $m = 1/2$,此时,最小二乘拟合的直线方程为 $(x-3) + \frac{1}{2}(y-2) = 0$,即 $y + 2x - 8 = 0$,相应的距离平方和 $D_1 = 3.6$。

类似地,若最小二乘拟合采用代价函数

$$D_{LS}^{(2)}(m,\bar{x},\bar{y}) = \sum_{i=1}^{3}[m(x_i - \bar{x}) + (y_i - \bar{y})]^2 = (-m-1)^2 + (-m+2)^2 + (2m-1)^2,$$

则 $D_{LS}^{(2)}(m,\bar{x},\bar{y})$ 最小的 $m = 1/2$,此时,拟合的直线方程为 $\frac{1}{2}(x-3) + (y-2) = 0$,即 $x + 2y - 7 = 0$,相应的距离平方和 $D_2 = 3.6$。

图 11.1 给出了使用总体最小二乘法和两种最小二乘法拟合直线的结果。

这个例子表明,$D_1 = D_2 > D_{TLS}(a,b,\bar{x},\bar{y})$,即两种最小二乘拟合具有相同的拟合误差偏差,它们比总体最小二乘拟合的偏差大。可见,总体最小二乘拟合确实比最小二乘拟合的精度高。

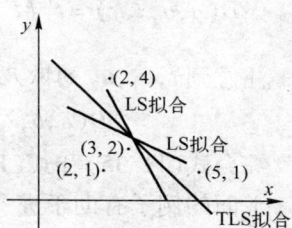

图 11.1 最小二乘拟合直线与总体最小二乘拟合直线

定理 11.2 很容易推广到高维数据情况。令 n 个数据向量 $\pmb{x}_i = [x_{i1}, x_{i2}, \cdots, x_{im}]^T, i = 1, 2, \cdots, n$ 分别为 m 维数据,并且

$$\bar{\pmb{x}} = \frac{1}{n}\sum_{i=1}^{n}\pmb{x}_i = [\bar{x}_1, \bar{x}_2, \cdots, \bar{x}_m]^T \quad (11.37)$$

为均值(即中心)向量,式中,$\bar{x}_j = \sum_{i=1}^{n} x_{ij}$。现在考虑使用 m 维法向量 $\pmb{r} = [r_1, r_2, \cdots, r_m]^T$ 对已知的数据向量,拟合超平面,即超平面上点 $\pmb{x}$ 满足法方程

$$\langle \pmb{x} - \bar{\pmb{x}}, \pmb{r} \rangle = 0。 \quad (11.38)$$

构造 $n \times m$ 矩阵

$$\pmb{M} = \begin{bmatrix} \pmb{x}_1^T - \bar{\pmb{x}}^T \\ \pmb{x}_2^T - \bar{\pmb{x}}^T \\ \vdots \\ \pmb{x}_n^T - \bar{\pmb{x}}^T \end{bmatrix} = \begin{bmatrix} x_{11} - \bar{x}_1 & x_{12} - \bar{x}_2 & \cdots & x_{1m} - \bar{x}_m \\ x_{21} - \bar{x}_1 & x_{22} - \bar{x}_2 & \cdots & x_{2m} - \bar{x}_m \\ \vdots & \vdots & \ddots & \vdots \\ x_{n1} - \bar{x}_1 & x_{n2} - \bar{x}_2 & \cdots & x_{nm} - \bar{x}_m \end{bmatrix}, \quad (11.39)$$

则可以得到拟合 m 维超平面的总体最小二乘算法如下：

（1）计算均值向量 $\bar{x} = \dfrac{1}{n}\sum_{i=1}^{n} x_i$。

（2）利用式(11.39)构造 $n \times m$ 矩阵 M。

（3）计算 $m \times m$ 矩阵 $M^T M$ 的最小特征值及其对应的单位特征向量 u，并令 $r = u$，则由法方程 $\langle x - \bar{x}, r \rangle = 0$ 确定的超平面可以使得距离平方和 $D(r, \bar{x})$ 最小。

距离平方和 $D(r, \bar{x})$ 实际上代表了各个已知数据向量（点）到达超平面的距离平方和。因此，距离平方和最小，意味着拟合误差平方和最小。

需要注意的是，如果矩阵 $M^T M$ 的最小特征值具有多重度，则与之对应的特征向量也有多个，从而导致拟合超平面存在多个解。这种情况的发生或许昭示线性拟合模型可能不合适，而应该尝试其他的非线性拟合模型。

11.2.2 经济预测中的正交回归分析

经典的回归分析在经济预测中获得了广泛应用，值得指出的是，此方法的应用有一重要前提，即假设自变量的值是完全准确的，或其观测误差与因变量的观测误差相比可以忽略不计，然而在许多情况下，这一假定往往难以满足。如果某一经济现象中自变量和因变量同时存在观测误差，很明显，此时经典的最小二乘法难以满足数据处理的需要，而正交回归能获得一个比较好的结果。

例 11.7 在宏观经济分析中，税收收入 y_1 主要取决于国内生产总值 x_1，试根据表 11.7 的数据，分别建立 y_1 与 x_1 的经典线性分析模型和正交回归模型。

表 11.7 税收收入和国内生产总值数据

年份	税收收入 y_1/亿元	国内生产总值 x_1/亿元	税收增长率 y_2	国内生产总值增长率 x_2
1985	2040.79	8964.4	—	—
1986	2090.73	10202.2	2.4471	13.8079
1987	2140.36	11962.5	2.3738	17.2541
1988	2390.47	14924.3	11.6854	24.7925
1989	2727.40	16909.2	14.0947	13.2694
1990	2821.86	18547.8	3.4634	9.6912
1991	2990.17	21617.8	5.9645	16.5512
1992	3296.91	26638.1	10.2583	23.2230
1993	4255.30	34634.4	29.0693	30.0183
1994	5126.88	46759.4	20.4822	35.0085
1995	6038.04	58479.1	17.7722	25.0617
1996	6909.82	67884.6	14.4381	16.0855
1997	8234.04	74772.4	19.1643	10.1463
1998	9262.80	79395.7	12.4940	6.1832

解 记表 11.7 中 y_1, x_1 的观测值分别为 $y_{i1}, x_{i1}, i = 1, 2, \cdots, 14$；$y_2, x_2$ 的观测值分别为 $y_{j2}, x_{j2}, j = 1, 2, \cdots, 13$。

（1）利用最小二乘法建立经典的回归模型 $y_1 = a + bx_1$，其中拟合 a, b 的准则是求使得

$$\sum_{i=1}^{14}(a+bx_{i1}-y_{i1})^2$$

达到最小值的 a,b，利用 LINGO 软件，求得的模型为
$$y_1 = 990.0897 + 0.09449884x_1,$$
式中：模型的相关系数平方 $R^2 = 0.9828$。

计算的 LINGO 程序如下：

```
model:
sets:
num/1..14/:x1,y1;
endsets
data:
y1,x1 = @file(Ldata117.txt);!把表 11.7 中 y1,x1 数据保存到纯文本文件 Ldata117.txt 中;
enddata
submodel jingdian:
[obj]min = @sum(num:(a+b*x1-y1)^2);
@free(a);@free(b);
endsubmodel
calc:
@solve(jingdian);
SSE = obj;RMSE = @sqrt(SSE/(@size(num)-2));
y1b = @sum(num:y1)/@size(num);!计算样本均值;
SST = @sum(num:(y1-y1b)^2);
SSR = SST - SSE;
RSquare = SSR/SST;
@solve();!LINGO 输出滞后,这里再加一个求解主模型;
endcalc
end
```

(2) 计算中心点,得
$$\bar{x}_1 = \frac{1}{14}\sum_{i=1}^{14}x_{i1} = 35120.85, \bar{y} = \frac{1}{14}\sum_{i=1}^{14}y_{i1} = 4308.969。$$

减去这些均值后，得到零均值的数据矩阵
$$M = \begin{bmatrix} x_{11}-\bar{x}_1 & y_{11}-\bar{y}_1 \\ x_{21}-\bar{x}_1 & y_{21}-\bar{y}_1 \\ \vdots & \vdots \\ x_{14,1}-\bar{x}_1 & y_{14,1}-\bar{y}_1 \end{bmatrix},$$

从而有
$$M^T M = \begin{bmatrix} 8.3972 \times 10^9 & 7.9353 \times 10^8 \\ 7.9353 \times 10^8 & 7.6298 \times 10^7 \end{bmatrix},$$

$M^T M$ 的最小特征值为 $\lambda_{\min} = 1298812$，对应的单位特征向量 $u = [-0.0941, 0.9956]^T$。因此，法向量 $t = [a,b]^T = [-0.0941, 0.9956]^T$。最后，得总体最小二乘拟合的直线方程为
$$a(x-\bar{x}) + b(y-\bar{y}) = 0 \Rightarrow -0.0941(x-35120.85) + 0.9956(y-4308.969) = 0,$$

即 $y = 989.5762 + 0.09451346x_1$。

记 $\boldsymbol{M}^{\mathrm{T}}\boldsymbol{M}$ 的特征值分别为 σ_1^2, σ_2^2，这里 $\sigma_1^2 \geqslant \sigma_2^2$，即 $\boldsymbol{M}$ 的奇异值为 σ_1, σ_2，则线性模型所能解释的方差

$$VEM = \frac{\sigma_1}{\sigma_1 + \sigma_2} = 0.9878。$$

计算的 LINGO 程序如下：

```
model:
sets:
num/1..14/:x1,y1;
var/1 2/:u,v;!u,v 分别为最小、最大特征值对应的特征向量;
link1(num,var):M;
link2(var,var):MTM;
endsets
data:
y1,x1 = @file(Ldata117.txt);!把表 11.7 中 y1,x1 数据保存到纯文本文件 Ldata117.txt 中;
enddata
calc:
x1b = @sum(num:x1)/@size(num);!计算 x1 的均值;
y1b = @sum(num:y1)/@size(num);!计算 y1 的均值;
@for(num(i):M(i,1) = x1(i) - x1b;M(i,2) = y1(i) - y1b);  !计算 M 矩阵;
@for(link2(i,j):MTM(i,j) = @sum(num(k):M(k,i)*M(k,j)));
endcalc
submodel zuida:
max = lambda1;
@for(var(i):@sum(var(j):MTM(i,j)*v(j)) = lambda1*v(i));
@sum(var:v^2) = 1;
@for(var:@free(v));
endsubmodel
submodel zuixiao:
min = lambda2;
@for(var(i):@sum(var(j):MTM(i,j)*u(j)) = lambda2*u(i));
@sum(var:u^2) = 1;
@for(var:@free(u));
endsubmodel
calc:
@solve(zuixiao);sigma2 = @sqrt(lambda2);
k2 = -u(1)/u(2);   !求回归直线的斜率;
b2 = y1b - k2*x1b;  !求回归直线的截距;
@solve(zuida);sigma1 = @sqrt(lambda1);
k1 = -v(1)/v(2);   !求回归直线的斜率;
b1 = y1b - k1*x1b;  !求回归直线的截距;
vem1 = sigma1/(sigma1 + sigma2);
vem2 = sigma2/(sigma1 + sigma2);!LINGO 把最大特征值和最小特征值计算颠倒了;
```

```
@solve();   !LINGO 输出滞后,这里加一个求解主模型;
endcalc
end
```

注 11.3 当使用 LINGO 软件同时计算该问题的最大和最小特征值时,答案是错误的。建议编写两个 LINGO 程序,或者使用其他软件计算该问题。

在经典的最小二乘法中,回归分析的质量以 R^2 的值来判断,R^2 越接近 1,回归分析的结果越好,在正交最小二乘法中,用线性模型能解释的方差(VEM)评价回归分析的质量,此值越接近 100%,回归分析的质量越好,由此得到的参数值越可靠,表明线性模型完全适合数据中存在的变量关系。研究表明数据随机误差小,R^2 较大时,两种方法估计结果相差不太明显,如果数据随机误差较大,R^2 较小时,两者相差较为明显,使用正交回归分析更合理、可靠。

本例若考察税收增长率关于国内生产总值增长率的一元线性模型,如果使用经典最小二乘法,则有

$$y_2 = 3.5318 + 0.4886x_2,$$
$$R^2 = 0.2767,$$

式中:y_2 为税收增长率;x_2 为国内生产总值增长率。

由于 R^2 较小,模型拟合效果差。

若用正交最小二乘法,则有

$$y_2 = -3.5284 + 0.8693x_2,$$
$$VEM = 0.7649。$$

由于 VEM 较大,此模型拟合效果较好。两种方法结果相差较大,第二种方法结果接近实际,究其原因,对增长率指标而言,税收收入与国内生产总值存在较大的随机误差,且第一种方法求得的 R^2 较小,建立的模型不适合。

11.2.3 正交回归和一般最小二乘回归的几何误差分析

在回归分析中,通常认为自变量是精确的,而因变量由于测量过程的各种原因认为是不精确的、存在不确定性的。在直线、平面或超平面(二维、三维或 n 维)拟合中,通常认为其中 $n-1$ 维的数据是精确的,而只有剩下的一维数据是有噪声的。这个前提使得一般最小二乘回归(Ordinary Least Squares Regression)在这些领域得到了广泛应用。

如果考虑各个变量均存在不确定性或各向同性,采用一般最小二乘回归拟合原始数据时,拟合效果和算法稳定性则较差。于是正交回归(Orthogonal Regression)在回归分析和直线拟合的各种应用场合被逐渐提出和采用。

1. 正交回归的解析解

设有二维平面内的原始数据点 $P_i(x_i,y_i)$, $i=1,2,\cdots,n$。一般最小二乘回归是寻找平面内的一条直线 $L_1:y=kx+h$,使得

$$D_1 = \sum_{i=1}^{n}(kx_i + h - y_i)^2$$

达到最小。而正交回归是寻找平面内的一条直线 L_2,使得目标函数

$$D_2 = \sum_{i=1}^{n} d^2(P_i, L_2)$$

达到最小,其中 $d(P_i,L_2)$ 是点 P_i 到直线 L_2 的几何距离。若直线 L_2 用参数方程

表示,其中(a,b)为直线L_2上的一点,θ为直线L_2与x轴的夹角,则有

$$\begin{cases} x(t) = a + t\cos\theta, \\ y(t) = b + t\sin\theta, \end{cases}$$

$$D_2 = \varphi(a,b,\theta) = \sum_{i=1}^{n}((x_i - a, y_i - b) \cdot \boldsymbol{n})^2 = \sum_{i=1}^{n}((x_i - a)\sin\theta - (y_i - b)\cos\theta)^2,$$

式中:$\boldsymbol{n} = (\sin\theta, -\cos\theta)^T$为直线的单位法向量。

通过求解联立方程组$\frac{\partial\varphi}{\partial a} = \frac{\partial\varphi}{\partial b} = \frac{\partial\varphi}{\partial \theta}$,即

$$\begin{cases} \frac{\partial\varphi}{\partial a} = -2n(\bar{x} - a)\sin^2\theta + n(\bar{y} - b)\sin 2\theta = 0, \\ \frac{\partial\varphi}{\partial b} = n(\bar{x} - a)\sin 2\theta - 2n(\bar{y} - b)\cos^2\theta = 0, \\ \frac{\partial\varphi}{\partial \theta} = \left(\sum_{i=1}^{n}(x_i - a)^2 - \sum_{i=1}^{n}(y_i - b)^2\right)\sin 2\theta - 2\left(\sum_{i=1}^{n}(x_i - a)(y_i - b)\right)\cos 2\theta = 0, \end{cases}$$

式中:$\bar{x}, \bar{y}$分别为样本$\{x_1, x_2, \cdots, x_n\}$,$\{y_1, y_2, \cdots, y_n\}$的均值,可知只要取

$$\begin{cases} a = \bar{x}, \\ b = \bar{y}, \end{cases} \tag{11.40}$$

并让θ满足

$$n(S_{xx} - S_{yy})\sin 2\theta - 2nS_{xy}\cos 2\theta = 0, \tag{11.41}$$

就可得到D_2的极小值点,其中$S_{xx} = \frac{1}{n}\sum_{i=1}^{n}(x_i - \bar{x})^2, S_{yy} = \frac{1}{n}\sum_{i=1}^{n}(y_i - \bar{y})^2$分别表示样本$\{x_1, x_2, \cdots, x_n\}$,$\{y_1, y_2, \cdots, y_n\}$的方差,$S_{xy} = \frac{1}{n}\sum_{i=1}^{n}(x_i - \bar{x})(y_i - \bar{y})$表示样本$\{x_1, x_2, \cdots, x_n\}$与$\{y_1, y_2, \cdots, y_n\}$的协方差。

式(11.41)可以变换为

$$\tan 2\theta = \frac{2S_{xy}}{S_{xx} - S_{yy}}, \tag{11.42}$$

于是

$$\theta = \frac{1}{2}\arctan\frac{2S_{xy}}{S_{xx} - S_{yy}}。 \tag{11.43}$$

式(11.40)和式(11.43)构成了正交回归的解析解。式(11.40)说明正交回归的直线通过原始数据点的中心。

2. 正交回归和一般最小二乘回归的几何误差比较

直线方程用$y = kx + h$表示,则一般最小二乘回归的解析解为

$$\begin{cases} k = \dfrac{n\sum\limits_{i=1}^{n}x_iy_i - \sum\limits_{i=1}^{n}x_i\sum\limits_{i=1}^{n}y_i}{n\sum\limits_{i=1}^{n}x_i^2 - \left(\sum\limits_{i=1}^{n}x_i\right)^2} = \dfrac{\overline{x \cdot y} - \bar{x} \cdot \bar{y}}{\overline{x^2} - \bar{x}^2} = \dfrac{S_{xy}}{S_{xx}}, \\ h = \dfrac{\sum\limits_{i=1}^{n}x_i^2\sum\limits_{i=1}^{n}y_i - \sum\limits_{i=1}^{n}x_iy_i\sum\limits_{i=1}^{n}x_i}{n\sum\limits_{i=1}^{n}x_i^2 - \left(\sum\limits_{i=1}^{n}x_i\right)^2} = \dfrac{\overline{x^2} \cdot \bar{y} - \overline{x \cdot y} \cdot \bar{x}}{\overline{x^2} - \bar{x}^2} = \dfrac{\overline{x^2} \cdot \bar{y} - \overline{x \cdot y} \cdot \bar{x}}{S_{xx}}。 \end{cases} \tag{11.44}$$

其中：$\overline{x \cdot y} = \frac{1}{n}\sum_{i=1}^{n}x_i y_i, \overline{x} = \frac{1}{n}\sum_{i=1}^{n}x_i, \overline{y} = \frac{1}{n}\sum_{i=1}^{n}y_i, \overline{x^2} = \frac{1}{n}\sum_{i=1}^{n}x_i^2$。

容易验证，h 和 k 具有关系：$\overline{y} = k\overline{x} + h$，说明一般最小二乘回归直线也通过原始数据点的中心，所以只需分析式(11.44)对应直线与 x 轴夹角 $\tilde{\theta}$ 与 θ 的区别。因为 $k = \tan\tilde{\theta}$，由式(11.44)知

$$\tan\tilde{\theta} = \frac{S_{xy}}{S_{xx}},$$

从而

$$\tan 2\tilde{\theta} = \frac{2\tan\tilde{\theta}}{1-\tan^2\tilde{\theta}} = \frac{2S_{xy}}{S_{xx} - \frac{S_{xy}^2}{S_{xx}S_{yy}}S_{yy}} = \frac{2S_{xy}}{S_{xx} - \rho_{XY}^2 S_{yy}}, \tag{11.45}$$

式中：$\rho_{XY} = \frac{S_{xy}}{\sqrt{S_{xx}}\sqrt{S_{yy}}}$ 为样本 $\{x_1, x_2, \cdots, x_n\}$ 与 $\{y_1, y_2, \cdots, y_n\}$ 的相关系数。

比较(11.42)和式(11.45)，发现：

(1) ρ_{XY} 越接近 ±1，两种解越接近。当 $\rho_{XY} = ±1$ 时，即原始数据点共线时，$\tilde{\theta} = \theta$，两种方法得到的解一致。

(2) 当 $S_{yy} \ll S_{xx}$ 时，即原始数据点呈水平状态分布时，$\tan 2\tilde{\theta} \approx \tan 2\theta$，两种解差别不大；而当 $S_{yy} \gg S_{xx}$ 时，即原始数据点呈垂直状态分布时，两种解可能有很大的差别。由于正交回归的直线 L_2 是旋转不变的，它的几何误差必定达到最小并有旋转不变性，所以当原始数据点旋转一周时，L_2 关于原始数据点的相对位置不变，而一般最小二乘回归的直线 L_1 会发生变化，原始数据点旋转至水平状态时，L_1 与 L_2 很接近，越接近垂直状态时，L_1 越偏离 L_2。

习 题 11

11.1 某矿脉中 7 个相邻样本点处，某种金属的含量 y 与样本点对原点的距离 x 的实测值如表 11.8 所示。根据经验 $y = a + b\ln x$，其中 a, b 为待定参数，试拟合参数 a, b。

表 11.8 x 与 y 的实测值

x	2	3	4	5	7	8	10
y	106.42	108.20	109.58	109.50	110.00	109.93	110.49

11.2 已知 x, y 的观测值如表 11.9 所示。用给定数据拟合函数 $y = ae^x + b\ln x$，且满足 $b \geq 0, a + b \leq 1$。

表 11.9 x, y 的观测值

x	3	5	6	7	4	8	5	9
y	4	9	5	3	8	5	8	5

11.3 利用表 11.10 的数据，拟合经验函数 $y = a\sin(x_1) + e^{\sin(bx_2)} + \cos(cx_3)$。

表 11.10 x_1, x_2, x_3, y 的观测值

x_1	6	2	6	7	4	2	5	9
x_2	4	9	5	3	8	5	8	2
x_3	2	5	6	3	6	6	8	7
y	1	11	−2	10	−7	9	−8	6

11.4 已知 z, x, y 的观测数据如表 11.11 所示,试用经典方法和正交回归方法建立线性模型 $z = a_1 + a_2 x + a_3 y$。

表 11.11 观测数据

序 号	z	x	y
1	−1.4988	−1.0000	−1.0195
2	−1.1979	−0.9021	−0.8923
3	−0.9019	−0.8746	−0.8283
4	−0.6012	−0.6826	−0.7397
5	−0.2899	−0.6658	−0.5723
6	−0.0113	−0.5696	−0.5000
7	0.3111	−0.3976	−0.4016
8	0.6017	−0.3285	−0.2727
9	0.9050	−0.1877	−0.1822
10	1.1917	−0.0797	−0.0895
11	1.4970	0.0257	0.0375
12	1.7986	0.0793	0.1279
13	2.1021	0.2135	0.2072
14	2.3916	0.3030	0.2793
15	2.7024	0.4248	0.3805
16	2.9939	0.5161	0.5358
17	3.3003	0.6269	0.5516
18	3.6033	0.6960	0.6993
19	3.9016	0.7956	0.7415
20	4.2054	0.9302	0.9306
21	4.5050	0.9363	1.0259

第 12 章 数学建模中的应用实例

在全国大学生数学建模竞赛中,出现过大量的优化建模赛题。本章从中选择了部分赛题,给出这些赛题的 LINGO 求解过程。

12.1 飞行管理问题

12.1.1 问题描述

1995 年全国大学生数学建模竞赛 A 题。

在约 10000m 高空的某边长 160km 的正方形区域内,经常有若干架飞机作水平飞行。区域内每架飞机的位置和速度向量均由计算机记录其数据,以便进行飞行管理。当一架欲进入该区域的飞机到达区域边缘时,记录其数据后,要立即计算并判断是否会与区域内的飞机发生碰撞。如果会碰撞,则应计算如何调整各架(包括新进入的)飞机飞行的方向角,以避免碰撞。现假定条件如下:

(1) 不碰撞的标准为任意两架飞机的距离大于 8km。
(2) 飞机飞行方向角调整的幅度不应超过 30°。
(3) 所有飞机飞行速度均为每小时 800km。
(4) 进入该区域的飞机在到达区域边缘时,与区域内飞机的距离应在 60km 以上。
(5) 最多需考虑 6 架飞机。
(6) 不必考虑飞机离开此区域后的状况。

请你对这个避免碰撞的飞行管理问题建立数学模型,列出计算步骤,对以下数据进行计算(方向角误差不超过 0.01 度),要求飞机飞行方向角调整的幅度尽量小。

设该区域 4 个顶点的座标为 $(0,0)$, $(160,0)$, $(160,160)$, $(0,160)$。记录数据如表 12.1 所示。

表 12.1 飞行记录数据

飞机编号	横座标 x	纵座标 y	方向角/(°)
1	150	140	243
2	85	85	236
3	150	155	220.5
4	145	50	159
5	130	150	230
新进入	0	0	52

注 12.1 方向角指飞行方向与 x 轴正向的夹角。

12.1.2 模型的建立与求解

为方便以后的讨论,引进如下记号:

a 为飞机飞行速度,$a = 800 \text{km/h}$;

θ_i^0 为第 i 架飞机的原飞行方向角,即飞行方向与 x 轴夹角,$0 \leq \theta_i^0 < 2\pi$;

$\Delta\theta_i$ 为第 i 架飞机的方向角调整量,$-\dfrac{\pi}{6} \leq \Delta\theta_i \leq \dfrac{\pi}{6}$;

$\theta_i = \theta_i^0 + \Delta\theta_i$ 为第 i 架飞机调整后的飞行方向角;

(x_i^0, y_i^0) 为第 i 架飞机的初始位置坐标,$i = 1, 2, \cdots, 6$, $i = 6$ 对应新进入的飞机。

根据相对运动的观点在考察两架飞机 i 和 j 的飞行时,可以将飞机 i 视为不动而飞机 j 以相对速度

$$\boldsymbol{v} = \boldsymbol{v}_j - \boldsymbol{v}_i = (a\cos\theta_j - a\cos\theta_i, a\sin\theta_j - a\sin\theta_i) \tag{12.1}$$

相对于飞机 i 运动,对式(12.1)进行适当的计算,得

$$\begin{aligned}\boldsymbol{v} &= 2a\sin\frac{\theta_j - \theta_i}{2}\left(-\sin\frac{\theta_j + \theta_i}{2}, \cos\frac{\theta_j + \theta_i}{2}\right) \\ &= 2a\sin\frac{\theta_j - \theta_i}{2}\left(\cos\left(\frac{\pi}{2} + \frac{\theta_j + \theta_i}{2}\right), \sin\left(\frac{\pi}{2} + \frac{\theta_j + \theta_i}{2}\right)\right)。\end{aligned} \tag{12.2}$$

不妨设 $\theta_j \geq \theta_i$,此时相对飞行方向角为 $\beta_{ij} = \dfrac{\pi}{2} + \dfrac{\theta_i + \theta_j}{2}$。

由于两架飞机的初始距离为

$$r_{ij}(0) = \sqrt{(x_i^0 - x_j^0)^2 + (y_i^0 - y_j^0)^2}。 \tag{12.3}$$

$$\alpha_{ij}^0 = \arcsin\frac{8}{r_{ij}(0)}, \tag{12.4}$$

则只要当相对飞行方向角 β_{ij} 满足

$$\alpha_{ij}^0 < \beta_{ij} < 2\pi - \alpha_{ij}^0 \tag{12.5}$$

时,两架飞机不可能碰撞(图 12.1)。

记 β_{ij}^0 为调整前第 j 架飞机相对于第 i 架飞机的相对速度(矢量)与这两架飞机连线(从 j 指向 i 的矢量)的夹角

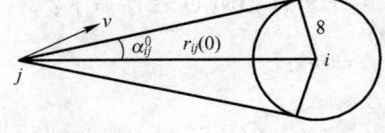

图 12.1 相对飞行方向角

(以连线矢量为基准,逆时针方向为正,顺时针方向为负)。则由式(12.5)知,两架飞机不碰撞的条件为

$$\left|\beta_{ij}^0 + \frac{1}{2}(\Delta\theta_i + \Delta\theta_j)\right| > \alpha_{ij}^0。 \tag{12.6}$$

本问题中的优化目标函数可以有不同的形式,如使所有飞机的最大调整量最小,使所有飞机的调整量绝对值之和最小等。这里以所有飞机的调整量绝对值之和最小为目标函数,可以得到如下的数学规划模型:

$$\min \sum_{i=1}^{6} |\Delta\theta_i|,$$

$$\text{s.t.} \begin{cases} \left|\beta_{ij}^0 + \dfrac{1}{2}(\Delta\theta_i + \Delta\theta_j)\right| > \alpha_{ij}^0, & i = 1, \cdots, 5, j = i+1, \cdots, 6, \\ |\Delta\theta_i| \leq 30°, & i = 1, 2, \cdots, 6。 \end{cases}$$

利用 LINGO12 软件，求得 α_{ij}^0 的值如表 12.2 所列。

表 12.2 α_{ij}^0 的值

	1	2	3	4	5	6
1	0	5.39119	32.23095	5.091816	20.96336	2.234507
2	5.39119	0	4.804024	6.61346	5.807866	3.815925
3	32.23095	4.804024	0	4.364672	22.83365	2.125539
4	5.091816	6.61346	4.364672	0	4.537692	2.989819
5	20.96336	5.807866	22.83365	4.537692	0	2.309841
6	2.234507	3.815925	2.125539	2.989819	2.309841	0

求得 β_{ij}^0 的值如表 12.3 所列。

表 12.3 β_{ij}^0 的值

	1	2	3	4	5	6
1	0	109.2636	-128.25	24.17983	173.0651	14.47493
2	109.2636	0	-88.8711	-42.2436	-92.3048	9
3	-128.25	-88.8711	0	12.47631	-58.7862	0.310809
4	24.17983	-42.2436	12.47631	0	5.969234	-3.52561
5	173.0651	-92.3048	-58.7862	5.969234	0	1.914383
6	14.47493	9	0.310809	-3.52561	1.914383	0

求得的最优解为 $\Delta\theta_3 = 2.838543°$，$\Delta\theta_6 = 0.7909163°$，其他的调整角度为 0。目标函数的最小值为 3.62946。

计算的 LINGO 程序如下：

```
model:
sets:
num/1..6/:x,y,theta0,delta;
link(num,num):d,alpha0,beta0,dx1,dx2,dy1,dy2,s;
endsets
data:
x,y,theta0=
150  140  243
 85   85  236
150  155  220.5
145   50  159
130  150  230
  0    0   52;
@text()=@table(alpha0);!计算结果输出到屏幕;
@text()=@table(beta0);
@ole(Ldata121.xlsx,A1:F6)=alpha0;!计算结果输出到 Excel 文件,便于做表使用;
enddata
```

```
calc:
@for(link(i,j):d(i,j) = @sqrt((x(i)-x(j))^2+(y(i)-y(j))^2));!计算两两之间的距离;
@for(link(i,j)|i#ne#j:alpha0(i,j) = @asin(8/d(i,j));alpha0(i,j) = 180*alpha0(i,j)/@pi());!计算
alpha0 的值;
@for(link(i,j)|i#eq#j:alpha0(i,j) = 0);
@for(link(i,j):dx1(i,j) = @cos(theta0(j)*@pi()/180) - @cos(theta0(i)*@pi()/180));!计算相对
速度的 x 分量;
dy1(i,j) = @sin(theta0(j)*@pi()/180) - @sin(theta0(i)*@pi()/180);!计算相对速度的 y 分量;
dx2(i,j) = x(i) - x(j);dy2(i,j) = y(i) - y(j));
@for(link(i,j)|i#ne#j:beta0(i,j) = @acos((dx1(i,j)*dx2(i,j)+dy1(i,j)*dy2(i,j))/(@sqrt(dx1
(i,j)^2+dy1(i,j)^2)*sqrt(dx2(i,j)^2+dy2(i,j)^2)))*180/@pi();
s(i,j) = dx2(i,j)*dy1(i,j) - dy2(i,j)*dx1(i,j);!计算平行四边形的有向面积;
beta0(i,j) = beta0*@sign(s(i,j)));!修改 beta0 的取值正负号;
@for(link(i,j)|i#eq#j:beta0(i,j) = 0);
endcalc
min = @sum(num:@abs(delta));
@for(num:@bnd(-30,delta,30));
@for(num(i)|i#le#5:@for(num(j)|j#ge#i+1:@abs(beta0(i,j)+0.5*(delta(i)+delta(j))) > alpha0
(i,j)));
end
```

注 12.2 LINGO 软件要操作 Excel 文件 Ldata121.xlsx,首先要保证该 Excel 文件和 LINGO 程序放在同一个目录下,再确保用 Excel 软件打开该文件。

注 12.3 在上面程序中,计算以向量 $\boldsymbol{\alpha}_1 = [a_{11}, a_{12}]$ 为基准,到向量 $\boldsymbol{\alpha}_2 = [a_{22}, a_{23}]$ 的夹角的计算方法如下:设 $\boldsymbol{\alpha}_1, \boldsymbol{\alpha}_2$ 的夹角大小为 θ(不考虑方向),则由夹角余弦公式,得

$$\theta = \arccos \frac{a_{11}a_{21} + a_{12}a_{22}}{\sqrt{a_{11}^2 + a_{12}^2}\sqrt{a_{21}^2 + a_{22}^2}}。$$

以 $\boldsymbol{\alpha}_1, \boldsymbol{\alpha}_2$ 作为邻边的有向平行四边形面积为行列式 $\begin{vmatrix} a_{11} & a_{12} \\ a_{21} & a_{22} \end{vmatrix}$ 的值,当 $\begin{vmatrix} a_{11} & a_{12} \\ a_{21} & a_{22} \end{vmatrix} > 0$ 时,从 $\boldsymbol{\alpha}_1$ 到 $\boldsymbol{\alpha}_2$ 是逆时针方向,$\boldsymbol{\alpha}_1, \boldsymbol{\alpha}_2$ 的夹角为 θ;当 $\begin{vmatrix} a_{11} & a_{12} \\ a_{21} & a_{22} \end{vmatrix} < 0$ 时,从 $\boldsymbol{\alpha}_1$ 到 $\boldsymbol{\alpha}_2$ 是顺时针方向,$\boldsymbol{\alpha}_1, \boldsymbol{\alpha}_2$ 的夹角为 $-\theta$。

12.2 投资的收益和风险

12.2.1 问题描述

1998 年全国大学生数学建模竞赛 A 题。

市场上有 n 种资产 $s_i(i=1,2,\cdots,n)$ 可以选择,现用数额为 M 的相当大的资金作一个时期的投资。这 n 种资产在这一时期内购买 s_i 的平均收益率为 r_i,风险损失率为 q_i,投资越分散,总的风险越少,总体风险可用投资的 s_i 中最大的一个风险来度量。

购买 s_i 时要付交易费,费率为 p_i,当购买额不超过给定值 u_i 时,交易费按购买 u_i 计算。另

外,假定同期银行存款利率是 r_0,既无交易费又无风险($r_0 = 5\%$)。

已知 $n = 4$ 时相关数据如表 12.4 所列。

表 12.4 投资的相关数据

s_i	$r_i/\%$	$q_i/\%$	$p_i/\%$	$u_i/$元
s_1	28	2.5	1	103
s_2	21	1.5	2	198
s_3	23	5.5	4.5	52
s_4	25	2.6	6.5	40

试给该公司设计一种投资组合方案,即用给定资金 M,有选择地购买若干种资产或存银行生息,使净收益尽可能大,使总体风险尽可能小。

12.2.2 符号规定和基本假设

1. 符号规定

(1) s_i 表示第 i 种投资项目,如股票、债券等,$i = 0, 1, \cdots, n$,其中 s_0 指存入银行。

(2) r_i, p_i, q_i 分别表示 s_i 的平均收益率,交易费率,风险损失率,$i = 0, 1, \cdots, n$,其中 $p_0 = 0$,$q_0 = 0$。

(3) u_i 表示 s_i 的交易定额,$i = 1, \cdots, n$。

(4) x_i 表示投资项目 s_i 的资金,$i = 0, 1, \cdots, n$。

2. 基本假设

(1) 投资数额 M 相当大,为了便于 LINGO 计算,不妨取 $M = 100000$。

(2) 投资越分散,总的风险越小。

(3) 总体风险用投资项目 s_i 中最大的一个风险来度量。

(4) $n + 1$ 种资产 s_i 之间是相互独立的。

(5) 在投资的这一时期内,r_i, p_i, q_i 为定值,不受意外因素影响。

(6) 净收益和总体风险只受 r_i, p_i, q_i 影响,不受其他因素干扰。

12.2.3 模型的建立与求解

(1) 总体风险用所投资的 s_i 中最大的一个风险来衡量,即
$$\max\{q_i x_i | i = 1, 2, \cdots, n\}。$$

(2) 购买 $s_i (i = 1, 2, \cdots, n)$ 所付交易费 $g_i(x_i)$ 是一个分段函数,即
$$g_i(x_i) = \begin{cases} p_i x_i, & x_i > u_i, \\ p_i u_i, & x_i \leq u_i。 \end{cases}$$

投资 s_i 的收益函数 $f_i(x_i)$ 也是一个分段函数,即
$$f_i(x_i) = \begin{cases} (r_i - p_i)x_i, & x_i > u_i, \\ r_i x_i - p_i u_i, & 0 < x_i \leq u_i, \\ 0, & x_i = 0。 \end{cases}$$

(3) 要使净收益尽可能大,总体风险尽可能小,这是一个多目标规划模型。

目标函数为

$$\begin{cases} \max r_0 x_0 + \sum_{i=1}^{n} f_i(x_i), \\ \min \{ \max_{1 \leq i \leq n} \{ q_i x_i \} \}. \end{cases}$$

约束条件为

$$\begin{cases} x_0 + \sum_{i=0}^{n} g_i(x_i) = M, \\ x_i \geq 0, \quad i = 0, 1, \cdots, n. \end{cases}$$

求解上述多目标规划模型时,可以把两个目标函数都化成极小化,然后加权处理。对风险和收益分别赋予权重 $s(0 < s < 1)$ 和 $1 - s$,得到如下的非线性规划模型:

$$\min s \{ \max_{1 \leq i \leq n} \{ q_i x_i \} \} + (1 - s) [- (r_0 x_0 + \sum_{i=1}^{n} f_i(x_i))],$$

s.t. $\begin{cases} x_0 + \sum_{i=0}^{n} g_i(x_i) = M, \\ x_i \geq 0, \quad i = 0, 1, \cdots, n, \end{cases}$

其中,$g_i(x_i) = \begin{cases} p_i x_i, & x_i > u, \\ p_i u_i, & 0 < x_i \leq u_i, \\ 0, & x_i = 0, \end{cases}$ $f_i(x_i) = \begin{cases} (r_i - p_i) x_i, & x_i > u_i, \\ r_i x_i - p_i u_i, & 0 < x_i \leq u_i, \\ 0, & x_i = 0. \end{cases}$

当取 $s = 0.5, M = 100000$ 时,利用表 12.4 中的数据,求得的最优解为

$$x_0 = 0, \quad x_1 = 55264.07, \quad x_2 = x_3 = x_4 = 0,$$

目标函数的最小值为 -12128.71。

计算的 LINGO 程序如下:

```
model:
sets:
num/1..4/:r,q,p,u,x,f,g;
endsets
data:
r,q,p,u =
28  2.5  1    103
21  1.5  2    198
23  5.5  4.5  52
25  2.6  6.5  40;
r0 = 0.05;
enddata
calc:
@for(num:r = r/100;q = q/100;p = p/100);
endcalc
min = 0.5 * @max(num:q * x) - 0.5 * (r0 * x0 + @sum(num:f));
@for(num:f = (r * x - p * u) * @if(x#gt#0 #and# x#le#u,1,0) + (r - p) * x * @if(x#gt#u,1,0));
@for(num:g = p * u * @if(x#gt#0 #and# x#le#u,1,0) + p * x * @if(x#gt#u,1,0));
```

@sum(num:x0 + x + g) = 100000;
end

12.3 露天矿生产的车辆安排

12.3.1 问题描述

2003 年全国大学生数学建模竞赛 B 题。

钢铁工业是国家工业的基础之一，铁矿是钢铁工业的主要原料基地。许多现代化铁矿是露天开采的，它的生产主要是由电动铲车（以下简称电铲）装车、电动轮自卸卡车（以下简称卡车）运输来完成。提高这些大型设备的利用率是增加露天矿经济效益的首要任务。

露天矿里有若干个爆破生成的石料堆，每堆称为一个铲位，每个铲位已预先根据铁含量将石料分成矿石和岩石。一般来说，平均铁含量不低于 25% 的为矿石，否则为岩石。每个铲位的矿石、岩石数量以及矿石的平均铁含量（称为品位）都是已知的。每个铲位至多能安置一台电铲，电铲的平均装车时间为 5min。

卸货地点（以下简称卸点）有卸矿石的矿石漏、2 个铁路倒装场（以下简称倒装场）和卸岩石的岩石漏、岩场等，每个卸点都有各自的产量要求。从保护国家资源的角度及矿山的经济效益考虑，应该尽量把矿石按矿石卸点需要的铁含量（假设要求都为 29.5% ±1%，称为品位限制）搭配起来送到卸点，搭配的量在一个班次（8h）内满足品位限制即可。从长远看，卸点可以移动，但一个班次内不变。卡车的平均卸车时间为 3min。

所用卡车载重量为 154t，平均时速为 28km/h。卡车的耗油量很大，每个班次每台车消耗近 1t 柴油。发动机点火时需要消耗相当多的电瓶能量，故一个班次中只在开始工作时点火一次。卡车在等待时所耗费的能量也是相当可观的，原则上在安排时不应发生卡车等待的情况。电铲和卸点都不能同时为两辆及两辆以上卡车服务。卡车每次都是满载运输。

每个铲位到每个卸点的道路都是专用的宽 60m 的双向车道，不会出现堵车现象，每段道路的里程都是已知的。

一个班次的生产计划应该包含以下内容：出动几台电铲，分别在哪些铲位上；出动几辆卡车，分别在哪些路线上各运输多少次（因为随机因素影响，装卸时间与运输时间都不精确，所以排时计划无效，只求出各条路线上的卡车数及安排即可）。一个合格的计划要在卡车不等待条件下满足产量和质量（品位）要求，而一个好的计划还应该考虑下面两条原则之一：

（1）总运量（t·km）最小，同时出动最少的卡车，从而运输成本最小；
（2）利用现有车辆运输，获得最大的产量（岩石产量优先；在产量相同的情况下，取总运量最小的解）。

请你就两条原则分别建立数学模型，并给出一个班次生产计划的快速算法。针对下面的实例，给出具体的生产计划、相应的总运量及岩石和矿石产量。

某露天矿有铲位 10 个，卸点 5 个，现有铲车 7 台，卡车 20 辆。各卸点一个班次的产量要求：矿石漏 1.2 万 t、倒装场 I 1.3 万 t、倒装场 II 1.3 万 t、岩石漏 1.9 万 t、岩场 1.3 万 t。

铲位和卸点位置的二维示意图如图 12.2 所示，各铲位和各卸点之间的距离（km）如表 12.5 所示，各铲位矿石、岩石数量（万 t）和矿石的平均铁含量如表 12.6 所示。

表 12.5 各铲位和各卸点之间的距离

	铲位1	铲位2	铲位3	铲位4	铲位5	铲位6	铲位7	铲位8	铲位9	铲位10
矿石漏	5.26	5.19	4.21	4.00	2.95	2.74	2.46	1.90	0.64	1.27
倒装场Ⅰ	1.90	0.99	1.90	1.13	1.27	2.25	1.48	2.04	3.09	3.51
岩场	5.89	5.61	5.61	4.56	3.51	3.65	2.46	2.46	1.06	0.57
岩石漏	0.64	1.76	1.27	1.83	2.74	2.60	4.21	3.72	5.05	6.10
倒装场Ⅱ	4.42	3.86	3.72	3.16	2.25	2.81	0.78	1.62	1.27	0.50

表 12.6 各铲位矿石、岩石数量和矿石的平均铁含量

	铲位1	铲位2	铲位3	铲位4	铲位5	铲位6	铲位7	铲位8	铲位9	铲位10
矿石量	0.95	1.05	1.00	1.05	1.10	1.25	1.05	1.30	1.35	1.25
岩石量	1.25	1.10	1.35	1.05	1.15	1.35	1.05	1.15	1.35	1.25
铁含量/%	30	28	29	32	31	33	32	31	33	31

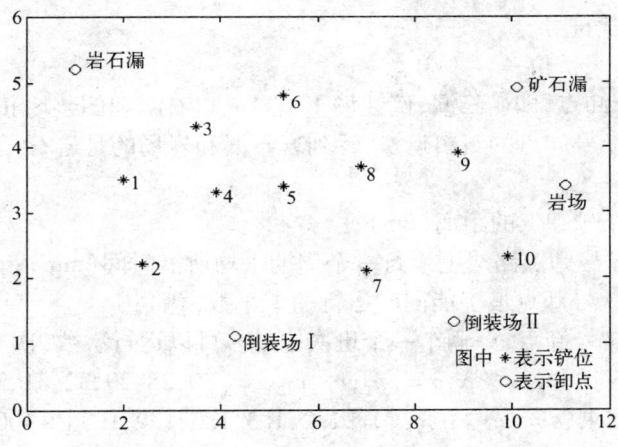

图 12.2 铲位和卸点位置的示意图

12.3.2 运输计划模型及求解

1. 问题分析

该问题可以看成是经典运输问题的一种变形和扩展。它与典型的运输问题明显有以下不同:

(1) 这是运输矿石与岩石两种物资的问题。
(2) 属于产量大于销量的不平衡运输问题。
(3) 为了完成品位约束,矿石要搭配运输。
(4) 产地、销地均有单位时间的流量限制。
(5) 运输车辆只有一种,每次都是满载运输,154t/车次。
(6) 铲位数多于铲车数意味着要最优地选择不多于7个产地作为最后结果中的产地。
(7) 最后求出各条路线上的派出车辆数及安排。

每个运输问题对应着一个线性规划问题。以上不同点对它的影响不同,条件(1)~(4)可通过变量设计、调整约束条件实现;条件(5)是整数要求将使其变为整数线性规划;条件(6)通

过引进 0-1 变量也可以化成线性模型。

从每个运输问题都有目标函数的角度看,这又是一个多目标规划问题,问题(1)的主要目标有:①重载路程最小;②总路程最小;③出动卡车数最小。仔细分析可得:①和②在第1层,③在第2层;①与②基本等价,于是只用①于第1层,对其结果在第2层中派最小的卡车,实现全局目标生产成本最小。问题(2)的主要目标有:④岩石产量最大;⑤矿石产量最大;⑥运量最小。三者之间的关系根据题意应该理解为字典序。

合理的假设主要有:

(1) 卡车在一个班次中不应发生等待或熄火后再启动的情况。

(2) 在铲位或卸点处由两条路线以上造成的冲突问题面前,只要平均时间能完成任务,就认为不冲突。不进行具体排时计划方面的讨论。

(3) 空载与重载的速度都是 28km/h,油耗相差却很大。

(4) 卡车可以提前退出系统等。

2. 问题(1)的模型及求解

1) 基于整数规划模型的最优调运方案

首先定义如下数学符号。

$i = 1, 2, \cdots, 10$:10 个铲位;

$j = 1, 2, \cdots, 5$:5 个卸点,即矿石漏、倒装场 I、岩场、岩石漏和倒装场 II;

x_{ij}:从 i 号铲位到 j 号卸点的石料运量,运到岩石漏和岩场的是岩石,运到其余处的是矿石(车·次);

c_{ij}:从 i 号铲位到 j 号卸点的距离(km);

t_{ij}:在 i 号铲位到 j 号卸点路线上运行一个周期平均所需时间(min);

a_{ij}:从 i 号铲位到 j 号卸点最多能同时运行的卡车数(辆);

b_{ij}:从 i 号铲位到 j 号卸点,一辆车一个班次中最多可以运行次数(次);

p_i:i 号铲位的矿石铁含量(%),$p = [p_1, \cdots, p_{10}] = [30, 28, 29, 32, 31, 33, 32, 31, 33, 31]$;

q_i:j 号卸点任务需求,$q = [q_1, \cdots, q_5] = [1.2, 1.3, 1.3, 1.9, 1.3] \times 10000/154$(车·次);

ck_i:i 号铲位的铁矿石储量(万 t);

cy_i:i 号铲位的岩石储量(万 t);

z_i:描述第 i 号铲位是否使用的 0-1 变量,$z_i = \begin{cases} 1, & \text{使用第 } i \text{ 号铲位}, \\ 0, & \text{不使用第 } i \text{ 号铲位}。\end{cases}$

目标函数取为重载运输时的运量(t·km)最小。

约束条件的分析:

(1) 道路能力约束:由于一个铲位(卸点)不能同时为两辆卡车服务,所以一条路线上最多能同时运行的卡车数是有限制的。卡车在 i 号铲位到 j 号卸点路线上运行一个周期平均所需的时间为

$$t_{ij} = \frac{i \text{ 到 } j \text{ 距离} \times 2}{\text{平均速度}} + 3 + 5 (\text{min})。$$

由于装车时间 5min 大于卸车时间 3min,所以可分析出这条路线上在卡车不等待条件下最多能同时运行的卡车数为 $a_{ij} = \left[\dfrac{t_{ij}}{5}\right]$,$\left[\dfrac{t_{ij}}{5}\right]$ 表示不超过 $\dfrac{t_{ij}}{5}$ 的最大整数。同样可分析出每辆卡车一个班次中在这条路线上最多可以运行的次数为 $b_j = \left[\dfrac{8 \times 60 - (a_{ij} - 1) \times 5}{t_{ij}}\right]$,其中 $(a_{ij} - 1) \times 5$

是开始装车时最后一辆车的延时时间。则一个班次中这条固定路线上最多可能运行的总车次大约为 $n_{ij} = a_{ij}b_{ij}$。

（2）电铲能力约束：因为一台电铲不能同时为两辆卡车服务，所以一台电铲在一个班次中的最大可能产量为 $8 \times 60/5$（车）。

（3）卸点能力约束：卸点的最大吞吐量为每小时 $60/3 = 20$ 车次，于是一个卸点在一个班次中的最大可能产量为 8×20（车）。

（4）铲位储量约束 铲位的矿石和岩石产量都不能超过相应的储藏量。

（5）产量任务约束：各卸点的产量大于等于该卸点的任务要求。

（6）铁含量约束：各矿石卸点的平均品位要求都在指定的范围内。

（7）电铲数量约束：通过引入 10 个 0-1 变量 z_i 来标志各个铲位是否有产量。

（8）卡车数量约束：卡车总数不超过 20 辆。

（9）整数约束：车流量 x_{ij} 为非负整数，z_i 为 0-1 变量。

综上所述，建立如下的整数线性规划模型：

$$\min \sum_{i=1}^{10} \sum_{j=1}^{5} 154 c_{ij} \cdot x_{ij},$$

$$\text{s.t.} \begin{cases} x_{ij} \leq a_{ij} \cdot b_{ij}, i = 1, \cdots, 10, j = 1, \cdots, 5, \\ \sum_{j=1}^{5} x_{ij} \leq z_i \times 8 \times 60/5, i = 1, \cdots, 10, \\ \sum_{i=1}^{10} x_{ij} \leq 8 \times 20, j = 1, \cdots, 5, \\ x_{i1} + x_{i2} + x_{i5} \leq ck_i \times 10000/154, i = 1, 2, \cdots, 10, \\ x_{i3} + x_{i4} \leq cy_i \times 10000/154, i = 1, 2, \cdots, 10, \\ \sum_{i=1}^{10} x_{ij} \geq q_j, j = 1, \cdots, 5, \\ \sum_{i=1}^{10} x_{ij}(p_i - 30.5) \leq 0, \quad j = 1, 2, 5, \\ \sum_{i=1}^{10} x_{ij}(p_i - 28.5) \geq 0, \quad j = 1, 2, 5, \\ \sum_{i=1}^{10} z_i \leq 7, \\ \sum_{i=1}^{10} \sum_{j=1}^{5} \frac{x_{ij}}{b_{ij}} \leq 20, \\ x_{ij} \text{ 为整数}, i = 1, \cdots, 10, j = 1, 2, \cdots, 5, \\ z_i \text{ 为 0-1 变量}, i = 1, \cdots, 10。 \end{cases}$$

利用 LINGO 软件，求得最小总运量为 $85628.62 \text{t} \cdot \text{km}$，合计运输 457 车，其中矿石 248 车，38192t，岩石 209 车，32186t。7 台电铲分别安排在 1,2,3,4,8,9,10 号铲位，需要卡车 13 辆，最优调运方案，即各路线上的车·次数如表 12.7 所示。

以上车·次数的最优调运方案没有给出具体的卡车派车计划，还需要进一步作出最优调运方案下的派车计划。

表 12.7　最优调运方案　　　　　　　　　　　　　　　（车·次）

	铲位1	铲位2	铲位3	铲位4	铲位5	铲位6	铲位7	铲位8	铲位9	铲位10
矿石漏	0	13	0	0	0	0	0	54	0	11
倒装场Ⅰ	0	42	0	43	0	0	0	0	0	0
岩场	0	0	0	0	0	0	0	0	70	15
岩石漏	81	0	43	0	0	0	0	0	0	0
倒装场Ⅱ	0	13	2	0	0	0	0	0	0	70

计算的 LINGO 程序如下：

```
model:
title CUMCM-2003B-1;
sets:
cai/1..10/:p,cy,ck,z;
xie/1..5/:q;
link(cai,xie):a,b,c,t,x;
endsets
data:
v=28;
p=30 28 29 32 31 33 32 31 33 31;
q=1.2 1.3 1.3 1.9 1.3;
c=5.26   1.9    5.89   0.64   4.42    !注意这里把表格中的数据利用 Excel 软件进行了转置;
5.19   0.99   5.61   1.76   3.86
4.21   1.9    5.61   1.27   3.72
 4     1.13   4.56   1.83   3.16
2.95   1.27   3.51   2.74   2.25
2.74   2.25   3.65   2.6    2.81
2.46   1.48   2.46   4.21   0.78
 1.9   2.04   2.46   3.72   1.62
0.64   3.09   1.06   5.05   1.27
1.27   3.51   0.57   6.1    0.5;
cy = 1.25 1.10 1.35 1.05 1.15 1.35 1.05 1.15 1.35 1.25;
ck = 0.95 1.05 1.00 1.05 1.10 1.25 1.05 1.30 1.35 1.25;
enddata
calc:
@for(link:t=120*c/v+8;a=@floor(t/5);b=@floor((485-5*a)/t));
endcalc
min=@sum(link:x*154*c);    !目标函数;
@for(link:x<=a*b);    !道路能力约束;
@for(cai(i):@sum(xie(j):x(i,j))<=z(i)*96);!电铲能力约束;
@for(xie(j):@sum(cai(i):x(i,j))<=160);!卸点能力约束;
@for(cai(i):x(i,1)+x(i,2)+x(i,5)<=ck(i)*10000/154);!铲位储量约束;
@for(cai(i):x(i,3)+x(i,4)<=cy(i)*10000/154);
@for(xie(j):@sum(cai(i):x(i,j))>=q(j)*10000/154);!卸点任务需求;
```

```
@for(xie(j)|j#eq#1 #or# j#eq#2 #or# j#eq#5:
@sum(cai(i):x(i,j)*(p(i)-30.5))<=0；!铁含量约束；
@sum(cai(i):x(i,j)*(p(i)-28.5))>=0);
@sum(link:x/b)<=20;!车辆能力约束；
@sum(cai:z)<=7;!电铲数量约束；
@for(link:@gin(x));!整数约束；
@for(cai:@bin(z));!0-1变量约束；
end
```

为了在LINGO程序中进行优化问题的后续统计计算，给出统计结果如表12.8所示，可以把上述LINGO程序改写为

```
model:
title CUMCM-2003B-1;
sets:
cai / 1..10 /:p,cy,ck,z;
xie / 1.. 5 /:q;
link(cai,xie):a,b,c,t,x,n,m,sy;
endsets
data:
v = 28;
p = 30 28 29 32 31 33 32 31 33 31;
q = 1.2 1.3 1.3 1.9 1.3 ;
c = 5.26 1.95 5.89  0.64  4.42   !注意这里把表格中的数据利用Excel软件进行了转置；
5.19  0.99  5.61  1.76  3.86
4.21  1.9   5.61  1.27  3.72
 4    1.13  4.56  1.83  3.16
2.95  1.27  3.51  2.74  2.25
2.74  2.25  3.65  2.6   2.81
2.46  1.48  2.46  4.21  0.78
 1.9  2.04  2.46  3.72  1.62
0.64  3.09  1.06  5.05  1.27
1.27  3.51  0.57  6.1   0.5;
cy = 1.25 1.10 1.35 1.05 1.15 1.35 1.05 1.15 1.35 1.25;
ck = 0.95 1.05 1.00 1.05 1.10 1.25 1.05 1.30 1.35 1.25;
@ole(Ldata123.xlsx,A1:E10) = x;!为了便于做表使用数据，把x输出到Excel文件；
enddata
calc:
@for(link:t = 120*c/v+8;a = @floor(t/5);b = @floor((485-5*a)/t);
n = @floor(480/t));!n为每天路线上每辆车跑的趟数；
endcalc
min = @sum(link:x*154*c);   !目标函数；
@for(link:x<=a*b);   !道路能力约束；
@for(cai(i):@sum(xie(j):x(i,j))<=z(i)*96);!电铲能力约束；
@for(xie(j):@sum(cai(i):x(i,j))<=160);!卸点能力约束；
```

```
@for(cai(i):x(i,1)+x(i,2)+x(i,5)<=ck(i)*10000/154);!铲位储量约束;
@for(cai(i):x(i,3)+x(i,4)<=cy(i)*10000/154);
@for(xie(j):@sum(cai(i):x(i,j))>=q(j)*10000/154);!卸点任务需求;
@for(xie(j)|j#eq#1 #or# j#eq#2 #or# j#eq#5:
  @sum(cai(i):x(i,j)*(p(i)-30.5))<=0;   !铁含量约束;
  @sum(cai(i):x(i,j)*(p(i)-28.5))>=0);
@sum(link:x/b)<=20;!车辆能力约束;
@sum(cai:z)<=7;!电铲数量约束;
@for(link:@gin(x));!整数约束;
@for(cai:@bin(z));!0-1变量约束;
calc:
@set('terseo',1);!设置成较小的屏幕输出格式;
@solve();!计算主模型;
@divert('Ldata123.txt');   !把输出定向到纯文本文件 Ldata123.txt;
checishu=@sum(link:x);!计算总的车次数;
cheshu=@sum(link:x/b);!计算需要的卡车数;
kche=@sum(link(i,j)|j#eq#1 #or# j#eq#2 #or# j#eq#5:x(i,j));!计算矿石的车数;
kdun=154*kche;!计算矿石的吨数;
yche=@sum(link(i,j)|j#eq#3 #or# j#eq#4:x(i,j));   !计算岩石的车数;
ydun=154*yche;!计算岩石的吨数;
@write('序号,序号,运量,距离,时间,趟数,车数,整车数,剩余小数',@newline(1));
@for(link(i,j):@ifc(x(i,j)#ne#0:m(i,j)=x(i,j)/n(i,j));!计算每条路线需要的车数;
sy(i,j)=m(i,j)-@floor(m(i,j));    !计算每条路线上不足派一辆车的剩余小数;
@write(@format(i,'2.0f'),4*' ',@format(j,'2.0f'),4*' ',@format(x(i,j),'2.0f'),'    ',
@format(c(i,j),'4.2f'),'    ',@format(t(i,j),'7.4f'),'    ',n(i,j),'    ',@format(m(i,j),'6.4f'),
5*' ',@floor(m(i,j)),4*' ',@format(sy(i,j),'6.4f'),@newline(1))));
@divert();!关闭数据文件,把输出重新定向为终端设备;
endcalc
end
```

2) 最优调运方案下的派车计划

题目还要求作出计划,出动多少卡车,分别在哪些路线上各运输多少次(不要求进行卡车排时,只求出各条路线上的卡车数及安排即可),按题目要求,卡车"安排"指的是卡车多少辆,以及 8h 内各负责在哪些路线上运输多少次。

按照上面模型求出的最优调运方案,共有 12 条路线上有物流,派车方案只需针对这 12 条路线即可。这 12 条路线的数据列于表 12.8 中。

表 12.8 最优调运方案的 12 条路线上的数据

任务序号	铲位	卸点	运量	距离	每趟时间	每班趟数	需要车数 w_{ij}	整车数	剩余小数
1	1	4	81	0.64	10.7429	44	1.8409	1	0.8409
2	2	1	13	5.19	30.2429	15	0.8667	0	0.8667
3	2	2	42	0.99	12.2429	39	1.0769	1	0.0769
4	2	5	13	3.86	24.5429	19	0.6842	0	0.6842

(续)

任务序号	铲位	卸点	运量	距离	每趟时间	每班趟数	需要车数 w_{ij}	整车数	剩余小数
5	3	4	43	1.27	13.4429	35	1.2286	1	0.2286
6	3	5	2	3.72	23.9429	20	0.1	0	0.1
7	4	4	43	1.13	12.8429	37	1.1622	1	0.1622
8	8	1	54	1.9	16.1429	29	1.8621	1	0.8621
9	9	3	70	1.06	12.5429	38	1.8421	1	0.8421
10	10	1	11	1.27	13.4429	35	0.3143	0	0.3143
11	10	3	15	0.57	10.4429	45	0.3333	0	0.3333
12	10	5	70	0.5	10.1429	47	1.4894	1	0.4894
合计	457						12.8007	7	5.8007

由表12.8可知，各路线上需要的卡车数都小于2，最大为1.86，如果安排2辆卡车，则不需要8h就能完成运输任务。铲位i到卸点j路线记为(i,j)，其上一辆卡车每8h最多允许运行次数为b_{ij}，令$w_{ij}=x_{ij}/b_{ij}$，w_{ij}是路线(i,j)上需要的卡车数，如果w_{ij}恰好是整数，则该路线安排w_{ij}辆卡车，如果w_{ij}不是整数，当$w_{ij}>1$时，先安排$[w_{ij}]$辆卡车，表12.8中先安排7辆卡车(这7辆卡车在8h内固定在一条路线上运行)。余下小数部分，令$\tilde{w}_{ij}=w_{ij}-[w_{ij}]$，对所有小于1的$\tilde{w}_{ij}$进行优化派车，让一台卡车在一个班次内分别去不同路线完成那些路线上的零碎任务(指不足8h)，使这些零碎任务加起来接近1但不超过1，也就是对零碎任务进行组合优化，每组的和不超过1，使总的组数最少。

表12.8中需要的卡车数合计为12.8007，如果能安排13辆车来完成则一定达到了最优。事实上13辆车是可以完成的，可以把这个问题想象成一个装箱问题。现在有12个小于1的$\tilde{w}_k(k=1,2,\cdots,12)$，进行分组，每组包括大小不等的若干个，每组的和不超过1(派1辆卡车)或2(派2辆卡车，任务可以分割，这里实际上限制每个任务最多由两辆卡车合作完成)。则卡车的安排可以看成如下的一维装箱问题：有12个长度为$\tilde{w}_k(k=1, 2,\cdots,12)$的物品和若干个长度为1或2的箱子，把所有物品全部装入箱子，使所用的箱子长度之和尽可能小。

装箱问题可以用整数规划来求解，引进决策变量

$$s_{ij}=\begin{cases}1, & \text{第}i\text{件物品放入第}j\text{个箱子}, \\ 0, & \text{第}i\text{件物品不放入第}j\text{个箱子},\end{cases} \quad i,j=1,2,\cdots,12,$$

和

$$y_j=\begin{cases}2, & \text{启用长度为2的第}j\text{个箱子}, \\ 1, & \text{启用长度为1的第}j\text{个箱子}, \\ 0, & \text{不启用第}j\text{个箱子}。\end{cases}$$

建立装箱问题的如下整数规划模型：

$$\min\ z=\sum_{j=1}^{12}y_j,$$

$$\text{s. t.} \begin{cases} \sum_{i=1}^{12} \tilde{w}_i s_{ij} \leq y_j, & j=1,2,\cdots,12, \\ 1 = \sum_{j=1}^{12} s_{ij}, & i=1,2,\cdots,12, \\ y_j = 0,1 \text{ 或 } 2, & j=1,2,\cdots,12, \\ s_{ij} = 0 \text{ 或 } 1, & i,j=1,2,\cdots,12. \end{cases}$$

利用 LINGO 软件,求得 12 个零碎任务的一种优化分组(有多种优化分组)如表 12.9 所示。以上派车方案的优点是各卡车的任务合计都不足 1 班次或 2 班次,留有时间余地,确保 8h 能完成所分配的任务。

表 12.9 12 个零碎任务的一种优化分组

任务序号	4,10	3,6,11,12	2,5,9	1,7,8
对应路线	(2,5)	(2,2)	(2,1)	(1,4)
	(10,1)	(3,5)	(3,4)	(4,2)
		(10,3)	(9,3)	(8,1)
		(10,5)		
合作工作量(车)	0.9985	0.9996	1.9374	1.8652
派车数量(卡车编号)	1(8)	1(9)	2(10,11)	2(12,13)

计算的 LINGO 程序如下:

```
model:
sets:
num/1..12/:y,w;
link(num,num):x;
endsets
data:
w = 0.8409  0.8667  0.0769  0.6842  0.2286  0.1  0.1622  0.8621  0.8421  0.3143  0.3333  0.4894;
@text() = @table(x);
@text() = @table(y);
enddata
min = @sum(num:y);
@for(num(j):@sum(num(i):w(i)*x(i,j)) < y(j));
@for(num(i):@sum(num(j):x(i,j)) = 1);
@for(link:@bin(x));
@for(num:y < =2;@gin(y));
end
```

3. 问题(2)求解

问题(2)的原则是:利用现有车辆运输,获得最大的产量(岩石产量优先,在产量相同的情况下,取总运量最小的解)。按照该原则,可以建立一个多目标规划模型。在问题(1)模型的基础上,去掉关于卸点产量的约束条件。目标函数有三个,分别是:

(1) 岩石产量最大。

(2) 矿石产量最大。

(3) 总运量(t·km)最小。

综上所述,建立如下的多目标规划模型:

$$\max \sum_{i=1}^{10} (x_{i3} + x_{i4}),$$

$$\max \sum_{i=1}^{10} (x_{i1} + x_{i2} + x_{i5}),$$

$$\min \sum_{i=1}^{10} \sum_{j=1}^{5} 154 c_{ij} \cdot x_{ij},$$

s.t. $\begin{cases} x_{ij} \leq a_{ij} \cdot b_{ij}, i = 1, \cdots, 10, j = 1, \cdots, 5, \\ \sum_{j=1}^{5} x_{ij} \leq z_i \times 8 \times 60/5, i = 1, \cdots, 10, \\ \sum_{i=1}^{10} x_{ij} \leq 8 \times 20, j = 1, \cdots, 5, \\ x_{i1} + x_{i2} + x_{i5} \leq ck_i \times 10000/154, i = 1, 2, \cdots, 10, \\ x_{i3} + x_{i4} \leq cy_i \times 10000/154, i = 1, 2, \cdots, 10, \\ \sum_{i=1}^{10} x_{ij}(p_i - 30.5) \leq 0, \quad j = 1, 2, 5, \\ \sum_{i=1}^{10} x_{ij}(p_i - 28.5) \geq 0, \quad j = 1, 2, 5, \\ \sum_{i=1}^{10} z_i \leq 7, \\ \sum_{i=1}^{10} \sum_{j=1}^{5} \frac{x_{ij}}{b_{ij}} \leq 20, \\ x_{ij} \text{ 为整数}, i = 1, \cdots, 10, j = 1, 2 \cdots, 5, \\ z_i \text{ 为 } 0-1 \text{ 变量}, i = 1, \cdots, 10. \end{cases}$

用序贯解法求解上述多目标规划问题,利用 LINGO 软件求得上述多目标规划满意解对应的岩石产量为 320 车·次,矿石产量为 342 车·次,最小总运量为 142539.3t·km,对应的调运方案见表 12.10 所列。具体的派车计划我们这里就省略了。

表 12.10 满意的调运方案 (车·次)

	铲位1	铲位2	铲位3	铲位4	铲位5	铲位6	铲位7	铲位8	铲位9	铲位10
矿石漏	0	0	7	0	0	0	0	21	0	0
倒装场Ⅰ	15	67	4	68	0	0	0	1	5	0
岩场	0	0	0	0	0	0	0	12	74	74
岩石漏	81	28	32	19	0	0	0	0	0	0
倒装场Ⅱ	0	1	53	0	0	0	0	62	16	22

计算的 LINGO 程序如下:

model:

```
title CUMCM-2003B-2;
sets:
level/1..3/:g;
cai / 1..10 /:p,cy,ck,z;
xie / 1..5 /:q;
link(cai,xie):a,b,c,t,x;
endsets
data:
v = 28;
p = 30 28 29 32 31 33 32 31 33 31;
c = 5.26 1.95 .89  0.64   4.42   !注意这里把表格中的数据利用Excel软件进行了转置;
5.19    0.99    5.61    1.76    3.86
4.21    1.9     5.61    1.27    3.72
 4      1.13    4.56    1.83    3.16
2.95    1.27    3.51    2.74    2.25
2.74    2.25    3.65    2.6     2.81
2.46    1.48    2.46    4.21    0.78
 1.9    2.04    2.46    3.72    1.62
0.64    3.09    1.06    5.05    1.27
1.27    3.51    0.57    6.1     0.5;
cy = 1.25 1.10 1.35 1.05 1.15 1.35 1.05 1.15 1.35 1.25;
ck = 0.95 1.05 1.00 1.05 1.10 1.25 1.05 1.30 1.35 1.25;
@text() = @table(x);
enddata
calc:
@for(link:t = 120*c/v+8;a = @floor(t/5);b = @floor((485-5*a)/t));
endcalc
submodel obj1:
[mobj1]max = @sum(link(i,j)|j#eq#3 #or# j#eq#4:x(i,j));
endsubmodel
submodel obj2:
[mobj2]max = @sum(link(i,j)|j#eq#1 #or# j#eq#2 #or# j#eq#5:x(i,j));
endsubmodel
submodel obj3:
[mobj3]min = @sum(link:x*154*c);
endsubmodel
submodel con:
@for(link:x <= a*b);     !道路能力约束;
@for(cai(i):@sum(xie(j):x(i,j)) <= z(i)*96);!电铲能力约束;
@for(xie(j):@sum(cai(i):x(i,j)) <= 160);!卸点能力约束;
@for(cai(i):x(i,1)+x(i,2)+x(i,5) <= ck(i)*10000/154);!铲位储量约束;
@for(cai(i):x(i,3)+x(i,4) <= cy(i)*10000/154);
@for(xie(j)|j#eq#1 #or# j#eq#2 #or# j#eq#5:
@sum(cai(i):x(i,j)*(p(i)-30.5)) <= 0;    !铁含量约束;
```

```
@sum(cai(i):x(i,j)*(p(i)-28.5))>=0);
@sum(link:x/b)<=20;!车辆能力约束;
@sum(cai:z)<=7;!电铲数量约束;
@for(link:@gin(x));!整数约束;
@for(cai:@bin(z));!0-1变量约束;
endsubmodel
submodel con1:
@sum(link(i,j)|j#eq#3 #or# j#eq#4:x(i,j))=g(1);
endsubmodel
submodel con2:
@sum(link(i,j)|j#eq#1 #or# j#eq#2 #or# j#eq#5:x(i,j))=g(2);
endsubmodel
calc:
@solve(obj1,con);g(1)=mobj1;
@solve(obj2,con,con1);g(2)=mobj2;
@solve(obj3,con,con1,con2);
endcalc
end
```

12.4 DVD在线租赁的优化管理

12.4.1 问题描述

2005年全国大学生数学建模竞赛B题。

随着信息时代的到来,网络成为人们生活中越来越不可或缺的元素之一。许多网站利用其强大的资源和知名度,面向其会员群提供日益专业化和便捷化的服务。例如,音像制品的在线租赁就是一种可行的服务。这项服务充分发挥了网络的诸多优势,包括传播范围广泛、直达核心消费群、强烈的互动性、感官性强、成本相对低廉等,为顾客提供了更为周到的服务。

考虑如下的在线DVD租赁问题。顾客缴纳一定数量的月费成为会员,订购DVD租赁服务。会员对哪些DVD有兴趣,只要在线提交订单,网站就会通过快递的方式尽可能满足要求。会员提交的订单包括多张DVD,这些DVD是基于其偏爱程度排序的。网站会根据手头现有的DVD数量和会员的订单进行分发。每个会员每个月租赁次数不得超过2次,每次获得3张DVD。会员看完3张DVD之后,只需要将DVD放进网站提供的信封里寄回(邮费由网站承担),就可以继续下次租赁。请考虑以下问题:

(1) 网站正准备购买一些新的DVD,通过问卷调查1000个会员,得到了愿意观看这些DVD的人数(表12.11给出了其中5种DVD的数据)。此外,历史数据显示,60%的会员每月租赁DVD两次,而另外的40%只租一次。假设网站现有10万个会员,对表12.11中的每种DVD来说,至少应该准备多少张,才能保证希望看到该DVD的会员中至少50%在1个月内能够看到该DVD?如果要求保证在3个月内至少95%的会员能够看到该DVD,则至少应该准备多少张?

(2) 表12.12中列出了网站手上100种DVD的现有张数和当前需要处理的1000位会员

的在线订单(表 12.12 是其中数据的示例,具体数据请从 http://www.mcm.edu.cn 下载),如何对这些 DVD 进行分配,才能使会员获得最大的满意度?请具体列出前 30 位会员(即 C0001~C0030)分别获得哪些 DVD。

(3) 继续考虑表 12.12,并假设表 12.12 中 DVD 的现有数量全部为 0。如果你是网站经营管理人员,你如何决定每种 DVD 的购买量,以及如何对这些 DVD 进行分配,才能使一个月内 95% 的会员得到他想看的 DVD,并且满意度最大?

(4) 如果你是网站经营管理人员,你觉得在 DVD 的需求预测、购买和分配中还有哪些重要问题值得研究?请明确提出你的问题,并尝试建立相应的数学模型。

表 12.11 对 1000 个会员调查的部分结果

DVD 名称	DVD1	DVD2	DVD3	DVD4	DVD5
愿意观看的人数	200	100	50	25	10

表 12.12 现有 DVD 张数和当前需要处理的会员的在线订单(表格格式示例)

DVD 编号		D001	D002	D003	D004	…
DVD 现有数量		10	40	15	20	…
会员在线订单	C0001	6	0	0	0	…
	C0002	0	0	0	0	…
	C0003	0	0	0	3	…
	C0004	0	0	0	0	…
	…	…	…	…	…	…

注 12.4 D001~D100 表示 100 种 DVD,C0001~C1000 表示 1000 个会员,会员的在线订单用数字 1,2,…表示,数字越小表示会员的偏爱程度越高,数字 0 表示对应的 DVD 当前不在会员的在线订单中。表 12.12 数据位于文件 B2005Table2.xls 中,可从 http://mcm.edu.cn/mcm05/problems2005c.asp 下载。

12.4.2 模型假设

(1) 一个月为一个周期,考虑在一个周期内 DVD 的租赁情况。
(2) 一个周期结束,所租赁出的 DVD 全部归还网站,不影响下一个周期的租赁。
(3) 一个会员在一个周期内租赁到自己想看的 DVD 的时间不影响他的满意度。
(4) 会员只有在第 1 次租赁的 3 张 DVD 还回网站之后,才能进行第 2 次租赁。
(5) 每个会员同一种 DVD 只租赁一次。
(6) DVD 在租赁过程中无损坏。

12.4.3 问题(1)的分析与解答

设随机变量

$$\xi_{ij} = \begin{cases} 1, & \text{表示第 } i \text{ 个会员租赁第 } j \text{ 种 DVD}, \\ 0, & \text{表示第 } i \text{ 个会员不租赁第 } j \text{ 种 DVD}, \end{cases} \quad i = 1, 2, \cdots, 100000,$$

显然随机变量 ξ_{ij} 服从两点分布,即 $P\{\xi_{ij}=1\}=p_j$,$P\{\xi_{ij}=0\}=1-p_j$,其中 p_j(网站通过问卷调查得到的概率)的取值如表 12.13 所示。

表 12.13 会员租赁 5 种 DVD 的概率

DVD 名称	DVD1	DVD2	DVD3	DVD4	DVD5
第 i 种 DVD 被租赁的概率	$p_1=0.2$	$p_2=0.1$	$p_3=0.05$	$p_4=0.025$	$p_5=0.01$

设随机变量 $\eta_j = \sum_{i=1}^{100000} \xi_{ij}, j=1,2,\cdots,5$，即 η_j 表示 100000 个会员中租赁第 j 种 DVD 的总数，由于会员之间是否租赁该种 DVD 是相互独立的，因而 $\eta_j \sim B(100000, p_j)$。

1. 一个月的情况

由于 60% 的会员每月租两次，40% 的会员每月只租一次，假设光盘第 1 次被每月租两次的会员租的 DVD 光盘 1 个月能利用两次，即可以被两个会员租到，被只租一次的会员租的 DVD 光盘 1 个月只能利用一次。可得每个光盘在 1 个月内能利用次数的期望为

$$k_1 = 2 \times 60\% + 1 \times 40\% = 1.6,$$

设第 j 种 DVD 的准备量为 m_j 时，能保证 50% 的会员能以 95% 的概率租到想看的 DVD，则有

$$P\{50\% \eta_j \leq 1.6 m_j\} = 0.95, \qquad (12.7)$$

由中心极限定理，得

$$\begin{aligned} P\{50\%\eta_j \leq 1.6 m_j\} &= P\{\eta_j \leq 3.2 m_j\} \\ &= P\left\{\frac{\eta_j - 100000 p_j}{\sqrt{100000 p_j(1-p_j)}} \leq \frac{3.2 m_j - 100000 p_j}{\sqrt{100000 p_j(1-p_j)}}\right\} \approx \Phi\left(\frac{3.2 m_j - 100000 p_j}{\sqrt{100000 p_j(1-p_j)}}\right), \end{aligned} \qquad (12.8)$$

式中：$\Phi(x)$ 为标准正态分布的分布函数。

由式(12.7)和式(12.8)，得 DVD 的准备量 m_j 满足

$$\Phi\left(\frac{3.2 m_j - 100000 p_j}{\sqrt{100000 p_j(1-p_j)}}\right) = 0.95。 \qquad (12.9)$$

利用式(12.9)可以计算得到 1 个月满足 50% 的人能够以 95% 的可靠度租到想看的 DVD 时，需要准备 DVD 的张数。类似地，可以计算在其他可靠度时需要准备的 DVD 张数。计算的结果如表 12.14 所示。

表 12.14 1 个月满足 50% 的人观看愿望时需要准备的 DVD 张数

可靠度	DVD1	DVD2	DVD3	DVD4	DVD5
80%	6284	3150	1581	795	321
95%	6316	3174	1598	807	329
99%	6342	3194	1613	818	336

95% 可靠度时的 LINGO 计算程序如下：

```
model:
sets:
num/1..5/:p,m;
endsets
data:
p=0.2  0.1  0.05  0.025  0.01;
enddata
@for(num:(3.2*m-100000*p)/@sqrt(100000*p*(1-p))=@normsinv(0.95));
end
```

2. 三个月的情况

用 A 表示每个月只租一次的会员,B 表示每个月租两次的会员,3 个月内光盘的利用情况如表 12.15 所示。

表 12.15 三个月内光盘的分配方案

光盘利用次数	具体方案	该方案的概率
6	B∗B∗B∗B∗B∗(A 或 B)	$(60\%)^5$
5	A∗B∗B∗B∗B∗A,B∗A∗B∗B∗B∗A,B∗B∗A∗B∗B∗A,B∗B∗B∗A∗B∗A; B∗B∗B∗B∗A∗A,B∗A∗B∗B∗A∗B,B∗B∗A∗B∗A∗B,B∗A∗B∗B∗B, A∗B∗B∗B∗B	$(60\%)^3 \times (40\%)^2 \times 4$ $+ (60\%)^4 \times 40\% \times 5$
4	A∗A∗B∗(A 或 B),A∗B∗A∗(A 或 B),B∗A∗A∗(A 或 B); A∗B∗B∗A,B∗A∗B∗A,B∗B∗A∗A	$60\% \times (40\%)^2 \times 3$ $+ (60\%)^2 \times (40\%)^2 \times 3$
3	A∗A∗A	$(40\%)^3$

每个光盘在 3 个月内能利用的次数的期望为

$$k_2 = 0.6^5 \times 6 + (0.6^3 \times 0.4^2 \times 4 + 0.6^4 \times 0.4 \times 5) \times 5$$
$$+ (0.6 \times 0.4^2 \times 3 + 0.6^2 \times 0.4^2 \times 3) \times 4 + 0.4^3 \times 3 = 4.48896。$$

设第 j 种 DVD 的准备量为 $\widetilde{m}_j$ 时能保证 95% 的会员在 3 个月内能以 95% 的概率租到想看的 DVD,则有

$$P\{95\%\eta_j \leq k_2\widetilde{m}_j\} = 0.95, \tag{12.10}$$

由中心极限定理,得

$$P\{95\%\eta_j \leq k_2\widetilde{m}_j\} = P\{\eta_j \leq k_2\widetilde{m}_j/0.95\}$$
$$= P\left\{\frac{\eta_j - 100000p_j}{\sqrt{100000p_j(1-p_j)}} \leq \frac{k_2\widetilde{m}_j/0.95 - 100000p_j}{\sqrt{100000p_j(1-p_j)}}\right\} \approx \Phi\left(\frac{k_2\widetilde{m}_j/0.95 - 100000p_j}{\sqrt{100000p_j(1-p_j)}}\right), \tag{12.11}$$

由式(12.10)和式(12.11),得 DVD 的准备量 m_j 满足

$$\Phi\left(\frac{k_2\widetilde{m}_j/0.95 - 100000p_j}{\sqrt{100000p_j(1-p_j)}}\right) = 0.95。 \tag{12.12}$$

利用式(12.12)可以计算得到 3 个月内满足 95% 的人能够以 95% 的可靠度租到想看的 DVD 时需要准备 DVD 的张数。类似地,可以计算其他可靠度时需要准备的 DVD 张数。计算的结果如表 12.16 所示。

表 12.16 3 个月内满足 95% 的人观看愿望时需要准备的 DVD 张数

可靠度	DVD1	DVD2	DVD3	DVD4	DVD5
80%	4256	2134	1071	538	218
95%	4277	2150	1083	547	223
99%	4295	2164	1093	554	228

95% 可靠度时的 LINGO 计算程序如下:

model:

```
sets:
num/1..5/:p,m;
endsets
data:
p = 0.2  0.1  0.05  0.025  0.01;
enddata
k2 = 0.6^5*6 + (0.6^3*0.4^2*4 + 0.6^4*0.4*5)*5 + (0.6*0.4^2*3 + 0.6^2*0.4^2*3)*4 + 0.4^3*3;
@for(num:(k2*m/0.95 - 100000*p)/@sqrt(100000*p*(1-p)) = @normsinv(0.95));
end
```

12.4.4 问题(2)的分析与解答

1. 分析

对表12.12列出的网站100种DVD现有张数和1000位会员的在线订单数据(Excel文件)作统计和分析,100种DVD现有总张数3007,1000名会员每人分配3张,共需3000张,似乎够分,但是其中37号DVD的库存量为106,而有愿望观看该DVD的人数只有91人,考虑到网站不能把会员不想看的DVD强制分给他,故37号DVD至多分出去91张,余15张,总数3007张至多分出去2992张,如果每人分3张,则至少欠缺8张,于是可以肯定有会员分不到3张,对此有两种做法可供考虑:一种是让一部分人分不到,从而保证其他人分到3张;另一种是让一部分人分2张,另一部分人分3张。哪一种方法更合理、总体满意度更高?

如果会员想看10张左右的DVD,而网站一张也无法满足,则必然会使会员产生较大抱怨,很可能转而找其他网站,即会员流失。如果先满足2张,会员可以先看起来,看过归还,一个月内还能再租一次,本月内看到5张,只比正常情况下的6张少一张,即使有一些不满意,但程度不重。两种方案相比较,分2张比分0张好,整体满意度高。

2. 满意度的量化

会员的在线订单用数字1,2,…表示偏爱程度,数字越小偏爱程度越高,数字0表示不订,故数字越小满意度越高,因此对订单中的数字可以采用以下几种方法进行变换。

(1) 设某会员对喜欢的DVD排序为$x,x=1,2,\cdots,10$,用11减去订单中的数字,再除以10,计算公式为$f_1(x)=(11-x)/10$,于是得到对应于x的满意度依次为$1,0.9,0.8,\cdots,0.1$。

(2) 取倒数,计算公式为$f_2(x)=1/x$,于是得到对应于x的满意度依次为$1,\frac{1}{2},\frac{1}{3},\cdots,\frac{1}{10}$。

(3) 用模糊数学中的隶属度的概念,选取合适的隶属度函数,对满意度进行量化,取隶属函数

$$f_3(x)=a\ln(11-x)+b, 1\leqslant x\leqslant 10, \tag{12.13}$$

式中:a,b为待定常数。

对排在第一的DVD,取满意度为1,即$f_3(1)=1$,对排在最后的DVD,取满意度为0.1,即$f_3(10)=0.1$,代入式(12.13),可以确定$a=0.390865,b=0.1$,将其代入式(12.13),得隶属度函数为

$$f_3(x)=0.390865\ln(11-x)+0.1, 1\leqslant x\leqslant 10。 \tag{12.14}$$

由式(12.14)计算得到按顺序所对应的满意度如表12.17所示。

表 12.17 用隶属度对满意度量化结果

DVD 排序	1	2	3	4	5
满意度	1	0.9588	0.9128	0.8606	0.8003
DVD 排序	6	7	8	9	10
满意度	0.7291	0.6419	0.5294	0.3709	0.1

将三种满意度量化方法进行比较,图12.3画出了三种满意度量化方法所得到的曲线,第一种方法的满意度呈线性变化,DVD 排序从 1~10 时,满意度为等差序列 1~0.1,该方法比较客观可行。第二种方法取倒数,排序从 1 到 2 时,满意度从 1 变成 0.5,减小 1/2,而排序从 7~10 时,满意度变化很小,这种方法不太符合客观实际,不可取。第三种方法用对数函数,排序为 1~5 时满意度下降较缓慢,而排序为 8~10 时,满意度下降较快,该方法也可以使用。

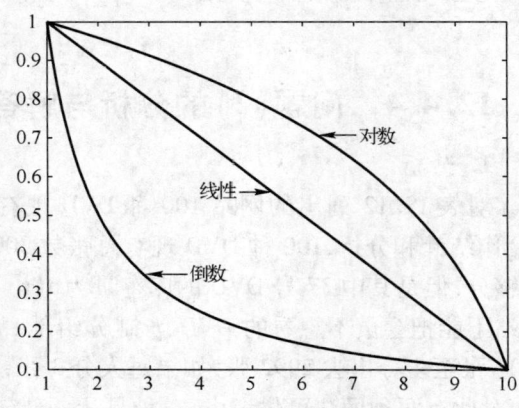

图 12.3 三种满意度量化方法的曲线对比

对会员没有选中的 DVD,表 12.11 中用数字 0 表示,网站不能把它强制分给会员,故相应的满意度统一赋值为 -1。

3. 建立模型

用 $b_j(j=1,2,\cdots,100)$ 表示第 j 种 DVD 的现有数量,$c_{ij}(i=1,2,\cdots,1000;j=1,2,\cdots,100)$ 表示第 i 个会员得到第 j 种 DVD 时满意度,引进 0-1 变量 x_{ij} 表示 DVD 的分配情况,即

$$x_{ij} = \begin{cases} 1, & \text{第 } i \text{ 个会员分配到第 } j \text{ 种 DVD}, \\ 0, & \text{第 } i \text{ 个会员未分配到第 } j \text{ 种 DVD}, \end{cases} \quad i=1,2,\cdots,1000; j=1,2,\cdots,100。$$

1) 每个会员至少满足两张 DVD

目标函数是使 1000 名会员的总体满意度最大,约束条件是每种 DVD 的库存约束和每人分配 2~3 张 DVD 的约束,建立 0-1 整数规划模型如下:

$$\max z = \sum_{i=1}^{1000}\sum_{j=1}^{100} c_{ij}x_{ij},$$

$$\text{s. t.} \begin{cases} 2 \leq \sum_{j=1}^{100} x_{ij} \leq 3, & i=1,2,\cdots,1000, \\ \sum_{i=1}^{1000} x_{ij} \leq b_j, & j=1,2,\cdots,100, \\ x_{ij} = 0 \text{ 或 } 1, & i=1,2,\cdots,1000; j=1,2,\cdots,100。 \end{cases} \quad (12.15)$$

利用 LINGO 软件求得总满意度为 2729.119,合计租出 2982 张光盘,除 DVD37 余 25 张外,其他 99 种库存现有 DVD 全部租出。1000 个人中有 18 人每人租到 2 张,其余 982 人每人租到 3 张。前 30 名会员的分配方案如表 12.18 所示。

表 12.18 前 30 位会员的 DVD 分配方案

会员序号	DVD 号	会员序号	DVD 号	会员序号	DVD 号
1	8,41,98	11	59,63,66	21	45,50,53
2	6,44,62	12	2,31,41	22	38,55,57
3	32,50,80	13	21,78,96	23	29,81,95
4	7,18,41	14	23,52,89	24	37,41,76
5	11,66,68	15	13,52,85	25	9,69,94
6	19,53,66	16	10,84,97	26	22,68,95
7	26,66,81	17	47,51,67	27	50,58,78
8	31,35,71	18	41,60,78	28	8,34,82
9	53,78,100	19	66,84,86	29	26,30,55
10	41,55,85	20	45,61,89	30	37,62,98

计算的 LINGO 程序如下：

```
model:
sets:
num/1..10/:f;!满意度量化值;
huiyuan/1..1000/;
dvd/1..100/:b,tx;
link(huiyuan,dvd):d,c,x;
endsets
data:
b=@ole(B2005Table2.xls,C2:CX2);!读入现有DVD数量;
d=@ole(B2005Table2.xls,C3:BT002);!读入会员订单数据;
@text(Ldata124.txt)=c;!把满意度数据保存到纯文本文件中,供下面程序使用;
enddata
submodel ab:
a0*@log(10)+b0=1;
a0*@log(1)+b0=0.1;
endsubmodel
calc:
@set('terseo',1);!设置成较小的屏幕输出格式,如果想看全部输出,注释该语句;
sn=@sum(dvd:b);!统计DVD的总张数;
@write('现有DVD的总张数为:',sn,@newline(1));
dvd37=@sum(huiyuan(i):@sign(d(i,37)));  !统计想租37号DVD的人数;
@write('想租DVD37的人数为:',dvd37,@newline(2));
@solve(ab);@write('a=',@format(a0,'8.6f'),',b=',@format(b0,'3.1f'),@newline(1));
@for(num(i):f(i)=a0*@log(11-i)+b0);
@write('下面输出满意度的量化值:',@newline(1));
@writefor(num(i):@format(f(i),'8.4f'));@write(@newline(2));
@for(link:@ifc(d#ge#1:c=a0*@log(11-d)+b0;@else c=-1));
endcalc
[obj]max=@sum(link:c*x);
@for(huiyuan(i):@sum(dvd(j):x(i,j))>2;@sum(dvd(j):x(i,j))<3);
@for(dvd(j):@sum(huiyuan(i):x(i,j))<b(j));
@for(link:@bin(x));
calc:
```

```
@solve();
tn=@sum(link:x);!统计租出的 DVD 总数;
@write('目标函数的值为:',@format(obj,'9.3f'),@newline(1));
@write('租出的光盘总数为:',tn,@newline(1));
@for(huiyuan(i)|i#le#30:@write('第',i,'位会员分配的 DVD 为:');
@for(dvd(j):@ifc(x(i,j)#eq#1:@write(j,',')));@write(@newline(1)));
@for(dvd(j):tx(j)=@sum(huiyuan(i):x(i,j)));
@write('各种 DVD 租出数:',@newline(1));
@writefor(dvd(j):tx(j),6*' ');
@solve();! LINGO 输出滞后,没有该语句时,LINGO10 中,满意度矩阵 c 的输出都为 0。在 LINGO12 中
不需要该语句;
endcalc
end
```

2) 每个会员分 3 张 DVD 或不分 DVD

目标函数是使 1000 名会员的总体满意度最大。为了实现每个会员分 3 张 DVD 或不分 DVD 的约束,需要再引进一组 0-1 决策变量

$$y_i = \begin{cases} 1, & \text{第 } i \text{ 个会员分到 3 张 DVD}, \\ 0, & \text{第 } i \text{ 个会员没有分到 DVD}, \end{cases} \quad i=1,2,\cdots,1000。$$

$$\max z = \sum_{i=1}^{1000}\sum_{j=1}^{100} c_{ij}x_{ij},$$

$$\text{s. t.} \begin{cases} \sum_{j=1}^{100} x_{ij} = 3y_i, & i=1,2,\cdots,1000, \\ \sum_{i=1}^{1000} x_{ij} \le b_j, & j=1,2,\cdots,100, \\ x_{ij} = 0 \text{ 或 } 1, & i=1,2,\cdots,1000; j=1,2,\cdots,100, \\ y_i = 0 \text{ 或 } 1, & i=1,2,\cdots,1000。 \end{cases} \quad (12.16)$$

利用 LINGO 软件求得总满意度为 2728.023,合计租出 2988 张光盘,除 DVD37 余 19 张外,其他 99 种现有库存 DVD 全部租出。1000 个人中有 996 人每人分到 3 张 DVD,没有分到 DVD 的会员是 8,271,417,727 号。前 30 名会员的分配方案如表 12.19 所示,即除了 8 号会员没有分到 DVD 外,其他 29 位会员的分配方案与表 12.18 的分配方案是一样的,与表 12.18 的分配方案相比,总体满意度稍低。

表 12.19 前 30 位会员的 DVD 分配方案

会员序号	DVD 号	会员序号	DVD 号	会员序号	DVD 号
1	8,41,98	11	59,63,66	21	45,50,53
2	6,44,62	12	2,31,41	22	38,55,57
3	32,50,80	13	21,78,96	23	29,81,95
4	7,18,41	14	23,52,89	24	37,41,76
5	11,66,68	15	13,52,85	25	9,69,94
6	19,53,66	16	10,84,97	26	22,68,95
7	26,66,81	17	47,51,67	27	50,58,78
8		18	41,60,78	28	8,34,82
9	53,78,100	19	66,84,86	29	26,30,55
10	41,55,85	20	45,61,89	30	37,62,98

计算的 LINGO 程序如下：

```
model:
sets:
huiyuan/1..1000/:y;
dvd/1..100/:b,tx;
link(huiyuan,dvd):c,x;
endsets
data:
b = @ole(B2005Table2.xls,C2:CX2);!读入现有DVD数量;
c = @file(Ldata124.txt);    !输入满意度数据;
enddata
[obj]max = @sum(link:c*x);
@for(huiyuan(i):@sum(dvd(j):x(i,j)) = 3*y(i));
@for(dvd(j):@sum(huiyuan(i):x(i,j)) < b(j));
@for(link:@bin(x));@for(huiyuan:@bin(y));
calc:
@set('terseo',1);
@solve();
tn = @sum(link:x);!统计租出的DVD总数;
ty = @sum(huiyuan:y);!统计分到DVD的人数;
@write('目标函数的值为:',@format(obj,'9.3f'),@newline(1));
@write('租出的光盘总数为:',tn,@newline(1));
@write('分到DVD的人数为',ty,@newline(1));
@write('没有分到DVD的会员为:');
@for(huiyuan(i):@ifc(y(i)#eq#0:@write(i,','))); @write(@newline(1));
@for(huiyuan(i)|i#le#30:@write('第',i,'位会员分配的DVD为:');
@for(dvd(j):@ifc(x(i,j)#eq#1:@write(j,','))); @write(@newline(1)));
@for(dvd(j):tx(j) = @sum(huiyuan(i):x(i,j)));
@write('各种DVD租出的张数如下:',@newline(1));
@writefor(dvd(j):tx(j),6*' ');
endcalc
end
```

12.4.5 问题(3)的分析与解答

该问题的目标有两个：一个是满意度最大；另一个是购买成本最小，如果每种DVD的价格相同，则购买成本最小就是购买的总张数最少。约束条件是一个月内95%的会员得到他想看的DVD。这个条件表述不够明确，对此可以产生不同的理解，首先每个会员一个月最多租两次，即最多租6张，不能满足表12.12中个人挑选的8～10张。可以理解为，某个会员如果一个月内租到了3张他所想看的DVD即认为他可以归到95%内。还有一种理解是60%的人一个月租到6张为满意，40%的人一个月租到3张为满意。

1. 简化模型

先假定进货以后一次性满足95%会员的想看愿望，目标函数是总体满意度最大以及购买的总张数最少,约束条件是95%以上(950人以上)的会员每人分配到3张DVD。

使用与模型(12.16)同样的决策变量,再引进决策变量$z_j(j=1,2,\cdots,100)$表示购买第j种DVD的数量,建立如下的双目标规划模型:

$$\max z = \sum_{i=1}^{1000} \sum_{j=1}^{100} c_{ij} x_{ij},$$

$$\min N = \sum_{j=1}^{1000} z_j,$$

$$\text{s. t.} \begin{cases} \sum_{j=1}^{100} x_{ij} = 3y_i, & i=1,2,\cdots,1000, \\ \sum_{i=1}^{1000} x_{ij} = z_j, & j=1,2,\cdots,100, \\ \sum_{i=1}^{1000} y_i \geqslant 950, \\ x_{ij} = 0 \text{ 或 } 1, & i=1,2,\cdots,1000; j=1,2,\cdots,100, \\ y_i = 0 \text{ 或 } 1, & i=1,2,\cdots,1000. \end{cases} \quad (12.17)$$

模型中的两个目标函数实际上是相互矛盾的,要使总满意度最大,则分到DVD的人数越多越好,最好1000名会员每人分3张;而要使DVD的总进货量最小,则DVD张数越小越好,即分到的人数越少越好,其平衡点只有一点,即分到DVD的人数等于950。于是把上述模型中第3个约束条件修改为$\sum_{i=1}^{1000} y_i = 950$,然后把$\max z = \sum_{i=1}^{1000} \sum_{j=1}^{100} c_{ij} x_{ij}$作为第1级目标,$\min N = \sum_{j=1}^{1000} z_j$作为第2级目标,使用序贯解法求解上述双目标规划问题。

利用LINGO软件求得DVD最小总购买量为2850张,第一次分配即可满足950人,每人3张,总满意度达到2728.019。一种具体购买方案如表12.20所示,分配方案如表12.21所示。

表12.20 100种DVD的最优进货量

DVD编号	1	2	3	4	5	6	7	8	9	10
购买数量	21	35	27	36	20	26	29	33	32	24
DVD编号	11	12	13	14	15	16	17	18	19	20
购买数量	29	31	28	30	25	38	27	24	29	37
DVD编号	21	22	23	24	25	26	27	28	29	30
购买数量	33	28	35	22	28	27	26	19	23	39
DVD编号	31	32	33	34	35	36	37	38	39	40
购买数量	26	33	31	29	37	35	20	23	25	27
DVD编号	41	42	43	44	45	46	47	48	49	50
购买数量	48	34	25	35	33	25	31	23	30	32
DVD编号	51	52	53	54	55	56	57	58	59	60
购买数量	38	26	32	24	28	31	30	28	34	33
DVD编号	61	62	63	64	65	66	67	68	69	70
购买数量	26	29	29	34	30	30	27	32	31	28
DVD编号	71	72	73	74	75	76	77	78	79	80
购买数量	35	33	23	30	26	22	19	28	30	26
DVD编号	81	82	83	84	85	86	87	88	89	90
购买数量	27	15	22	18	30	20	33	22	23	23
DVD编号	91	92	93	94	95	96	97	98	99	100
购买数量	37	27	23	21	37	24	34	30	17	32

表 12.21 前 30 位会员的 DVD 分配方案

会员序号	DVD 号	会员序号	DVD 号	会员序号	DVD 号
1	8,82,98	11	19,59,63	21	45,53,65
2	6,42,44	12	2,7,31	22	38,55,57
3	4,50,80	13	21,78,96	23	29,81,95
4	7,18,41	14	23,43,52	24	41,76,79
5	11,66,68	15	13,85,88	25	9,69,94
6	16,19,53	16	6,84,97	26	22,68,95
7	8,26,81	17	47,51,67	27	22,42,58
8	15,71,99	18	41,60,78	28	8,34,82
9	53,78,100	19	67,84,86	29	30,44,55
10	55,60,85	20	45,61,89	30	1,37,62

计算的 LINGO 程序如下：

model:
sets:
huiyuan/1..1000/:y;
dvd/1..100/:z;
link(huiyuan,dvd):c,x;
endsets
data:
c = @file(Ldata124.txt); !输入满意度数据;
enddata
submodel first:
[obj1] max = @sum(link:c*x);
endsubmodel
submodel second:
[obj2] min = @sum(dvd:z);
endsubmodel
submodel const1:
@for(huiyuan(i):@sum(dvd(j):x(i,j)) = 3*y(i));
@for(dvd(j):@sum(huiyuan(i):x(i,j)) = z(j));
@sum(huiyuan:y) = 950;
@for(link:@bin(x));@for(huiyuan:@bin(y));
endsubmodel
submodel const2:
@sum(link:c*x) = obj;
endsubmodel
calc:
@set('terseo',1);
@solve(first,const1);
obj = obj1;@solve(second,const1,const2);

```
@write('满意度的值为:',@format(obj,'9.3f'),@newline(1));
@write('购买 DVD 的数量为:',obj2,@newline(1));
@write('没有分到 DVD 的会员为:');
@for(huiyuan(i):@ifc(y(i)#eq#0:@write(i,',')));@write(@newline(1));
@for(huiyuan(i)|i#le#30:@write('第',i,'位会员分配的 DVD 为:');
@for(dvd(j):@ifc(x(i,j)#eq#1:@write(j,',')));@write(@newline(1)));
@write('购买各种 DVD 的张数如下:',@newline(1));
@writefor(dvd:z,6*' ');
endcalc
end
```

2. 精确模型

下面考虑 60% 的会员半个月归还 DVD 的情形。前面的简化模型一次性满足 95% 会员的观看愿望,没有考虑有 60% 的人在半个月内归还的情况,实际上返回的 DVD 可以再次出租,从而满足一部分第 1 次没有租到的会员,因而前面的结论——准备 2850 张 DVD,比题目的要求偏多,可以减少一些。用 2850 除以一个月的周转率 1.6,得到 1782 张,这是不够的,除非网站规定,归还了 DVD 的会员本月不能再借第 2 次,而这违反了网站的租借规则,且如果作这样的规定,别人就不着急归还,甚至满一个月再还。

本月内归还并第 2 次租借 DVD 的会员,也要满足其中 95% 的观看愿望,设需要订购 n 张 DVD 才能满足 95% 租借 DVD 会员的愿望,则有

$$\frac{n}{3} + \frac{n}{3} \times 60\% = 950 + \frac{n}{3} \times 60\% \times 95\%,$$

解得 $n=2767$,为了使 DVD 的购买数量是 3 的倍数,取 $n=2766$,比上一个简化模型少了 84 张光盘。

当订购的 DVD 数量为 2766 张时,如何分配到 100 种 DVD 的购买量呢?一个原则是总体满意度最大,另一个原则是各种 DVD 满足需求的程度大致均衡,即防止有些种类有多余而另一些品种缺货过多以致难以满足需求。

如果优先满足会员的选择排号 1,2,3,则必然满意度最大,为此先统计每一种 DVD 被会员选择且排序为 1,2,3 的总次数,用符号 $n_j(j=1,2,\cdots,100)$ 表示,其总和为 3000,进货比例为 $2766/3000=0.922$,令 $b_j=0.922n_j(j=1,2,\cdots,100)$,这是进货的参考基准,即进货数量在此基准的上下一定范围内浮动,如上下界分别浮动 5%,即第 j 种 DVD 的进货数量在区间 $[0.95b_j, 1.05b_j]$ 上,具体数量通过建立如下的数学规划模型来求解:

$$\max z = \sum_{i=1}^{1000}\sum_{j=1}^{100} c_{ij}x_{ij},$$

$$\text{s.t.} \begin{cases} \sum_{j=1}^{100} x_{ij} = 3y_i, & i=1,2,\cdots,1000, \\ \sum_{i=1}^{1000} x_{ij} = z_j, & j=1,2,\cdots,100, \\ 0.95b_j \leq z_j \leq 1.05b_j, & j=1,2,\cdots,1000, \\ \sum_{j=1}^{100} z_j = 2766, \\ x_{ij}=0 \text{ 或 } 1, & i=1,2,\cdots,1000; j=1,2,\cdots,100, \\ y_i=0 \text{ 或 } 1, & i=1,2,\cdots,1000。 \end{cases}$$

利用 LINGO 软件求得，当 DVD 的购买量为 2766 张时，第 1 次分配即可满足 922 人，每人 3 张，总满意度达到 2647.615。一种具体购买方案如表 12.22 所示，分配方案与简化模型相同，如表 12.21 所示。

表 12.22 100 种 DVD 的购买方案

DVD 编号	1	2	3	4	5	6	7	8	9	10
购买数量	20	34	25	34	20	25	29	30	31	24
DVD 编号	11	12	13	14	15	16	17	18	19	20
购买数量	28	29	26	28	26	34	26	23	30	36
DVD 编号	21	22	23	24	25	26	27	28	29	30
购买数量	30	26	31	21	28	28	25	18	22	36
DVD 编号	31	32	33	34	35	36	37	38	39	40
购买数量	26	32	30	28	36	31	20	27	26	27
DVD 编号	41	42	43	44	45	46	47	48	49	50
购买数量	49	31	24	33	32	22	29	22	29	32
DVD 编号	51	52	53	54	55	56	57	58	59	60
购买数量	38	25	31	23	28	29	30	25	31	32
DVD 编号	61	62	63	64	65	66	67	68	69	70
购买数量	24	29	29	30	29	28	28	33	30	28
DVD 编号	71	72	73	74	75	76	77	78	79	80
购买数量	34	30	24	28	26	23	18	27	28	26
DVD 编号	81	82	83	84	85	86	87	88	89	90
购买数量	28	17	20	17	30	20	32	23	22	25
DVD 编号	91	92	93	94	95	96	97	98	99	100
购买数量	37	25	23	21	38	23	34	30	16	32

计算的 LINGO 程序如下：

```
model:
sets:
huiyuan/1..1000/:y;
dvd/1..100/:b,nj,z;
link(huiyuan,dvd):c,d,t,x;
endsets
data:
d=@ole(B2005Table2.xls,C3:BT002);!读入会员订单数据;
c=@file(Ldata124.txt);   !输入满意度数据;
enddata
[obj]max=@sum(link:c*x);
@for(huiyuan(i):@sum(dvd(j):x(i,j))=3*y(i));
@for(dvd(j):@sum(huiyuan(i):x(i,j))=z(j));
@for(dvd:z>0.95*b;z<1.05*b);
```

```
@sum(dvd:z) = 2766;
@for(link:@bin(x));@for(huiyuan:@bin(y));
calc:
@set('terseo',1);
@for(link:@ifc(d#ge#1 #and# d#le#3:t=1;@else t=0));
tn = @sum(link:t);!统计DVD被会员选择排号1,2,3的总次数;
@for(dvd(j):nj(j) = @sum(huiyuan(i):t(i,j)));
@for(dvd:b = 2766/tn*nj);!求进货的参考基准;
@solve();
@write('DVD被会员选择排号1,2,3的总次数为',tn,@newline(1));
@write('满意度的值为:',@format(obj,'9.3f'),@newline(1));
@write('没有分到DVD的会员为:');
@for(huiyuan(i):@ifc(y(i)#eq#0:@write(i,',')));@write(@newline(1));
@for(huiyuan(i)|i#le#30:@write('第',i,'位会员分配的DVD为:');
@for(dvd(j):@ifc(x(i,j)#eq#1:@write(j,',')));@write(@newline(1)));
@write('各种DVD购买的张数如下:',@newline(1));
@writefor(dvd(j):z(j),6*' ');
endcalc
end
```

12.4.6 问题(4)的模型的扩展

结合实际问题,模型的扩展可从以下几个方面展开:
(1) 网站对顾客的消费习惯作市场调查,预测在未来一段时间内会员归还的DVD数目。
(2) 建立一套订单的排队等候系统以及集中处理系统,缩短订单处理的周期。
(3) 网站在经营中既要保证当期的收益以维持生存,又要兼顾潜在收益以求长远发展。
具体的详细讨论及建模不再赘述。

12.5 电力市场的输电阻塞管理

12.5.1 问题提出

2004年全国大学生数学建模竞赛B题。

我国电力系统的市场化改革正在积极、稳步地进行。2003年3月,国家电力监管委员会成立,2003年6月,该委员会发文列出了组建东北区域电力市场和进行华东区域电力市场试点的时间表,标志着电力市场化改革已经进入实质性阶段。可以预计,随着我国用电紧张现状的缓解,电力市场化将进入新一轮的发展,这给有关产业和研究部门带来了可预期的机遇和挑战。

电力从生产到使用的四大环节——发电、输电、配电和用电是瞬间完成的。我国电力市场初期是发电侧电力市场,采取交易与调度一体化的模式。电网公司在组织交易、调度和配送时,必须遵循电网"安全第一"的原则,同时要制订电力市场交易规则,按照购电费用最小的经济目标来运作。市场交易—调度中心根据负荷预报和交易规则制订满足电网安全运行的调度计划——各发电机组的出力(发电功率)分配方案;在执行调度计划的过程中,还需实时调度承担 AGC(自动发电控制)辅助服务的机组出力,以跟踪电网中实时变化的负荷。

设某电网有若干台发电机组和若干条主要线路,每条线路上的有功潮流(输电功率和方向)取决于电网结构和各发电机组的出力。电网每条线路上的有功潮流的绝对值有一安全限值,限值还具有一定的相对安全裕度(即在应急情况下,潮流绝对值可以超过限值的百分比的上限)。各机组出力分配方案使某条线路上的有功潮流的绝对值超出限值,称为输电阻塞。当发生输电阻塞时,需要研究如何制订既安全又经济的调度计划。

1. 电力市场交易规则

(1) 以 15min 为一个时段组织交易,每台机组在当前时段开始时刻前给出下一个时段的报价。各机组将可用出力由低到高分成至多 10 段报价,每个段的长度称为段容量,每个段容量报一个价(称为段价),段价按段序数单调不减。在最低技术出力以下的报价一般为负值,表示愿意付费维持发电以避免停机带来更大的损失。

(2) 在当前时段内,市场交易—调度中心根据下一个时段的负荷预报,每台机组的报价、当前出力和出力改变速率,按段价从低到高选取各机组的段容量或其部分(见下面注释),直到它们之和等于预报的负荷,这时每个机组被选入的段容量或其部分之和形成该时段该机组的出力分配预案(初始交易结果)。最后一个被选入的段价(最高段价)称为该时段的清算价,该时段全部机组的所有出力均按清算价结算。

注释:

① 每个时段的负荷预报和机组出力分配计划的参照时刻均为该时段结束时刻。

② 机组当前出力是对机组在当前时段结束时刻实际出力的预测值。

③ 假设每台机组单位时间内能增加或减少的出力相同,该出力值称为该机组的爬坡速率。由于机组爬坡速率的约束,可能导致选取它的某个段容量的部分。

④ 为了使得各机组计划出力之和等于预报的负荷需求,清算价对应的段容量可能只选取一部分。

市场交易—调度中心在当前时段内要完成的具体操作过程如下:

(1) 监控当前时段各机组出力分配方案的执行,调度 AGC 辅助服务,在此基础上给出各机组的当前出力值。

(2) 做出下一个时段的负荷需求预报。

(3) 根据电力市场交易规则得到下一个时段各机组出力分配预案。

(4) 计算当执行各机组出力分配预案时电网各主要线路上的有功潮流,判断是否会出现输电阻塞。如果不出现,则接受各机组出力分配预案;否则,按照输电阻塞管理原则实施阻塞管理。

2. 输电阻塞管理原则

(1) 调整各机组出力分配方案使得输电阻塞消除。

(2) 如果(1)做不到,还可以使用线路的安全裕度输电,以避免拉闸限电(强制减少负荷需求),但要使每条线路上潮流的绝对值超过限值的百分比尽量小。

(3) 如果无论怎样分配机组出力都无法使每条线路上的潮流绝对值超过限值的百分比小于相对安全裕度,则必须在用电侧拉闸限电。

(4) 当改变根据电力市场交易规则得到的各机组出力分配预案时,一些通过竞价取得发电权的发电容量(称序内容量)不能出力;而一些在竞价中未取得发电权的发电容量(称序外容量)要在低于对应报价的清算价上出力。因此,发电商和网方将产生经济利益冲突。网方应该为因输电阻塞而不能执行初始交易结果付出代价,网方在结算时应该适当地给发电商以经济补偿,由此引起的费用称为阻塞费用。网方在电网安全运行的保证下应当同时考虑尽量减少阻塞费用。

需要做的工作如下:

(1) 某电网有 8 台发电机组,6 条主要线路,表 12.23 和表 12.24 中的方案 0 给出了各机组的当前出力和各线路上对应的有功潮流值,方案 1~32 给出了围绕方案 0 的一些实验数据,试用这些数据确定各线路上有功潮流关于各发电机组出力的近似表达式。

(2) 设计一种简明、合理的阻塞费用计算规则,除考虑上述电力市场规则外,还需注意:在输电阻塞发生时公平地对待序内容量不能出力的部分和报价高于清算价的序外容量出力的部分。

(3) 假设下一个时段预报的负荷需求是 982.4MW,表 12.25~表 12.27 分别给出了各机组的段容量、段价和爬坡速率的数据,试按照电力市场规则给出下一个时段各机组的出力分配预案。

(4) 按照表 12.28 给出的潮流限值,检查得到的出力分配预案是否会引起输电阻塞,并在发生输电阻塞时,根据安全且经济的原则,调整各机组出力分配方案,并给出与该方案相应的阻塞费用。

(5) 假设下一个时段预报的负荷需求是 1052.8MW,重复(3)~(4)的工作。

表 12.23　各机组出力方案　　　　　　　　　　　　(MW)

方案\机组	1	2	3	4	5	6	7	8
0	120	73	180	80	125	125	81.1	90
1	133.02	73	180	80	125	125	81.1	90
2	129.63	73	180	80	125	125	81.1	90
3	158.77	73	180	80	125	125	81.1	90
4	145.32	73	180	80	125	125	81.1	90
5	120	78.596	180	80	125	125	81.1	90
6	120	75.45	180	80	125	125	81.1	90
7	120	90.487	180	80	125	125	81.1	90
8	120	83.848	180	80	125	125	81.1	90
9	120	73	231.39	80	125	125	81.1	90
10	120	73	198.48	80	125	125	81.1	90
11	120	73	212.64	80	125	125	81.1	90
12	120	73	190.55	80	125	125	81.1	90
13	120	73	180	75.857	125	125	81.1	90
14	120	73	180	65.958	125	125	81.1	90
15	120	73	180	87.258	125	125	81.1	90
16	120	73	180	97.824	125	125	81.1	90
17	120	73	180	80	150.71	125	81.1	90
18	120	73	180	80	141.58	125	81.1	90

(续)

方案\机组	1	2	3	4	5	6	7	8
19	120	73	180	80	132.37	125	81.1	90
20	120	73	180	80	156.93	125	81.1	90
21	120	73	180	80	125	138.88	81.1	90
22	120	73	180	80	125	131.21	81.1	90
23	120	73	180	80	125	141.71	81.1	90
24	120	73	180	80	125	149.29	81.1	90
25	120	73	180	80	125	125	60.582	90
26	120	73	180	80	125	125	70.962	90
27	120	73	180	80	125	125	64.854	90
28	120	73	180	80	125	125	75.529	90
29	120	73	180	80	125	125	81.1	104.84
30	120	73	180	80	125	125	81.1	111.22
31	120	73	180	80	125	125	81.1	98.092
32	120	73	180	80	125	125	81.1	120.44

表 12.24　各线路的潮流值(各方案与表 12.23 相对应)　　　(MW)

方案\线路	1	2	3	4	5	6
0	164.78	140.87	-144.25	119.09	135.44	157.69
1	165.81	140.13	-145.14	118.63	135.37	160.76
2	165.51	140.25	-144.92	118.7	135.33	159.98
3	167.93	138.71	-146.91	117.72	135.41	166.81
4	166.79	139.45	-145.92	118.13	135.41	163.64
5	164.94	141.5	-143.84	118.43	136.72	157.22
6	164.8	141.13	-144.07	118.82	136.02	157.5
7	165.59	143.03	-143.16	117.24	139.66	156.59
8	165.21	142.28	-143.49	117.96	137.98	156.96
9	167.43	140.82	-152.26	129.58	132.04	153.6
10	165.71	140.82	-147.08	122.85	134.21	156.23
11	166.45	140.82	-149.33	125.75	133.28	155.09
12	165.23	140.85	-145.82	121.16	134.75	156.77
13	164.23	140.73	-144.18	119.12	135.57	157.2
14	163.04	140.34	-144.03	119.31	135.97	156.31
15	165.54	141.1	-144.32	118.84	135.06	158.26
16	166.88	141.4	-144.34	118.67	134.67	159.28
17	164.07	143.03	-140.97	118.75	133.75	158.83
18	164.27	142.29	-142.15	118.85	134.27	158.37
19	164.57	141.44	-143.3	119	134.88	158.01
20	163.89	143.61	-140.25	118.64	133.28	159.12

(续)

方案\线路	1	2	3	4	5	6
21	166.35	139.29	-144.2	119.1	136.33	157.59
22	165.54	140.14	-144.19	119.09	135.81	157.67
23	166.75	138.95	-144.17	119.15	136.55	157.59
24	167.69	138.07	-144.14	119.19	137.11	157.65
25	162.21	141.21	-144.13	116.03	135.5	154.26
26	163.54	141	-144.16	117.56	135.44	155.93
27	162.7	141.14	-144.21	116.74	135.4	154.88
28	164.06	140.94	-144.18	118.24	135.4	156.68
29	164.66	142.27	-147.2	120.21	135.28	157.65
30	164.7	142.94	-148.45	120.68	135.16	157.63
31	164.67	141.56	-145.88	119.68	135.29	157.61
32	164.69	143.84	-150.34	121.34	135.12	157.64

表 12.25　各机组的段容量　　　　　　　　　　　　　　　　　　　　　（MW）

机组\段	1	2	3	4	5	6	7	8	9	10
1	70	0	50	0	0	30	0	0	0	40
2	30	0	20	8	15	6	2	0	0	8
3	110	0	40	0	30	0	20	40	0	40
4	55	5	10	10	10	10	15	0	0	1
5	75	5	15	0	15	15	0	10	10	10
6	95	0	10	20	0	15	10	20	0	10
7	50	15	5	15	10	10	5	10	3	2
8	70	0	20	0	20	0	20	10	15	5

表 12.26　各机组的段价　　　　　　　　　　　　　　　　　　　　　（元/MW·h）

机组\段	1	2	3	4	5	6	7	8	9	10
1	-505	0	124	168	210	252	312	330	363	489
2	-560	0	182	203	245	300	320	360	410	495
3	-610	0	152	189	233	258	308	356	415	500
4	-500	150	170	200	255	302	325	380	435	800
5	-590	0	116	146	188	215	250	310	396	510
6	-607	0	159	173	205	252	305	380	405	520
7	-500	120	180	251	260	306	315	335	348	548
8	-800	153	183	233	253	283	303	318	400	800

表 12.27　各机组的爬坡速率　　　　　　　　　　　　　　　　　　　（MW/min）

机组	1	2	3	4	5	6	7	8
速率	2.2	1	3.2	1.3	1.8	2	1.4	1.8

表 12.28　各线路的潮流限值和相对安全裕度

线路	1	2	3	4	5	6
限值/MW	165	150	160	155	132	162
安全裕度	13%	18%	9%	11%	15%	14%

12.5.2　问题分析

1. 价格竞争下的出力预案

在市场机制下,电力是一种特殊的商品,其特点是电力无法大量存储起来然后慢慢销售,发电、输电、配电和用电是瞬间完成的,发电多少要根据用电量的大小进行调整,以达到发电与负荷之间的实时平衡,一个电网内有多家发电厂商(机组),他们何时发电(出力)、发多少,需要电网管理部门(网方)制订调度计划。在电力市场运营模式下,机组通过竞价取得发电权,发电计划的制订遵循公平、公开、公正,购电费用最小的原则。竞价机组采用 10 段价格、容量报价,其价格曲线是阶梯形线段(阶跃曲线),网方根据负荷状况以及购电费用最小的原则,按段价格排序,优先安排报价低的机组取得发电权,满足负荷的最低报价中的最大值就是清算价,不管原来报价的高低,各机组都按清算价从网方取得报酬。可以把机组的报价理解为厂方在成本核算基础上维持不亏本且微利原则下为了取得发电权而报出的价格,如果最后确定的清算价高于其报价,则多发电可以多得利润。

2. 阻塞调度及其费用

由机组报价决定的出力计划没有考虑网络状态,各条线路上的用电量(负荷)大小,输电距离等因素,可能会引起部分输电线路上的有功潮流越限,形成调度上的阻塞,危及电网安全。为了消除这种阻塞,需要先设计通过调整出力计划来实现阻塞管理,有些已经取得发电权(序内容量)的机组可能要减少发电,而其他机组原来因价格原因不在计划发电内,为了消除阻塞需要额外发电(序外容量),对序内容量网方应当给合理的补偿,对序外容量网方应当按机组的报价给适当报酬。阻塞调度必然会引起费用增加,上述两部分补偿费用之和构成了阻塞费用。网方在消除阻塞,即电网安全的前提条件下,希望阻塞费用尽可能小,即阻塞管理的目标函数是增加的购电费用最小。如果通过调整机组的出力计划仍然无法消除阻塞,即不存在能消除阻塞的出力方案,则考虑利用安全裕度,但应尽可能使裕度利用率最小,即每条线路上潮流越限的百分比尽量小。如果利用安全裕度也不行,则拉闸限电。

3. 影响潮流的因素及潮流的预测

输电网络各线路上的潮流分布取决于网络的拓扑结构、各发电机组所处的位置及出力大小、负荷需要量以及负荷所在的位置。例如电网分为两个区,位于一区内的机组出力大(因报价低,竞争得到的发电量大),但一区内的负荷小,而位于二区内的机组出力小(因段价高,取得的发电量小),但位于二区内的负荷大(一些用电大户在该区内),势必造成电力从一区到二区的跨区输送,该线路上的潮流增大。

机组出力分配会影响线路上有功潮流,但不是决定性因素,负荷的大小及分布更会影响线路潮流,但是负荷是随机的,即使出力一样,由于负荷的大小及分布上的原因,各线路上的潮流也并不相同,潮流分布与机组出力之间不存在物理意义明确的函数关系,潮流分布与机组出力之间的关系只是概率意义上的统计关系。在没有其他更好办法的情况下,对同一电网,历史上的潮流与机组出力之间的统计规律性可以作为线路潮流预测的一种依据,但应当明白,这种预测不代表物理意义上有明确的函数关系,不能追求这种统计关系式一定符合物理上的规律。

12.5.3 有功潮流的近似表达式

从数据分析可以看出,潮流数值波动的幅度比较小,可以用线性拟合,即各条线路上的有功潮流是各发电机组出力的线性函数,设 $y_j(j=1,2,\cdots,6)$ 表示第 j 条线路上的有功潮流, $x_i(i=1,2,\cdots,8)$ 表示各发电机组的出力,近似表达式的形式可以有以下两种:

$$y_j = a_{0j} + \sum_{i=1}^{8} a_{ij} x_i, \qquad (12.18)$$

$$y_j = \sum_{i=1}^{8} b_{ij} x_i. \qquad (12.19)$$

两种形式的差别是第一种带常数项,第二种不带常数项。下面分别对两种形式作函数拟合,并使用最小二乘准则,利用 LINGO 软件求解。

1. 第一种形式(带常数项)

对式(12.18)利用 LINGO 软件作回归分析,得到 6 条线路上的结果,如表 12.29 所示。

表 12.29 6 条线路带常数的回归系数

	y_1	y_2	y_3	y_4	y_5	y_6
a_{0j}	110.4775	131.3521	−108.9928	77.6116	133.1334	120.8481
a_{1j}	0.0826	−0.0547	−0.0694	−0.0346	0.0003	0.2376
a_{2j}	0.0478	0.1275	0.0620	−0.1028	0.2428	−0.0607
a_{3j}	0.0528	−0.0001	−0.1565	0.2050	−0.0647	−0.0781
a_{4j}	0.1199	0.0332	−0.0099	−0.0209	−0.0412	0.0929
a_{5j}	−0.0257	0.0867	0.1247	−0.0120	−0.0655	0.0466
a_{6j}	0.1216	−0.1127	0.0024	0.0057	0.0700	−0.0003
a_{7j}	0.1220	−0.0186	−0.0028	0.1452	−0.0039	0.1664
a_{8j}	−0.0015	0.0985	−0.2012	0.0763	−0.0092	0.0004
拟合优度 R^2	0.9994	0.9996	0.9999	0.9999	0.9995	0.9998
剩余标准差 RMSE	0.0376	0.0324	0.0333	0.0323	0.0341	0.0389

这种拟合方法的优点是拟合效果好,体现相关性的指标 R^2 都在 0.9994 以上,非常接近 1,说明各线路上的有功潮流与各发电机组的出力有很高的线性相关性,剩余标准差 RMSE 都很小(小于 0.04),这些指标说明带常数项的线性回归的效果非常好。

计算的 LINGO 程序如下:

```
model:
sets:
jizu/1..8/:a,b;
xianlu/1..6/;
num/1..33/:yt0;
link1(num,jizu):x0;
link2(num,xianlu):y0;
endsets
```

```
data:
x0 = @file(Ldata1251.txt);!把方案0-32的各机组出力方案数据保存在Ldata1251.txt中;
y0 = @file(Ldata1252.txt);!把方案0-32的各线路的潮流值数据保存在Ldata1252.txt中;
enddata
submodel huigui:!定义最小二乘准则的拟合子模型;
[obj]min = @sum(num(i):(a0 + @sum(jizu(j):x0(i,j)*a(j))-yt0(i))^2);!误差平方和最小化;
@free(a0);@for(jizu:@free(a));!参数取值是可正可负的;
endsubmodel
calc:
@set('terseo',1);!设置成较小的屏幕输出格式;
@for(xianlu(k):@for(num(i):yt0(i) = y0(i,k));
@solve(huigui);sse = obj;my = @sum(num:yt0)/33;!计算y的观测值的均值;
sst = @sum(num:(yt0 - my)^2);ssr = sst - sse;
R2 = SSR/SST;rmse = @sqrt(sse/(33-9));!计算拟合优度和剩余标注差;
@write('第',k,'条线路的回归系数:a0 = ',@format(a0,'8.4f'),
    ',a1,a2,a3,a4,a5,a6,a7,a8的系数为:');
@writefor(jizu(j):@format(a(j),'8.4f'),',');@write(@newline(1));
@write('拟合优度R2 = ',@format(R2,'6.4f'),',','剩余标准差
RMSE = ',@format(rmse,'6.4f'),@newline(2)));
endcalc
end
```

2. 第二种形式(不带常数项)

对式(12.19)用LINGO作回归分析,得到6条线路上的结果,如表12.30所示。

表12.30 6条线路不带常数项的回归系数

	y_1	y_2	y_3	y_4	y_5	y_6
a_{1j}	0.1936	0.0773	-0.1789	0.0434	0.1341	0.3590
a_{2j}	0.3284	0.4611	-0.2149	0.0944	0.5810	0.2463
a_{3j}	0.1408	0.1045	-0.2434	0.2669	0.0414	0.0183
a_{4j}	0.2479	0.1855	-0.1362	0.0691	0.1131	0.2330
a_{5j}	0.1039	0.2408	-0.0032	0.0790	0.0908	0.1884
a_{6j}	0.3206	0.1239	-0.1940	0.1455	0.3098	0.2174
a_{7j}	0.0675	-0.0834	0.0510	0.1069	-0.0696	0.1067
a_{8j}	0.1306	0.2556	-0.3316	0.1692	0.1501	0.1449
拟合优度 R^2	-0.3812	-1.0288	0.5763	0.7969	-1.0440	0.4814
剩余标准差 RMSE	1.8345	2.1809	1.8098	1.2889	2.2105	2.0066

这种拟合方法的优点是当各发电机组都不出力时,各条线路上潮流都为零,符合物理规律,缺点是拟合效果差,通过 R^2 这个指标看,除了 y_4 的模型勉强可以使用外,其他模型的线性关系都是很差的。

计算的LINGO程序如下:

model:

```
sets:
jizu/1..8/:a,b;
xianlu/1..6/;
num/1..33/:yt0;
link1(num,jizu):x0;
link2(num,xianlu):y0;
endsets
data:
x0=@file(Ldata1251.txt);!把方案0-32的各机组出力方案数据保存在Ldata1251.txt中;
y0=@file(Ldata1252.txt);!把方案0-32的各线路的潮流值数据保存在Ldata1252.txt中;
enddata
submodel huigui:!定义最小二乘准则的拟合子模型;
[obj]min=@sum(num(i):(@sum(jizu(j):x0(i,j)*a(j))-yt0(i))^2);!误差平方和最小化;
@for(jizu:@free(a));!参数取值是可正可负的;
endsubmodel
calc:
@set('terseo',1);!设置成较小的屏幕输出格式;
@for(xianlu(k):@for(num(i):yt0(i)=y0(i,k)));
@solve(huigui);sse=obj;my=@sum(num:yt0)/33;!计算y的观测值的均值;
sst=@sum(num:(yt0-my)^2);ssr=sst-sse;
R2=SSR/SST;rmse=@sqrt(sse/(33-8));!计算拟合优度和剩余标注差;
@write('第',k,'条线路的回归系数 a1,a2,a3,a4,a5,a6,a7,a8 为:');
@writefor(jizu(j):@format(a(j),'8.4f'),',');@write(@newline(1));
@write('拟合优度 R2=',@format(R2,'6.4f'),',','剩余标准差
RMSE=',@format(rmse,'6.4f'),@newline(2)));
endcalc
end
```

3. 两种近似公式的取舍

近似公式是网方制订出力分配预案,判断是否发生阻塞,并进行阻塞管理的依据,不但涉及网方和发电商的经济利益,更重要的是关系电网的安全,如果预测的潮流大于实际,将造成误判阻塞,本来无需调整,却作了无用的调整,白白造成经济损失。如果预测的潮流小于实际,将要发生的阻塞未能及时发现,则会危害到电网的安全。因此,近似公式的准确性是第一位的,如果近似公式预测不准,一切都会乱套。

如果选择式(12.18),人们会产生疑虑:所有机组都不出力,使电网成为无源网络,各条线路上的潮流应当为零,潮流从哪里来呢?

下面对此现象作出合理的假设,以消除这种"顾虑"。

(1)线路上的潮流不仅取决发电机组出力,而且还与线路上的负荷紧密相关,而负荷是随机变量,处于变化之中,即使机组的出力不变,潮流仍在变化,因而潮流与机组出力的关系存在统计意义上规律性,而不是物理上的必然规律。

(2)给定33组数据均在方案0即$X=[120,73,180,80,125,125,81.1,90]$附近变化,统计规律显示的是局部(0号方案附近)规律,潮流与出力是线性关系的假设只适用于局部,不能以此推断到远离0方案时的情况。下面举一个较简单的实例,设有三对数据:(2,4),(2.5,

6.25),(3,9)。该数据来自于函数关系 $y=x^2$,假设要求 y 与 x 的线性近似表达式,也有两种近似公式,带常数项或不带常数项,用线性回归方法求得两种公式分别为 $y=-6.0833+5x$ 和 $y=2.6299x$,以 $x=2,2.5,3$ 代入两个公式,由前一公式得 $y=3.9167,6.4167,8.9167$,剩余标准差为 0.2041,误差较小;由后一公式得 $y=5.2597,6.5747,7.8896$,剩余标准差为 0.3352。用来预报 $x=4$ 时的 y 值,前一公式结果是 13.9167,绝对误差是 2.0833,相对误差是 13.02%,后一公式结果是 10.5195,绝对误差 5.4805,相对误差高达 34.25%;后一公式为了照顾到 $x=0$ 时 $y=0$,可是拿来估计 $x=2\sim4$ 时的 y 值却有如此大的误差,前一公式较好地近似表达了 $x=2\sim4$ 时的 y 值,在该局部范围内具有误差小、准确性高的优点,只是 $x=0$ 时 $y=5$,不通过原点,不能拿来估算原点附近的 y 值,为了估算和预测 $x=2\sim4$ 时的 y 值,显然用带常数项的公式为好。

为了近似表达 0 号方案附近的潮流与机组出力的统计关系,较准确地预测负荷增加时各条路线上的潮流,判断是否会发生阻塞,应当把准确性和电网完全放在首位,用带常数项的近似公式为好。假如顾虑到出力为零时的潮流为零,使近似公式过原点,则该近似公式只在各机组出力都很小时才有效,在 0 号方案附近,以及负荷比 0 号方案大的情况,准确性很差,预测小了会危及电网安全,预测过大则夸大阻塞,采取不必要的阻塞管理措施,由此引发不必要的阻塞费用,造成网方的经济损失。

12.5.4 阻塞费用计算规则

当改变根据电力市场交易规则得到的各机组出力分配预案时,一些通过竞价取得发电权的发电容量(称序内容量)不能出力;而一些在竞价中未取得发电权的发电容量(称序外容量)要在低于对应报价的清算价上出力。以机组的最终报价作为其边际成本,则该机组单位出力的绝对盈利为清算价与报价的差值,因此,补偿的主要目的是解决由于方案调整导致获利变化的问题。

记 x_i' 为调整后第 i 个机组的出力值,p_i 为分配预案中第 i 个机组的最终报价,P 为清算价,f_i^- 为对第 i 个序内容量的补偿,f_i^+ 为对第 i 个序外容量的补偿。

阻塞费用计算规则如下:

(1) 对于序内容量:由于方案的调整,使得一些机组的出力值减少,减少部分的获利值消失。为解决这部分冲突,网方赔偿该机组应得的获利值,有

$$\text{补偿费用} = (\text{清算价} - \text{调整前报价}) \times \text{调整量},$$

即

$$f_i^- = (P - p_i)(x_i - x_i')。$$

(2) 对于序外容量:方案调整后,一些机组由于出力增加,其边际成本(报价)也随之增加,但由于清算价保持不变,机组不得不在低于其报价的清算价上出力,导致了损失。因此,网方对调整的出力部分造成的损失应给予补偿,有

$$\text{补偿费用} = (\text{调整前报价} - \text{清算价}) \times \text{调整量},$$

即

$$f_i^+ = (p_i - P)(x_i' - x_i)。$$

总的补偿费用为

$$f = \sum_{i=1}^{8} (f_i^+ + f_i^-)。$$

12.5.5 问题(3)的模型

由于爬坡速率有一定约束,发电机组的功率调节(增加或减少)需要时间。在当前出力(方案0)基础上,各机组的功率调节范围如表 12.31 所示。

表 12.31 各机组爬坡速率限制

机组	1	2	3	4	5	6	7	8	合计
当前出力	120	73	180	80	125	125	81.1	90	874.1
爬坡速率	2.2	1	3.2	1.3	1.8	2	1.4	1.8	
15min 爬坡功率	33	15	48	19.5	27	30	21	27	220.5
功率范围	87~153	57~88	132~228	60.5~99.5	98~152	95~155	60.1~102.1	63~117	653.6~1094.6

用 $c_{ij}(i=1,2,\cdots,8;j=1,2,\cdots,10)$ 表示机组 i 段 j 的段价,$v_i(i=1,2,\cdots,8)$ 表示第 i 个机组的爬坡速率,$d_{i0}(i=1,2,\cdots,8)$ 为方案0中第 i 个机组的出力,r_{ij} 表示机组 i 小于等于段价 c_{ij} 的累积容量,构造累积容量矩阵 $\boldsymbol{R}=(r_{ij})_{8\times10}$,则 $\boldsymbol{R}$ 取值的数据如表 12.32 所示。

表 12.32 累积容量矩阵数据

机组\段	1	2	3	4	5	6	7	8	9	10
1	70	70	120	120	120	150	150	150	150	190
2	30	30	50	58	73	79	81	81	81	89
3	110	110	150	150	180	180	200	240	240	280
4	55	60	70	80	90	100	115	115	115	116
5	75	80	95	95	110	125	125	135	145	155
6	95	95	105	125	125	140	150	170	170	180
7	50	65	70	85	95	105	110	120	123	125
8	70	70	90	90	110	110	130	140	155	160

引进 0-1 变量

$$y_{ij}=\begin{cases}1,\text{选取 } i \text{ 机组最高价 } j \text{ 段出力},\\ 0,\text{不选取 } i \text{ 机组最高价 } j \text{ 段出力},\end{cases} i=1,2,\cdots,8;j=1,2,\cdots,10,$$

以及第 i 个机组出力的决策变量 x_i。

由于每个机组只能选择一个最高价,因此满足

$$\sum_{j=1}^{10} y_{ij}=1, \quad i=1,2,\cdots,8。$$

第 i 个机组的最高报价 $p_i=\sum_{j=1}^{10} c_{ij}y_{ij}, i=1,2,\cdots,8$。考虑爬坡速率,各机组出力满足

$$d_{i0}\leq x_i\leq d_{i0}+15v_i, \quad i=1,2,\cdots,8,$$

另外,考虑到选取各个机组的最高段价,对应出力容量约束满足

$$x_i\leq \sum_{j=1}^{10} r_{ij}y_{ij}。$$

选择 8 个机组的总容量和满足

$$\sum_{i=1}^{8} x_i = 982.4。$$

目标取各机组最高报价的最小值 $\min \max\limits_{1 \leqslant i \leqslant 8} \sum\limits_{j=1}^{10} c_{ij} y_{ij}$。综上所述，建立如下的数学规划模型：

$$\min \max_{1 \leqslant i \leqslant 8} \sum_{j=1}^{10} c_{ij} y_{ij},$$

$$\text{s. t.} \begin{cases} \sum_{j=1}^{10} y_{ij} = 1, & i = 1,2,\cdots,8, \\ d_{i0} \leqslant x_i \leqslant d_{i0} + 15 v_i, & i = 1,2,\cdots,8, \\ x_i \leqslant \sum_{j=1}^{10} r_{ij} y_{ij}, & i = 1,2,\cdots,8, \\ \sum_{i=1}^{8} x_i = 982.4, \\ y_{ij} = 0 \text{ 或 } 1, & i = 1,2,\cdots,8; j = 1,2,\cdots,10。 \end{cases} \quad (12.20)$$

为了提高 LINGO 的求解速度，可以把上述模型线性化，记 $z = \max\limits_{1 \leqslant i \leqslant 8} \sum\limits_{j=1}^{10} c_{ij} y_{ij}$，则得到如下的线性规划模型：

$$\min z,$$

$$\text{s. t.} \begin{cases} \sum_{j=1}^{10} c_{ij} y_{ij} \leqslant z, & i = 1,2,\cdots,8, \\ \sum_{j=1}^{10} y_{ij} = 1, & i = 1,2,\cdots,8, \\ d_{i0} \leqslant x_i \leqslant d_{i0} + 15 v_i, & i = 1,2,\cdots,8, \\ x_i \leqslant \sum_{j=1}^{10} r_{ij} y_{ij}, & i = 1,2,\cdots,8, \\ \sum_{i=1}^{8} x_i = 982.4, \\ y_{ij} = 0 \text{ 或 } 1, & i = 1,2,\cdots,8; j = 1,2,\cdots,10。 \end{cases} \quad (12.21)$$

利用 LINGO 软件，求得清算价格为 303，各机组的出力方案如表 12.33 所示。

表 12.33　负荷 982.4MW 时出力分配预案

机组	1	2	3	4	5	6	7	8
出力	150	75.9	180	99.5	125	140	95	117

计算的 LINGO 程序如下：

```
model:
sets:
duan/1..10/;
jizu/1..8/:d0,v,a,b,pa,p,x;
```

```
link(jizu,duan):c,g,r,y;
endsets
data:
d0 = 120  73  180  80  125  125  81.1  90;!当前出力;
v = 2.2  1  3.2  1.3  1.8  2  1.4  1.8;!爬坡速率;
c = @file(duanjia.txt);
g = @file(rongliang.txt);
@text( ) = @table(r);
@text(chuli3.txt) = x;!供问题(4)使用;
@text(rongliang3.txt) = r;!供问题(4)使用;
enddata
calc:
tdq = @sum(jizu:d0);
@for(jizu:a = d0 - 15*v;b = d0 + 15*v;pa = v*15);
ta = @sum(jizu:a);tb = @sum(jizu:b);
spa = @sum(jizu:pa);
@for(link(i,j):r(i,j) = @sum(duan(k)|k#le#j:g(i,k)));
endcalc
min = pp;
@for(jizu(i):@sum(duan(j):c(i,j)*y(i,j)) <= pp);
@for(jizu(i):@sum(duan(j):y(i,j)) = 1);
@for(jizu(i):x(i) <= @sum(duan(j):r(i,j)*y(i,j));
x(i) >= d0(i);x(i) <= d0(i) + 15*v(i));
@sum(jizu:x) = 982.4;
@for(link:@bin(y));
end
```

12.5.6 问题(4)的模型

上述预案不能保证线路上的有功潮流是否会超过限值,为了判断上述出力预案是否会发生阻塞,把表 12.33 中的各机组出力代入有功潮流经验公式(12.18),得到结果如表 12.34 所示。

表 12.34 各线路有功潮流预测

线路	1	2	3	4	5	6
潮流限值	165	150	160	155	132	162
安全裕度	13%	18%	9%	11%	15%	14%
最大值	186.45	177	174.4	172.05	151.8	184.68
按式(12.18)预测	173.1556	140.9267	-151.7349	121.4586	136.0271	168.7043
是否阻塞	是	否	否	否	是	是

线路 1、5、6 超过限值,引起阻塞,需要调整,调整的目标是总阻塞费用最小,设第 k 条线路的潮流限值为 $e_k(k=1,2,\cdots,6)$,调整前第 i 个机组的出力为 $x_{i0}(i=1,2,\cdots,8)$,调整后第 i 个

机组的出力为 x_i,使用问题(3)中同样的 $0-1$ 变量 $y_{ij}(i=1,2,\cdots,8;j=1,2,\cdots,10)$。

调整的目标是阻塞费用最小,即
$$\min Z = \sum_{x_i \geqslant x_{i0}} (x_i - x_{i0})(p_i - 303) + \sum_{x_i < x_{i0}} (x_{i0} - x_i)(303 - p_i),$$
上式可以改写为
$$\min Z = \sum_{i=1}^{8} |(x_i - x_{i0})(p_i - 303)|,$$
式中:$p_i = \sum_{j=1}^{10} c_{ij} y_{ij}$。

考虑爬坡速率的限制,有
$$x_{i0} - 15v_i \leqslant x_i \leqslant x_{i0} + 15v_i, \quad i = 1,2,\cdots,8。$$
每条线路不能超过线路的潮流限值,有
$$|\hat{y}_k| \leqslant e_k, \quad k = 1,2,\cdots,6,$$
式中
$$\hat{y}_k = a_{0k} + \sum_{i=1}^{8} a_{ik} x_i, \quad k = 1,2,\cdots,6。$$
其他约束条件与问题(3)相同。综上所述,建立如下的数学规划模型:
$$\min Z = \sum_{i=1}^{8} |(x_i - x_{i0})(p_i - 303)|,$$

$$\text{s.t.} \begin{cases} \sum_{j=1}^{10} y_{ij} = 1, & i = 1,2,\cdots,8, \\ p_i = \sum_{j=1}^{10} c_{ij} y_{ij}, & i = 1,2,\cdots,8, \\ x_{i0} - 15v_i \leqslant x_i \leqslant x_{i0} + 15v_i, & i = 1,2,\cdots,8, \\ x_i \leqslant \sum_{j=1}^{10} r_{ij} y_{ij}, & i = 1,2,\cdots,8, \\ \sum_{i=1}^{8} x_i = 982.4, \\ |\hat{y}_k| \leqslant e_k, & k = 1,2,\cdots,6, \\ \hat{y}_k = a_{0k} + \sum_{i=1}^{8} a_{ik} x_i, & k = 1,2,\cdots,6, \\ y_{ij} = 0 \text{ 或 } 1, & i = 1,2,\cdots,8;j = 1,2,\cdots,10。 \end{cases} \quad (12.22)$$

利用 LINGO 软件求得阻塞费用为 4634.57 元,各机组出力方案为 $x_1 = 133.6964, x_2 = 80.9347, x_3 = 218.7689, x_4 = 80, x_5 = 145, x_6 = 110, x_7 = 74, x_8 = 140$。

对应各线路的潮流值为
$$y_1 = 165, y_2 = 149.5803, y_3 = -158.3124, y_4 = 128.15, y_5 = 132, y_6 = 157.1414。$$
由此可见,各线路潮流值都没有超过限值,说明这个数学规划模型可以很好解决该问题。

问题(4)全部计算的 LINGO 程序如下:

```
model:
sets:
```

```
num/1..9/;!回归系数的个数；
xianlu/1..6/:y0,e,yd,zd,yy;
link1(num,xianlu):a;!回归系数矩阵；
duan/1..10/;
jizu/1..8/:d0,x0,v,p,x;
link2(jizu,duan):c,r,y;
endsets
data:
d0 = 120   73   180   80   125   125   81.1   90;!当前出力；
v = 2.2   1   3.2   1.3   1.8   2   1.4   1.8;!爬坡速率；
c = @file(duanjia.txt);!读入段价数据；
r = @file(rongliang3.txt);!读入问题(3)中计算得到的累加容量矩阵数据；
a = @file(huigui.txt);!读入问题(1)中回归系数矩阵数据；
x0 = @file(chuli3.txt);!读入问题(3)中的出力数据；
e = 165   150   160   155   132   162;!各条线路潮流限值；
yd = 0.13   0.18   0.09   0.11   0.15   0.14;!安全裕度；
enddata
calc:
@for(xianlu(k):y0(k) = a(1,k) + @sum(jizu(i):a(i+1,k)*x0(i)));!计算问题(4)前面表格数据；
@for(xianlu:zd = (1 + yd)*e);!计算潮流的最大值；
endcalc
min = @sum(jizu:@abs((x - x0)*(p - 303)));
@for(jizu(i):@sum(duan(j):y(i,j)) = 1);
@for(jizu(i):p(i) = @sum(duan(j):c(i,j)*y(i,j)));
@for(jizu:x0 - 15*v <= x;x <= x0 + 15*v);
@for(jizu(i):x(i) <= @sum(duan(j):r(i,j)*y(i,j)));
@sum(jizu:x) = 982.4;
@for(xianlu(k):yy(k) = a(1,k) + @sum(jizu(i):a(i+1,k)*x(i)));
@for(xianlu:@free(yy);@abs(yy) <= e);
@for(link2:@bin(y));
end
```

注 12.5 在上面 LINGO 程序中一定要使用语句 @free(yy)，否则 LINGO 会得到没有可行解的错误结论。

12.5.7 问题(5)的模型

当负荷为 1052.8MV 时，用问题(3)类似的数学规划模型(12.21)，得到清算价 356 元，各机组的出力方案如表 12.35 所示。将此出力方案代入式(12.18)，计算各线路的有功潮流，得到结果如表 12.36 所示。

表 12.35 负荷 1052.8MW 时出力分配预案

机组	1	2	3	4	5	6	7	8
出力	150	81	228	99.5	135	150	92.3	117

表12.36 各线路有功潮流预测

线路	1	2	3	4	5	6
潮流限值	165	150	160	155	132	162
最大值	186.45	177	174.4	172.05	151.8	184.68
按式(12.18)预测	176.5634	141.3624	−157.6522	130.3193	134.2153	164.6597
是否阻塞	是	否	否	否	是	是

计算的 LINGO 程序如下：

```
model:
sets:
num/1..9/;!回归系数的个数;
xianlu/1..6/:yy;
duan/1..10/;
jizu/1..8/:d0,v,p,x;
link1(jizu,duan):c,r,y;
link2(num,xianlu):a;
endsets
data:
d0 = 120  73  180  80  125  125  81.1  90;!当前出力;
v = 2.2  1  3.2  1.3  1.8  2  1.4  1.8;!爬坡速率;
c = @file(duanjia.txt);!输入段价数据;
r = @file(rongliang3.txt);!输入累积容量数据;
a = @file(huigui.txt);
@text(chuli5.txt) = x;!把数据保存到纯文本文件,供下面使用;
enddata
min = pp;
@for(jizu(i):@sum(duan(j):c(i,j) * y(i,j)) <= pp);
@for(jizu(i):@sum(duan(j):y(i,j)) = 1);
@for(jizu(i):x(i) <= @sum(duan(j):r(i,j) * y(i,j)));
x(i) >= d0(i);x(i) <= d0(i) + 15 * v(i));
@sum(jizu:x) = 1052.8;
@for(link1:@bin(y));
@for(xianlu(k):yy(k) = a(1,k) + @sum(jizu(i):a(i+1,k) * x(i)));
@for(xianlu:@free(yy));
end
```

仍然是线路1、5、6超过限值,引起阻塞,需要调整,如果不利用安全裕度,则经过试算,不存在能消除阻塞的出力方案,因此必须利用安全裕度,线路在安全裕度下运行,存在安全隐患,为了安全起见,安全裕度的利用率应尽量小,在安全第一的前提下,尽可能找到使阻塞费用最小的调整方案。

用 $q_k(k=1,2,\cdots,6)$ 表示相对安全裕度,z_k 为安全裕度利用率,则各线路的潮流限值为

$$\hat{y}_k \leq e_k(1+q_k z_k), \quad k=1,2,\cdots,6。$$

$z_k = 1$ 表示全额利用相对安全裕度 q_k,此时虽然在相对安全裕度范围内,但已经到了极限状态,

一旦因负荷发生变化而引起潮流变化,很可能超出相对安全裕度,有较大风险,$z_k = 0.5$ 表示相对安全裕度的利用率为一半,仍留有一定安全裕度,z_k 越小越安全,把 $\min\limits_{1 \leq k \leq 6} \max\{z_k\}$ 作为调整的安全目标,在优化安全目标的前提下,尽可能找到使阻塞费用最小的调整方案,建立双目标规划模型如下:

$$\min \max_{1 \leq k \leq 6} \{z_k\},$$

$$\min Z = \sum_{i=1}^{8} |(x_i - x_{i0})(p_i - 356)|,$$

$$\text{s. t.} \begin{cases} \sum_{j=1}^{10} y_{ij} = 1, & i = 1, 2, \cdots, 8, \\ p_i = \sum_{j=1}^{10} c_{ij} y_{ij}, & i = 1, 2, \cdots, 8, \\ x_{i0} - 15v_i \leq x_i \leq x_{i0} + 15v_i, & i = 1, 2, \cdots, 8, \\ x_i \leq \sum_{j=1}^{10} r_{ij} y_{ij}, & i = 1, 2, \cdots, 8, \\ \sum_{i=1}^{8} x_i = 1052.8, \\ |\hat{y}_k| \leq e_k(1 + z_k q_k), & k = 1, 2, \cdots, 6, \\ \hat{y}_k = a_{0k} + \sum_{i=1}^{8} a_{ik} x_i, & k = 1, 2, \cdots, 6, \\ y_{ij} = 0 \text{ 或 } 1, & i = 1, 2, \cdots, 8; j = 1, 2, \cdots, 10_\circ \end{cases} \quad (12.23)$$

也可使用序贯解法求解上述模型,首先不考虑阻塞费用,把相对安全裕度的利用率最小作为单目标进行求解。使用 LINGO 软件求解时,类似于模型(12.20),对目标函数进行了线性化,得到最大 z_k 的最小值为 0.169178。

计算的 LINGO 程序如下:

```
model:
sets:
num/1..9/;!回归系数的个数;
xianlu/1..6/:yy,z,q,e;
duan/1..10/;
jizu/1..8/:x0,v,p,x;
link1(jizu,duan):c,r,y;
link2(num,xianlu):a;
endsets
data:
e = 165   150   160   155   132   162;!各条线路潮流限值;
q = 0.13   0.18   0.09   0.11   0.15   0.14;
v = 2.2   1   3.2   1.3   1.8   2   1.4   1.8;!爬坡速率;
c = @file(duanjia.txt);!输入段价数据;
r = @file(rongliang3.txt);!输入累积容量数据;
```

```
a = @file(huigui.txt);
x0 = @file(chuli5.txt);!把数据保存到纯文本文件,供下面使用;
enddata
min = zz;
@for(xianlu:z <= zz);
@for(jizu(i):@sum(duan(j):y(i,j)) = 1);
@for(jizu(i):p(i) = @sum(duan(j):c(i,j)*y(i,j)));
@for(jizu(i):x(i) <= @sum(duan(j):r(i,j)*y(i,j));
x(i) >= x0(i) - 15*v(i);x(i) <= x0(i) + 15*v(i));
@sum(jizu:x) = 1052.8;
@for(xianlu(k):yy(k) = a(1,k) + @sum(jizu(i):a(i+1,k)*x(i)));
@for(xianlu:@free(yy);@abs(yy) <= e*(1 + q*z));
@for(link1:@bin(y));
fy = @sum(jizu:@abs((x - x0)*(p - 356)));!计算阻塞费用;
end
```

然后限制相对裕度利用率 $z_k (k=1,2,\cdots,6)$ 不超过某个较少值,把阻塞费用最小作为目标函数,从不同方案中取折中,找出既安全又经济的调整方案。

取不同的利用率 $z_k (k=1,2,\cdots,6)$,利用 LINGO 软件求得的一些结果如表 12.37 ~ 表 12.47 所示。

表 12.37 不同相对裕度利用率下的阻塞管理费用

$\max\limits_{1 \le k \le 6}\{z_k\}$ 限制值	0.5	0.4	0.3	0.2	0.169178
阻塞管理费/元	98.58	932.65	2012.989	5762.282	9133.86

表 12.38 $z_k \le 0.5$ 且阻塞费最小的出力方案

机组	1	2	3	4	5	6	7	8
出力	150	81	240	99.5	135.0538	150	80.2462	117

表 12.39 $z_k \le 0.5$ 且阻塞费最小时各线路有功潮流

线路	1	2	3	4	5	6
潮流限值	165	150	160	155	132	162
调整后的有功潮流	175.725	141.5901	-159.4897	131.0284	133.4824	161.7192

表 12.40 $z_k \le 0.4$ 且阻塞费最小的出力方案

机组	1	2	3	4	5	6	7	8
出力	150	81	240	99.5	145	143.5057	71.3	122.4943

表 12.41 $z_k \le 0.4$ 且阻塞费最小时各线路有功潮流

线路	1	2	3	4	5	6
潮流限值	165	150	160	155	132	162
调整后的有功潮流	173.58	143.8919	-159.3454	129.9923	132.3607	160.6982

表 12.42　$z_k \leq 0.3$ 且阻塞费最小的出力方案

机组	1	2	3	4	5	6	7	8
出力	150	81	240	99.49998	145	126.0809	71.3	139.9192

表 12.43　$z_k \leq 0.3$ 且阻塞费最小时各线路有功潮流

线路	1	2	3	4	5	6
潮流限值	165	150	160	155	132	162
调整后的有功潮流	171.435	147.572	-162.8931	131.2225	130.9806	160.7104

表 12.44　$z_k \leq 0.2$ 且阻塞费最小的出力方案

机组	1	2	3	4	5	6	7	8
出力	150	83.54161	240	88.95839	155	120	71.3	144

表 12.45　$z_k \leq 0.2$ 且阻塞费最小时各线路有功潮流

线路	1	2	3	4	5	6
潮流限值	165	150	160	155	132	162
调整后的有功潮流	169.29	149.5004	-162.2198	131.3383	130.9138	160.0463

表 12.46　$z_k \leq 0.169178$ 且阻塞费最小的出力方案

机组	1	2	3	4	5	6	7	8
出力	148.9016	89	244.5984	80	155	120	71.3	144

表 12.47　$z_k \leq 0.169178$ 且阻塞费最小时各线路有功潮流

线路	1	2	3	4	5	6
潮流限值	165	150	160	155	132	162
调整后的有功潮流	168.6289	149.9585	-162.4362	131.945	132.3104	158.2626

综合衡量安全和经济两个指标，选择 $z_k \leq 0.4$，阻塞费用为 932.65 元，表 12.40 的方案比较适中。

$z_k \leq 0.169178 (k=1,2,\cdots,6)$ 时的 LINGO 计算程序如下：

model:
sets:
num/1..9/;!回归系数的个数;
xianlu/1..6/:yy,z,q,e;
duan/1..10/;
jizu/1..8/:x0,v,p,x;
link1(jizu,duan):c,r,y;
link2(num,xianlu):a;
endsets
data:
e=165　150　160　155　132　162;!各条线路潮流限值;

```
q = 0.13   0.18   0.09   0.11   0.15   0.14;
v = 2.2   1   3.2   1.3   1.8   2   1.4   1.8;!爬坡速率;
c = @file(duanjia.txt);!输入段价数据;
r = @file(rongliang3.txt);!输入累积容量数据;
a = @file(huigui.txt);
x0 = @file(chuli5.txt);!把数据保存到纯文本文件,供下面使用;
enddata
min = @sum(jizu:@abs((x - x0) * (p - 356)));
@for(xianlu:z <= 0.169178);
@for(jizu(i):@sum(duan(j):y(i,j)) = 1);
@for(jizu(i):p(i) = @sum(duan(j):c(i,j) * y(i,j)));
@for(jizu(i):x(i) <= @sum(duan(j):r(i,j) * y(i,j)));
x(i) >= x0(i) - 15 * v(i); x(i) <= x0(i) + 15 * v(i));
@sum(jizu:x) = 1052.8;
@for(xianlu(k):yy(k) = a(1,k) + @sum(jizu(i):a(i+1,k) * x(i))));
@for(xianlu:@free(yy);@abs(yy) <= e * (1 + q * z));
@for(link1:@bin(y));
end
```

12.6 抢渡长江

12.6.1 问题描述

2003年全国大学生数学建模竞赛D题。

"渡江"是武汉城市的一张名片。1934年9月9日,武汉警备旅官兵与体育界人士联手,在武汉第一次举办横渡长江游泳竞赛活动,起点为武昌汉阳门码头,终点设在汉口三北码头,全程约5000m。有44人参加横渡,40人达到终点,张学良将军特意向冠军获得者赠送了一块银盾,上书"力挽狂澜"。

2001年,"武汉抢渡长江挑战赛"重现江城。2002年,正式命名为"武汉国际抢渡长江挑战赛",于每年的5月1日进行。由于水情、水性的不可预测性,这种竞赛更富有挑战性和观赏性。

2002年5月1日,抢渡的起点设在武昌汉阳门码头,终点设在汉阳南岸嘴,江面宽约1160m。据报载,当日的平均水温16.8℃,江水的平均流速为1.89m/s。参赛的国内外选手共186人(其中专业人员将近1/2),仅34人到达终点,第一名的成绩为14min8s。除了气象条件外,大部分选手由于路线选择错误,被滚滚的江水冲到下游,而未能准确到达终点。

假设在竞渡区域两岸为平行直线,它们之间的垂直距离为1160m,从武昌汉阳门的正对岸到汉阳南岸嘴的距离为1000m,如图12.4所示。

请你们通过数学建模分析上述情况,并回答以下问题:
(1)假定在竞渡过程中游泳者的速度大小和方向不变,

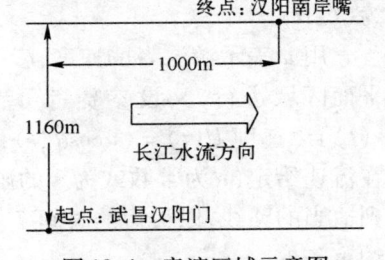

图12.4 竞渡区域示意图

且竞渡区域每点的流速均为 1.89m/s。试说明 2002 年第一名是沿着怎样的路线前进的,求他游泳速度的大小和方向。如何根据游泳者自己的速度选择游泳方向,试为一个速度能保持在 1.5m/s 的人选择游泳方向,并估计他的成绩。

(2) 在(1)的假设下,如果游泳者始终以和岸边垂直的方向游,他(她)们能否到达终点? 根据你们的数学模型说明为什么 1934 年和 2002 年能游到终点的人数的百分比有如此大的差别;给出能够成功到达终点的选手的条件。

(3) 若流速沿离岸边距离的分布为(设从武昌汉阳门垂直向上为 y 轴正向):

$$v(y) = \begin{cases} 1.47\text{m/s}, & 0\text{m} \leqslant y \leqslant 200\text{m}, \\ 2.11\text{m/s}, & 200\text{m} < y < 960\text{m}, \\ 1.47\text{m/s}, & 960\text{m} \leqslant y \leqslant 1160\text{m}。 \end{cases}$$

游泳者的速度大小(1.5m/s)仍全程保持不变,试为他选择游泳方向和路线,估计他的成绩。

(4) 若流速沿离岸边距离为连续分布,例如

$$v(y) = \begin{cases} \dfrac{2.28}{200}y, & 0 \leqslant y \leqslant 200, \\ 2.28, & 200 < y < 960, \\ \dfrac{2.28}{200}(1160 - y), & 960 \leqslant y \leqslant 1160。 \end{cases}$$

或你们认为合适的连续分布,如何处理这个问题。

(5) 用通俗的语言,给有意参加竞渡的游泳爱好者写一份竞渡策略的短文。

(6) 你们的模型还可能有什么其他的应用?

12.6.2 基本假设

(1) 不考虑风向、风速、水温等其他因素对游泳者的影响。
(2) 游泳者的游泳速度大小保持定值。
(3) 江岸是直线,两岸之间宽度为定值。
(4) 水流的速度方向始终与江岸一致,无弯曲、漩涡等现象。
(5) 将游泳者在长江水流中的运动看成质点在平面上的二维运动。

12.6.3 模型的建立与求解

1. 问题(1)

建立如图 12.5 所示的平面直角坐标系,渡江起点为坐标原点,x 轴与江岸重合,正方向与水流方向一致,终点 A 的坐标为 (L,H)。

用 u 表示游泳者的速度,v 表示水流速度。假设竞渡是在平面区域进行,又设参赛者可看成质点沿游泳路线 $(x(t), y(t))$ 以速度 $U(t) = (u\cos\theta(t), u\sin\theta(t))$ 前进。要求参赛者在流速给定(v 为常数或为 y 的函数)的情况下控制 $\theta(t)$,能找到适当的路线,以最短的时间 T 从起点游到终点。这是一个最优控制问题,即求满足下面的约束条件

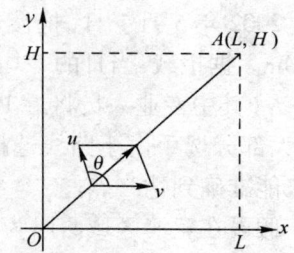

图 12.5 坐标系和速度合成

$$\begin{cases} \dfrac{dx}{dt} = u\cos\theta(t) + v, & x(0) = 0, \quad x(T) = L, \\ \dfrac{dy}{dt} = u\sin\theta(t), & y(0) = 0, \quad y(T) = H_\circ \end{cases}$$

设游泳者的速度大小和方向均不随时间变化,即 u,θ 都为常数,这里 θ 为游泳者和 x 轴正向间的夹角,当水流速度 v 也是常数时,游泳者的路线 $(x(t),y(t))$ 满足

$$\begin{cases} \dfrac{dx}{dt} = u\cos\theta + v, & x(0) = 0, \quad x(T) = L, \\ \dfrac{dy}{dt} = u\sin\theta, & y(0) = 0, \quad y(T) = H_\circ \end{cases} \tag{12.24}$$

式中: T 为到达终点的时刻。

如果式(12.24)有解,则

$$\begin{cases} x(t) = (u\cos\theta + v)t, & L = (u\cos\theta + v)T, \\ y(t) = (u\sin\theta)t, & H = (u\sin\theta)T_\circ \end{cases}$$

即游泳者的路径一定是连接起点、终点的直线,且

$$T = \frac{L}{u\cos\theta + v} = \frac{H}{u\sin\theta} = \frac{H}{u\sqrt{1-\cos^2\theta}}_\circ \tag{12.25}$$

由式(12.25),化简得

$$(L^2 + H^2)u^2\cos^2\theta + 2H^2uv\cos\theta + (H^2v^2 - L^2u^2) = 0, \tag{12.26}$$

解得

$$\cos\theta = \frac{-H^2v \pm L\sqrt{(H^2+L^2)u^2 - H^2v^2}}{(H^2+L^2)u}_\circ \tag{12.27}$$

$\cos\theta$ 有实根的条件为

$$\Delta = (H^2 + L^2)u^2 - H^2v^2 \geq 0,$$

即

$$u \geq v\frac{H}{\sqrt{H^2+L^2}}_\circ \tag{12.28}$$

即只有在 u 满足式(12.28)时才有可能游到终点。在式(12.27)中, $\cos\theta$ 可能有两个值或一个值,当 L,H,u,v 为给定的常数时,为了使式(12.25)中的 T 值达到最小, $\cos\theta$ 要取最大的值,即

$$\cos\theta = \frac{-H^2v + L\sqrt{(H^2+L^2)u^2 - H^2v^2}}{(H^2+L^2)u}_\circ \tag{12.29}$$

把式(12.29)代入式(12.25),得到达终点的时间

$$T = \frac{H^2 + L^2}{Lv + \sqrt{L^2u^2 + H^2(u^2-v^2)}}_\circ \tag{12.30}$$

(1) 将 $T = 14\min 8s = 848s, H = 1160m, L = 1000m, v = 1.89m/s$ 代入式(12.30),可以计算出 $u = 1.54154m/s$,再由式(12.29)计算出 $\theta = 117.4558°$。即第一名的游泳速度大小为 $u = 1.5416m/s$,方向角 $\theta = 117.4558°$。

(2) 把 $H = 1160m, L = 1000m, v = 1.89m/s, u = 1.5m/s$ 代入式(12.29),计算得到角度 $\theta = 121.8548°$,由式(12.30)计算得到 $T = 910.4595s$。

(3) 灵敏度分析。对于2002年第一名的游泳者,如果 $\theta = 123°$,则 $L = 989.4m$,在终点的

上方,还可以游到终点。

如果 $\theta = 121°$,则 $L = 1008.2\text{m}$,已经到下游了,不过在未到终点前,如果能看到终点目标,那么还是可以设法游到终点的。这说明游泳的方向对能否到达终点还是相当敏感的。因此应当尽量使 $\theta > 122$。

计算(1)和(2)的 LINGO 程序如下:

```
model:
data:
H = 1160; L = 1000;
enddata
submodel fangcheng:
1/T = ( L * v + @sqrt( L^2 * u^2 + H^2 * ( u^2 - v^2 ) ) )/( H^2 + L^2 );
L/( u * @cos( theta ) + v ) = H/( u * @sin( theta ) );
endsubmodel
calc:
v = 1.89; T = 848;
@solve( fangcheng );
theta1 = theta * 180/@pi( );
@write( 'u = ', @format( u, '8.5f' ), @newline( 1 ) );
@write( 'theta1 = ', @format( theta1, '10.5f' ), @newline( 1 ) );!注意 LINGO 输出滞后,必须使用 write 输出;
u = 1.5; @release( T ); @release( theta );!释放 T 和 theta,使得在 @SOLVE 调用中重新被计算;
@solve( fangcheng );
theta2 = theta * 180/@pi( );
@write( 'T = ', @format( T, '10.5f' ), @newline( 1 ) );
@write( 'theta2 = ', @format( theta2, '10.5f' ), @newline( 1 ) );
endcalc
end
```

注 12.6 上述 LINGO 程序必须在 LINGO12 下运行。

计算灵敏度(3)的 LINGO 程序如下:

```
model:
data:
H = 1160; v = 1.89; u = 1.5;
enddata
calc:
theta1 = 123; theta1 = theta1 * 3.14159265/180;
L1 = H/( u * @sin( theta1 ) ) * ( u * @cos( theta1 ) + v );
theta2 = 121; theta2 = theta2 * 3.14159265/180;
L2 = H/( u * @sin( theta2 ) ) * ( u * @cos( theta2 ) + v );
endcalc
end
```

2. 问题(2)

游泳者始终以和岸边垂直的方向(y 轴正向)游,即 $\theta = 90°$。由式(12.25)得

$$T = \frac{L}{v}, \quad u = \frac{H}{T},$$

计算得到 $T=529.1\text{s}, u=2.19\text{m/s}$。游泳者速度不可能这么快,因此永远游不到终点,而是被冲到终点的下游。

注12.7 男子1500m自由泳世界纪录为14min41s66,其平均速度为1.7m/s。

式(12.28)给出能够成功到达终点的选手的速度。1934年竞渡的全程为5000m,垂直距离认为 $H=1160\text{m}$,则 $L=4863.6\text{m}$,仍设 $v=1.89\text{m/s}$,则游泳者的速度只要满足 $u \geq 0.4385\text{m/s}$,就可以选到合适的角度游到终点,即使游5000m,很多人也可以做到。

对于2002年的数据,$H=1160\text{m}, L=1000\text{m}, v=1.89\text{m/s}$,需要 $u \geq 1.4315\text{m/s}$。

1934年和2002年能游到终点的人数的百分比有如此大的差别的主要原因在于,1934年竞渡的路线长于2002年竞渡的路线,其 L 大得多,对游泳者的速度要求低,很多选手能够达到。2002年的 L 只有1000m,虽然路程短,但对选手的速度要求高,有些选手的速度达不到该最低要求,还有些选手的游泳路径选择不当,速度的方向没有把握住,被水流冲过终点,而一旦冲过头,游泳速度还没有水流大,因而无力游回,只能眼看冲过终点而无可奈何。此外,2002年的气象条件较为不利,风大浪急,水流速度大,这些不利条件降低了选手的成功率。

3. 问题(3)

由于流速沿岸边分三段分布,且题目中假设人的速度大小不变,可以假设在每一段人的速度为一个不同的方向,它们的方向与岸的夹角分别为 $\theta_1, \theta_2, \theta_3$,人游过三段的时间分别为 t_1, t_2, t_3,总时间为 $T=t_1+t_2+t_3$。

H 分为三段 $H=H_1+H_2+H_3, H_1=H_3=200, H_2=760$,第一段和第三段的水流速度相等,$v_1=v_3=1.47\text{m/s}$,第二段的水流速度 $v_2=2.11\text{m/s}$。游泳者的速度仍为 $u=1.5\text{m/s}$。

建立如下的数学规划模型:

$$\min T = t_1+t_2+t_3,$$

$$\text{s.t.} \begin{cases} ut_i\sin\theta_i = H_i, & i=1,2,3, \\ (u\cos\theta_i+v_i)t_i = L_i, & i=1,2,3, \\ \sum_{i=1}^{3} L_i = 1000, \\ \frac{\pi}{2} \leq \theta_i \leq \pi, & i=1,2,3. \end{cases}$$

利用LINGO软件求得 $\theta_1=\theta_3=126.0562, \theta_2=118.0628, T$ 的最小值为904.0228。

计算的LINGO程序如下:

```
model:
sets:
num/1..3/:t,H,v,L,th,degree;
endsets
data:
H = 200   760   200;
v = 1.47   2.11   1.47;
u = 1.5;
enddata
```

```
min = @sum(num(i):t(i));
@for(num(i):u*@sin(th(i))*t(i) = H(i));
@for(num(i):(u*@cos(th(i))+v(i))*t(i) = L(i));
@sum(num(i):L(i)) = 1000;
@for(num:@bnd(1.570795,th,3.14159));
@for(num:degree = 180*th/3.14159);
end
```

4. 水流速度连续变化模型

当水流随着其与岸边的垂直距离 y 连续变化时记为 $v(y)$, 如题中假设

$$v(y) = \begin{cases} \dfrac{2.28}{200}y, & 0 \leqslant y \leqslant 200, \\ 2.28, & 200 < y < 960, \\ \dfrac{2.28}{200}(1160-y), & 960 \leqslant y \leqslant 1160_\circ \end{cases}$$

对于 $v(y)$ 为连续变化的情形,将江宽 $[0,H]$ 分成 n 等份,分点为 $0 < y_0 < y_1 < \cdots < y_n = H$, 记步长 $d = H/n$。当 n 比较大时,区域 $[y_{i-1},y_i]$ 内的流速可视为常数,记为 v_i。在每个小区间 $[y_{i-1},y_i](i=1,2,\cdots,n)$,即小区间 $[(i-1)d,id]$ 上的流速取为该小区间中点的流速,因而取 $v_i = v\left(id - \dfrac{1}{2}d\right)$,其中

$$v_i = \begin{cases} \dfrac{2.28}{200}\left(id - \dfrac{1}{2}d\right), & 1 \leqslant i \leqslant \dfrac{200}{d}, \\ 2.28, & \dfrac{200}{d}+1 \leqslant i \leqslant \dfrac{960}{d}, \\ \dfrac{2.28}{200}\left(1160 - id + \dfrac{1}{2}d\right), & \dfrac{960}{d}+1 \leqslant i \leqslant \dfrac{1160}{d}_\circ \end{cases}$$

在每个小区间上游泳角度分别为 $\theta_i(i=1,2,\cdots,n)$。类似于问题(3),可以建立如下的数学规划模型:

$$\min \sum_{i=1}^{1160/d} t_i,$$

$$\text{s.t.} \begin{cases} ut_i\sin\theta_i = d, & 1 \leqslant i \leqslant 1160/d, \\ \sum_{i=1}^{1160/d} t_i(u\cos\theta_i + v_i) = 1000, \\ \dfrac{\pi}{2} \leqslant \theta_i \leqslant \pi, & 1 \leqslant i \leqslant 1160/d_\circ \end{cases}$$

取步长 $d = 5\text{m}$ 时,把江宽 $H = 1160\text{m}$ 分成 $n = 232$ 等份。利用 LINGO 软件求得,全程最少时间为 $T = 881.7263$。

求解数学规划问题的 Lingo 程序如下:

```
model:
data:
n=232;u=1.5;H=1160;L=1000;
enddata
sets:
```

```
num/1..n/:t,v,th,degree;
endsets
calc:
d = H/232;i1 = 200/d;i2 = 960/d;i3 = 1160/d;
@for(num(i)|i#le#i1:v(i) = 2.28/200 * (i * d - 1/2 * d));
@for(num(i)|i#gt#i1 #and# i#le#960/d:v(i) = 2.28);
@for(num(i)|i#gt#960/d:v(i) = 2.28/200 * (1160 - i * d + 1/2 * d));
endcalc
min = @sum(num(i):t(i));
@for(num(i):u * @sin(th(i)) * t(i) = d);
@sum(num(i):(u * @cos(th(i)) + v(i)) * t(i)) = L);
@for(num:@bnd(1.570795,th,3.14159));
@for(num:degree = 180 * th/3.14159);
end
```

5. 竞渡策略短文

从古到今,无论是在人们的日常生活中还是在经济生活中,策略都占据着举足轻重的地位。好的策略是成功的开始。俗话说"知己知彼,百战不殆"。一个好的策略来源于对环境的充分了解,对一名渡江选手来说也不例外。因此,要实现成功渡江,选手首先必须要做的事是:知己=了解自身的游泳速度,知彼=明确当天比赛时水流的速度+比赛全程。面对不同的水流速度和比赛路线,并受自身游泳速度大小的限制,选手应及时调整游泳的方向。

一个选手要获得最好的成绩就是要在最短时间内恰好到达终点。首先,选手的游泳速度与水流速度的比值要大于等于游泳区域的宽度与游泳距离的比值时才能游到终点,否则的话,会被水流冲走,无法游到终点的。其次,必须适当选择游泳方向,否则选手将会被水流冲到终点的下游。

6. 模型的推广

本文建立模型的方法和思想,不但能指导竞渡者在竞渡比赛中如何以最短的时间游到终点,而且对其他一些水上的竞赛也具有参考意义,如皮划艇比赛和飞机降落的分析等问题。此外,还能对一些远洋航行的船只的路线规划问题给予指导,使船只能在最短的时间内到达目的地。

12.7 公务员招聘

12.7.1 问题描述

2004年全国大学生数学建模竞赛D题。

我国公务员制度已实施多年,1993年10月1日颁布施行的《国家公务员暂行条例》规定:"国家行政机关录用担任主任科员以下的非领导职务的国家公务员,采用公开考试、严格考核的办法,按照德才兼备的标准择优录用。"目前,我国招聘公务员的程序一般分三步进行:公开考试(笔试)、面试考核、择优录取。

现有某市直属单位因工作需要,拟向社会公开招聘8名公务员,具体的招聘办法和程序如下:

(1)公开考试:凡是年龄不超过30周岁,大学专科以上学历,身体健康者均可报名参加考试,考试科目有:综合基础知识、专业知识和"行政职业能力测验"三个部分,每科满分为100

分。根据考试总分的高低排序按 1:2 的比例(共 16 人)选择进入第二阶段的面试考核。

（2）面试考核：面试考核主要考核应聘人员的知识面、对问题的理解能力、应变能力、表达能力等综合素质。按照一定的标准，面试专家组对每个应聘人员的各个方面都给出一个等级评分，从高到低分成 A/B/C/D 四个等级，具体结果如表 12.48 所示。

表 12.48　招聘公务员笔试成绩，专家面试评分及个人志愿

应聘人员	笔试成绩	申报类别志愿		专家组对应聘者特长的等级评分			
				知识面	理解能力	应变能力	表达能力
人员 1	290	(2)	(3)	A	A	B	B
人员 2	288	(3)	(1)	A	B	A	C
人员 3	288	(1)	(2)	B	A	D	C
人员 4	285	(4)	(3)	A	B	B	B
人员 5	283	(3)	(2)	B	A	B	C
人员 6	283	(3)	(4)	B	D	B	B
人员 7	280	(4)	(1)	A	B	C	B
人员 8	280	(2)	(4)	B	A	A	B
人员 9	280	(1)	(3)	B	B	B	B
人员 10	280	(3)	(1)	D	B	A	C
人员 11	278	(4)	(1)	D	C	B	A
人员 12	277	(3)	(4)	A	B	C	A
人员 13	275	(2)	(1)	B	B	D	A
人员 14	275	(1)	(3)	D	B	B	B
人员 15	274	(1)	(4)	B	B	C	B
人员 16	273	(4)	(1)	B	A	B	C

（3）由招聘领导小组综合专家组的意见、笔初试成绩以及各用人部门需求确定录用名单，并分配到各用人部门。

该单位拟将录用的 8 名公务员安排到所属的 7 个部门，并且要求每个部门至少安排一名公务员。这 7 个部门按工作性质可分为四类，即行政管理、技术管理、行政执法、公共事业，如表 12.49 所示。

表 12.49　用人部门的基本情况及对公务员的期望要求

用人部门	工作类别	各用人部门的基本情况					各部门对公务员特长的希望达到的要求			
		福利待遇	工作条件	劳动强度	晋升机会	深造机会	知识面	理解能力	应变能力	表达能力
部门 1	(1)	优	优	中	多	少	B	A	C	A
部门 2	(2)	中	优	大	多	少	A	B	B	C
部门 3	(2)	中	优	中	少	多	A	B	B	C
部门 4	(3)	优	差	大	多	多	C	C	A	A
部门 5	(3)	优	中	中	中	中	C	C	A	A
部门 6	(4)	中	中	中	中	多	C	B	B	A
部门 7	(4)	优	中	大	少	多	C	B	B	A

招聘领导小组在确定录用名单的过程中,本着公平、公开的原则,同时考虑录用人员的合理分配和使用,有利于发挥个人的特长和能力。招聘领导小组将7个用人单位的基本情况(包括福利待遇、工作条件、劳动强度、晋升机会和学习深造机会等)和四类工作对聘用公务员的具体条件的希望达到的要求都向所有应聘人员公布(表12.49)。每一位参加面试人员都可以申报两个自己的工作类别志愿(表12.48)。请研究下列问题:

(1) 如果不考虑应聘人员的意愿,择优按需录用,试帮助招聘领导小组设计一种录用分配方案。

(2) 在考虑应聘人员意愿和用人部门的希望要求的情况下,请你帮助招聘领导小组设计一种分配方案。

(3) 你的方法对于一般情况,即 N 个应聘人员 M 个用人单位时,是否可行?

(4) 你认为上述招聘公务员过程还有哪些地方值得改进?给出你的建议。

12.7.2 问题的背景与分析

目前,随着改革开放的不断深入和《国家公务员暂行条例》的颁布实施,几乎所有的国家机关和各省、市政府机关,以及公共事业单位等都公开面向社会招聘公务员或工作人员。尤其是面向大中专院校的毕业生招聘活动非常普遍。一般都是采取"初试+复试+面试"的择优录取方法,特别是根据用人单位的工作性质,复试和面试在招聘录取工作中占有突出的地位。同时注意到,为了提高公务员队伍素质和水平,虽然学历是反映一个人素质和水平的一个方面,但也不能完全反映一个人的综合能力。对每个人来说,一般都各有所长,为此,如何针对应聘人员的基本素质、个人的特长和兴趣爱好,择优录用一些综合素质好、综合能力强、热爱本职工作、有专业特长的专门人才充实公务员队伍,把好人才的入口关,在现实工作中是非常值得研究的问题。

在招聘公务员的复试过程中,如何综合专家组的意见、应聘者的不同条件和用人部门的需求做出合理的录用分配方案,是首先需要解决的问题。当然,"多数原则"是常用的一种方法,但是,在这个问题上"多数原则"未必一定是"最好"的,因为这里有一个共性和个性的关系问题,不同的人有不同的看法和选择,怎么选择,如何兼顾考虑各方面的意见是值得研究的问题。

对于问题(1):在不考虑应聘人员的个人意愿的情况下,择优按需录用8名公务员。"择优"就是综合考虑所有应聘者的初试和复试的成绩来选优;"按需"就是根据用人部门的需求,即各用人部门对应聘人员的要求和评价来选择录用。而这里复试成绩没有明确给定具体分数,仅仅是专家组给出的主观评价分,为此,首先应根据专家组的评价给出一个复试分数,然后,综合考虑初试、复试分数和用人部门的评价来确定录取名单,并按需分配给各用人部门。

对于问题(2):在充分考虑应聘人员的个人意愿的情况下,择优录用8名公务员,并按需求分配给7个用人部门。公务员和用人部门的基本情况都是透明的,在双方都是相互了解的前提下为双方做出选择方案。事实上,每一个部门对所需人才都有一个期望要求,即可以认为每一个部门对每一个要聘用的公务员都有一个实际的"满意度";同样的,每一个公务员根据自己意愿对各部门也都有一个期望"满意度",由此根据双方的"满意度",来选取使双方"满意度"最大的录用分配方案。

对于问题(3),是问题(1)和问题(2)的方法在一般情况的直接推广。

12.7.3 模型的假设与符号说明

1. 模型的假设

（1）专家组对应聘者的评价是公正的。
（2）题中所给各部门和应聘者的相关数据都是透明的，即双方都知道。
（3）应聘者的 4 项特长指标在综合评价中的地位是等同的。
（4）用人部门的五项基本条件对公务员的影响地位是同等的。

2. 符号说明

a_i 表示第 i 个应聘者的初试得分；b_i 表示第 i 个应聘者的复试得分；c_i 表示第 i 个应聘者的最后综合得分；s_{ij} 表示第 j 个部门对第 i 个应聘者的综合满意度；t_{ij} 表示第 i 个应聘者对第 j 个部门的综合满意度；st_{ij} 表示第 i 个应聘者与第 j 个部门的相互综合满意度；其中 $i=1,2,\cdots,16$；$j=1,2,\cdots,7$。

12.7.4 模型的准备

1. 应聘者复试成绩的量化

首先，对专家组所给出的每一个应聘者 4 项条件的评分进行量化处理，从而给出每个应聘者的复试得分。注意到，专家组对应聘者的 4 项条件评分为 A,B,C,D 四个等级，不妨设相应的评语集为｛很好，好，一般，差｝，对应的数值为 5,4,3,2。根据实际情况取模糊数学中的偏大型柯西分布隶属函数

$$f(x) = \begin{cases} [1 + \alpha(x-\beta)^{-2}]^{-1}, & 2 \leqslant x \leqslant 3, \\ a\ln x + b, & 3 \leqslant x \leqslant 5, \end{cases} \quad (12.31)$$

式中：α,β,a,b 为待定常数。

实际上，当评价为"很好"时，则隶属度为 1，即 $f(5)=1$；当评价为"一般"时，则隶属度为 0.8，即 $f(3)=0.8$；当评价为"差"时，则认为隶属度为 0.55，即 $f(2)=0.55$。于是，可以确定出 $\alpha=1.249913,\beta=0.7640101,a=0.391523,b=0.369868$。将其代入式（12.31），得隶属函数为

$$f(x) = \begin{cases} [1 + 1.249913(x-0.7640101)^{-2}]^{-1}, & 2 \leqslant x \leqslant 3, \\ 0.391523\ln x + 0.369868, & 3 \leqslant x \leqslant 5, \end{cases}$$

其图形如图 12.6 所示。

经计算得 $f(4)=0.9126$，则专家组对应聘者各单项指标的评价｛A,B,C,D｝=｛很好，好，一般，差｝的量化值为｛1,0.9126,0.8,0.55｝。依据表 12.48 的数据可以得到专家组对每一个应聘者的 4 项条件的评价指标值。例如，专家组对第 1 个应聘者的评价为（A,A,B,B），则其指标量化值为（1,1,0.9126,0.9126）。专家组对于 16 个应聘者都有相应的评价量化值，即得到一个评价矩阵，记为 $R=(r_{ij})_{16\times 4}$。由假设（3），应聘者的

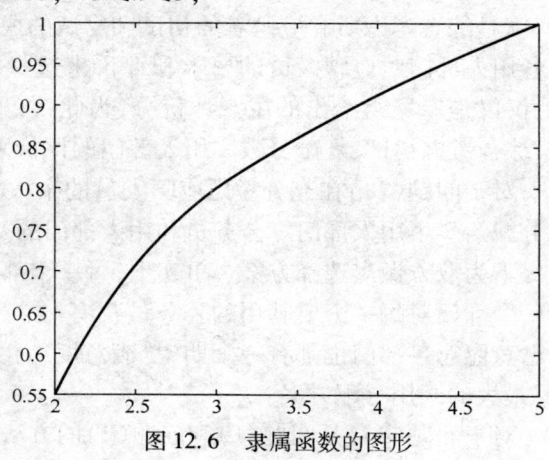

图 12.6 隶属函数的图形

4 项条件在综合评价中的地位是同等的,则 16 个应聘者的综合复试得分可以表示为

$$b_i = \frac{1}{4}\sum_{j=1}^{4} r_{ij} (i = 1,2,\cdots,16)。$$

经计算,16 名应聘者的复试分数如表 12.50 所示。

表 12.50 应聘者的综合复试成绩

应聘者	1	2	3	4	5	6	7	8
复试分数	0.9563	0.9282	0.8157	0.9345	0.9063	0.8438	0.9063	0.9282
应聘者	9	10	11	12	13	14	15	16
复试分数	0.9345	0.8157	0.8157	0.9282	0.8157	0.8438	0.9063	0.9063

计算的 LINGO 程序如下:

```
model:
sets:
num/1..16/:bb;
item/1..4/;
link1(num,item):d,r;
depart/1..7/;
endsets
data:
d = @file(Ldata1271.txt);!读入复试成绩,其中 A,B,C,D 分别替换为 5,4,3,2;
@text(Ldata1275.txt) = bb;!把复试综合分数保存起来供下面使用;
enddata
submodel canshu:
(1 + alpha * (3 - beta)^(-2))^(-1) = 0.8;
(1 + alpha * (2 - beta)^(-2))^(-1) = 0.55;
a * @log(5) + b = 1;
a * @log(3) + b = 0.8;
@free(a);@free(b);
endsubmodel
calc:
@solve(canshu);
f4 = a * @log(4) + b;
@write('f4 =',@format(f4,'6.4f'),@newline(1));
@for(link1:@ifc(d#ge#2 #and# d#le#3:r = (1 + alpha * (d - beta)^(-2))^(-1);
@else r = a * @log(d) + b));
@for(num(i):bb(i) = @sum(item(j):r(i,j))/4);
@write('复试综合分数如下:',@newline(1));
@writefor(num:@format(bb,'9.4f'));@write(@newline(1));
@solve();!LINGO 输出滞后,不加该语句,bb 没有真正输出到 Ldata1275.txt 中;
endcalc
end
```

2. 初试分数与复试分数的规范化

为了便于将初试分数与复试分数做统一的比较,首先分别用极差规范化方法作相应的规范化处理。初试得分的规范化:

$$\tilde{a}_i = \frac{a_i - \min\limits_{1 \leq i \leq 16} a_i}{\max\limits_{1 \leq i \leq 16} a_i - \min\limits_{1 \leq i \leq 16} a_i} = \frac{a_i - 273}{290 - 273}, \quad i = 1, 2, \cdots, 16。$$

复试得分的规范化:

$$\tilde{b}_i = \frac{b_i - \min\limits_{1 \leq i \leq 16} b_i}{\max\limits_{1 \leq i \leq 16} b_i - \min\limits_{1 \leq i \leq 16} b_i} = \frac{b_i - 0.8157}{0.9563 - 0.8157}, \quad i = 1, 2, \cdots, 16。$$

经计算可以得到具体的结果。

3. 确定应聘人员的综合分数

不同的用人单位对待初试和复试成绩的重视程序可能会不同,在这里用参数 $\alpha (0 < \alpha < 1)$ 表示用人单位对初试成绩的重视程度的差异,即取初试分数和复试分数的加权和作为应聘者的综合分数,则第 i 个应聘者的综合分数为

$$c_i = \alpha \tilde{a}_i + (1 - \alpha) \tilde{b}_i, \quad 0 < \alpha < 1;\ i = 1, 2, \cdots, 16。$$

由实际数据,取适当的参数 $\alpha (0 < \alpha < 1)$ 可以计算出每一个应聘者的最后综合得分,根据实际需要可以分别对 $\alpha = 0.4, 0.5, 0.6, 0.7$ 来计算。在这里不妨取 $\alpha = 0.5$,则可以得到 16 名应聘人员的综合得分及排序,如表 12.51 所示。

表 12.51 应聘者的综合得分及排序

应聘者	1	2	3	4	5	6	7	8
综合分数	1.0000	0.8411	0.4412	0.7753	0.6164	0.3942	0.5281	0.6058
排序	1	2	9	3	5	10	7	6
应聘者	9	10	11	12	13	14	15	16
综合分数	0.6282	0.2059	0.1471	0.5176	0.0588	0.1589	0.3517	0.3223
排序	4	13	15	8	16	14	11	12

计算的 LINGO 程序如下:

```
model:
sets:
num/1..16/:a,b,ab,bb,c,d,rankc;
item/1..4/;
link1(num,item);
depart/1..7/;
endsets
data:
a = @file(Ldata1272.txt);!读入初试成绩;
b = @file(Ldata1275.txt);!读入复试综合分数;
@text(Ldata1276.txt) = c;!输出综合得分,供下面使用;
enddata
calc:
```

```
da = @max(num:a);!求初试成绩的最大值;
xa = @min(num:a);!求初试成绩的最小值;
db = @max(num:b); xb = @min(num:b);
@for(num:ab = (a - xa)/(da - xa));!初试成绩数据规范化;
@for(num:bb = (b - xb)/(db - xb));!复试综合分数规范化;
@for(num:c = (ab + bb)/2; d = -c);!计算综合得分;
rankc = @rank(d);!求从大到小排序位置;
endcalc
end
```

12.7.5 模型的建立与求解

问题(1)

首先注意到,作为用人单位一般不会太看重应聘人员之间初试分数的少量差异,可能更注重应聘者的特长,因此,用人单位评价一个应聘者主要依据4个方面的特长。根据每个用人部门的期望要求条件和每个应聘者的实际条件(专家组的评价)的差异,则每个用人部门客观地对每个应聘者都存在一个相应的评价指标,或称为"满意度"。

从心里学的角度来分析,每一个用人部门对应聘者的每一项指标都有一个期望"满意度",即反映用人部门对某项指标的要求与应聘者实际水平差异的程度。通常认为用人部门对应聘者的某项指标的满意程序可以分为"很不满意、不满意、不太满意、基本满意、比较满意、满意、很满意"7个等级,即构成了评语集 $V = \{v_1, v_2, \cdots, v_7\}$,并赋相应的数值 $1, 2, \cdots, 7$。

当应聘者的某项指标等级与用人部门相应的要求一致时,则认为用人部门为基本满意,即满意程度为 v_4;当应聘者的某项指标等级比用人部门相应的要求高一级时,则用人部门的满意度上升一级,即满意程度为 v_5;当应聘者的某项指标等级与用人部门相应的要求低一阶时,则用人部门的满意度下降一级,即满意程度为 v_3;依次类推,则可以得到用人部门对应聘者的满意程序的关系如表12.52所示。由此可以计算出每一个用人部门对每一个应聘者各项指标的满意程序。例如,专家组对应聘者1的评价指标集为$\{A, A, B, B\}$,部门1的期望要求指标集为$\{B, A, C, A\}$,则部门1对应聘者1的满意程序为$[v_5, v_4, v_5, v_3]$。

表12.52 满意程序关系表

		应聘者指标等级			
		A	B	C	D
用人部门要求等级	A	v_4	v_3	v_2	v_1
	B	v_5	v_4	v_3	v_2
	C	v_6	v_5	v_4	v_3
	D	v_7	v_6	v_5	v_4

为了得到"满意度"的量化指标,注意到,人们对不满意程序的敏感远远大于对满意程度的敏感,即用人部门对应聘者的满意程度降低一级可能导致用人部门极大的抱怨,但对满意程度增加一级只能引起满意程度的少量增长。根据这样一个基本事实,则可以取近似的偏大型柯西分布隶属函数

$$f(x) = \begin{cases} [1 + \alpha(x - \beta)^{-2}]^{-1}, & 1 \leq x \leq 4, \\ a\ln x + b, & 4 \leq x \leq 7, \end{cases}$$

式中：α,β,a,b 为待定常数。

实际上，当"很满意"时，则"满意度"的量化值为 1，即 $f(7)=1$；当"基本满意"时，则"满意度"的量化值为 0.8，即 $f(4)=0.8$；当"很不满意"时，则"满意度"的量化值为 0.1，即 $f(1)=0.1$。于是，可以确定出 $\alpha=3.24,\beta=0.4,a=0.3574,b=0.3046$。故

$$f(x)=\begin{cases}[1+3.24(x-0.4)^{-2}]^{-1}, & 1\leq x\leq 4,\\ 0.3574\ln x+0.3046, & 4\leq x\leq 7。\end{cases}$$

经计算得 $f(2)=0.4414, f(3)=0.676, f(5)=0.8797, f(6)=0.9449$，则用人部门对应聘者各单项指标的评语集 $\{v_1,v_2,v_3,v_4,v_5,v_6,v_7\}$ 的量化值为 $\{0.1,0.4414,0.676,0.8,0.8797,0.9449,1\}$。根据专家组对 16 名应聘者的 4 项特长评分（表 12.48）和 7 个部门的期望要求（表 12.49），则可以分别计算出第 j 个部门对第 i 个应聘者的各单项指标的满意度的量化值，分别记为

$$[s_{ij}^{(1)},s_{ij}^{(2)},s_{ij}^{(3)},s_{ij}^{(4)}], \quad i=1,2,\cdots,16;j=1,2,\cdots,7。$$

例如，用人部门 1 对应聘人员 1 的单项指标的满意程度为 $[v_5,v_4,v_5,v_3]$，其量化值为

$$[s_{11}^{(1)},s_{11}^{(2)},s_{11}^{(3)},s_{11}^{(4)}]=[0.8797,0.8,0.8797,0.676]。$$

由假设(3)，应聘者的 4 项特长指标在用人部门对应聘者的综合评价中有同等的地位，为此可取第 j 个部门对第 i 个应聘者的综合评分为

$$s_{ij}=\frac{1}{4}\sum_{k=1}^{4}s_{ij}^{(k)}, \quad i=1,2,\cdots,16;j=1,2,\cdots,7。 \quad (12.32)$$

具体计算结果如表 12.53 所示。

表 12.53 各用人部门对应聘者的综合评分

		用人部门						
		1	2	3	4	5	6	7
应聘者	1	0.8089	0.8399	0.8399	0.8105	0.8105	0.8252	0.8252
	2	0.7355	0.8199	0.8199	0.7665	0.7665	0.7665	0.7665
	3	0.6793	0.6993	0.6993	0.5915	0.5915	0.6606	0.6606
	4	0.7779	0.8199	0.8199	0.7942	0.7942	0.8052	0.8052
	5	0.7303	0.7889	0.7889	0.7355	0.7355	0.7502	0.7502
	6	0.6302	0.7192	0.7192	0.7579	0.7579	0.7192	0.7192
	7	0.7579	0.7889	0.7889	0.7355	0.7355	0.7742	0.7742
	8	0.7466	0.8089	0.8089	0.7665	0.7665	0.7702	0.7702
	9	0.7742	0.8089	0.8089	0.8089	0.8089	0.8089	0.8089
	10	0.6259	0.6449	0.6449	0.6993	0.6993	0.6993	0.6993
	11	0.6406	0.6302	0.6302	0.7380	0.7380	0.7380	0.7380
	12	0.7889	0.8052	0.8052	0.7665	0.7665	0.8052	0.8052
	13	0.6793	0.6846	0.6846	0.6449	0.6449	0.6993	0.6993
	14	0.6846	0.6649	0.6649	0.7579	0.7579	0.7579	0.7579
	15	0.7579	0.7889	0.7889	0.7355	0.7355	0.7742	0.7742
	16	0.7303	0.7889	0.7889	0.7355	0.7355	0.7502	0.7502

第12章 数学建模中的应用实例

根据"择优按需录用"的原则确定录用分配方案。"择优"就是选择综合分数较高者,"按需"就是录取分配方案使得用人单位的评分尽量高。为此,建立如下的 0-1 整数规划模型求录取及分配方案。

引进 0-1 变量

$$x_{ij} = \begin{cases} 1, & \text{第}j\text{个部门录用第}i\text{个招聘者}, \\ 0, & \text{第}j\text{个部门不录用第}i\text{个招聘者}, \end{cases} \quad i=1,2,\cdots,16; j=1,2,\cdots,7。$$

建立如下的 0-1 整数规划模型:

$$\max z = \sum_{i=1}^{16} \sum_{j=1}^{7} (c_i + s_{ij}) x_{ij}$$

$$\text{s.t.} \begin{cases} \sum_{i=1}^{16} \sum_{j=1}^{7} x_{ij} = 8, \\ \sum_{j=1}^{7} x_{ij} \leq 1, \quad i=1,2,\cdots,16, \\ 1 \leq \sum_{i=1}^{16} x_{ij} \leq 2, \quad j=1,2,\cdots,7, \\ x_{ij} = 0 \text{ 或 } 1, \quad i=1,2,\cdots,16; j=1,2,\cdots,7。 \end{cases} \quad (12.33)$$

其中第 1 个约束条件是当且仅当录用 8 名应聘者,第 2 个约束条件是限制一个应聘者仅允许分配一个部门,第 3 个约束条件是保证每一个用人部门至少录用 1 名、至多录用 2 名应聘者。

利用 LINGO 软件可以求得录用分配方案,求得的结果如表 12.54 所示。

表 12.54 录用的应聘者及分配方案

录用的应聘者	1	2	4	5	7	8	9	12
录用部门	6	2	4	2	1	3	5	7
应聘者综合分数	1	0.8411	0.7753	0.6164	0.5281	0.6058	0.6282	0.5176
部门对应聘者评分	0.8252	0.8199	0.7942	0.7889	0.7579	0.8089	0.8089	0.8052

计算的 LINGO 程序如下:

```
model:
sets:
num/1..16/:cc;
item/1..4/;
link1(num,item):c;
rank/1..7/:fx;
depart/1..7/;
link2(depart,item):d;
link3(num,depart):s,x;
link4(num,depart,item):cd,fk;
endsets
data:
c=@file(Ldata1271.txt);!读入应聘者特长等级评分;
d=@file(Ldata1273.txt);!读入部门对公务员特长的期望要求,把 5 行数据扩充为 7 行,并数值化;
```

```
cc = @file(Ldata1276.txt);!读入应聘者的综合得分;
@text(Ldata1277.txt) = s;!供下面计算引用;
@ole(Ldata1278.xlsx,A1:G16) = s;!便于做表,把数据输出到Excel文件中;
enddata
submodel canshu:
(1 + alpha * (4 - beta)^(-2))^(-1) = 0.8;
(1 + alpha * (1 - beta)^(-2))^(-1) = 0.1;
a * @log(7) + b = 1;
a * @log(4) + b = 0.8;
endsubmodel
calc:
@solve(canshu);
@for(rank(i) | i#le#4:fx(i) = (1 + alpha * (i - beta)^(-2))^(-1));
@for(rank(i) | i#gt#4:fx(i) = a * @log(i) + b);
@write('用人部门对应聘者各单项指标的量化值如下:',@newline(1));
@writefor(rank:@format(fx,'8.4f'));@write(@newline(2));
@for(link4(i,j,k):cd(i,j,k) = c(i,k) - d(j,k) + 4);!计算满意程度关系;
@for(link4:@ifc(cd#le#4:fk = (1 + alpha * (cd - beta)^(-2))^(-1);!计算满意程度量化值;
@else fk = a * @log(cd) + b));
@for(link3(i,j):s(i,j) = @sum(item(k):fk(i,j,k))/4);!计算部门j对应聘者i的满意程度;
@write('各用人部门对应聘者的综合评分如下:',@newline(1));
@writefor(num(i):@writefor(depart(j):@format(s(i,j),'8.4f')),@newline(1));
@write(@newline(2));
endcalc
max = @sum(link3(i,j):(cc(i) + s(i,j)) * x(i,j));
@sum(link3:x) = 8;
@for(num(i):@sum(depart(j):x(i,j)) <= 1);
@for(depart(j):1 <= @sum(num(i):x(i,j));@sum(num(i):x(i,j)) <= 2);
@for(link3:@bin(x));
calc:
@set('terseo',1);!设置成较小的屏幕输出格式;
@solve();!LINGO输出滞后,这里再加一个求解主模型;
@write('录取的对应关系如下:',@newline(1));
@for(link3(i,j):@ifc(x(i,j)#eq#1:@write(i,'被',j,'部门录用,',i,'的综合分数为',@format(cc(i),'6.4f'),
',',j,'对',i,'的评分为',@format(s(i,j),'6.4f'),@newline(1))));
endcalc
end
```

问题(2)

在充分考虑应聘人员的意愿和用人部门的期望要求的情况下,寻求更好的录用分配方案。应聘人员的意愿有两个方面,对用人部门的工作类别的选择意愿和对用人部门的基本情况的看法,即可用应聘人员对用人部门的综合满意度来表示;用人部门对应聘人员的期望要求也用满意度来表示。一个好的录用分配方案应该是使得二者的满意度都尽量得高。

(1) 确定用人部门对应聘者的满意度。用人部门对所有应聘人员的满意度与式(12.32)相同，即第 j 个部门对第 i 个应聘人员的4项条件的综合评价满意度为

$$s_{ij} = \frac{1}{4}\sum_{k=1}^{4} s_{ij}^{(k)}, \quad i=1,2,\cdots,16; j=1,2,\cdots,7。$$

(2) 确定应聘者对用人部门的满意度。应聘者对用人部门的满意度主要与用人部门的基本情况有关，同时考虑到应聘者所喜好的工作类别，在评价用人部门时一定会偏向于自己的喜好，即工作类别也是决定应聘者选择部门的一个因素。影响应聘者对用人部门的满意度有五项指标：福利待遇、工作条件、劳动强度、晋升机会和深造机会。

对工作类别来说，主要看是否符合自己想从事的工作，符合第一、二志愿的分别为"满意、基本满意"，不符合志愿的为"不满意"，即{满意，基本满意，不满意}构成了评语集，并赋相应的数值{1,2,3}。实际中根据人们对待工作类别志愿的敏感程度的心里变化，在这里取隶属函数为 $f(x) = b\ln(a-x)$，并要求 $f(1)=1, f(3)=0$，即符合第一志愿时，满意度为1，不符合任一个志愿时满意度为0，简单计算解得 $a=4, b=0.9102$，即 $f(x)=0.9102\ln(4-x)$。于是当用人部门的工作类别符合应聘者的第二志愿时的满意度为 $f(2)=0.6309$，即得到评语集{满意，基本满意，不满意}的量化值为{1,0.6309,0}。这样每一个应聘者对每一个用人部门都有一个满意度权值 $w_{ij}(i=1,2,\cdots,16; j=1,2,\cdots,7)$，即满足第一志愿取权值为1，满足第二志愿取权值为0.6309，不满足志愿取权值为0。

对于反映用人部门基本情况的5项指标都可分为"优中差，或小中大、多中少"3个等级，应聘者对各部门的评语集也分为3个等级，即{满意，基本满意，不满意}，类似于上面确定用人部门对应聘者的满意度的方法。

首先确定用人部门基本情况的客观指标值，应聘者对7个部门的5项指标中的"优、小、多"级别认为很满意，其隶属度为1；"中"级别认为满意，其隶属度为0.6；"差、大、少"级别认为不满意，其隶属度为0.1。由表12.49的实际数据可得应聘者对每个部门的各单项指标的满意度量化值，即用人部门的客观水平的评价值 $\widetilde{T}_j = [\tilde{t}_{1j}, \tilde{t}_{2j}, \tilde{t}_{3j}, \tilde{t}_{4j}, \tilde{t}_{5j}](j=1,2,\cdots,7)$，具体结果如表12.55所示。

表 12.55 用人部门的基本情况的量化指标

	部门1	部门2	部门3	部门4	部门5	部门6	部门7
指标1	1	0.6	0.6	1	1	0.6	1
指标2	1	1	1	0.1	1	0.6	0.6
指标3	0.6	0.1	0.6	0.1	0.6	0.6	0.1
指标4	1	1	0.1	1	1	1	1
指标5	0.1	0.1	1	1	0.6	1	1

于是，每一个应聘者对每一个部门的5个单项指标的满意度应为该部门的客观水平评价值与应聘者对该部门的满意度权值 $w_{ij}(i=1,2,\cdots,16; j=1,2,\cdots,7)$ 的乘积，即

$$\overline{T}_{ij} = w_{ij} \cdot [\tilde{t}_{1j}, \tilde{t}_{2j}, \tilde{t}_{3j}, \tilde{t}_{4j}, \tilde{t}_{5j}] = [t_{ij}^{(1)}, t_{ij}^{(2)}, t_{ij}^{(3)}, t_{ij}^{(4)}, t_{ij}^{(5)}], \quad i=1,2,\cdots,16; j=1,2,\cdots,7。$$

例如，应聘者1对部门5的单项指标的满意度为

$$\overline{T}_{15} = [t_{15}^{(1)}, t_{15}^{(2)}, t_{15}^{(3)}, t_{15}^{(4)}, t_{15}^{(5)}] = 0.6309 \cdot [1, 0.6, 0.6, 0.6, 0.6]$$
$$= [0.6309, 0.3785, 0.3785, 0.3785, 0.3785]。$$

由假设(3)，用人部门的5项指标在应聘者对用人部门的综合评价中有同等的地位，为此可取第i个应聘者对第j个部门的综合评价满意度为

$$t_{ij} = \frac{1}{5}\sum_{k=1}^{5} t_{ij}^{(k)}, \quad i=1,2,\cdots,16; j=1,2,\cdots,7。 \tag{12.34}$$

(3) 确定双方的相互综合满意度。根据上面的讨论，每一个用人部门与每一个应聘者之间都有相应的单方面的满意度，双方的相互满意度应由各自的满意度来确定，在此，取双方各自满意度的几何平均值为双方相互综合满意度，即

$$st_{ij} = \sqrt{s_{ij} \cdot t_{ij}}, \quad i=1,2,\cdots,16; j=1,2,\cdots,7。$$

(4) 确定合理的录用分配方案。最优的录用分配方案应该是使得所有用人部门和录用的公务员之间的相互综合满意度之和最大。

引进 0-1 变量

$$x_{ij} = \begin{cases} 1, & \text{第}j\text{个部门录用第}i\text{个招聘者}, \\ 0, & \text{第}j\text{个部门不录用第}i\text{个招聘者}, \end{cases} \quad i=1,2,\cdots,16; j=1,2,\cdots,7。$$

建立如下的 0-1 整数规划模型：

$$\max z = \sum_{i=1}^{16}\sum_{j=1}^{7} st_{ij} \cdot x_{ij},$$

$$\text{s.t.} \begin{cases} \sum_{i=1}^{16}\sum_{j=1}^{7} x_{ij} = 8, \\ \sum_{j=1}^{7} x_{ij} \leq 1, \quad i=1,2,\cdots,16, \\ 1 \leq \sum_{i=1}^{16} x_{ij} \leq 2, \quad j=1,2,\cdots,7, \\ x_{ij} = 0 \text{ 或 } 1, \quad i=1,2,\cdots,16; j=1,2,\cdots,7。 \end{cases} \tag{12.35}$$

利用 LINGO 软件可以求得录用分配方案，求得的结果如表 12.56 所示，总满意度 $z=5.7442$。

表 12.56 最终的录用分配方案

应聘者序号	1	2	4	7	8	9	12	15
部门序号	3	4	6	7	2	1	5	1
综合满意度	0.7445	0.7004	0.74	0.6585	0.673	0.7569	0.722	0.7489

计算的 LINGO 程序如下：

```
model:
sets:
num/1..16/:;
zhibiao/1..5/;
depart/1..7/;
link1(zhibiao,depart):tk;
link2(num,depart):w0,w,s,t,st,x;
link3(num,depart,zhibiao):tt;
endsets
```

```
data:
s = @file(Ldata1277.txt);!读入部门对应聘者的满意度;
tk = 10.6  0.6  1    1    0.6  1
     1     1    1    0.1  0.6  0.6  0.6
     0.6   0.1  0.6  0.1  0.6  0.6  0.1
     1     1    0.1  1    0.6  0.6  0.1
     0.1   0.1  1    1    0.6  1    1;!用人部门的基本情况的量化指标;
w0 = 3  1  1  2  2  3  3
     2  3  3  1  1  3  3
     1  2  2  3  3  4  4
     3  3  3  2  2  1  1
     3  2  2  1  1  3  3
     3  3  3  1  1  2  2
     2  3  3  3  3  1  1
     3  1  1  3  3  2  2
     1  3  3  2  2  3  3
     2  3  3  1  1  3  3
     2  3  3  3  3  1  1
     3  3  3  1  1  2  2
     2  1  1  3  3  3  3
     1  3  3  2  2  3  2
     1  3  3  3  3  2  2
     2  3  3  3  3  1  1;!招聘者申报志愿对应的7个部门的满意量化值;
enddata
calc:
@for(link2:@ifc(w0#eq#1:w=1;@else @ifc(w0#eq#2:w=0.6309;@else w=0)));!计算权重;
@for(link3(i,j,k):tt(i,j,k) = w(i,j)*tk(k,j));
@for(link2(i,j):t(i,j) = @sum(zhibiao(k):tt(i,j,k))/5);  !计算第i个应聘者对第j个部门的综合
评价满意度;
@for(link2:st = @sqrt(s*t));    !计算相互综合满意度;
endcalc
max = @sum(link2:st*x);
@sum(link2:x) = 8;
@for(num(i):@sum(depart(j):x(i,j)) <= 1);
@for(depart(j):1 <= @sum(num(i):x(i,j));@sum(num(i):x(i,j)) <= 2);
@for(link2:@bin(x));
calc:
@solve();    !求主模型;
@write('录取的对应关系如下:',@newline(1));
@for(link2(i,j):@ifc(x(i,j)#eq#1:@write(i,'被',j,'部门录用,',
'双方相互综合满意度为',@format(st(i,j),'6.4f'),@newline(1))));
endcalc
end
```

问题(3)

对于 N 个应聘人员和 $M(M<N)$ 个用人单位的情况,上面的方法都是实用的,只是两个优化模型(12.33)和(12.35)的规模将会增大,但用 LINGO 软件求解一样方便。

12.8 空洞探测

12.8.1 问题描述

2000 年全国大学生数学建模竞赛 D 题。

山体、隧洞、坝体等的某些内部结构可用弹性波测量来确定。一个简化问题可描述为,一块均匀介质构成的矩形平板内有一些充满空气的空洞,在平板的两个邻边分别等距地设置若干波源,在它们的对边对等地安放同样多的接收器,记录弹性波由每个波源到达对边上每个接收器的时间,根据弹性波在介质中和在空气中不同的传播速度,来确定板内空洞的位置。现考察如下的具体问题:

一块 240(m)×240(m) 的平板(图 12.7),在 AB 边等距地设置 7 个波源 $P_i(i=1,2,\cdots,7)$,CD 边对等地安放 7 个接收器 $Q_j(j=1,2,\cdots,7)$,记录由 P_i 发出的弹性波到达 Q_j 的时间 $t_{ij}(\text{s})$,如表 12.57 所示;在 AD 边等距地设置 7 个波源 $R_i(i=1,2,\cdots,7)$,BC 边对等地安放 7 个接收器 $S_j(j=1,2,\cdots,7)$,记录由 R_i 发出的弹性波到达 S_j 的时间 $\tau_{ij}(\text{s})$,如表 12.58 所示。已知弹性波在介质和空气中的传播速度分别为 2880(m/s) 和 320(m/s),且弹性波沿板边缘的传播速度与在介质中的传播速度相同。

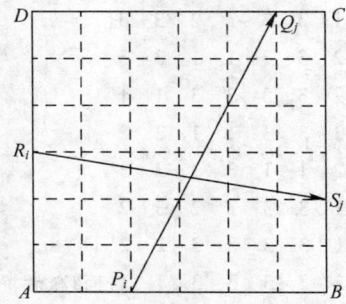

图 12.7 波源和接收器位置示意图

表 12.57 由 P_i 发出的弹性波到达 Q_j 的时间

t_{ij}	Q_1	Q_2	Q_3	Q_4	Q_5	Q_6	Q_7
P_1	0.0611	0.0895	0.1996	0.2032	0.4181	0.4923	0.5646
P_2	0.0989	0.0592	0.4413	0.4318	0.4770	0.5242	0.3805
P_3	0.3052	0.4131	0.0598	0.4153	0.4156	0.3563	0.1919
P_4	0.3221	0.4453	0.4040	0.0738	0.1789	0.0740	0.2122
P_5	0.3490	0.4529	0.2263	0.1917	0.0839	0.1768	0.1810
P_6	0.3807	0.3177	0.2364	0.3064	0.2217	0.0939	0.1031
P_7	0.4311	0.3397	0.3566	0.1954	0.0760	0.0688	0.1042

表 12.58 由 R_i 发出的弹性波到达 S_j 的时间

τ_{ij}	S_1	S_2	S_3	S_4	S_5	S_6	S_7
R_1	0.0645	0.0602	0.0813	0.3516	0.3867	0.4314	0.5721
R_2	0.0753	0.0700	0.2852	0.4341	0.3491	0.4800	0.4980
R_3	0.3456	0.3205	0.0974	0.4093	0.4240	0.4540	0.3112

(续)

τ_{ij}	S_1	S_2	S_3	S_4	S_5	S_6	S_7
R_4	0.3655	0.3289	0.4247	0.1007	0.3249	0.2134	0.1017
R_5	0.3165	0.2409	0.3214	0.3256	0.0904	0.1874	0.2130
R_6	0.2749	0.3891	0.5895	0.3016	0.2058	0.0841	0.0706
R_7	0.4434	0.4919	0.3904	0.0786	0.0709	0.0914	0.0583

(1) 确定该平板内空洞的位置。

(2) 只根据由 P_i 发出的弹性波到达 Q_j 的时间 $t_{ij}(i,j=1,2,\cdots,7)$，能确定空洞的位置吗？讨论在同样能够确定空洞位置的前提下，减少波源和接受器的方法。

12.8.2 问题分析

这道题目有多种解法。测量问题一般是随机型问题，可以把这个问题看成确定型问题来解。虽然平板上空洞的大小和形状可以是任意的，这里把它简化成 $40m \times 40m$ 的正方形（可以称为单元），即 $240m \times 240m$ 的正方形平板被均匀地分成 $6 \times 6 = 36$ 个小正方形单元，每个小正方形或者全是介质，或者全是空洞。此外，在以下假设下考虑这个问题的解法。

(1) 观测数据有测量误差，观测数据除测量误差外是可靠的。

(2) 波在传播过程中沿直线单向传播，且不考虑波的反射、折射以及干涉等现象。

(3) 空气和介质都是均匀的。

(4) "弹性波"在传播过程中没有能量损失。其波速仅与介质有关，且在同一均匀介质中波速不变。

(5) 题中已经假设弹性波沿板边缘的传播速度与在介质中的传播速度相同。此外，网格化以后，如果某条波线位于平板中两个单元的边缘（交线）上，假设这条波线的传播是沿着每个单元各走一半的路程（或者换句话说，如果这两个单元中一个是空洞，另一个是介质，则波线沿这条交线的传播速度是在空洞和介质中传播速度的平均值）。做这样的网格化（离散化）以后，设一边上的波源为 M 个（本题 $M=7$），另一边上的波源为 N 个（本题 $N=7$），则得到 $(M-1)(N-1)$ 个单元。

建立平面直角坐标系，设 A 点为原点，AB 为 x 轴，AD 为 y 轴，则 C 点坐标为 $(240,240)$。假设平板上每个单元是从左向右、从下向上编号的，例如单元格 (m,n) 表示由点 $(40(m-1), 40(n-1))$、$(40m, 40(n-1))$、$(40(m-1), 40n)$、$(40m, 40n)$ 围成的小正方形单元，其中 m,n 的取值范围是 $1 \leqslant m, n \leqslant 6$。每个单元对应一个 $0-1$ 决策变量，1 表示单元是空洞，0 表示单元不是空洞。建立 $0-1$ 整数规划模型解决该问题。

12.8.3 模型的建立与求解

1. 波线与网格交线长度的计算

可以先考虑波源 P_i 与接收器 Q_j 决定的波线与每个单元 (m,n) 的交线，记其长度为 b_{ijmn}（对 R_i 与 S_j 可以类似地考虑，或直接根据对称性得到结果）。假设 P_i 与 Q_j 都是从左向右编号的，其中 i,j 的取值范围是 $1 \leqslant i, j \leqslant 7$，如 P_1 位于原点 $(0,0)$，Q_2 位于 $(40,240)$ 等等。

1) $i=j$ 时

波线 P_iQ_j 与 y 轴平行，此时只要不是平板上最左边和最右边的波线，波线 P_iQ_j 都会位于

两个单元的边缘(交线)上。根据上面的假设(5),容易看出:

$$b_{ijmn} = \begin{cases} 40, & \text{如果 } m=i=j=1 \text{ 或 } m+1=i=j=7, \\ 20, & \text{如果 } m=i=j \text{ 或 } m+1=i=j, \text{ 且 } 2 \le m \le 5, \end{cases} \quad 1 \le n \le 6。 \quad (12.36)$$

2) $i \ne j$ 时

因为波源 P_i 的坐标是 $(40(i-1),0)$,接收器 Q_j 的坐标是 $(40(j-1),240)$,所以容易得到 $P_i Q_j$ 的直线方程为

$$(j-i)y = 6(x - 40(i-1))。 \quad (12.37)$$

这条直线 $P_i Q_j$ 与每个单元 (m,n) 的边缘最多只能有两个交点,但交点有可能位于单元的不同的边缘位置(每个单元有上、下、左、右四个边缘位置)。虽然对于像本题这样规模不太大的问题,可以通过枚举法确定所有交点,但下面还是介绍能够用于更大规模问题的一般的解决方法。

(1) 对于单元 (m,n) 的左边缘,其对应的直线方程为

$$x = 40(m-1)。 \quad (12.38)$$

将式(12.38)代入式(12.37),可以得到波线与单元边缘对应交点的 y 坐标为

$$y_{ijmn}^{(1)} = 240(m-i)/(j-i), \quad \text{其中 } n-1 \le 6(m-i)/(j-i) \le n。 \quad (12.39)$$

条件 $n-1 \le 6(m-i)/(j-i) \le n$ 是为了保证这个交点是有效的,即这个交点确实位于这个单元 (m,n) 所在的范围内。

(2) 对于单元 (m,n) 的右边缘,其对应的直线方程为

$$x = 40m。 \quad (12.40)$$

将式(12.40)代入式(12.37),可以得到对应交点的 y 坐标为

$$y_{ijmn}^{(2)} = 240(m+1-i)/(j-i), \quad \text{其中 } n-1 \le 6(m+1-i)/(j-i) \le n。 \quad (12.41)$$

(3) 对于单元 (m,n) 的下边缘,其对应的直线方程为

$$y = 40(n-1)。 \quad (12.42)$$

将式(12.42)代入式(12.37),可以得到对应点的 x 坐标为

$$x_{ijmn}^{(3)} = (120(i-1) - 20(i-j)(n-1))/3。 \quad (12.43)$$

但式(12.43)只有在 $40(m-1) \le (120(i-1) - 20(i-j)(n-1))/3 \le 40m$ 时才有效,这个条件化简后就是 $0 \le 6(i-m) - (i-j)(n-1) \le 6$,于是可以得到对应交点的 y 坐标为

$$y_{ijmn}^{(3)} = 40(n-1), \quad \text{其中 } 0 \le 6(i-m) - (i-j)(n-1) \le 6。 \quad (12.44)$$

(4) 对于单元 (m,n) 的上边缘,其对应的直线方程为

$$y = 40n。 \quad (12.45)$$

将式(12.45)代入式(12.37),可以得到对应交点的 x 坐标为

$$x_{ijmn}^{(4)} = (120(i-1) - 20(i-j)n)/3。 \quad (12.46)$$

但式(12.46)只有在 $40(m-1) \le (120(i-1) - 20(i-j)n)/3 \le 40m$ 时才是有效的,这个条件化简后就是 $0 \le 6(i-m) - (i-j)n \le 6$,于是可以得到对应交点的 y 坐标为

$$y_{ijmn}^{(4)} = 40n, \quad \text{其中 } 0 \le 6(i-m) - (i-j)n \le 6。 \quad (12.47)$$

至此,式(12.39)、式(12.41)、式(12.44)、式(12.47)给出了直线 $P_i Q_j$ 与单元 (m,n) 的边缘所有可能的交点坐标及其存在的条件。但事实上,若波线 $P_i Q_j$ 不过单元 (m,n),这些条件中至多一个成立(最多过正方形的一个顶点);若波线 $P_i Q_j$ 过单元 (m,n),这些条件中至少有两个同时成立,由此可以计算波线 $P_i Q_j$ 与单元 (m,n) 的交线在 y 轴方向上的投影长度,记为 dy_{ijmn}。当 $i \ne j$ 时,如果式(12.39)、式(12.41)、式(12.44)、式(12.47)中至少有两个条件成立时,则

$$dy_{ijmn} = \max\{y_{ijmn}^{(1)}, y_{ijmn}^{(2)}, y_{ijmn}^{(3)}, y_{ijmn}^{(4)}\} - \min\{y_{ijmn}^{(1)}, y_{ijmn}^{(2)}, y_{ijmn}^{(3)}, y_{ijmn}^{(4)}\}. \tag{12.48}$$

用 a_{ij} 表示波源 P_i 与接收器 Q_j 之间的距离,则

$$a_{ij} = \sqrt{240^2 + [40(i-j)]^2}, \quad i,j = 1,2,\cdots,7. \tag{12.49}$$

图 12.8 所示为波线 P_iQ_j 与单元 (m,n) 的交线示意图,从中可以看出 $\triangle P_iP_jQ_j$ 与 $\triangle EFG$ 是相似三角形 (E,G 是两个交点,EF 垂直于 GF)。由于 P_iQ_j 的长度为 a_{ij},P_jQ_j 的长度为 240,EG 的长度为 b_{ijmn},FG 的长度为 dy_{ijmn},所以由相似关系,得

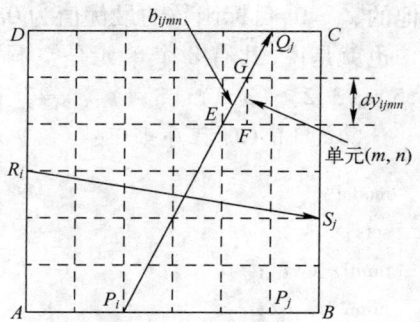

$$b_{ijmn}/dy_{ijmn} = a_{ij}/240. \tag{12.50}$$

进步,得

$$b_{ijmn} = a_{ij}dy_{ijmn}/240. \tag{12.51}$$

图 12.8 波线 P_iQ_j 与单元 (m,n) 的交线

进一步可以看出,这种想法对于 $i=j$ 的特例也是成立的(只需要将式(12.36)中的 b_{ijmn} 看成相应的 dy_{ijmn} 即可,因为此时的 $a_{ij} = 240$)。

最后,对 R_i 与 S_j 可以类似地考虑,这里直接根据对称性得到结果。事实上,将图 12.8 顺时针旋转 $90°$ 就可以清楚地看出,波线 R_iS_j 与单元 (m,n) 的交线长度 c_{ijmn} 可以表示成

$$c_{ijmn} = b_{ijn(7-m)}. \tag{12.52}$$

2. 数学规划模型的建立与求解

引进 $0-1$ 变量

$$x_{mn} = \begin{cases} 1, & \text{单元}(m,n)\text{内有空洞}, \\ 0, & \text{单元}(m,n)\text{内无空洞}, \end{cases} \quad m,n = 1,2,\cdots,6.$$

对波线 P_iQ_j,用 p_{ij} 表示弹性波经过介质的长度,q_{ij} 表示弹性波经过空气的长度,则

$$q_{ij} = \sum_{m=1}^{6}\sum_{n=1}^{6} b_{ijmn}x_{mn}, \quad p_{ij} = a_{ij} - q_{ij} = a_{ij} - q_{ij} = a_{ij} - \sum_{m=1}^{6}\sum_{n=1}^{6} b_{ijmn}x_{mn}.$$

用 t_{ij} 表示传播时间的观测值,如果没有观察误差,则

$$t_{ij} = \frac{p_{ij}}{v_1} + \frac{q_{ij}}{v_2} = \frac{a_{ij} - \sum_{m=1}^{6}\sum_{n=1}^{6} b_{ijmn}x_{mn}}{v_1} + \frac{\sum_{m=1}^{6}\sum_{n=1}^{6} b_{ijmn}x_{mn}}{v_2}, \quad i,j = 1,2,\cdots,7, \tag{12.53}$$

其中弹性波在介质和空气中的传播速度分别为 $v_1 = 2880(\text{m/s})$ 和 $v_2 = 320(\text{m/s})$。

同理可以讨论 τ_{ij},即

$$\tau_{ij} = \frac{a_{ij} - \sum_{m=1}^{6}\sum_{n=1}^{6} c_{ijmn}x_{mn}}{v_1} + \frac{\sum_{m=1}^{6}\sum_{n=1}^{6} c_{ijmn}x_{mn}}{v_2}, \quad i,j = 1,2,\cdots,7. \tag{12.54}$$

由于有测量误差存在,式(12.53)、式(12.54)不一定能严格成立,优化的目标可以采用最小二乘准则,即优化问题为

$$\min \sum_{i=1}^{7}\sum_{j=1}^{7}\left(t_{ij} - \frac{a_{ij} - \sum_{m=1}^{6}\sum_{n=1}^{6} b_{ijmn}x_{mn}}{v_1} - \frac{\sum_{m=1}^{6}\sum_{n=1}^{6} b_{ijmn}x_{mn}}{v_2}\right)^2$$

$$+ \sum_{i=1}^{7}\sum_{j=1}^{7}\left(\tau_{ij} - \frac{a_{ij} - \sum_{m=1}^{6}\sum_{n=1}^{6} c_{ijmn}x_{mn}}{v_1} - \frac{\sum_{m=1}^{6}\sum_{n=1}^{6} c_{ijmn}x_{mn}}{v_2}\right)^2, \tag{12.55}$$

这是一个只有 36 个 0-1 决策变量 x_{mn}，而没有约束条件的二次规划模型。

利用 LINGO 软件，求得最优解为

$$x_{22}=x_{23}=x_{25}=x_{32}=x_{33}=x_{34}=x_{44}=x_{53}=1,$$

其他的 $x_{ij}=0$，目标函数的最优值为 0.4355692。

也就是说，共有 8 个单元是空洞，分别为 (2,2)、(2,3)、(2,5)、(3,2)、(3,3)、(3,4)、(4,4)、(5,3)，如图 12.9 所示。

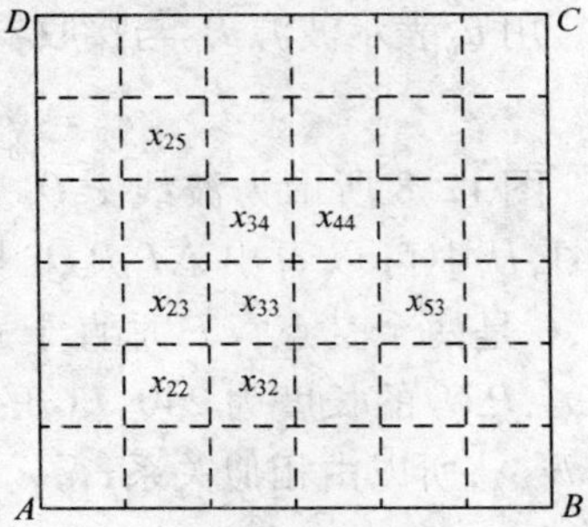

计算的 LINGO 程序如下：

```
model:
sets:
num1/1..7/;
num2/1..6/;
type/1..4/;
link1(num1,num1):a,t1,t2;
link2(num1,num1,num2,num2):b,c,dy;
link3(num1,num1,num2,num2,type):y;
link4(num2,num2):x;
endsets
data:
b=0;c=0;dy=0;y=0;!赋初值;
t1= 0.0611  0.0895  0.1996  0.2032  0.4181  0.4923  0.5646
    0.0989  0.0592  0.4413  0.4318  0.4770  0.5242  0.3805
    0.3052  0.4131  0.0598  0.4153  0.4156  0.3563  0.1919
    0.3221  0.4453  0.4040  0.0738  0.1789  0.0740  0.2122
    0.3490  0.4529  0.2263  0.1917  0.0839  0.1768  0.1810
    0.3807  0.3177  0.2364  0.3064  0.2217  0.0939  0.1031
    0.4311  0.3397  0.3566  0.1954  0.0760  0.0688  0.1042;
t2= 0.0645  0.0602  0.0813  0.3516  0.3867  0.4314  0.5721
    0.0753  0.0700  0.2852  0.4341  0.3491  0.4800  0.4980
    0.3456  0.3205  0.0974  0.4093  0.4240  0.4540  0.3112
    0.3655  0.3289  0.4247  0.1007  0.3249  0.2134  0.1017
    0.3165  0.2409  0.3214  0.3256  0.0904  0.1874  0.2130
    0.2749  0.3891  0.5895  0.3016  0.2058  0.0841  0.0706
    0.4434  0.4919  0.3904  0.0786  0.0709  0.0914  0.0583;
v1=2880;v2=320;
@ole(Ldata1281.xlsx,A1:A1764)=b;
@ole(Ldata1281.xlsx,B1:B1764)=c;
@ole(Ldata1281.xlsx,C1:C1764)=dy;
@ole(Ldata1281.xlsx,D1:D7056)=y;
enddata
calc:
@for(link1(i,j):a(i,j)=@sqrt(240^2+(40*(i-j))^2));
```

图 12.9 空洞位置示意图

!下面计算 i = j 时,小正方块单元在 y 轴上的投影长度;
@for(link2(i,j,m,n) | i#eq#j #and# i#eq#1:@ifc(m#eq#1:b(i,j,m,n) = 40));
@for(link2(i,j,m,n) | i#eq#j #and#
i#eq#@size(num1):@ifc(m#eq#@size(num2):b(i,j,m,n) = 40));
@for(link2(i,j,m,n) | i#eq#j #and# i#gt#1 #and# i#lt#@size(num1):
@ifc(m#eq#i #or# m#eq#i − 1:b(i,j,m,n) = 20));
!下面计算 i≠j 时,小正方形单元与波线交点的 y 坐标;
@for(link2(i,j,m,n) | i#ne#j:
@ifc(n − 1#le#6 * (m − i)/(j − i)#and# 6 * (m − i)/(j − i)#le#n:
y(i,j,m,n,1) = 240 * (m − i)/(j − i));!左边缘作为第 1 型的值;
@ifc(n − 1#le#6 * (m + 1 − i)/(j − i)#and# 6 * (m + 1 − i)/(j − i)#le#n:
y(i,j,m,n,2) = 240 * (m + 1 − i)/(j − i));!右边缘作为第 2 型的值;
@ifc(0#le#6 * (i − m) − (i − j) * (n − 1)#and# 6 * (i − m) − (i − j) * (n − 1)#le#6:
y(i,j,m,n,3) = 40 * (n − 1));!下边缘作为第 3 型的值;
@ifc(0#le#6 * (i − m) − (i − j) * n #and# 6 * (i − m) − (i − j) * n#le#6:
y(i,j,m,n,4) = 40 * n));!上边缘作为第 4 型的值;
!下面计算 i≠j 时,小正方形单元在 y 轴上的投影长度;
@for(link2(i,j,m,n) | i#ne#j:
@ifc(@sum(type(t):y(i,j,m,n,t)#gt#0)#ge#2:
dy(i,j,m,n) = @max(type(t):y(i,j,m,n,t)) − @min(type(t) | y(i,j,m,n,t)#gt#0:y(i,j,m,n,t)));
b(i,j,m,n) = a(i,j) * dy(i,j,m,n)/240;
@for(link2(i,j,m,n):c(i,j,m,n) = b(j,i,n,7 − m));
endcalc
min = @sum(link1(i,j):(t1(i,j) − (a(i,j) − @sum(link4(m,n):b(i,j,m,n) * x(m,n)))/v1 − @sum
(link4(m,n):b(i,j,m,n) * x(m,n))/v2)^2
+ (t2(i,j) − (a(i,j) − @sum(link4(m,n):c(i,j,m,n) * x(m,n)))/v1 − @sum(link4(m,n):c(i,j,m,
n) * x(m,n))/v2)^2);
@for(link4:@bin(x));
end

3. 问题(2)的解决

问题(2)是探讨仅仅根据弹性波 $P_iQ_j(i,j = 1,2,\cdots,7)$ 的时间 t_{ij} 能否确定空洞的位置,这里观测值的个数为 49 个,问题中的变量个数为 36 个,理论上也是可以确定空洞的位置。

类似地,建立如下的优化模型:

$$\min \sum_{i=1}^{7} \sum_{j=1}^{7} \left(t_{ij} - \frac{a_{ij} - \sum_{m=1}^{6} \sum_{n=1}^{6} b_{ijmn} x_{mn}}{v_1} + \frac{\sum_{m=1}^{6} \sum_{n=1}^{6} b_{ijmn} x_{mn}}{v_2} \right)^2, \quad (12.56)$$

式中:$x_{mn}(m,n = 1,2,\cdots,6)$ 为 0 − 1 决策变量。

但模型(12.56)的求解结果是没有空洞。类似地,理论上也可以只根据弹性波 $R_iS_j(i,j = 1,2,\cdots,7)$ 的时间 τ_{ij} 确定空洞的位置,但求解结果也是没有空洞。这样的计算结果说明,上述模型对数据误差很敏感。为了提高模型精度,需要更多精细的数据。

12.9 交巡警服务平台的设置与调度

12.9.1 问题描述

2011年全国大学生数学建模竞赛B题。

"有困难找警察"是家喻户晓的一句流行语。警察肩负着刑事执法、治安管理、交通管理、服务群众四大职能。为了更有效地贯彻实施这些职能,需要在市区的一些交通要道和重要部位设置交巡警服务平台。每个交巡警服务平台的职能和警力配备基本相同。由于警务资源是有限的,如何根据城市的实际情况与需求合理地设置交巡警服务平台、分配各平台的管辖范围、调度警务资源是警务部门面临的一个实际课题。

试就某市设置交巡警服务平台的相关情况,建立数学模型分析研究下面的问题:

(1) 图12.10给出了该市中心城区A的交通网络和现有的20个交巡警服务平台的设置情况示意图,相关的数据信息见附件(具体数据见http://www.mcm.edu.cn)。请为各交巡警服务平台分配管辖范围,使其在所管辖的范围内出现突发事件时,尽量能在3min内有交巡警(警车的时速为60km/h)到达事发地。

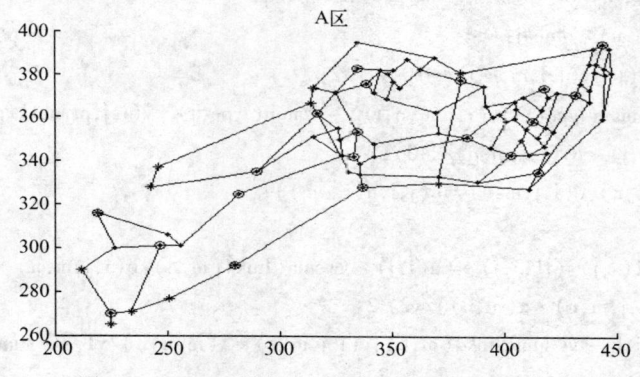

图12.10 A区的交通网络与平台设置的示意图

对于重大突发事件,需要调度全区20个交巡警服务平台的警力资源,对进出该区的13条交通要道实现快速全封锁。实际中一个平台的警力最多封锁一个路口,请给出该区交巡警服务平台警力合理的调度方案。

根据现有交巡警服务平台的工作量不均衡和有些地方出警时间过长的实际情况,拟在该区内再增加2~5个平台,请确定需要增加平台的具体个数和位置。

(2) 针对全市(主城六区A,B,C,D,E,F)的具体情况,按照设置交巡警服务平台的原则和任务,分析研究该市现有交巡警服务平台设置方案(图12.11)的合理性。如果有明显不合理,请给出解决方案。

如果该市地点P(第32个节点)处发生了重大刑事案件,在案发3min后接到报警,犯罪嫌疑人已驾车逃跑。为了快速搜捕嫌疑犯,请给出调度全市交巡警服务平台警力资源的最佳围堵方案。

注12.8 (1) 图中实线表示市区道路;红色线表示连接两个区之间的道路。

(2) 实圆点"·"表示交叉路口的节点,没有实圆点的交叉线为道路立体相交。

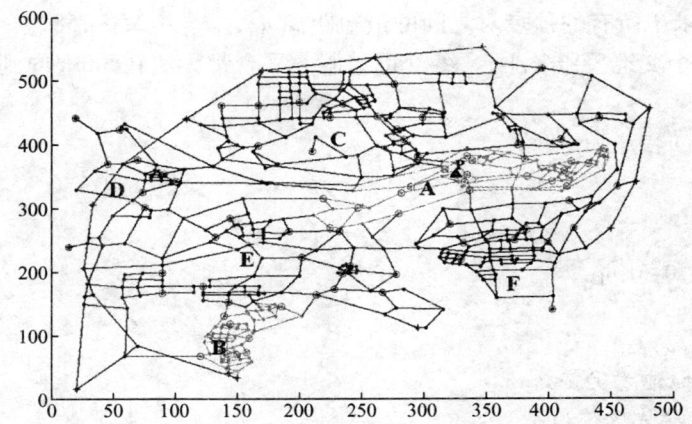

图 12.11　全市六区交通网络与平台设置的示意图(彩色图见程序课件)

(3) 星号"＊"表示出入城区的路口节点。
(4) 圆圈"○"表示现有交巡警服务平台的设置点。
(5) 圆圈加星号"⊛"表示在出入城区的路口处设置了交巡警服务平台。

12.9.2　模型假设与符号说明

1. 模型假设

(1) 该城市的所有道路均为双行道,每条道路均为直线。
(2) 不考虑道路交通状况对出警速度的影响。
(3) 一个交巡警服务平台管辖区域内的发案率(次数)总和与该平台工作强度成正比。
(4) 假设犯罪嫌疑人驾车逃跑的速度与警车出警的车速相同,都为60km/h。

2. 符号说明

d_{ij}:第 i 个路口到第 j 个路口之间的距离。

n_j:第 j 个路口的发案率(次数)。

g_i:第 i 个平台处理案件数的总和(即工作量)。

$\bar{g}$:某区各平台平均处理的案件数(即平均工作量)。

12.9.3　模型一:交巡警服务平台管辖范围确定问题

1. 模型准备

1) 各路口之间距离的确定

假设 A 区的交通网络与平台设置示意图中 v_1 路口的坐标为 (x_1,y_1),v_2 路口的坐标为 (x_2,y_2),且 v_1、v_2 之间有道理连通,根据给出的比例尺,两路口距离即为

$$d_{12} = \sqrt{(x_1-x_2)^2 + (y_1-y_2)^2} \times 0.1(\text{km})。$$

2) 利用 Floyd 算法求出任意两个路口之间的最短距离

题目给定的数据中总共有 582 个路口,928 条道路。构造赋权图 $G=(V,E,W)$,其中顶点集合 $V=\{v_1,v_2,\cdots,v_{582}\}$,这里 v_i 表示第 i 个路口;E 为边集;邻接矩阵 $W=(w_{ij})_{582\times 582}$,这里

$$w_{ij} = \begin{cases} v_i \text{ 与 } v_j \text{ 间的距离}, & \text{当 } v_i \text{ 与 } v_j \text{ 间有道路时}, \\ +\infty, & \text{当 } v_i \text{ 与 } v_j \text{ 间无道路时}, \end{cases} \quad i,j=1,2,\cdots,582。$$

利用 Floyd 算法,求出所有的顶点对之间的最短距离 $d_{ij}, i, j = 1, 2, \cdots, 582$。

A 区现有 20 个交巡警服务平台,各交巡警服务平台都无法在 3min 内到达的路口只有 28,29,38,39,61,92。

计算的 LINGO 程序如下:

```
model:
sets:
lukou/1..582/:x0,y0,nj;
daolu/1..928/:u,v;
link1(lukou,lukou):a;
AA/1..92/:d;!A 区有 92 个路口;
pingtai/1..20/:g;!A 区有 20 个平台;
link2(pingtai,AA):c;
endsets
data:
a=0;!全部元素初始化为 0;
x0,y0,nj=@ole(cumcm2011B 附件 2_全市六区交通网络和平台设置的数据表.xls,B2:B583,C2:C583,
E2:E583);!读入坐标和发案次数;
u,v=@ole(daolu.xlsx,A2:A929,B2:B929);!LINGO 只能读出第一个表单(相当于 Sheet1)的数据,把道
路起终点的数据保存在另一个 Excel 文件 daolu.xlsx 中;
@text(result1.txt)=a;
@text(result3.txt)=c;
enddata
calc:
@for(daolu(k):a(u(k),v(k))=@sqrt((x0(u(k))-x0(v(k)))^2+(y0(u(k))-y0(v(k)))^2)*
0.1);
@for(link1(i,j):a(i,j)=a(i,j)+a(j,i));!构造完整的邻接矩阵;
@for(link1(i,j)|i#ne#j #and# a(i,j)#eq#0:a(i,j)=100000);
@for(lukou(k):@for(lukou(i):@for(lukou(j):a(i,j)=@smin(a(i,j),a(i,k)+a(k,j)))));!求所有
顶点对之间的最短路程;
@for(link2(i,j):c(i,j)=a(i,j));!提出 A 区 20 个平台到 A 区 92 个路口之间的最短距离;
@for(AA(j):d(j)=@min(pingtai(i):c(i,j)));!求路口到最近平台的距离;
@write('A 区各交巡警服务平台都无法在 3min 内到达的路口有:',@newline(1));
@for(AA(j):@ifc(d(j)#gt#3:@write(j,',')));@write(@newline(2));
endcalc
end
```

注 12.9 上述 LINGO 程序运行时间特别长,并且 LINGO 中不便于读取 Excel 文件的多个表单,下面使用 MATLAB 求所有顶点对之间的最短距离。

求最短距离的 MATLAB 程序如下:

```
clc,clear
x0=xlsread('cumcm2011B 附件 2_全市六区交通网络和平台设置的数据表.xls',1,'B2:B583');
y0=xlsread('cumcm2011B 附件 2_全市六区交通网络和平台设置的数据表.xls',1,'C2:C583');
nj=xlsread('cumcm2011B 附件 2_全市六区交通网络和平台设置的数据表.xls',1,'E2:E583');
```

```
u = xlsread('cumcm2011B 附件 2_全市六区交通网路和平台设置的数据表.xls',2,'A2:A929');
v = xlsread('cumcm2011B 附件 2_全市六区交通网路和平台设置的数据表.xls',2,'B2:B929');
a = zeros(582);
for i = 1:length(u)
    a(u(i),v(i)) = sqrt((x0(u(i)) - x0(v(i)))^2 + (y0(u(i)) - y0(v(i)))^2) * 0.1;
end
a = a + a';
a = tril(a); a = sparse(a);
b = graphallshortestpaths(a,'directed',0);%求所有顶点对之间的最短距离;
c = b([1:20],[1:92]);%提出 20 个平台到 A 区 92 个路口的最短距离矩阵
cmin = min(c);%求 92 个路口到最近平台的距离
fprintf('3min 不能到达的路口有:\n'),ind = find(cmin > 3)
d = b([1:20],[12,14,16,21:24,28:30,38,48,62]);%提出警力封锁调度需要的数据矩阵
e = b([1:92],[1:92]);%A 区所有顶点对之间的最短距离
ee = e;ee(1:93:end) = inf;%对角线元素替换为 inf;
ind2 = [28 29 38 39 61 92];
for k = 1:6
    m = ind2(k);
    ind3{k} = find(ee(:,m) < 3);%下面模型三的统计数据
end
celldisp(ind3)
xlswrite('Ldata1291.xlsx',c)%把 c 写入 Sheet1 表单,A1 开始的单元格中
xlswrite('Ldata1291.xlsx',nj(1:92)',1,'A22')%把 nj(1:92)'写入 Sheet1 表单,A22 开始的单元格中
xlswrite('Ldata1291.xlsx',d,1,'A24')
xlswrite('Ldata1291.xlsx',e,1,'A45')
xlswrite('Ldata1292.xlsx',b)%供下面模型四使用
```

2. 模型约束

引进 0 - 1 变量

$$x_{ij} = \begin{cases} 1, & \text{第 } i \text{ 个路口的平台管辖第 } j \text{ 个路口,} \\ 0, & \text{第 } i \text{ 个路口的平台不管辖第 } j \text{ 个路口,} \end{cases} \quad i = 1,2,\cdots,20; j = 1,2,\cdots,92。$$

（1）每个路口都必须被管辖的约束。要求每一个路口由且仅由一个平台管辖,即

$$\sum_{i=1}^{20} x_{ij} = 1, \quad j = 1,2,\cdots,92。$$

（2）设置了平台的路口的约束。对于有平台的路口,应直接由该平台进行管辖,不应考虑其他情况,即

$$x_{ii} = 1, \quad i = 1,2,\cdots,20。$$

（3）尽量 3min 内赶到事发地的约束。除了 6 个特殊的路口以外,其他的路口都要满足 3min 内有交巡警赶到,即到交巡警平台的距离应小于等于 3km,因此有

$$d_{ij}x_{ij} \leq 3, \quad i = 1,2,\cdots,20; j \neq 28,29,38,39,61,92。$$

（4）对于 6 个 3min 内不能到达的路口,应该由与其距离最近的路口的平台来管理,即

$$d_{ij}x_{ij} \leq \min_{1 \leq k \leq 20}\{d_{kj}\}, \quad i = 1,2,\cdots,20; j = 28,29,38,39,61,92。$$

3. 模型的建立与求解

综上所述,建立如下各交巡警服务平台工作量方差最小的数学规划模型:

$$\min \frac{1}{20} \sum_{i=1}^{20} (g_i - \overline{g})^2,$$

$$\text{s. t.} \begin{cases} g_i = \sum_{j=1}^{92} (n_j x_{ij}), & i = 1,2,\cdots,20, \\ \overline{g} = \frac{1}{20} \sum_{j=1}^{92} n_j, \\ \sum_{i=1}^{20} x_{ij} = 1, & j=1,2,\cdots,92, \\ x_{ii} = 1, & i = 1,2,\cdots,20, \\ d_{ij} x_{ij} \leq 3, & i=1,2,\cdots,20; j \neq 28,29,38,39,61,92, \\ d_{ij} x_{ij} \leq \min_{1 \leq k \leq 20} \{d_{kj}\}, & i=1,2,\cdots,20; j = 28,29,38,39,61,92, \\ x_{ij} = 0 \text{ 或 } 1, & i=1,2,\cdots,20; j=1,2,\cdots,92。\end{cases} \quad (12.57)$$

利用 LINGO 软件,计算得到这种划分方案各个交巡警服务平台管辖地区发案次数的方差为 2.9。具体的管辖方案不再赘述。

计算的 LINGO 程序如下:

```
model:
sets:
pingtai/1..20/:g;
lukou/1..92/:nj;
link(pingtai,lukou):c,x;
endsets
data:
c = @ole(Ldata1291.xlsx,A1:VJ20);!读入20个平台到A区92个路口的最短距离矩阵;
nj = @ole(Ldata1291.xlsx,A22:VJ22);!读入发案次数数据;
enddata
min = @sum(pingtai:(g - gb)^2)/20;
@for(pingtai(i):g(i) = @sum(lukou(j):nj(j) * x(i,j)));
gb = @sum(lukou(j):nj(j))/20;
@for(lukou(j):@sum(pingtai(i):x(i,j)) = 1);
@for(pingtai(i):x(i,i) = 1);
@for(link(i,j) | j#ne#28 #and# j#ne#29 #and# j#ne#38 #and# j#ne#39 #and# j#ne#61 #and# j#ne#92:c(i,j) * x(i,j) <= 3);
@for(link(i,j) | j#eq#28 #or# j#eq#29 #or# j#eq#38 #or# j#eq#39 #or# j#eq#61 #or# j#eq#92:c(i,j) * x(i,j) <= @min(pingtai(k):c(k,j)));
@for(link:@bin(x));
end
```

12.9.4 模型二:交巡警服务平台警力封锁调度问题

考虑封锁路口时,不仅要求最后到位的平台时间尽可能短,而且要求其他平台的速度尽可能得快,即各平台到位的时间总和最小。因此,在第 1 层模型的基础上,第 2 层规划模型将目标函数改为各个出警封锁的平台所用的时间总和最小。

第 1 层目标函数为

$$\min_{\substack{1 \leqslant i \leqslant 20 \\ j \in J}} \max \left\{ \frac{d_{ij}}{v} x_{ij} \right\}. \tag{12.58}$$

第 2 层目标函数为

$$\min \sum_{i=1}^{20} \sum_{j \in J} \frac{d_{ij}}{v} x_{ij}.$$

约束条件为

$$\text{s. t.} \begin{cases} \sum_{i=1}^{20} x_{ij} = 1, & j \in J, \\ \sum_{j \in J} x_{ij} \leqslant 1, & i = 1, 2, \cdots, 20, \\ x_{ij} = 0 \text{ 或 } 1, & i = 1, 2, \cdots, 20; j \in J, \end{cases}$$

式中:$J = \{12, 14, 16, 21, 22, 23, 24, 28, 29, 30, 38, 48, 62\}$。

式(12.58)是非线性的,可以进行如下的线性化:

$$\begin{aligned} & \min u, \\ & \text{s. t.} \quad \frac{d_{ij}}{v} x_{ij} \leqslant u, \quad 1 \leqslant i \leqslant 20; j \in J. \end{aligned} \tag{12.59}$$

利用序贯解法和 LINGO 软件,求得按照上述方案能够在 8.0155min 内以最快速度完成对所有进出 A 区的交通要道路口的封锁,13 个路口的总共封锁时间为 46.1885min。最优的封锁调度方案和相应的封锁时间如表 12.59 所示。

表 12.59 A 区的全封锁调度方案

平台	A2	A4	A5	A7	A8	A9	A10
封锁路口	38	62	48	29	30	12	22
封锁时间/min	3.9822	0.35	2.4758	8.0155	3.0608	1.5325	7.7079
平台	A11	A12	A13	A14	A15	A16	
封锁路口	24	12	23	21	28	14	
封锁时间/min	3.8053	0	0.5	3.265	4.7518	7.7417	

计算的 LINGO 程序如下:

model:
sets:
pingtai/1..20/;
lukou/1..13/:no;
link(pingtai,lukou):d,x;
endsets
data:
no = 12 14 16 21 22 23 24 28 29 30 38 48 62;
d = @ole(Ldata1291.xlsx,A24:M43);!读入 20 个平台到封锁路口的最短距离矩阵;

```
enddata
submodel obj1:
min = u;
@for(link:d*x<=u);
endsubmodel
submodel obj2:
min = @sum(link:d*x);
endsubmodel
submodel constr:
@for(lukou(j):@sum(pingtai(i):x(i,j))=1);
@for(pingtai(i):@sum(lukou(j):x(i,j))<=1);
@for(link:@bin(x));
endsubmodel
submodel str2:
@for(link:d*x<=myobj);
endsubmodel
calc:
@solve(obj1,constr);
myobj = u;
@solve(obj2,constr,str2);
@write('路口      平台     封锁时间对应关系如下:',@newline(1));
@for(pingtai(i):@for(lukou(j):@ifc(x(i,j)#eq#1:@write('A',i,3*' ',no(j),3*' ',@format(d(i,j),
   '8.4f'),@newline(1)))));
endcalc
end
```

12.9.5 模型三:新增交巡警平台布置问题

1. 解题思路及建模准备

经过上述计算可知交巡警 3min 不能够到达(即大于 3km)的路口有 28,29,38,39,61,92 号 6 个路口。其中能够满足到达 28,29 号路口的路程小于等于 3km 的路口为 28 号和 29 号路口;满足到达 38,39 号路口的路程小于等于 3km 的路口有 38,39,40 号路口;满足到达 61 号路口的路程小于等于 3km 的路口有 48,61 号路口;满足到达 92 号路口的路程小于等于 3km 的路口有 87,88,89,90,91,92 号路口。因此,把出警时间大于 3min 的点归为 4 组,在每组内只要再新增一个交巡警服务平台,就能够满足出警时间均小于等于 3min 的要求,所以至少需要再增加 4 个交巡警平台。

2. 模型三的建立

这里仍然采用多目标规划的方法,在工作量最大平台的工作量尽可能小的前提下,使工作量的分配尽可能平衡。

引进 0-1 变量

$$z_k = \begin{cases} 1, & \text{第 } k \text{ 个路口设置服务平台,} \\ 0, & \text{第 } k \text{ 个路口不设置服务平台,} \end{cases} k = 21,22,\cdots,92。$$

考虑到原有的 20 个服务平台不变,补充 $z_k = 1, k = 1,2,\cdots,20$。

第1层目标函数,工作量最大平台的工作量最小化,即
$$\min_{1\leqslant i\leqslant 92}\max \left(\sum_{j=1}^{92}n_j x_{ij}\right)。$$

第2层目标函数,工作量分配的方差最小化,即
$$\min \frac{1}{24}\sum_{i=1}^{92}(g_i - \bar{g}z_i)^2。$$

约束条件为

$$\text{s.t.}\begin{cases} g_i = \sum_{j=1}^{92}(n_j x_{ij}), & i=1,2,\cdots,92, \\ \bar{g} = \dfrac{1}{24}\sum_{j=1}^{92}n_j, \\ x_{ij} \leqslant z_i, & i,j=1,2,\cdots,92, \\ \sum_{i=1}^{92}x_{ij}=1, & j=1,2,\cdots,92, \\ x_{ii}=1, & i=1,2,\cdots,20, \\ d_{ij}x_{ij}\leqslant 3z_i, & i,j=1,2,\cdots,92, \\ \sum_{i=1}^{92}z_i=24, \\ z_i=1, & i=1,2,\cdots,20, \\ x_{ij}=0\text{ 或 }1, & i,j=1,2,\cdots,92, \\ z_i=0\text{ 或 }1, & i=1,2,\cdots,92。 \end{cases} \quad (12.60)$$

3. 模型三的求解

首先用 LINGO 软件求解出第1层规划模型的结果为
$$\max_{1\leqslant i\leqslant 92}\left(\sum_{j=1}^{92}n_j x_{ij}\right)=8.5。$$

然后将这个结果作为约束,代入第2层规划模型中,再用 LINGO 编程求解,得到各交巡警服务平台的管辖范围,其中 A21 平台配置在第 28 号路口,A22 平台配置在第 40 号路口,A23 平台配置在第 48 号路口,A24 号平台配置在第 92 号路口。

这种分配方案各交巡警服务平台管辖地区发案率的方差为 2.11,与没有新增平台之前的 2.9 相比有一定的改进,工作量的分配更加趋于平衡。

计算的 LINGO 程序如下:

```
model:
sets:
lukou/1..92/:nj,g,z;
link(lukou,lukou):d,x;
endsets
data:
nj = @ole(Ldata1291.xlsx,A22:CN22);!读入发案次数数据;
d = @ole(Ldata1291.xlsx,A45:CN136);!读入 A 区 92 个顶点之间的最短距离矩阵;
enddata
```

```
submodel obj1:
min = u;
@for(lukou(i):@sum(lukou(j):nj(j)*x(i,j)) <= u);
endsubmodel
submodel obj2:
min = @sum(lukou:(g-gb*z)^2)/24;
endsubmodel
submodel constr:
@for(lukou(i):g(i) = @sum(lukou(j):nj(j)*x(i,j)));
gb = @sum(lukou:nj)/24;
@for(link(i,j):x(i,j) <= z(i));
@for(lukou(j):@sum(lukou(i):x(i,j)) = 1);
@for(lukou(i)|i#le#20:x(i,i) = 1;z(i) = 1);
@for(link(i,j):d(i,j)*x(i,j) <= 3*z(i));
@sum(lukou:z) = 24;
@for(link:@bin(x));
@for(lukou:@bin(z));
endsubmodel
submodel str2:
@for(lukou(i):@sum(lukou(j):nj(j)*x(i,j)) < myobj);
endsubmodel
calc:
@set('terseo',1);
@solve(obj1,constr);
myobj = u;
@solve(obj2,constr,str2);
@write('路口     平台     封锁时间对应关系如下:',@newline(1));
@for(lukou(i):@for(lukou(j):@ifc(x(i,j)#eq#1:@write(' ',i,3*' ',j,3*' ',@format(d(i,j),'8.4f'),@newline(1)))));
endcalc
end
```

4. 模型三的改进

由上面的模型计算结果可以看出,新增 4 个交巡警服务平台的方案虽然对各平台工作量的平衡有一定的促进作用,但平衡作用并不是很明显,最大工作量仍为 8.5,因此可以考虑新增 5 个交巡警服务平台的方案。

经过建模、编程、求解可知,应把第 5 个新增的平台设置在第 22 号路口,这种分配方案各交巡警服务平台管辖地区发案率的方差为 1.51,最大工作量为 6.1,明显小于新增 4 个平台的结果 2.11 和 8.5。

12.9.6 模型四:全市现有交巡警服务平台设置合理性及改进问题

这部分针对全市主城六区的交巡警服务平台需要解决下面两个问题:
(1) 要求评价该市六区设置平台方案的合理性,如果明显不合理,则给出解决方案。

(2) 该市地点 P 发生了重大刑事案件,要求给出调度全市平台警力资源的最佳围堵方案。

1. 全市平台设置方案的合理性评价模型

该问题可以从两个方面考虑:一是全市六区的平台不考虑分区限制,即将全市六区视为一个整体的网络,可以统一调度管理;二是全市六区的平台分区调度管理,即分别考虑六个区的具体情况。在这里只考虑第一种情况,第二种情况与问题(1)的方法相类似。

对于全市平台设置合理性的主要指标有最大出警时间

$$T = \max_{1 \leq j \leq 80} \{t_j\},$$

式中:$t_j(j=1,2,\cdots,80)$ 为平台 j 管辖区域内的最大出警时间。相应的工作量为 $g_j(j=1,2,\cdots,80)$,其均值为 $\bar{g}$,最大工作量为

$$G = \max_{1 \leq j \leq 80} \{g_j\},$$

则各平台的工作量方差为

$$\sigma^2 = \frac{1}{80} \sum_{j=1}^{80} (g_j - \bar{g})^2。$$

根据问题附件中所给全市的相关数据和 A 区平台管辖范围的分配模型,可以得到全市平台管辖范围的分配方案。从全市情况来看,在全市的 582 个路口节点中总共有 138 个是不能在 3min 内到达的,因此按就近原则分配这些路口节点。将其他的路口节点在到达时间不超过 3min 的约束条件下寻求最优的分配方案。

为了使用 LINGO 软件计算方便,把 80 个平台所在的路口重新编号为 $1,2,\cdots,80$,不能在 3min 内到达的路口编号为 $445,446,\cdots,582$。建立与模型(12.57)类似的如下模型:

$$\min \frac{1}{80} \sum_{i=1}^{80} (g_i - \bar{g})^2,$$

$$\text{s.t.} \begin{cases} g_i = \sum_{j=1}^{582} (n_j x_{ij}), & i=1,2,\cdots,80, \\ \bar{g} = \frac{1}{80} \sum_{j=1}^{582} n_j, \\ \sum_{i=1}^{80} x_{ij} = 1, & j=1,2,\cdots,582, \\ x_{ii} = 1, & i=1,2,\cdots,80, \\ d_{ij} x_{ij} \leq 3, & i=1,2,\cdots,80; j=1,2,\cdots,444, \\ d_{ij} x_{ij} \leq \min_{1 \leq k \leq 80} \{d_{kj}\}, & i=1,2,\cdots,80; j=445,456,\cdots,482, \\ x_{ij} = 0 \text{ 或 } 1, & i=1,2,\cdots,80; j=1,2,\cdots,582。 \end{cases} \quad (12.61)$$

利用 MATLAB 软件和 LINGO 软件,求得全市 80 个平台管辖地区发案率的方差为 17.6872,平均最大出警时间为 4.0384,最大的出警时间为 12.6803,平均每天的出警量为 8.6412 次,最多的出警量为 24.5,最少为 1.6 次。由此可知,现有全市的平台设置还不尽合理,需要再增设一些新的平台。

数据处理的 MATLAB 程序如下:

```
clc,clear
a = xlsread('Ldata1292.xlsx');%读入 582 个顶点之间的最短距离矩阵
pb = xlsread('cumcm2011B 附件 2_全市六区交通网路和平台设置的数据表.xls',3,'B2:B81')';%读入平
```

台编号
ind1 = [1:582];% 全部路口编号
fpb = setdiff(ind1,pb);% 非平台编号
ind2 = [pb,fpb];b = a(ind2,ind2);
c = b([1:80],:);% 求 80 个平台到 582 个路口的最短距离
cmin = min(c);
bh = ind2(find(cmin > 3));% 3min 无法到达的路口编号
L = length(bh);
zjb = setdiff(fpb,bh);% 可以在 3min 到达的路口编号
ind3 = [pb,zjb,bh];% 重新调整编号顺序,便于 LINGO 软件求解
d = a(pb,ind3);% 80 个平台与 582 个路口两两间的最短距离
[dmin,ind4] = min(d);
ind5 = ind4(445:end);% 138 个 3min 无法到达的路口直接指定最近管辖平台的编号
e = a(ind3,ind3);% 新编号下 582 个路口两两之间的最短距离
xlswrite('Ldata1293.xlsx',ind3)
xlswrite('Ldata1293.xlsx',ind5,1,'A3')
xlswrite('Ldata1293.xlsx',d,1,'A5')
xlswrite('Ldata1293.xlsx',e,1,'A86')

计算的 LINGO 程序如下:

```
model:
sets:
pingtai/1..80/:g,yt;
lukou/1..582/:nj;
zhiding/1..138/:x0;
link(pingtai,lukou):d,x;
endsets
data:
x0 = @ole(Ldata1293.xlsx,A3:EH3);!读入直接指定的最近管辖平台编号;
d = @ole(Ldata1293.xlsx,A5:VJ84);!读入 592 个顶点之间的最短距离;
nj = @ole(cumcm2011B 附件 2_全市六区交通网络和平台设置的数据表.xls,E2:E583);!读入发案次数数据;
enddata
min = @sum(pingtai:(g - gb)^2)/80;
@for(pingtai(i):g(i) = @sum(lukou(j):nj(j) * x(i,j)));
gb = @sum(lukou(j):nj(j))/80;
@for(lukou(j):@sum(pingtai(i):x(i,j)) = 1);
@for(pingtai(i):x(i,i) = 1);
@for(link(i,j) | j#le#444:d(i,j) * x(i,j) <= 3);
@for(lukou(j) | j#ge#445:x(x0(j - 444),j) = 1);
@for(link:@bin(x));
calc:
@set('terseo',1);
@solve();!求主模型;
```

@for(pingtai(i):yt(i) = @max(lukou(j):d(i,j)*x(i,j)));
T = @sum(pingtai:yt)/80;!求平均最大出警时间;
@write('T =',T,@newline(1));
TT = @max(pingtai:yt);!求最大出警时间;
@write('TT =',TT,@newline(1));
n1 = @max(pingtai(i):@sum(lukou(j):nj(j)*x(i,j)));
n2 = @min(pingtai(i):@sum(lukou(j):nj(j)*x(i,j)));
@write('平均每天的出警量:',gb,@newline(1));
@write('最多的出警量:',n1,@newline(1));
@write('最少的出警量:',n2,@newline(1));
endcalc
end

2. 增设新平台方案的确定模型

交巡警平台设置的合理性主要体现在两个方面,各平台的最大出警时间尽量小和总工作量尽量均衡。在下面的模型中仍然使用模型(12.61)中的路口新编号和类似的决策变量。设增加的平台个数为 n,建立如下的目标规划模型。

第1层目标函数为

$$\min \max_{1 \leqslant i,j \leqslant 582} \{d_{ij} x_{ij}\} 。 \tag{12.62}$$

第2层目标函数为

$$\min \frac{1}{80+n} \sum_{i=1}^{582} (g_i - \bar{g} z_i)^2 。 \tag{12.63}$$

约束条件为

$$\text{s. t.} \begin{cases} g_i = \sum_{j=1}^{582} (n_j x_{ij}), & i=1,2,\cdots,582, \\ \bar{g} = \dfrac{1}{80+n} \sum_{j=1}^{582} n_j, \\ x_{ij} \leqslant z_i, & i,j=1,2,\cdots,582, \\ \sum_{i=1}^{582} x_{ij} = 1, & j=1,2,\cdots,582, \\ x_{ii} = 1, & i=1,2,\cdots,80, \\ \sum_{i=1}^{582} z_i = 80+n, \\ z_i = 1, & i=1,2,\cdots,80, \\ x_{ij} = 0 \text{ 或 } 1, & i,j=1,2,\cdots,582, \\ z_i = 0 \text{ 或 } 1, & i=1,2,\cdots,582。 \end{cases} \tag{12.64}$$

若使用方差(12.63)度量总工作量的平衡,则是一个非线性问题。为了简化计算,把式(12.63)线性化为

$$\begin{aligned} &\min s, \\ &\bar{g} z_i - s \leqslant g_i \leqslant \bar{g} z_i + s, \quad i=1,2,\cdots,582。 \end{aligned} \tag{12.65}$$

计算的 LINGO 程序如下：

```
model:
sets:
lukou/1..582/:nj,g,z;
link(lukou,lukou):d,x;
endsets
data:
n = 3;
nj = @ole(cumcm2011B 附件2_全市六区交通网路和平台设置的数据表.xls,E2:E583);
d = @ole(Ldata1293.xlsx,A86:VJ667);
enddata
submodel obj1:
min = u;
@for(link:d*x <= u);
endsubmodel
submodel obj2:
min = s;
endsubmodel
submodel constr:
@for(lukou(i):g(i) = @sum(lukou(j):nj(j)*x(i,j)));
gb = @sum(lukou:nj)/(80+n);
@for(link(i,j):x(i,j) <= z(i));
@for(lukou(j):@sum(lukou(i):x(i,j)) = 1);
@for(lukou(i) | i#le#80:x(i,i) = 1;z(i) = 1);
@sum(lukou(i) | i#gt#80:z(i)) = n;
@for(link:@bin(x));
@for(lukou:@bin(z));
endsubmodel
submodel str2:
@for(link:d*x <= myobj);
@for(lukou(i) | i#le#80 #or# i#ge#445:gb*z(i) - s <= g(i);g(i) <= gb*z(i) + s);
endsubmodel
calc:
@set('terseo',1);
@solve(obj1,constr);
myobj = u;@write('最大出警时间:',u,@newline(1));
@solve(obj2,constr,str2);
sigma2 = @sum(lukou(i):(@sum(lukou(j):nj(j)*x(i,j)) - gb*z(i))^2)/(80+n);
zd = @max(lukou(i):@sum(lukou(j):nj(j)*x(i,j)));
@write('最大工作量为:',zd,@newline(1));
@write('方差为:',sigma2);
endcalc
end
```

上述 LINGO 程序的计算时间太长了,可以用 MATLAB 设计一些启发式算法求解上述模型,此处不再赘述。

12.9.7 全市范围的最佳围堵模型

1. 模型的建立

根据题意,本问要求最佳围堵方案,确定目标为调度全市交巡警服务平台警力资源使得围堵范围尽量小。据题意,需要根据现有交巡警服务平台设置方案进行求解,故本文在计算过程中使用原始数据。简单起见不考虑在第一问中 A 区增设的新平台。下设犯罪嫌疑人逃逸速度为 v km/h,并记 M_3 为所有警力平台组成的集合,d_{jk} 为节点 j 到节点 k 的距离。模型建立如下:

(1) 赋初值 $t=0$。

(2) 设 M_1 为距离 P 点小于 $v\cdot(3+t)$ min(即 $v/20$ km,下同) 的路口节点组成的集合,即
$$M_1 = \{v_i \mid d_{32,i} < v\cdot(3+t)\min\}。$$

(3) 设 M_2 为不在 M_1 中,且与 M_1 的节点直接相邻的路口节点组成的集合。

(4) 引进 0-1 决策变量
$$x_{jk} = \begin{cases} 1, & \text{节点 } v_j \text{ 由平台 } v_k \text{ 去封堵,} \\ 0, & \text{节点 } v_j \text{ 不由平台 } v_k \text{ 去封堵。} \end{cases}$$

建立如下 0-1 规划模型,寻求 t 时刻以 M_2 为围堵节点的最佳警力配置方案:
$$\min z = \max_{j,k}\{d_{jk}x_{jk}\},$$
$$\text{s.t.} \begin{cases} \sum_k x_{jk} = 1, \\ \sum_j x_{jk} \leq 1, \\ d_{jk}x_{jk} \leq d_{32,j} - v\cdot 3\min, \\ x_{jk}=0 \text{ 或 } 1, \quad j \in M_2; k \in M_3。 \end{cases} \quad (12.66)$$

式中:目标为最大围堵距离最短(等价于最大围堵时间最短);$\sum_j x_{jk} \leq 1$ 指平台 k 至多围堵一个节点;其他约束含义清楚,不再赘述。

若该问题有最优解,转下一步继续;否则(等价于没有可行解),表明以 M_2 作为围堵节点时,任何警力配置下都不能保证将罪犯围堵,令 $t = t + \Delta t$,回到(2)继续。

(5) 如果优化问题(12.66)有最优解,此时以 x_{jk} 为围堵方案,M_2 中所有节点都能被围堵,则 M_2 为所要围堵节点,$M_1 \cup M_2$ 为围堵区域。

2. 模型的求解

在每一步求解模型(12.66)可能需要大量计算时间。可以近似计算警力配置方案(而先不去求解 0-1 规划),总是在 M_3 中找离节点 i 最近的平台去封堵。

对上述模型在 MATLAB 和 LINGO 软件中求解,算法如下:

步骤 1 以 P 为出发点,确定 t 时刻不能封锁的点的集合 A。

步骤 2 确定与 A 相邻的点组成的集合 B。

步骤 3 考察 B 中的所有节点,如果 B 中有一节点不能及时封堵。则 $t = t + \Delta t$,转步骤 1,否则转步骤 4。

步骤 4 如果 B 中所有节点都能在罪犯逃离该节点前被及时封堵（本文在编程中采用警力配置就近原则进行封堵），这样就初步估计出封堵所用的时间 t，最后再用 LINGO 软件求解数学规划模型(12.66)。

取 $v=60$km/h，利用 LINGO 软件求得围捕时间为 8.79min，计算结果如表 12.60 所示。

表 12.60　围捕方案

设防节点	12	21	22	25	73	74	79	81	85	92	168	170	190	215	219	226
围捕平台	13	66	5511	3	18	2	1	4	20	31	33	38	36	37	34	
设防节点	248	253	273	370	371	459	481	482	487	548	550	558	562			
围捕平台	30	32	45	47	46	14	72	77	57	70	73	76	75			

计算的 MATLAB 程序如下：

```
clc,clear
xy0 = xlsread('cumcm2011B 附件2_全市六区交通网络和平台设置的数据表.xls',1,'B2:C583');%读入第1个表单中的路口坐标数据
nj = xlsread('cumcm2011B 附件2_全市六区交通网络和平台设置的数据表.xls',1,'E2:E583');
uv = xlsread('cumcm2011B 附件2_全市六区交通网络和平台设置的数据表.xls',2,'A2:B929');%读入第2个表单中的道路顶点编号
a = zeros(582);
pt = xlsread('cumcm2011B 附件2_全市六区交通网络和平台设置的数据表.xls',3,'B2:B81');%读入第3个表单中平台位置标号
n = length(pt);%警力平台个数
for i = 1:length(uv)
a(uv(i,1),uv(i,2)) = sqrt((xy0(uv(i,1),1) - xy0(uv(i,2),1))^2 + (xy0(uv(i,1),2) - xy0(uv(i,2),2))^2)*0.1;
end
a = a + a';%构造实对称的邻接矩阵
a = tril(a);a = sparse(a);
b = graphallshortestpaths(a,'directed',0);%求所有节点对之间的最短距离;
speed = 60;sp = speed/60;fail = 1;t = 0;
tic %计时开始
b32 = b(32,:);%32号节点到其他所有节点的距离
while fail ~ = 0;
ptD = [];%记录负责围堵的平台
B = [];numD = 0;
A = find(b32 < (3 + t)*sp),numA = length(A);%确定 tmin 无法封锁的节点集合 A 及个数
for i = 1:numA
    indB1 = find(uv(:,1) == A(i));%求 A 中节点的相邻节点地址
    indB2 = find(uv(:,2) == A(i));%求 A 中节点的相邻节点地址
    B = [B,setdiff(uv(indB1,2)',A)];%B 集合为 A 集合的相邻节点构成的集合
    B = [B,setdiff(uv(indB2,1)',A)];
end
B = unique(B),numB = length(B);%去掉重复元素,并统计 B 中元素个数
```

```
for j = 1:numB
    [tt,indT] = min(b(B(j),pt)/sp);% 平台到该节点的最短时间
    if tt < t
        numD = numD + 1;
        ptD(numD) = pt(indT);% B(j)由平台pt(indT)负责围堵
        % pt(indT) = [];% 删除该平台编号,以后不能使用
    end
end
if numD == numB
    fail = 0;
else
    t = t + 0.1;
end
end
B,t % 显示围堵的节点和时间
c32 = b(32,B);% 提出嫌疑犯出发点到围堵点之间的最短距离
d = b(B,pt);% 提出围堵点与平台之间的最短距离
xlswrite('Ldata1295.xlsx',c32);
xlswrite('Ldata1295.xlsx',d,1,'A3')% 把矩阵d写入表单Sheet1中A3开始的单元格中
```

计算的 LINGO 程序如下:

```
model:
sets:
numB/1..29/:c;
numPT/1..80/;
link(numB,numPT):d,x;
endsets
data:
v = 1;
c = @ole(Ldata1295.xlsx,A1:AC1);!读入嫌疑犯出发点到围堵点之间的最短距离;
d = @ole(Ldata1295.xlsx,A3:CB31);!读入围堵点与平台之间的最短距离;
@ole(Ldata1295.xlsx,A33:CB61) = x;!把计算结果写到Excel文件中;
enddata
min = z;
@for(link:d*x <= z);
@for(numB(j):@sum(numPT(k):x(j,k)) = 1);
@for(numPT(k):@sum(numB(j):x(j,k)) <= 1);
@for(link(j,k):d(j,k)*x(j,k) <= c(j) - 3*v);
@for(link:@bin(x));
end
```

注 12.10 参考文献[31]所给出的如下形式的 MATLAB 程序(前面数据部分和 Floyd 算法略微进行了改写)无法求出该论文中所给出的结果。

```
clc,clear
```

```matlab
xy0 = xlsread('cumcm2011B 附件 2_全市六区交通网路和平台设置的数据表.xls',1,'B2:C583');
nj = xlsread('cumcm2011B 附件 2_全市六区交通网路和平台设置的数据表.xls',1,'E2:E583');
uv = xlsread('cumcm2011B 附件 2_全市六区交通网路和平台设置的数据表.xls',2,'A2:B929');
a = zeros(582);
pt = xlsread('cumcm2011B 附件 2_全市六区交通网路和平台设置的数据表.xls',3,'B2:B81');
n = length(pt);%警力平台个数
for i = 1:length(uv)
a(uv(i,1),uv(i,2)) = sqrt((xy0(uv(i,1),1) - xy0(uv(i,2),1))^2 + (xy0(uv(i,1),2) - xy0(uv(i,2),2))^2)*0.1;
end
a = a + a';%构造实对称的邻接矩阵
a = tril(a);a = sparse(a);
b = graphallshortestpaths(a,'directed',0);%求所有节点对之间的最短距离;
speed = 60;sp = speed/60;fail = 1;t = 0;
b32 = b(32,:);%32 号节点到其他所有节点的距离
A = find(b32 < 3*sp),numA = length(A);%确定无法封锁的节点集合 A 的初值及个数
while(numA < 583)&&(fail ~ = 0)
    t = t + 1;
    fail = 0;numB = 0;numD = 0;
    B = 0;D = 0;Dstation = 0;
    pt(:,2) = 1;
    for i = 1:928
if((~isempty(find(A == uv(i,1),1)))&&(isempty(find(B == uv(i,2),1)))&&(isempty(find(A == uv(i,1),1))))
            numB = numB + 1;
            B(numB) = uv(i,2);
        end
if((~isempty(find(A == uv(i,2),1)))&&(isempty(find(B == uv(i,1),1)))&&(isempty(find(A == uv(i,1),1))))
            numB = numB + 1;
            B(numB) = uv(i,1);
        end
    end
    for i = 1:numB
        Ddistance = 0;
        d1 = b(32,B(i))/sp;
        for j = 1:n
            d2(j,1) = b(pt(j,1),B(i));
        end
    end
    D = find((d1 - d2).*pt(:,2) > 3);
    if(isempty(D))
        numA = numA + 1;A(numA) = B(i);
        B = [B(1:i-1),b(i+1:numB)];
```

```
        fail = 1;break;
   else
        numD = numD + 1;
        for k = 1:length(D)
            Ddistance(k) = d2(D(k),1);
        end
        [Dmin,numDmin] = min(Ddistance);
        Dstation(numD) = pt(D(numDmin),1);
        pt(D(numDmin),2) = 0;
   end
end
toc,display(A),display(B),C = sort([A,B])
```

12.10 众筹筑屋规划方案设计

12.10.1 问题描述

2015年全国大学生数学建模竞赛D题。

众筹筑屋是互联网时代一种新型的房地产形式。现有占地面积为 102077.6m² 的众筹筑屋项目(表12.61)。项目推出后,有上万户购房者登记参筹。项目规定参筹者每户只能认购一套住房。

表12.61 方案Ⅰ的相关数据

子项目房型	住宅类型	容积率	开发成本	房型面积/m²	建房套数	开发成本/(元/m²)	售价/(元/m²)
房型1	普通宅	列入	允许扣除	77	250	4263	12000
房型2	普通宅	列入	允许扣除	98	250	4323	10800
房型3	普通宅	列入	不允许扣除	117	150	4532	11200
房型4	非普通宅	列入	允许扣除	145	250	5288	12800
房型5	非普通宅	列入	允许扣除	156	250	5268	12800
房型6	非普通宅	列入	允许扣除	167	250	5533	13600
房型7	非普通宅	列入	允许扣除	178	250	5685	14000
房型8	非普通宅	列入	不允许扣除	126	75	4323	10400
房型9	其他	不列入	允许扣除	103	150	2663	6400
房型10	其他	不列入	允许扣除	129	150	2791	6800
房型11	非普通宅	不列入	不允许扣除	133	75	2982	7200

在建房规划设计中,需考虑诸多因素,如容积率、开发成本、税率、预期收益等。根据国家相关政策,不同房型的容积率、开发成本、开发费用等在核算上要求均不同,相关条例与政策见附件2表12.62和附件3(可以从 http://www.mcm.edu.cn 下载)。

表 12.62 住宅核算相关指标

项 目	说 明
国家规定的最大容积率要求	2.28
土地总面积/m²	102077.6
取得土地支付的金额/元	777179627
与转让房地产有关的税金	按收入 5.65% 计算

请你结合本题附件中给出的具体要求及相关政策,建立数学模型,回答如下问题:

(1) 为了信息公开及民主决策,需要将这个众筹筑屋项目原方案(称为方案Ⅰ)的成本与收益、容积率和增值税等信息进行公布。请你们建立模型对方案Ⅰ进行全面的核算,帮助其公布相关信息。

通过对参筹者进行抽样调查,得到了参筹者对 11 种房型购买意愿的比例(表 12.64)。为了尽量满足参筹者的购买意愿,请你重新设计建设规划方案(称为方案Ⅱ),并对方案Ⅱ进行核算。

表 12.63 各种房型的建设约束范围

房型	1	2	3	4	5	6	7	8	9	10	11
最低套数	50	50	50	150	100	150	50	100	50	50	50
最高套数	450	500	300	500	550	350	450	250	350	400	250

表 12.64 参筹登记网民对各种房型的满意比例

房型	1	2	3	4	5	6	7	8	9	10	11
满意比例	0.4	0.6	0.5	0.6	0.7	0.8	0.9	0.6	0.2	0.3	0.4

(2) 一般而言,投资回报率达到 25% 以上的众筹项目才会被成功执行。你所给出的众筹筑屋方案Ⅱ能否被成功执行?如果能,请说明理由。如果不能,应怎样调整才能使此众筹筑屋项目能被成功执行?

注 12.11 (1) 住宅类型是"其他"的属于特殊类别,在最终增值税两类核算模式中,其对应开发成本,收入等因素不可忽略,可以按照已有普通宅、非普通宅建筑面积比,分摊后再计算。

(2) "列入"是指其对应的子项目房型的建筑面积参与容积率的核算。

(3) 开发成本为"不允许扣除"表示其对应项目产生的实际成本按规定不能参与增值税核算。

12.10.2 问题(1)的解答

1. 符号说明

表 12.65 为建立整个核算模型以及后续计算时会使用的符号说明。

2. 数据说明

表 12.61 为众筹筑屋项目的原方案,称为规划方案Ⅰ。

对于上述指标在计算中应注意的问题,有以下说明。

表 12.65 模型符号说明

	说明	符号	备注
销售收入	所有房售出获得的收入/万元	R	建筑面积×单位售价
加计扣除	取得土地使用权所支付的金额/万元	B	按建筑面积分摊总购地成本而得
	房地产开发成本/元	C	规定开发成本求和
	房地产开发费用	D	$(B+C) \times 0.1$,参照附件 2
	与转让房地产有关的税金/万元	E	$R \times 5.65\%$,参照附件 2
	其他扣除项目/万元	F	$(B+C) \times 0.2$,参照附件 2
增值税	扣除项目/万元	K	$B+C+D+E+F$,参照附件 2
	增值额/万元	S	$R-K$,参照附件 2
	增值率	t	S/K,参照附件 2
	增值税/万元	M	$f(S,K,t)$ 四级超率累进税率函数
	总投入	N	$B+C+D+E$
	最终利润值/万元	Z	$R-N-M$
其他指标	最大容积率	η_0	2.28
	实际容积率	η	
	规划用地总面积/m^2	G	
	实际建房套数	T	
	各种房型套数下限/套	Td	表 12.63
	各种房型套数上限/套	Tu	表 12.63
	单套面积/m^2	P	表 12.61
	每平米售价/元	Pa	表 12.61
	每平米开发成本/元	Pb	表 12.61
	实际总建房套数/套	Ta	11 种房型套数之和
	房型满意度	du	表 12.64
	平均满意度	Du	
	投资回报率	Lv	$Z/(N+M)$
	土地总面积/m^2	Sa	表 12.62
	购地总成本	Ba	表 12.62

(1) 住宅:由于计算增值税 M 时是采用四级超率累进税率,同时国家政策对非普通宅类别存在税收优惠政策,所以结合最新政策,在增值税核算时必须按普通型和非普通型两种房型分开核算,即四级超率累进税率函数 $M=f(S,K,t)$,具体如下。

对普通宅(i 表示子计算单元),有

$$M_i = \begin{cases} 0, & 0 \leq t_i \leq 20\%, \\ S_i \times 30\%, & 20\% < t_i \leq 50\%, \\ S_i \times 40\% - K_i \times 5\%, & 50\% < t_i \leq 100\%, \\ S_i \times 50\% - K_i \times 15\%, & 100\% < t_i \leq 200\%, \\ S_i \times 60\% - K_i \times 35\%, & t_i > 200\%. \end{cases}$$

对非普通宅（i 表示子计算单元），有

$$M_i = \begin{cases} S_i \times 30\%, & 0 < t_i \leq 50\%, \\ S_i \times 40\% - K_i \times 5\%, & 50\% < t_i \leq 100\%, \\ S_i \times 50\% - K_i \times 15\%, & 100\% < t_i \leq 200\%, \\ S_i \times 60\% - K_i \times 35\%, & t_i > 200\%。 \end{cases}$$

由于按普通、非普通两种房型分开核算，住宅类型为"其他"的属于特殊类别，在最终增值税两类核算模式中，其对应开发成本、收入等因素不可忽略，需要按照已有普通宅、非普通宅建筑面积比，分摊后再计算。

（2）容积率：容积率是实际总建筑面积与土地面积的比率，这个比率是有限制的。表 12.61 中容积率"不列入"是指其对应的子项目的建筑面积不参与容积率的核算，这实际上表明国家鼓励建设这些房型。

（3）开发成本：开发成本不允许扣除是指仅在计算增值税时对应子项目所实际发生的开发成本不能列入增值额核算中。

表 12.65 中出现的"其他扣除项目"，实为国家在增值税计算中设立的虚拟项，主要目的是在核算增值税时，在计算上给予一定的补贴，非实际发生的项目，在计算中应该注意。

3. 计算模型

具体公式为

$$\begin{cases} Z = R - N - M, \\ Lv = Z/(N + M), \\ \eta = \sum_{i=1}^{11}(T_i \times P_i)/Sa, \\ Ta = \sum_{i=1}^{11} T_i, \\ Du = \sum_{i=1}^{11}(du_i \times T_i)/Ta。 \end{cases}$$

式中，总购房款 R、增值税 M、纯利润 Z、容积率 η、总套数 Ta、平均满意度 Du、投资回报率 Lv 等指标的计算主要依赖于 R, N, M 的计算，其中平均满意度 Du、投资回报率 Lv 是后面问题所需要的重要指标，R, N 等指标的具体计算公式为（表 12.65）

$$\begin{cases} R_i = T_i \times P_i \times Pa_i, \\ B_i = T_i \times P_i \times Ba/\sum_{i=1}^{11}(T_i \times P_i), \\ C_i = T_i \times P_i \times Pb_i, \\ D_i = (B_i + C_i) \times 0.1, \\ E_i = R_i \times 5.65\%, \\ F_i = (B_i + C_i) \times 0.2, \\ N_i = B_i + C_i + D_i + E_i。 \end{cases}$$

4. 问题 1 的经济核算

首先计算各项目细则，如表 12.66 所示。

表 12.66　项目细则

子项目	建房套数/套	收入 R/万元	购地成本/万元	开发成本/万元	开发费用/万元	相关税金/万元	其他扣除/万元
房型 1	250	23100	5400.490	8206.275	1360.677	1305.150	2721.353
房型 2	250	26460	6873.351	10591.350	1746.470	1494.990	3492.940
房型 3	150	19656	4923.564	7953.660	1287.722	1110.564	2575.445
房型 4	250	46400	10169.754	19169.000	2933.875	2621.600	5867.751
房型 5	250	49920	10941.253	20545.200	3148.645	2820.480	6297.291
房型 6	250	56780	11712.751	23100.275	3481.303	3208.070	6962.605
房型 7	250	62300	12484.250	25298.250	3778.250	3519.950	7556.500
房型 8	75	9828	2651.150	4085.235	673.638	555.282	1347.277
房型 9	150	9888	4334.419	4114.335	844.875	558.672	1689.751
房型 10	150	13158	5428.545	5400.585	1082.913	743.427	2165.826
房型 11	75	7182	2798.436	2974.545	577.298	405.783	1154.596

其次计算增值税，如表 12.67 所示。

表 12.67　增值税的计算　　　　　　　　　　　　（万元）

合并	收入	购地成本	开发成本	开发费用	相关税金	加计扣除
普通宅	69216	17197.4	26751.285	4394.869	3910.704	8789.738
非普通宅	232410	50757.59	95172.505	14593.010	13131.165	29186.02
其他	23046	9762.964	9514.92	1927.788	1302.099	3855.577

原建设规划方案中普通宅所占比例为 0.2531，非普通宅所占比例为 0.7469，按照普通宅总建筑面积和非普通宅总建筑面积所占比例，将"其他"类的项目分摊，修正后的普通宅和非普通宅的增值率分别为 0.255783 和 0.158497，其他增值税的计算结果如表 12.68 所示。

表 12.68　"其他"类分摊增值税的修正后计算　　　　　　（万元）

分摊后	收入 R	购地成本 B	开发成本 C	开发费用 D	相关税金 E
普通宅	75048.26	19668.12	29159.2305	4882.7354	4240.2268
非普通宅	249623.7	58049.84	102279.4795	16032.9319	14103.741

分摊后	加计扣除 F	扣除总和 K	增值额 S	增值税 M	总增值税
普通宅	9765.4707	59762.13	15286.14	4585.841	14831.339
非普通宅	32065.864	215472.1	34151.66	10245.5	

整理得到核算结果如表 12.69 所示。

表 12.69　核算结果

总套数/套	实际总购房款/万元	实际总增值税/万元	实际纯利润/万元	实际容积率
2100	324672	14831.339	61424.35	2.2752

问题 1 计算的 LINGO 程序如下：

```
model:
sets:
num/1..11/:P,T,B,C,D,E,F,R,Pa,Pb;
item/1..7/;
link(num,item):TT;
num2/1..3/:nR,nB,nC,nD,nE,nF,PT;
num3/1 2/:rr,nR2,nB2,nC2,nD2,nE2,nF2,nK,S,M,nT;
endsets
data:
Ba = 77717.9627;
P,T,Pb,Pa =
77   250  4263  12000
98   250  4323  10800
117  150  4532  11200
145  250  5288  12800
156  250  5268  12800
167  250  5533  13600
178  250  5685  14000
126  754  3231  0400
103  150  2663  6400
129  150  2791  6800
133  75   2982  7200;
@ole(Ldata12101.xlsx,A1:G11) = TT;!把项目细则数据输出到Excel文件中;
@ole(Ldata12101.xlsx,A13:A115,B13:B15,C13:C15,D13:D15,E13:E15,F13:F15) = nR,nB,nC,nD,nE,nF;
@ole(Ldata12101.xlsx,A17:A18,B17:B18,C17:C18,D17:D18,E17:E118,F17:F18,G17:G18,H17:H18,I17:I18,K17:K18) = nR2,nB2,nC2,nD2,nE2,nF2,nK,S,nT,M;!nR2保存于单元格A17:A18,nB2保存于单元格B17:B18等等;
enddata
calc:
TP = @sum(num:P*T);!计算总的建筑面积;
@for(num:R = Pa*P*T/10000;!计算收入;
B = T*P*Ba/Tp;!计算购地成本;
C = P*T*Pb/10000;!计算开发成本;
D = 0.1*(B+C);!计算开发费用;
E = 0.0565*R;!计算税金;
F = 0.2*(B+C));!计算其他扣除项目;
@for(num(i):TT(i,1) = T(i);TT(i,2) = R(i);TT(i,3) = B(i);
TT(i,4) = C(i);TT(i,5) = D(i);TT(i,6) = E(i);TT(i,7) = F(i));
nR(1) = @sum(num(i)|i#le#3:R(i));!计算普通宅收入;
nR(2) = @sum(num(i)|i#ge#4 #and# i#le#8 #or# i#eq#11:R(i));!计算非普通宅收入;
nR(3) = @sum(num(i)|i#eq#9 #or# i#eq#10:R(i));!计算其他收入;
nB(1) = @sum(num(i)|i#le#3:B(i));!计算普通宅购地成本;
```

nB(2) = @sum(num(i) | i#ge#4 #and# i#le#8 #or# i#eq#11:B(i));!计算非普通宅购地成本；
nB(3) = @sum(num(i) | i#eq#9 #or# i#eq#10:B(i));!计算其他购地成本；
nC(1) = @sum(num(i) | i#le#3:C(i));!计算普通宅开发成本；
nC(2) = @sum(num(i) | i#ge#4 #and# i#le#8 #or# i#eq#11:C(i));!计算非普通宅开发成本；
nC(3) = @sum(num(i) | i#eq#9 #or# i#eq#10:C(i));!计算其他开发成本；
nD(1) = @sum(num(i) | i#le#3:D(i));!计算普通宅开发费用；
nD(2) = @sum(num(i) | i#ge#4 #and# i#le#8 #or# i#eq#11:D(i));!计算非普通宅开发费用；
nD(3) = @sum(num(i) | i#eq#9 #or# i#eq#10:D(i));!计算其他开发费用；
nE(1) = @sum(num(i) | i#le#3:E(i));!计算普通宅相关税金；
nE(2) = @sum(num(i) | i#ge#4 #and# i#le#8 #or# i#eq#11:E(i));!计算非普通宅相关税金；
nE(3) = @sum(num(i) | i#eq#9 #or# i#eq#10:E(i));!计算其他相关税金；
nF(1) = @sum(num(i) | i#le#3:F(i));!计算普通宅扣除项目；
nF(2) = @sum(num(i) | i#ge#4 #and# i#le#8 #or# i#eq#11:F(i));!计算非普通宅扣除项目；
nF(3) = @sum(num(i) | i#eq#9 #or# i#eq#10:F(i));!计算其他扣除项目；
PT(1) = @sum(num(i) | i#le#3:P(i)*T(i));!计算普通宅总面积；
PT(2) = @sum(num(i) | i#ge#4 #and# i#le#8 #or# i#eq#11:P(i)*T(i));!计算非普通宅总面积；
PT(3) = @sum(num(i) | i#eq#9 #or# i#eq#10:P(i)*T(i));!计算其他总面积；
rr(1) = PT(1)/(PT(1)+PT(2));rr(2) = 1 - rr(1);!计算普通宅和非普通宅的比例；
@for(num3(k):nR2(k) = nR(k) + rr(k)*nR(3);nB2(k) = nB(k) + rr(k)*nB(3));!计算分摊后明细；
nC2(k) = nC(k) + rr(k)*nC(3);nD2(k) = nD(k) + rr(k)*nD(3);
nE2(k) = nE(k) + rr(k)*nE(3);nF2(k) = nF(k) + rr(k)*nF(3);
nK(k) = nB2(k) + nC2(k) + nD2(k) + nE2(k) + nF2(k));
nK(1) = nK(1) - C(3);NK(2) = nK(2) - C(8) - C(11);!计算扣除总和；
@for(num3(k):S(k) = nR2(k) - nK(k);!计算增值额；
nT(k) = S(k)/nK(k);!计算增值率；
M(k) = 0.3*S(k));!计算增值税；
MT = @sum(num3:M);!计算总的增值税；
ZT = @sum(num:T);!总的建房套数；
ZR = @sum(num:R);!总的购房款；
ZS = ZR - @sum(num:B+C+D+E) - MT;!计算纯利润；
eta = @sum(num(i) | i#le#8:p(i)*T(i))/102077.6; !计算实际容积率；
endcalc
end

12.10.3 问题(2)的解答

1. 模型建立

根据地形限制和申请规则，城建部门规定了众筹公司公布的11种房型最低套数约束 Td_i ($i=1,2,\cdots,11$) 和最高套数约束 Tu_i，此约束在12.10.4节中也会用到，数据如表12.63所示。根据调查结果整理出来的参筹者对各种房型满意的比例见表12.64。记 f_i 为参筹者对编号 i 的房型的满意度比例；f 为房型的平均满意度；决策变量为房型 i 的建房套数 x_i ($i=1,2,\cdots,11$)。

以平均满意度最大为目标建立优化模型,即

$$\max f = \frac{\sum_{i=1}^{11} f_i x_i}{\sum_{i=1}^{11} x_i},$$

$$\text{s. t.} \begin{cases} \sum_{i=1}^{11} P_i x_i / 102077.6 \leqslant 2.28, \\ Td_i \leqslant x_i \leqslant Tu_i, \quad i = 1, 2, \cdots, 11, \\ x_i \text{为整数}, \quad i = 1, 2, \cdots, 11. \end{cases} \quad (12.67)$$

式中:第1个约束为实际容积率不超过国家规定容积率;第2个约束为每类房型具体套数上下限约束,这里的目标函数是非线性的。

2. 优化结果

利用 LINGO 软件,求得模型(12.67)的最优解如表 12.70 所示,平均满意度的最大值为 0.7069。

表 12.70　优化结果　　　　　　　　　　　　　　　　　　　　(套)

房型1	房型2	房型3	房型4	房型5	房型6	房型7	房型8	房型9	房型10	房型11
50	50	50	150	100	350	450	100	50	50	50

计算模型(12.67)的 LINGO 程序如下:

```
model:
sets:
num/1..11/:f,td,tu,x,P;
endsets
data:
P = 77   98  117  145  156  167  178  126  103  129  133;
f = 0.4  0.6  0.5  0.6  0.7  0.8  0.9  0.6  0.2  0.3  0.4;
td = 50   50   50  150  100  150   50  100   50   50   50;
tu = 450  500  300  500  550  350  450  250  350  400  250;
enddata
max = @sum(num:f*x/@sum(num:x));
@for(num:td<=x;x<=tu);
@sum(num:P*x)/102077.6<=2.28;
@for(num:@gin(x));
```

保持第1问核算模型的计算流程不变,将住宅"其他"类的项目分摊,分摊后的普通住宅和非普通住宅的增值率分别为 0.217432 和 0.093411,增值税的计算结果如表 12.71 所示。

表 12.71　增值税的修正后计算　　　　　　　　　　　　　　　　(万元)

分摊后	收入 R	购地成本 B	开发成本 C	开发费用 D	相关税金 E
普通宅	16998.72	5409.689	6631.512	1204.12	960.4276
非普通宅	264479.3	72308.27	107977.6	18028.59	14943.08

(续)

分摊后	加计扣除 F	扣除总和 K	增值额 S	增值税 M	总增值税
普通宅	2408.24	13962.77	3035.949	910.7848	7689.159
非普通宅	36057.17	241884.7	22594.58	6778.374	

于是得到其他经济指标的核算结果,如表 12.72 所示。

表 12.72 其他经济指标的核算结果

总套数/套	实际总购房款/万元	实际总增值税/万元	实际纯利润/万元	实际容积率	投资回报率/%
1450	281478	7689.159	46325.55	1.989663	19.70

12.10.4 问题(3)的解答

1. 模型建立

由于 12.10.3 节计算得到的投资回报率为 0.1970,小于 0.25,因而众筹项目难以被成功执行,众筹公司只能再次修改方案。保持问题(2)建立的数学模型,增加一个新的约束条件,即众筹公司的投资回报率必须大于等于 25%。继续以每类房型的具体套数作为决策变量,房型的平均满意度最大为目标建立模型如下:

$$\max f = \frac{\sum_{i=1}^{11} f_i x_i}{\sum_{i=1}^{11} x_i},$$

$$\text{s.t.} \begin{cases} \sum_{i=1}^{11} P_i x_i / 102077.6 \leq 2.28, \\ Td_i \leq x_i \leq Tu_i, \quad i=1,2,\cdots,11, \\ x_i \text{ 为整数}, \quad i=1,2,\cdots,11, \\ Lv \geq r, \end{cases}$$

式中:$Lv = \frac{R-(B+C+D+E)-M}{B+C+D+E+M}$,其中 $R = \sum_{i=1}^{11} P_i \times Pa_i \cdot x_i$,$B=77717.9627$,$C = \sum_{i=1}^{11} P_i \times Pb_i \cdot x_i$,$D=0.1 \times (B+C)$,$E=0.0565 \times R$,$F=0.2 \times (B+C)$,$M=0.3 \times [R-(B+C+D+E+F)]$。具体计算时,$r$ 可以取一系列不同的值。

利用 LINGO 软件求解时,r 的最大值只能取为 0.23,否则没有可行解,得到的计算结果如表 12.73 所示。

表 12.73 优化结果

房型1	房型2	房型3	房型4	房型5	房型6	房型7	房型8	房型9	房型10	房型11
439	50	50	151	100	239	449	100	50	50	50

计算的 LINGO 程序如下:

model:
sets:

```
num/1..11/:f,td,tu,x,P,Pa,Pb;
endsets
data:
B = 77717.9627;
P = 77  98  117  145  156  167  178  126  103  129  133;
Pa = 12000  10800  11200  12800  12800  13600  14000  10400  6400  6800  7200;
Pb = 4263  4323  4532  5288  5268  5533  5685  4323  2663  2791  2982;
f = 0.4  0.6  0.5  0.6  0.7  0.8  0.9  0.6  0.2  0.3  0.4;
td = 50  50  50  150  100  150  50  100  50  50  50;
tu = 450  500  300  500  550  350  450  250  350  400  250;
enddata
max = @sum(num:f*x/@sum(num:x));
@for(num:td<=x;x<=tu);
@sum(num:P*x)/102077.6 <= 2.28;
R = @sum(num:P*Pa*x)/10000; C = @sum(num:P*Pb*x)/10000;
D = 0.1*(B+C); E = 0.0565*R;   FF = 0.2*(B+C);
M = 0.3*(R-B-C-D-E-FF);
(R-B-C-D-E-M)/(B+C+D+E+M) >= 0.23;
@for(num:@gin(x));
```

同理可得到分摊后普通宅和非普通宅的增值率分别为 0.159896 和 0.117397,增值税的计算结果如表 12.74 所示。

表 12.74 增值税的修正后计算

分摊后	收入 R	购地成本 B	开发成本 C	开发费用 D	相关税金 E
普通宅	53955.34	15658.31	19818.72	3547.703	3048.477
非普通宅	238192.3	62059.66	97278.32	15933.8	13457.87
分摊后	加计扣除 F	扣除总和 K	增值额 S	增值税 M	总增值税
普通宅	7095.405	46517.39	7437.949	2231.385	9738.921
非普通宅	31867.59	213167.2	25025.12	7507.536	

同理得到其他经济指标的核算结果,如表 12.75 所示。

表 12.75 其他经济指标的核算结果

总套数/套	实际总购房款/万元	实际总增值税/万元	实际纯利润/万元	实际容积率	投资回报率/%
1728	292147.7	9738.921	51605.92	2.1012	21.45

注 12.12 表 12.75 中投资回报率为 21.45%,比上面优化模型中投资回报率 23% 还低的原因是上面增值税的计算是近似的。另外,上述计算结果和命题人的计算结果差异比较大,读者可以试着重新计算。

习 题 12

12.1 在各种运动比赛中,为了使比赛公平、公正、合理地举行,一个基本要求是:在比赛项目排序过程中,尽可能使每个运动员不连续参加两项比赛,以便运动员恢复体力,发挥正常水平。

表 12.76 所示是某个小型运动会的比赛报名表。有 14 个比赛项目,40 名运动员参加比赛。表中第 1 行表示 14 个比赛项目,第 1 列表示 40 名运动员,表中"#"号位置表示运动员参加此项比赛。建立此问题的数学模型,并且合理安排比赛项目顺序,使连续参加两项比赛的运动员人次尽可能地少。

表 12.76　某小型运动会的比赛报名表

运动员＼项目	1	2	3	4	5	6	7	8	9	10	11	12	13	14
1		#	#					#					#	
2								#			#	#		
3			#		#					#				
4				#				#				#		
5											#		#	#
6						#	#							
7												#	#	
8										#				#
9			#		#					#	#			
10	#	#		#			#							
11													#	
12								#		#				
13					#					#				
14				#	#			#						
15				#					#			#		
16										#	#	#		
17							#							#
18							#				#			
19					#					#				
20		#			#									
21										#				#
22			#		#									
23							#					#		
24								#	#				#	#
25			#	#						#				
26														
27							#				#			
28				#				#						
29		#										#	#	
30						#	#							

（续）

项目\运动员	1	2	3	4	5	6	7	8	9	10	11	12	13	14
31						#		#				#		
32							#			#				
33				#		#								
34	#		#										#	#
35					#	#						#		
36					#		#							
37	#								#					
38						#		#		#				#
39					#			#				#		
40						#	#		#				#	

12.2 2007年全国大学生数学建模竞赛 D 题：体能测试时间安排。

某校按照教学计划安排各班学生进行体能测试，以了解学生的身体状况。测试包括身高与体重、立定跳远、肺活量、握力和台阶试验共 5 个项目，均由电子仪器自动测量、记录并保存信息。该校引进身高与体重测量仪器 3 台，立定跳远、肺活量测量仪器各 1 台，握力和台阶试验测量仪器各 2 台。

身高与体重、立定跳远、肺活量、握力 4 个项目每台仪器每个学生的平均测试（包括学生的转换）时间分别为 10s、20s、20s、15s，台阶试验每台仪器一次测试 5 个学生，需要 3min30s。

每个学生测试每个项目前要录入个人信息，即学号，平均需时 5s。仪器在每个学生测量完毕后学号将自动后移一位，于是如果前后测试的学生学号相连，就可以省去录入时间，而同一班学生的学号是相连的。

学校安排每天的测试时间为 8:00～12:10 与 13:30～16:45 两个时间段。5 项测试都在最多容纳 150 个学生的小型场所进行，测试项目没有固定的先后顺序。参加体能测试的各班人数如表 12.77 所示。

表 12.77 参加体能测试的各班人数

班号	1	2	3	4	5	6	7	8	9	10	11	12	13	14	15
人数	41	45	44	44	26	44	42	20	20	38	37	25	45	45	45
班号	16	17	18	19	20	21	22	23	24	25	26	27	28	29	30
人数	44	20	30	39	35	38	38	28	25	30	36	20	24	32	33
班号	31	32	33	34	35	36	37	38	39	40	41	42	43	44	45
人数	41	33	51	39	20	20	37	38	39	42	40	37	50	50	
班号	46	47	48	49	50	51	52	53	54	55	56				
人数	42	43	41	42	45	42	19	39	75	17	17				

学校要求同一班的所有学生在同一时间段内完成所有项目的测试，并且在整个测试所需时间段数最少的条件下，尽量节省学生的等待时间。

请你用数学符号和语言表述各班测试时间安排问题，给出该数学问题的算法，尽量用清晰、直观的图表形式为学校工作人员及各班学生表示出测试时间的安排计划,并且说明该计划怎样满足学校的上述要求和条件。

最后,请对学校以后的体能测试就以下方面提出建议,并说明理由:引进各项测量仪器的数量;测试场所的人员容量;一个班的学生是否需要分成几个组进行测试等。

12.3 2001 年全国大学生数学建模竞赛 C 题:基金使用计划。

某校基金会有一笔数额为 M 元的基金,打算将其存入银行或购买国库券。当前银行存款及各期国库券的利率如表 12.78 所示。假设国库券每年至少发行一次,发行时间不定。取款政策参考银行的现行政策。

表 12.78　当前银行存款及各期国库券的利率

	银行存款税后年利率/%	国库券年利率/%
活期	0.792	
半年期	1.664	
一年期	1.800	
二年期	1.944	2.55
三年期	2.160	2.89
五年期	2.304	3.14

校基金会计划在 n 年内每年用部分本息奖励优秀师生,要求每年的奖金额大致相同,且在 n 年末仍保留原基金数额。校基金会希望获得最佳的基金使用计划,以提高每年的奖金额。请你帮助校基金会在如下情况下设计基金使用方案,并对 $M=5000$ 万元,$n=10$ 年给出具体结果:

(1) 只存款不购国库券;

(2) 可存款也可购国库券;

(3) 学校在基金到位后的第 3 年要举行百年校庆,基金会希望这一年的奖金比其他年度多 20%。

12.4 1999 年全国大学生数学建模竞赛 C 题:煤矸石堆积。

煤矿采煤时,会产出无用废料——煤矸石。在平原地区,煤矿不得不征用土地堆放矸石。通常矸石的堆积方法是:架设一段与地面角度约为 $\beta=25°$ 的直线形上升轨道(角度过大,运矸车无法装满),用在轨道上行驶的运矸车将矸石运到轨道顶端后向两侧倾倒,待矸石堆高后,再借助矸石堆延长轨道,这样逐渐堆起如图 12.12 所示的一座矸石山。

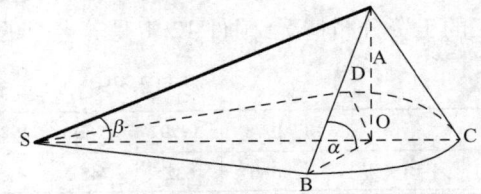

图 12.12　煤矸石堆积示意图

现给出下列数据:矸石自然堆放安息角(矸石自然堆积稳定后,其坡面与地面形成的夹角)$\alpha \leq 55°$;矸石容重(碎矸石单位体积的质量)约 $2t/m^3$;运矸车所需电费为 0.50 元/kw·h(不变);运矸车机械效率(只考虑堆积坡道上的运输)初始值(在地平面上)约 30%,坡道每延长 10m,效率在原有基础上约下降 2%;土地征用费现值为 8 万元/亩(1 亩 $\approx 666.67 m^2$),预计地价年涨幅约 10%;银行存、贷款利率均为 5%;煤矿设计原煤产量为 300 万 t/年;煤矿设计寿命为 20 年;采矿出矸率(矸石占全部采出的百分比)一般为 7%~10%。另外,为保护耕地,煤矿堆矸土地应比实际占地多征用 10%。

现在煤矿设计中用于处理矸石的经费(只计征地费及堆积时运矸车用的电费)为 100 万

元/年,这笔钱是否够用?试制订合理的年度征地计划,并对不同的出矸率预测处理矸石的最低费用。

12.5 2011年全国大学生数学建模竞赛C题:企业退休职工养老金制度的改革。

养老金也称退休金,是一种根据劳动者对社会所作贡献及其所具备享受养老保险的资格,以货币形式支付的保险待遇,用于保障职工退休后的基本生活需要。

我国企业职工基本养老保险实行"社会统筹"与"个人账户"相结合的模式,即企业把职工工资总额按一定比例(20%)缴纳到社会统筹基金账户,再把职工个人工资按一定比例(8%)缴纳到个人账户。这两个账户合称为养老保险基金。退休后,按职工在职期间每月(或年)的缴费工资与社会平均工资之比(缴费指数),再考虑到退休前一年的社会平均工资等因素,从社会统筹账户中拨出资金(基础养老金),加上个人工资账户中一定比例的资金(个人账户养老金),作为退休后每个月的养老金。养老金会随着社会平均工资的调整而调整。如果职工死亡,社会统筹账户中的资金不退给职工,个人账户中的余额可继承。个人账户储存额以银行当时公布的一年期存款利率计息,为简单起见,利率统一设定为3%。

养老金的发放与职工在职时的工资及社会平均工资有着密切关系;工资的增长又与经济增长相关。近30年来我国经济发展迅速,工资增长率也较高;而发达国家的经济和工资增长率都较低。我国经济发展的战略目标,是要在21世纪中叶使我国人均国民生产总值达到中等发达国家水平。

现在我国养老保险改革正处于过渡期。养老保险管理的一个重要的目标是养老保险基金的收支平衡,它关系社会稳定和老龄化社会的顺利过渡。影响养老保险基金收支平衡的一个重要因素是替代率。替代率是指职工刚退休时的养老金占退休前工资的比例。按照国家对基本养老保险制度的总体思路,未来基本养老保险的目标替代率确定为58.5%。替代率较低,退休职工的生活水准低,养老保险基金收支平衡容易维持;替代率较高,退休职工的生活水准就高,养老保险基金收支平衡较难维持,可能出现缺口。所谓缺口,是指当养老保险基金入不敷出时出现的收支之差。

表12.79是山东省职工历年平均工资数据;表12.80是2009年山东省某企业各年龄段职工的工资分布情况,附件12.1是养老金的计算办法。请建立数学模型,解决如下问题:

表12.79 山东省职工历年平均工资统计表

年份	1978	1979	1980	1981	1982	1983	1984	1985	1986	1987	1988
平均工资	566	632	745	755	769	789	985	1110	1313	1428	1782
年份	1989	1990	1991	1992	1993	1994	1995	1996	1997	1998	1999
平均工资	1920	2150	2292	2601	3149	4338	5145	5809	6241	6854	7656
年份	2000	2001	2002	2003	2004	2005	2006	2007	2008	2009	2010
平均工资	8772	10007	11374	12567	14332	16614	19228	22844	26404	29688	32074

表12.80 2009年山东省某企业各年龄段工资分布表

年龄段	月收入范围/元							
	1000~1499	1500~1999	2000~2499	2500~2999	3000~3499	3500~3999	4000~4999	5000~8000
20~24岁职工数	74	165	26	16	1	0	0	0
25~29岁职工数	36	82	94	42	6	3	0	0

(续)

年龄段	月收入范围/元							
	1000~1499	1500~1999	2000~2499	2500~2999	3000~3499	3500~3999	4000~4999	5000~8000
30~34岁职工数	0	32	83	95	24	6	2	0
35~39岁职工数	0	11	74	83	36	16	4	2
40~44岁职工数	0	0	43	86	55	21	13	3
45~49岁职工数	0	3	32	32	64	41	18	4
50~54岁职工数	0	7	23	29	44	21	8	3
55~59岁职工数	0	6	17	27	37	7	7	0

问题一：对未来中国经济发展和工资增长的形势做出你认为是简化、合理的假设，并参考附件1，预测2011—2035年的山东省职工的年平均工资。

问题二：根据表12.80计算2009年该企业各年龄段职工工资与该企业平均工资之比。如果把这些比值看作职工缴费指数的参考值，考虑该企业职工自2000年起分别从30岁、40岁开始缴养老保险，一直缴费到退休(55岁,60岁,65岁)，计算各种情况下的养老金替代率。

问题三：假设该企业某职工自2000年起从30岁开始缴养老保险，一直缴费到退休(55岁,60岁,65岁)，并从退休后一直领取养老金，至75岁死亡。计算养老保险基金的缺口情况，并计算该职工领取养老金到多少岁时，其缴存的养老保险基金与其领取的养老金之间达到收支平衡。

问题四：如果既要达到目标替代率，又要维持养老保险基金收支平衡，你认为可以采取什么措施？请给出理由。

附件12.1 养老金的计算办法。

参加市城镇企业职工基本养老保险社会统筹的人员，达到国家规定的退休年龄，实际缴费年限满15年以上的，按月计发基本养老金。

按照2005年颁布的《国务院关于完善企业职工基本养老保险制度的决定》和《百度百科：养老金》(http://baike.baidu.com/view/407916.htm)等材料，可以得到养老金的如下计算方法：

职工退休时的养老金由两部分组成：养老金 = 基础养老金 + 个人账户养老金。

个人账户养老金 = 个人账户储存额 ÷ 计发月数(表12.81)。

表12.81 个人账户养老金计发月数表

退休年龄	计发月数	退休年龄	计发月数	退休年龄	计发月数	退休年龄	计发月数
40	233	48	204	56	164	64	109
41	230	49	199	57	158	65	101
42	226	50	195	58	152	66	93
43	223	51	190	59	145	67	84
44	220	52	185	60	139	68	75
45	216	53	180	61	132	69	65
46	212	54	175	62	125	70	56
47	208	55	170	63	117		

基础养老金 =（全省上年度在岗职工月平均工资 + 本人指数化月平均缴费工资）÷ 2 × 缴费年限 × 1%。

本人指数化月平均缴费工资 = 全省上年度在岗职工月平均工资 × 本人平均缴费指数。

能够正确反映"本人指数化月平均缴费工资（Average Indexed Monthly Earnings）"指标的计算公式为

$$S = \frac{x_1 \times c_1/c_1 + x_2 \times c_1/c_2 + \cdots + x_m \times c_1/c_m}{n}。 \tag{12.68}$$

式中：$x_1, x_2, \cdots, x_m$ 为参保人员退休前 1 年、2 年、……、m 年本人缴费工资额；$c_1, c_2, \cdots, c_m$ 为参保人员退休前 1 年、2 年、……、m 年全国/省/地市"职工平均工资"或称"社会平均工资"；n 为企业和职工实际缴纳基本养老保险费的月数合计（可以简单认为等于 $12m$，m 为企业和职工实际缴纳基本养老保险费的年限）；c_1/c_i 为退休前第 i 年的缴费指数，$i = 1, 2, \cdots, m$。

参保人员 i 年度的本人缴费工资 x_i 通过工资指数 c_1/c_i 得到指数化缴费工资 $x_i \times c_1/c_i$，从而使各年度不可比的 x_i 换算为相当于参保人员退休前 1 年社会平均工资 c_1 水平的、可比的各年度指数化缴费工资 $x_i \times c_1/c_i$，各年度指数化缴费工资 $x_i \times c_1/c_i$ 加总再除以参保人员实际缴费月数和 n，进而得到本人指数化月平均缴费工资 S。由此，该指标能够反映参保人员在整个缴费年限的缴费工资平均水平。

12.6 酒店客房的最优分配

在信息技术迅速发展的今天，许多酒店都充分利用网络平台，开发和使用网络预订系统，以提高经济效益。酒店一般将客户分成散客户和常客户两类。对于散客，网络系统采用在线回复的形式，确定客户的预订方案。常客户指旅行团和会议等大宗客户，酒店在为他们提供优惠价格的同时，一般采用离线预订策略，即在客户提出需求后，系统不是立刻回复是否有房，而是在规定的时间段内进行统筹安排，及时向客户发布和确认客房预订方案。在房源紧张且无法满足客户提出的各种价位客房（如标准间、商务间、豪华间等）的预订要求时，还会向客户发布不同价位剩余房间数目的信息和优惠的入住条件，争取客户改变原来的预订要求，以提高入住率，增加酒店的效益。

酒店公布的客房报价一般针对于散客，有较大的利润空间，散客通过信用卡预付房租后，酒店管理者注重信誉，不会违约取消预定，除非客户本人提出退房。因此可以假设，已经预订出的房间资源不能变动，酒店管理者在任何时候都掌握所有的房源剩余情况。本题要讨论的是，根据一个时段内常客户提出的房间预定要求，以及当前各种价位房源的价格和剩余状况，以酒店收入最大为目标，为常客户确定客房分配方案。

酒店获得客房分配的最大经济效益所采用的方法是效益管理研究的基本内容。效益管理最初在航空管理和其他服务行业上取得了成功的应用。

一家酒店利用网络系统为常客户开设标准间和商务间两类客房的预定服务，酒店以一周（星期一到星期日）为一个时段处理这项业务。现在收到旅行社提出的一个周的预定需求单，如表 12.82 和表 12.83 所示。表 12.82 中"星期一"对应的一行数字表示星期一入住，只预定当天的 2 间，预定到星期二的 20 间，预定到星期三的 6 间，……，一直预定到星期日的 7 间。其他各行及表 12.83 都类似。

酒店对旅行社的报价如表 12.84 和表 12.85 所示。表中数字的含义与表 12.82 和表 12.83 相对应，如对于表 12.84，星期一入住，只住当天的每间 888 元，住到星期二的每间

1680元,……,一直住到星期日的每间4973元。从这些数字可以看出,酒店在制定客房的报价时,对居住时间越长的顾客,给予的优惠越大。考虑到周末客房使用率高的统计规律,这两天的价格定位相对较高。这些价格全部对外公布。

表 12.82　旅行社提出的标准间需求单　　　　　　　　　　　　　　　　　　　　（间）

	星期一	星期二	星期三	星期四	星期五	星期六	星期日
星期一	2	20	6	10	15	18	7
星期二		5	0	8	10	10	20
星期三			12	17	14	9	30
星期四				0	6	15	20
星期五					30	27	20
星期六						18	10
星期日							22

表 12.83　旅行社提出的商务间需求单　　　　　　　　　　　　　　　　　　　　（间）

	星期一	星期二	星期三	星期四	星期五	星期六	星期日
星期一	12	8	6	10	5	4	7
星期二		9	12	10	9	5	2
星期三			12	7	6	5	2
星期四				8	7	5	1
星期五					5	8	24
星期六						26	18
星期日							0

表 12.84　酒店的标准间报价单　　　　　　　　　　　　　　　　　　　　　　（元/间）

	星期一	星期二	星期三	星期四	星期五	星期六	星期日
星期一	888	1680	2530	3197	3996	4795	4973
星期二		888	1689	2530	3197	3996	4262
星期三			888	1680	2530	3374	3552
星期四				888	1776	2664	3197
星期五					999	1998	2697
星期六						999	1680
星期日							888

表 12.85　酒店的商务间报价单　　　　　　　　　　　　　　　　　　　　　　（元/间）

	星期一	星期二	星期三	星期四	星期五	星期六	星期日
星期一	1100	2200	3000	4000	5000	5800	6000
星期二		1100	2200	3000	4000	5000	5800
星期三			1100	2200	3000	4000	5000
星期四				1100	2200	3300	4000
星期五					1200	2400	3300
星期六						1200	2300
星期日							1100

酒店根据房源的剩余情况,在考虑到各种应急预案的条件下,要明确两类客房每天的可提供量,这些数字列入表 12.86。

表 12.86　酒店客房的可提供量　　　　　　　　　　　　　　　　（间）

	星期一	星期二	星期三	星期四	星期五	星期六	星期日
标准间	100	140	160	188	150	150	150
商务间	80	120	120	120	120	120	120

现在的任务是,根据表 12.82～表 12.86 的信息,以酒店收入最大为目标,针对以下 3 种不同情况,制订旅行社的客房分配方案。

（1）完全按照客户提出的不同价位客房预订要求制订分配方案,称为常规策略。

（2）在标准间（低价位客房）不够分配、而商务间（高价位客房）有剩余的情况下,将一部分商务间按对标准间的需求进行分配并收费,称为免费升级策略。

（3）在首选价位客房无法满足需求、而其他价位客房有剩余的情况下,采用折扣优惠的办法鼓励部分顾客改变原来的需求,选择其他价位客房,称为折扣优惠策略。

可以看出,第 2,3 种策略既可解决房源紧张的状况,又有利于提高酒店的声誉;还可以预见,这两种策略能够为酒店带来比常规策略更多的收入,请建立并求解这样一些模型,看看究竟能为酒店创造多大的效益。

12.7　2006 年全国大学生数学建模竞赛 A 题:出版社的资源配置。

出版社的资源主要包括人力资源、生产资源、资金和管理资源等,它们都捆绑在书号上,经过各个部门的运作,形成成本（策划成本、编辑成本、生产成本、库存成本、销售成本、财务与管理成本等）和利润。

某个以教材类出版物为主的出版社,总社领导每年需要针对分社提交的生产计划申请书、人力资源情况以及市场信息分析,将总量一定的书号数合理地分配给各个分社,使出版的教材产生最好的经济效益。事实上,由于各个分社提交的需求书号总量远大于总社的书号总量,因此总社一般以增加强势产品支持力度的原则优化资源配置。资源配置完成后,各个分社（分社以学科划分）根据分配到的书号数量,再重新对学科所属每个课程作出出版计划,付诸实施。

资源配置是总社每年进行的重要决策,直接关系出版社的当年经济效益和长远发展战略。由于市场信息（主要是需求与竞争力）通常是不完全的,企业自身的数据收集和积累也不足,因此,这种决策问题在我国企业中是普遍存在的。

本题附件中给出了该出版社所掌握的一些数据资料,请根据这些数据资料,利用数学建模的方法,在信息不足的条件下,提出以量化分析为基础的资源（书号）配置方法,给出一个明确的分配方案,向出版社提供有益的建议。

附件

附件 1:问卷调查表;

附件 2:问卷调查数据（五年）;

附件 3:各课程计划及实际销售数据表（5 年）;

附件 4:各课程计划申请或实际获得的书号数列表（6 年）;

附件 5:9 个分社人力资源细目。

注:附件 1～附件 5 可以从网站 http:www.mcm.edu.cn/下载。

12.8 2006年全国大学生数学建模竞赛 C 题：易拉罐形状和尺寸的最优设计。

只要稍加留意就会发现销量很大的饮料（如饮料量为 355mL 的可口可乐、青岛啤酒等）的饮料罐（即易拉罐）的形状和尺寸几乎都是一样的。看来，这并非偶然，而应该是某种意义下的最优设计。当然，对于单个的易拉罐来说，这种最优设计可以节省的成本可能是很有限的，但是如果生产几亿甚至几十亿个易拉罐，则节约的成本就很可观了。

现在就请你们小组来研究易拉罐的形状和尺寸的最优设计问题。具体说，请你们完成以下的任务：

（1）取一个饮料量为 355mL 的易拉罐，如 355mL 的可口可乐饮料罐，测量你们认为验证模型所需要的数据，如易拉罐各部分的直径、高度、厚度等，并把数据列表加以说明；如果数据不是你们自己测量得到的，那么必须注明出处。

（2）设易拉罐是一个正圆柱体。什么是它的最优设计？其结果是否可以合理地说明你们所测量的易拉罐的形状和尺寸（如半径和高之比等）？

（3）设易拉罐的中心纵断面如图 12.13 所示，即上面部分是一个正圆台，下面部分是一个正圆柱体。
什么是它的最优设计？其结果是否可以合理地说明你们所测量的易拉罐的形状和尺寸？

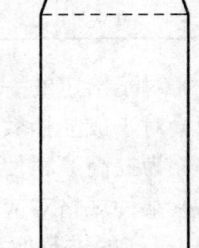

图 12.13 易拉罐的中心纵断面图

（4）利用你们对所测量的易拉罐的洞察和想象力，做出你们自己的关于易拉罐形状和尺寸的最优设计。

（5）用你们做本题以及以前学习和实践数学建模的亲身体验，写一篇短文（不超过 1000 字，你们的论文中必须包括这篇短文），阐述数学建模的定义、关键步骤以及难点。

12.9 2011年全国大学生数学建模竞赛 D 题：天然肠衣搭配问题。

天然肠衣（以下简称肠衣）制作加工是我国的一个传统产业，出口量占世界首位。肠衣经过清洗整理后被分割成长度不等的小段（原料），进入组装工序。传统的生产方式依靠人工，边丈量原料长度边心算，将原材料按指定根数和总长度组装出成品（捆）。

原料按长度分档，通常以 0.5m 为一档，如：3～3.4m 按 3m 计算，3.5m～3.9m 按 3.5m 计算，其余的依此类推。表 12.87 是几种常见成品的规格，长度单位为 m，∞ 表示没有上限，但实际长度小于 26m。

表 12.87 成品规格表

最短长度	最大长度	根 数	总 长 度
3	6.5	20	89
7	13.5	8	89
14	∞	5	89

为了提高生产效率，公司计划改变组装工艺，先丈量所有原料，建立一个原料表。表 12.88 为某批次原料描述，长度单位为 m。

根据以上成品和原料描述，设计一个原料搭配方案，工人根据这个方案"照方抓药"进行生产。

公司对搭配方案有以下具体要求：

表 12.88　原料描述表

长度	3~3.4	3.5~3.9	4~4.4	4.5~4.9	5~5.4	5.5~5.9	6~6.4	6.5~6.9
根数	43	59	39	41	27	28	34	21
长度	7~7.4	7.5~7.9	8~8.4	8.5~8.9	9~9.4	9.5~9.9	10~10.4	10.5~10.9
根数	24	24	20	25	21	23	21	18
长度	11~11.4	11.5~11.9	12~12.4	12.5~12.9	13~13.4	13.5~13.9	14~14.4	14.5~14.9
根数	31	23	22	59	18	25	35	29
长度	15~15.4	15.5~15.9	16~16.4	16.5~16.9	17~17.4	17.5~17.9	18~18.4	18.5~18.9
根数	30	42	28	42	45	49	50	64
长度	19~19.4	19.5~19.9	20~20.4	20.5~20.9	21~21.4	21.5~21.9	22~22.4	22.5~22.9
根数	52	63	49	35	27	16	12	2
长度	23~23.4	23.5~23.9	24~24.4	24.5~24.9	25~25.4	25.5~25.9		
根数	0	6	0	0	0	1		

(1) 对于给定的一批原料,装出的成品捆数越多越好。

(2) 对于成品捆数相同的方案,最短长度最长的成品越多,方案越好。

(3) 为提高原料使用率,总长度允许有 ±0.5m 的误差,总根数允许比标准少 1 根。

(4) 某种规格对应原料如果出现剩余,可以降级使用。如长度为 14m 的原料可以和长度为 7~13.5m 的进行捆扎,成品属于 7~13.5m 的规格。

(5) 为了食品保鲜,要求在 30min 内产生方案。

请建立上述问题的数学模型,给出求解方法,并对表 12.87、表 12.88 给出的实际数据进行求解,给出搭配方案。

12.10　2006 年全国大学生数学建模竞赛 C 题:饮酒驾车。

据报载,2003 年全国道路交通事故死亡人数为 10.4372 万,其中因饮酒驾车造成的占有相当的比例。

针对这种严重的道路交通情况,国家质量监督检验检疫局 2004 年 5 月 31 日发布了新的《车辆驾驶人员血液、呼气酒精含量阈值与检验》国家标准,新标准规定,车辆驾驶人员血液中的酒精含量大于或等于 20mg/100mL,小于 80mg/100mL 为饮酒驾车(原标准是小于 100mg/100mL),血液中的酒精含量大于或等于 80mg/100mL 为醉酒驾车(原标准是大于或等于 100mg/100mL)。

大李在中午 12 点喝了一瓶啤酒,下午 6 点检查时符合新的驾车标准,紧接着他在吃晚饭时又喝了一瓶啤酒,为了保险起见他呆到凌晨 2 点才驾车回家,又一次遭遇检查时却被定为饮酒驾车,这让他既懊恼又困惑,为什么喝同样多的酒,两次检查结果会不一样呢?

请你参考下面给出的数据(或自己收集资料)建立饮酒后血液中酒精含量的数学模型,并讨论以下问题:

(1) 对大李碰到的情况做出解释。

(2) 在喝了 3 瓶啤酒或者半斤低度白酒后多长时间内驾车就会违反上述标准,在以下情况下回答:

① 酒是在很短时间内喝的;

② 酒是在较长一段时间(如 2h)内喝的。

（3）怎样估计血液中的酒精含量在什么时间最高？
（4）根据你的模型论证：如果天天喝酒，是否还能开车？
（5）根据你做的模型并结合新的国家标准写一篇短文，给想喝一点酒的司机如何驾车提出忠告。

参考数据

（1）人的体液占人的体重的65%～70%，其中血液只占体重的7%左右；而药物（包括酒精）在血液中的含量与在体液中的含量大体是一样的。

（2）体重约70kg的某人在短时间内喝下2瓶啤酒后，隔一定时间测量他的血液中酒精含量（mg/100mL），得到的数据如表12.89所列。

表12.89 血液中酒精含量数据

时间/h	0.25	0.5	0.75	1	1.5	2	2.5	3	3.5	4	4.5	5
酒精含量/(mg/100mL)	30	68	75	82	82	77	68	68	58	51	50	41
时间/h	6	7	8	9	10	11	12	13	14	15	16	
酒精含量/(mg/100mL)	38	35	28	25	18	15	12	10	7	7	4	

12.11 1997年全国大学生数学建模竞赛A题：零件的参数设计。

一件产品由若干零件组装而成，标志产品性能的某个参数取决于这些零件的参数。零件参数包括标定值和容差两部分。进行成批生产时，标定值表示一批零件该参数的平均值，容差则给出了参数偏离其标定值的容许范围。若将零件参数视为随机变量，则标定值代表期望值，在生产部门无特殊要求时，容差通常规定为均方差的3倍。

进行零件参数设计，就是要确定其标定值和容差。这时要考虑两方面因素：一是当各零件组装成产品时，如果产品参数偏离预先设定的目标值，就会造成质量损失，偏离越大，损失越大；二是零件容差的大小决定了其制造成本，容差设计得越小，成本越高。

试通过如下具体问题给出一般的零件参数设计方法。

粒子分离器某参数（记为y）由7个零件的参数（记为$x_1, x_2, \cdots, x_7$）决定，经验公式为

$$y = 174.42 \left(\frac{x_1}{x_5}\right) \left(\frac{x_3}{x_2 - x_1}\right)^{0.85} \sqrt{\frac{1 - 2.62\left[1 - 0.36\left(\frac{x_4}{x_2}\right)^{-0.56}\right]^{3/2} \left(\frac{x_4}{x_2}\right)^{1.16}}{x_6 x_7}}。$$

y的目标值（记作y_0）为1.50。当y偏离$y_0 \pm 0.1$时，产品为次品，质量损失为1000元；当y偏离$y_0 \pm 0.3$时，产品为废品，损失为9000元。

零件参数的标定值有一定的容许变化范围；容差分为A，B，C三个等级，用与标定值的相对值表示，A等为±1%，B等为±5%，C等为±10%。7个零件参数标定值的容许范围，及不同容差等级零件的成本（元）如表12.90所列（符号/表示无此等级零件）。

表12.90 7个零件参数数据

	标定值容许范围	C等	B等	A等
x_1	[0.075, 0.125]	/	25	/
x_2	[0.225, 0.375]	20	50	/
x_3	[0.075, 0.125]	20	50	200

(续)

	标定值容许范围	C 等	B 等	A 等
x_4	[0.075, 0.125]	50	100	500
x_5	[1.125, 1.875]	50	/	/
x_6	[12, 20]	10	25	100
x_7	[0.5625, 0.935]	/	25	100

现进行成批生产,每批产量 1000 个。在原设计中,7 个零件参数的标定值为 $x_1 = 0.1$, $x_2 = 0.3$, $x_3 = 0.1$, $x_4 = 0.1$, $x_5 = 1.5$, $x_6 = 16$, $x_7 = 0.75$;容差均取最便宜的等级。

请你综合考虑 y 偏离 y_0 造成的损失和零件成本,重新设计零件参数(包括标定值和容差),并与原设计比较,总费用降低了多少。

12.12 2001 年全国大学生数学建模竞赛 B 题:公交车调度。

公共交通是城市交通的重要组成部分,作好公交车的调度对于完善城市交通环境、改进市民出行状况、提高公交公司的经济和社会效益,都具有重要意义。下面考虑一条公交线路上公交车的调度问题,其数据来自我国一座特大城市某条公交线路的客流调查和运营资料。

该条公交线路上行方向共 14 站,下行方向共 13 站,表 12.91 和表 12.92 给出的是典型的一个工作日两个运行方向各站上下车的乘客数量统计。公交公司配给该线路同一型号的大客车,每辆标准载客 100 人,据统计客车在该线路上运行的平均速度为 20km/h。运营调度要求,乘客候车时间一般不要超过 10min,早高峰时一般不要超过 5min,车辆满载率不应超过 120%,一般也不要低于 50%。

表 12.91 某路公交汽车上行方向数据

某路公交汽车各时组每站上下车人数统计表															上行方向:A13 开往 A0
站名		A13	A12	A11	A10	A9	A8	A7	A6	A5	A4	A3	A2	A1	A0
站间距/km			1.6	0.5	1	0.73	2.04	1.26	2.29	1	1.2	0.4	1	1.03	0.53
5:00~6:00	上	371	60	52	43	76	90	48	83	85	26	45	45	11	0
	下	0	8	9	13	20	48	45	81	32	18	24	25	85	57
6:00~7:00	上	1990	376	333	256	589	594	315	622	510	176	308	307	68	0
	下	0	99	105	164	239	588	542	800	407	208	300	288	921	615
7:00~8:00	上	3626	634	528	447	948	868	523	958	904	259	465	454	99	0
	下	0	205	227	272	461	1058	1097	1793	801	469	560	636	1871	1459
8:00~9:00	上	2064	322	305	235	477	549	271	486	439	157	275	234	60	0
	下	0	106	123	169	300	634	621	971	440	245	339	408	1132	759
9:00~10:00	上	1186	205	166	147	281	304	172	324	267	78	143	162	36	0
	下	0	81	75	120	181	407	411	551	250	136	187	233	774	483
10:00~11:00	上	923	151	120	108	215	214	119	212	201	75	123	112	26	0
	下	0	52	55	81	136	299	280	442	178	105	153	167	532	385
11:00~12:00	上	957	181	157	133	254	264	135	253	260	74	138	117	30	0
	下	0	54	58	84	131	321	291	420	196	119	159	153	534	340

第12章 数学建模中的应用实例

(续)

站名		A13	A12	A11	A10	A9	A8	A7	A6	A5	A4	A3	A2	A1	A0
站间距/km			1.6	0.5	1	0.73	2.04	1.26	2.29	1	1.2	0.4	1	1.03	0.53
12:00~13:00	上	873	141	140	108	215	204	129	232	221	65	103	112	26	0
	下	0	46	49	71	111	263	256	389	164	111	134	148	488	333
13:00~14:00	上	779	141	103	84	186	185	103	211	173	66	108	97	23	0
	下	0	39	41	70	103	221	197	297	137	85	113	116	384	263
14:00~15:00	上	625	104	108	82	162	180	90	185	170	49	75	85	20	0
	下	0	36	39	47	78	189	176	339	139	80	97	120	383	239
15:00~16:00	上	635	124	98	82	152	180	80	185	150	49	85	85	20	0
	下	0	36	39	57	88	209	196	339	129	80	107	110	353	229
16:00~17:00	上	1493	299	240	199	396	404	210	428	390	120	208	197	49	0
	下	0	80	85	135	194	450	441	731	335	157	255	251	800	557
17:00~18:00	上	2011	379	311	230	497	479	296	586	508	140	250	259	61	0
	下	0	110	118	171	257	694	573	957	390	253	293	378	1228	793
18:00~19:00	上	691	124	107	89	167	165	108	201	194	53	93	82	22	0
	下	0	45	48	80	108	237	231	390	150	89	131	125	428	336
19:00~20:00	上	350	64	55	46	91	85	50	88	89	27	48	47	11	0
	下	0	22	23	34	63	116	108	196	83	48	64	66	204	139
20:00~21:00	上	304	50	43	36	72	75	40	77	60	22	38	37	9	0
	下	0	16	17	24	38	80	84	143	59	34	46	47	160	117
21:00~22:22	上	209	37	32	26	53	55	29	47	52	16	28	27	6	0
	下	0	14	14	21	33	78	63	125	62	30	40	41	128	92
22:00~23:00	上	19	3	3	2	5	5	3	5	5	1	3	2	1	0
	下	0	3	5	8	18	17	27	12	7	9	9	32	21	

表 12.92 某路公交汽车下行方向数据

站名		A0	A2	A3	A4	A5	A6	A7	A8	A9	A10	A11	A12	A13
站间距/km			1.56	1	0.44	1.2	0.97	2.29	1.3	2	0.73	1	0.5	1.62
5:00~6:00	上	22	3	4	2	4	4	3	3	1	1	0	0	
	下	0	2	1	1	6	7	7	5	3	4	2	3	9
6:00~7:00	上	795	143	167	84	151	188	109	137	130	45	53	16	0
	下	0	70	40	40	184	205	195	147	93	109	75	108	271
7:00~8:00	上	2328	380	427	224	420	455	272	343	331	126	138	45	0
	下	0	294	156	157	710	780	849	545	374	444	265	373	958
8:00~9:00	上	2706	374	492	224	404	532	333	345	354	120	153	46	0
	下	0	266	158	149	756	827	856	529	367	428	237	376	1167

（续）

站名		A0	A2	A3	A4	A5	A6	A7	A8	A9	A10	A11	A12	A13
站间距/km			1.56	1	0.44	1.2	0.97	2.29	1.3	2	0.73	1	0.5	1.62
9:00~10:00	上	1556	204	274	125	235	308	162	203	198	76	99	27	0
	下	0	157	100	80	410	511	498	336	199	276	136	219	556
10:00~11:00	上	902	147	183	82	155	206	120	150	143	50	59	18	0
	下	0	103	59	59	246	346	320	191	147	185	96	154	438
11:00~12:00	上	847	130	132	67	127	150	108	104	107	41	48	15	0
	下	0	94	48	48	199	238	256	175	122	143	68	128	346
12:00~13:00	上	706	90	118	66	105	144	92	95	88	34	40	12	0
	下	0	70	40	40	174	215	205	127	103	119	65	98	261
13:00~14:00	上	770	97	126	59	102	133	97	102	104	36	43	13	0
	下	0	75	43	43	166	210	209	136	90	127	60	115	309
14:00~15:00	上	839	133	156	69	130	165	101	118	120	42	49	15	0
	下	0	84	48	48	219	238	246	155	112	153	78	118	346
15:00~16:00	上	1110	170	189	79	169	194	141	152	166	54	64	19	0
	下	0	110	73	63	253	307	341	215	136	167	102	144	425
16:00~17:00	上	1837	260	330	146	305	404	229	277	253	95	122	34	0
	下	0	175	96	106	459	617	549	401	266	304	162	269	784
17:00~18:00	上	3020	474	587	248	468	649	388	432	452	157	205	56	0
	下	0	330	193	194	737	934	1016	606	416	494	278	448	1249
18:00~19:00	上	1966	350	399	204	328	471	289	335	342	122	132	40	0
	下	0	223	129	150	635	787	690	505	304	423	246	320	1010
19:00~20:00	上	939	130	165	88	138	187	124	143	147	48	56	17	0
	下	0	113	59	59	266	306	290	201	147	155	86	154	398
20:00~21:00	上	640	107	126	69	112	153	87	102	94	36	43	13	0
	下	0	75	43	43	186	230	219	146	90	127	70	95	319
21:00~22:22	上	636	110	128	56	105	144	82	95	98	34	40	12	0
	下	0	73	41	42	190	243	192	132	107	123	67	101	290
22:00~23:00	上	294	43	51	24	46	58	35	41	42	15	17	5	0
	下	0	35	20	20	87	108	92	69	47	60	33	49	136

试根据这些资料和要求,为该线路设计一个便于操作的全天(工作日)的公交车调度方案,包括两个起点站的发车时刻表、一共需要多少辆车,以及这个方案以怎样的程度照顾乘客和公交公司双方的利益等等。

如何将这个调度问题抽象成一个明确、完整的数学模型,指出求解模型的方法。根据实际问题的要求,如果要设计更好的调度方案,应如何采集运营数据。

参 考 文 献

[1] LINGO User's Guide(LINGO12). LINDO SYSTEMS INC. ,2010.
[2] 谢金星,薛毅. 优化建模与 LINDO/LINGO 软件[M]. 北京:清华大学出版社,2005.
[3] 司守奎,孙兆亮. 数学建模算法与应用 [M]. 2 版. 北京:国防工业出版社,2015.
[4] 袁新生,邵大宏,郁时炼. LINGO 和 Excel 在数学建模中的应用[M]. 北京:科学出版社,2007.
[5] 盛骤,谢式千,潘承毅. 概率论与数理统计[M]. 4 版. 北京:高等教育出版社,2008.
[6] 韩中庚. 运筹学及其工程应用[M]. 北京:清华大学出版社,2014.
[7] 胡运权,郭耀煌. 运筹学教程[M]. 4 版. 北京:清华大学出版社,2012.
[8] (美)弗雷德里克. 运筹学导论[M]. 8 版. 胡运权,等译. 北京:清华大学出版社,2007.
[9] 马建华. 运筹学[M]. 北京:清华大学出版社,2014.
[10] 冯俊文,中国邮递员问题的整数规划模型[J]. 系统管理学报,2010,19(6):684-488.
[11] 张杰,郭立杰,周硕,等. 运筹学模型及其应用[M]. 北京:清华大学出版社,2012.
[12] 叶向. 实用运筹学上机实验指导与解题指导 [M]. 2 版. 北京:中国人民大学出版社,2013.
[13] 孙玺菁,司守奎. 复杂网络算法与应用[M]. 北京:国防工业出版社,2015.
[14] 李红艳,范君晖,高圣国,等. 运筹学[M]. 北京:清华大学出版社,2012.
[15] 孙立娟. 风险定量分析[M]. 北京:北京大学出版社,2011.
[16] 程理民,吴江,张玉林. 运筹学模型与方法教程[M]. 北京:清华大学出版社,2000.
[17] 吴薇薇,宁宣熙. 运筹学实用教程习题与解答[M]. 北京:科学出版社,2014.
[18] 胡运权. 运筹学习题集[M]. 4 版. 北京:清华大学出版社,2016.
[19] 吴立煦,罗万钧,赵可培. 运筹学习题解答[M]. 2 版. 上海:上海财经大学出版社,2010.
[20] 赵勇,孙永广,吴宗鑫. 水利水电建设的几个博弈问题研究[J]. 长江科学院院报,2004,21(1):56-59.
[21] 张维迎. 博弈论与信息经济学[M]. 上海:上海人民出版社,1996.
[22] 韩中庚. 数学建模方法及其应用[M]. 北京:高等教育出版社,2005.
[23] 赵国,宋建成. Google 搜索引擎的数学模型及其应用[J]. 西南民族大学学报(自然科学版),2010,36(3):480-486.
[24] 张贤达. 矩阵分析与应用[M]. 北京:清华大学出版社,2006.
[25] 程毛林. 经济预测中的正交回归分析[J]. 运筹与管理,2001,10(3):99-102.
[26] 胡明晓. 正交回归和一般最小二乘回归的几何误差分析[J]. 数理统计与管理,2010,29(2):248-253.
[27] 肖华勇. 基于 MATLAB 和 LINGO 的数学实验[M]. 西安:西北工业大学出版社,2011.
[28] 王积建. 全国大学生数学建模竞赛试题研究[M]. 北京:国防工业出版社,2015.
[29] 叶云佳,刘剑,王禹. 交巡警服务平台设置与调度方案研究[J]. 工程数学学报,2011,28(1):98-104.
[30] 但琦,韩中庚,杨廷鸿. 交巡警服务平台的设置与调度模型[J]. 工程数学学报,2011,28(1):106-116.
[31] 刘进,杨鋆,吴可. 交巡警服务平台的设置与调度[J]. 工程数学学报,2011,28(1):105-116.
[32] 汪晓银,边馥萍. 众筹筑屋规划方案设计的研究[J]. 数学建模及其应用,2015,4(4):66-72.
[33] 边馥萍,汪晓银. 众筹筑屋规划方案设计的解评[J]. 数学建模及其应用,2015,4(4):61-71.
[34] 姜启源,谢金星. 数学建模案例选集[M]. 北京:高等教育出版社,2006.